普通高等教育教材

基础无机化学

主　编　高莉宁
副主编　王凤燕

人民交通出版社股份有限公司
北京

内 容 简 介

本书为"普通高等教育教材"。

全书共十九章,前十二章主要介绍化学的基本理论,包括化学热力学和化学动力学基础、水溶液化学原理以及物质结构基础;第十三到十六章主要介绍元素化学,包括 s 区元素、p 区元素、d 区元素以及 f 区元素;最后三章介绍化学与人类,包括化学与材料、化学与环境以及化学与生命。每章后附有化学家介绍和延伸阅读,有助于学生对化学史和化学学科发展的了解。

本书可作为高等学校应用化学、化工、材料、制药、冶金、轻工、矿物等专业本科生的无机化学课程教材,也可供高等院校教师和研究生参考。

图书在版编目(CIP)数据

基础无机化学 / 高莉宁主编. — 北京 : 人民交通
出版社股份有限公司, 2021.2
ISBN 978-7-114-16970-0

Ⅰ. ①基… Ⅱ. ①高… Ⅲ. ①无机化学—教材 Ⅳ.
①O61

中国版本图书馆 CIP 数据核字(2020)第 248598 号

普通高等教育教材
Jichu Wuji Huaxue
书　　名:**基础无机化学**
著 作 者:高莉宁
责任编辑:卢俊丽
责任校对:刘　芹
责任印制:刘高彤
出版发行:人民交通出版社股份有限公司
地　　址:(100011)北京市朝阳区安定门外外馆斜街 3 号
网　　址:http://www.ccpcl.com.cn
销售电话:(010)59757973
总 经 销:人民交通出版社股份有限公司发行部
经　　销:各地新华书店
印　　刷:北京虎彩文化传播有限公司
开　　本:787×1092　1/16
印　　张:31.75
插　　页:1
字　　数:733 千
版　　次:2021 年 2 月　第 1 版
印　　次:2022 年 11 月　第 1 版　第 3 次印刷
书　　号:ISBN 978-7-114-16970-0
定　　价:70.00 元

前　言

　　无机化学课程是其他化学课程的重要基础,也是化学及相关学科的一门重要的基础课程。无机化学是一门理论和实践并重的学科,在现代化学和工程技术人才培养中发挥着举足轻重的作用。随着计算机技术、现代物理方法以及各种波谱技术在化学研究中的广泛应用,无机化学的研究领域亦发生了重大的变化。本书在阐述无机化学的基本原理、基础知识的同时,重点反映 21 世纪理工科无机化学领域学科和教学的发展,力求加强对学生科学精神和创新能力的培养。

　　本书编者均为长期工作在化学教学与科研一线的高校骨干教师,章节的安排和内容融入了所有编者多年来的教学经验,并紧密结合无机化学相关科学研究成果。每章后附有人物传记,有利于学生了解化学发展史上的重要人物,学习这些科学家的伟大精神;延伸阅读部分是对章节相关内容的有益补充,旨在拓展学生对相关领域的了解;每章后足量的习题有利于学生掌握知识点;书中重要的名词均给出了英文表述,习题中包含不少于 20% 的英文题目,有利于提高学生的专业英语水平;化学与人类篇,有利于学生了解化学知识的应用;附录列出了无机化学常用的数据,方便学生查用;主要参考资料便于学生自学和扩充知识;习题参考答案可通过扫描本书封面上的二维码获得,方便学生参考;结构部分个别图以彩图的形式放在封面上的二维码中,有利于加深学生对相关结构的理解。

　　本书是一项集体成果,主编单位为长安大学。本书由高莉宁担任主编,王凤燕担任副主编并共同完成统稿、校核。全书分为五篇,第一篇为化学热力学和化学动力学基础,主要介绍气体和溶液、化学热力学基础、化学动力学基础、化学平衡的基本理论和相关知识。第二篇为水溶液化学原理,主要介绍酸碱解离平衡、沉淀-溶解平衡、氧化还原反应、配位平衡的相关知识。第三篇为物质结构基础,主要介绍原子结构和元素周期律、分子结构、晶体结构和配合物结构的相关知识。第四篇为元素化学，主要介绍 s 区元素、p 区元素、d 区元素和 f 区元素的相关知识。第五篇为化学与人类，主要介绍化学与材料、化学与环境、化学与生命等相关知识。编者分工如下：高莉宁教授负责绪论和第 5、8、12、17、19 章，及第 9、11 章部分内容的编写；苟蕾教授负责第 7、13 章的编写；夏慧芸副教授负责第 14 章的编写；俞鹏飞副教授负责第 2、15 章，及第 10 章部分内容的编写；吴蕾副教授负责第 3、4、18 章，及第 10 章部分内容的编写；王凤燕博士负责第 1、6、16 章的编写；王卓博士负责第 9 章部分内容的编写；李江高级工程师负责第 11 章部分内容的编写。蒋自强副教授校核了部分内容。本书的附录由王凤燕博士搜集、整理，元素周期表由陈伟龙同学制作，英文习题由杨斐苨博士校核。蔡娜娜同学搜集并整理了化学与人类篇的部分资料，黄明和吴涛同学整理并校核了部分习题。此外，在编写过程中，人民交通出版社的卢俊丽编辑提出了许多宝贵意见，在此一并表示感谢！

由于编者水平有限，加之时间仓促，书中难免有不当甚至错误之处，敬请读者批评指正。

编　者
2020 年 9 月

目 录

第三篇　物质结构基础

第五篇　化学与人类

绪　论

随着科学技术的飞速发展,人们逐渐认识到化学对于人类的供水、食物、能源、材料、资源、环境以及健康等至关重要,是保证人类继续生存的关键科学之一。在 21 世纪的今天,每个人的生命都要受到以化学为基础的科学成果的影响,化学已经成为一门满足社会需要的重要科学。

0.1　化学的研究对象、目的和方法

0.1.1　化学的研究对象

我们知道,宇宙万物,从宏观世界的日月星辰、江河湖海、山川平原、动植物,到微观世界的细菌、微生物,乃至电子、中子、光子等基本粒子,都是不依赖于我们的意识而客观存在的。也就是说,世界是由物质组成的。整个物质世界从微观世界到宏观世界,从无机界到有机界,从生物界到人类社会都处于永恒的运动之中。一切自然科学(包括化学在内)都以客观存在的物质世界作为其考察和研究的对象。目前,人们把客观存在的物质分为实物和场这两种基本形态,化学研究的对象就是实物。

然而,世界上的物质多种多样,运动形式也多种多样,那么化学所研究的对象属于哪个范畴的物质,所研究的内容又是哪种运动形式呢?

就物质的构造情况来说,大至天体、小到基本粒子,其间可分为若干个层次。例如,包括地球在内的天体作为一个层次,组成天体的单质和化合物成为下一个层次,组成单质和化合物的原子、分子和离子又可作为再下一个层次,组成原子、分子和离子的电子、质子、中子以及其他各种基本粒子还可构成一个层次。化学研究的对象只限于分子层次❶(molecular scale)的实物,也常称为**物质**(substance)。

物质的运动形式有物理运动、化学运动和生命运动等。化学研究的内容主要是化学运动即化学变化(chemical change)。在化学变化过程中,分子、原子或离子因核外电子运动状

---

❶　指的不是传统的分子概念,而是既包括各种单原子分子、气态原子或单核离子,也包括以共价键结合的传统意义的分子,还包括离子晶体、原子晶体或金属晶体等单晶以及各种不同聚合度的高分子。

态的改变而发生分解或化合,同时伴有物理变化(如光、热、电、颜色、物态等)。因此我们在研究物质的化学变化的同时,也必须注意相关的物理变化。由于物质的化学变化与物质的化学性质有关,而物质的化学性质又与物质的组成和结构密切相关,所以物质的组成(composition)、结构(structure)和性质(property)必然成为化学研究的内容。由于化学变化与外界条件有关,所以研究化学变化的同时还要研究变化发生的外界条件。现以我们所熟知的下述反应为例来进行说明

$$H_2(g) + Cl_2(g) \longrightarrow 2HCl(g)$$

这个反应是工业生产盐酸的方法:先使氢气在氯气中燃烧生成氯化氢气体,然后将氯化氢气体溶于水即成盐酸。经过研究,我们知道,在燃烧过程中,H_2 分子和 Cl_2 分子发生电子转移,分子分解成原子,原子重新组合,生成新的物质——HCl。在形成 HCl 的过程中,发生如下变化:Cl_2 得到能量,分解为 Cl 原子;Cl 原子与 H_2 反应,生成 HCl 和 H 原子;H 原子又和 Cl_2 反应,生成 HCl 和 Cl 原子。如此循环往复,直至反应完毕。此反应虽是放热反应,但常温下不能进行,必须加热或光照才能引发。这就是发生变化时所需的外界条件,它同 Cl_2 分子分解成原子时所需的能量有关。因为只有生成 Cl 原子后,连锁反应才能不断地循环进行。在生成 HCl 的过程中,显然发生了电子转移,这同它们的原子结构特征有关。

因此,化学是研究分子层次的物质的组成、结构、性质、变化及其内在联系和外界变化条件的科学。简言之,化学是研究物质变化的科学。

然而,随着科学技术的发展,化学的研究对象已不再局限于分子层次。例如,1987 年诺贝尔化学奖授予了佩德森(C. J. Pedersen)、莱恩(J. M. Lehn)和克来姆(D. J. Cram)三位化学家,以表彰他们在超分子化学理论方面的开创性工作,在全世界范围内掀起超分子化学研究的热潮。以非共价键弱相互作用力键合起来的复杂有序且有特定功能的分子结合体——"超分子",是共价键分子化学的一次升华,被称为"超越分子概念的化学"。

中国科学院院士徐光宪教授指出:21 世纪的化学是研究泛分子的科学。详言之,"化学是研究原子、分子片、结构单元、分子、高分子、原子分子团簇,原子分子的激发态、过渡态、吸附态,超分子、生物大分子、分子和原子的各种不同维数、不同尺度和不同复杂程度的聚集态和组装态,直到分子材料、分子器件和分子机器的合成和反应,制备、剪裁和组装,分离和分析,结构和构象,粒度和形貌,物理和化学性能,生理和生物活性及其输运和调控的作用机制,以及上述各方面的规律、相互关系和应用的自然科学。"

综上所述,在传统化学研究对象的基础上,我们可以说化学是研究分子层次以及以超分子为代表的分子以上层次的物质的组成、结构、性质、变化及其内在联系和外界变化条件的科学。

0.1.2 化学的研究目的

众所周知,人类社会赖以存在和发展的基础就是物质资料的生产。自然界中的物质,有些可直接为人们所利用,例如石油、木材等;有些则需经过加工处理,才能变成直接有用的物质,例如矿物;有些可直接为人们所用的自然资源,经过一定的加工处理,又可以变成其他有用的物质,例如对石油使用不同方法进行处理可得到不同的石油产品。这些从自然资源中

提取有用物质的加工处理方法,就是化学的方法。因此,人们研究化学的最终目的就是通过认识物质化学变化的规律,去"驯服"物质,对从自然界取得的各种原料进行加工和改造,以得到比粗品更好或自然界完全没有的新物质,为人类服务。

可以想象,化学对人类社会的存在和发展,有着重大的意义。如果不对自然水加以纯化,如果不施用化肥和农药以增产粮食,如果不冶炼矿石以获取大量的金属,如果不从自然资源中提取千万种纯物质,如果不合成自然界中所没有的许多新物质……那么,人类社会的发展将不堪设想。相反,正是有了化学和其他科学的发展,人类社会才发展到了今天。

0.1.3　化学的研究方法

我们知道,实践是认识世界的基础,是检验真理的唯一标准。毫无疑问,人们要想认识物质世界,就必须实践。物质世界中千变万化的化学现象都是通过化学实验观察到的,化学科学中的一些学说和定律,既是在实验基础上经综合、归纳而得到的,也是在实验的鉴别中不断修正、发展而成熟的。可见实验在化学学科的发展中具有特殊的重要作用。从这个意义上来说,化学就是一门实验性的学科。对于从事化学研究的人员来说,应该高度重视化学实验,否则将无法正确认识化学世界。我们强调实验的重要性并不否认理论的指导作用,因为有了正确的理论指导,我们才可以正确且迅速地完成实验。例如,稀有气体化学发展的过程就充分说明了实验和理论之间的依存关系。在镓(1875 年)、钪(1879 年)和锗(1886 年)各元素被相继发现且普遍承认后不久,1894 年发现了新的元素氩。按照氩的原子量(39.95),这个新元素在元素周期表中应该位于钾(39.10)和钙(40.08)之间,但是二者之间并无空位。在发现氩以后的四年中,又在地球上找到了氦以及其他惰性气体,科学家才开始明了所有这些元素都是列在元素周期表第七族之后"零"族的元素。惰性气体的发现,使元素周期表变得更加完整,同时也为 20 世纪原子结构理论的建立奠定了物质基础。由于这些物质所表现出的惰性,在长达 68 年(1894—1962 年)的时间里,化学家一直称其为"惰性气体"。理论化学家鲍林(L. Pàuling,1901—1994 年)曾在 1933 年预言惰性气体能够形成化合物,但实验无机化学家合成这些化合物的尝试久未成功,这一事实就成为 20 世纪初化学键理论的键合根据——"稳定八隅体"。

人类对自然的认识是永无止境的。经过实践的检验,理论也会得到相应的发展和完善。1962 年,青年化学家巴特列(N. Bartlett)根据 O_2 和 Xe 的第一电离能非常接近的事实,经多次实验,终于在室温下合成了第一个真正的稀有气体化合物——红色晶体 $XePtF_6$。这一发现震动了整个化学界,动摇了长期禁锢人们思想的"绝对惰性"的观念,使该族元素的名称一夜之间由"惰性气体"变成"稀有气体",推动了稀有气体化学的广泛研究和迅速发展。惰性气体化合物的发现又一次用实验事实修正了化学键理论,使它获得了新的内容。

自从化学成为一门独立的学科以后,200 年间对物质的变化、性质、合成等的研究,都取得了极大的进展,使这门学科发生了根本的变化。但是化学目前还没有发展到理论化阶段,即使一个最为简单的反应,也不能用一个完整的理论来加以描述,因此努力发展化学理论是摆在化学工作者面前的一项重要任务。所以,实践、认识、再实践、再认识是化学研究的正确途径。

0.2 化学的发展简史

与其他自然科学类似,化学伴随着人类的诞生而出现。钻木取火、烧煮食物、烧制陶器、冶炼青铜器和铁器都是化学技术的应用,这些应用极大地促进了当时社会生产力的发展,成为人类进步的标志。现在,化学作为一门中心科学,仍然在科学技术和社会生活中发挥着巨大的作用。"化学"的英文为 chemistry,德文是 chemie,它们是从拉丁文 chemia 转化而来的。

作为人类文明的起点,火的利用开启了人类利用化学技术的大门,随后的冶金术的兴起,火药和造纸技术以及炼丹术与炼金术的发展,进一步为化学科学的发展奠定了基础。

毫无疑问,炼金术、冶金术和医药化学对近代化学的产生有着非常重要的贡献,但它们的研究目的多属于实用性质,还不能称之为科学。英国化学家波义耳(R. Boyle,1627—1691年)是"把化学确立为科学"(恩格斯,《自然辩证法》,人民出版社,1971,第 163 页)的第一人,因此被誉为"化学之父"(墓碑语)。1661 年波义耳出版著作《怀疑的化学家》(The Sceptical Chymist),指出"化学不是为了炼金,也不是为了治病,它应当从炼金术和医学中分离出来,成为一门独立的科学","空谈毫无用途,一切来自实验"。这使得化学成为一门真正的科学,一门实验科学。这被称为第一次化学革命。

1783 年法国化学家拉瓦锡(A. L. Lavoisier,1743—1794 年)出版著作《关于燃素的回顾》,提出燃烧的氧化学说。1789 年他出版《化学纲要》(Traité Élémentaire de Chimi,英文版:Elements of Chemistry),揭开了困惑人类几千年的燃烧之谜,以批判统治化学界近百年的"燃素说"为标志,发动了第二次化学革命,拉瓦锡因此被誉为"化学中的牛顿"。拉瓦锡首次给元素下了一个科学而清晰的定义:"元素是用任何方法都不能再分解的简单物质",并首次列出了当时符合这个定义的包括 33 种物质的元素表。由于这些贡献,拉瓦锡被称为"现代化学之父"。

1803 年,英国化学家道尔顿(J. Dalton,1766—1844 年)提出了原子学说:元素由非常微小的、看不见的、不可再分割的原子组成;原子既不能创造、毁灭,也不能转变,所以在一切化学反应中都保持自己原有的性质;同一种元素的原子,其形状、质量及各种性质都相同,不同元素的原子的形状、质量及各种性质则不相同,原子的质量(而不是形状)是元素最基本的特征;不同元素的原子以简单的数目比例相结合,形成化合物;化合物的原子称为复杂原子,其质量等于组合原子质量之和。1807 年,道尔顿出版《化学哲学新体系》,全面阐述了化学原子论(又称科学原子论)的思想,揭示了各种化学定律、化学现象的内在联系,成为解释化学现象的统一理论。这就是第三次化学革命。

19 世纪末,物理学的三项划时代的重大发现,即 X 射线(1895 年)、放射性(1896 年)和电子(1897 年),揭开了物理学革命的序幕,导致了量子力学的诞生。量子力学在化学领域的实践形成了量子化学,成为现代化学的理论支柱。这些新发现猛烈冲击了道尔顿关于原子不可分割的观念,打开了原子和原子核内部结构的大门,揭示了微观世界中更深层次的奥秘。1930 年,美国科学家鲍林将量子力学处理氢分子[1927 年,海特勒(Heitler)和伦敦(London)建立了求解氢分子的薛定谔方程]的成果推广到多种单质和化合物中,建立了价键理论,阐明了共价键的方向性和饱和性。此后鲍林又提出杂化轨道理论,还提出了电负性、键参数、杂化、共振、氢键等时至今日仍十分重要的概念。鲍林是现代最伟大的化学家之一,是现代结构化学的奠基人。鲍林的价键理论和杂化轨道理论的提出,被誉为第四次化学革命。

自从化学成为一门独立的学科后,化学家们已创造出许多自然界不存在的新物质。到21世纪初,人类发现和合成的物质已超过 3 000 万种,使人类得以享用更先进的科学成果,极大地丰富了人类的物质生活。

近年来,"绿色化学""原子经济"等的提出,使更多的化学生产工艺和产品向着环境友好的方向发展,而化学的发展必将使世界变得更加绚丽多彩。

科学的发展是没有止境的,因而化学的发展也决不会停滞不前。

0.3　化学的二级学科

化学科学的发展从波义耳时代算起至今已有 350 多年的历史,如今化学已形成诸多学科分支。依照其应用和研究方向的区别,传统上化学可分为无机化学、有机化学、分析化学和物理化学,即所谓的"四大化学"。

0.3.1　无机化学

在众多的化学学科分支中,无机化学是最早形成的学科,也是最为基础的学科。这一分支的形成是以 19 世纪 60 年代元素周期律的发现为标志的。在无机化学成为一门独立的化学分支学科之前,可以说化学的发展史就是无机化学的发展史。由于人类社会生产中对冶金和采矿的需要,通过矿物的分析、分离和提炼,发现了许多新元素。到 19 世纪中叶,各元素有了统一公认的原子量。到 1869 年,人们虽然已积累了有关 63 种元素及其化合物的化学、物理性质的丰富资料,但这些资料仍然零散且缺乏系统性,不同元素间的内在联系,仍然是当时化学家十分关心的问题。

1871 年,俄国化学家门捷列夫在前人工作的基础上整理出了元素周期表,总结出了元素周期律,以此为基础修正了某些原子的原子量,并预言了 15 种新元素,这些新元素此后均被陆续证实。元素周期律的发现在化学发展史上具有划时代的意义,它将看起来孤立的、杂乱无章的化学元素知识,纳入一个严整的自然体系之中,揭示了一条最基本的规律,使化学研究进入系统化阶段,奠定了现代无机化学的基础。即使在今天,根据元素周期表来发现和合成新化合物仍是化学科学的重要工作之一。**无机化学**(Inorganic Chemistry)的研究对象就是元素周期表中除碳以外的各种元素及其化合物(碳氧化合物也是无机化学的研究内容)。

0.3.2　有机化学

"有机化学"这一名词于 1806 年由瑞典化学家贝采利乌斯(J. Berzelius)首次提出,当时是作为"无机化学"的对立物而命名的。由于科学条件的限制,有机化学研究的对象只能是从天然动植物有机体中提取的有机物。当时许多化学家认为,在生物体内由于存在所谓的"生命力",所以才能产生有机化合物,而在实验室里是无法由无机化合物合成有机化合物的。现在绝大多数有机物已不是从天然的有机体内取得的,但是由于历史和习惯的原因,仍保留着"有机"这个名词。**有机化学**(Organic Chemistry)是研究碳氢化合物及其衍生物的化学分支,也有人认为有机化学就是碳的化学。目前已知的有机化合物有千万种之多,且每年数以万计地增加。因此,有机化学是化学研究中最庞大的领域,它与医药、农药、染料、日用化工等方面的关系尤为密切。有机化合物和无机化合物之间并无绝对的界限。有机化学之所以成为化学中的一个独立学科,是因为有机化合物有其内在的联系和特性。

0.3.3 分析化学

分析化学(Analytical Chemistry)是研究获取物质化学组成和结构信息的分析方法及相关理论的科学,是化学学科的一个重要分支。其主要任务是研究:①物质中有哪些元素、离子或官能团(定性分析);②每种成分的数量或物质纯度如何(定量分析);③物质中原子之间如何连接成分子和在空间如何排列(结构和立体分析);④各物质性质之间的关系。

分析化学有极高的实用价值,对人类的物质文明作出了重要贡献,广泛应用于地质勘查、矿产勘探、冶金、化学工业、能源、农业、医药、临床化验、环境保护、商品检验、考古分析、法医刑侦鉴定等领域。

0.3.4 物理化学

物理化学(Physical Chemistry)是化学学科的基础理论部分,是利用物理的原理和实验技术研究化学体系的性质和行为,发现规律并建立化学体系的学科。随着科学的迅速发展和各门学科的相互渗透,物理化学与物理学、无机化学、有机化学在内容上存在着难以准确划分的界限,因而不断产生新的分支学科,例如物理有机化学、生物物理化学、化学物理等。物理化学还与许多非化学的学科有着密切的联系,例如冶金学中的物理冶金实际上就是金属物理化学。物理化学大致内容包括化学热力学、化学动力学和结构化学。

在深入研究各类物质的性质及其变化规律的过程中,化学逐渐发展出若干分支学科,但在探索具体课题时,这些分支学科又相互联系、相互渗透。例如,物理化学的研究常以无机或有机化合物的合成为起点,而在进行这些工作的时候又必须借助分析化学测定的准确结果,以指示合成工作中原料、中间体与产物的组成和结构,这一切当然也离不开化学热力学、化学动力学与结构化学的理论指导。

随着现代科学技术的发展,化学还与其他学科融合交叉形成许多新兴的与之相关的交叉和边缘学科,如生物化学、环境化学、核化学、地球化学、海洋化学、大气化学、宇宙化学等。随着化学各分支学科和边缘学科的建立,化学研究的发展总趋势可以概括为:从宏观到微观,从静态到动态,从定性到定量,从描述到理论。

0.4　无机化学发展趋势

21世纪科学发展的特点是各学科纵横交叉,以解决实际问题。就化学学科来说,表现为化学学科的自身继续发展和与相关学科融合发展相结合,化学学科内部的传统分支继续发展和作为整体发展相结合,研究科学基本问题与解决实际问题相结合。为适应社会发展需要,合成具有特殊性能的新材料、新物质,解决和其他自然科学互相渗透过程中所不断产生的新问题,并向探索生命科学和宇宙起源的方向发展。

无机化学是研究无机物质的组成、性质、结构和反应的科学。无机物质包括元素周期表中除碳以外的所有元素及其化合物,因此无机化学的研究范围极广。化学中最重要的一些概念和规律,如元素、分子、化合、分解、定比定律和元素周期律等,都是在无机化学早期发展过程中形成和发现的。无机化学研究的对象覆盖整个元素周期表中的元素,元素及化合物的结构类型丰富多样,所研究的化学键键型复杂多变,涉及化学根本问题的规律及理论也大都是由无机化学衍生而来的,因此无机化学仍是目前化学科学中最为基础的部分。

无机化学的发展有两个特点:①学科领域更为宽广,无机化学与有机化学、物理化学、材料化学以及生物化学等交叉,形成了金属有机化学、物理无机化学、固体无机化学、生物无机化学等新的学科领域;②研究手段、方法更为先进,更加重视物理的实验技术和理论,将化学的实验方法、量子化学理论方法、建模计算、虚拟实验以及化学信息学方法联用,对分子、簇合物、超分子、纳米材料、分子聚集体等层次的结构进行更深入的研究。当今无机化学中最活跃的领域有生物无机化学、无机材料化学、金属有机化学三个。

0.4.1　生物无机化学

生物无机化学(Bioinorganic Chemistry)又称无机生物化学或生物配位化学,是无机化学、有机化学、生物化学、医学等多种学科交叉的学科,是一门年轻而又活跃的新学科,20世纪60年代以来逐步形成。生物无机化学的研究对象是生物体内的金属(和少数非金属)元素及其化合物,特别是痕量金属元素和生物大分子配体形成的生物配合物,如各种金属酶、金属蛋白、金属离子通道、金属药物等。它研究各种微量元素在生物体内的行为和作用,也研究它们的结构、性质、生物活性之间的关系以及在生命环境内参与反应的机理。为便于研究,常用人工模拟的方法合成具有一定生理功能的金属配位化合物。目前已知有25种微量元素在氧输运、酶催化、神经信息传递等生命活动中起着重要作用,不同的微量金属元素在生物体内各司其职。无机药物也是生物无机化学研究的一个重要方面,近年发现的具有抗癌活性的无机化合物已逐渐多于有机化合物。

0.4.2　无机材料化学

无机材料化学(Inorganic Materials Chemistry)是一门正在蓬勃兴起的新的应用学科,其研究对象和范畴与固体化学基本相同(即研究固体物质的制备、组成、结构和性质),但前者属于应用学科,后者则是基础学科。无机材料化学既是材料科学的一个重要组成部分,又是化学的一个分支,具有明显的交叉、边缘学科的性质。

现代科学技术的发展需要各种各样具有特殊性能或功能的材料。例如头发粗细的光导纤维可供25 000人同时通话而互不干扰,这种材料的出现使通信技术发展进入了一个崭新的阶段。光导纤维就是一种用蒸气沉积法制成的硅锗氧化物纤维。

0.4.3　金属有机化学

金属有机化学(Organometallic Chemistry)是有机化学和无机化学交叉的一门分支学科,

主要研究含金属离子的有机化合物的化学反应、合成等问题。金属有机化学是一门年轻的前沿学科,其发展及应用潜力不可估量。自1951年鲍森(Pauson)和米勒(Miller)合成著名的"夹心饼干"——二茂铁,1953年齐格勒(Ziegler)合成Ziegler催化剂以来,金属有机化学飞速发展。它的发展打破了传统的有机化学和无机化学的界限,又与理论化学、合成化学、催化化学、结构化学、生物无机化学、高分子化学等交织在一起,成为近代化学前沿领域之一。过渡金属有机催化剂或试剂提供了众多的高活性和高选择性的有机合成方法,使有机合成技术显著提高。金属有机化合物在医药、农业、工业等领域有着广泛的应用。

0.5 如何学好无机化学

为了更好地学习无机化学,在学习中应注意并处理好以下问题:

(1)理论和实验并重。无机化学设有理论课和实验课,它们是一个有机整体,是互相补充、互相完善的。实验可以加深感性认识,而理论可以加深对感性认识的理解。实验除了培养学生分析问题和解决问题的能力外,还能培养学生的实验操作能力和化学工作者所需的优良品质。

(2)内容的承上启下。无机化学课程的内容涉及面广,有些内容可能已接触过,有的内容后续课程还要学习,但无机化学课程既不是简单的重复,也不能代替后续课程,而是着重于对基本原理、基本概念的理解和结果的运用。其中对热力学、结构部分所涉及的数学推导过程不做要求,将在后续课程中学习。

(3)理解和记忆的关系。元素和化合物的性质是无机化学的重要组成部分,要把每种化合物的性质和结构联系起来,在理解的基础上进行记忆,并对无机化合物的性质及转化关系进行归纳和总结,以便于记忆和掌握。

(4)利用网络资源。在学习过程中遇到一些问题,如对微观结构的理解、无机化合物性质的解释等,除了阅读参考书和习题解析外,还可参看各大学网站上的无机化学教学资源,在拓宽知识面和复习巩固知识方面将收到良好的效果。

(高莉宁)

PART1 | 第一篇

化学热力学
和化学动力学基础

第1章　气体和溶液

在通常的温度和压力条件下,物质的聚集状态有气态、液态、固态三种。物质的聚集状态对其化学行为有着重要的影响。对于给定的化学反应,由于物质的聚集状态不同,反应速率及能量关系也会有所不同。因此,研究物质的聚集状态具有非常重要的意义。在物质的三种聚集状态中,气态的性质最为简单,固态的次之,液态的最为复杂。由于在化学反应中涉及的气态和液态反应比较多,本章将简单介绍气态和液态两种聚集状态。

1.1　气　　体

气体(gas)的基本特征是具有扩散性和可压缩性。将一定量的气体引入任意大小的密闭容器中,由于气体分子要做无规则的布朗运动,它们会立刻自动向各个方向扩散,并均匀地充满整个容器。因此,气体没有固定的形状。由于气体分子间的空隙很大,气体也可以被压缩到较小的密闭容器中。此外,不同气体还能够以任意比例相互均匀混合,且不会自动分开。

1.1.1　理想气体状态方程

我们把分子本身不占空间,分子之间无相互吸引力,分子之间以及分子与器壁之间发生的碰撞不造成动能损失的气体称为**理想气体**(ideal gas 或 perfect gas)。理想气体只是一个抽象的概念,实际上并不存在,但该概念反映了实际气体在一定条件下的最一般的性质。只有在高温、低压条件下,实际气体才接近于理想气体。因为在这种条件下,分子间距离大大增加,平均来看作用力趋向于零,分子的体积也可以忽略,所以理想气体是实际气体的一种极限情况。研究理想气体是先使研究对象简单化,在此基础上再进行一定的修正,然后推广应用于实际气体。

通常人们用压力 p(pressure)、体积 V(volume)、热力学温度 T(thermodynamic tempera-ture)($T/K = 273.15 + t/℃$,t 为摄氏温度)等物理量来描述气体的状态。早在 17—18 世纪,科学家们通过实验研究,确定了 p、V、T 和物质的量 n(amount of substance)之间的数学关系

$$pV = nRT \tag{1-1}$$

此即**理想气体状态方程**(ideal gas law)。式中,R 为摩尔气体常数(molar gas constant)。在国际单位制中,p 以 Pa、V 以 m^3、T 以 K、n 以 mol 为单位。

在标准状况下,$T = 273.15K$,$p = 101\ 325Pa$,$1.000mol$ 气体的体积 $V = 22.414L = 22.414 \times 10^{-3}m^3$,代入式(1-1)即可计算出 R 的数值和单位。

$$R = \frac{pV}{nT} = \frac{101\ 325Pa \times 22.414 \times 10^{-3}m^3}{1.000mol \times 273.15K}$$

$$= 8.314Pa \cdot m^3 \cdot mol^{-1} \cdot K^{-1}$$

$$= 8.314J \cdot mol^{-1} \cdot K^{-1}$$

严格地说,式(1-1)只适用于理想气体。由于理想气体实际上并不存在,所以对于温度不太低、压力不太高的真实气体,通常可以利用理想气体状态方程进行计算。根据理想气体状态方程,可以进行一系列的计算与讨论。

(1)已知 p、V、T、n 中的任意三个物理量,求另外一个物理量。

【例1-1】 某氧气钢瓶的容积为 40.0L,27℃时氧气的压力为 10.1MPa。计算钢瓶内氧气的物质的量。

解:已知 $V = 40.0L = 4.0 \times 10^{-2}m^3$,$T = (273.15 + 27)K = 300.15K$,$p = 10.1MPa = 1.01 \times 10^7Pa$

由 $pV = nRT$,得

$$n = \frac{pV}{RT} = \frac{1.01 \times 10^7Pa \times 4.0 \times 10^{-2}m^3}{8.314J \cdot mol^{-1} \cdot K^{-1} \times 300.15K} = 162mol$$

因此,钢瓶内氧气的物质的量为 162mol。

(2)计算气体的摩尔质量。

【例1-2】 在容积为 10.0L 的真空钢瓶内充入 2.99kg 某种气体,当温度为 288K 时,测得瓶内气体的压强为 1.01×10^7Pa,试计算钢瓶内气体的摩尔质量,并确定其种类。

解:将 $n = m/M$ 代入 $pV = nRT$ 可得

$$pV = \frac{m}{M}RT$$

即

$$M = \frac{mRT}{pV} \tag{1-2}$$

所以

$$M = \frac{2.99 \times 10^3g \times 8.314Pa \cdot m^3 \cdot mol^{-1} \cdot K^{-1} \times 288K}{1.01 \times 10^7Pa \times 10.0 \times 10^{-3}m^3} = 71g \cdot mol^{-1}$$

因此,钢瓶内气体的摩尔质量为 $71g \cdot mol^{-1}$,为氯气。

(3)计算气体的密度。

【例1-3】 在 373K 和 100kPa 下,UF_6(密度最大的一种气态物质)的密度是多少?是 H_2 的多少倍?

解:将 $\rho = m/V$ 代入式(1-2)得

$$M = \frac{\rho RT}{p}$$

即

$$\rho = \frac{Mp}{RT} \tag{1-3}$$

所以

$$\rho_{UF_6} = \frac{352g \cdot mol^{-1} \times 100 \times 10^3 Pa}{8.314 Pa \cdot m^3 \cdot mol^{-1} \cdot K^{-1} \times 373K} = 1.14 \times 10^4 g \cdot m^{-3}$$

$$\rho_{H_2} = \frac{2g \cdot mol^{-1} \times 100 \times 10^3 Pa}{8.314 Pa \cdot m^3 \cdot mol^{-1} \cdot K^{-1} \times 373K} = 64.49 g \cdot m^{-3}$$

$$\frac{\rho_{UH_6}}{\rho_{H_2}} = \frac{1.14 \times 10^4}{64.49} = 176.77$$

因此,UF_6 的密度是 $1.14 \times 10^4 g \cdot m^{-3}$,是 H_2 的 177 倍。

1.1.2　分压定律

当不同的气体混合在一起时,如果不发生化学反应,分子本身的体积和分子间的作用力可以忽略,混合气体即为理想气体混合物。理想气体混合物中的每一种气体叫作**组分气体**。混合气体中每种组分气体对器壁所施加的压力叫作该**组分气体的分压力**(partial pressure)。组分气体的分压力等于在相同温度下该组分气体单独占有与混合气体相同体积时所产生的压力。1801 年,道尔顿指出混合气体的总压力等于各组分气体的分压力之和,即

$$p = \sum_B p_B \tag{1-4}$$

该经验定律称为**分压定律**(即道尔顿定律,Dalton's law of partial pressure)。式中,p 为混合气体的总压;p_B 为组分气体 B 的分压。

根据理想气体状态方程,组分气体 B 的分压

$$p_B = \frac{n_B RT}{V} \tag{1-5}$$

将式(1-5)代入式(1-4),整理可得

$$p = \frac{nRT}{V} \tag{1-6}$$

式中,n 为混合气体的物质的量,即各组分气体物质的量之和。

式(1-5)除以式(1-6),可得

$$\frac{p_B}{p} = \frac{n_B}{n} = x_B$$

即

$$p_B = \frac{n_B}{n} p = x_B p \tag{1-7}$$

式中,x_B 为组分气体 B 的摩尔分数。因此,混合气体中某组分气体的分压等于该组分气体的摩尔分数与总压的乘积。

【**例1-4**】　某容器中含有 NH_3、O_2 与 N_2 的气体混合物。20℃ 时取样分析得知其中 $n(NH_3) = 0.32mol$,$n(O_2) = 0.18mol$,$n(N_2) = 0.70mol$。混合气体的总压为 133kPa。试计算:(1)各组分气体的分压;(2)该容器的体积。

解:(1)混合气体的物质的量。

$$n = n(NH_3) + n(O_2) + n(N_2) = (0.32 + 0.18 + 0.70)mol = 1.20mol$$

$$p(NH_3) = \frac{n(NH_3)}{n}p = \frac{0.32mol}{1.20mol} \times 133kPa = 35.5kPa$$

$$p(O_2) = \frac{n(O_2)}{n}p = \frac{0.18mol}{1.20mol} \times 133kPa = 20.0kPa$$

$$p(N_2) = p - p(NH_3) - p(O_2) = (133 - 35.5 - 20.0)kPa = 77.5kPa$$

因此,NH_3、O_2 与 N_2 的分压分别为 $35.5kPa$、$20.0kPa$ 和 $77.5kPa$。

(2)三种气体都充满整个容器,故该容器的体积可以用其中某一组分的物质的量及其分压的数据计算。

$$V = \frac{n(NH_3)RT}{p(NH_3)} = \frac{0.32mol \times 8.314Pa \cdot m^3 \cdot mol^{-1} \cdot K^{-1} \times 293K}{35.5 \times 10^3 Pa} = 2.20 \times 10^{-2} m^3$$

因此,该容器的体积为 $2.20 \times 10^{-2} m^3$。

在实际工作中混合气体的组成常用组分气体的体积分数来表示。混合气体中组分气体的分体积等于该组分气体单独存在且具有与混合气体相同温度和压力时所占有的体积。对于混合气体,根据理想气体状态方程可以推导出

$$\frac{V_B}{V} = \frac{n_B}{n} = \varphi_B$$

式中,φ_B 称为组分气体 B 的体积分数。代入式(1-7)可得

$$p_B = \varphi_B p \tag{1-8}$$

【例1-5】 某煤气罐在 $27℃$ 时气体的压力为 $600kPa$,实验测得其中 CO 和 H_2 的体积分数分别为 0.60 和 0.10。计算 CO 和 H_2 的分压。

解:$p(CO) = \varphi(CO)p = 0.60 \times 600kPa = 3.6 \times 10^2 kPa$

$p(H_2) = \varphi(H_2)p = 0.10 \times 600kPa = 60kPa$

1.2 溶　液

化学反应常在溶液中进行,日常的生产、生活实践也与溶液密切相关。狭义的溶液(solution)多指以液体作为溶剂的溶液。本节先简单介绍溶液浓度的表示方法,然后讨论稀溶液的依数性。

1.2.1 溶液浓度的表示方法

溶液的浓度(concentration)是指一定量的溶液或溶剂中所含溶质的量。"量"的概念没有明确的含义,可取物质的量、质量或体积等。因此,实际生活中浓度的表示方法有很多种。现将化学上常用的几种溶液浓度的表示方法汇总于表 1-1 中。从表中可以看出,溶液浓度的表示方法根据与体积是否有关可大致归为两类:一类与体积有关,比如物质的量浓度、质量浓度,鉴于溶液的体积随温度而变,二者也会随温度而变;另一类与体积无关,比如质量摩

尔浓度、质量分数、摩尔分数,三者均不受温度的影响。值得注意的是,物质的量浓度与质量分数之间的换算,必须用密度作为桥梁。对于多组分的混合物,各组分的摩尔分数之和为1。

溶液浓度的表示方法　　　　　　　　　　　表 1-1

名称	符号	定义式	单位
物质的量浓度	c_B	$c_B = \dfrac{n_B}{V}$	$mol \cdot L^{-1}$
质量浓度	ρ_B	$\rho_B = \dfrac{m_B}{V}$	$g \cdot L^{-1}$ 或 $mg \cdot L^{-1}$
质量摩尔浓度	b_B	$b_B = \dfrac{n_B}{m_A}$	$mol \cdot kg^{-1}$
质量分数	w_B	$w_B = \dfrac{m_B}{m}$	—
摩尔分数	x_B	$x_B = \dfrac{n_B}{n}$	—

注:右下角标 A 表示溶剂,B 表示溶质;无角标表示溶液。

1.2.2　稀溶液的依数性

当溶质溶解在溶剂中形成溶液后,溶质与溶剂的性质都发生了变化,并且所得溶液的性质与纯溶剂、纯溶质的性质都不相同。溶液的性质可以分为两类:第一类与溶质的本性以及溶质与溶剂的相互作用有关,比如体积、颜色、密度、导电性等;第二类仅取决于溶质的微粒数,而与溶质的本性无关,比如稀溶液的蒸气压下降、沸点升高、凝固点降低以及渗透压。这些只与溶质的微粒数有关而与溶质本性无关的性质称为**稀溶液的依数性**(colligative properties of dilute solutions)。当溶质是电解质,或虽然是非电解质但溶液很浓时,溶液的上述依数性规律就会发生变化。因此,本节只讨论难挥发、非电解质稀溶液的依数性规律。

1)稀溶液的蒸气压下降

在物理化学中,将所研究系统中物理和化学性质相同的均匀部分称为相(phase),相与相之间存在界面,同一物质的不同相之间可以互相转化,即发生相变。在一定温度下,将纯液体引入一真空密闭容器中,液面上一部分能量较高的分子可以逸出液面而成为蒸气,这个过程称为蒸发(或汽化);同时,由于液体表面分子的吸引作用,一部分气态分子在与液面碰撞时能够重新回到液面成为液态分子,这一过程称为凝聚。开始时蒸发过程占优势,但随着气态分子逐渐增多,凝聚速率增大,当液体的蒸发速率与气体的凝聚速率相等时,达到气-液平衡状态。此时,液面上方所产生的压力称为该液体的饱和蒸气压(简称蒸气压,用 p^* 表示,单位为 Pa 或 kPa)。

图 1-1 给出了乙醚(1)、正己烷(2)、乙醇

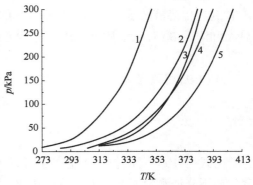

图 1-1　乙醚(1)、正己烷(2)、乙醇(3)、苯(4)和水(5)的蒸气压-温度关系图

(3)、苯(4)和水(5)的蒸气压-温度关系。从图中可以看出,液体的蒸气压与液体的本性有关。在同一温度下,不同种类的液体,其蒸气压不同。

某些温度下水的蒸气压列于表1-2中。由表中数据可以看出,液体的蒸气压与温度有关。液体的蒸发是吸热过程,因而液体的蒸气压随温度的升高而增大。

不同温度下水的蒸气压 表1-2

$t/℃$	p^*/kPa	$t/℃$	p^*/kPa	$t/℃$	p^*/kPa
0	0.610 6	30	4.242 3	70	35.157 5
5	0.871 9	40	7.375 4	80	47.342 6
10	1.227 9	50	12.333 6	90	70.100 1
20	2.338 5	60	19.918 3	100	101.324 7

此外,固体也具有一定的蒸气压,一般情况下固体的蒸气压比较小。某些温度下冰的蒸气压列于表1-3中。表中数据显示,固体的蒸气压也随温度的升高而增大。

不同温度下冰的蒸气压 表1-3

$t/℃$	p^*/kPa	$t/℃$	p^*/kPa	$t/℃$	p^*/kPa
0	0.610 6	−10	0.260 0	−25	0.063 5
−1	0.562 6	−15	0.165 3		
−5	0.401 3	−20	0.103 5		

若在溶剂中加入一种难挥发的非电解质溶质,使其成为稀溶液,原来表面被溶剂分子所占据的部分液面被溶质分子所占据,而溶质分子几乎不挥发,故单位时间内从表面逸出的溶剂分子数会减少。当蒸发与凝聚过程重新达到平衡时,溶液的蒸气压低于相同温度下纯溶剂的蒸气压,这种现象称为溶液的**蒸气压下降**(vapor pressure lowering)。

法国化学家拉乌尔(F. M. Raouh)根据实验结果总结出,"在一定温度下,稀溶液的蒸气压等于纯溶剂的蒸气压与溶剂摩尔分数的乘积",即**拉乌尔定律**(law of Raouh)。用公式可以表述为

$$p = p_A^* \cdot x_A \tag{1-9}$$

式中,p 为稀溶液的蒸气压;p_A^* 为溶剂 A 的蒸气压;x_A 为溶剂 A 的摩尔分数。若溶液仅由溶剂 A 和溶质 B 组成,溶质 B 的摩尔分数为 x_B,则

$$x_A + x_B = 1$$

式(1-9)可改写为

$$p = p_A^* \cdot (1 - x_B)$$

因此

$$\Delta p = p_A^* - p = p_A^* - p_A^* \cdot (1 - x_B) = p_A^* \cdot x_B \tag{1-10}$$

由式(1-10)可知,拉乌尔定律还可以表述为:在一定温度下,难挥发非电解质稀溶液的蒸气压下降值和溶质的摩尔分数成正比。需要注意的是,拉乌尔定律只适用于难挥发非电解质的稀溶液。在稀溶液中,由于 $n_A \gg n_B$,因此

$$x_B = \frac{n_B}{n_A + n_B} \approx \frac{n_B}{n_A} = \frac{n_B}{m_A/M_A} = b_B \cdot M_A$$

代入式(1-10)可得

$$\Delta p = p_A^* \cdot b_B \cdot M_A = kb_B \tag{1-11}$$

由于在一定温度下,溶剂 A 的蒸气压和摩尔质量均为常量,k 也为常量,因此,式(1-11)表明,在一定温度下,难挥发非电解质稀溶液的蒸气压下降值与溶质的质量摩尔浓度成正比。这是拉乌尔定律的又一种表达形式。

【例1-6】　25℃时水的蒸气压为 3 168 Pa,若一甘油水溶液中甘油的质量分数为0.100,则该溶液的蒸气压为多少?

解:该溶液的蒸气压为

$$p = p_A^* \cdot x_A = p_A^* \frac{n_A}{n_B + n_A} = p_A^* \frac{(1 - 0.100)m/M_A}{0.100m/M_B + (1 - 0.100)m/M_A}$$

$$= 3\,168\,\text{Pa} \times \frac{(1 - 0.100)/18\text{g} \cdot \text{mol}^{-1}}{0.100/92\text{g} \cdot \text{mol}^{-1} + (1 - 0.100)/18\text{g} \cdot \text{mol}^{-1}}$$

$$= 3\,101\,\text{Pa}$$

2) 稀溶液的沸点升高

液体的蒸气压随着温度的升高而增大,当液体的蒸气压增大到等于外界大气压时,汽化不仅在液体表面进行,也会在液体内部进行,液体内部不断产生大量气泡,并开始沸腾,此时的温度称为该液体的沸点。液体的沸点与外界大气压有关,外界大气压越大,液体的沸点就越高。液体的正常沸点是指液体的蒸气压等于标准大气压(101.325kPa)时的温度。

图 1-2 给出了冰(1)、水(2)及水溶液(3)的蒸气压与温度的关系。

从图中可以看出,标准大气压下($p^\ominus$ = 101.325kPa),当水溶液的温度达到水的沸点 T_b^* (373.15K)时,由于稀溶液的蒸气压下降,此时水溶液的蒸气压小于外界大气压,水溶液不会沸腾。要使水溶液沸腾,必须升高温度,使水溶液的蒸气压等于外界大气压 $p^\ominus$。当继续升高水溶液的温度到 T_b 时,水溶液的蒸气压达到外界大气压 $p^\ominus$,溶液沸腾。此即稀溶液的**沸点升高**(boiling point elevation)。T_b 与 T_b^* 之差 ΔT_b 为溶液的沸点升高值。溶液的浓度越大,其蒸气压下降越显著,沸点升高也会越显著。拉乌尔根据实验数据得出:难挥发非电解质稀溶液的沸点升高值 ΔT_b 与溶质的质量摩尔浓度 b_B 成正比,即

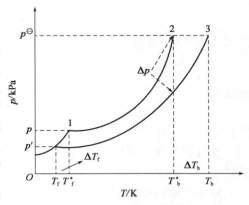

图 1-2　冰(1)、水(2)及水溶液(3)的蒸气压-温度关系图

$$\Delta T_b = k_b \cdot b_B \tag{1-12}$$

式中,k_b 为溶剂的**沸点升高系数**,单位为 $\text{K} \cdot \text{kg} \cdot \text{mol}^{-1}$。它是溶剂的特征常数。常见溶剂的沸点及沸点升高系数如表 1-4 所示。

常见溶剂的沸点及沸点升高系数 表 1-4

溶剂	T_b^*/K	$k_b/(K \cdot kg \cdot mol^{-1})$	溶剂	T_b^*/K	$k_b/(K \cdot kg \cdot mol^{-1})$
水	373.15	0.512	苯	353.25	2.53
乙醇	315.55	1.22	四氯化碳	349.87	4.95
乙酸	391.05	3.07	三氯甲烷	334.35	3.85
乙醚	307.85	2.02	丙酮	329.65	1.71

根据稀溶液的沸点升高,可以进行一系列的计算与讨论。

(1)计算溶液的沸点。

【例 1-7】 将 68.4g 蔗糖 $C_{12}H_{22}O_{11}$ 溶于 1.00kg 水中,求该溶液的沸点。

解: 蔗糖的摩尔质量 $M = 342g \cdot mol^{-1}$,物质的量为

$$n(C_{12}H_{22}O_{11}) = \frac{m(C_{12}H_{22}O_{11})}{M(C_{12}H_{22}O_{11})} = \frac{68.4g}{342g \cdot mol^{-1}} = 0.200mol$$

质量摩尔浓度为

$$b(C_{12}H_{22}O_{11}) = \frac{n(C_{12}H_{22}O_{11})}{m(H_2O)} = \frac{0.200mol}{1.00kg} = 0.200mol \cdot kg^{-1}$$

由于水的沸点升高系数 $k_b = 0.512K \cdot kg \cdot mol^{-1}$,则蔗糖溶液的沸点升高值为

$$\Delta T_b = k_b \cdot b(C_{12}H_{22}O_{11}) = 0.512K \cdot kg \cdot mol^{-1} \times 0.200mol \cdot kg^{-1} = 0.102K$$

因此,该溶液的沸点为

$$T_b = \Delta T_b + T_b^*(H_2O) = 0.102K + 373.15K = 373.25K$$

(2)计算溶质 B 的摩尔质量。

将质量摩尔浓度的定义式

$$b_B = \frac{n_B}{m_A} = \frac{m_B/M_B}{m_A}$$

代入式(1-12),可得

$$\Delta T_b = k_b \frac{m_B/M_B}{m_A}$$

移项得

$$M_B = \frac{k_b \cdot m_B}{\Delta T_b \cdot m_A} \tag{1-13}$$

通过测定难溶非电解质稀溶液的沸点升高 ΔT_b,利用式(1-13)即可计算溶质 B 的摩尔质量。

3)稀溶液的凝固点降低

在一定外压下,纯物质的液相与该物质的固相平衡共存时的温度称为该液体的凝固点。当溶液中溶有难挥发的溶质,固态纯溶剂与溶液中溶剂平衡共存时的温度称为该溶液的凝固点。如图 1-2 所示,常压下水的凝固点为 T_f^*(273.15K),此时水和冰的蒸气压均为 p(0.6106kPa)。由于稀溶液的蒸气压降低,此时水溶液的蒸气压低于冰的蒸气压,只有继续降低温度到 T_f 时,冰的蒸气压才会等于水溶液的蒸气压,T_f 即为水溶液的凝固点。显然,非电解质稀溶液的凝固点总是低于纯溶剂的凝固点,这种现象称为稀溶液的**凝固点降低**

(freezing point lowering)。实验结果表明,非电解质稀溶液的凝固点降低值 ΔT_f 与溶质的质量摩尔浓度 b_B 成正比,即

$$\Delta T_f = k_f \cdot b_B \tag{1-14}$$

式中,k_f 为溶剂的**凝固点降低系数**,单位为 $K \cdot kg \cdot mol^{-1}$。与 k_b 类似,k_f 也只与溶剂本身的性质有关。常见溶剂的凝固点及凝固点降低系数如表 1-5 所示。

常见溶剂的凝固点及凝固点降低系数　　　　　表 1-5

溶剂	T_f^* / K	$k_f / (K \cdot kg \cdot mol^{-1})$	溶剂	T_f^* / K	$k_f / (K \cdot kg \cdot mol^{-1})$
水	273.15	1.86	四氯化碳	305.15	32.00
乙酸	289.85	3.90	乙醚	156.95	1.80
苯	278.65	5.12	萘	353.5	6.90

与稀溶液的沸点升高的应用类似,利用稀溶液的凝固点降低,也可以计算稀溶液的凝固点及溶质的摩尔质量 M_B。

$$M_B = \frac{k_f \cdot m_B}{\Delta T_f \cdot m_A} \tag{1-15}$$

值得注意的是,虽然利用稀溶液的沸点升高和凝固点降低均可测定溶质的摩尔质量,但是由于多数溶剂的 k_f 比 k_b 大,凝固点的测定更为准确,故实际应用中常用凝固点降低法测定溶质的摩尔质量。

此外,溶液的凝固点降低在生活中还有许多应用实例。比如,冬天在布满冰的路面上撒盐可以降低水的凝固点,加速路面上冰的融化;冬季在汽车水箱中加入乙二醇可以使凝固点降低,防止水结冰冻裂水箱。

【例1-8】　0.32g 萘溶于 80g 苯中所得溶液的凝固点为 278.49K,求萘的摩尔质量。

解:已知苯的凝固点为 278.65K,k_f 值为 5.12K · kg · mol^{-1},故溶液的凝固点降低值为

$$\Delta T_f = (278.65 - 278.49) K = 0.16K$$

萘的摩尔质量为

$$M_B = \frac{k_f \cdot m_B}{\Delta T_f \cdot m_A} = \frac{5.12K \cdot kg \cdot mol^{-1} \times 0.32g}{0.16K \times 80g} = 128g \cdot mol^{-1}$$

4)溶液的渗透压

只允许溶剂分子通过,不允许溶质分子通过的薄膜称为半透膜。如图 1-3(a)所示,用一块半透膜将纯溶剂与稀溶液(或不同浓度的溶液)分置两侧,并使二者的液面高度相等。半透膜两侧的溶剂分子会通过半透膜向对向运动,由于相同体积内纯溶剂中的溶剂分子数目比溶液中的溶剂分子数目要多,相同时间内由纯溶剂进入溶液中的溶剂分子数目也会比反方向的多,净结果是溶剂分子从纯溶剂进入溶液,溶液一侧的液面升高[图 1-3(b)]。这种溶剂分子通过半透膜进入溶液中的现象称为渗透现象。溶液液面升高后,该侧的压力增大,溶液中的溶剂分子通过半透膜的速率加快,当压力增大到一定值后,相同时间内从半透膜两侧通过的溶剂分子数目相等,达到渗透平衡状态。为了阻止渗透的进行,必须在溶液上方施加一额外压力,恰好能阻止渗透现象发生的额外压力称为溶液的**渗透压**(osmotic pressure)[图 1-3(c)],用 Π 表示,单位为 Pa。

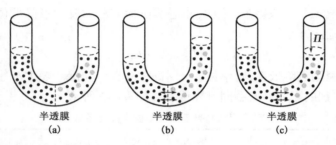

图1-3 渗透现象和渗透压示意图(U形管中左侧为纯溶剂,右侧为溶液)

产生渗透现象有两个必要条件:一是要存在半透膜;二是半透膜两侧单位体积内溶剂分子数目不同。溶剂渗透的方向为:纯溶剂→稀溶液(或稀溶液→浓溶液)。

1886年,荷兰化学家范特霍夫(van't Hoff)指出:理想稀溶液的渗透压与溶液的浓度和温度的关系同理想气体状态方程一致,即

$$\Pi V = nRT$$

移项整理得

$$\Pi = \frac{n}{V}RT = c_B RT \tag{1-16}$$

式(1-16)称为**范特霍夫方程**。式中,Π 是溶液的渗透压;c_B 是溶质 B 的物质的量浓度;R 是摩尔气体常数;T 是热力学温度。该式表明,在一定温度下,非电解质稀溶液的渗透压仅取决于单位体积溶液中所含溶质的质点数目,而与溶质的性质无关。因此,渗透压也是稀溶液的一种依数性。

由于稀溶液中溶质的物质的量浓度很小,$c_B \approx b_B$,式(1-16)可改写为

$$\Pi = b_B RT \tag{1-17}$$

将 $n = m_B/M_B$ 代入式(1-16)可得

$$\Pi = \frac{m_B/M_B}{V}RT$$

移项整理得

$$M_B = \frac{m_B \cdot RT}{\Pi \cdot V} \tag{1-18}$$

因此,通过测定难溶非电解质稀溶液的渗透压,就能够计算溶质的摩尔质量。但是由于小分子溶质容易透过半透膜,所以渗透压法适用于测定高分子化合物的摩尔质量,不能用于测定小分子溶质的摩尔质量。

【例1-9】 1L溶液中含5.00g马的血红素,在298K时测得溶液的渗透压为 $1.82 \times 10^2 Pa$,求马的血红素的摩尔质量。

解:马的血红素的摩尔质量为

$$M_B = \frac{m_B \cdot RT}{\Pi \cdot V} = \frac{5.00g \times 8.314 Pa \cdot m^3 \cdot mol^{-1} \cdot K^{-1} \times 298K}{1.82 \times 10^2 Pa \times 1 \times 10^{-3} m^3} = 6.81 \times 10^4 g \cdot mol^{-1}$$

渗透现象广泛存在于生物的生理活动过程中,与生命科学息息相关。如果给缺水的植物浇水,由于水渗入植物细胞内部,不久,植物茎叶就会挺立。如果将血红细胞置于纯水中,水会透过细胞壁进入细胞,而细胞内的若干种溶质如血红素、蛋白质等不能透出,细胞内的水会逐渐增多,细胞逐渐胀成圆球,最后崩裂。因此,医院输液时要使用等渗透溶液,否则细胞会因发生渗透现象而胀破,丧失正常的生理功能。

如果在溶液上方施加的压力大于渗透压,则溶液中的溶剂分子会通过半透膜进入纯溶剂中,这个过程叫**反渗透**(reverse osmosis)。反渗透的原理多用于海水淡化、污水处理及溶液浓缩等方面。

综上所述,难挥发非电解质稀溶液的蒸气压下降、沸点升高、凝固点降低以及渗透压只与一定量溶剂中所含溶质的量(或溶液的浓度)有关,而与溶质的本性无关。然而,对于电解质溶液或浓溶液,溶液的蒸气压下降、沸点升高、凝固点降低和渗透压等性质也取决于所含溶质粒子的数目,而与溶质本身的性质无关,但不能用稀溶液的依数性规律进行定量计算,可作定性比较。

【人物传记】

范　特　霍　夫

雅各布斯·亨里克斯·范特霍夫(J. H. van't Hoff,1852—1911 年),荷兰化学家,1852 年 8 月 30 日出生于荷兰鹿特丹市,1901 年获得第一届诺贝尔化学奖。范特霍夫从小聪明过人,受其父亲(医学博士) 的影响,中学时期就对化学实验产生了浓厚的兴趣,经常在放学后偷溜进学校实验室做化学实验。1869 年,范特霍夫到德尔夫特高等工艺学校学习工业技术,以优异的成绩毕业。1872 年,范特霍夫从莱顿大学毕业,前往巴黎医学院的武兹实验室。

1875 年,范特霍夫发表了《空间化学》一文,提出分子的空间立体结构的假说,首创"不对称碳原子"概念,以及碳的正四面体构型假说(又称范特霍夫-勒贝尔模型),即一个碳原子连接四个不同的原子或基团,初步解决了物质的旋光性与结构的关系问题。不久,范特霍夫被阿姆斯特丹大学聘为讲师,1878 年升为化学教授。

1877 年,范特霍夫开始研究化学动力学和化学亲和力问题。1884 年,出版《化学动力学研究》一书。1885 年被选为荷兰皇家科学院成员。1886 年范特霍夫根据实验数据提出范特霍夫定律——渗透压与溶液的浓度和温度成正比,它的比例常数就是气体状态方程中的摩尔气体常数 R。1887 年 8 月,范特霍夫与德国科学家奥斯特瓦尔德(F. W. Ostwald) 共同创办《物理化学杂志》(*Zeitschrift für Physikalische Chemie*)。

1901 年,由于"发现了溶液中的化学动力学法则和渗透压规律以及对立体化学和化学平衡理论作出的贡献",范特霍夫成为第一届诺贝尔化学奖获得者。1911 年 3 月 1 日,范特霍夫病逝于柏林附近的施特格利茨。

【延伸阅读】

反渗透技术与海水淡化

水是地球上最丰富的化合物之一,水域面积大约占全球总面积的四分之三,水的总体积约有 $1.386 \times 10^9 km^3$,然而生产和生活中能够使用的淡水资源却极其有限。水资源中,不能够直接饮用的咸水占 97.5% ,能够直接饮用的淡水占 2.5% ,并且 87% 的淡水资源储存于南北两极、高山冰川以及永冻地带,真正能够利用的河流和部分地下水仅占全球水资源总储量的 0.25% ,而且分布不均。全球约 65% 的水资源集中分布于巴西、俄罗斯、加拿大、中国、美国、印度尼西亚、孟加拉国、印度等国家,而约占世界人口总数 40% 的 80 个国家和地区却严重缺水。随着经济的不断发展,人们对淡水的需求不断增加。近年来水资源污染严重,淡水资源紧缺成为世界各国面临的严峻问题。

海洋中储存着大量的水资源,若是能通过一定的技术和手段,在较低的能耗下将海水大量淡化,则水资源紧缺问题就能较好地得到解决。在相关工作者的不懈努力下,海水淡化工作取得了一定的进展,目前能够实现海水淡化的方法有海水冻结法、电渗析法、蒸馏法、反渗透法、碳酸铵离子交换法等。应用反渗透膜的反渗透法以其设备简单、模块化、易于维护的优点迅速占领市场,逐步取代蒸馏法成为目前应用最广的方法。

渗透是一种物理现象,以盐水为例,如果在一张半透膜的两侧放置不同浓度的盐水,则水分子会从浓度低的一侧通过半透膜进入浓度高的一侧,直至两边浓度相等,其中的盐分并不能透过半透膜。如果在浓度高的一侧施加一个压力,当压力增大到一定值时,渗透过程就会终止。如果继续增大压力,水分子会向相反的方向渗透。因此,反渗透除盐原理就是向高盐分的水(如海水)中施加大于自然渗透压的压力,使渗透向相反方向进行,从而把海水中的水分子压到膜的另一边,使其变成纯净的水,达到除杂、除盐,淡化海水的目的。

反渗透技术是目前高纯水设备中应用最广泛的一种脱盐技术,主要用于分离溶液中的离子。该方法的装置体积小、操作简单、无须加热、不含相变过程、能耗低,因此适用范围比较广。用反渗透装置处理工业用水,不耗用大量酸碱,无二次污染,运行费用也比较低,具有非常广阔的应用前景。

习 题 1

1-1 什么叫理想气体?满足哪些条件的真实气体可以近似看作理想气体?

1-2 A container was filled with 4.4g CO_2 , 14g N_2 and 12.8g O_2. The total pressure of the gas in it is $2.026 \times 10^5 Pa$. What is the partial pressure of each component?

1-3 已知一气筒在 27℃、$3.040 \times 10^3 kPa$ 时含 480g 氧气。若此气筒被加热到 100℃,然后开启阀门(温度保持在 100℃),一直到气体压强降到 101.325kPa 时,共放出多少克氧气?

1-4 某气体化合物是氮的氧化物,其中氮的质量分数 $w(N) = 30.5\%$。某一容器中充有该气体化合物的质量是 4.107g,其体积为 0.500L,压力为 202.65kPa,温度为 0℃。求:

(1)该气体在标准状态下的密度。

(2)该气体化合物的相对分子质量和化学式。

1-5 某温度下,将 1.013×10^5 Pa 的氮气(N_2)2L 和 0.506×10^5 Pa 的氧气(O_2)3L,放入 6L 的真空容器中,求 N_2 和 O_2 的分压及混合气体的总压。

1-6 A solution was made by dissolving 40.0g NaOH into 1 000g water at a temperature of 288K. The density of the solution was measured to be 1.046g $\cdot$ mL^{-1}. Try to calculate the value of c_B, ρ_B, b_B, w_B and x_B of this solution.

1-7 在 298.15K 时,质量分数为 9.47% 的稀硫酸溶液的密度为 1.06×10^3 kg $\cdot$ m^{-3},在该温度下纯水的密度为 997kg $\cdot$ m^{-3}。求:

(1)该溶液中 H_2SO_4 的质量摩尔浓度。

(2)该溶液中 H_2SO_4 的物质的量浓度。

(3)该溶液中 H_2SO_4 的摩尔分数。

1-8 4g 某物质溶于 156g 苯中,苯的蒸气压从 26 664Pa 降低到 26 184Pa。求:

(1)此物质的摩尔分数。

(2)此物质的相对分子质量。

1-9 在 26.6g 氯仿($CHCl_3$)中溶解 0.402g 萘($C_{10}H_8$),其沸点比氯仿的沸点高 0.455K,求氯仿的沸点升高系数。

1-10 今有两种溶液:一种为 1.5g 尿素溶于 200g 水中;另一种为 42.72g 未知物溶于 1 000g 水中。这两种溶液在同一温度下结冰。求未知物的相对分子质量。

1-11 乙二醇(CH_2OHCH_2OH)通常与水混合,在汽车水箱中作为抗冻液体。

(1)如果要求溶液在 $-20℃$ 才能结冻,求此水溶液的质量摩尔浓度。

(2)需多大体积的乙二醇(密度为 1.11g $\cdot$ mL^{-1})加到 30L 水中,才能配成(1)中所要求的浓度?

1-12 标准大气压下,某水溶液的凝固点为 $-1.5℃$,试求:

(1)标准大气压下,该溶液的沸点。

(2)20℃时,该溶液的蒸气压。

(3)25℃时,该溶液的渗透压。

1-13 回答下列问题:

(1)海水鱼为什么不能生活在淡水中?

(2)为什么临床用质量分数为 0.9% 的生理盐水和 5% 的葡萄糖溶液给病人进行静脉注射?

1-14 试求 17℃ 时含 17.5g 蔗糖的 150mL 蔗糖水溶液的渗透压。

1-15 Arrange the following aqueous solutions in the descending order of boiling points.

(1)0.1mol $\cdot$ L^{-1} Al$_2$(SO$_4$)$_3$ (2)0.2mol $\cdot$ L^{-1} CuSO$_4$

(3)0.3mol $\cdot$ L^{-1} NaCl   (4)0.3mol $\cdot$ L^{-1} Urea

(5)0.6mol $\cdot$ L^{-1} CH$_3$COOH   (6)0.2mol $\cdot$ L^{-1} C$_6$H$_{12}$O$_6$

(王凤燕)

第2章 化学热力学基础

能量对于人类的生存和发展至关重要。如果没有能量,人类社会就不会发展到如今的水平。从古至今,人们一直在探索能够为我们所用的能量。目前,全世界都在致力研究如何高效地使用清洁能源。常见的能量有热能、电能、机械能、化学能、核能等。能量之间可以相互转化,热和功是能量传递的两种主要形式。研究热能和其他形式能量之间相互转化的科学叫**热力学**(thermodynamics)。将热力学原理和方法用于化学问题的研究,就是化学热力学。本章从热力学常用术语和基本概念入手,引出热力学第一定律,继而进一步研究化学反应中的热、功和热力学能的关系。给出了热力学基本函数焓、熵和 Gibbs 自由能的定义,并确定了它们的变化值焓变、熵变和 Gibbs 自由能变的计算方法。

2.1 热力学常用术语和基本概念

1)系统和环境

人们进行热力学研究的时候,必须先确定研究对象。因此,常把作为研究对象的物质和它们所占有的空间称为**系统**(system)。系统之外与系统密切相关的物质和空间则称为**环境**(surroundings)。例如,只研究水中的鱼时,鱼是系统,而水及其以外的物质和空间就是环境。

根据系统和环境之间物质和能量方面的交换情况,可将系统分为以下三类:

(1)敞开系统:系统与环境之间既有物质交换,又有能量交换。

(2)封闭系统:系统与环境之间有能量交换,但无物质交换。

(3)隔离系统:系统与环境之间既无物质交换,也无能量交换。也称为孤立系统。

2)状态和状态函数

系统的状态是系统的所有宏观性质的综合表现。系统的状态可以用体积、压力、温度、物质的量等来描述,我们把这些描述系统状态的宏观物理量称为**状态函数**(state function)。当这些物理量都确定后,系统的性质不再随时间而变化,系统的状态就确定了。状态确定了,状态函数即有确定的值。当系统的状态发生变化时,状态函数的变化只取决于系统的始态和终态,而与系统变化所经历的具体途径无关。无论经历多么复杂的变化,只要系统恢复原状,所有的性质也都复原。

系统的各状态函数相互联系、相互制约。因此,在描述系统状态时,只需确定几个状态函数,其他的状态函数也就随之确定了,不需要罗列出系统的所有状态函数。例如,确定了理想气体状态方程 $pV = nRT$ 中的 p、T 和 n,就可以确定剩下的状态函数 V。

3)过程和途径

在一定条件下,系统发生了从始态到终态的变化时,某些性质也发生相应变化,此时称系统发生了一个热力学过程,简称**过程**(process)。通常将系统从始态到终态所经历的过程总和称为**途径**(path)。根据过程发生时的不同条件,常将过程分为以下几种:

(1)等温过程(isothermal process):系统由始态到终态的过程中,温度始终保持不变,且与环境温度相同。

(2)等压过程(isobaric process):系统由始态到终态的过程中,压力始终保持不变,且与环境压力相同。

(3)等容过程(isochoric/isometric/isovolumic process):系统由始态到终态的过程中,体积始终保持不变。

(4)绝热过程(adiabatic process):系统在变化过程中与环境没有发生热交换。

2.2　热力学第一定律

系统的状态发生变化,会引起系统能量的变化,从而导致系统与环境之间发生能量的传递和交换。热和功是系统与环境之间能量传递和交换的两种形式。

1)热

热是大量分子无规则运动的一种表现。热力学中,将系统与环境之间由于温度不同而交换的能量称为**热**(heat),用符号 Q 表示,单位为 J。热力学中用热的传递方向来规定 Q 的取号:系统从环境中吸收热量,即系统吸热,$Q > 0$;系统向环境释放热量,即系统放热,$Q < 0$。热不仅与系统的始、终态有关,还与变化的途径有关,所以热不是状态函数。热是一个传递的能量,故不能说系统的某个状态有多少热。

2)功

除热以外,系统与环境之间所传递的其他形式的能量都称为**功**(work),用符号 W 表示,单位为 J。与热的取号类似,热力学中用功的传递方向来规定 W 的取号:环境对系统做功,$W > 0$;系统对环境做功,$W < 0$。功也不是状态函数,除了与系统的始、终态有关外,也与变化的途径有关。

功有很多种,常见的如膨胀功(也称为体积功)、电功和表面功等。膨胀功是指系统的体积发生变化时与环境交换的功,用 W_e 表示。例如,有一带活塞的气缸,将气缸中的气体作为系统,气体在等压下克服外压 p_e 膨胀,推动截面积为 A 的活塞移动距离 l,如图 2-1 所示。若不考虑活塞的质量及活塞与气缸壁之间的摩擦力,变化过程中保持温度不变,则系统对环境所做的功为:

$$W_e = -p_e Al = -p_e \Delta V = -p_e (V_2 - V_1)$$

式中,V_1 和 V_2 分别为膨胀前后气体的体积。若 $\Delta V > 0$,系统对环境做膨胀功;若 $\Delta V < 0$,环境对系统做压缩功。

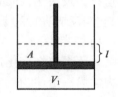

图 2-1　体积功示意图

除膨胀功之外其他形式的功称为非膨胀功,通常表示为 W_f,在讨论热力学定律时一般不考虑。

3)热力学能

热力学能(thermodynamic energy)是系统内所有微观粒子的动能和势能的总和,用符号 U 表示。热力学能包括分子的平动能、转动能、振动能、分子间相互作用的热能、分子内原子间的键能、电子和核运动的能量等。由于系统内部微观粒子运动及相互作用很复杂,所以无法测定热力学能的绝对值,只能测定其变化值 ΔU。在讨论实际问题时,只需知道热力学能的变化值。热力学能是状态函数,与系统的状态一一对应,系统的状态确定了,热力学能也就有了定值。其变化值只与系统的始态和终态有关,而与变化过程的途径无关。

科学家经过长期的实践总结出**能量守恒与转换定律**(law of energy transformation and conservation):自然界的一切物体都具有能量,能量有各种不同的形式,可以从一种形式转变为另一种形式,但在转变过程中能量的总值保持不变,此即**热力学第一定律**(the first law of thermodynamics),它是能量守恒与转换定律在热现象领域的一种表达方式。

假设有一个封闭系统,其始态的热力学能为 U_1,系统从环境中吸收的热量为 Q,同时它对环境所做的功为 W,到达终态时,系统的热力学能为 U_2。根据能量守恒与转换定律,有

$$U_2 = U_1 + Q + W$$
$$U_2 - U_1 = Q + W$$

用 ΔU 表示终态 U_2 和始态 U_1 之差,即系统热力学能的变化值,则

$$\Delta U = Q + W \tag{2-1}$$

式(2-1)即为热力学第一定律的数学表达式。它表明,系统从始态变化到终态时,可以发生热和功的传递,但能量的总值保持不变,即为二者的和。例如,某封闭系统吸收了 100kJ 的热量,并对环境做了 40kJ 的功,则系统热力学能的变化量为

$$\Delta U = Q + W = 100kJ - 40kJ = 60kJ$$

热力学第一定律是人类经验的总结,无数事实证明了这个定律的正确性。那种不消耗能量却可以不断对外做功的"永动机"是不存在的,因为违背了热力学第一定律。

2.3 焓 与 焓 变

2.3.1 化学反应热效应

通常,化学反应总是伴随着能量的变化。在一定条件下,化学反应过程中放出或吸收的热量称为**反应热**(chemical reaction heat)。反应热是热力学第一定律在化学反应中的具体应用,它与反应进行的条件有关。

1)等容热

封闭系统在变化过程中保持体积不变,即 $\Delta V = 0$,若系统不做非膨胀功,则 $W = 0$。根据热力学第一定律,有

$$Q_V = \Delta U \tag{2-2}$$

式中,Q_V 为等容热。式(2-2)表明,在不做非膨胀功的等容过程中,系统热力学能的变化值等于等容热。等容热可以通过弹式量热计来测定,但等容实验很少。

2)等压热

通常,许多化学反应是在等压条件下进行的。封闭系统在变化过程中保持压力不变,与环境交换的热量称为等压热,用符号 Q_p 表示。在等压过程中,膨胀功 $W = -p_e \Delta V$,若系统不做非膨胀功,则根据热力学第一定律可得

$$\Delta U = Q_p - p_e \Delta V$$

$$Q_p = \Delta U + p_e (V_2 - V_1)$$

由于是等压过程,有 $p_1 = p_2 = p_e$,则

$$Q_p = (U_2 - U_1) + (p_2 V_2 - p_1 V_1) = (U_2 + p_2 V_2) - (U_1 + p_1 V_1) \tag{2-3}$$

定义

$$H = U + pV \tag{2-4}$$

由式(2-4)定义的函数 H 称为**焓**(enthalpy)。式(2-3)可以写作

$$Q_p = H_2 - H_1$$

即

$$Q_p = \Delta H \tag{2-5}$$

式(2-5)表明,在不做非膨胀功的等压过程中,系统焓的变化值等于等压热。等压热容易测定,所以式(2-5)很有用。

3)焓

焓是根据需要定义出来的。由焓的定义可以看出,U、p、V 是状态函数,所以 H 也是状态函数。与 U 一样,H 的绝对值也是不能确定的。在实际工作中,我们只需要知道焓变 ΔH 就可以了。同样,焓变只与系统的始态和终态有关,而与变化的途径无关。由焓的定义可知,组成焓的函数 U 和 pV 都具有能量单位,因此焓的单位也是 J。热力学中规定:吸热反应,$\Delta H > 0$;放热反应,$\Delta H < 0$。等压热可以用杯式量热计来测量。在等压、不做非膨胀功的过程中,测定了 Q_p 就知道了 ΔH,就可以计算出 ΔU 的值,这就是定义焓这个函数的目的。

在讨论化学反应的焓变时,需要引入反应进度的概念。任意的化学反应方程式都可以写成

$$aA + bB \longrightarrow yY + zZ$$

简化为

$$0 = \sum_B \nu_B B$$

式中,B 表示化学反应方程中的任一组分(反应物或生成物);ν_B 称为任一组分 B 的化学计量数,是量纲为 1 的量。对于反应物,ν_B 为负值;对于生成物,ν_B 为正值。例如,氢气和氧气反应生成水

$$2H_2(g) + O_2(g) \longrightarrow 2H_2O(l)$$

反应方程式中各物质的化学计量数为

$$\nu_{H_2} = -2, \nu_{O_2} = -1, \nu_{H_2O} = 2$$

对于任意化学反应

$$0 = \sum_{B} \nu_B B$$

定义

$$d\xi = \frac{dn_B}{\nu_B} \tag{2-6}$$

或

$$\Delta\xi = \frac{\Delta n_B}{\nu_B} \tag{2-7}$$

式(2-6)和式(2-7)中,n_B 为 B 的物质的量;ξ 为**反应进度**(extent of reaction),单位为 mol。引入反应进度的好处是,反应进行到任意时刻,无论用反应物还是生成物表示反应进行的程度,都能得到相同的结果。例如,氢气和氧气反应生成水

$$2H_2(g) + O_2(g) \longrightarrow 2H_2O(l)$$

开始时 n_B/mol 4   2   0

t 时 n_B/mol 2   1   2

用式(2-7)计算的反应进度为

$$\xi(H_2) = \frac{\Delta n(H_2)}{\nu(H_2)} = \frac{2-4}{-2}mol = 1mol$$

$$\xi(O_2) = \frac{\Delta n(O_2)}{\nu(O_2)} = \frac{1-2}{-1}mol = 1mol$$

$$\xi(H_2O) = \frac{\Delta n(H_2O)}{\nu(H_2O)} = \frac{2-0}{2}mol = 1mol$$

需要注意的是,在应用反应进度概念时,必须与指明的化学反应方程式相对应。若将上述例子中的反应方程两边同时除以 2,开始时刻和 t 时刻各物质的量不变,则反应进度变为 2mol。

反应热与反应进度有关。在等压条件下,若化学反应进行 1mol 反应进度,此时的焓变称为**反应的摩尔焓变**,用符号 $\Delta_r H_m$ 表示,可写作

$$\Delta_r H_m = \frac{\Delta H}{\Delta\xi}$$

同理,在等容条件下,反应的摩尔热力学能的变化为

$$\Delta_r U_m = \frac{\Delta U}{\Delta\xi}$$

由式(2-1)和式(2-5)可以得到在等温等压条件下

$$\Delta U = \Delta H + W \tag{2-8}$$

对于有气体参加的反应,膨胀功为

$$W_e = -p_e\Delta V = -p_e(V_2 - V_1) = -(n_2 - n_1)RT = -\Delta nRT$$

Δn 为反应前后气体的物质的量的变化值。式(2-8)可以写作

$$\Delta U = \Delta H - \Delta nRT$$

当进行 1mol 反应进度时,有

$$\Delta_r U_m = \Delta_r H_m - \sum_B \nu_{B(g)} RT \tag{2-9}$$

式中,$\sum_B \nu_{B(g)}$ 是反应前后气体物质化学计量数的代数和。

而对于没有气体参加的凝聚相(液相和固相)反应,体积变化不大,可以忽略,故膨胀功 $W_e \approx 0$。假设不考虑非膨胀功,$W = 0$,则可得到

$$\Delta U \approx \Delta H$$

当进行 1mol 反应进度时,有

$$\Delta_r U_m \approx \Delta_r H_m$$

2.3.2　热化学方程式

表示化学反应及其反应热(标准摩尔焓变)关系的化学反应方程式叫作**热化学方程式**(thermochemical equation)。例如

$$H_2(g) + Cl_2(g) \longrightarrow 2HCl(g) \qquad \Delta_r H_m^{\ominus}(298.15K) = -184.61kJ \cdot mol^{-1}$$

此热化学方程式表示在温度为 298.15K 和标准状态下,反应进行 1mol 反应进度时,反应的标准摩尔焓变 $\Delta_r H_m^{\ominus} = -184.61kJ \cdot mol^{-1}$。其中,下角标"r"表示"reaction",m 表示反应进度为 1mol,右上角标"$\ominus$"表示热力学标准状态。热力学上对标准状态(简称为标准态)有严格的规定:

(1)气体的标准态是具有理想气体特性的纯气体 B 或气体混合物中组分气体 B,在一定温度和标准压力($p^{\ominus} = 100kPa$)下的(假想)状态。

(2)液体(或固体)的标准态是稳定的纯液体(或纯固体)在一定温度和标准压力 $p^{\ominus}$ 下的状态。

(3)溶液中溶质 B 的标准态是在标准压力 $p^{\ominus}$ 下,溶质 B 的物质的量浓度为 $c^{\ominus} = 1mol \cdot L^{-1}$ 或质量摩尔浓度为 $b^{\ominus} = 1mol \cdot kg^{-1}$,并表现出无限稀释特征的(假想)状态。

热化学方程式在书写时应注意以下几点:

(1)要注明反应物和生成物的聚集状态:气态(g)、液态(l)或固态(s)。聚集状态不同,反应的标准摩尔焓变也不同。例如

$$2H_2(g) + O_2(g) \longrightarrow 2H_2O(l) \qquad \Delta_r H_m^{\ominus}(298.15K) = -571.66kJ \cdot mol^{-1}$$

产物 H_2O 的聚集状态若为气态,则

$$2H_2(g) + O_2(g) \longrightarrow 2H_2O(g) \qquad \Delta_r H_m^{\ominus}(298.15K) = -483.64kJ \cdot mol^{-1}$$

(2)反应进度与化学计量数有关,同一反应的化学计量方程式不同,$\Delta_r H_m^{\ominus}$ 也不同。例如

$$H_2(g) + \frac{1}{2}O_2(g) \longrightarrow H_2O(g) \qquad \Delta_r H_m^{\ominus}(298.15K) = -241.82kJ \cdot mol^{-1}$$

式中,各物质的化学计量数均为(1)中同一反应的一半,$\Delta_r H_m^{\ominus}$ 也为(1)中同一反应的一半。

（3）热化学方程式中要注明反应的温度。温度不同,反应的标准摩尔焓变也不同。

（4）需要注意的是逆反应的 $\Delta_r H_m^{\ominus}$ 与正反应的 $\Delta_r H_m^{\ominus}$ 数值相同,符号相反。例如

$$H_2O(g) \longrightarrow H_2(g) + \frac{1}{2}O_2(g) \qquad \Delta_r H_m^{\ominus}(298.15K) = 241.82kJ \cdot mol^{-1}$$

2.3.3 Hess 定律

Hess 定律（Hess's law）是俄国化学家赫斯（G. H. Hess）在 1840 年根据大量实验结果提出的,其内容为:一个化学反应不论是一步完成还是分几步完成,反应的热效应是相同的。Hess 定律是热力学第一定律的必然结果,其实质是状态函数焓的变化与途径无关,只与反应的始态和终态有关。

Hess 定律又称为热效应总值一定定律,可以根据 Hess 定律间接地计算不易用实验直接测定的化学反应的热效应。例如,C 与 O_2 反应生成 CO_2 的焓变容易测定,可由 C 直接燃烧得到。但 C 与 O_2 反应生成 CO 的焓变不容易测定,因为 CO 为 C 不充分燃烧的产物。因此,可以根据 Hess 定律比较容易地间接求出 C 与 O_2 反应产生 CO 的反应热。生成 CO_2 的途径如图 2-2 所示。

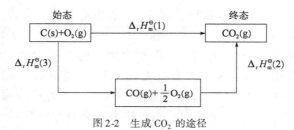

图 2-2 生成 CO_2 的途径

反应（1） $C(s) + O_2(g) \longrightarrow CO_2(g)$ $\Delta_r H_m^{\ominus}(1) = -393.51kJ \cdot mol^{-1}$

反应（2） $CO(g) + \frac{1}{2}O_2(g) \longrightarrow CO_2(g)$ $\Delta_r H_m^{\ominus}(2) = -282.98kJ \cdot mol^{-1}$

反应（3） $C(s) + \frac{1}{2}O_2(g) \longrightarrow CO(g)$ $\Delta_r H_m^{\ominus}(3)$ 不易测定

根据 Hess 定律

$$\Delta_r H_m^{\ominus}(1) = \Delta_r H_m^{\ominus}(2) + \Delta_r H_m^{\ominus}(3)$$

移项得

$$\Delta_r H_m^{\ominus}(3) = \Delta_r H_m^{\ominus}(1) - \Delta_r H_m^{\ominus}(2)$$

$$= -393.51kJ \cdot mol^{-1} - (-282.98kJ \cdot mol^{-1})$$

$$= -110.53kJ \cdot mol^{-1}$$

从反应方程式来看,反应（3）=反应（1）-反应（2）,所以反应（3）的反应热可由反应（1）减去反应（2）求得。总反应的焓变必然等于各步反应焓变的代数和,这就是 Hess 定律的本质。这种方法可用于其他类似反应的标准摩尔焓变的计算。

2.3.4　标准摩尔焓变及其计算

从焓的定义式可知,焓的绝对值无法确定。但实际应用中,人们更想知道反应过程中系统的焓变。因此,热力学中利用物质的相对焓值来求焓变。在等温、等压的条件下,化学反应的焓变等于生成物焓的总和减去反应物焓的总和。对于任意反应

$$0 = \sum_{B} \nu_{B} B$$

若参与反应的所有物质均处于标准状态,则该反应的标准摩尔焓变为

$$\Delta_r H_m^{\ominus}(T) = \sum_{B} \nu_{B} H_m^{\ominus}(B, 相态, T) \tag{2-10}$$

式中,ν_B 是化学计量数,对反应物取负值,对生成物取正值;$H_m^{\ominus}(B, 相态, T)$ 是一定相态的物质 B 在标准压力下、温度为 T 时的标准摩尔焓。只要知道了该反应中所有物质的标准摩尔焓,就可以很容易地计算出化学反应的焓变。但是,物质的标准摩尔焓的绝对值没有办法测定,只能采用一些相对标准,如标准摩尔生成焓和标准摩尔燃烧焓。

1) 采用标准摩尔生成焓计算标准摩尔焓变

在标准压力 $p^{\ominus}$ 和反应温度 T 时,由指定的稳定单质生成化学计量数为 1 的生成物 B 时反应的标准摩尔焓变称为物质 B 的**标准摩尔生成焓**,用符号 $\Delta_f H_m^{\ominus}(B, 相态, T)$ 表示,单位为 $kJ \cdot mol^{-1}$,下标"f"表示"formation"。以氢气和氧气反应生成水为例

$$H_2(g) + \frac{1}{2}O_2(g) \longrightarrow H_2O(l) \qquad \Delta_r H_m^{\ominus}(298.15K) = -285.83 kJ \cdot mol^{-1}$$

即 $H_2O(l)$ 的标准摩尔生成焓 $\Delta_f H_m^{\ominus}(H_2O, l, 298.15K) = -285.83 kJ \cdot mol^{-1}$。若反应生成气态水

$$H_2(g) + \frac{1}{2}O_2(g) \longrightarrow H_2O(g) \qquad \Delta_r H_m^{\ominus}(298.15K) = -241.82 kJ \cdot mol^{-1}$$

即 $H_2O(g)$ 的标准摩尔生成焓 $\Delta_f H_m^{\ominus}(H_2O, g, 298.15K) = -241.82 kJ \cdot mol^{-1}$。因此,同一生成物的相态不同,得到的标准摩尔生成焓也不同。

根据标准摩尔生成焓的定义,所有指定稳定单质的标准摩尔生成焓均为零。但事实上,标准摩尔生成焓不可能为零,它只是一个相对值。需要注意的是,稳定单质不一定是该单质最稳定的状态,一般是指在所讨论的标准压力和温度下最稳定状态的单质,通常使用的稳定单质有 $H_2(g)$、$Cl_2(g)$、$O_2(g)$、$N_2(g)$、$Hg(l)$、$I_2(s)$、$C(s, 石墨)$、$P(s, 白磷)$、$S(s, 正交硫)$ 等。对于水合离子,规定以水合氢离子的标准摩尔生成焓为零。所有物质在 298.15K 时的标准摩尔生成焓都可以从热力学数据表中查到,这样人们就可以利用这些标准摩尔生成焓计算化学反应的标准摩尔焓变,计算公式为

$$\Delta_r H_m^{\ominus}(298.15K) = \sum_{B} \nu_{B} \Delta_f H_m^{\ominus}(B, 相态, 298.15K) \tag{2-11}$$

即反应的标准摩尔焓变等于生成物标准摩尔生成焓的总和减去反应物标准摩尔生成焓的总和。

2) 采用标准摩尔燃烧焓计算标准摩尔焓变

标准摩尔燃烧焓定义为在标准压力 $p^{\ominus}$ 和一定温度 T 时,化学计量数为 -1 的物质 B 完全燃烧,氧化成同温度的指定燃烧产物时的焓变,用符号 $\Delta_c H_m^{\ominus}(B, 相态, T)$ 表示,单位为 $kJ \cdot mol^{-1}$,下标"c"表示"combustion"。常见有机化合物在 298.15K 时的标准摩尔燃烧焓可

以从热力学数据表中查到。

例如,在298.15K和标准压力 $p^{\ominus}$ 下,$H_2(g)$ 的燃烧反应为

$$H_2(g) + \frac{1}{2}O_2(g) \longrightarrow H_2O(l) \qquad \Delta_r H_m^{\ominus}(298.15K) = -285.83 kJ \cdot mol^{-1}$$

根据该式计算出 $H_2(g)$ 的标准摩尔燃烧焓为

$$\Delta_c H_m^{\ominus}(H_2, g, 298.15K) = -285.83 kJ \cdot mol^{-1}$$

可以发现,$H_2(g)$ 的标准摩尔燃烧焓也就是 $H_2O(l)$ 的标准摩尔生成焓。

通常,$C \longrightarrow CO_2(g)$,$H \longrightarrow H_2O(l)$,$N \longrightarrow N_2(g)$,$S \longrightarrow SO_2(g)$,$Cl \longrightarrow HCl(aq)$,$P \longrightarrow P_2O_5$ 为指定的燃烧产物。与标准摩尔生成焓一样,指定燃烧产物不同,标准摩尔燃烧焓的值也不同。用标准摩尔燃烧焓计算标准摩尔焓变的公式为

$$\Delta_r H_m^{\ominus}(298.15K) = -\sum_B \nu_B \Delta_c H_m^{\ominus}(B,相态,298.15K) \tag{2-12}$$

即反应的标准摩尔焓变等于反应物的标准摩尔燃烧焓的总和减去生成物的标准摩尔燃烧焓的总和。

2.4 熵 与 熵 变

2.4.1 化学反应的自发变化

人们发现,水总是自动地从高处流向低处,热量总是从高温物体自发地传向低温物体,铁在潮湿的空气中总是容易生锈,插在硫酸铜溶液中的锌片能置换出单质铜。这些现象有一个共同的特征,就是都具有一定的方向性。因此,我们将在一定条件下不需要外力作用就能自动发生的过程称为**自发过程**(spontaneous process)。自发过程具有单向性,是不可逆的,其逆过程是不可能自动发生的。要进行自发过程的逆过程,就必须对其做功。例如,通过水泵做机械功,可将水从低处输送到高处;通过冷冻机做功,可将热从低温物体传递给高温物体;通过电解的方法可在常温下将水分解为氢气和氧气等等。在科学研究和生产实践过程中,人们更关注的是化学反应自发进行的方向和限度问题。如果通过热力学计算发现某反应在任何温度和压力下都不能自发进行,就没有必要对其进行研究。对于在给定条件下能自发进行的反应,则可以继续对其限度和速率进行研究。

化学家很早以前就希望找到判断反应自发进行的依据。上面提到的自然界中的自发过程普遍朝着能量降低的方向进行。系统的能量越低,其状态越稳定。1878年,法国的贝特洛(M. Berthelot)和丹麦的汤姆森(J. Thomsen)提出,自发的化学反应趋向于使系统放出最多的热。反应放热越多,系统的能量降低得也越多,称为能量最低原理。人们试图用能量降低或反应的热效应(焓变)来判断反应自发进行的方向,因为许多化学反应都是放热的,符合能量最低原理。例如

$$C(s) + O_2(g) \longrightarrow CO_2(g) \qquad \Delta_r H_m^{\ominus}(298.15K) = -393.51 kJ \cdot mol^{-1}$$

$$H^+(aq) + OH^-(aq) \longrightarrow H_2O(l) \qquad \Delta_r H_m^{\ominus}(298.15K) = -55.84 kJ \cdot mol^{-1}$$

对于放热反应来说,系统的焓减少,即 $\Delta H < 0$,反应将会自发进行。但是,有些反应或过程是吸热的,即 $\Delta H > 0$,却也能自发进行。比如,在标准压力和温度高于 273.15K 时,冰可以自发融化成水,是吸热过程;水在常温下自发蒸发,也是吸热过程。又如,工业上石灰石(主要成分为碳酸钙)的分解是吸热反应

$$CaCO_3(s) \longrightarrow CaO(s) + CO_2(g) \qquad \Delta_r H_m^{\ominus} = 178.32 kJ \cdot mol^{-1}$$

当升高到一定温度时,$CaCO_3$ 能自发分解成 CaO 和 CO_2。显然,这些过程或反应不能仅仅用反应的焓变来解释,放热只是判断反应自发进行的一个因素。因此,除了焓变这一重要因素外,反应的自发性还与其他因素有关。

2.4.2　混乱度与熵

1)混乱度

在反应自发性的研究中,发现许多自发过程都朝混乱度增大的方向进行。例如,将一瓶氧气敞开放置在房间中,不久氧气会扩散至整个房间,混乱度增大。又如,在一杯水中滴入几滴红墨水,很快红墨水会扩散到整杯水中导致混乱度增大。上面提到的冰自动融化为水的例子,本质是由固态变为液态,水分子的混乱度增大。再升高温度,水变为水蒸气时,水分子的混乱度更大。$CaCO_3$ 受热分解后,气相中分子数的增加也使得系统的混乱度增大。这些变化说明,系统趋向于混乱度增大,由有秩序变为无秩序,也就是自发过程总是朝着系统混乱度增大的方向进行。

2)熵

在热力学中,系统中微观粒子的混乱度可以用**熵**(entropy)这一新的函数来表示,记为 S。系统熵值越大,系统的混乱度就越大。熵也是状态函数,故其变化只与系统的始态和终态有关,而与变化途径无关。与热力学能 U 和焓 H 一样,熵的绝对值也是不可知的。我们只能人为地规定一些参考点作为零点来计算熵的相对值。普兰克(Planck)和路易斯(Lewis)通过研究提出了**热力学第三定律**(the third law of thermodynamics),规定 0K 时任何完整晶体的熵值都等于零。完整晶体是指晶体中原子或分子只有一种排列方式。热力学第三定律规定了熵的零点,以此为基准就可以确定温度高于 0K 时物质的规定熵。显然,温度升高,熵值就增大。例如,当温度从 0K 升高到 TK 时,此过程中物质的熵变为

$$\Delta S = S_T - S_0 = S_T - 0 = S_T$$

式中,S_0 为 0K 时的熵,其值为零;S_T 为温度 T 时的规定熵。

在温度 T 和标准状态下,单位物质的量的纯物质 B 的规定熵称为该物质的**标准摩尔熵**,用符号 $S_m^{\ominus}(B, 相态, T)$ 表示,单位是 $J \cdot mol^{-1} \cdot K^{-1}$。常见物质在 298.15K 时的标准摩尔熵见附录 A。表中大多数物质在 298.15K 时的 $S_m^{\ominus}$ 大于零,指定单质的 $S_m^{\ominus}$ 也不等于零。与标准摩尔生成焓相似,对于水合离子,因溶液中同时存在正、负离子,规定处于标准状态下的水合氢离子的标准摩尔熵为零。

根据对一些物质的标准摩尔熵的比较,可以得出如下规律:

(1)对于同一物质,温度相同、聚集状态不同时,$S_m^{\ominus}(g) > S_m^{\ominus}(l) > S_m^{\ominus}(s)$。例如

$$S_m^{\ominus}(H_2O, g, 298.15K) = 188.83 J \cdot mol^{-1} \cdot K^{-1}$$

$$S_m^{\ominus}(H_2O, l, 298.15K) = 69.91 J \cdot mol^{-1} \cdot K^{-1}$$

（2）同一物质聚集状态相同时，其熵值随温度的升高而增大。

（3）温度和聚集状态相同时，分子结构相似的同类物质，摩尔质量越大，其标准摩尔熵值越大。例如，298.15K 时

$$S_m^{\ominus}(HF) < S_m^{\ominus}(HCl) < S_m^{\ominus}(HBr) < S_m^{\ominus}(HI)$$

（4）一般来说，温度和聚集状态相同时，分子或晶体结构较复杂的物质的熵值大于分子或晶体结构较简单的物质的熵值。例如

$$S_m^{\ominus}(C_2H_6, g, 298.15K) = 229.60 J \cdot mol^{-1} \cdot K^{-1}$$

$$S_m^{\ominus}(CH_4, g, 298.15K) = 186.26 J \cdot mol^{-1} \cdot K^{-1}$$

（5）温度、聚集状态和摩尔质量相同时，没有对称中心的物质的熵值大于有对称中心的物质的熵值。例如

$$S_m^{\ominus}(C_2H_5OH, g, 298.15K) = 282.70 J \cdot mol^{-1} \cdot K^{-1}$$

$$S_m^{\ominus}(CH_3OCH_3, g, 298.15K) = 266.38 J \cdot mol^{-1} \cdot K^{-1}$$

此外，混合物或溶液的熵值往往大于相应的纯物质的熵值。压力对固态、液态物质的熵值影响较小，但对气体物质的熵值影响较大。由此可以引申出气体分子数增加的反应其熵值总是增大的。

2.4.3 标准摩尔熵变及其计算

熵是状态函数，反应过程中的熵变只与始态和终态有关，而与变化的途径无关。**反应的标准摩尔熵变**定义为在标准状态和一定温度时，某反应进行了 1mol 反应进度时的熵变，用 $\Delta_r S_m^{\ominus}$ 表示。$\Delta_r S_m^{\ominus}$ 的计算与 $\Delta_r H_m^{\ominus}$ 的计算相似，可以由反应物和生成物的标准摩尔熵求得。对任意化学反应

$$0 = \sum_B \nu_B B$$

在 298.15K 时，反应的标准摩尔熵变的计算公式为

$$\Delta_r S_m^{\ominus}(298.15K) = \sum \nu_B S_m^{\ominus}(B, 相态, 298.15K) \tag{2-13}$$

即反应的标准摩尔熵变等于生成物的标准摩尔熵之和减去反应物的标准摩尔熵之和。

实际研究发现，若化学反应的 $\Delta_r S_m^{\ominus} > 0$，则有利于反应正向自发进行；若化学反应的 $\Delta_r S_m^{\ominus} < 0$，则不利于反应正向自发进行。这种利用反应的熵变判断反应自发性的依据称为**反应的熵判据**。熵变是判断反应自发进行的另一个重要因素，但仅用熵变作判据是不充分的。反应自发性的判断不仅要考虑焓变和熵变，还要考虑温度的影响。

2.5 Gibbs 自由能与 Gibbs 自由能变

1878 年，美国物理化学家吉布斯（J. W. Gibbs）定义了一个新的热力学函数，综合考虑了焓、熵和温度三个因素，称为 **Gibbs 自由能**（Gibbs free energy，亦称 Gibbs 函数），用 G 表示。定义式为

$$G = H - TS \tag{2-14}$$

式中，H、T、S 均为状态函数，当然 G 也是状态函数。在等温、等压条件下系统发生状态变化时，Gibbs 自由能的变化为

$$\Delta G = \Delta H - T\Delta S \tag{2-15}$$

此式称为 **Gibbs-Helmholtz 方程**。ΔG 表示该过程的 **Gibbs 自由能变**（亦称 Gibbs 函数变），其值只与始态、终态有关，而与变化的途径无关。ΔG 是最常用的热力学判据，可以用来判断反应自发进行的方向，因为绝大多数反应都是在等温、等压条件下进行的。

2.5.1　标准摩尔 Gibbs 自由能变及其计算

对于等温、等压条件下的化学反应，当反应进行了 1mol 反应进度时，反应的摩尔 Gibbs 自由能变为

$$\Delta_r G_m(T) = \Delta_r H_m(T) - T\Delta_r S_m(T) \tag{2-16}$$

该式称为 **Gibbs 等温方程**。如果化学反应是在标准状态下进行的，则式（2-16）可以写作

$$\Delta_r G_m^\ominus(T) = \Delta_r H_m^\ominus(T) - T\Delta_r S_m^\ominus(T) \tag{2-17}$$

式中，$\Delta_r G_m^\ominus$ 称为**反应的标准摩尔 Gibbs 自由能变**，单位为 $kJ \cdot mol^{-1}$。由式（2-17）可以看出，温度不同时，$\Delta_r G_m^\ominus$ 的数值也不同。温度对 $\Delta_r H_m^\ominus$ 和 $\Delta_r S_m^\ominus$ 的影响较小，通常在近似计算中，可认为焓变和熵变基本不随温度变化。这样，温度 T 时的 $\Delta_r H_m^\ominus(T)$ 和 $\Delta_r S_m^\ominus(T)$ 就可以分别用 $\Delta_r H_m^\ominus(298.15K)$ 和 $\Delta_r S_m^\ominus(298.15K)$ 来代替，则式（2-17）可写为

$$\Delta_r G_m^\ominus(T) = \Delta_r H_m^\ominus(298.15K) - T\Delta_r S_m^\ominus(298.15K) \tag{2-18}$$

通过各物质的标准摩尔生成焓和标准摩尔熵求得 $\Delta_r H_m^\ominus(298.15K)$ 和 $\Delta_r S_m^\ominus(298.15K)$，就可以利用式（2-18）近似地求解反应的标准摩尔 Gibbs 自由能变。

另外，还可以用物质的标准摩尔生成 Gibbs 自由能来求反应的标准摩尔 Gibbs 自由能变。在标准状态和温度 T 时，由指定单质生成化学计量数为 1 的物质 B，反应的标准摩尔 Gibbs 自由能变称为物质 B 的标准摩尔生成 Gibbs 自由能，用符号 $\Delta_f G_m^\ominus$（B，相态，T）表示，单位为 $kJ \cdot mol^{-1}$。任何指定单质的标准摩尔生成 Gibbs 自由能为零。对于水合离子，规定水合氢离子的标准摩尔生成 Gibbs 自由能为零。本书附录 A 中列出了一些常见物质在 298.15K 时的标准摩尔生成 Gibbs 自由能。与反应的标准摩尔焓变的计算相似，反应的标准摩尔 Gibbs 自由能变可用参加化学反应的各物质的标准摩尔生成 Gibbs 自由能进行计算。对于任意反应

$$0 = \sum_B \nu_B B$$

在 298.15K 时，其标准摩尔 Gibbs 自由能变的计算公式为

$$\Delta_r G_m^\ominus(298.15K) = \sum \nu_B \Delta_f G_m^\ominus(B，相态，298.15K) \tag{2-19}$$

上式表明，反应的标准摩尔 Gibbs 自由能变等于各生成物的 $\Delta_f G_m^\ominus$ 的总和减去各反应物的 $\Delta_f G_m^\ominus$ 总和。

2.5.2　Gibbs 自由能变与反应的方向

热力学研究表明，在等温等压不做非膨胀功的条件下，系统的自发变化总是向 Gibbs 自

由能减少的方向进行,直至系统达到平衡。对于实际的化学反应,我们可以用 **Gibbs 自由能判据**来判断反应自发进行的方向

$$\begin{cases} \Delta_r G_m < 0, \text{反应正向自发进行,不可逆} \\ \Delta_r G_m = 0, \text{反应达到平衡状态,可逆} \\ \Delta_r G_m > 0, \text{反应逆向自发进行,不可逆} \end{cases} \tag{2-20}$$

式中,$\Delta_r G_m$ 为反应的摩尔 Gibbs 自由能变。在标准状态下,可以用式(2-18)计算反应的标准摩尔 Gibbs 自由能变 $\Delta_r G_m^{\ominus}(T)$,然后用 $\Delta_r G_m^{\ominus}(T)$ 来判断反应进行的方向。实际上很多化学反应都是在非标准态下进行的。这种情况下,反应的摩尔 Gibbs 自由能变 $\Delta_r G_m(T)$ 与标准状态下反应的摩尔 Gibbs 自由能变 $\Delta_r G_m^{\ominus}(T)$ 之间的关系可由热力学推导得出

$$\Delta_r G_m(T) = \Delta_r G_m^{\ominus}(T) + RT\ln J \tag{2-21}$$

式(2-21)称为**化学反应等温方程式**。式中,$\Delta_r G_m(T)$ 是 T 温度下非标准态的 Gibbs 自由能变;$\Delta_r G_m^{\ominus}(T)$ 是 T 温度下标准态的 Gibbs 自由能变;J 是反应商。

将浓度除以其标准态($c^{\ominus} = 1\text{mol} \cdot \text{L}^{-1}$)得到相对浓度,将分压除以其标准态($p^{\ominus} = 100\text{kPa}$)得到相对分压。相对浓度和相对分压都是量纲为 1 的量。对于一般的气相反应

$$a\text{A}(g) + b\text{B}(g) \longrightarrow y\text{Y}(g) + z\text{Z}(g)$$

反应进行到任意时刻各物质的相对分压表示为 $\dfrac{p_A}{p^{\ominus}}$、$\dfrac{p_B}{p^{\ominus}}$、$\dfrac{p_Y}{p^{\ominus}}$ 和 $\dfrac{p_Z}{p^{\ominus}}$,则反应商可表示为

$$J = \frac{[p_Y/p^{\ominus}]^y \cdot [p_Z/p^{\ominus}]^z}{[p_A/p^{\ominus}]^a \cdot [p_B/p^{\ominus}]^b} \tag{2-22}$$

此式表示反应商 J 等于任意时刻各生成物的压力与标准压力之比的幂的连乘积除以各反应物的压力与标准压力之比的幂的连乘积,其中幂指数为配平了的化学反应方程式中该物质前面的系数。

对于溶液中的反应

$$a\text{A}(aq) + b\text{B}(aq) \longrightarrow y\text{Y}(aq) + z\text{Z}(aq)$$

此时变化的不是气体分压,而是各物质的浓度 c,反应进行到任意时刻各物质的相对浓度表示为 $\dfrac{c_A}{c^{\ominus}}$、$\dfrac{c_B}{c^{\ominus}}$、$\dfrac{c_Y}{c^{\ominus}}$ 和 $\dfrac{c_Z}{c^{\ominus}}$,则反应商可表示为

$$J = \frac{[c_Y/c^{\ominus}]^y \cdot [c_Z/c^{\ominus}]^z}{[c_A/c^{\ominus}]^a \cdot [c_B/c^{\ominus}]^b} \tag{2-23}$$

此式表示反应商 J 等于任意时刻各生成物的浓度与标准浓度之比的幂的连乘积除以各反应物的浓度与标准浓度之比的幂的连乘积,其中幂指数为配平了的化学反应方程式中该物质前面的系数。

对于复相反应,纯固体、纯液体不写入反应商表达式,只写可变浓度、可变压强的相。例如

$$a\text{A}(g) + b\text{B}(aq) + c\text{C}(s) \longrightarrow x\text{X}(g) + y\text{Y}(aq) + z\text{Z}(l)$$

其反应商 J 可表示为

$$J = \frac{[p_X/p^{\ominus}]^x \cdot [c_Y/c^{\ominus}]^y}{[p_A/p^{\ominus}]^a \cdot [c_B/c^{\ominus}]^b} \tag{2-24}$$

其中各物质均以各自的标准态为参考态。对于有水参与的反应,需要特别注意:如果反应是在水溶液中进行,则水是大量的,可视为浓度不变的相,不写入反应商表达式;但若反应是在非水溶液中进行,则水的浓度是可变的,需要写入反应商表达式。显然,如果所有气体均为标准状态,也就是所有气体分压均为标准压力,同时所有浓度均为标准浓度,则 $J=1$,$\ln J = 0$,式(2-21)变为

$$\Delta_r G_m(T) = \Delta_r G_m^{\ominus}(T)$$

此时,可用 $\Delta_r G_m^{\ominus}(T)$ 来判断反应的自发性。

根据 Gibbs-Helmholtz 方程,ΔH、ΔS 的正负及温度 T 对反应方向的影响如表 2-1 所示。

ΔH、ΔS 及温度 T 对反应方向的影响 表 2-1

类型	ΔH	ΔS	$\Delta G = \Delta H - T\Delta S$	反应情况	实　例
1	−	+	恒为负	任何温度均自发	$H_2(g) + Cl_2(g) \longrightarrow 2HCl(g)$
2	+	−	恒为正	任何温度均非自发	$2CO(g) \longrightarrow 2C(s) + O_2(g)$
3	−	−	低温为负 高温为正	低温下自发 高温下非自发	$NH_3(g) + HCl(g) \longrightarrow NH_4Cl(s)$
4	+	+	低温为正 高温为负	低温下非自发 高温下自发	$CaCO_3(s) \longrightarrow CaO(s) + CO_2(g)$

在表 2-1 的后两种情况下,温度的高低决定了反应进行的方向,所以总存在一个反应方向发生转变的温度,称为**转变温度**(transition temperature),用 $T_{转}$ 表示。这一温度可以通过式(2-17)估算。例如,对于氧化银的分解反应

$$Ag_2O(s) \longrightarrow 2Ag(s) + \frac{1}{2}O_2(g)$$

其 $\Delta_r H_m^{\ominus}(298.15K) = 31.05 kJ \cdot mol^{-1}$,$\Delta_r S_m^{\ominus}(298.15K) = 66.37 J \cdot mol^{-1} \cdot K^{-1}$,常温时反应正向不能自发进行。当温度升高到 $T_{转}$ 时,$\Delta_r G_m = 0$,则

$$\Delta_r H_m = T_{转} \Delta_r S_m$$

若忽略温度、压力对 $\Delta_r H_m$ 和 $\Delta_r S_m$ 的影响,则有

$$T_{转} = \frac{\Delta_r H_m^{\ominus}(298.15K)}{\Delta_r S_m^{\ominus}(298.15K)} \tag{2-25}$$

对于氧化银的分解反应

$$T_{转} = \frac{31.05 \times 10^3 J \cdot mol^{-1}}{66.37 J \cdot mol^{-1} \cdot K^{-1}} = 468K$$

【人物传记】

吉布斯

约西亚·威拉德·吉布斯(J. W. Gibbs, 1839—1903年),美国物理化学家、数学物理学家。他奠定了化学热力学的基础,提出了Gibbs自由能与吉布斯相律。

吉布斯1839年2月11日出生于美国康涅狄格州的纽黑文,其父亲是耶鲁学院神学教授。1854—1858年,他在耶鲁学院学习,成绩优异并在数学和拉丁文方面获奖。1863年,他在耶鲁学院获工程学博士学位,成为美国第一个工程学博士,留校任助教。1866年留学欧洲,1869年回国继续任教。1871年成为耶鲁学院数学物理学教授,也是全美第一个该学科的教授。1901年吉布斯获得当时科学界最高奖——柯普利奖章。1903年4月28日,在纽黑文逝世。

吉布斯在1873—1878年发表了三篇论文,用严谨的逻辑推导出了大量的热力学公式,特别是引进化学势处理热力学问题,在此基础上发现了关于物相变化的规律,为化学热力学的发展作出了重大的贡献。1902年,他将玻尔兹曼(L. E. Boltzmann)和麦克斯韦(J. C. Maxwell)所创立的统计理论推广和发展成为系统理论,从而创立了近代物理学的吉布斯统计理论及其研究方法。他的主要著作有《统计学的基本原理》(*Elementary Principles in Statistical Mechanics*)《图解方法在流体热力学中的应用》(*Graphical Methods in the Thermodynamics of fluids*)《论多相物质的平衡》(*On the Equilibrium of Heterogeneous Substances*)等。他一生治学严谨,成绩卓著。1950年,他入选纽约大学的美国名人馆,并立半身像。

【延伸阅读】

天然气水合物——可燃冰

可燃冰,即天然气水合物(natural gas hydrate,简称gas hydrate),分布于深海沉积物或陆域的永久冻土中,是由天然气与水在高压低温条件下形成的类冰状的结晶物质。可燃冰也被称作"固体甲烷",由以甲烷为主的有机分子被水分子包裹形成,既含水又呈固态,看起来像冰,很容易被点燃。可燃冰的能量密度非常高,同等条件下燃烧产生的能量比煤、石油、天然气要高出数十倍,并且燃烧后仅会产生少量二氧化碳和水,是真正的绿色能源。毫不夸张地说,可燃冰是一种具有重大战略意义的未来能源。

人类曾在漫长的历史进程中,通过木柴等生物质能源获取能量。直到工业文明后,煤炭的利用使蒸汽机得以大面积推广。再后来,在石油、天然气的推动下,人类的行动能力大幅提升。但是,须正视的现实是,石油资源的渐趋匮乏是现代社会必将面临的重大挑战之一。在此背景下,低碳环保又储量丰富的可燃冰自然引起了人们的关注。因此,不少大国对其青睐有加,纷纷投巨资开展这一领域的研究。一直以来,美国都十分重视可燃冰研究,2000 年曾通过《天然气水合物研究与开发法案》。美国能源部在 2016 年 9 月宣布投入 380 万美元支持 6 个新的可燃冰研究项目。2013 年,日本尝试过开采海底可燃冰并提取了甲烷,但由于海底沙流入开采井,试验仅 6 天就被迫中断。2017 年 5 月,日本石油天然气金属矿物资源机构成功从日本近海海底埋藏的可燃冰中提取出甲烷。这是日本第二次开采可燃冰,试验持续 12 天后也因出沙问题而中断,未能完成原计划连续三四周稳定生产的目标,12 天产气量只有 3.5 万立方米。中国地质调查局于 1999 年开始调查天然气水合物,在南海西沙海槽首次发现天然气水合物存在的地球物理标志;2007 年,在南海神狐海域首次钻获天然气水合物实物样品;2013 年,在南海北部获得了多种类型的天然气水合物样品;2015 年和 2016 年在南海神狐海域再次发现天然气水合物的存在。目前,我国已在南海发现两个超千亿立方米的矿藏,圈定 11 个成矿远景区、25 个有利区块。令人振奋的是,2017 年 5 月,我国首次海域天然气水合物试采成功,并实现连续试气点火 60 天,累计产气 30.9 万立方米,平均日产 5 151 立方米,甲烷含量最高达 99.5%,实现了历史性突破,创造了产气时长和总量的世界纪录。2020 年 2 月 17 日,第二轮试采点火成功,试采 1 个月产气总量 86.14 万立方米、日均产气量 2.87 万立方米,是第一轮 60 天产气总量的 2.8 倍。试采攻克了深海浅软地层水平井钻采核心关键技术,实现了产气规模的大幅提升,为生产性试采、商业开采奠定了坚实的技术基础。由此我国也成为全球首个采用水平井钻采技术试采海域天然气水合物的国家。基于中国可燃冰调查研究和技术储备的现状,预计我国在 2030 年左右有望实现可燃冰的商业化开采(数据来源:百度百科—天然气水合物;中国首次海域天然气水合物(可燃冰)试采成功,凤凰网[引用日期 2017-05-18];中国海域可燃冰第二轮试采成功,创两项世界记录,新浪网[引用日期 2020-03-26];我国海域可燃冰第二次试采成功,人民网,2020-03-27[引用日期 2020-06-23])。

需要指出的是,可燃冰是"天使",也是"魔鬼"。可燃冰之所以没有被大量开采,除了开发难度高外,还有很多环境方面的问题:一方面,可燃冰的稳定性比较差,一旦汽化,海底的沉积物会失去稳定性,不但会破坏人类铺设在海底的管道、开采平台等,还可能造成海底塌方、滑坡,甚至大规模海啸。另一方面,全球可燃冰蕴含的甲烷量是大气圈中的 3 000 倍,而大气中的甲烷总量增加 0.5% 就会让全球变暖进程加快。还有一种更可怕的假说"可燃冰喷射"提出,可燃冰可能会瞬间汽化——这与爆炸无异,所以如果海底地质发生剧烈变化,很可能改变可燃冰的存储条件,带来毁灭性的灾难,据悉如果全球可燃冰爆炸,其威力可超过目前核武器威力总和的 10 000 倍。

习　题　2

2-1　热力学第一定律 $\Delta U = Q + W$,其中 ΔU 为状态函数,但 Q 和 W 均不是状态函数,为什么?

2-2　某封闭系统中的一定量气体,吸收了 50kJ 的热量,并对环境做了 35kJ 的功,计算系统热力学能的变化量。

2-3　Which reaction will be more exothermic? Why?

(1) $2H_2(g) + O_2(g) \longrightarrow 2H_2O(l)$

$(2)2H_2(g) + O_2(g) \longrightarrow 2H_2O(g)$

2-4 何为 Hess 定律？Hess 定律有什么用处？

2-5 Calculate $\Delta_r H_m^\ominus (298.15K)$ for the following reactions

$(1)4NH_3(g) + 5O_2(g) \longrightarrow 4NO(g) + 6H_2O(g)$

$(2)2C_2H_2(g) + 5O_2(g) \longrightarrow 4CO_2(g) + 2H_2O(l)$

$(3)SO_3(g) + H_2O(l) \longrightarrow H_2SO_4(aq)$

2-6 在 100kPa 下，某气体从 100L 膨胀至 200L，吸收热量 20kJ，求 W、Q 和 ΔU。

2-7 火箭用液态的联氨（N_2H_4）作为燃料，燃烧后产生气体 N_2 和液态的 H_2O，请写出该反应的化学方程式，并由标准摩尔生成焓数据计算燃烧 1mol 联氨所放出的热量。

2-8 计算 25℃ 下反应 $CH_4(g) + 2O_2(g) \longrightarrow CO_2(g) + 2H_2O(l)$ 的 $\Delta_r H_m^\ominus$、$\Delta_r G_m^\ominus$ 和 $\Delta_r S_m^\ominus$。

2-9 25℃ 时，$CaCO_3$ 的分解反应为：$CaCO_3(s) \longrightarrow CaO(s) + CO_2(g)$

(1)求反应的 $\Delta_r G_m^\ominus (298.15K)$。

(2)若空气中 CO_2 的体积分数为 0.03%，通过计算说明空气中放置的 $CaCO_3$ 能否自发分解。

2-10 汽车内燃机内燃料燃烧时温度可达 1 300℃，试计算反应 $N_2(g) + O_2(g) \rightleftharpoons 2NO(g)$ 在 25℃ 和 1 300℃ 时的 $\Delta_r G_m^\ominus$，并判断这两个温度下反应向哪个方向进行。

（俞鹏飞）

第3章 化学动力学基础

化学热力学基础是从能量变化的角度讨论化学反应进行的方向,解决的是化学反应能否进行的问题。然而,有些化学反应虽然从热力学角度判断是可以进行的,但是反应进行的速度却大相径庭,比如

$$2H_2(g) + O_2(g) \longrightarrow 2H_2O(l) \qquad\qquad \Delta_r G_m^\ominus(298.15K) = -474.26kJ \cdot mol^{-1}$$
$$2K(s) + 2H_2O(l) \longrightarrow 2K^+(aq) + 2OH^-(aq) + H_2(g) \quad \Delta_r G_m^\ominus(298.15K) = -406.77kJ \cdot mol^{-1}$$

这两个反应的 $\Delta_r G_m^\ominus < 0$,所以由此判断这两个化学反应在298.15K的条件下都是可以正向自发进行的。然而,它们进行的速度却截然不同,氢气和氧气在室温下,几年甚至十几年也观察不到反应生成一滴水,而金属钾和水在室温条件下却能迅速而剧烈地反应。再比如,放射性金属的衰变、金刚石室温下转化为石墨往往需要经过千百万年,而炸药爆炸却是瞬间剧烈发生的。由此可见,化学反应进行的速率是有快慢之分的,这就属于化学动力学所讨论的范畴了,考虑的是反应进行的现实性。研究化学反应速率有很明确的现实意义,比如:我们希望汽车尾气能在排出前迅速净化,却希望橡胶的老化越慢越好;我们需要水泥快速固化,却需要防止钢铁很快生锈等。因此,研究化学反应速率是与我们的生产、生活休戚相关的。

化学动力学主要研究化学反应的速率、反应过程以及反应机理。本章重点介绍与化学反应速率相关的基本内容,包括化学反应速率的概念及其影响因素。

3.1 化学反应速率的概念

化学反应有快有慢,而**化学反应速率**(chemical reaction rate)就是用来表示化学反应进行快慢的物理量,可以用单位时间内反应物减少的量或生成物增加的量来表示。若反应是在一定体积的密闭容器中进行的,则通常以单位时间内反应物浓度的减少或生成物浓度的增加来表示,物质浓度的变化可以较为方便地通过仪器分析或化学分析的手段来检测。浓度单位一般用 $mol \cdot L^{-1}$;时间单位可以用 s、min、h 等,可根据反应进行的快慢而定。

3.1.1 平均速率

化学反应的平均速率是指在某一段时间间隔内参与反应的物质浓度变化的平均值。可以用公式表示为

$$\bar{r} = -\frac{c_2(反应物) - c_1(反应物)}{t_2 - t_1} = -\frac{\Delta c(反应物)}{\Delta t} \qquad (3-1)$$

或

$$\bar{r} = \frac{c_2(生成物) - c_1(生成物)}{t_2 - t_1} = \frac{\Delta c(生成物)}{\Delta t} \qquad (3-2)$$

式中,Δt 是反应进行的时间间隔;Δc 是参与反应的物质在 Δt 时间间隔内发生的浓度变化。由于反应物是随着反应的进行逐渐减少的,所以式(3-1)中的负号是为了保证反应速率总是正值。

例如,N_2O_5 在 CCl_4 溶液中的分解反应

$$2N_2O_5 \longrightarrow 4NO_2 + O_2$$

实验收集的数据整理在表 3-1 中。

测定 N_2O_5 在 CCl_4 溶液中的分解速率的实验数据(298.15K)　　　　表 3-1

反应时间 t/s	时间间隔 $\Delta t/s$	N_2O_5 的浓度 $c(N_2O_5)/(mol \cdot L^{-1})$	N_2O_5 的浓度变化 $\Delta c(N_2O_5)/(mol \cdot L^{-1})$	平均速率 $\bar{r}/(mol \cdot L^{-1} \cdot s^{-1})$
0	—	2.10	—	—
100	100	1.95	0.15	1.50×10^{-3}
300	200	1.70	0.25	1.25×10^{-3}
700	400	1.31	0.39	0.98×10^{-3}
1 000	300	1.08	0.23	0.77×10^{-3}
1 700	700	0.76	0.32	0.46×10^{-3}
2 100	400	0.56	0.14	0.35×10^{-3}
2 800	700	0.37	0.19	0.27×10^{-3}

由表 3-1 中的数据可以得出,在 0～100s 这段时间内,该反应的平均速率为

$$\bar{r} = -\frac{\Delta c(N_2O_5)}{\Delta t} = -\frac{-0.15}{100}mol \cdot L^{-1} \cdot s^{-1} = 1.50 \times 10^{-3}mol \cdot L^{-1} \cdot s^{-1}$$

该反应的速率方程还可以用其他两种产物的浓度来计算:

$$\bar{r} = \frac{\Delta c(NO_2)}{\Delta t} \qquad (3-3)$$

$$\bar{r} = \frac{\Delta c(O_2)}{\Delta t} \qquad (3-4)$$

需要注意的是,不同物质在化学反应方程式中的化学计量数不同,会导致同一个化学反应用不同物质的浓度计算出的反应速率数值不同。比如,仍然是 0～100s 这段时间内,用式(3-3)和式(3-4)计算所得的平均速率分别为 3.00×10^{-3} mol $\cdot$ L^{-1} $\cdot$ s^{-1} 和 0.75×10^{-3}mol $\cdot$ L^{-1} $\cdot$ s^{-1}。究其原因,可理解为,反应中每有 2 个 N_2O_5 分子转化掉,同时就有 4 个

NO_2 分子和 1 个 O_2 分子生成,因此,这几个平均反应速率满足如下关系

$$\frac{\bar{r}(N_2O_5)}{2} = \frac{\bar{r}(NO_2)}{4} = \frac{\bar{r}(O_2)}{1}$$

对于一般的化学反应

$$a\text{A} + b\text{B} \longrightarrow y\text{Y} + z\text{Z}$$

用不同物质表示的平均反应速率则满足如下关系

$$\frac{\bar{r}_A}{a} = \frac{\bar{r}_B}{b} = \frac{\bar{r}_Y}{y} = \frac{\bar{r}_Z}{z}$$

尽管同一个化学反应可以用不同物质的浓度变化来表示化学反应速率,但实际操作中往往会选择用最容易观测的物质来表示,如产生气体、生成沉淀、发生颜色变化的物质等。

同样是表 3-1 中的实验数据,我们再来分析该反应在不同时间段的平均速率。由表 3-1 中最后一列数据,我们可以看出用 N_2O_5 浓度变化所计算出来的不同时间段的平均速率是不一样的。也就是说,同一个化学反应即使用同一种物质的浓度变化来计算反应速率,在不同的时间段也是有所不同的。显然参与反应的物质浓度随着化学反应的进行是不断变化着的,通常来说,随着反应的进行,反应物越来越少,浓度越来越低,反应速率也会越来越慢。所以如果平均速率的时间间隔太长,则无法确切地反映出各个时刻的反应速率,也无法准确分析这种物质的变化情况。因此,某一时刻的反应速率,即瞬时速率对研究化学反应的变化更有意义。

3.1.2 瞬时速率

若将测定的时间间隔无限缩短,即 $\Delta t \rightarrow 0$ 时,则得到 t 时刻的瞬时速率。也就是说,**瞬时速率**是时间间隔 $\Delta t \rightarrow 0$ 时的平均速率的极限值。用公式表示为

$$r = \lim_{\Delta t \to 0}\left[-\frac{\Delta c(\text{反应物})}{\Delta t}\right] = -\frac{dc(\text{反应物})}{dt} \tag{3-5}$$

或

$$r = \lim_{\Delta t \to 0}\frac{\Delta c(\text{生成物})}{\Delta t} = \frac{dc(\text{生成物})}{dt} \tag{3-6}$$

若以时间 t 为横坐标,以浓度 c 为纵坐标,则可以将表 3-1 中的数据做成图 3-1 所示的 c-t 曲线。曲线上任意 A、B 两点连线斜率的绝对值即为相应两个时间点 t_A、t_B 时间间隔内的平均反应速率。由图可知

$$\bar{r} = \left|\frac{AC}{BC}\right|$$

若两个时间点的间隔 $\Delta t = t_B - t_A$ 逐渐缩小,则两点间的连线越来越接近切线;当缩小至无限小,即 $\Delta t \rightarrow 0$ 时,连线即为该点的切线,此切线斜率的绝对值就是该时刻的瞬时速率。如图 3-1 所示,当 A、B 两点逐渐接近至间隔无限小时,即 AB 直线不断下移,直至与 D 点切线重合,此时该切线的斜率即为 D 点的瞬时速率。由此看来,可以由作图法来求得化学反应的瞬时速率。

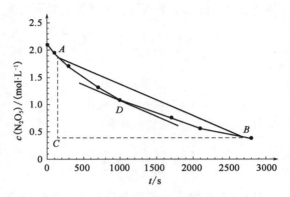

图 3-1　作图法所示平均速率和瞬时速率

当 $t = 0$ 时,得到的瞬时速率称为该化学反应的**初始速率**。这在所有时刻的瞬时速率中最为重要,因为初始速率最容易得到,同时也因为没有其他产物或副反应的影响而最为准确,所以在研究浓度与反应速率的关系时最常用到。

3.2　反应速率理论

从 19 世纪末开始,人们就试图从分子微观运动的角度去解释表观动力学建立的速率方程——即用实验方法建立的速率方程,后来逐渐发展为两种理论:分子碰撞理论和过渡状态理论。下面对这两种理论作简单介绍。

3.2.1　分子碰撞理论

1918 年,路易斯(Lewis)运用分子运动论的成果,提出了反应速率的**分子碰撞理论**(collision theory)。该理论认为,反应物分子间的相互碰撞是反应进行的必要条件,反应物分子碰撞频率越高,反应速率越快。然而并不是每次碰撞都能引起反应,只有极少数碰撞能发生反应,这种能发生化学反应的碰撞称为有效碰撞。发生有效碰撞需要满足两个条件:

第一,互相碰撞的分子必须具有足够的能量。因为只有具有足够高的能量,分子才能在相互接近的过程中克服电子云的相互排斥,完成分子中原子的重排,反应才能发生。具有足够能量的分子组称为活化分子组。由于分子时刻在运动,其能量也会因为相互碰撞而改变,因此活化分子组并不是固定不变的,但当温度一定时,活化分子组在全部分子中所占的比例是固定的。

第二,互相碰撞的反应物分子同时需要有合适的碰撞取向。取向合适,才能发生反应,否则,即使能量条件满足也无法发生反应。例如反应

$$NO_2 + CO \longrightarrow NO + CO_2$$

只有合适的碰撞取向,才能发生氧原子的转移(图 3-2,彩图见二维码);取向不合适,不能发生氧原子的转移,反应无法完成(图 3-3,彩图见二维码)。

图 3-2　合适的碰撞取向

图 3-3　不合适的碰撞取向

综合考虑取向因素和能量因素,反应速率可表示为

$$\bar{r} = ZPf \tag{3-7}$$

式中,Z 为频率因子,表示分子碰撞频率;P 为取向因子,与反应物分子碰撞时的取向有关;f 为能量因子,其意义为满足能量要求的碰撞次数占总碰撞次数的比例,符合玻尔兹曼能量分布律

$$f = e^{-\frac{E_a}{RT}} \tag{3-8}$$

式中,E_a 为能发生有效碰撞的活化分子组所具有的最低能量的 N_A 倍;N_A 为阿伏伽德罗常数。故有

$$\bar{r} = ZPe^{-\frac{E_a}{RT}} \tag{3-9}$$

由式(3-9)可以看出,E_a 越高,反应速率 $\bar{r}$ 越慢,因为 E_a 越高,意味着反应发生所需能量越高,能满足要求的活化分子组所占比例越低,有效碰撞次数也越少,故反应速率越慢。

3.2.2　过渡状态理论

20 世纪 30 年代,随着人们对原子和分子结构认识的不断深入,美国理论化学家艾林(H. Eyring)将量子力学和统计力学应用于化学动力学,提出了**过渡状态理论**(activated complex theory)。该理论认为,化学反应进行时,两个具有足够能量的反应物分子相互接近,分子中的化学键要发生重排,但并不能直接生成产物,即反应物分子先形成一种中间过渡态的物质,称为活化络合物。同时,能量也会重新分配,活化络合物的能量比反应物和产物的能量都高,因此其本身很不稳定,很快就会分解成产物,或者分解成反应物。过渡状态理论认为,反应速率与活化络合物的三个因素有关:活化络合物的浓度、活化络合物分解为产物的概率和活化络合物分解为产物的速率。由于活化络合物存在的时间非常短,一直以来都没有办法通过实验方法观测到它们的真实存在。然而,2015 年美国化学家尼尔森(A. Nilsson)教授领导的科研团队利用 X 射线激光脉冲首次探测到了中间过渡态物质在数百飞秒(10^{-15}s)内完成形成和分解的整个过程。这使得人们对化学反应基本规律的探究又进入了一个新的阶段。

过渡状态理论认为,**活化能**(activation energy)是反应物分子平均能量与活化络合物分子平均能量之差。不管是吸热反应还是放热反应,反应物都要先经过活化络合物这个中间过渡态才能转化为生成物,也就是说反应必须越过一个能垒,之后才能进行。其反应历程-势能图如图 3-4 所示。

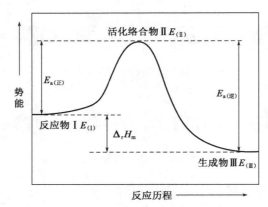

图 3-4　化学反应历程-势能图

正反应的活化能：

$$E_{a(\text{正})} = E_{\text{活化络合物}} - E_{\text{反应物}} = E_{(\text{II})} - E_{(\text{I})}$$

逆反应的活化能：

$$E_{a(\text{逆})} = E_{\text{活化络合物}} - E_{\text{生成物}} = E_{(\text{II})} - E_{(\text{III})}$$

化学反应热：

$$\Delta_r H_m = E_{a(\text{正})} - E_{a(\text{逆})}$$

3.3　影响反应速率的因素

对于同一个化学反应,很多因素(如浓度、温度、压力或有无使用催化剂等)都会影响反应速率。本小节分别讨论浓度、温度和催化剂对化学反应速率的影响。

3.3.1　浓度对化学反应速率的影响

浓度对化学反应速率的影响在生活中的例子比比皆是,比如,将在空气中即将熄灭的火柴放入氧气中能迅速复燃;钢铁在潮湿的环境中更容易生锈等。因此,浓度对化学反应速率的影响可以说是显而易见的,两者之间必然存在着一定的数量关系。

1)速率方程

在一定的温度下,反应速率与浓度之间存在一定的函数关系,由此函数关系建立的方程称为**反应速率方程**(the rate law/equation for a chemical reaction)。而化学反应根据反应途径的不同可以分成两类:经过一步就能完成的化学反应,称为**基元反应**(elementary reaction),又称简单反应;需要经过两个或多个基元反应步骤才能完成的化学反应,称为**复杂反应**(complex reaction)。下面我们分别来讨论这两类化学反应的反应速率方程。

(1)基元反应与质量作用定律。

基元反应是动力学研究中最为简单的反应,反应物分子经过一次有效碰撞即转化为生成物,没有任何中间产物。例如

$$NO_2(g) + CO(g) \longrightarrow NO(g) + CO_2(g)$$

实验证实,上述反应在一定条件下,经过一步反应就能完成,因此是基元反应。这种反应的反应速率与各反应物浓度幂的连乘积成正比,其中幂指数即为配平了的化学反应方程式中该反应物前面的系数,这就是**质量作用定律**(law of mass action)。例如上述反应的反应速率的数学表达式为

$$r = kc(NO_2) \cdot c(CO)$$

式中,$c(NO_2)$ 表示 NO_2 的浓度;$c(CO)$ 表示 CO 的浓度;k 称为速率常数,其物理意义为在给定温度下,单位浓度时的反应速率。此式即为该基元反应的速率方程。

(2)复杂反应与反应速率方程。

大多数化学反应不是基元反应,而是复杂反应,不能由反应物一步直接转化成生成物,需要经过两步甚至更多步反应才能完成,所以会经过某些中间产物。例如反应

$$CO(g) + Cl_2(g) \longrightarrow COCl_2(g)$$

即为复杂反应。实验证实,它可能的实际反应过程为

①$Cl_2(g) \Longleftrightarrow 2Cl(g)$(快反应)

②$Cl(g) + CO(g) \Longleftrightarrow COCl(g)$(快反应)

③$COCl(g) + Cl_2(g) \Longleftrightarrow COCl_2(g) + Cl(g)$(慢反应)

对于复杂反应的总反应来说,反应速率只取决于所有步骤里最慢的那一步,我们称其为定速步骤。这可以类比流水线作业,总的工作效率只取决于最慢的那个环节。所以,上述总反应的反应速率应该由慢反应步骤给出,即

$$r = k'c(COCl) \cdot c(Cl_2)$$

而不是由总反应式得出的 $r = kc(CO) \cdot c(Cl_2)$。中间产物不是最终产物,一般不出现在最终的速率方程中,所以复杂反应的反应速率方程只能由实验得出。实验证实,上述反应的速率方程为

$$r = kc(CO) \cdot [c(Cl_2)]^{3/2}$$

对于任一复杂反应

$$aA + bB \longrightarrow yY + zZ$$

其反应速率与各反应物浓度之间的定量关系,即其反应速率方程可表示为

$$r = kc_A^\alpha \cdot c_B^\beta$$

复杂反应的反应速率方程只能通过实验得出,而不能像基元反应那样可以直接由化学反应方程式给出。也就是说方程式中的幂指数 α 和 β 不一定等于总反应方程式中相应反应物前面的系数 a 和 b,而需要由实验测得。

(3)速率方程的建立。

大多数反应是复杂反应,因此其反应速率方程必须由实验来确定。那么如何通过实验数据来确定速率方程呢?最常用的是**初始速率法**。因为相对来说,反应物的初始浓度数值是最容易获得的,也是最为准确的,所以通常通过比较反应物的初始浓度和反应初始速率之间的关系来确立速率方程。

【例 3-1】 实验室利用亚硝酸钠和氯化铵在 298K、酸性条件下进行归中反应❶,测得不同浓度下的反应速率如表 3-2 所示,试确定其速率方程,并求该反应的速率常数。

$$NH_4^+(aq) + NO_2^-(aq) \longrightarrow N_2(g) + 2H_2O(l)$$

例 3-1 表   表 3-2

实验编号	$c(NH_4^+)/(mol \cdot L^{-1})$	$c(NO_2^-)/(mol \cdot L^{-1})$	$r/(mol \cdot L^{-1} \cdot s^{-1})$
1	0.10	0.50	1.37×10^{-5}
2	0.20	0.50	2.75×10^{-5}
3	0.30	0.50	4.10×10^{-5}
4	0.50	0.10	1.40×10^{-5}
5	0.50	0.20	2.66×10^{-5}
6	0.50	0.30	4.02×10^{-5}

解:设该反应的速率方程为

$$r = k[c(NH_4^+)]^\alpha \cdot [c(NO_2^-)]^\beta$$

对比 1、2、3 组实验数据,$c(NH_4^+)$ 分别扩大至 2 或 3 倍,反应速率也扩大至 2 或 3 倍,则有 r 正比于 $c(NH_4^+)$;对比 4、5、6 组实验数据,$c(NO_2^-)$ 分别扩大至 2 或 3 倍,反应速率同样也扩大至 2 或 3 倍,则有 r 也正比于 $c(NO_2^-)$。由此可得其速率方程为

$$r = kc(NH_4^+) \cdot c(NO_2^-)$$

将任意一组数据代入方程中,可得速率常数 k。例如代入第一组数据,则有

$$k = \frac{r}{c(NH_4^+) \cdot c(NO_2^-)} = \frac{1.37 \times 10^{-5} mol \cdot L^{-1} \cdot s^{-1}}{0.10 mol \cdot L^{-1} \times 0.50 mol \cdot L^{-1}} = 2.74 \times 10^{-4} mol^{-1} \cdot L \cdot s^{-1}$$

这是实验室中测试反应速率的一般方法,先固定一种反应物的浓度,调整另一种反应物的浓度,观察其初始浓度与反应速率之间的关系;再固定另一种反应物的浓度,重复操作,从而确定该反应的速率方程。实际操作中为了避免由实验误差带来的数据偏差,应该将每组实验数据都代入速率方程求出速率常数,然后用统计学的方法得到比较准确的速率常数。

2)反应分子数和反应级数

在基元反应中,参与反应的微粒(分子、原子、离子或自由基)数目称为反应分子数。根据反应分子数的不同,可以有单分子反应、双分子反应和三分子反应,四分子反应或更多分子反应尚未发现。例如

①$SO_2Cl_2(g) \longrightarrow SO_2(g) + Cl_2(g)$

②$2NO_2(g) \longrightarrow 2NO(g) + O_2(g)$

③$2NO(g) + O_2(g) \longrightarrow 2NO_2(g)$

反应①、②、③分别有 1、2、3 个分子参与反应,所以分别为单分子反应、双分子反应和三分子反应。

而对于复杂反应来说,则无所谓反应分子数了。反应速率方程中,各反应物浓度的幂指数,称为相应物质的反应级数;各反应物浓度的幂指数之和称为该反应的**反应级数**(order of

---

❶ 指同种元素组成的不同物质,即单质和化合物或化合物和化合物之间发生氧化还原反应,元素的两种氧化态向中间靠拢但不允许交叉,最多归中为同一氧化态。归中反应与歧化反应相对,是歧化反应的逆反应。

reaction）。例如,对于任一复杂反应

$$aA + bB \longrightarrow yY + zZ$$

其反应速率方程为

$$r = kc_A^{\alpha} \cdot c_B^{\beta}$$

则对于 A 物质为 α 级反应,对于 B 物质为 β 级反应,而对于总反应来说,反应级数为 $\alpha + \beta$。

反应级数可以是正整数,也可以为零或分数,甚至可以为负数。例如反应

$$2Na(s) + 2H_2O(l) \longrightarrow 2NaOH(aq) + H_2(g)$$

其反应速率方程为 $r = k$,则该反应为零级反应。由此可见,对于零级反应,反应速率与反应物和生成物的浓度无关。零级反应不多,除上例零级反应以外,常见的一些在固体表面进行的分解反应也属于这类反应,比如氨在铁粉催化剂的表面进行的分解反应就是零级反应。又如反应

$$H_2(g) + Cl_2(g) \longrightarrow 2HCl(g)$$

其反应速率方程为

$$r = kc(H_2) \cdot [c(Cl_2)]^{1/2}$$

则该反应为 1.5 级反应。

有的化学反应实验测得的反应速率方程非常复杂,例如反应

$$H_2(g) + Br_2(g) \longrightarrow 2HBr(g)$$

实验测得其反应速率方程为

$$r = \frac{kc(H_2) \cdot [c(Br_2)]^{1/2}}{1 + k'c(HBr)/c(Br_2)}$$

因此无法简单地用 $r = kc_A^{\alpha} \cdot c_B^{\beta}$ 的形式来表示,对于这种反应来说,谈及反应级数就没有意义了。

3）速率常数

反应速率方程中的**速率常数**(rate constant of reaction,亦称速率系数)k,其物理意义可以理解为在给定温度下,当各反应物浓度皆为 $1\,mol \cdot L^{-1}$ 时的反应速率。它不随反应物浓度的改变而变化,但它是温度的函数,会随着温度的改变而变化,温度对速率的影响正是通过温度对速率常数的影响而实现的,这部分内容我们将在 3.3.2 节中详细讨论。正因为速率常数 k 与浓度无关,所以它可以视为能表征化学反应速率相对大小的物理量。在不用严格地考虑温度、催化剂等其他因素影响的情况下,可以粗略地认为速率常数 k 越大,反应进行得越快。

不同的反应,当反应级数不同时,其速率常数单位不同。表 3-3 给出了反应级数与速率常数单位的对应关系。

反应级数与速率常数单位的对应关系　　　　　　　　　　　　　表 3-3

反 应 级 数	速 率 方 程	速率常数 k 的单位
零级	$r = k$	$mol \cdot L^{-1} \cdot s^{-1}$
一级	$r = kc$	s^{-1}
二级	$r = kc^2$	$mol^{-1} \cdot L \cdot s^{-1}$
$\vdots$	$\vdots$	$\vdots$
n 级	$r = kc^n$	$mol^{-(n-1)} \cdot L^{n-1} \cdot s^{-1}$

正因为有这样的对应关系,所以可以通过速率常数的单位来判断反应级数。而且,当两个反应的反应级数不同时,无法比较速率常数的大小,因为单位不同的物理量之间没有可比性,好比质量和长度之间的比较就毫无意义。

正如前文所述,化学反应速率可以用不同物质来表示,当我们用不同物质来表示反应速率时,速率常数的数值也可能不同。对任一化学反应

$$aA + bB \longrightarrow yY + zZ$$

其速率方程可表示为

$$r_A = k_A c_A^\alpha \cdot c_B^\beta$$

$$r_B = k_B c_A^\alpha \cdot c_B^\beta$$

$$r_Y = k_Y c_A^\alpha \cdot c_B^\beta$$

$$r_Z = k_Z c_A^\alpha \cdot c_B^\beta$$

因为各反应速率之间满足

$$\frac{r_A}{a} = \frac{r_B}{b} = \frac{r_Y}{y} = \frac{r_Z}{z}$$

所以速率常数之间亦满足

$$\frac{k_A}{a} = \frac{k_B}{b} = \frac{k_Y}{y} = \frac{k_Z}{z}$$

即用不同物质表示的速率常数之比等于各物质的计量数(绝对值)之比。

4)反应机理

对于一个化学反应来说,化学反应方程式给出的只是热力学上的始态和终态,以及反应物和生成物的化学计量关系,并不能反映该化学反应实际上所经历的步骤和途径。大多数化学反应不是基元反应,不能像化学反应方程式给出的那样简单地经过一次反应就完成,而是复杂反应,需要经过多个反应步骤才能完成。那么,从反应物到生成物所经历的实际反应途径我们就称为**反应机理**(reaction mechanism),或反应历程。

要弄清一个化学反应的反应机理很不容易,需要多方面的理论与大量的实验来证实。有可能目前认为正确的反应机理,随着实验技术及计算方法的不断改进,会被不断地修正,甚至被新的实验事实或新的理论所推翻。也有可能几种反应机理同时存在,或随着反应条件的变化,主要机理可以从一种机理转向另一种机理。近些年来,由于化学实验手段和技术的发展进步(如单分子束实验、飞秒化学实验等),人们可以捕捉到或观察到某些化学反应中间产物的存在,这有效地辅助了人们对反应机理的探索与认知,使得化学研究能在分子水平上更深入地开展。一种反应机理是否正确,一个必要不充分条件就是它需要符合实验所建立的速率方程,所以我们研究化学反应速率,建立反应速率方程,也可以为研究化学反应机理提供重要的证据。例如反应

$$C_2H_4Br_2 + 3KI \longrightarrow C_2H_4 + 2KBr + KI_3$$

实验测得该反应的速率方程为

$$r = kc(C_2H_4Br_2) \cdot c(KI)$$

方程中幂指数并不等于化学反应方程式中的反应物前的系数,所以该反应不是基元反应,而是复杂反应,可能的反应机理为

① $C_2H_4Br_2 + KI \Longrightarrow C_2H_4 + KBr + I + Br$(慢反应)

② $KI + I + Br \Longrightarrow 2I + KBr$(快反应)

③ $KI + 2I \Longrightarrow KI_3$(快反应)

总反应的反应速率取决于所有步骤中最慢的定速步骤。

但是仅仅由实验所得反应速率方程,并不能充分推导出反应机理,最典型的例子就是氢气和碘蒸气生成碘化氢的反应

$$H_2(g) + I_2(g) \longrightarrow 2HI(g)$$

实验测得该反应的速率方程为

$$r = kc(H_2) \cdot c(I_2)$$

速率方程中的幂指数均等于反应方程式中的反应物前面的系数,所以一百多年前该反应都被认为基元反应。但是,随着化学动力学和量子化学的不断发展,人们不断以实验事实和理论计算证实了这不是个简单反应,它可能的反应机理如下

① $I_2 \Longrightarrow I + I$(快反应)

② $H_2 + 2I \Longrightarrow 2HI$(慢反应)

3.3.2　温度对化学反应速率的影响

温度对化学反应速率有很显著的影响,且其影响比较复杂。一般来说,无论是吸热反应还是放热反应,升高温度时反应速率都是加快的。所以,我们通常会通过加热的方法来提高所需要化学反应的速率,而采用降温的方式来控制不利的反应。比如,前面我们提到的氢气和氧气生成水的反应,在室温条件下,反应非常缓慢,以至于几年都观察不到有水的生成,而当反应温度提高到 873K 时,反应则能迅速而剧烈地进行;再比如,我们常常喜欢用高压锅来烹饪食物,因为烹饪温度可以升至 400℃,能更快煮熟食物;而往往需要用冰箱来保存食物,因为低温时反应进行得比较慢,食物不容易变质。

1)Arrhenius 方程式

1884 年,荷兰化学家范特霍夫提出了一个经验性的规则:温度每升高 10K,反应速率增加到原来的 2 ~ 4 倍。这是一个近似的统计规律,在不需要非常精确的数值时,可以进行粗略估算。1889 年,瑞典物理化学家阿仑尼乌斯(S. A. Arrhenius)在总结了大量实验事实的基础上,提出了温度和化学反应速率之间的定量关系

$$k = Ae^{-\frac{E_a}{RT}} \tag{3-10}$$

将式(3-10)等号两边同时取自然对数,得

$$\ln k = -\frac{E_a}{RT} + \ln A \tag{3-11}$$

也可以将等号两边同时取常用对数,得

$$lgk = -\frac{E_a}{2.303RT} + lgA \tag{3-12}$$

式(3-10)~式(3-12)均被称为 **Arrhenius 方程式**。式中,k 是反应速率常数;R 是摩尔气体常数;T 是热力学温度;E_a 是活化能,单位为 $kJ \cdot mol^{-1}$;A 称为指前因子或频率因子,单位与速率常数单位一致。对于大多数反应来说,在一定的温度区间内,活化能 E_a 和指前因子 A 是不随温度的变化而改变的。

由此可以看出,温度对反应速率的影响主要是通过影响反应速率常数来实现的;更具体来说,是影响指前因子 A 后面的指数项。因为温度 T 与速率常数 k 之间是指数关系,所以 T 的微小变化将引起 k 的很大改变,尤其是 E_a 较大的反应,影响更为明显。

2)Arrhenius 方程式的应用

利用 Arrhenius 方程式,我们可以通过实验求出一个反应的活化能 E_a 和指前因子 A。比如,将通过实验测出在 T_1、T_2 两个温度下反应的速率常数 k_1、k_2 分别代入式(3-12)中,得

$$lgk_1 = -\frac{E_a}{2.303RT_1} + lgA$$

$$lgk_2 = -\frac{E_a}{2.303RT_2} + lgA$$

将两式相减,得

$$lg\frac{k_2}{k_1} = \frac{E_a}{2.303R}\left(\frac{T_2 - T_1}{T_1 \cdot T_2}\right) \tag{3-13}$$

该式称为 Arrhenius 方程的定积分形式。由式(3-13)可求出反应的活化能 E_a,之后将 E_a 值反代入任何一个 Arrhenius 方程式就能求得指前因子 A。同时,由式(3-13)还可以看出,对于不同的反应来说,同样的温度增幅($T_2 - T_1$)下,活化能 E_a 越大,速率常数 k_2 增大的幅度就越大,也就是说,温度升高更有利于活化能较大的反应进行。而对于同一个反应来说,在高温区,因为 $T_1 \cdot T_2$ 值比较大,所以升高一定的温度,速率常数 k_2 增大的幅度较小;而在低温区,$T_1 \cdot T_2$ 值比较小,此时升高一定的温度,速率常数 k_2 增大的幅度则相对较大。也就是说,对于同一个反应,在低温区时升高温度加速反应的效果比较显著。

【例 3-2】 实验室测得 $CO(g) + NO_2(g) \longrightarrow CO_2(g) + NO(g)$ 在不同温度下的速率常数,数据如表 3-4 所示。

	例 3-2 表			表 3-4
T/K	600	650	750	800
$k/(mol \cdot L^{-1} \cdot s^{-1})$	0.028	0.22	6.0	23

试求该反应的活化能。

解:解法一:可以利用式(3-13)求出活化能。比如分别取 600K 和 650K 的数据代入式(3-13),可得

$$lg\frac{0.22}{0.028} = \frac{E_a}{2.303 \times 8.314J \cdot mol^{-1} \cdot K^{-1}} \times \left(\frac{650K - 600K}{650K \times 600K}\right)$$

解得 $E_a = 133.71 \text{kJ} \cdot \text{mol}^{-1}$。

解法二：由式(3-11)和式(3-12)可见，$\ln k$ 或 $\lg k$ 可与 $1/T$ 建立一元线性关系，所以可以用作图法求活化能。

先计算出 $\lg k$ 和 $1/T$，见表 3-5。

例 3-2 解法二表　　　　　　　　　　　　　　　表 3-5

$\dfrac{1}{T}\Big/(10^{-3}\text{K}^{-1})$	1.67	1.54	1.33	1.25
$\lg k$	−1.55	−0.66	0.78	1.36

再以 $\lg k$ 对 $1/T$ 作图，得图 3-5 所示的直线。

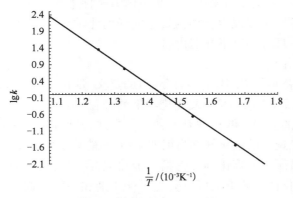

图 3-5　作图法所示 $\lg k$-$1/T$ 图

可以利用坐标纸得到斜率

$$a = -7.00 \times 10^3 \text{K}$$

因为

$$a = -\frac{E_a}{2.303R}$$

所以可解得 $E_a = 134.03 \text{kJ} \cdot \text{mol}^{-1}$。

解法三：依然是利用 $\ln k$ 或 $\lg k$ 与 $1/T$ 之间的一元线性关系，借助计算机软件的线性回归程序计算出活化能。

例如将表 3-5 中 $\lg k$ 和 $1/T$ 数据输入 Origin 软件中，进行线性拟合操作，即能得到直线的斜率 slope $= -6.910\,26 \times 10^3 \text{K}$，截距 intercept $= 9.985\,1$，拟合度 $R = 0.999\,88$。

拟合度 R 用来检验拟合出来的模型与真实情况的吻合程度，越接近 1，拟合曲线的可信度越高。

由线性拟合所得的斜率值就可以计算出活化能 E_a，由截距可以计算得指前因子 A。

$$\text{slope} = -\frac{E_a}{2.303R} = -6.910\,26 \times 10^3 \text{K}$$

解得 $E_a = 132.31 \text{kJ} \cdot \text{mol}^{-1}$。

由三种解法解出的活化能 E_a 值都接近,但解法一中只利用了两组数据,显然结果的可信度是相对最低的,解法二和解法三利用了所有的数据,所以结果的可信度高于解法一,但由于解法二是利用坐标纸,所以读出的数据精确度有限,因此还是解法三利用计算机软件线性回归程序得出的结果可信度最高。

3.3.3 催化剂对化学反应速率的影响

升温虽然可以增大化学反应速率,但过高的温度往往会带来很多不利的影响,比如副反应的发生或产物的分解等。所以,实际生产生活中人们通常会采用更为有效的方式来控制化学反应速率,比如使用催化剂。据统计,全球有 90% 以上的工业生产过程中会使用催化剂,如化工、石化、环保、生化等相关行业。而酶作为一种生物催化剂,在生物体的生命活动中占有极其重要的作用,可以说生物体内发生的任何化学反应都离不开酶的催化作用。由此可见,人类的生存发展等均离不开催化剂。

1) 催化剂和催化作用

按照 IUPAC(国际纯粹与应用化学联合会)的定义,**催化剂**(catalyst)是一种只要少量存在就能显著改变化学反应速率,但不改变化学平衡,而且其自身在反应前后质量、组成和化学性质都不发生变化的物质。催化剂有多种分类方式,按照催化效果可以分为正催化剂和负催化剂,能增大反应速率的催化剂称为正催化剂,而能减小反应速率的催化剂称为负催化剂。若不加说明,通常所说的催化剂都是指正催化剂,而把负催化剂称为抑制剂、缓化剂或防腐剂等。按照对催化作用的贡献可以分为主催化剂和助催化剂,在反应过程中实际起到催化作用的催化剂为主催化剂,而本身无催化作用但是能使主催化剂的催化能力增强的催化剂为助催化剂。若按照催化剂的状态来分,可以分为均相催化剂和多相催化剂,与反应物为同一相的催化剂为均相催化剂,而与反应物为不同相的催化剂称为多相催化剂。在化工生产和科学实验中常常使用固体催化剂,用以催化气相或液相反应时,即为多相催化剂。

那么催化剂是如何起到催化作用而增大反应速率的呢? 由过渡状态理论分析催化剂的作用认为,催化剂增大反应速率的原因是催化剂的加入使得反应选择了新的途径,生成了具有较低能量的新的活化络合物。例如反应

$$A + B \longrightarrow AB$$

当加入催化剂后,反应则选择了新的途径

①$A + Cat. \longrightarrow A\text{-}Cat.$

②$A\text{-}Cat. + B \longrightarrow AB + Cat.$

新途径降低了反应的活化能,也就是降低了反应能垒,从而加快了反应的进行。如图 3-6 所示,$E_{a(正)}$ 为原正反应活化能,即无催化剂存在时反应要克服一个活化能为 $E_{a(正)}$ 的较高的能峰;加入催化剂后,反应的途径改变,反应的活化能 $E'_{a(正)} = E_1 - E_2 + E_3$,即只需要克服两个活化能为 E_1 和 E_3 的较小的能峰。可见加入催化剂后减小了正反应活化能(表 3-6),因此增大了正反应速率。同理,加入催化剂后也减小了逆反应活化能 $E'_{a(逆)}$[无催化剂时逆反应的活化能为 $E_{a(逆)}$],同样也增大了逆反应速率。催化剂加速反应速率的效果是相当惊人的,由于活化能被有效地降低了,有的化学反应的速率甚至可以增大上亿倍。

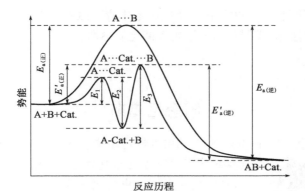

图 3-6　催化剂改变反应途径的反应历程-势能图

无催化剂和有催化剂参与时各化学反应的活化能　　　　表 3-6

化 学 反 应	无催化剂参与时的活化能 $E_a/(\text{kJ} \cdot \text{mol}^{-1})$	有催化剂参与时的活化能 $E'_a/(\text{kJ} \cdot \text{mol}^{-1})$
$CH_3CHO(g) \xrightarrow[I_2]{791K} CH_4(g) + CO(g)$	326.4	187.0
$2N_2O(g) \xrightarrow[Au]{298K} 2N_2(g) + O_2(g)$	245.0	121.0
$2NH_3(g) \xrightarrow[Fe]{773K} N_2(g) + 3H_2(g)$	190.0	136.0
$2HI(g) \xrightarrow[Au]{503K} H_2(g) + I_2(g)$	184.0	104.6

2) 催化剂的特点

（1）催化剂能改变化学反应速率,但只能改变热力学上可能的反应,也就是 $\Delta_r G_m < 0$ 的反应,因为反应过程中催化剂并不能改变反应的始态和终态,因此不改变平衡状态。由图 3-6 可以看出,加入催化剂后,同等程度地降低了正、逆反应的活化能,也就意味着同等程度地增大了正、逆反应速率,所以催化剂只是缩短了反应达到平衡的时间,并没有改变平衡状态。

（2）催化剂的催化作用具有选择性。这种选择性表现为不同的反应要用不同的催化剂。没有一种催化剂能催化所有的反应,也没有一种催化剂能催化某一类反应。有些反应物可能发生平行的几个反应,但是使用不同的催化剂时能促进其中的不同反应,进而提高相应反应产物的产率。比如乙醇的分解反应

$$C_2H_5OH \begin{cases} \xrightarrow[Cu]{473 \sim 523K} CH_3CHO + H_2 \\ \xrightarrow[Al_2O_3]{623 \sim 633K} C_2H_4 + H_2O \\ \xrightarrow[H_2SO_4]{413K} (C_2H_5)_2O + H_2O \\ \xrightarrow[ZnO \cdot Cr_2O_3]{673 \sim 773K} CH_2(CH)_2CH_2 + 2H_2O + H_2 \end{cases}$$

（3）催化剂的使用是有条件的,有时反应体系中存在某些少量杂质就会严重降低,甚至完全破坏催化剂的活性,造成催化剂失活或者催化剂中毒。

【人物传记】

阿仑尼乌斯

阿仑尼乌斯(S. A. Arrhenius,1859—1927 年),瑞典物理化学家,1859 年 2 月 19 日生于瑞典乌普萨拉附近的维克城堡。电离理论的创立者。主要学术成就有:解释溶液中的元素是如何被电解分离的;研究温度对化学反应速率的影响,得出著名的 Arrhenius 方程式;提出等氢离子现象理论、分子活化理论和盐的水解理论。此外,他对宇宙化学、天体物理学和生物化学等也有研究。获得 1903 年的诺贝尔化学奖。

阿仑尼乌斯从小聪明好学,进入中学后,各门功课都名列前茅。1876 年,中学毕业,考取了乌普萨拉大学。1878 年开始专门攻读物理学的博士学位。他的导师塔伦(T. R. Thalen)教授是一位光谱分析专家。在导师的指导下,阿仑尼乌斯学习了光谱分析。但他认为,作为一个物理学家还应该掌握与物理有关的其他各科知识。因此,他常常去听一些教授们讲授的数学与化学课程。渐渐地,他对电学产生了浓厚兴趣,远远超过了对光谱分析的研究,他坚信"电的能量是无穷无尽的",热衷于研究电流现象和导电性。1881 年,他来到了首都斯德哥尔摩以求深造。在导师埃德隆(E. Edlund)教授的指导下,阿仑尼乌斯研究浓度很稀的电解质溶液的电导。1883 年 5 月,他提出了电离理论的基本观点:"由于水的作用,电解质在溶液中具有两种不同的形态——非活性的分子形态、活性的离子形态。溶液稀释时,活性形态的数量增加,所以溶液导电性增大"。但是教授们不理解其观点,并未通过阿仑尼乌斯的论文答辩。直到 1884 年冬再次进行论文答辩时,论文才勉强通过。

阿仑尼乌斯同时提出了酸、碱的定义;解释了反应速率与温度的关系,提出活化能的概念及其与反应热的关系等。著有《溶液理论》《化学原理》等著作。由于阿仑尼乌斯在化学领域的卓越成就,1903 年荣获诺贝尔化学奖,成为瑞典第一位获此科学大奖的科学家。他还多次荣获国外的其他科学奖章和荣誉称号。1905 年以后,他一直担任瑞典诺贝尔研究所所长,直到生命的最后一刻。

阿仑尼乌斯在物理化学方面造诣很深,他所创立的电离理论流传至今。他是一位博学的学者,除了化学外,在物理学方面,他致力于电学研究;在天文学方面,他从事天体物理学和气象学研究。他在 1896 年发表了《大气中的二氧化碳对地球温度的影响》一文,还著有《宇宙物理学教程》。在生物学研究方面,他著有《免疫化学》及《生物化学中的定量定律》等。

1927 年 10 月 2 日,阿仑尼乌斯在斯德哥尔摩逝世。

【延伸阅读】

飞秒化学——过渡态研究的关键武器

过渡状态理论为认识化学反应奠定了理论基础。在过去的几十年里,化学家们一直在通过各种方法试图直接观察到过渡态,以求对化学反应有一个全面、深入的理解。20 世纪 50 年代,科学家们用快速动力学方法,分辨出千分之一秒(ms)的化学中间体。20 世纪 60 年代,采用分子束技术来探讨分子碰撞的动态过程,实现了单个分子碰撞过程的研究,但仍只停留在对成分进行分析的水平上。20 世纪 70 年代末,将激光技术和分子束技术相结合用于研究化学反应的过程。20 世纪 80 年代中期,将超短激光脉冲和分子束技术相结合制成了分子"照相机",其分辨率可达 6 飞秒(10^{-15} s),远小于分子的振动周期,使得跟踪化学反应的过程成为现实,人们终于可以直接观察到过渡态,并以此为基础,形成了一门新的学科——飞秒化学。

加州理工学院的泽维尔(Zewail)教授在 1980 年就开始利用飞秒激光研究化学反应过程。他在飞秒化学研究中的突出贡献使他成为当今飞秒化学研究的奠基人,并于 1999 年获得诺贝尔化学奖。

飞秒化学利用飞秒激光研究各种化学反应中的动力学过程,主要涉及飞秒(10^{-15} s)和皮秒(10^{-12} s)量级的超快反应过程,这些过程包括化学键断裂、新键形成、质子传递和电子转移、化合物异构化、分子解离、反应中间产物及最终产物的速度、角度和态分布、溶液中的化学反应以及溶剂的作用、分子中的振动和转动对化学反应的影响以及一些重要的光化学反应等。

飞秒化学的产生和发展使人们真正实现从微观层次研究化学反应的过程,更新、深化和丰富了人们对化学反应过程的认识,从而实现有效地控制化学反应,并能通过激光对分子进行选键分解(即分子剪裁)。

习 题 3

3-1　For the reaction $2H_2(g) + O_2(g) \Longrightarrow 2H_2O(g)$, what is the relationship between the reaction rates when the reaction rates are calculated by changing the concentrations of different substances in the reaction?

3-2　已知$(CH_3)_2O$ 的分解反应$(CH_3)_2O(g) \Longrightarrow CH_4(g) + CO(g) + H_2(g)$,其分解速率测定实验数据如习题 3-2 表所示。

习题 3-2 表

t/s	0	200	400	600	800
$c[(CH_3)_2O]/(mol \cdot L^{-1})$	0.010 00	0.009 16	0.008 39	0.007 68	0.007 03

试求:

(1)反应开始后,前 400 s 和后 200 s 的平均速率。

(2)用作图法求 800 s 时的瞬时速率。

3-3　What is the relationship between the reaction order and the unit of the reaction rate constant?

3-4 什么是反应级数？什么是反应分子数？二者有何区别和联系？

3-5 若某化合物在100min内被消耗掉25%，已知该反应是零级反应，则200min时，该物质被消耗了多少？

3-6 295K时，反应$2NO(g) + Cl_2(g) \longrightarrow 2NOCl(g)$，其反应物浓度与反应速率的相关数据如习题3-6表所示。

习题3-6表

$c(NO)/(mol \cdot L^{-1})$	$c(Cl_2)/(mol \cdot L^{-1})$	$r/(mol \cdot L^{-1} \cdot s^{-1})$
0.100	0.100	8.0×10^{-3}
0.500	0.100	2.0×10^{-1}
0.100	0.500	4.0×10^{-2}

试求：

(1)对不同的反应物，反应级数各是多少？

(2)写出反应的速率方程。

(3)反应的速率常数是多少？

3-7 某温度下反应$2NO(g) + O_2(g) \Longrightarrow 2NO_2(g)$的速率常数$k = 8.8 \times 10^{-2} mol^{-2} \cdot L^2 \cdot s^{-1}$，已知该反应对于$O_2$来说是一级反应：

(1)试判断NO的反应级数。

(2)确定该反应的速率方程。

(3)计算当反应物浓度都是$0.05 mol \cdot L^{-1}$时的反应速率。

3-8 已知各基元反应的活化能如习题3-8表所示。

习题3-8表

序号	A	B	C	D	E
正反应活化能 $E_{a(正)}/(kJ \cdot mol^{-1})$	70	16	40	20	20
逆反应活化能 $E_{a(逆)}/(kJ \cdot mol^{-1})$	20	35	45	80	30

由此判断在相同的温度和指前因子时：

(1)哪个反应的正反应是吸热反应？

(2)哪个反应放热最多？

(3)哪个反应的正反应速率常数最大？

(4)哪个反应的可逆程度最大？

(5)哪个反应的正反应速率常数随温度变化最大？

3-9 一氧化碳与氯气在高温下反应生成光气：$CO(g) + Cl_2(g) \longrightarrow COCl_2(g)$，实验测得反应的速率方程为$r = kc(CO) \cdot [c(Cl_2)]^{3/2}$，当改变下列条件时，试判断初始速率受何影响。

(1)升高温度。

(2)其他条件不变，将容器的体积扩大至原来的2倍。

(3)容器体积不变，将CO浓度增加到原来的2倍。

（4）容器体积不变，向体系中充入一定量 N_2。

（5）保持体系压强不变，向体系中充入一定量 N_2。

（6）加入催化剂。

3-10　已知反应 $2NOCl(g) \longrightarrow 2NO(g) + Cl_2(g)$，350K 时，其 $k_1 = 9.3 \times 10^{-6} s^{-1}$；400K 时，其 $k_2 = 6.9 \times 10^{-4} s^{-1}$。计算该反应的活化能 E_a 以及 500K 时的反应速率常数 k。

3-11　已知反应 $CH_3CHO(g) \longrightarrow CH_4(g) + CO(g)$ 的活化能 $E_a = 188.3 kJ \cdot mol^{-1}$，请问当温度为多少时，反应的速率常数 k 的值是温度为 298K 时的 10 倍？

3-12　已知在 298K 时，H_2O_2 的分解反应 $2H_2O_2(1) \longrightarrow 2H_2O(1) + O_2(g)$ 的活化能 $E_a = 71 kJ \cdot mol^{-1}$，该反应在过氧化氢酶的催化下，速率将提高 9.4×10^{10} 倍。试计算加入过氧化氢酶后反应的活化能。

3-13　实验测得某二级反应在不同温度下的速率常数如习题 3-13 表所示。

习题 3-13 表

$t/\text{℃}$	190	210	230	250
$k/(mol \cdot L^{-1} \cdot s^{-1})$	2.61×10^{-5}	1.33×10^{-4}	5.96×10^{-4}	2.82×10^{-3}

（1）画出 $\ln k$-$1/T$ 曲线。

（2）分别以 190℃、230℃和 210℃、250℃两组数据计算 Arrhenius 方程式中的指前因子 A 和活化能 E_a 的平均值。

（3）求出该反应 300℃时的反应速率常数。

3-14　已知某反应的 $E_{a(正)} = 325 kJ \cdot mol^{-1}$，$E_{a(逆)} = 201 kJ \cdot mol^{-1}$，该反应的反应热是多少？试画出该反应的能量与反应历程图，并将 $E_{a(正)}$、$E_{a(逆)}$ 和反应热 $\Delta_r H_m$ 标在相应的位置上。

3-15　已知在 $1.013 \times 10^5 Pa$ 和 298K 条件下，反应 $H_2(g) + Cl_2(g) \longrightarrow 2HCl(g)$ 的活化能 E_a 为 $113 kJ \cdot mol^{-1}$，$HCl(g)$ 的标准摩尔生成焓为 $-92.31 kJ \cdot mol^{-1}$，试计算该反应的逆反应的活化能。

3-16　已知某可逆反应，$E_{a(正)} = 2E_{a(逆)} = 268 kJ \cdot mol^{-1}$。求：

（1）当温度从 300K 升高到 310K 时，$k_{(正)}$ 增大了多少倍？$k_{(逆)}$ 增大了多少倍？

（2）当温度从 300K 升高到 310K 时，$k_{(正)}$ 增大的倍数是从 400K 升高到 410K 时增大倍数的多少倍？

（3）在 298K 时，加入催化剂，正、逆反应活化能都减少了 $20 kJ \cdot mol^{-1}$，$k_{(正)}$ 增大了多少倍？$k_{(逆)}$ 增大了多少倍？

3-17　已知 Ce^{4+} 氧化 Tl^+ 的反应速率很小。但在 Mn^{2+} 的催化作用下，反应速率显著提高，其催化反应机理被认定为

①$Ce^{4+}(aq) + Mn^{2+}(aq) \longrightarrow Ce^{3+}(aq) + Mn^{3+}(aq)$（慢）

②$Ce^{4+}(aq) + Mn^{3+}(aq) \longrightarrow Ce^{3+}(aq) + Mn^{4+}(aq)$（快）

③$Mn^{4+}(aq) + Tl^+(aq) \longrightarrow Mn^{2+}(aq) + Tl^{3+}(aq)$（快）

（1）由以上反应步骤写出 Ce^{4+} 氧化 Tl^+ 的反应方程式。

（2）写出各基元反应步骤的速率方程。

（3）试判断该反应的控制步骤,其对应的反应分子数是多少?

（4）确定该反应的中间产物有哪几种。

（5）试判断该反应是均相催化还是多相催化。

3-18　Are the following statements true? Please give a brief explanation.

（1）If a chemical reaction is a second order reaction, then the unit of the rate constant is $mol \cdot L^{-1} \cdot s^{-1}$.

（2）The smaller the activation energy, the greater the reaction rate.

（3）The reaction rate in the solution must be greater than that in the gas phase.

（4）If the system pressure is increased, the reaction rate must increase.

（5）The reaction rate coefficient is a function of concentration and temperature.

（6）The catalyst can't change ΔG, but it can change $\Delta H, \Delta S$ and ΔU.

（吴　蕾）

第4章 化学平衡

环境友好、绿色生产和降低成本、扩大盈利可以说是所有化工生产、化学制药等行业的重要追求目标,因此在生产过程中都会非常关心一个问题:如何提高原材料的利用率,使原材料最大限度地转化为所需要的产品。追根溯源,这就是在讨论如何提高化学反应中反应物的转化率,讨论一个化学反应能进行的最大程度,也就是限度问题。这就需要重新回到化学热力学中,讨论关于化学平衡的内容。

4.1 可逆反应和化学平衡状态

4.1.1 可逆反应

通常,化学反应从左向右进行称为正反应,从右向左进行称为逆反应。在一定的条件下,既能向右进行又能向左进行的反应称为**可逆反应**(reversible reaction),可用符号"$\rightleftharpoons$"表示。几乎所有的化学反应都具有可逆性。也就是说,在一定的条件下,能同时向两个方向进行。但是不同的反应可逆程度不尽相同。有些反应正向进行得比较彻底,可逆程度比较小,比如 $BaSO_4$ 沉淀反应

$$Ba^{2+}(aq) + SO_4^{2-}(aq) \rightleftharpoons BaSO_4(s)$$

在常温常压下,水中的 Ba^{2+} 和 SO_4^{2-} 能迅速生成大量 $BaSO_4$ 白色沉淀,而在相同条件下固体 $BaSO_4$ 在水中只能电离出极少量的 Ba^{2+} 和 SO_4^{2-}。有些反应则进行得不彻底,可逆程度比较大,比如

$$2SO_2(g) + O_2(g) \rightleftharpoons 2SO_3(g)$$

$$2NO_2(g) \rightleftharpoons N_2O_4(g)$$

此外,还有一些反应,在不同的反应条件下,可以表现出不同程度的可逆性,比如氢气和氧气的反应

$$2H_2(g) + O_2(g) \rightleftharpoons 2H_2O(l)$$

在相对较低的温区 875 ~ 1 273K，反应以正向进行为主；而在高温区 4 273 ~ 5 273K，反应则以逆向进行为主。

4.1.2 化学平衡状态

可逆反应刚开始进行时，反应物浓度比较大，正反应速率快；但随着反应的进行，反应物被不断消耗，正反应速率不断减慢，而产物浓度不断升高，逆反应速率不断加快。这样必然会到某一时刻，正、逆反应速率相同，如图 4-1 所示。此时有多少反应物在正反应中消耗掉，就有多少反应物在逆反应中生成，所以反应进行至此，宏观上反应物和产物的浓度都不再发生变化，即系统的组成不变，这种状态称为**化学平衡状态**（chemical equilibrium state）。虽然化学平衡时表观上各物质浓度不再发生变化，但化学反应并没有停止，微观上正、逆反应依然在进行着，只是达到了平衡，宏观上表现为稳定的状态，所以化学平衡是一种动态平衡（dynamic equilibrium）。这种平衡是在一定条件（浓度、温度、压力）下建立的，一旦条件发生改变，这种平衡即被打破，平衡将发生移动，进而在新的条件下建立新的平衡。

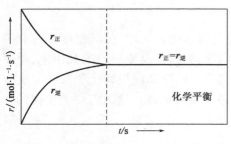

图 4-1 可逆反应中正、逆反应速率变化示意图

4.2 平衡常数

4.2.1 实验平衡常数

可逆反应达到化学平衡时各物质的浓度将不再发生变化，此时的浓度称为**平衡浓度**（equilibrium concentration）。进一步的实验表明，在一定的温度下，达到化学平衡时各物质的平衡浓度之间满足一定的数量关系：各生成物浓度幂的连乘积与各反应物浓度幂的连乘积之比是一个常数，其中幂指数为配平了的化学反应方程式中该物质前面的系数。对于任一气相可逆反应

$$aA(g) + bB(g) \Longrightarrow yY(g) + zZ(g)$$

达到化学平衡时各物质的平衡浓度分别为 c_A、c_B、c_Y 和 c_Z，则有

$$K = \frac{c_Y^y \cdot c_Z^z}{c_A^a \cdot c_B^b} \tag{4-1}$$

式中，K 称为**经验平衡常数**，因为该值可以由实验测得的各物质浓度计算而得，故也称为**实验平衡常数**。事实上，通过实验获取数据是确定平衡常数最为常用的方法。在一定的温度下，不管是以什么物质组成开始反应，最终达到平衡时实验平衡常数都是一个定值。比如，在实验室可以设计如表 4-1 所示的实验。

1 473℃下 $H_2(g) + CO_2(g) \rightleftharpoons H_2O(g) + CO(g)$ 的实验数据　　　表 4-1

实验编号	初始浓度 $c/(\text{mol} \cdot \text{L}^{-1})$				平衡浓度 $c/(\text{mol} \cdot \text{L}^{-1})$				平衡时 $K = \dfrac{c(H_2O) \cdot c(CO)}{c(H_2) \cdot c(CO_2)}$
	H_2	CO_2	H_2O	CO	H_2	CO_2	H_2O	CO	
1	0.10	0.10	0	0	0.039	0.039	0.061	0.061	2.45
2	0.20	0.10	0	0	0.121	0.021	0.079	0.079	2.46
3	0.10	0.10	0.10	0	0.054	0.054	0.146	0.046	2.30
4	0.10	0.10	0.10	0.10	0.079	0.079	0.121	0.121	2.35
5	0	0	0.20	0.20	0.080	0.080	0.120	0.120	2.25

由表 4-1 中实验数据可以看出,在恒温条件下,无论以反应物开始反应,还是以生成物开始反应,或是以不同的物质组成开始反应,最终得到的实验平衡常数都是一个恒定的值。

由理想气体状态方程 $pV = nRT$ 推导可得

$$p = \frac{n}{V}RT = cRT$$

由此可见,对于气相反应,各物质分压与浓度之间有明确的数量关系。因此,气相反应的实验平衡常数除了可以用各物质的浓度由式(4-1)计算之外,也可以由各物质的分压求得。达到化学平衡时,各物质的平衡分压分别为 p_A、p_B、p_Y 和 p_Z,则有

$$K = \frac{p_Y^y \cdot p_Z^z}{p_A^a \cdot p_B^b} \tag{4-2}$$

为了区别由式(4-1)和式(4-2)计算而得的实验平衡常数,通常将用浓度求得的实验平衡常数(即浓度平衡常数)表示为 K_c,用分压求得的实验平衡常数(即压力平衡常数)表示为 K_p,即

$$K_c = \frac{c_Y^y \cdot c_Z^z}{c_A^a \cdot c_B^b} \tag{4-3}$$

$$K_p = \frac{p_Y^y \cdot p_Z^z}{p_A^a \cdot p_B^b} \tag{4-4}$$

实验平衡常数的单位由反应物和产物的化学计量数之间的关系决定。如浓度单位为 $\text{mol} \cdot \text{L}^{-1}$,则 K_c 的单位为 $(\text{mol} \cdot \text{L}^{-1})^{(y+z)-(a+b)}$;如压强单位为 kPa,则 K_p 的单位为 $(\text{kPa})^{(y+z)-(a+b)}$。只有当 $(y+z) - (a+b) = 0$ 时,实验平衡常数才无量纲。

一般来说,同一个反应的 K_p 和 K_c 是不相等的,但它们所表示的却是同一个标准状态,由理想气体状态方程可知二者之间必然存在一定的联系。

$$K_p = \frac{p_Y^y \cdot p_Z^z}{p_A^a \cdot p_B^b} = \frac{(c_Y RT)^y \cdot (c_Z RT)^z}{(c_A RT)^a \cdot (c_B RT)^b}$$

整理可得

$$K_p = \frac{c_Y^y \cdot c_Z^z}{c_A^a \cdot c_B^b} \cdot (RT)^{(y+z)-(a+b)} = K_c \cdot (RT)^{\sum\limits_{B} \nu_B(g)} \tag{4-5}$$

式中

$$\sum_{B} \nu_B(g) = (y+z) - (a+b)$$

表示反应前后气体分子数的变化值。

在书写实验平衡常数的表达式时应注意:对于一般的气相可逆反应,实验平衡常数用 K_c 或 K_p 表示;对于溶液中的可逆反应,实验平衡常数用 K_c 表示;对于复相可逆反应,其实验平衡常数既不是 K_c,也不是 K_p,而是用 K 表示,并且不能把反应体系中的纯固体、纯液体以及稀溶液中水的浓度写进去,只写可变浓度、可变压强的相。例如

$$CaCO_3(s) \Longrightarrow CaO(s) + CO_2(g) \quad K = p(CO_2)$$

实验平衡常数的表达式及其数值与化学反应方程式的写法有关。同一个反应,化学反应方程式的写法不同,所得出的实验平衡常数的表达式也不相同。例如

$$2H_2(g) + O_2(g) \Longrightarrow 2H_2O(g) \quad K_1 = \frac{[p(H_2O)]^2}{[p(H_2)]^2 \cdot p(O_2)}$$

$$H_2(g) + \frac{1}{2}O_2(g) \Longrightarrow H_2O(g) \quad K_2 = \frac{p(H_2O)}{p(H_2) \cdot [p(O_2)]^{1/2}}$$

$$2H_2O(g) \Longrightarrow 2H_2(g) + O_2(g) \quad K_3 = \frac{[p(H_2)]^2 \cdot p(O_2)}{[p(H_2O)]^2}$$

显然这三个实验平衡常数之间的关系为: $K_1 = (K_2)^2 = (K_3)^{-1}$,即方程式的化学计量数扩大至 n 倍时,反应的实验平衡常数 K 将变成 K^n;而逆反应的实验平衡常数与正反应的实验平衡常数互为倒数。

4.2.2 标准平衡常数

化学反应达到平衡时,各物质的相对浓度或相对分压不再发生变化。若各物质均以各自的标准态为参考态,分别用相对浓度和相对分压取代实验平衡常数表达式中的浓度和分压,则得到**标准平衡常数**(standard equilibrium constant),某些教材中也称之为热力学平衡常数,通常用 $K^{\ominus}$ 来表示。

对于溶液中的可逆反应

$$aA(aq) + bB(aq) \Longrightarrow yY(aq) + zZ(aq)$$

平衡时各物质的相对浓度表示为 $\frac{c_A}{c^{\ominus}}$、$\frac{c_B}{c^{\ominus}}$、$\frac{c_Y}{c^{\ominus}}$ 和 $\frac{c_Z}{c^{\ominus}}$,其标准平衡常数 $K^{\ominus}$ 可表示为

$$K^{\ominus} = \frac{[c_Y/c^{\ominus}]^y \cdot [c_Z/c^{\ominus}]^z}{[c_A/c^{\ominus}]^a \cdot [c_B/c^{\ominus}]^b} \tag{4-6}$$

对于一般的气相可逆反应

$$aA(g) + bB(g) \Longrightarrow yY(g) + zZ(g)$$

平衡时各物质的相对分压表示为 $\frac{p_A}{p^{\ominus}}$、$\frac{p_B}{p^{\ominus}}$、$\frac{p_Y}{p^{\ominus}}$ 和 $\frac{p_Z}{p^{\ominus}}$,其标准平衡常数 $K^{\ominus}$ 可表示为

$$K^{\ominus} = \frac{[p_Y/p^{\ominus}]^y \cdot [p_Z/p^{\ominus}]^z}{[p_A/p^{\ominus}]^a \cdot [p_B/p^{\ominus}]^b} \tag{4-7}$$

对于复相反应,纯固体、纯液体不写入标准平衡常数表达式,只写可变浓度、可变压强的相。例如

$$aA(g) + bB(aq) + cC(s) \Longrightarrow xX(g) + yY(aq) + zZ(l)$$

其标准平衡常数 $K^{\ominus}$ 可表示为

$$K^{\ominus} = \frac{[p_X/p^{\ominus}]^x \cdot [c_Y/c^{\ominus}]^y}{[p_A/p^{\ominus}]^a \cdot [c_B/c^{\ominus}]^b} \tag{4-8}$$

对于有水参与的反应需要特别注意,如果反应是在水溶液中进行,则水是大量的,可视为浓度不变的相,不写入标准平衡常数表达式。但若反应是在非水溶液中进行,则水的浓度是可变的,需要写入标准平衡常数表达式中。例如

$$Cr_2O_7^{2-}(aq) + H_2O(l) \Longrightarrow 2CrO_4^{2-}(aq) + 2H^+(aq)$$

$$K^{\ominus} = \frac{[c(CrO_4^{2-})/c^{\ominus}]^2 \cdot [c(H^+)/c^{\ominus}]^2}{c(Cr_2O_7^{2-})/c^{\ominus}}$$

$$C_2H_5OH(l) + CH_3COOH(l) \Longrightarrow CH_3COOC_2H_5(l) + H_2O(l)$$

$$K^{\ominus} = \frac{[c(CH_3COOC_2H_5)/c^{\ominus}] \cdot [c(H_2O)/c^{\ominus}]}{[c(C_2H_5OH)/c^{\ominus}] \cdot [c(CH_3COOH)/c^{\ominus}]}$$

因为 $Cr_2O_7^{2-}$ 与水的反应是在水溶液中进行的,水可视为浓度不变的相,所以 $c(H_2O)$ 不写入标准平衡常数的表达式中;而乙醇和乙酸的酯化反应需在有机溶剂中进行,反应中的水是浓度可变的相,所以此时 $c(H_2O)$ 需要写入标准平衡常数的表达式中。

在计算标准平衡常数时要注意表达式中所用到的浓度或分压都是反应达到平衡时的平衡浓度或平衡分压。不论是溶液中的反应、气相反应还是复相反应,其标准平衡常数 $K^{\ominus}$ 均为无量纲的量,因为其分子和分母中的各因式均为无量纲的量。液相反应的 K_c 与 $K^{\ominus}$ 在数值上相等,而气相反应的 K_c 一般不与其 $K^{\ominus}$ 的数值相等。

标准平衡常数的表达式与化学反应方程式有关。同一个反应,化学方程式不同,所得出的标准平衡常数表达式也不相同。例如

$$2H_2(g) + O_2(g) \Longrightarrow 2H_2O(g) \quad K_1^{\ominus} = \frac{[p(H_2O)/p^{\ominus}]^2}{[p(H_2)/p^{\ominus}]^2 \cdot [p(O_2)/p^{\ominus}]}$$

$$H_2(g) + \frac{1}{2}O_2(g) \Longrightarrow H_2O(g) \quad K_2^{\ominus} = \frac{[p(H_2O)/p^{\ominus}]}{[p(H_2)/p^{\ominus}] \cdot [p(O_2)/p^{\ominus}]^{1/2}}$$

$$2H_2O(g) \Longrightarrow 2H_2(g) + O_2(g) \quad K_3^{\ominus} = \frac{[p(H_2)/p^{\ominus}]^2 \cdot [p(O_2)/p^{\ominus}]}{[p(H_2O)/p^{\ominus}]^2}$$

显然这三个标准平衡常数之间的关系为:$K_1^{\ominus} = (K_2^{\ominus})^2 = (K_3^{\ominus})^{-1}$。

标准平衡常数只是温度的函数,与反应初始浓度和压强无关,只和反应本身及温度有关。对于同一类型的反应,在相同温度下,标准平衡常数的数值越大,表示反应进行得越完全。

通常若无特别说明,提及平衡常数一般是指标准平衡常数。在热力学的讨论和计算中,标准平衡常数也使用得更多。

4.3　标准平衡常数的计算

确定标准平衡常数最基本的方法就是通过实验测定,实验方案与前面确定实验平衡常数的方案相同,见表4-1。在密闭的容器中反应物分别以不同的初始浓度进行反应,反应达到平衡后可以利用气相色谱或质谱等现代化学测试方法测定平衡时各物质的浓度,再通过标准平衡常数的计算公式计算 $K^{\ominus}$,最后以统计学的方法消除实验误差以确定标准平衡常数。除此以外,还可以利用其他不同的方法来计算标准平衡常数 $K^{\ominus}$。

4.3.1　多重平衡规则

化学反应的平衡常数可以利用**多重平衡规则**(multiple equilibrium rules)来计算。多重平衡规则是当两个反应方程式相加或相减时,所得反应方程式的平衡常数可由原来两个反应方程式的平衡常数相乘或相除得到。假设有化学方程式①、②和③,其平衡常数分别为 $K_1^{\ominus}$、$K_2^{\ominus}$ 和 $K_3^{\ominus}$。

(1)若③ = ① + ②,则平衡常数之间满足:$K_3^{\ominus} = K_1^{\ominus} \cdot K_2^{\ominus}$;

(2)若③ = ① − ②,则平衡常数之间满足:$K_3^{\ominus} = K_1^{\ominus}/K_2^{\ominus}$;

(3)若③ = $n \times$ ①,则平衡常数之间满足:$K_3^{\ominus} = (K_1^{\ominus})^n$;

(4)若③ = $n^{-1} \times$ ①,则平衡常数之间满足:$K_3^{\ominus} = (K_1^{\ominus})^{\frac{1}{n}}$。

由此可见,平衡常数只与系统的始态和终态有关,与途径无关。不管反应是一步完成,还是分几步完成,其平衡常数都不变。利用多重平衡规则,可以通过几个化学反应方程式之间的组合关系和已知反应的平衡常数,较为简便地计算出所需反应的平衡常数。

【**例 4-1**】　已知下列化学反应的平衡常数:

① $H_2(g) + S(s) \rightleftharpoons H_2S(g)$　$K_1^{\ominus} = 1.0 \times 10^{-3}$

② $O_2(g) + S(s) \rightleftharpoons SO_2(g)$　$K_2^{\ominus} = 5.0 \times 10^6$

③ $O_2(g) + 2H_2(g) \rightleftharpoons 2H_2O(g)$　$K_3^{\ominus} = 1.0 \times 10^{22}$

试计算反应④ $2H_2S(g) + SO_2(g) \rightleftharpoons 3S(s) + 2H_2O(g)$ 的平衡常数 $K_4^{\ominus}$。

解:观察所求化学反应④与已知化学反应①、②、③,发现四个方程式之间满足以下关系:④ = ③ − 2 × ① − ②,因此

$$K_4^{\ominus} = \frac{K_3^{\ominus}}{(K_1^{\ominus})^2 \cdot K_2^{\ominus}} = \frac{1.0 \times 10^{22}}{(1.0 \times 10^{-3})^2 \times (5.0 \times 10^6)} = 2.0 \times 10^{21}$$

4.3.2　标准平衡常数 $K^{\ominus}$ 与 $\Delta_r G_m^{\ominus}$ 的关系

在化学热力学中,我们学习了化学反应等温方程式

$$\Delta_r G_m(T) = \Delta_r G_m^{\ominus}(T) + RT\ln J$$

由此可以得出恒温恒压条件下,化学反应在任意时刻的 Gibbs 自由能变和系统组成之间的关系,并可以据此判断化学反应进行的方向。当反应达到平衡时,$\Delta_r G_m = 0$,$J = K^{\ominus}$,则

$$0 = \Delta_r G_m^{\ominus}(T) + RT\ln K^{\ominus}$$

移项得

$$\Delta_r G_m^{\ominus}(T) = -RT\ln K^{\ominus} \tag{4-9}$$

式(4-9)非常重要,因为该式在两个重要的热力学数据 $\Delta_r G_m^{\ominus}$ 和 $K^{\ominus}$ 之间建立了联系。因此,只要能求出 T 温度下的 $\Delta_r G_m^{\ominus}$,就能利用式(4-9)计算出该温度下反应的标准平衡常数 $K^{\ominus}$。在化学热力学中标准态 Gibbs 自由能变的计算方法我们已经熟悉,由此可以通过式(4-9)求出任一化学反应在恒温恒压条件下的标准平衡常数 $K^{\ominus}$。

【例 4-2】 求反应 $3H_2(g) + N_2(g) \Longleftrightarrow 2NH_3(g)$ 在 298K 时的标准平衡常数。

解:298K 时该反应相关数据如表 4-2 所示。

例 4-2 表 表 4-2

项 目	$H_2(g)$	$N_2(g)$	$NH_3(g)$
$\Delta_f H_m^{\ominus}/(kJ \cdot mol^{-1})$	0	0	-46.11
$S_m^{\ominus}/(J \cdot mol^{-1} \cdot K^{-1})$	130.684	191.61	192.45
$\Delta_f G_m^{\ominus}/(kJ \cdot mol^{-1})$	0	0	-16.45

解法一:利用各物质 298K 时的 $\Delta_f G_m^{\ominus}$ 求得反应的 $\Delta_r G_m^{\ominus}(298K)$。

$$\Delta_r G_m^{\ominus}(298K) = \sum \nu_{生成物}\Delta_f G_m^{\ominus}(298K) - \sum \nu_{反应物}\Delta_f G_m^{\ominus}(298K)$$
$$= [2 \times (-16.45) - 3 \times 0 - 0]kJ \cdot mol^{-1}$$
$$= -32.90 kJ \cdot mol^{-1}$$

解法二:利用 Gibbs-Helmholtz 方程计算反应的 $\Delta_r G_m^{\ominus}(298K)$。

$$\Delta_r G_m^{\ominus}(298K) = \Delta_r H_m^{\ominus}(298K) - T\Delta_r S_m^{\ominus}(298K)$$
$$= [2 \times (-46.11) - 3 \times 0 - 0]kJ \cdot mol^{-1} - 298K \times$$
$$(2 \times 192.45 - 191.61 - 3 \times 130.684)J \cdot mol^{-1} \cdot K^{-1}$$
$$= -32.99 kJ \cdot mol^{-1}$$

由 $\Delta_r G_m^{\ominus}(T) = -RT\ln K^{\ominus}$ 可得

$$\ln K^{\ominus} = -\frac{\Delta_r G_m^{\ominus}(T)}{RT}$$

代入数据得

$$\ln K^{\ominus} = -\frac{-32.90 kJ \cdot mol^{-1}}{8.314 J \cdot mol^{-1} \cdot K^{-1} \times 298K} = 13.28$$

解得 $K^{\ominus} = 5.8 \times 10^5$。

4.4 标准平衡常数的应用

4.4.1 平衡常数与平衡转化率

化学反应在一定温度下达到平衡时,系统中各物质的浓度(或分压)将不再发生变化,此时反应物已经最大限度地转化为生成物。而平衡常数具体反映了平衡时各物质的浓度(或分压)之间的关系,因此平衡常数的大小可以体现反应进行的程度。一般来说,平衡常数 $K^{\ominus}$ 越大,说明反应进行得越完全;相反,平衡常数 $K^{\ominus}$ 越小,说明反应进行得越不完全。

除了平衡常数以外,平衡转化率也可以用来表明化学反应进行的程度。在实际化工生产中,使用转化率来描述某原料的利用率更为普遍一些。**平衡转化率**(equilibrium conversion rate)是化学反应达到平衡时,某反应物已转化为生成物的部分占反应物起始总量的百分比,通常用 α 来表示。即

$$\alpha = \frac{n_0 - n_{eq}}{n_0} \times 100\% \tag{4-10}$$

若反应前后体积不变,则转化率的表达式也可以表示为

$$\alpha = \frac{c_0 - c_{eq}}{c_0} \times 100\% \tag{4-11}$$

【例4-3】 已知反应 $CO_2(g) + H_2(g) \rightleftharpoons CO(g) + H_2O(g)$ 在973K 时的平衡常数 $K^{\ominus} = 0.64$,若在该温度下将 0.10mol CO_2 和 0.10mol H_2 充入容积为 1.0L 的密闭容器中进行反应,计算达到平衡时 CO_2 的转化率。

解: 设达到平衡时容器中有 $x$mol CO_2,则

	$CO_2(g)$	$+$	$H_2(g)$	$\rightleftharpoons$	$CO(g)$	$+$	$H_2O(g)$
n(起始)/mol	0.10		0.10		0		0
n(转化)/mol	$-(0.10-x)$		$-(0.10-x)$		$0.10-x$		$0.10-x$
n(平衡)/mol	x		x		$0.10-x$		$0.10-x$

反应达到平衡时有

$$K^{\ominus} = \frac{[p(CO)/p^{\ominus}] \cdot [p(H_2O)/p^{\ominus}]}{[p(CO_2)/p^{\ominus}] \cdot [p(H_2)/p^{\ominus}]} = \frac{\left[\frac{n(CO)RT}{Vp^{\ominus}}\right] \cdot \left[\frac{n(H_2O)RT}{Vp^{\ominus}}\right]}{\left[\frac{n(CO_2)RT}{Vp^{\ominus}}\right] \cdot \left[\frac{n(H_2)RT}{Vp^{\ominus}}\right]} = \frac{n(CO) \cdot n(H_2O)}{n(CO_2) \cdot n(H_2)}$$

代入相关数据得

$$0.64 = \frac{(0.10-x) \cdot (0.10-x)}{x \cdot x}$$

解得 $x = 0.056$mol。

故 CO_2 的转化率为

$$\alpha(CO_2) = \frac{n_0 - n_{eq}}{n_0} \times 100\% = \frac{0.10 - 0.056}{0.10} \times 100\% = 44\%$$

因为该反应在恒温恒容条件下进行,所以本题也可以用浓度来计算转化率。

4.4.2 平衡常数与化学反应进行的方向

由前面的推导我们可以得出标准状态下 Gibbs 自由能变 $\Delta_r G_m^{\ominus}$ 和标准平衡常数 $K^{\ominus}$ 之间的关系

$$\Delta_r G_m^{\ominus}(T) = -RT\ln K^{\ominus}$$

将该式代入化学反应等温方程式,可得

$$\Delta_r G_m(T) = -RT\ln K^\ominus + RT\ln J$$

即

$$\Delta_r G_m(T) = RT\ln\frac{J}{K^\ominus} \tag{4-12}$$

式(4-12)是化学反应等温方程式的另一种表现形式。表明了化学反应在恒温恒压条件下，任意时刻的 Gibbs 自由能变与标准平衡常数及反应商之间的关系。将其与化学反应自发进行的 Gibbs 自由能判据相结合可得

$$\begin{cases} J < K^\ominus,\Delta_r G_m < 0,反应正向自发进行 \\ J = K^\ominus,\Delta_r G_m = 0,反应达到平衡状态 \\ J > K^\ominus,\Delta_r G_m > 0,反应逆向自发进行 \end{cases} \tag{4-13}$$

由此可见，通过标准平衡常数 $K^\ominus$ 和反应商 J 之间的比较也可以判断化学反应进行的方向。因此，式(4-13)被称为化学反应进行方向的**反应商判据**。

4.4.3 平衡组成的计算

若已知某化学反应在 T 温度下的标准平衡常数和系统的初始组成，则可以通过计算求出达到平衡时的各物质组成。

【例4-4】 在 523K 条件下，将 0.70mol PCl_5 气体注入 2.0L 密闭容器中，生成 PCl_3 和 Cl_2，反应如下

$$PCl_5(g) \Longrightarrow PCl_3(g) + Cl_2(g)$$

已知在该条件下反应的标准平衡常数 $K^\ominus = 27$，试求达到平衡时各组分气体的分压。

解：设达到平衡时混合物中 PCl_3 的物质的量为 $x$mol，则

	$PCl_5(g)$	$\Longrightarrow$ $PCl_3(g)$	$+$ $Cl_2(g)$
n(起始)/mol	0.70	0	0
n(转化)/mol	$-x$	x	x
n(平衡)/mol	$0.70-x$	x	x

因为反应在恒温恒容条件下进行，所以达到平衡时

$$K^\ominus = \frac{\left[\frac{p(PCl_3)}{p^\ominus}\right]\cdot\left[\frac{p(Cl_2)}{p^\ominus}\right]}{\left[\frac{p(PCl_5)}{p^\ominus}\right]} = \frac{\left[\frac{n(PCl_3)RT}{Vp^\ominus}\right]\cdot\left[\frac{n(Cl_2)RT}{Vp^\ominus}\right]}{\left[\frac{n(PCl_5)RT}{Vp^\ominus}\right]} = \frac{n(PCl_3)\cdot n(Cl_2)}{n(PCl_5)}\cdot\frac{RT}{V}\cdot\frac{1}{p^\ominus}$$

代入相关数据得

$$27 = \frac{x\text{mol}\cdot x\text{mol}}{(0.70-x)\text{mol}}\cdot\frac{8.314\text{kPa}\cdot\text{L}\cdot\text{mol}^{-1}\cdot\text{K}^{-1}\times523\text{K}}{2.0\text{L}}\cdot\frac{1}{100\text{kPa}}$$

解得 $x = 0.50$mol。

所以平衡时各物质的分压为

$$p(PCl_3) = \frac{n(PCl_3)}{V}RT = \frac{0.50\text{mol}}{2.0\text{L}}\times8.314\text{kPa}\cdot\text{L}\cdot\text{mol}^{-1}\cdot\text{K}^{-1}\times523\text{K} = 1\,087\text{kPa}$$

$$p(\text{Cl}_2) = p(\text{PCl}_3) = 1\,087\text{kPa}$$

$$p(\text{PCl}_5) = \frac{n(\text{PCl}_5)}{V}RT = \frac{(0.70 - 0.50)\text{mol}}{2.0\text{L}} \times 8.314\text{kPa} \cdot \text{L} \cdot \text{mol}^{-1} \cdot \text{K}^{-1} \times 523\text{K}$$

$$= 435\text{kPa}$$

4.5　化学平衡的移动

化学平衡是一种动态平衡。化学平衡的建立是有条件的,一旦外界条件(如浓度、压力或温度等)发生改变,就可能会对正逆反应造成不同的影响,从而使得原有的平衡状态被打破,直至在新的条件下建立新的化学平衡。这种由于外界条件的改变,导致化学反应从一种平衡状态转化到另一种平衡状态的过程称为**化学平衡的移动**(shift of chemical equilibrium)。

4.5.1　Le Chatelier 原理

1907 年,法国化学家勒夏特列(H. L. Le Chatelier)在总结大量实验事实的基础上提出了一条普遍规律:如果给化学平衡施加外界影响,平衡将沿着削弱这一外界影响的方向移动。具体来说就是,如果增大反应物浓度,反应将向减小反应物浓度的方向进行;如果增大体系的压强,对于气体分子数发生变化的反应,反应将向减小气体分子数的方向进行,即向减小体系压强的方向进行;如果升高体系的温度,反应将向吸热方向进行,即向降低体系温度的方向进行。这一规律被称为 **Le Chatelier 原理**。可以据此对化学平衡移动的方向进行定性讨论,但这一原理不适用于未达到平衡的体系。

勒夏特列通过大量的实验总结出了能定性判断化学平衡移动的一般规律,但是浓度、压力及温度各个因素具体是如何影响化学平衡的,以及如何评价化学平衡移动的程度,将在下面的内容中分别进行讨论。

4.5.2　浓度对化学平衡的影响

化学反应进行的方向由体系的 $\Delta_r G_m$ 决定,而 $\Delta_r G_m$ 与标准平衡常数 $K^{\ominus}$ 和反应商 J 之间有明确的数量关系。因此,可以通过比较 $K^{\ominus}$ 和 J 的大小来判断化学反应进行的方向,即反应商判据。一定温度下,平衡常数 $K^{\ominus}$ 是一常数,而各组分浓度的改变将影响反应商 J,进而改变 $K^{\ominus}$ 和 J 的大小关系,从而造成化学平衡的移动。

对于任意可逆反应

$$a\text{A}(\text{g}) + b\text{B}(\text{aq}) + c\text{C}(\text{s}) \rightleftharpoons x\text{X}(\text{g}) + y\text{Y}(\text{aq}) + z\text{Z}(\text{l}) \qquad J = \frac{[p_\text{X}/p^{\ominus}]^x \cdot [c_\text{Y}/c^{\ominus}]^y}{[p_\text{A}/p^{\ominus}]^a \cdot [c_\text{B}/c^{\ominus}]^b}$$

当体系达到平衡时,$J = K^{\ominus}$,$\Delta_r G_m = 0$。此时,若增大反应物 A、B 的浓度或减小生成物 Y、Z 的浓度,则 J 减小,进而导致 $J < K^{\ominus}$,$\Delta_r G_m < 0$,平衡向右(或正反应方向)移动;若减小反应物 A、B 的浓度或增大生成物 Y、Z 的浓度,则 $J > K^{\ominus}$,$\Delta_r G_m > 0$,平衡向左(或逆反应方向)

移动。体系在新的条件下逐渐重新建立平衡,但注意各组分平衡时的浓度已不同于改变浓度之前平衡时各组分的浓度了。

【**例4-5**】 已知在25℃时,反应 $Fe^{2+}(aq) + Ag^+(aq) \rightleftharpoons Fe^{3+}(aq) + Ag(s)$,$K^{\ominus} = 3.2$,反应开始时溶液中 $c(Fe^{2+}) = 0.10 \text{mol} \cdot L^{-1}$,$c(Ag^+) = 0.10 \text{mol} \cdot L^{-1}$,$c(Fe^{3+}) = 0.01 \text{mol} \cdot L^{-1}$,试求:

(1)平衡时,溶液中 Fe^{2+}、Ag^+、Fe^{3+} 的浓度各为多少?

(2)Ag^+ 的转化率为多少?

(3)如果保持 Ag^+、Fe^{3+} 的初始浓度不变,使 $c(Fe^{2+})$ 增大至 $0.50 \text{mol} \cdot L^{-1}$,求平衡时 Ag^+ 的转化率。

解:(1)设反应过程中 Ag^+ 浓度转化了 $x \text{mol} \cdot L^{-1}$,则

$$Fe^{2+}(aq) + Ag^+(aq) \rightleftharpoons Fe^{3+}(aq) + Ag(s)$$

$c(起始)/(\text{mol} \cdot L^{-1})$	0.10	0.10	0.01
$c(转化)/(\text{mol} \cdot L^{-1})$	$-x$	$-x$	x
$c(平衡)/(\text{mol} \cdot L^{-1})$	$0.10 - x$	$0.10 - x$	$0.01 + x$

反应达到平衡时

$$K^{\ominus} = \frac{[c(Fe^{3+})/c^{\ominus}]}{[c(Fe^{2+})/c^{\ominus}] \cdot [c(Ag^+)/c^{\ominus}]} = \frac{0.01 + x}{(0.10 - x) \cdot (0.10 - x)} = 3.2$$

解得 $x = 0.014$。

故平衡时各离子浓度分别为

$$c(Fe^{2+}) = (0.10 - 0.014)\text{mol} \cdot L^{-1} = 0.086 \text{mol} \cdot L^{-1}$$
$$c(Ag^+) = (0.10 - 0.014)\text{mol} \cdot L^{-1} = 0.086 \text{mol} \cdot L^{-1}$$
$$c(Fe^{3+}) = (0.01 + 0.014)\text{mol} \cdot L^{-1} = 0.024 \text{mol} \cdot L^{-1}$$

(2)因为是恒温恒容反应,所以可以直接由浓度计算此时 Ag^+ 的转化率

$$\alpha_1 = \frac{c_0 - c_{eq}}{c_0} \times 100\% = \frac{0.10 - 0.086}{0.10} \times 100\% = 14\%$$

(3)改变浓度重新建立平衡后各离子浓度求法同(1),设反应过程中 Ag^+ 浓度转化了 $y \text{mol} \cdot L^{-1}$,则

$$Fe^{2+}(aq) + Ag^+(aq) \rightleftharpoons Fe^{3+}(aq) + Ag(s)$$

$c(起始)/(\text{mol} \cdot L^{-1})$	0.50	0.10	0.01
$c(转化)/(\text{mol} \cdot L^{-1})$	$-y$	$-y$	y
$c(平衡)/(\text{mol} \cdot L^{-1})$	$0.50 - y$	$0.10 - y$	$0.01 + y$

反应达到平衡时

$$K^{\ominus} = \frac{[c(Fe^{3+})/c^{\ominus}]}{[c(Fe^{2+})/c^{\ominus}] \cdot [c(Ag^+)/c^{\ominus}]} = \frac{0.01 + y}{(0.50 - y) \cdot (0.10 - y)} = 3.2$$

解得 $y = 0.055$。

故平衡时各离子浓度分别为

$$c(Fe^{2+}) = (0.50 - 0.055)\text{mol} \cdot L^{-1} = 0.445 \text{mol} \cdot L^{-1}$$
$$c(Ag^+) = (0.10 - 0.055)\text{mol} \cdot L^{-1} = 0.045 \text{mol} \cdot L^{-1}$$

$$c(\text{Fe}^{3+}) = (0.01 + 0.055)\text{mol} \cdot \text{L}^{-1} = 0.065\text{mol} \cdot \text{L}^{-1}$$

改变浓度后 Ag^+ 的转化率为

$$\alpha_2 = \frac{c_0 - c_{eq}}{c_0} \times 100\% = \frac{0.10 - 0.045}{0.10} \times 100\% = 55\%$$

通过例4-5可以看出,如果起始浓度发生变化,由于温度不变,标准平衡常数 $K^\ominus$ 是一个恒定的值,那么反应物的平衡转化率是会随着起始浓度的改变而发生变化的。在一定温度下,增大某一反应物的浓度,平衡向右(或正反应方向)移动,能进而提高其他反应物的转化率。在实际生产过程中,使得廉价易得的原料过量以提高其他原料的利用率是工业生产中采取的一个重要手段。

4.5.3　压力对化学平衡移动的影响

压力的改变对液体和固体反应几乎没有影响,可以忽略,而对于有气体参与的反应来说,压力的改变则有可能影响反应商 J 的大小,从而改变 $K^\ominus$ 和 J 的平衡关系,造成化学平衡的移动。

对于一般的气相可逆反应

$$a\text{A(g)} + b\text{B(g)} \Longleftrightarrow y\text{Y(g)} + z\text{Z(g)}$$

反应达到平衡时

$$K^\ominus = \frac{[p_Y/p^\ominus]^y \cdot [p_Z/p^\ominus]^z}{[p_A/p^\ominus]^a \cdot [p_B/p^\ominus]^b}$$

若此时改变体系的总压力,如在恒温条件下使得体系的总压力增大至原来的 x 倍,则各组分气体的分压也将相应地增大至原来的 x 倍。

此时反应商为

$$J = \frac{[xp_Y/p^\ominus]^y \cdot [xp_Z/p^\ominus]^z}{[xp_A/p^\ominus]^a \cdot [xp_B/p^\ominus]^b} = x^{(y+z)-(a+b)} \frac{[p_Y/p^\ominus]^y \cdot [p_Z/p^\ominus]^z}{[p_A/p^\ominus]^a \cdot [p_B/p^\ominus]^b} = x^{\sum_B \nu_B(g)} K^\ominus$$

若 $\sum_B \nu_B(g) > 0$,即反应后气体分子数增加,此时 $x^{\sum_B \nu_B(g)} > 1$,$J > K^\ominus$,化学平衡向左(或逆反应方向)移动;

若 $\sum_B \nu_B(g) = 0$,即反应前后气体分子数不变,此时 $x^{\sum_B \nu_B(g)} = 1$,$J = K^\ominus$,化学平衡不发生移动;

若 $\sum_B \nu_B(g) < 0$,即反应后气体分子数减小,此时 $x^{\sum_B \nu_B(g)} < 1$,$J < K^\ominus$,化学平衡向右(或正反应方向)移动。

总而言之,改变体系总压力只对反应前后气体分子数有变化的反应有影响。当增大体系的总压力时,化学平衡向气体分子数减少的方向移动;相反,当减小体系的总压力时,化学平衡向气体分子数增加的方向移动。而对于反应前后气体分子数不变的反应,改变体系的总压力对化学平衡没有影响。

无论是通过改变体积,还是充入惰性气体来改变反应条件,最终都可以归结为浓度或者压强对化学平衡移动的影响;而这些影响因素都是通过改变反应商的大小来打破 $K^\ominus$ 和 J 的平衡关系,进而造成化学平衡的移动。

【例 4-6】 在 298K、100kPa 的条件下,将一定量的 N_2O_4 气体充入密闭的容器中,此时发生反应 $N_2O_4(g) \rightleftharpoons 2NO_2(g)$,平衡常数 $K^{\ominus} = 0.15$,达到平衡时,各气体分压分别为 $p(N_2O_4) = 68.2kPa$,$p(NO_2) = 31.8kPa$。试问:

(1)若压缩容器使得体积缩减至原来的 1/2,此时平衡将如何移动?再次达到平衡时各组分气体分压分别是多少?

(2)若保持容器体积不变,往容器中通入氯气,使得容器内总压强增大到原来的 2 倍,此时平衡将如何移动?

解:(1)压缩容器使得体积缩减至原来的 1/2,此时总压和各组分气体分压都增大到原来的 2 倍,平衡向减小气体分子数的方向,即向左(或逆反应方向)移动。

设再次达到平衡时,N_2O_4 的压强增大 x kPa,则

$$N_2O_4(g) \rightleftharpoons 2NO_2(g)$$

p(体积压缩时)/kPa	2×68.2	2×31.8
p(转化)/kPa	x	$-2x$
p(再次平衡时)/kPa	$2 \times 68.2 + x$	$2 \times 31.8 - 2x$

$$K^{\ominus} = \frac{[p(NO_2)/p^{\ominus}]^2}{p(N_2O_4)/p^{\ominus}} = \frac{[(2 \times 31.8 - 2x)/100]^2}{(2 \times 68.2 + x)/100} = 0.15$$

解得 $x = 8.6$。

所以再次达到平衡时:

$$p(N_2O_4) = (2 \times 68.2 + 8.6)kPa = 145.0kPa$$

$$p(NO_2) = (2 \times 31.8 - 2 \times 8.6)kPa = 46.4kPa$$

(2)在恒温恒容条件下,通入氯气,总压强增大至原来的 2 倍,但因为容器的总体积不变,且氯气不参与反应,所以各组分气体的分压并不发生变化,因此依然能保持 $J = K^{\ominus}$ 的平衡状态,即平衡不发生移动。

4.5.4 温度对化学平衡移动的影响

反应商判据表明化学平衡的移动可以由标准平衡常数 $K^{\ominus}$ 和反应商 J 的大小来确定。前述两个影响因素不管是浓度还是压力的影响都是通过改变反应商 J 来打破 $K^{\ominus}$ 和 J 的原始关系,造成化学平衡的移动。而温度的影响则不同,温度的改变将带来标准平衡常数 $K^{\ominus}$ 的变化,进而造成化学平衡的移动。温度对标准平衡常数 $K^{\ominus}$ 的影响规律可以通过有关化学热力学公式推导出来。

根据 Gibbs-Helmholtz 方程

$$\Delta_r G_m^{\ominus}(T) = \Delta_r H_m^{\ominus} - T\Delta_r S_m^{\ominus}$$

及 $\Delta_r G_m^{\ominus}(T)$ 与 $K^{\ominus}$ 之间的关系

$$\Delta_r G_m^{\ominus}(T) = -RT\ln K^{\ominus}$$

可得

$$-RT\ln K^{\ominus} = \Delta_r H_m^{\ominus} - T\Delta_r S_m^{\ominus} \tag{4-14}$$

即

$$\ln K^{\ominus} = -\frac{\Delta_r H_m^{\ominus}}{RT} + \frac{\Delta_r S_m^{\ominus}}{R} \tag{4-15}$$

分别在两个不同温度 T_1、T_2 条件下有

$$\ln K_1^{\ominus} = -\frac{\Delta_r H_m^{\ominus}(T_1)}{RT_1} + \frac{\Delta_r S_m^{\ominus}(T_1)}{R} \tag{1}$$

$$\ln K_2^{\ominus} = -\frac{\Delta_r H_m^{\ominus}(T_2)}{RT_2} + \frac{\Delta_r S_m^{\ominus}(T_2)}{R} \tag{2}$$

由于 $\Delta_r H_m^{\ominus}$、$\Delta_r S_m^{\ominus}$ 受温度的影响较小,在温度变化范围不大时,可以分别用 $\Delta_r H_m^{\ominus}$ (298.15K) 和 $\Delta_r S_m^{\ominus}$(298.15K) 来代替 $\Delta_r H_m^{\ominus}(T_1)$、$\Delta_r H_m^{\ominus}(T_2)$ 和 $\Delta_r S_m^{\ominus}(T_1)$、$\Delta_r S_m^{\ominus}(T_2)$。则 (2) - (1) 得

$$\ln \frac{K_2^{\ominus}}{K_1^{\ominus}} = \frac{\Delta_r H_m^{\ominus}(298.15K)}{R}\left(\frac{1}{T_1} - \frac{1}{T_2}\right) = \frac{\Delta_r H_m^{\ominus}(298.15K)}{R} \cdot \frac{T_2 - T_1}{T_1 \cdot T_2} \tag{4-16}$$

该式表明了温度和平衡常数之间的关系,是范特霍夫方程的定积分形式。也可以用常用对数表示为

$$\lg \frac{K_2^{\ominus}}{K_1^{\ominus}} = \frac{\Delta_r H_m^{\ominus}(298.15K)}{2.303R} \cdot \frac{T_2 - T_1}{T_1 \cdot T_2} \tag{4-17}$$

利用式(4-16)或式(4-17)可以判断温度对化学平衡的影响:

当反应吸热时,$\Delta_r H_m^{\ominus} > 0$,若 $T_2 > T_1$,$K_2^{\ominus} > K_1^{\ominus}$,平衡向右(或正反应方向)移动;若 $T_2 < T_1$,$K_2^{\ominus} < K_1^{\ominus}$,平衡向左(或逆反应方向)移动。

当反应放热时,$\Delta_r H_m^{\ominus} < 0$,若 $T_2 > T_1$,$K_2^{\ominus} < K_1^{\ominus}$,平衡向左(或逆反应方向)移动;若 $T_2 < T_1$,$K_2^{\ominus} > K_1^{\ominus}$,平衡向右(或正反应方向)移动。

总而言之,当温度升高时,平衡向着吸热方向移动;温度降低时,平衡向着放热方向移动。

【人物传记】

勒夏特列

亨利·路易·勒夏特列(H. L. Le Chatelier,1850—1936 年),法国化学家。1850 年 10 月 8 日出生于巴黎的一个化学世家。勒夏特列的祖父和父亲都从事跟化学有关的工作,当时法国许多知名化学家是他家的座上客。因此,他从小就受到熏陶,中学时代特别爱好化学实验,一有空便到祖父开设的水泥厂中的实验室做化学实验。勒夏特列的大学学业曾因普法战争而中断。1875 年,他以优异的成绩毕业于巴黎工业大学,1887 年获博士学位,随即在高等矿业学校取得普通化学教授的职位。1907 年还兼任法国矿业部部长,在第一次世界大战期间出任法国武装部部长,1919 年退休,1936 年 9 月 17 日在伊泽尔逝世。

　　勒夏特列对水泥、陶瓷和玻璃的化学原理很感兴趣,也为防止矿井爆炸而研究过火焰的物化原理。这就使得他要去研究热和热的测量。1877 年他提出用热电偶测量高温。热电偶是由两根金属丝组成的,一根是铂,另一根是铂铑合金,两端用导线相接。一端受热时,即有一微弱电流通过导线,电流强度与温度成正比。他还利用热体会发射光线的原理发明了一种测量高温的光学高温计。

　　对热学的研究很自然地将他引导到热力学的领域中去,使他得以在 1888 年宣布了一条使他闻名遐迩的定律,那就是勒夏特列原理。勒夏特列原理可预测特定变化条件下化学反应的方向,所以有助于化学工业的合理化安排和指导化学家们最大限度地减少浪费,生产所希望的产品,甚至可以使某些工业生产过程的转化率达到或接近理论值,同时也可以避免一些并无实效的方案(如高炉加高的方案)的实施,其应用非常广泛。

【延伸阅读】

化学平衡的发展历程

　　从 19 世纪 50—60 年代开始,热力学的基本规律已明确起来,但是一些热力学概念还比较模糊,数字处理很烦琐,不能用来解决复杂一点的问题,例如化学反应的方向问题。当时,大多数化学家正致力于有机化学的研究,也有一些人试图解决化学反应的方向问题。比如丹麦化学家汤姆森(Thomsen)和法国化学家贝特洛(Berthelot)试图从化学反应的热效应来解释化学反应的方向性。他们认为,反应热是反应物化学亲合力的量度,每个简单或复杂的纯化学性的作用,都伴随着热量的产生。贝特洛更为明确地阐述了这一观点,并称之为“最大功原理”,史称“汤姆森-贝特洛原理”(Thomsen-Berthelot principle)。贝特洛认为任何一种无外部能量影响的纯化学变化,都向着释放出最大能量的物质的方向进行。虽然这时他发现了一些吸热反应也可以自发地进行,但他却主观地假定其中伴有放热的物理过程。后来他承认这一论断是错误的,并将“最大功原理”的应用范围限制在固体间的反应上,并提出了实际上是“自由焓”的化学热的概念。

　　19 世纪 50 年代,挪威科学家古德贝格(Guldberg)和瓦格(Waage)在贝特洛研究成果的基础上提出了质量作用定律(law of mass action):

$$r_+ = k_+ A^\alpha B^\beta$$
$$r_- = k_- S^\sigma T^\tau$$

其中 A、B、S 和 T 都是有效质量,k_+ 和 k_- 是速率常数。若正负反应速率相等,则

$$k_+ A^\alpha B^\beta = k_- S^\sigma T^\tau$$

若正负反应速率常数的比例仍是一个常数,则

$$K_c = \frac{k_+}{k_-} = \frac{S^\sigma T^\tau}{A^\alpha B^\beta}$$

这就是化学反应平衡常数的雏形。但这个平衡常数其实只对基元反应适用,对很多反应(比如 SN1 反应)并不适用。

　　19 世纪 60—80 年代,霍斯特曼(Horstmann)、勒夏特列(Le Chatelier)和范特霍夫(van't Hoff)在这一方面也作出了一定的贡献。首先,霍斯特曼在研究氯化铵的升华过程中发现在

热分解反应中,其分解压力和温度有一定的关系,符合克劳修斯-克拉佩龙方程(Clausius-Clapeyron relation)

$$\frac{\mathrm{d}p}{\mathrm{d}t} = \frac{Q}{T(V'-V)}$$

式中,Q 代表分解热;V 和 V' 代表分解前、后的总体积。

于是范特霍夫依据上述方程式导出

$$\ln K_c = -\frac{Q}{RT} + C$$

此式可应用于任何反应过程,其中 Q 代表体系吸收的热(即升华热)。范特霍夫称其为动态平衡原理,史称"范特霍夫方程"(van't Hoff equation),并对它加以解释。他认为,在物质的两种不同状态之间的任何平衡,温度下降,平衡将向着产生热量的方向移动。此方程也可表示为

$$\frac{\mathrm{d}\ln K_{\mathrm{eq}}}{\mathrm{d}T} = \frac{\Delta H^{\ominus}}{RT^2}$$

1874 年和 1879 年,穆迪埃(Mudiay)和罗宾(Robin)也分别提出了这样的原理。穆迪埃提出,压力的增加,有利于体积相应减少的反应发生。

在这之后的 1884 年,勒夏特列又进一步阐释了这一原理,称为勒夏特列原理。他认为,处于化学平衡中的任何体系,由于平衡中多个因素中的一个因素的变动,在一个方向上会导致一种转化,如果这种转化是唯一的,那么将会引起一种和该因素变动符号相反的变化。

然而,在这一方面作出突出贡献的是吉布斯(Gibbs),他在热力学发展史上的地位极其重要。吉布斯在热力学上的贡献可以归纳为四个方面:第一,在克劳修斯等人建立的热力学第二定律的基础上,吉布斯引出了平衡的判断依据,并将熵的判断依据正确地限制在孤立体系的范围内,使一般实际问题有了进行普遍处理的可能。第二,用内能、熵、体积代替温度、压力、体积作为变量对体系状态进行描述,并指出汤姆森用温度、压力和体积对体系的状态的描述是不完全的。他提倡使用当时的科学家们不熟悉的状态方程,并且在内能、熵和体积的三维坐标图中,给出了完全描述体系全部热力学性质的曲面。第三,吉布斯在热力学中引入了"浓度"这一变量,并将明确了成分的浓度对内能的导数定义为"热力学势"。这样,就使热力学可用于处理多组分的多相体系,化学平衡的问题也就有了处理的条件。第四,他进一步讨论了体系在电、磁和表面影响下的平衡问题。并且,他导出了被认为是热力学中最简单、最本质也是最抽象的热力学关系,即相律,而平衡状态就是相律所表明的自由度为零的那种状态。

吉布斯对平衡的研究成果主要发表在他的三篇文章之中。1873 年,他先后将前两篇文章发表在康涅狄格州学院的学报上,为讨论单一的化学物质体系,引入了反应 Gibbs 自由能,讨论了 Gibbs 自由能与反应平衡常数的关系。1878 年他发表了第三篇文章《关于复相物质的平衡》,这篇文章对多组分复相体系进行了讨论。由于热力学势的引入,只要将单组分体系状态方程稍加改动,便可以对多组分体系的问题进行处理了。对于吉布斯的工作,勒夏

特列认为这是一个新领域的开辟,其重要性可以与质量守恒定律相提并论。然而,吉布斯的三篇文章发表之后,其重大意义并未被多数科学家们所认识到,直到1891年才被奥斯特瓦尔德译成德文,1899年勒夏特列将其译成法文出版之后,情况顿然改变。在吉布斯之后,热力学仍然只能处理理想状态的体系。1901年和1907年,美国人路易斯发表文章,分别针对气体和溶液提出了"逸度"与"活度"的概念。路易斯谈到"逃逸趋势"这一概念,指出一些热力学量,如温度、压力、浓度、热力学势等都是逃逸趋势量度的标度。路易斯所提出的逸度与活度的概念,使吉布斯的理论得到了有益的补充和发展,从而使人们有可能对理想体系的偏差进行统一,使实际体系在形式上具有了与理想体系完全相同的热力学关系式。于是平衡常数的框架正式形成,即

$$K_c = \frac{[S]^\sigma \cdot [T]^\tau}{[A]^\alpha \cdot [B]^\beta}$$

式中,$[A]$是A的浓度,其指数为化学计量数,它取决于各组分离子的强度、温度和压力。同样地,对于气体来说,K_p取决于组分的压力。

习 题 4

4-1　How do you understand the chemical equilibrium? What are the characteristics of chemical equilibrium?

4-2　What is the relationship between K_c and K_p?

4-3　What is the difference between the experimental equilibrium constant and the standard equilibrium constant?

4-4　Write an expression for the standard equilibrium constant $K^\ominus$ in the following reactions:

(1) $NH_4HCO_3(s) \Longrightarrow NH_3(g) + CO_2(g) + H_2O(g)$

(2) $MgSO_4(s) \Longrightarrow SO_3(g) + MgO(s)$

(3) $CO_2(g) + Zn(s) \Longrightarrow CO(g) + ZnO(s)$

(4) $CH_4(g) + 2O_2(g) \Longrightarrow CO_2(g) + 2H_2O(l)$

(5) $Cl_2(g) + H_2O(l) \Longrightarrow H^+(aq) + Cl^-(aq) + HClO(aq)$

(6) $2MnO_4^-(aq) + 5H_2O_2(aq) + 6H^+(aq) \Longrightarrow 2Mn^{2+}(aq) + 5O_2(g) + 8H_2O(l)$

4-5　已知反应 $N_2(g) + 3H_2(g) \Longrightarrow 2NH_3(g)$ 在427K时的标准平衡常数为 $K^\ominus = 2.6 \times 10^{-4}$,试计算下列反应的标准平衡常数

(1) $\frac{1}{2}N_2(g) + \frac{3}{2}H_2(g) \Longrightarrow NH_3(g)$

(2) $NH_3(g) \Longrightarrow \frac{1}{2}N_2(g) + \frac{3}{2}H_2(g)$

4-6　已知下列反应在298K时的标准平衡常数 $K^\ominus$

① $A + B \Longrightarrow C + D$　$K_1^\ominus = 6.0 \times 10^{-3}$

② $2C + 2D \Longrightarrow E$　$K_2^\ominus = 1.3 \times 10^{14}$

试计算反应③ $E \Longrightarrow 2A + 2B$ 在298K时的标准平衡常数。

4-7 实验测得 1 000K 时, SO_2 与 O_2 的反应 $2SO_2(g) + O_2(g) \Longrightarrow 2SO_3(g)$, 各物质的平衡分压分别为: $p(SO_3) = 32.9kPa$, $p(SO_2) = 27.7kPa$, $p(O_2) = 40.7kPa$, 求此温度下该反应的压力平衡常数 K_p、浓度平衡常数 K_c 以及标准平衡常数 $K^{\ominus}$。

4-8 已知反应 $N_2(g) + 3H_2(g) \Longrightarrow 2NH_3(g)$, 各物质在 700K 时的热力学函数如习题 4-8 表所示。

习题 4-8 表

项 目	$H_2(g)$	$N_2(g)$	$NH_3(g)$
$\Delta_f H_m^{\ominus}/(kJ \cdot mol^{-1})$	0	0	−46.11
$S_m^{\ominus}/(J \cdot mol^{-1} \cdot K^{-1})$	130.684	191.61	192.45

在该温度下,往一密闭容器中充入一定量的 H_2 和 N_2, 达到平衡时测得两种气体浓度分别为 $c(N_2) = 1.75mol \cdot L^{-1}$, $c(H_2) = 2.87mol \cdot L^{-1}$, 求 NH_3 的平衡浓度。

4-9 平衡转化率与平衡常数的概念一样吗？若不相同,简述它们的异同点。

4-10 已知在 308K 时,反应 $N_2O_4(g) \Longrightarrow 2NO_2(g)$ 的 $K^{\ominus} = 0.32$, 将 18.4g $N_2O_4(g)$ 充入容器中发生以上反应,试计算在 308K、100kPa 下达到平衡时的总体积,并计算此时 $N_2O_4(g)$ 的转化率。

4-11 100℃时,光气的分解反应 $COCl_2(g) \Longrightarrow CO(g) + Cl_2(g)$, $\Delta_r S_m^{\ominus} = 125.5J \cdot mol^{-1} \cdot K^{-1}$, $\Delta_r H_m^{\ominus} = 104.6kJ \cdot mol^{-1}$。

(1)试计算该反应在 100℃时的 $K^{\ominus}$。

(2)若在 100℃ 反应达平衡时, $p_{总} = 200kPa$, 试计算此时 $COCl_2$ 的解离度;若 $p_{总} = 100kPa$, $COCl_2$ 的解离度又为多少？并由此分析压强对此平衡的影响。

4-12 由 SO_2 制备 SO_3 的反应 $2SO_2(g) + O_2(g) \Longrightarrow 2SO_3(g)$, 是工业上制备硫酸的重要反应,已知条件见习题 4-12 表。

习题 4-12 表

项 目	$SO_2(g)$	$SO_3(g)$
$\Delta_f H_m^{\ominus}(298K)/(kJ \cdot mol^{-1})$	−296.830	−395.72
$\Delta_f G_m^{\ominus}(298K)/(kJ \cdot mol^{-1})$	−300.194	−371.06

分别计算反应在 298K 和 500℃下的标准平衡常数 $K^{\ominus}$。

4-13 高温条件下,汽车汽缸内的氮气和氧气通过电火花放电发生反应

$$N_2(g) + O_2(g) \Longrightarrow 2NO(g)$$

这是汽车尾气中 NO 的主要来源。已知: $\Delta_f H_m^{\ominus}(NO, g, 298K) = 90.25kJ \cdot mol^{-1}$, 298K 时的 $K^{\ominus} = 4.39 \times 10^{-31}$。汽车内燃机内汽油的燃烧温度可达 1 570K。

(1)试通过计算说明该温度是否有利于 NO 的生成？

(2)1 570K 时,在容积为 1.0L 的密闭容器中通入 2.0mol N_2 和 2.0mol O_2, 计算达到平衡时 NO 的浓度。(此温度下不考虑 O_2 与 NO 的反应。)

4-14 Ag_2CO_3 遇热易分解,其反应为 $Ag_2CO_3(s) \Longrightarrow Ag_2O(s) + CO_2(g)$, 该反应的 $\Delta_r G_m^{\ominus}(383K) = 14.8kJ \cdot mol^{-1}$。在 110℃烘干时,空气中掺入一定量的 CO_2 就可避免 Ag_2CO_3 的分解,试计算当空气中 CO_2 含量达到 3.0% 时,能否避免 Ag_2CO_3 的分解。

4-15 已知在 298K 时,反应 $H_2O(g) + CO(g) \rightleftharpoons H_2(g) + CO_2(g)$ 的 $K^\ominus = 0.034$。若反应开始时,往 1.00L 容器中充入 0.020 0mol CO(g),0.020 0mol $H_2O(g)$,0.010 0mol $H_2(g)$ 和 0.010 0mol $CO_2(g)$。通过计算判断反应方向,并计算达到平衡时各物质的分压力。

4-16 高温条件下,甲烷与水蒸气将发生如下反应

$$CH_4(g) + H_2O(g) \rightleftharpoons CO(g) + 3H_2(g)$$

已知该反应的 $\Delta_r H_m^\ominus > 0$,根据勒夏特列原理,试判断当反应达到平衡时,改变以下反应条件,对相应的物理量有何影响。

(1)恒温恒容条件下,充入一定量 N_2,$n(CH_4)$ 如何变化?

(2)恒温恒压条件下,充入一定量 N_2,$n(CO)$ 如何变化?

(3)恒温恒容条件下,充入一定量 CH_4,$n(CH_4)$ 和 $n(H_2O)$ 如何变化?

(4)恒温条件下,压缩体积至原来的 1/2,$n(CO)$ 如何变化?

(5)恒容条件下,升高温度,$n(H_2)$ 如何变化?

(6)恒温恒容条件下,加入催化剂,$n(CH_4)$ 如何变化?

4-17 已知在 373K 时,反应 $2H_2O_2(g) \rightleftharpoons O_2(g) + 2H_2O(g)$ 的 $\Delta_r H_m^\ominus = -210.9 kJ \cdot mol^{-1}$,$\Delta_r S_m^\ominus = 131.8 J \cdot mol^{-1} \cdot K^{-1}$,试计算当温度为多少时该反应的平衡常数是 373K 时的 10 倍。(设 $\Delta_r H_m^\ominus$ 和 $\Delta_r S_m^\ominus$ 与温度无关。)

4-18 HgO 的分解反应为 $2HgO(s) \rightleftharpoons O_2(g) + 2Hg(g)$,已知该反应是吸热反应,$\Delta_r H_m^\ominus = 154 kJ \cdot mol^{-1}$,若把一定量固体 HgO 放在一真空密闭容器中,在 693K 达到平衡时总压为 $5.16 \times 10^4 Pa$,试计算在 723K 该反应达到平衡时 O_2 的平衡分压。

4-19 已知下列反应在两个不同温度下的标准平衡常数

① $Fe(s) + CO_2(g) \rightleftharpoons FeO(s) + CO(g)$ $K_1^\ominus(1\ 173K) = 2.15$;$K_1^\ominus(1\ 273K) = 2.48$

② $Fe(s) + H_2O(g) \rightleftharpoons FeO(s) + H_2(g)$ $K_2^\ominus(1\ 173K) = 1.67$;$K_2^\ominus(1\ 273K) = 1.49$

(1)计算反应③ $H_2(g) + CO_2(g) \rightleftharpoons H_2O(g) + CO(g)$ 的 $K_3^\ominus(1\ 173K)$ 和 $K_3^\ominus(1\ 273K)$。

(2)判断反应③是吸热反应还是放热反应?

(3)计算反应③的反应热 $\Delta_r H_m^\ominus$。

4-20 已知某温度时反应 $2Cl_2(g) + 2H_2O(g) \rightleftharpoons O_2(g) + 4HCl(g)$ 的 $\Delta_r H_m^\ominus < 0$,如习题 4-20 表所示,改变以下反应条件,相应的物理量将如何变化?

习题 4-20 表

条 件 改 变	反应速率 r	速率常数 k	活化能 E_a	平衡常数 $K^\ominus$	平衡移动方向
恒温恒容下增加 $Cl_2(g)$					
恒温下压缩体积					
恒容下升高温度					
恒温恒压下加催化剂					

4-21 下列说法是否正确,并简述理由。

(1)若在恒温条件下增加某一反应物浓度,则该反应物的转化率随之增大。

(2)催化剂使正、逆反应速率常数增大相同的倍数,而不改变平衡常数。

（3）在一定条件下，某气相反应达到了平衡，若保持温度不变，压缩反应系统的体积，系统的总压增大，各物种的分压也增大相同倍数，平衡必定移动。

（4）在平衡移动过程中，平衡常数 $K^{\ominus}$ 总是保持不变。

（5）对放热反应，温度升高，标准平衡常数 $K^{\ominus}$ 变小，正反应速率常数变小，逆反应速率常数变大。

（吴　蕾）

PART2 第二篇

水溶液化学原理

第5章 酸碱解离平衡

酸和碱是工农业生产、科学研究和日常生活中最为常见的物质。酸碱反应是人们所熟知的一类非常重要的化学反应。本章在简要介绍电解质溶液和酸碱理论发展的基础上，重点讲述酸碱质子理论，讨论水溶液中弱酸和弱碱的解离平衡、盐的水解平衡以及缓冲溶液。

5.1 电解质溶液

在水溶液中或熔融状态下能导电的化合物叫**电解质**（electrolyte）。电解质溶解于溶剂后完全或部分解离为离子，形成的溶液叫电解质溶液（electrolyte solution）。某物质是否为电解质并不是绝对的。同一物质在不同的溶剂中，可以表现出完全不同的性质。例如 HCl 在水中是电解质，但在苯中则为非电解质；葡萄糖在水中是非电解质，而在液态 HF 中却是电解质。因此在谈到电解质时决不能离开溶剂。在本书中，除非特别说明，所指的电解质溶液均为水溶液。本节简单介绍电解质在水中的解离度、活度与离子强度的概念。

5.1.1 解离度

电解质的解离程度可以定量地用**解离度**（degree of dissociation，亦称电离度）α 表示，即电解质达到解离平衡时，已解离分子数和原有分子总数的比值。

$$\alpha = \frac{\text{已解离分子数}}{\text{原有分子总数}} \times 100\% \qquad (5\text{-}1)$$

可以看出，α 越大，电解质的解离程度越高。

对于弱电解质，电解质溶液的浓度 c 越小，其解离度 α 越大。无限稀释时，弱电解质可近似看作是完全解离的。

5.1.2 活度与离子强度

在电解质溶液中，离子之间相互作用使得离子通常不能完全发挥其作用。电解质溶液中离子实际发挥作用的浓度称为有效浓度，即为**活度**（activity）。活度通常用 a 表示，它和离子浓度 c 有如下关系

$$a = \gamma \cdot c \qquad (5\text{-}2)$$

式中，γ 叫作**活度系数**（activity coefficient）。一般来说，由于 $a < c$，所以 $\gamma < 1$。显然，溶液越稀，离子间距离越大，正、负离子间的牵制作用就越弱，活度与浓度之间的差别就越小。尤其是当溶液的离子浓度很低，离子所带的电荷也很少时，离子之间的牵制作用就降低到很微弱的程度，这时活度就接近于浓度，活度系数接近于 1。可见，活度系数表示了溶液中离子之间相互牵制作用的大小，反映有效浓度和实际浓度之间的差异。

严格地说，溶液中的中性分子也有活度和浓度的差别，不过不像离子差别那么大，所以通常将中性分子的活度系数看作 1。对于弱电解质溶液，若没有其他强电解质存在，因其离子浓度很小，也可以把弱电解质离子的活度系数近似看作 1，但如果准确度要求较高，则必须用活度来代替浓度。对于液态和固态的纯物质以及稀水溶液中的水，其活度均看作 1。

而在强电解质溶液中，由于离子之间相互牵制作用的存在，离子不能发挥出其浓度数值所示的作用。在稀溶液范围内，影响强电解质离子平均活度系数 $\gamma_\pm$ 的决定因素是浓度和离子电荷数，而不是离子的本性，即**离子强度**（ionic strength），通常以 I 表示，等于溶液中每种离子 i 的物质的量浓度 c_i 乘以该离子所带电荷数目 Z_i 的平方所得诸项之和的一半，表示溶液中离子的电性强弱的程度，是衡量溶液中所存在离子产生的电场强度的量度。

$$I = \frac{1}{2}\sum_{i=1}^{n} c_i Z_i^2 \tag{5-3}$$

溶液中离子的浓度越高，离子所带的电荷数目越多，则粒子与其离子氛[1]之间的作用越强，离子强度越大。

5.2　酸碱理论的发展

酸碱对于无机化学来说是一个非常重要的部分。人们对于酸碱的认识，经历了一个由浅入深、由低级到高级、由现象到本质的过程。早在化学科学萌芽时期，人们就已经通过实验现象认识了酸碱的性质。英国化学家波义耳（R. Boyle）基于前人经验于 17 世纪末提出了朴素的酸碱理论，认为有酸味、能使蓝色石蕊变红的物质是酸；而有涩味、滑腻感，能使红色石蕊变蓝，并能与酸反应生成盐和水的物质是碱。后来，人们试图从酸的组成上定义酸。1777 年法国化学家拉瓦锡（A. L. Lavoisier）提出所有的酸都含有氧元素。1810 年，英国化学家戴维（S. H. Davy）从氢卤酸不含有氧的这一事实出发，指出酸中的共同元素是氢而不是氧。此后不久，德国化学家李比希（J. Liebig）又提出酸是含有能被金属置换的氢的化合物。

1884 年，瑞典化学家阿仑尼乌斯（S. Arrhenius）根据电解质的电离理论，首次提出了酸碱电离理论，指出凡在水溶液中电离所生成的阳离子全部是 H^+ 的物质称为酸；凡在水溶液中电离所生成的阴离子全部是 OH^- 的物质称为碱。酸与碱中和反应的本质是 H^+ 和 OH^- 化合生成水。

---

[1] 处理电解质溶液中离子相互作用的一种模型，该模型认为在一个离子（中心离子）周围，异号离子应占优势，其分布服从 Poisson 静电公式和 Boltzmann 统计规则，有如弥散的、很快淡化的云雾。这种异性的离子团即是离子氛。

　　酸碱电离理论从物质的组成上阐明了酸、碱的特征,是人类对酸碱的认识从现象到本质的一次飞跃,这对化学学科的发展起到了积极作用,至今这一理论仍在广泛使用。然而这种理论具有其局限性,它将酸和碱只局限于水溶液中,对非水体系和无溶剂体系不适用。此外,该理论仅将碱看成氢氧化物,不能解释一些不含 OH^- 基团的分子(如 NH_3)或离子(如 F^-、CO_3^{2-} 等)在水中所表现出的碱性。这说明酸碱电离理论还不完善,需要进一步补充和完善。

　　此后,在酸碱理论的发展进程中出现了弗兰克林(E. C. Franklin)的溶剂理论、布朗斯特(J. N. Brønsted)和劳莱(T. M. Lowry)的酸碱质子理论、路易斯(G. N. Lewis)的电子理论和皮尔逊(R. G. Pearson)的软硬酸碱理论等。这些理论的提出使酸碱的范围不断扩大,人们对酸碱的认识也不断发展和深化。

5.2.1　酸碱质子理论

　　1923 年,丹麦化学家布朗斯特(J. N. Brønsted)和美国化学家劳莱(T. M. Lowry)各自独立提出了酸碱质子理论,又称为 Brønsted-Lowry 酸碱理论。

　　1)酸碱的定义

　　酸碱质子理论将酸(acid)和碱(base)分别定义为:凡能给出质子(H^+)的物质都是**酸**(质子酸),凡能接受质子的物质都是**碱**(质子碱)。酸是质子的给予体(proton donor),碱是质子的接受体(proton acceptor)。

　　按照酸碱质子理论,酸和碱不是孤立的,它们统一在对质子的关系上,这种关系可以表示为

$$酸 \rightleftharpoons 碱 + H^+$$

满足上述关系的一对酸和碱称为**共轭酸碱对**(conjugate acid-base pair)。例如

$$H_2O \rightleftharpoons OH^- + H^+$$
$$HCl \rightleftharpoons Cl^- + H^+$$
$$NH_4^+ \rightleftharpoons NH_3 + H^+$$
$$[Al(H_2O)_6]^{3+} \rightleftharpoons [Al(H_2O)_5OH]^{2+} + H^+$$
$$H_2CO_3 \rightleftharpoons HCO_3^- + H^+$$
$$HCO_3^- \rightleftharpoons CO_3^{2-} + H^+$$

　　酸失去质子后变成相应的共轭碱,碱得到质子后变成相应的共轭酸,这种共轭关系体现了酸碱之间的依存关系和相对性,即"有酸才有碱,有碱才有酸"。

　　从上述几对共轭酸碱对我们可以看出,酸和碱可以是分子,也可以是离子。有些分子或离子既能给出质子变成碱,又能接受质子变成酸,这样的物质称为**两性物质**。例如作为溶剂的 H_2O,酸式盐的酸根离子 HCO_3^-、$H_2PO_4^-$ 和 HPO_4^{2-} 等。

　　2)酸碱反应的实质

　　根据酸碱质子理论可知,酸和碱是成对存在的,酸给出质子,必须有接受质子的碱存在,质子才能发生转移。因此,酸碱反应的实质就是两对共轭酸碱对之间的质子转移反应,可表示为

$$酸(1) + 碱(2) \rightleftharpoons 酸(2) + 碱(1)$$

式中,酸(1)和碱(1)、酸(2)和碱(2)互为共轭酸碱对,质子从一种物质酸(1)转移到另一种

物质碱(2)上。这种反应无论是在水溶液中,还是在非水溶液或气相中进行,其实质都是一样的。

例如,酸碱中和反应可以用质子转移反应来表示

$$\overset{\displaystyle H^+}{\overbrace{H_3O^+(aq)+OH^-(aq)}}\Longrightarrow H_2O(l)+H_2O(l)$$
$$\ \ \text{酸(1)}\ \ \ \ \text{碱(2)}\ \ \ \ \ \ \text{碱(1)}\ \ \ \ \text{酸(2)}$$

盐的水解反应也可以表示成质子转移反应

$$\overset{\displaystyle H^-}{\overbrace{NH_4^+(aq)+H_2O(l)}}\Longrightarrow NH_3(aq)+H_3O^+(aq)$$
$$\ \ \text{酸(1)}\ \ \ \ \text{碱(2)}\ \ \ \ \ \ \text{碱(1)}\ \ \ \ \text{酸(2)}$$

酸碱电离理论中弱酸的解离反应也可以看成是质子转移反应

$$\overset{\displaystyle H^+}{\overbrace{HAc(aq)+H_2O(l)}}\Longrightarrow Ac^-(aq)+H_3O^+(aq)$$
$$\ \ \text{酸(1)}\ \ \ \ \text{碱(2)}\ \ \ \ \ \ \text{碱(1)}\ \ \ \ \text{酸(2)}$$

非溶液体系中的酸碱反应也可表示为质子转移反应,例如 HCl 和 NH_3 在气相中的反应

$$\overset{\displaystyle H^+}{\overbrace{HCl(g)+NH_3(g)}}\Longrightarrow NH_4Cl(s)$$
$$\ \ \text{酸(1)}\ \ \ \ \text{碱(2)}\ \ \ \ \text{酸(2)碱(1)}$$

液氨体系中的中和反应也可表示为质子转移反应

$$\overset{\displaystyle H^+}{\overbrace{NH_3(l)+NH_3(l)}}\Longrightarrow NH_2^-(am)+NH_4^+(am)$$
$$\ \ \text{酸(1)}\ \ \ \ \text{碱(2)}\ \ \ \ \text{碱(1)}\ \ \ \ \text{酸(2)}$$

其中,am 表示液氨,同用水作溶剂一样,液氨也是两性物质。NH_3 的共轭碱是氨基负离子 NH_2^-,共轭酸是铵根离子 NH_4^+。

5.2.2 酸和碱的相对强弱

酸和碱的强度是指酸给出质子的能力和碱接受质子的能力的强弱。给出质子能力强的物质是强酸,接受质子能力强的物质是强碱;反之,即为弱酸和弱碱。酸和碱的强度不仅取决于酸碱本身的性质,还与溶剂的性质有关。强弱是相对的,在水溶液中,比较酸碱强弱的标准就是溶剂水。例如,在 HAc 水溶液中

$$HAc + H_2O \Longrightarrow Ac^- + H_3O^+$$

在 HCN 水溶液中

$$HCN + H_2O \Longrightarrow CN^- + H_3O^+$$

在这两个反应中,按照酸碱质子理论,HAc 和 HCN 都是酸,能够给出质子。通过比较 HAc 和 HCN 的解离常数(附录 B)可以确定 HAc 的酸性比 HCN 强。可以看出,用溶剂水这个碱作为比较的标准,可以区分 HAc 和 HCN 给出质子能力的强弱,此即为溶剂水的"**区分效应**"

（differentiating effect）。

有的酸在水中全部解离，例如

$$HCl + H_2O \longrightarrow Cl^- + H_3O^+$$

$$HNO_3 + H_2O \longrightarrow NO_3^- + H_3O^+$$

$$HClO_4 + H_2O \longrightarrow ClO_4^- + H_3O^+$$

HCl、HNO_3、$HClO_4$ 分子在水溶液中并不存在，它们的质子全部与 H_2O 结合生成 H_3O^+，H_3O^+ 是水中能够稳定存在的最强酸。作为碱和溶剂的水能够同等程度地全部夺取 HCl、HNO_3、$HClO_4$ 等强酸的质子，因此水这种碱不能区分上述酸之间给出质子能力的差别，或者说，水对这些酸没有区分作用，拉平了它们之间的强弱差别。这种作用称为溶剂水的"**拉平效应**"（leveling effect）。如果要区分上述酸的强弱，应选取比水更弱的碱作为溶剂。例如，以纯醋酸为溶剂，$HClO_4$ 不能完全解离，发生如下反应

$$HClO_4 + CH_3COOH \longrightarrow (CH_3COOH_2)^+ + ClO_4^-$$

水中的其他强酸也能发生类似的反应，因此以纯醋酸作为溶剂即可对水中的强酸产生"区分效应"。

因此，要区分比 H_3O^+ 更强酸的强弱，应选择比 H_2O 更弱的碱作为溶剂。

同样，水对弱碱和强碱也分别存在"区分效应"和"拉平效应"。OH^- 是水中能够稳定存在的最强碱。要区分比 OH^- 更强碱的强弱，应选择比 H_2O 更弱的酸作为溶剂。

根据酸碱质子理论，在具有共轭关系的酸碱对中，酸碱的强度是相互制约的。酸越强，其共轭碱就越弱；酸越弱，其共轭碱就越强。即，强酸的共轭碱是弱碱，强碱的共轭酸是弱酸；弱酸的共轭碱是强碱，弱碱的共轭酸是强酸。

确定了酸碱的相对强弱之后，可用其判断酸碱反应进行的方向。酸碱反应的实质是质子转移的过程，即争夺质子的过程，其结果总是强碱夺取强酸给出的质子而转化为其共轭酸——弱酸；强酸则给出质子转化为其共轭碱——弱碱。因此，酸碱反应主要是由强酸与强碱向生成相应的弱酸和弱碱的方向进行，且相互作用的酸和碱越强，反应进行得越完全。

酸碱质子理论与电离理论相比，扩大了酸和碱的范畴，增加了离子酸和离子碱，排除了"盐"的概念。它不仅适用于水溶液体系，也适用于非水体系和气相体系。此外，它还把许多离子平衡都归结为酸碱反应而使之系统化。但酸碱质子理论也有局限性，其基本观点是质子的授受，不能解释没有质子转移的酸碱反应。但这并不影响酸碱质子理论被普遍接受和应用。

1923 年，美国化学家路易斯（G. N. Lewis）提出了酸碱电子理论。该理论认为：酸是任何可以接受电子对的物质（分子或离子），是电子对的接受体（electron pair acceptor），必须具有可以接受电子对的价层空轨道。碱是任何可以给出电子对的物质（分子或离子），是电子对的给予体（electron pair donor），必须具有未共用的孤对电子。并将其分别称为路易斯酸（Lewis acid）和路易斯碱（Lewis base）。路易斯酸碱之间以共价配键相结合，形成酸碱加合物。其实质是电子对的转移。例如

$$H^+ + :OH^- \longrightarrow [H \leftarrow OH]$$

$$H^+ + :NH_3 \longrightarrow [H \leftarrow NH_3]^+$$

酸碱电子理论的适用范围比酸碱质子理论更为广泛。例如

$$BF_3 + :F^- \longrightarrow [F \rightarrow BF_3]^-$$

$$Ag^+ + 2:NH_3 \longrightarrow [H_3N \rightarrow Ag \leftarrow NH_3]^+$$

典型的路易斯酸碱加合物是配合物,将在第8章和第12章予以讨论。

5.3 水的解离平衡和溶液的 pH

5.3.1 水的解离平衡

水是最常用的溶剂,许多生物、环境化学反应和化工生产都是在水溶液中进行的。水同时作为反应中的弱酸或弱碱,其本身的解离平衡亦非常重要。本小节主要讨论水溶液中的化学平衡。

按照酸碱质子理论,水自身的解离平衡可表示为

$$H_2O(l) + H_2O(l) \Longrightarrow H_3O^+(aq) + OH^-(aq)$$

或简写为

$$H_2O(l) \Longrightarrow H^+(aq) + OH^-(aq)$$

一定温度下,该反应达到平衡时,$c(H_3O^+)$ 和 $c(OH^-)$ 的乘积是恒定的。根据热力学中对溶质和溶剂标准状态的规定,水的解离反应的标准平衡常数表达式为

$$K_w^\ominus = \left[\frac{c(H_3O^+)}{c^\ominus}\right] \cdot \left[\frac{c(OH^-)}{c^\ominus}\right] \qquad (5\text{-}4)$$

通常简写为

$$K_w^\ominus = \{c(H_3O^+)\} \cdot \{c(OH^-)\} \qquad (5\text{-}5)$$

式中,$K_w^\ominus$ 为**水的离子积常数**,简称水的离子积(ion product of water),"$\{c\}$"表示以 $mol \cdot L^{-1}$ 为单位的浓度 c 的数值(以下及其他章节 $\{\ \}$ 含义与此相同,不再进行说明)。25℃时,纯水中 $c(H_3O^+) = c(OH^-) = 1.0 \times 10^{-7} mol \cdot L^{-1}$,$K_w^\ominus = 1.0 \times 10^{-14}$。

水的解离反应是强酸强碱中和反应的逆反应,已知该中和反应的 $\Delta_r H_m^\ominus = -55.836 kJ \cdot mol^{-1} < 0$,是比较强烈的放热反应,故水的解离反应为比较强烈的吸热反应,根据平衡移动原理,可知水的离子积常数 $K_w^\ominus$ 随着温度的升高而增大。表5-1给出了某些温度下的 $K_w^\ominus$。

不同温度下水的离子积常数 $K_w^\ominus$　　　　　　　　　　表5-1

T/K	$K_w^\ominus$	T/K	$K_w^\ominus$
273	1.15×10^{-15}	323	5.31×10^{-14}
283	2.96×10^{-15}	333	1.26×10^{-13}
293	6.87×10^{-15}	363	3.73×10^{-13}
298	1.01×10^{-14}	373	5.43×10^{-13}
313	2.87×10^{-14}		

弱酸和弱碱在水溶液中大部分以分子形式存在,它们与水发生质子转移反应,只能部分解离出离子。弱酸、弱碱在水溶液中的解离平衡完全服从化学平衡的一般规律。

5.3.2 溶液的 pH

在纯水中,$c(H_3O^+) = c(OH^-)$。若在纯水中加入少量 HCl 或 NaOH,$c(H_3O^+)$ 和 $c(OH^-)$ 将发生改变,导致水的解离平衡发生移动。若温度恒定,达到新的平衡时,$\{c(H_3O^+)\} \cdot \{c(OH^-)\} = K_w^\ominus$ 仍保持不变。若已知 $c(H_3O^+)$ 或 $c(OH^-)$,即可求得 $c(OH^-)$ 或 $c(H_3O^+)$。

溶液中 $c(H_3O^+)$ 和 $c(OH^-)$ 的大小反映了溶液酸碱性的强弱。水溶液的酸碱性统一用 $c(H_3O^+)$ 来表示。在化学中,通常以 $\{c(H_3O^+)\}$ 的负对数表示溶液的酸碱性,即 pH。

$$pH = -\lg\{c(H_3O^+)\} \tag{5-6}$$

也可以用 pOH 表示溶液中的 $c(OH^-)$,即

$$pOH = -\lg\{c(OH^-)\} \tag{5-7}$$

25℃时,水溶液中

$$K_w^\ominus = \{c(H_3O^+)\} \cdot \{c(OH^-)\} = 1.0 \times 10^{-14}$$

两边分别取负对数,可得

$$-\lg K_w^\ominus = -\lg\{c(H_3O^+)\} - \lg\{c(OH^-)\} = 14$$

令

$$pK_w^\ominus = -\lg K_w^\ominus$$

则

$$pK_w^\ominus = pH + pOH \tag{5-8}$$

pH 是一种用来表示水溶液酸碱性的标度。pH 越小,$c(H_3O^+)$ 越大,溶液的酸性越强,碱性越弱,它们之间的相互关系如下:

酸性溶液:$c(H_3O^+) > 10^{-7} mol \cdot L^{-1} > c(OH^-)$,pH $< 7 <$ pOH;

中性溶液:$c(H_3O^+) = 10^{-7} mol \cdot L^{-1} = c(OH^-)$,pH $= 7 =$ pOH;

碱性溶液:$c(H_3O^+) < 10^{-7} mol \cdot L^{-1} < c(OH^-)$,pH $> 7 >$ pOH。

pH 仅适用于表示 $c(H_3O^+)$ 或 $c(OH^-)$ 小于 $1 mol \cdot L^{-1}$ 溶液的酸碱性。对于 $c(H_3O^+)$ 或 $c(OH^-)$ 大于 $1 mol \cdot L^{-1}$ 溶液的酸碱性通常直接用 $c(H_3O^+)$ 或 $c(OH^-)$ 表示。

借助颜色的改变指示溶液 pH 的物质称为**酸碱指示剂**(acid-base indicator),它们一般是一类复杂的有机弱酸或有机弱碱。若以 HIn 表示酸碱指示剂,则其在水溶液中存在如下平衡

$$HIn(aq) + H_2O(l) \Longrightarrow In^-(aq) + H_3O^+(aq)$$

当溶液的 pH 改变时,质子转移引起指示剂分子或离子结构发生变化,从而在可见光范围内发生吸收光谱的改变,呈现出不同的颜色。

常用酸碱指示剂列于表 5-2 中。每种指示剂都有一定的变色范围,该变色范围取决于指示剂在水中的解离常数 $K_a^\ominus$。

常用酸碱指示剂的变色范围 表 5-2

指示剂	变色范围（pH）	颜色变化	$pK_a^{\ominus}(HIn)$	指示剂	变色范围（pH）	颜色变化	$pK_a^{\ominus}(HIn)$
百里酚蓝	1.2~2.8	红~黄	1.7	甲基红	4.4~6.2	红~黄	5.0
甲基黄	2.9~4.0	红~黄	3.0	溴百里酚蓝	6.2~7.6	黄~蓝	7.3
甲基橙	3.1~4.4	红~黄	3.4	中性红	6.8~8.0	红~黄橙	7.4
溴酚蓝	3.0~4.6	黄~紫	4.1	酚酞	8.0~10.0	无~红	9.1
溴甲酚绿	4.0~5.6	黄~蓝	4.9	百里酚酞	9.4~10.6	无~蓝	10.0

用酸碱指示剂测定溶液的 pH 只能知道溶液的 pH 在某一范围内。在实际工作中常用 pH 试纸较为准确地测定溶液的 pH(pH 试纸就是利用混合指示剂之间的颜色互补作用,使变色范围更窄,颜色变化更为敏锐),欲精确测定溶液的 pH 则需用到 pH 计。

5.4　弱酸和弱碱的解离平衡

5.4.1　一元弱酸、弱碱的解离平衡

作为弱电解质的弱酸和弱碱在水溶液中大部分以中性分子形式存在,只有少部分与水发生质子转移反应,未解离的分子和离子之间存在平衡。

通常将只能给出一个质子的酸(包括分子酸和离子酸)称为一元弱酸,能给出多个质子的酸(包括分子酸和离子酸)称为多元弱酸;只能接受一个质子的碱(包括分子碱和离子碱)称为一元弱碱,能接受多个质子的碱(包括分子碱和离子碱)称为多元弱碱。

1)一元弱酸的解离平衡

在一元弱酸 HA 的水溶液中存在以下解离平衡

$$HA(aq) + H_2O(l) \rightleftharpoons A^-(aq) + H_3O^+(aq)$$

通常简写为

$$HA(aq) \rightleftharpoons A^-(aq) + H^+(aq)$$

达到平衡时

$$K_a^{\ominus}(HA) = \frac{[c(H_3O^+)/c^{\ominus}][c(A^-)/c^{\ominus}]}{[c(HA)/c^{\ominus}]} \tag{5-9}$$

一般简写为

$$K_a^{\ominus}(HA) = \frac{\{c(H_3O^+)\} \cdot \{c(A^-)\}}{\{c(HA)\}} \tag{5-10}$$

式中,$K_a^{\ominus}(HA)$ 称为**弱酸 HA 的解离常数**(dissociation constant),其数值反映了酸的相对强弱。在相同温度下,$K_a^{\ominus}$ 越大表示酸越强,给出质子的能力也越强。

弱酸的解离常数可以通过测定溶液 pH 计算而得。反过来,若已知弱酸的解离常数 $K_a^{\ominus}$,就可以计算出一定浓度的弱酸的平衡组成。

实际上,在弱酸溶液中同时存在着弱酸和水的两种解离平衡,它们都能解离出 H_3O^+,二者相互联系,相互影响。通常情况下,$K_a^\ominus \gg K_w^\ominus$,只要 $c(HA)$ 不是很小,H_3O^+ 主要由 HA 解离产生。因此,计算 HA 溶液中的 $c(H_3O^+)$ 时,可以不考虑水的解离平衡。

不考虑水的解离平衡,在弱酸 HA 溶液中存在以下解离平衡

$$HA(aq) + H_2O(l) \rightleftharpoons A^-(aq) + H_3O^+(aq)$$

令 $c_0(HA)$ 为弱酸溶液的起始浓度,平衡时有

$$c(H_3O^+) = c(A^-)$$

$$c(HA) = c_0(HA) - c(H_3O^+)$$

代入式(5-10)得

$$K_a^\ominus(HA) = \frac{\{c(H_3O^+)\}^2}{\{c_0(HA)\} - \{c(H_3O^+)\}} \tag{5-11}$$

利用上式,在已知弱酸的起始浓度 $c_0(HA)$ 和解离常数 $K_a^\ominus(HA)$ 的前提下,解一元二次方程,即可求出弱酸溶液的 $c(H_3O^+)$ 和 pH。

若弱酸的解离常数 $K_a^\ominus(HA)$ 很小,且弱酸的起始浓度 $c_0(HA)$ 较大,$c_0(HA) \gg c(H_3O^+)$,式(5-11)可简化为

$$K_a^\ominus(HA) = \frac{\{c(H_3O^+)\}^2}{\{c_0(HA)\}} \tag{5-12}$$

可得 $c(H_3O^+)$ 的表达式

$$\{c(H_3O^+)\} = \sqrt{K_a^\ominus(HA) \cdot \{c_0(HA)\}} \tag{5-13}$$

一般来说,当 $\{c_0(HA)\}/K_a^\ominus(HA) > 500$ 时,即可用式(5-13)求得一元弱酸溶液的 $c(H_3O^+)$ 和 pH 的近似值。

【例 5-1】 已知 25℃ 时,$K_a^\ominus(HAc) = 1.8 \times 10^{-5}$。计算在该温度下 $0.10 \text{mol} \cdot L^{-1}$ 的 HAc 溶液中 H_3O^+、Ac^-、HAc、OH^- 的浓度及溶液的 pH。

解:设平衡时 HAc 解离了 $x \text{mol} \cdot L^{-1}$。

$$HAc(aq) + H_2O(l) \rightleftharpoons Ac^-(aq) + H_3O^+(aq)$$

初始浓度/$(\text{mol} \cdot L^{-1})$ 0.10   0   0

平衡浓度/$(\text{mol} \cdot L^{-1})$ $0.10 - x$ x x

$$K_a^\ominus(HAc) = \frac{\{c(H_3O^+)\} \cdot \{c(Ac^-)\}}{\{c(HAc)\}} = \frac{x^2}{0.10 - x} = 1.8 \times 10^{-5}$$

解得 $x = 1.3 \times 10^{-3}$。

实际上,溶液中同时存在着水的解离平衡。因为 $K_a^\ominus \gg K_w^\ominus$,即水解离产生的 H_3O^+ 远远少于 HAc 解离产生的 H_3O^+,所以溶液中的 H_3O^+ 主要来自 HAc 的解离。因此

$$c(H_3O^+) = c(Ac^-) = 1.3 \times 10^{-3} \text{mol} \cdot L^{-1}$$

$$c(HAc) = (0.10 - 1.3 \times 10^{-3}) \text{mol} \cdot L^{-1} \approx 0.10 \text{mol} \cdot L^{-1}$$

溶液中的 OH^- 来自水的解离,根据 $K_w^\ominus = \{c(H_3O^+)\} \cdot \{c(OH^-)\} = 1.0 \times 10^{-14}$ 可得

$$c(OH^-) = \frac{K_w^\ominus}{\{c(H_3O^+)\}} \cdot c^\ominus = \frac{1.0 \times 10^{-14}}{1.3 \times 10^{-3}} \times 1 \text{mol} \cdot L^{-1} = 7.7 \times 10^{-12} \text{mol} \cdot L^{-1}$$

$$pH = -\lg\{c(H_3O^+)\} = -\lg(1.3 \times 10^{-3}) = 2.89$$

2)一元弱碱的解离平衡

一元弱碱的解离平衡与一元弱酸的解离平衡原理相同。在弱碱 B 的溶液中,存在下列解离平衡

$$B(aq) + H_2O(l) \Longrightarrow OH^-(aq) + BH^+(aq)$$

平衡时

$$K_b^\ominus(B) = \frac{\{c(BH^+)\} \cdot \{c(OH^-)\}}{\{c(B)\}} \tag{5-14}$$

式中,$K_b^\ominus(B)$ 称为**一元弱碱 B 的解离常数**。同一元弱酸的推导过程,有

$$K_b^\ominus(B) = \frac{\{c(OH^-)\}^2}{\{c_0(B)\} - \{c(OH^-)\}} \tag{5-15}$$

$c_0(B)$ 为弱碱的起始浓度,$c(OH^-)$ 为平衡时 OH^- 的浓度。当 $\{c_0(B)\}/K_b^\ominus(B) > 500$ 时

$$\{c(OH^-)\} = \sqrt{K_b^\ominus(B) \cdot \{c_0(B)\}} \tag{5-16}$$

【例 5-2】 已知 25℃ 时,$0.20\,mol \cdot L^{-1}$ 氨水溶液的 pH 为 11.27。计算溶液中 OH^- 的浓度及氨的解离常数。

解:由 pH = 11.27 可求得 pOH = 14 - 11.27 = 2.73。

由于 $pOH = -\lg\{c(OH^-)\}$,有

$$c(OH^-) = 10^{-2.73}\,mol \cdot L^{-1} = 1.9 \times 10^{-3}\,mol \cdot L^{-1}$$

$$NH_3(aq) + H_2O(l) \Longrightarrow NH_4^+(aq) + OH^-(aq)$$

所以

$$c(NH_4^+) = c(OH^-) = 1.9 \times 10^{-3}\,mol \cdot L^{-1}$$

$$K_b^\ominus(NH_3) = \frac{\{c(NH_4^+)\} \cdot \{c(OH^-)\}}{\{c(NH_3)\}} = \frac{(1.9 \times 10^{-3})^2}{0.20 - 1.9 \times 10^{-3}} = 1.8 \times 10^{-5}$$

3)共轭酸碱对解离常数之间的关系

对于一对共轭酸碱对来说,酸的解离常数 $K_a^\ominus$ 与其共轭碱的解离常数 $K_b^\ominus$ 之间有确定的对应关系。由

$$HA(aq) + H_2O(l) \Longrightarrow A^-(aq) + H_3O^+(aq) \quad K_a^\ominus(HA) = \frac{\{c(H_3O^+)\} \cdot \{c(A^-)\}}{\{c(HA)\}}$$

$$A^-(aq) + H_2O(l) \Longrightarrow HA(aq) + OH^-(aq) \quad K_b^\ominus(A^-) = \frac{\{c(HA)\} \cdot \{c(OH^-)\}}{\{c(A^-)\}}$$

$$K_w^\ominus = \{c(H_3O^+)\} \cdot \{c(OH^-)\}$$

可得

$$K_a^\ominus(HA) \cdot K_b^\ominus(A^-) = K_w^\ominus \tag{5-17}$$

任意一对共轭酸碱对的解离常数都符合上述关系,可简化为

$$K_a^\ominus \cdot K_b^\ominus = K_w^\ominus \tag{5-18}$$

等式两边取负对数,有

$$pK_a^\ominus + pK_b^\ominus = pK_w^\ominus \tag{5-19}$$

25℃时

$$pK_a^{\ominus} + pK_b^{\ominus} = 14$$

4）弱酸、弱碱的解离度

弱酸或弱碱在水溶液中的解离程度常用解离度（或电离度）α 表示。根据解离度的定义，弱酸（或弱碱）的解离度为：弱酸（或弱碱）达到解离平衡时已解离弱酸（或弱碱）的浓度与弱酸（或弱碱）初始浓度的比值。一元弱酸的解离度可表示为

$$\alpha = \frac{\{c(H_3O^+)\}}{\{c_0(HA)\}} \times 100\% = \frac{\sqrt{K_a^{\ominus}(HA) \cdot \{c_0(HA)\}}}{\{c_0(HA)\}} \times 100\% = \sqrt{\frac{K_a^{\ominus}(HA)}{\{c_0(HA)\}}} \times 100\%$$

(5-20)

同样，一元弱碱的解离度可表示为

$$\alpha = \sqrt{\frac{K_b^{\ominus}(B)}{\{c_0(B)\}}} \times 100\%$$

(5-21)

从上式可以看出，虽然解离平衡常数 $K_a^{\ominus}$ 和 $K_b^{\ominus}$ 不随溶液中弱酸或弱碱的起始浓度而变化，但作为转化百分数的解离度 α 却随起始浓度 c_0 的变化而变化。式(5-20)和式(5-21)表明，在一定温度下，一元弱酸（或弱碱）的解离度随弱酸（或弱碱）浓度的减小而增大，这一关系即为奥斯特瓦尔德（W. Ostwald）提出的**稀释定律**（law of dilution）：$K_a^{\ominus}$（或 $K_b^{\ominus}$）保持不变，当溶液被稀释时，α 增大。

弱酸（弱碱）解离度的大小也可以表示酸的相对强弱。在温度一定，浓度相同的情况下，解离度大的弱酸（弱碱），$K_a^{\ominus}(K_b^{\ominus})$ 大，其 pH 小（大），为较强酸（碱）；解离度小的弱酸（弱碱），$K_a^{\ominus}(K_b^{\ominus})$ 小，其 pH 大（小），为较弱酸（碱）。

在例 5-1 和例 5-2 中，$0.10\text{mol} \cdot L^{-1}$ HAc 和 $0.20\text{mol} \cdot L^{-1}$ 氨水的解离度分别为

$$\alpha(HAc) = \frac{1.3 \times 10^{-3}}{0.10} \times 100\% = 1.3\%$$

$$\alpha(NH_3) = \frac{1.9 \times 10^{-3}}{0.20} \times 100\% = 0.95\%$$

【例 5-3】 计算 25℃ 时 $0.10\text{mol} \cdot L^{-1}$ NH_4Cl 和 $0.10\text{mol} \cdot L^{-1}$ NaAc 溶液的 pH。

解：NH_4Cl 和 NaAc 分别为离子酸和离子碱，分别失去和得到一个质子即可变为相应的共轭碱 NH_3 和共轭酸 HAc。查附录 B 得 $K_b^{\ominus}(NH_3) = 1.8 \times 10^{-5}$，$K_a^{\ominus}(HAc) = 1.8 \times 10^{-5}$，根据共轭酸碱对解离常数之间的关系，可得

$$K_a^{\ominus}(NH_4^+) = \frac{K_w^{\ominus}}{K_b^{\ominus}(NH_3)} = \frac{1.0 \times 10^{-14}}{1.8 \times 10^{-5}} = 5.6 \times 10^{-10}$$

$$K_b^{\ominus}(Ac^-) = \frac{K_w^{\ominus}}{K_a^{\ominus}(HAc)} = \frac{1.0 \times 10^{-14}}{1.8 \times 10^{-5}} = 5.6 \times 10^{-10}$$

又 $c_0(NH_4^+)/K_a^{\ominus}(NH_4^+) > 500$，则

$$\{c(H_3O^+)\} = \sqrt{K_a^{\ominus}(NH_4^+) \cdot \{c_0(NH_4^+)\}} = \sqrt{5.6 \times 10^{-10} \times 0.10} = 7.5 \times 10^{-6}$$

$$pH = -\lg(7.5 \times 10^{-6}) = 5.13$$

对于 NaAc 溶液，因 $c_0(Ac^-)/K_b^{\ominus}(Ac^-) > 500$，则

$$\{c(OH^-)\} = \sqrt{K_b^{\ominus}(Ac^-) \cdot \{c_0(Ac^-)\}} = \sqrt{5.6 \times 10^{-10} \times 0.10} = 7.5 \times 10^{-6}$$

$$pH = 14 - pOH = 14 + lg(7.5 \times 10^{-6}) = 8.87$$

5.4.2 多元弱酸、多元弱碱的解离平衡

1) 多元弱酸的解离平衡

在水溶液中,一个分子能解离出两个或两个以上质子的弱酸称为多元弱酸。多元弱酸在水溶液中的解离是分步进行的。在5.4.1中讨论的一元弱酸、弱碱的解离平衡原理仍然适用于多元弱酸、多元弱碱的解离平衡。现以 H_2CO_3 为例讨论多元弱酸的解离平衡,其在水溶液中的解离分两步进行

$$H_2CO_3(aq) + H_2O(l) \rightleftharpoons HCO_3^-(aq) + H_3O^+(aq)$$

$$K_{a_1}^\ominus = \frac{\{c(H_3O^+)\} \cdot \{c(HCO_3^-)\}}{\{c(H_2CO_3)\}} = 4.2 \times 10^{-7}$$

$$HCO_3^-(aq) + H_2O(l) \rightleftharpoons CO_3^{2-}(aq) + H_3O^+(aq)$$

$$K_{a_2}^\ominus = \frac{\{c(H_3O^+)\} \cdot \{c(CO_3^{2-})\}}{\{c(HCO_3^-)\}} = 4.7 \times 10^{-11}$$

实际上,在多元弱酸水溶液中,除了酸自身的分步解离平衡外,还存在水的解离平衡。在这些解离平衡中有相同的 H_3O^+,在平衡时 $c(H_3O^+)$ 保持恒定。同时,$c(H_3O^+)$ 还需满足各平衡的平衡常数表达式的数量关系。在各个解离平衡中,$K^\ominus$ 大小不同,解离出的 H_3O^+ 对溶液中 H_3O^+ 的总浓度贡献不同。多数多元弱酸的各级解离平衡常数相差很大,在此情况下,若 $K_{a_1}^\ominus \gg K_w^\ominus$,且 $K_{a_1}^\ominus / K_{a_2}^\ominus > 10^3$,则溶液中的 H_3O^+ 主要来自多元弱酸的第一步解离,即在计算 $c(H_3O^+)$ 时可只考虑一级解离,按照一元弱酸的解离平衡作近似处理。

【例5-4】 计算室温下饱和 CO_2 水溶液（$0.040\,mol \cdot L^{-1}$ H_2CO_3 溶液）中的 H_3O^+、H_2CO_3、HCO_3^-、CO_3^{2-} 和 OH^- 浓度以及溶液的 pH。

解: 查附录 B 可知 H_2CO_3 的 $K_{a_1}^\ominus = 4.2 \times 10^{-7}$,$K_{a_2}^\ominus = 4.7 \times 10^{-11}$,故 $K_{a_1}^\ominus \gg K_w^\ominus$,$K_{a_1}^\ominus / K_{a_2}^\ominus > 10^3$,在计算溶液中的 $c(H_3O^+)$ 时可当作一元弱酸处理。

H_2CO_3 的第一步解离平衡为

$$H_2CO_3(aq) + H_2O(l) \rightleftharpoons HCO_3^-(aq) + H_3O^+(aq)$$

$$\{c(H_3O^+)\} = \sqrt{K_{a_1}^\ominus \cdot \{c_0(H_2CO_3)\}} = \sqrt{4.2 \times 10^{-7} \times 0.040} = 1.30 \times 10^{-4}$$

$$c(HCO_3^-) = c(H_3O^+) = 1.30 \times 10^{-4}\,mol \cdot L^{-1}$$

$$c(H_2CO_3) = c_0(H_2CO_3) - c(HCO_3^-) = (0.040 - 1.30 \times 10^{-4})\,mol \cdot L^{-1} \approx 0.040\,mol \cdot L^{-1}$$

根据 H_2CO_3 的第二步解离平衡计算 $c(CO_3^{2-})$:

$$HCO_3^-(aq) + H_2O(l) \rightleftharpoons CO_3^{2-}(aq) + H_3O^+(aq)$$

$$K_{a_2}^\ominus = \frac{\{c(H_3O^+)\} \cdot \{c(CO_3^{2-})\}}{\{c(HCO_3^-)\}} = \{c(CO_3^{2-})\} = 4.7 \times 10^{-11}$$

$$c(CO_3^{2-}) = 4.7 \times 10^{-11}\,mol \cdot L^{-1}$$

OH^- 来自 H_2O 的解离

$$\{c(OH^-)\} = \frac{K_w^{\ominus}}{\{c(H_3O^+)\}} = \frac{1.0 \times 10^{-14}}{1.30 \times 10^{-4}} = 7.7 \times 10^{-11}$$

$$c(OH^-) = 7.7 \times 10^{-11} mol \cdot L^{-1}$$

$$pH = 14 - pOH = 14 + lg(7.7 \times 10^{-11}) = 3.89$$

三元酸解离的情况与二元酸类似。例如，H_3PO_4 在水溶液中分三步解离，由于其 $K_{a_1}^{\ominus}$、$K_{a_2}^{\ominus}$、$K_{a_3}^{\ominus}$ 相差很大，故 H_3PO_4 的 H_3O^+ 也可看成主要来自第一步的解离，求出 $c(H_3O^+)$ 后，再根据各级解离常数表达式计算各个酸根离子的浓度。

【例 5-5】 计算 $0.10 mol \cdot L^{-1}$ H_3PO_4 溶液中的 H_3PO_4、$H_2PO_4^-$、HPO_4^{2-}、PO_4^{3-}、H_3O^+ 和 OH^- 的浓度。

解：已知 H_3PO_4 的 $K_{a_1}^{\ominus} = 6.7 \times 10^{-3}$，$K_{a_2}^{\ominus} = 6.2 \times 10^{-8}$，$K_{a_3}^{\ominus} = 4.5 \times 10^{-13}$，由于其 $K_{a_1}^{\ominus} \gg K_{a_2}^{\ominus} \gg K_{a_3}^{\ominus}$，因此可由 H_3PO_4 的第一步解离求 $c(H_3O^+)$。

$$H_3PO_4(aq) + H_2O(l) \Longleftrightarrow H_2PO_4^-(aq) + H_3O^+(aq)$$

因 $\{c_0(H_3PO_4)\}/K_{a_1}^{\ominus} < 500$，不能用近似公式，需解一元二次方程。

$$K_{a_1}^{\ominus} = \frac{\{c(H_3O^+)\}^2}{\{c_0(H_3PO_4)\} - \{c(H_3O^+)\}} = \frac{\{c(H_3O^+)\}^2}{0.10 - \{c(H_3O^+)\}} = 6.7 \times 10^{-3}$$

解得

$$c(H_3O^+) = 2.28 \times 10^{-2} mol \cdot L^{-1}$$

$$c(H_2PO_4^-) = c(H_3O^+) = 2.28 \times 10^{-2} mol \cdot L^{-1}$$

$$c(H_3PO_4) = (0.10 - 2.28 \times 10^{-2}) mol \cdot L^{-1} = 7.7 \times 10^{-2} mol \cdot L^{-1}$$

由 H_3PO_4 的第二步解离可求得 $c(HPO_4^{2-})$

$$H_2PO_4^-(aq) + H_2O(l) \Longleftrightarrow HPO_4^{2-}(aq) + H_3O^+(aq)$$

$$K_{a_2}^{\ominus} = \frac{\{c(H_3O^+)\} \cdot \{c(HPO_4^{2-})\}}{\{c(H_2PO_4^-)\}} = \{c(HPO_4^{2-})\} = 6.2 \times 10^{-8}$$

$$c(HPO_4^{2-}) = 6.2 \times 10^{-8} mol \cdot L^{-1}$$

溶液中的 PO_4^{3-} 由 H_3PO_4 的第三步解离产生

$$HPO_4^{2-}(aq) + H_2O(l) \Longleftrightarrow PO_4^{3-}(aq) + H_3O^+(aq)$$

$$K_{a_3}^{\ominus} = \frac{\{c(H_3O^+)\} \cdot \{c(PO_4^{3-})\}}{\{c(HPO_4^{2-})\}} = \frac{2.28 \times 10^{-2} \cdot \{c(PO_4^{3-})\}}{6.2 \times 10^{-8}} = 4.5 \times 10^{-13}$$

解得

$$c(PO_4^{3-}) = 1.22 \times 10^{-19} mol \cdot L^{-1}$$

OH⁻ 来自 H_2O 的解离

$$\{c(OH^-)\} = \frac{K_w^\ominus}{\{c(H_3O^+)\}} = \frac{1.0 \times 10^{-14}}{2.28 \times 10^{-2}} = 4.39 \times 10^{-13}$$

$$c(OH^-) = 4.39 \times 10^{-13} \, mol \cdot L^{-1}$$

由例 5-4 和例 5-5 的计算,可以得出以下结论:

(1)多元弱酸的解离是分步进行的,一般 $K_{a_1}^\ominus \gg K_{a_2}^\ominus \gg K_{a_3}^\ominus \gg \cdots$,溶液中的 H_3O^+ 主要来自弱酸的第一步解离,计算 $c(H_3O^+)$ 或者 pH 时可按照一元弱酸的解离平衡作近似处理。

(2)负一价酸根离子的浓度等于体系中的 $c(H_3O^+)$。

(3)对于二元弱酸,当 $K_{a_1}^\ominus \gg K_{a_2}^\ominus$ 时,$\{c(负二价酸根离子)\} \approx K_{a_2}^\ominus$;对于三元弱酸,$\{c(负二价酸根离子)\} \approx K_{a_2}^\ominus$;与弱酸的初始浓度无关。注意对于三元弱酸,$\{c(负三价酸根离子)\} \neq K_{a_3}^\ominus$。

(4)对于二元弱酸,$c(弱酸)$ 一定时,$c(负二价酸根离子)$ 与 $[c(H_3O^+)]^2$ 成反比。例如,一般的二元弱酸在水溶液中的解离分两步进行

$$H_2A(aq) + H_2O(l) \Longleftrightarrow HA^-(aq) + H_3O^+(aq)$$

$$HA^-(aq) + H_2O(l) \Longleftrightarrow A^{2-}(aq) + H_3O^+(aq)$$

总反应为

$$H_2A(aq) + 2H_2O(l) \Longleftrightarrow A^{2-}(aq) + 2H_3O^+(aq)$$

总反应的标准平衡常数为

$$K^\ominus = \frac{\{c(H_3O^+)\}^2 \cdot \{c(A^{2-})\}}{\{c(H_2A)\}} = K_{a_1}^\ominus \cdot K_{a_2}^\ominus$$

故

$$\{c(A^{2-})\} = \frac{K_{a_1}^\ominus \cdot K_{a_2}^\ominus \cdot \{c(H_2A)\}}{\{c(H_3O^+)\}^2}$$

2)多元弱碱的解离平衡

多元弱酸强碱盐溶液在水中完全解离产生的阴离子如 CO_3^{2-}、PO_4^{3-} 等可看作多元离子碱,这些离子碱与水之间的质子转移反应(水解反应)也是分步进行的,每一步都有其对应的解离常数,共轭酸碱对解离常数间的关系符合式(5-18)。现以 Na_3PO_4 为例,说明多元离子碱在水中的解离平衡。

$$PO_4^{3-}(aq) + H_2O(l) \Longleftrightarrow HPO_4^{2-}(aq) + OH^-(aq)$$

$$HPO_4^{2-}(aq) + H_2O(l) \Longleftrightarrow H_2PO_4^-(aq) + OH^-(aq)$$

$$H_2PO_4^-(aq) + H_2O(l) \Longleftrightarrow H_3PO_4(aq) + OH^-(aq)$$

这三步解离反应的解离常数分别对应于离子碱 PO_4^{3-} 的 $K_{b_1}^\ominus$、$K_{b_2}^\ominus$ 和 $K_{b_3}^\ominus$。在第一步解离反应中,HPO_4^{2-} 是 PO_4^{3-} 的共轭酸,HPO_4^{2-} 的解离常数就是 H_3PO_4 的三级解离常数 $K_{a_3}^\ominus$,根据共轭酸碱对解离常数之间的关系,有

$$K_{b_1}^\ominus(PO_4^{3-}) = \frac{K_w^\ominus}{K_{a_3}^\ominus(H_3PO_4)}$$

同理,有

$$K_{b_2}^{\ominus}(PO_4^{3-}) = \frac{K_w^{\ominus}}{K_{a_2}^{\ominus}(H_3PO_4)}$$

$$K_{b_3}^{\ominus}(PO_4^{3-}) = \frac{K_w^{\ominus}}{K_{a_1}^{\ominus}(H_3PO_4)}$$

因为

$$K_{a_1}^{\ominus}(H_3PO_4) \gg K_{a_2}^{\ominus}(H_3PO_4) \gg K_{a_3}^{\ominus}(H_3PO_4)$$

所以

$$K_{b_1}^{\ominus}(PO_4^{3-}) \gg K_{b_2}^{\ominus}(PO_4^{3-}) \gg K_{b_3}^{\ominus}(PO_4^{3-})$$

这就说明 PO_4^{3-} 的第一步解离(水解)反应是主要的,计算 Na_3PO_4 溶液中的 $c(OH^-)$ 或 pH 时,可以只考虑第一步解离反应。对于其他多元弱酸强碱盐溶液的 pH 计算,可参照处理。

5.5 盐的水解平衡

本节先对弱酸强碱盐和强酸弱碱盐的水解进行讨论,再讨论两性物质的水解。两性物质包括酸式盐,如 $NaHCO_3$、NaH_2PO_4、Na_2HPO_4 等能在水中解离出 HCO_3^-、$H_2PO_4^-$、HPO_4^{2-} 等两性阴离子;也包括弱酸弱碱盐,如 NH_4Ac、NH_4CN 等能在水中同时解离出 NH_4^+ 和 Ac^-,NH_4^+ 和 CN^- 等离子酸和离子碱。两性物质在水溶液中既能给出质子又能接受质子,即作为酸的解离和作为碱的解离同时存在。两性物质在水溶液中可能显酸性、中性或碱性。

5.5.1 弱酸强碱盐的水解

以 NaAc 溶于水生成的溶液为例来讨论弱酸强碱盐的水解情况。NaAc 在水中全部电离
$$NaAc(s) \Longrightarrow Na^+(aq) + Ac^-(aq)$$
Na^+ 不会与 OH^- 结合成分子,它不影响水的解离平衡。但是 Ac^- 能和 H_3O^+ 结合成弱电解质 HAc 分子,即

$$Ac^-(aq) + H_3O^+(aq) \Longrightarrow HAc(aq) + H_2O(l) \tag{1}$$

H_3O^+ 的减少使 H_2O 的电离平衡向右移动

$$H_2O(l) + H_2O(l) \Longrightarrow H_3O^+(aq) + OH^-(aq) \tag{2}$$

反应式(1)和反应式(2)同时达到平衡,(1) + (2)得

$$Ac^-(aq) + H_2O(l) \Longrightarrow HAc(aq) + OH^-(aq) \tag{3}$$

反应式(3)即是 NaAc 的水解平衡式,水解使得溶液中 $c(OH^-) > c(H_3O^+)$,于是 NaAc 溶液显碱性。反应式(3)的平衡常数表达式为

$$K_b^{\ominus}(Ac^-) = \frac{\{c(HAc)\} \cdot \{c(OH^-)\}}{\{c(Ac^-)\}}$$

分子和分母同乘以体系中的 $\{c(H_3O^+)\}$，上式变为

$$K_b^{\ominus}(Ac^-) = \frac{\{c(HAc)\} \cdot \{c(OH^-)\} \cdot \{c(H_3O^+)\}}{\{c(Ac^-)\} \cdot \{c(H_3O^+)\}} = \frac{\{c(OH^-)\} \cdot \{c(H_3O^+)\}}{\{c(Ac^-)\} \cdot \{c(H_3O^+)\}/\{c(HAc)\}}$$

$$= \frac{K_w^{\ominus}}{K_a^{\ominus}(HAc)}$$

一元弱碱 Ac^- 的解离平衡常数 $K_b^{\ominus}$ 即为弱酸强碱盐 NaAc 的水解平衡常数 $K_h^{\ominus}$，故

$$K_h^{\ominus} = K_b^{\ominus}(Ac^-) = \frac{K_w^{\ominus}}{K_a^{\ominus}(HAc)}$$

据此可推导出一般的弱酸强碱盐的水解平衡常数 $K_h^{\ominus}$ 与弱酸的 $K_a^{\ominus}$ 之间的关系

$$K_h^{\ominus} = \frac{K_w^{\ominus}}{K_a^{\ominus}} \qquad (5\text{-}22)$$

由式(5-22)可知，弱酸强碱盐的水解平衡常数 $K_h^{\ominus}$ 等于水的离子积常数与弱酸的解离平衡常数的比值。

NaAc 的水解平衡常数为

$$K_h^{\ominus} = \frac{K_w^{\ominus}}{K_a^{\ominus}(HAc)} = \frac{1.0 \times 10^{-14}}{1.8 \times 10^{-5}} = 5.6 \times 10^{-10}$$

由于盐的水解平衡常数相当小，故计算中常可采用近似的方法来处理。

以 NaAc 水解为例，设 NaAc 的起始浓度为 $c_0 \text{mol} \cdot L^{-1}$，水解平衡时 OH^- 的浓度为 $x \text{mol} \cdot L^{-1}$，则

$$Ac^-(aq) + H_2O(1) \Longleftrightarrow HAc(aq) + OH^-(aq)$$

初始浓度/$(mol \cdot L^{-1})$ c_0 0   0

平衡浓度/$(mol \cdot L^{-1})$ $c_0 - x$ x x

$$K_h^{\ominus} = K_b^{\ominus}(Ac^-) = \frac{K_w^{\ominus}}{K_a^{\ominus}(HAc)} = \frac{x^2}{c_0 - x}$$

由于盐的水解平衡常数很小，有 $c_0 - x \approx c_0$

故

$$K_b^{\ominus}(Ac^-) = \frac{x^2}{c_0}$$

则

$$x = \sqrt{K_b^{\ominus}(Ac^-) \cdot c_0}$$

即对于一般的弱酸强碱盐水解平衡时

$$\{c(OH^-)\} = \sqrt{K_b^{\ominus} \cdot c_0} \qquad (5\text{-}23)$$

也可以写成

$$\{c(OH^-)\} = \sqrt{\frac{K_w^{\ominus} \cdot c_0}{K_a^{\ominus}}} \qquad (5\text{-}24)$$

利用式(5-23)或式(5-24)即可求出水解平衡时体系中的 $c(H_3O^+)$ 和 pH。盐类水解的程度经常用水解度 h 表示，NaAc 溶液中

$$h = \frac{\{c(OH^-)\}}{\{c_0\}} \times 100\% = \sqrt{\frac{K_b^\ominus}{\{c_0\}}} \times 100\% \tag{5-25}$$

【例 5-6】 求 $0.010 \text{mol} \cdot L^{-1}$ NaCN 溶液的 pH 和盐的水解度(298K)。

解：
$$K_b^\ominus(CN^-) = \frac{K_w^\ominus}{K_a^\ominus(HCN)} = \frac{1.0 \times 10^{-14}}{5.8 \times 10^{-10}} = 1.72 \times 10^{-5}$$

由于 $\{c_0\}/K_b^\ominus(CN^-) = 0.010/(1.72 \times 10^{-5}) = 581 > 500$，可以近似计算。

$$c(OH^-) = \sqrt{K_b^\ominus \cdot \{c_0\}} \cdot c^\ominus = \sqrt{1.72 \times 10^{-5} \times 0.010} \times 1 \text{mol} \cdot L^{-1} = 4.15 \times 10^{-4} \text{mol} \cdot L^{-1}$$

故 $pH = 14 - pOH = 14 + \lg(4.15 \times 10^{-4}) = 10.62$

水解度为
$$h = \frac{\{c(OH^-)\}}{\{c_0\}} \times 100\% = \frac{4.15 \times 10^{-4}}{0.010} \times 100\% = 4.15\%$$

5.5.2 强酸弱碱盐的水解

我们以 NH_4Cl 为例来讨论强酸弱碱盐的水解。NH_4Cl 在水溶液中全部解离
$$NH_4Cl(s) = NH_4^+(aq) + Cl^-(aq)$$
Cl^- 不会发生水解，但 NH_4^+ 会与 OH^- 结合生成弱电解质，使 H_2O 的解离平衡向右移动，结果溶液中 $c(H_3O^+) > c(OH^-)$，溶液显酸性。总反应为
$$NH_4^+(aq) + H_2O(l) \Longrightarrow NH_3(aq) + H_3O^+(aq)$$
该反应的平衡常数表达式为
$$K_a^\ominus(NH_4^+) = \frac{\{c(NH_3)\} \cdot \{c(H_3O^+)\}}{\{c(NH_4^+)\}}$$
分子分母同时乘以体系中的 $\{c(OH^-)\}$，上式变为
$$K_a^\ominus(NH_4^+) = \frac{\{c(NH_3)\} \cdot \{c(H_3O^+)\} \cdot \{c(OH^-)\}}{\{c(NH_4^+)\} \cdot \{c(OH^-)\}} = \frac{\{c(H_3O^+)\} \cdot \{c(OH^-)\}}{\{c(NH_4^+)\} \cdot \{c(OH^-)\}/\{c(NH_3)\}}$$

$$= \frac{K_w^\ominus}{K_b^\ominus(NH_3)}$$

离子酸 NH_4^+ 的解离平衡常数即为强酸弱碱盐 NH_4Cl 的水解平衡常数 $K_h^\ominus$，即
$$K_h^\ominus = K_a^\ominus(NH_4^+) = \frac{K_w^\ominus}{K_b^\ominus(NH_3)}$$

据此可推导出一般的强酸弱碱盐的水解平衡常数 $K_h^\ominus$ 与弱碱的 $K_b^\ominus$ 之间的关系

$$K_h^\ominus = \frac{K_w^\ominus}{K_b^\ominus} \tag{5-26}$$

由式(5-26)可知,强酸弱碱盐的水解平衡常数 $K_h^{\ominus}$ 等于水的离子积常数与弱碱的解离平衡常数的比值。

当水解程度很小时,近似计算,即可推导出溶液的 $c(H_3O^+)$ 的计算公式

$$\{c(H_3O^+)\} = \sqrt{K_a^{\ominus} \cdot \{c_0\}} \tag{5-27}$$

以及强酸弱碱盐的水解度 h

$$h = \frac{\{c(H_3O^+)\}}{\{c_0\}} \times 100\% = \sqrt{\frac{K_a^{\ominus}}{\{c_0\}}} \times 100\% \tag{5-28}$$

5.5.3 弱酸弱碱盐的解离平衡

以 NH_4Ac 为例,其在水溶液中完全解离,解离出的离子酸 NH_4^+ 和离子碱 Ac^- 均与水发生质子转移反应

$$NH_4^+(aq) + H_2O(l) \Longrightarrow NH_3(aq) + H_3O^+(aq)$$

$$Ac^-(aq) + H_2O(l) \Longrightarrow HAc(aq) + OH^-(aq)$$

总反应为

$$NH_4^+(aq) + Ac^-(aq) \Longrightarrow NH_3(aq) + HAc(aq)$$

该反应的标准平衡常数即为弱酸弱碱盐 NH_4Ac 的水解平衡常数 $K_h^{\ominus}$,即

$$K_h^{\ominus} = \frac{\{c(NH_3)\} \cdot \{c(HAc)\}}{\{c(NH_4^+)\} \cdot \{c(Ac^-)\}} \cdot \frac{\{c(H_3O^+)\} \cdot \{c(OH^-)\}}{\{c(H_3O^+)\} \cdot \{c(OH^-)\}} = \frac{K_w^{\ominus}}{K_a^{\ominus}(HAc) \cdot K_b^{\ominus}(NH_3)}$$

对于一般的弱酸弱碱盐,有

$$K_h^{\ominus} = \frac{K_w^{\ominus}}{K_a^{\ominus} \cdot K_b^{\ominus}} \tag{5-29}$$

理论上可以推导出弱酸弱碱盐 $c(H_3O^+)$ 的近似计算公式

$$\{c(H_3O^+)\} = \sqrt{\frac{K_w^{\ominus} \cdot K_a^{\ominus}}{K_b^{\ominus}}} \tag{5-30}$$

从上式可以看出,在一定条件下,$c(H_3O^+)$ 与弱酸弱碱盐的浓度无关,但初始浓度不能太小。还可以看出,弱酸弱碱盐溶液的酸碱性主要与 $K_a^{\ominus}$ 和 $K_b^{\ominus}$ 的相对大小有关,有以下三种情况:

(1)当 $K_a^{\ominus} > K_b^{\ominus}$ 时,溶液呈酸性,如 NH_4F;

(2)当 $K_a^{\ominus} = K_b^{\ominus}$ 时,溶液呈中性,如 NH_4Ac;

(3)当 $K_a^{\ominus} < K_b^{\ominus}$ 时,溶液呈碱性,如 NH_4CN。

5.5.4 酸式盐溶液的酸碱性

以 $NaHCO_3$ 溶液中的 HCO_3^- 为例,HCO_3^- 作为离子酸在水溶液中的解离平衡为

$$HCO_3^-(aq) + H_2O(l) \Longrightarrow CO_3^{2-}(aq) + H_3O^+(aq)$$

$$K_{a_2}^{\ominus}(H_2CO_3) = \frac{\{c(H_3O^+)\} \cdot \{c(CO_3^{2-})\}}{\{c(HCO_3^-)\}} = 4.7 \times 10^{-11}$$

HCO_3^- 作为离子碱在水溶液中的解离(水解)平衡为

$$HCO_3^-(aq) + H_2O(l) \Longleftrightarrow H_2CO_3(aq) + OH^-(aq)$$

$$K_{b_2}^{\ominus}(CO_3^{2-}) = \frac{\{c(OH^-)\} \cdot \{c(H_2CO_3)\}}{\{c(HCO_3^-)\}} = \frac{K_w^{\ominus}}{K_{a_1}^{\ominus}(H_2CO_3)} = 2.4 \times 10^{-8}$$

酸式盐溶液的酸碱性可以通过比较解离常数和水解常数(即分别作为离子酸和离子碱的解离常数)的相对大小来确定。在上例中，$K_{a_2}^{\ominus}(H_2CO_3) < K_{b_2}^{\ominus}(CO_3^{2-})$，表明离子酸解离出来的 $c(H_3O^+)$ 小于离子碱解离出来的 $c(OH^-)$，故 $NaHCO_3$ 溶液呈碱性。

酸式盐溶液的平衡组成较为复杂，这里不作讨论。当 $\{c_0\} \gg K_{a_1}^{\ominus}$，$K_{a_2}^{\ominus} \cdot \{c_0\} \gg K_w^{\ominus}$ 时，从理论上可以推导出 $c(H_3O^+)$ 的近似计算公式

$$\{c(H_3O^+)\} = \sqrt{K_{a_1}^{\ominus} \cdot K_{a_2}^{\ominus}} \tag{5-31}$$

对于 $NaHCO_3$ 溶液，$\{c(H_3O^+)\} = \sqrt{K_{a_1}^{\ominus}(H_2CO_3) \cdot K_{a_2}^{\ominus}(H_2CO_3)}$。

对于 NaH_2PO_4 溶液，$\{c(H_3O^+)\} = \sqrt{K_{a_1}^{\ominus}(H_3PO_4) \cdot K_{a_2}^{\ominus}(H_3PO_4)}$。

对于 Na_2HPO_4 溶液，$\{c(H_3O^+)\} = \sqrt{K_{a_2}^{\ominus}(H_3PO_4) \cdot K_{a_3}^{\ominus}(H_3PO_4)}$。

从以上近似计算公式可以看出，这些酸式盐溶液的 pH 与其初始浓度无关。

5.6　影响酸碱解离平衡的因素

5.6.1　浓度对酸碱解离平衡的影响

当盐溶液浓度发生变化时，溶液中各个离子的浓度同等程度地发生改变，但在水解平衡常数计算式中浓度改变带来的影响并不相同。因此稀释或浓缩溶液将影响水解反应的方向和程度。以 Ac^- 的水解为例

$$Ac^-(aq) + H_2O(l) \Longleftrightarrow HAc(aq) + OH^-(aq)$$

水解平衡时平衡常数为

$$K^{\ominus} = \frac{\{c(HAc)\} \cdot \{c(OH^-)\}}{\{c(Ac^-)\}}$$

将溶液稀释 10 倍，稀释后的瞬间，有

$$J = \frac{\{c'(HAc)\} \cdot \{c'(OH^-)\}}{\{c'(Ac^-)\}} = \frac{\{c(HAc)/10\} \cdot \{c(OH^-)/10\}}{\{c(Ac^-)/10\}} = \frac{1}{10}K^{\ominus}$$

因为 $J < K^{\ominus}$，Ac^- 的水解平衡右移，水解度增大。可以计算出，$0.1 \, mol \cdot L^{-1} \, NaAc$ 溶液中有 $7.5 \times 10^{-6} \, mol \cdot L^{-1} \, Ac^-$ 发生水解，而 $0.010 \, mol \cdot L^{-1} \, NaAc$ 溶液中有 $2.4 \times 10^{-6} \, mol \cdot L^{-1}$ Ac^- 发生水解，水解程度约增大至 3 倍。

5.6.2　同离子效应和盐效应

1）同离子效应

根据 Le Chatelier 原理，在平衡系统中，某一物质浓度的改变将导致平衡发生移动。例如，在 HAc 溶液中存在下列平衡

$$HAc(aq) + H_2O(l) \Longrightarrow Ac^-(aq) + H_3O^+(aq)$$

若向该溶液中加入 NaAc，NaAc 在水中完全解离成 Na^+ 和 Ac^-，此时溶液中的 Ac^- 增加，平衡将向左移动，$c(H_3O^+)$ 减小，溶液的酸性减弱，直至达到新的平衡。与原有平衡相比，新平衡时 HAc 的解离度将降低。以下通过计算说明 $0.10mol \cdot L^{-1}$ HAc 溶液中加入 NaAc 前后 HAc 解离度的变化。

【例 5-7】　在 $0.10mol \cdot L^{-1}$ HAc 溶液中加入 NaAc 晶体，使 NaAc 浓度为 $0.20mol \cdot L^{-1}$。计算该溶液的 pH 和 HAc 的解离度。

解：由例 5-1 可知，$0.10mol \cdot L^{-1}$ HAc 溶液的 pH = 2.89，HAc 的解离度 $\alpha_1 = 1.3\%$。假设达到新平衡时 $c(H_3O^+)$ 为 $x mol \cdot L^{-1}$，则

$$HAc(aq) + H_2O(l) \Longrightarrow Ac^-(aq) + H_3O^+(aq)$$

| 初始浓度/$(mol \cdot L^{-1})$ | 0.10 | 0.20 | 0 |
| 平衡浓度/$(mol \cdot L^{-1})$ | $0.10 - x$ | $0.20 + x$ | x |

$$K_a^{\ominus}(HAc) = \frac{\{c(H_3O^+)\} \cdot \{c(Ac^-)\}}{\{c(HAc)\}} = \frac{x \cdot (0.20 + x)}{0.10 - x} = 1.8 \times 10^{-5}$$

由于 $\{c_0\}/K_a^{\ominus} \geqslant 500$，且平衡左移，有 $0.20 + x \approx 0.20$，$0.10 - x \approx 0.10$。

解得 $x = 9.0 \times 10^{-6}$，即 $c(H_3O^+) = 9.0 \times 10^{-6} mol \cdot L^{-1}$，故

$$pH = -\lg(9.0 \times 10^{-6}) = 5.05$$

因此解离度 $\alpha_2 = 0.009\%$。

经过以上比较可看出，溶液中 NaAc 的浓度为 $0.20mol \cdot L^{-1}$ 时，HAc 的解离度变为原来的 1/144。同理，若在氨水溶液中加入 NH_4Cl，也会使氨水的解离平衡向生成氨水的方向移动，减弱溶液的碱性，降低氨水的解离度。这种在弱电解质溶液中，加入与其含有相同离子的易溶强电解质，使得弱电解质解离度降低的现象被称为**同离子效应**（common ion effect）。

2）盐效应

在 HAc 溶液中加入 NaAc 后，除了 Ac^- 对 HAc 的解离平衡产生同离子效应外，Na^+ 对平衡也有一定的影响。这种在弱电解质溶液中加入其他强电解质，体系的离子强度增大，使得该弱电解质的解离度有所增大的现象被称为**盐效应**（salt effect）。值得一提的是，在同一弱电解质体系中，同离子效应对其解离度的影响要比盐效应大得多。

在例 5-1 中，计算得到 $0.10mol \cdot L^{-1}$ HAc 溶液中 HAc 的解离度为 1.3%，这是忽略了溶液中离子之间的相互作用，用浓度 c 代替活度 a 的近似结果（即近似认为 $\gamma = 1$）。

关于盐效应的理解，可以定性地认为强电解质的加入，增大了溶液的离子强度 I，使离子的有效浓度不足以与分子平衡，只有再解离出部分离子，才能实现平衡。实际解离出的离子就会增加，即解离度增大，但这种增大并不明显，在计算中往往可以忽略由盐效应引起的弱电解质解离度的变化。

5.6.3　温度对酸碱解离平衡的影响

盐类水解反应吸热,温度升高时,水解平衡常数 $K_h^\ominus$ 增大,故升高温度有利于水解反应的进行。例如,Fe^{3+} 的水解,若不加热,水解不明显。加热时颜色逐渐加深,最后得到深棕色的 $Fe(OH)_3$ 沉淀。

$$Fe^{3+}(aq) + 3H_2O(l) \longrightarrow Fe(OH)_3(s) + 3H^+(aq)$$

5.7　缓 冲 溶 液

在实际生产和生活中,许多反应往往需要控制在一定的酸碱性范围内才能顺利进行。生物体内的各种生化反应也要严格控制在一定的 pH 范围内才能正常进行。因此应用缓冲溶液控制反应体系的 pH 非常重要。

5.7.1　缓冲溶液及其 pH 的计算

1)缓冲溶液

1900 年,微生物学家费恩巴赫(Fernbach)和胡伯特(Hubert)发现,向微生物培养液中添加少量 $0.1mol \cdot L^{-1}$ HCl 溶液,体系的 pH 几乎不发生变化;而将等量的 HCl 溶液加入纯水中,pH 会从 7.0 变化到 5.0。这就说明,这种微生物培养液对能使溶液的 pH 发生变化的强酸具有抵御作用。他们借用汽车缓冲器(buffer)的称呼,将这种能抵御 pH 变化的作用称为**缓冲作用**,将具有缓冲作用的溶液称为**缓冲溶液**(buffer solution)。

根据同离子效应的概念和缓冲溶液的作用,不难想象,浓度足够大的共轭酸碱对可组成缓冲溶液。常见的缓冲溶液及其缓冲范围参见表 5-3。

常见的缓冲体系及其缓冲范围　　　　　　　　　　　　　　　　　　表 5-3

缓冲体系	共轭酸	共轭碱	$pK_a^\ominus$ (25℃)	缓冲范围
H_3PO_4—NaH_2PO_4	H_3PO_4	$H_2PO_4^-$	2.2	1.2~3.2
HAc—NaAc	HAc	Ac^-	4.7	3.7~5.7
H_2CO_3—$NaHCO_3$	H_2CO_3	HCO_3^-	6.4	5.4~7.4
NaH_2PO_4—Na_2HPO_4	$H_2PO_4^-$	HPO_4^{2-}	7.2	6.2~8.2
NH_4Cl—NH_3	NH_4^+	NH_3	9.3	8.3~10.3
$NaHCO_3$—Na_2CO_3	HCO_3^-	CO_3^{2-}	10.3	9.3~11.3
Na_2HPO_4—Na_3PO_4	HPO_4^{2-}	PO_4^{3-}	12.3	11.3~13.3

2)缓冲作用原理

缓冲溶液如何才能保持 pH 相对稳定,不因少量强酸或强碱的加入而引起 pH 较大的变化呢?下面以弱酸 HAc 和 NaAc 组成的缓冲溶液为例说明缓冲作用原理。

HAc 为弱电解质,在水溶液中发生如下解离反应

$$HAc(aq) + H_2O(l) \rightleftharpoons Ac^-(aq) + H_3O^+(aq)$$

$$K_a^{\ominus}(HAc) = \frac{\{c(H_3O^+)\} \cdot \{c(Ac^-)\}}{\{c(HAc)\}}$$

即

$$\{c(H_3O^+)\} = K_a^{\ominus}(HAc)\frac{\{c(HAc)\}}{\{c(Ac^-)\}}$$

因为 $K_a^{\ominus}(HAc)$ 在一定温度下是常数,所以 $c(H_3O^+)$ 就取决于 $c(HAc)/c(Ac^-)$。若组成缓冲溶液的共轭酸和共轭碱的浓度都较大,那么当加入少量强碱时(不考虑溶液体积的变化),OH^- 与 HAc 反应生成 Ac^- 和 H_2O,导致 $c(HAc)$ 略有增大,$c(HAc)$ 略有减小,$c(HAc)/c(Ac^-)$ 虽然减小但减小不多,所以 $c(H_3O^+)$ 减幅不大。同理,当加入少量强酸时,H_3O^+ 与 Ac^- 反应生成 HAc 和 H_2O,导致 $c(HAc)$ 略有增大,$c(Ac^-)$ 略有减小,$c(HAc)/c(Ac^-)$ 虽增大但增大不多,所以 $c(H_3O^+)$ 增幅不大。

弱碱与弱碱盐组成的缓冲溶液,其缓冲作用原理与上述类似。

3)缓冲溶液 pH 的计算

缓冲溶液中 pH 的计算本质上仍是弱酸或弱碱平衡组成的计算,只是要考虑同离子效应。现以弱酸 HAc 与其共轭碱 Ac^- 组成的缓冲溶液为例进行讨论。设 HAc 和 Ac^- 的初始浓度分别为 $c_a \mathrm{mol} \cdot L^{-1}$ 和 $c_b \mathrm{mol} \cdot L^{-1}$,达到平衡时 $c(H_3O^+)$ 为 $x\mathrm{mol} \cdot L^{-1}$,有

$$HAc(aq) + H_2O(l) \rightleftharpoons Ac^-(aq) + H_3O^+(aq)$$

平衡浓度/$(\mathrm{mol} \cdot L^{-1})$ $c_a - x$ $c_b + x$ x

$$\{c(H_3O^+)\} = K_a^{\ominus}(HAc)\frac{\{c(HAc)\}}{\{c(Ac^-)\}}$$

两边取负对数,得

$$pH = pK_a^{\ominus} - \lg\frac{\{c(HAc)\}}{\{c(Ac^-)\}} = pK_a^{\ominus} - \lg\frac{c_a - x}{c_b + x}$$

一般情况下,$K_a^{\ominus}$ 很小,由于同离子效应,$c_a - x \approx c_a$,$c_b + x \approx c_b$,则可得到计算缓冲溶液 pH 的一般近似公式

$$pH = pK_a^{\ominus}(HA) - \lg\frac{c_a}{c_b} \tag{5-32}$$

式(5-32)称为 **Henderson-Hasselbalch 方程**,用于计算酸性缓冲溶液的 pH。式中 HA 为弱酸,c_a 和 c_b 分别表示弱酸及其共轭碱的初始浓度。

对于弱碱 NH_3 与其共轭酸 NH_4^+ 组成的缓冲体系,也可从共轭酸 NH_4^+ 的解离平衡推导出计算 pH 的公式。设 NH_4^+ 和 NH_3 的初始浓度分别为 $c_a \mathrm{mol} \cdot L^{-1}$ 和 $c_b \mathrm{mol} \cdot L^{-1}$,达到平衡时 $c(H_3O^+)$ 为 $x\mathrm{mol} \cdot L^{-1}$,有

$$NH_4^+(aq) + H_2O(l) \rightleftharpoons NH_3(aq) + H_3O^+(aq)$$

平衡浓度/$(\mathrm{mol} \cdot L^{-1})$ $c_a - x$ $c_b + x$ x

$$\{c(H_3O^+)\} = K_a^\ominus(NH_4^+)\frac{\{c(NH_4^+)\}}{\{c(NH_3)\}} = \frac{K_w^\ominus}{K_b^\ominus(NH_3)} \cdot \frac{\{c(NH_4^+)\}}{\{c(NH_3)\}}$$

两边取负对数,得

$$pH = pK_w^\ominus - pK_b^\ominus(NH_3) - \lg\frac{\{c(NH_4^+)\}}{\{c(NH_3)\}} = pK_a^\ominus(NH_4^+) - \lg\frac{c_a - x}{c_b + x}$$

若 $K_w^\ominus/K_b^\ominus$ 很小,则 $c_a - x \approx c_a, c_b + x \approx c_b$,在 25℃时,可推广至一般缓冲溶液

$$pH = pK_a^\ominus(BH^+) - \lg\frac{c_a}{c_b} = pK_w^\ominus - pK_b^\ominus(B) - \lg\frac{c_a}{c_b} \tag{5-33}$$

式中,BH^+ 代表弱碱 B 的共轭酸,c_a 和 c_b 分别表示弱碱的共轭酸和弱碱的初始浓度。

从以上讨论可以看出,弱酸及其共轭碱,弱碱及其共轭酸组成缓冲溶液的 pH 均可统一在同一公式中,其中 $K_a^\ominus$、$K_b^\ominus$ 分别表示共轭酸和共轭碱的解离常数,c_a 和 c_b 分别表示共轭酸和共轭碱的初始浓度。

【例 5-8】 计算 200mL 0.20mol·L^{-1} 的 NH_3 和 300mL 0.10mol·L^{-1} NH_4Cl 混合溶液的 pH,并分别计算在此混合溶液中加入 20mL 0.10mol·L^{-1} HCl、20mL 0.10mol·L^{-1} NaOH 和 100mL H_2O 后,混合溶液的 pH。

解: 此混合溶液由 NH_4^+-NH_3 组成,共轭酸为 NH_4^+,共轭碱为 NH_3,查附录 B 可知

$$pK_a^\ominus(NH_4^+) = 14 - pK_b^\ominus(NH_3) = 14 - 4.74 = 9.26$$

(1)忽略溶液混合引起的体积变化,混合溶液的 pH 可用式(5-33)计算

$$pH = pK_a^\ominus(NH_4^+) - \lg\frac{c_a}{c_b} = 9.26 - \lg\frac{0.10 \times 300}{0.20 \times 200} = 9.38$$

(2)加入 20mL 0.10mol·L^{-1} HCl 后,加入的 HCl 相当于 0.002mol H_3O^+,将消耗 0.002mol NH_3,生成 0.002mol NH_4^+,有

$$c_a = \frac{0.10 \times 300 + 0.10 \times 20}{520}mol·L^{-1}$$

$$c_b = \frac{0.20 \times 200 - 0.10 \times 20}{520}mol·L^{-1}$$

此时溶液的

$$pH = pK_a^\ominus(NH_4^+) - \lg\frac{c_a}{c_b} = 9.26 - \lg\frac{0.10 \times 300 + 0.10 \times 20}{0.20 \times 200 - 0.10 \times 20} = 9.33$$

(3)加入 20mL 0.10mol·L^{-1} NaOH 后,加入的 NaOH 相当于 0.002mol OH^-,将消耗 0.002mol NH_4^+,生成 0.002mol NH_3,有

$$c_a = \frac{0.10 \times 300 - 0.10 \times 20}{520}mol·L^{-1}$$

$$c_b = \frac{0.20 \times 200 + 0.10 \times 20}{520}mol·L^{-1}$$

此时溶液的

$$pH = pK_a^\ominus(NH_4^+) - \lg\frac{c_a}{c_b} = 9.26 - \lg\frac{0.10 \times 300 - 0.10 \times 20}{0.20 \times 200 + 0.10 \times 20} = 9.45$$

(4)加入 100mL H_2O 后,缓冲溶液中共轭酸、共轭碱的浓度同时降低,其浓度比值不变,因此其 pH = 9.38。

NH_4^+-NH_3 缓冲溶液中加入 20mL 0.10mol·L^{-1} 的 HCl 后,其 pH 由 9.38 减小为 9.33,说明具有抵御外来少量强酸的能力;加入 20mL 0.10mol·L^{-1} 的 NaOH 后,其 pH 增大为 9.45,说明具有抵御外来少量强碱的能力;加入 100mL H_2O 后,其 pH 基本不变,说明具有抵御稀释的能力。

5.7.2 缓冲溶液的选择与配制

从缓冲作用原理的讨论和缓冲溶液 pH 的计算中都可以看出,缓冲溶液的 pH 主要由 $pK_a^\ominus(HA)$ 或 $14.00 - pK_b^\ominus(B)$ 决定。其次还与 $c_0(HA) / c_0(A^-)$ 或 $c_0(B) / c_0(BH^+)$ 有关。

在化学分析中定义:使缓冲溶液的 pH 改变 1.0 个单位所需的强酸或强碱的量,称为该缓冲溶液的**缓冲能力**(buffer ability)。所以要保证较强的缓冲能力,应使缓冲溶液的 pH 尽可能接近 $pK_a^\ominus$ 或 $14.00 - pK_b^\ominus$,此外,共轭酸碱的浓度应当足够大。

对于由弱酸 HA 及其共轭碱 A$^-$ 组成的缓冲溶液,在 $pK_a^\ominus - 1$ 到 $pK_a^\ominus + 1$ 这一 pH 范围内,缓冲作用有效,此范围叫作**缓冲范围**(参见表 5-3)。与此相对应的 $c_0(HA) / c_0(A^-)$ 应在 1/10 ~ 10 范围内。

在选择和使用缓冲溶液时应注意:

(1)除了与 H_3O^+ 或 OH^- 的反应之外,缓冲溶液不能与反应物或生成物发生其他副反应。

(2)所选缓冲溶液中,弱酸的 $pK_a^\ominus$ 或弱碱的 $14.00 - pK_b^\ominus$ 应尽可能接近所要求的 pH,使得缓冲能力较强。

在选定了适当缓冲范围的缓冲溶液体系之后,根据所要求的 pH、缓冲溶液的体积以及共轭酸碱的浓度,可以计算出所需共轭酸碱的体积或物质的量。

【例 5-9】 欲配制 1.00L pH 为 5.00 的缓冲溶液,其中 HAc 的浓度为 0.200mol·L^{-1}。试计算所需 2.00mol·L^{-1} HAc 的体积和 NaAc·3H_2O(摩尔质量为 136.1g·mol^{-1})晶体的质量。

解:对于 HAc-NaAc 缓冲溶液,可用式(5-32)进行计算

$$pH = pK_a^\ominus(HAc) - \lg\frac{c_a}{c_b}$$

将 pH = 5.00,$K_a^\ominus = 1.8 \times 10^{-5}$,$c_a = 0.200$mol·L^{-1} 代入上式,得

$$5.00 = -\lg(1.8 \times 10^{-5}) - \lg\frac{0.200}{c_b}$$

解得 $c_b = 0.360$mol·L^{-1},即 $c_0(NaAc) = 0.360$mol·L^{-1}。

所需 NaAc·3H₂O 的质量为

$$m = 0.360\text{mol} \cdot \text{L}^{-1} \times 1.00\text{L} \times 136.1\text{g} \cdot \text{mol}^{-1} = 49.0\text{g}$$

所需 2.00mol·L⁻¹ HAc 溶液的体积为

$$V = \frac{0.200\text{mol} \cdot \text{L}^{-1} \times 1.00\text{L}}{2.00\text{mol} \cdot \text{L}^{-1}} = 0.100\text{L}$$

称取 49.0g NaAc·3H₂O 溶于少量水中,再加入 0.100L 2.00mol·L⁻¹ HAc 溶液,稀释至 1.00L,即可配成所需要的 pH = 5.00 的缓冲溶液。

从相关化学手册中可以查到常用缓冲溶液的配制方法。

【人物传记】

路易斯

吉尔伯特·牛顿·路易斯(G. N. Lewis,1875—1946 年),美国化学家,加州大学伯克利分校教授,曾 41 次获得诺贝尔化学奖提名,获得英国皇家学会戴维奖章、瑞典科学院阿仑尼乌斯奖章和美国吉布斯奖章。路易斯是化学热力学创始人之一,提出了电子对共价键理论、酸碱电子理论等,化学中的"路易斯结构式"即是以其名字命名的。

路易斯于 1875 年 10 月 25 日生于美国马萨诸塞州的韦茅斯。1891 年起,他先后在内布拉斯加大学和哈佛大学学习,1899 年获得哈佛大学化学博士学位。后在德国的莱比锡大学和哥廷根大学进修,曾在物理化学家奥斯特瓦尔德以及能斯特的指导下从事研究工作。1901 年返回哈佛大学任教,1905—1912 年在麻省理工学院任教并致力于物理化学研究,1911 年晋升为教授。1912 年后至加州大学伯克利分校任教,直至去世。在加州大学伯克利分校任教期间,路易斯培养和影响了众多诺贝尔奖得主。

路易斯于 1901 年和 1907 年,先后提出了逸度和活度的概念,对于真实体系用逸度代替压力,用活度代替浓度。这就使得原来根据理想条件推导的热力学关系式推广用于真实体系中。1921 年他又将离子强度的概念引入热力学中,发现稀溶液中盐的活度系数取决于离子强度的经验定律。1923 年他与兰德尔(M. Randau)合著《热力学与化学物质的自由能》(*Thermodynamics and the Free Energy of Chemical Substances*)一书,对化学平衡进行了深入的讨论,并给出了自由能和活度概念的新解释。

路易斯在 1916 年《原子和分子》和 1928 年《价键及原子和分子的结构》中阐述了他的共价键电子理论的观点,并列出无机物和有机物的电子结构式。路易斯提出的共价键的电子理论,基本上解释了共价键的饱和性,明确了共价键的特点。

1923 年他从电子对的给予和接受角度提出了新的广义酸碱概念,给酸、碱下了如下定义:"酸"是能接受电子,而"碱"是能给予电子的物质,此即路易斯酸碱理论。这一见解深受化学界的重视,特别是路易斯碱的观点较早得到化学界的普遍接受。

【延伸阅读】

人体中的缓冲体系

生物体内的多数细胞仅能在很窄的 pH 范围内活动,而且需要有缓冲体系来抵抗代谢过程中出现的 pH 变化。人体中最重要的三种缓冲体系分别为蛋白质、碳酸氢盐和磷酸盐,每种缓冲体系所占的分量在各类细胞和器官中是不同的。

人的血液能清楚地说明 pH 调控的重要性。人体血液的 pH 必须保持在一个很窄的范围内人才能存活,人体血液正常的 pH 在 7.35 ~ 7.45 范围内,当 pH 低于 7.35 时会发生酸中毒,低于 7.0 会发生严重的酸中毒,昏迷致死;血液的 pH 高于 7.45 会发生碱中毒,高于 7.8 就会发生严重的碱中毒,手足抽搐致死。

血液的 pH 之所以能保持相对稳定,是由于体内有良好的调节作用,其中一个重要因素就是血液中存在多种缓冲对,如 H_2CO_3-$NaHCO_3$,H-蛋白质-Na-蛋白质,Na_2HPO_4-NaH_2PO_4 等,其中 H_2CO_3-$NaHCO_3$ 缓冲对在血液中浓度最高,缓冲能力最强,对维持血液正常 pH 的作用最为重要。人体各组织、细胞代谢产生的 CO_2,主要通过血红蛋白和氧合血红蛋白的运输作用,被迅速运到肺部排出,故几乎不影响血浆的 pH,当产生比 CO_2 酸性更强的酸(如磷酸、硫酸、乙酸等)时,血液中 H_2CO_3-HCO_3^- 缓冲对便发挥缓冲作用,其中 HCO_3^- 可与这些酸解离出的 H_3O^+ 结合生成 H_2CO_3,增加的 H_2CO_3 大部分从肺部以 CO_2 的形式排出或通过血浆中蛋白质缓冲对与之作用,使 CO_2 的含量降低;减少的 HCO_3^- 通过肾脏的调节而得到补充,从而使 $c(HCO_3^-)$、$c(CO_2)$ 和 $c(HCO_3^-)/c(CO_2)$ 都恢复正常。当人体新陈代谢过程中产生的碱进入血液时,血液中的 H_3O^+ 便立即与它结合生成水。H_3O^+ 的消耗由 H_2CO_3 的解离来补充,使得血液的 pH 保持稳定。

此外,在肾液、唾液、尿液中也存在各种缓冲体系,这些缓冲体系对维持其中的酸碱平衡起着重要作用。

习 题 5

5-1 根据酸碱质子理论判断,下列哪些物质是质子酸,哪些是质子碱,哪些是两性物质?并分别写出它们的共轭酸或共轭碱。

SO_4^{2-}, S^{2-}, $H_2PO_4^-$, NH_3, HSO_4^-, CO_3^{2-}, C_6H_5OH, HNO_2, H_2O, $CH_3NH_3^+$, HS^-, HPO_4^{2-}, $HCOOH$, $[Fe(H_2O)_5(OH)]^{2+}$, $[Zn(H_2O)_6]^{2+}$

5-2 Convert the following hydrogen ion concentrations and hydroxide ion concentrations to pH and pOH values, respectively.

(1) $c(H^+) = 3.2 \times 10^{-5}$ mol · L^{-1} (2) $c(H^+) = 6.7 \times 10^{-9}$ mol · L^{-1}

(3) $c(OH^-) = 2.0 \times 10^{-6}$ mol · L^{-1} (4) $c(OH^-) = 4.0 \times 10^{-12}$ mol · L^{-1}

5-3 Convert the following pH and pOH values to hydrogen ion concentrations and hydroxide ion concentrations, respectively.

(1) pH = 0.24   (2) pH = 7.5   (3) pOH = 4.6   (4) pOH = 10.2

5-4 已知 298K 时某一弱酸的浓度为 $0.010 \text{mol} \cdot \text{L}^{-1}$，测得其 pH 为 4.0。求该弱酸的 $K_a^{\ominus}$ 和 α 及稀释至体积为原来的 2 倍后的 $K_a^{\ominus}$、α 和 pH。

5-5 将 1.0L $0.20 \text{mol} \cdot \text{L}^{-1}$ 的 HAc 溶液稀释至多大体积时才能使 HAc 的解离度比原溶液增大 1 倍？

5-6 已知 25℃ 时氨水的解离常数 $K_b^{\ominus} = 1.8 \times 10^{-5}$。计算 $0.10 \text{mol} \cdot \text{L}^{-1}$ 氨水溶液中 OH^- 的浓度、溶液的 pH 和解离度。

5-7 麻黄素（$C_{10}H_{15}ON$）是一种碱，$K_b^{\ominus}(C_{10}H_{15}ON) = 1.4 \times 10^{-4}$。

（1）写出麻黄素与水反应的离子方程式，即麻黄素这种弱碱的解离反应方程式。

（2）写出麻黄素的共轭酸，并计算其 $K_a^{\ominus}$。

5-8 已知 H_2SO_4 的 $K_{a_2}^{\ominus}$ 为 1.2×10^{-2}，计算 $0.010 \text{mol} \cdot \text{L}^{-1}$ 的 H_2SO_4 溶液中 HSO_4^-、SO_4^{2-}、H_3O^+ 和 OH^- 的浓度。

5-9 求 $0.10 \text{mol} \cdot \text{L}^{-1}$ 盐酸和 $0.10 \text{mol} \cdot \text{L}^{-1}$ $H_2C_2O_4$ 混合溶液中的 $C_2O_4^{2-}$ 和 $HC_2O_4^-$ 的浓度及溶液的 pH。

5-10 Write the ion equations for the following salt hydrolysis reactions and determine if the pH of these salt solutions is greater than, equal to, or less than 7.

（1）NaF （2）NH_4Cl （3）$SnCl_2$ （4）Na_2S （5）NH_4HCO_3 （6）NH_4Ac

5-11 求下列浓度均为 $0.10 \text{mol} \cdot \text{L}^{-1}$ 的盐溶液的 pH。

（1）NaAc （2）NH_4Cl （3）NH_4CN （4）Na_2HPO_4

5-12 计算下列各溶液的 pH：

（1）将 pH 为 2.00 的强酸和 pH 为 13.00 的强碱等体积混合。

（2）将 20.0mL $0.10 \text{mol} \cdot \text{L}^{-1}$ HCl 和 20.0mL $0.10 \text{mol} \cdot \text{L}^{-1}$ $NH_3(\text{aq})$ 溶液混合。

（3）将 50.0mL $0.20 \text{mol} \cdot \text{L}^{-1}$ NH_4Cl 和 25.0mL $0.20 \text{mol} \cdot \text{L}^{-1}$ NaOH 溶液混合。

（4）将 100.0mL $0.20 \text{mol} \cdot \text{L}^{-1}$ HAc 和 50.0mL $0.20 \text{mol} \cdot \text{L}^{-1}$ NaOH 溶液混合。

5-13 计算下列各溶液的 pH：

（1）300.0mL $0.500 \text{mol} \cdot \text{L}^{-1}$ H_3PO_4 与 250.0mL $0.300 \text{mol} \cdot \text{L}^{-1}$ NaOH 的混合溶液。

（2）300.0mL $0.500 \text{mol} \cdot \text{L}^{-1}$ H_3PO_4 与 500.0mL $0.500 \text{mol} \cdot \text{L}^{-1}$ NaOH 的混合溶液。

（3）300.0mL $0.500 \text{mol} \cdot \text{L}^{-1}$ H_3PO_4 与 400.0mL $1.00 \text{mol} \cdot \text{L}^{-1}$ NaOH 的混合溶液。

5-14 取 0.050L $0.10 \text{mol} \cdot \text{L}^{-1}$ 某一元弱酸溶液与 0.020L $0.10 \text{mol} \cdot \text{L}^{-1}$ KOH 溶液混合，将混合溶液稀释至 0.10L 后，测得 pH = 5.25，求此一元弱酸的 $K_a^{\ominus}$。

5-15 今有 2.00L $0.500 \text{mol} \cdot \text{L}^{-1}$ $NH_3(\text{aq})$ 和 2.00L $0.500 \text{mol} \cdot \text{L}^{-1}$ HCl 溶液，若只用这两种溶液配制 pH = 9.00 的缓冲溶液，不再加水，最多能配制多少升缓冲溶液？其中 $c(NH_3)$、$c(NH_4^+)$ 各为多少？

（高莉宁）

第6章 沉淀-溶解平衡

沉淀-溶解平衡是指一定温度下难溶强电解质饱和溶液中,难溶电解质与其溶解产生的离子之间的多相离子平衡。这种平衡广泛地应用于工业生产、生物化学、医学及生态学领域。本章首先通过分析难溶电解质的沉淀-溶解平衡给出溶度积的概念,讨论溶度积与溶解度的关系、溶度积规则及影响溶解度的因素,然后应用溶度积规则讨论沉淀的生成、溶解、转化及分步沉淀,最后讨论 pH 对沉淀-溶解平衡的影响。

6.1 溶 度 积

物质的溶解性常用溶解度来定量表示。在一定温度下,达到溶解平衡时,一定量的溶剂中含有溶质的质量,叫作**溶解度**(solubility),通常以符号 s 表示。对水溶液来说,通常以饱和溶液中每 100g 水所含溶质的质量来表示,即以 $g \cdot (100g\ H_2O)^{-1}$ 表示。物质的溶解度只有大小之分,没有在水中绝对不溶的物质。习惯上把溶解度小于 $0.001g \cdot (100g\ H_2O)^{-1}$ 的物质叫作不溶物,确切地说应该叫作难溶物。但这种界限也不是绝对的,比如 $PbCl_2$ 的溶解度为 $0.675g \cdot (100g\ H_2O)^{-1}$,$CaSO_4$ 为 $0.176g \cdot (100g\ H_2O)^{-1}$,$Hg_2SO_4$ 为 $0.055g \cdot (100g\ H_2O)^{-1}$,都不属于难溶物。这是因为这些物质的分子量很大,用上述标准衡量时显得溶解度大些,但是它们的饱和溶液的物质的量浓度却极小。这样的物质也是本章的研究对象。

6.1.1 溶度积的概念

以 AB 型难溶强电解质 $BaSO_4$ 为例(图 6-1,彩图见二维码)。在一定温度下,将 $BaSO_4$ 固体置于水中,由于水分子是一种极性分子,一些水分子的正极与 $BaSO_4$ 固体表面的负离子 SO_4^{2-} 相互吸引,而另一些水分子的负极与 $BaSO_4$ 固体表面的正离子 Ba^{2+} 相互吸引。这种相互作用使得一部分 Ba^{2+} 和 SO_4^{2-} 成为水合离子,脱离固体表面进入溶液。这种由于水分子和固体表面的粒子相互作用,使溶质粒子脱离固体表面,以水合粒子状态进入溶液的过程称为**溶解**(dissolve)。另外,水合 Ba^{2+} 和 SO_4^{2-} 在溶液中不断地做无规则运动,随着其含量的不断增多,其中一些水合 Ba^{2+} 和 SO_4^{2-} 在运动中相互碰撞结合成 $BaSO_4$ 晶体或碰撞到固体表面,受到固体表面的吸引,重新回到固体表面。这种处于溶液中的溶质粒子转为固体状态,并从溶液中析出的过程称为**沉淀**(precipitate)。溶解和沉淀过程各自不断地进行,在一定条件下,当两个过程进行的速率相等时,达到动态多相离子平衡状态,即沉淀-溶解动态平衡状态,可表示为

$$\text{BaSO}_4(\text{s}) \underset{\text{沉淀}}{\overset{\text{溶解}}{\rightleftharpoons}} \text{Ba}^{2+}(\text{aq}) + \text{SO}_4^{2-}(\text{aq})$$

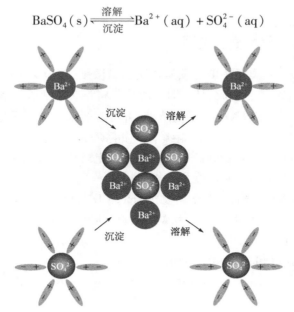

图 6-1　BaSO_4 固体的溶解和沉淀过程

该反应的标准平衡常数表达式为

$$K_{\text{sp}}^{\ominus} = \left[c(\text{Ba}^{2+})/c^{\ominus} \right] \cdot \left[c(\text{SO}_4^{2-})/c^{\ominus} \right] \tag{6-1}$$

或简写为

$$K_{\text{sp}}^{\ominus} = \{ c(\text{Ba}^{2+}) \} \cdot \{ c(\text{SO}_4^{2-}) \}$$

$K_{\text{sp}}^{\ominus}$叫作**溶度积常数**(solubility product constant),简称溶度积(solubility product)。$c(\text{Ba}^{2+})$ 和 $c(\text{SO}_4^{2-})$ 分别为饱和溶液中 Ba^{2+} 和 SO_4^{2-} 的浓度。

对于一般的沉淀-溶解反应

$$\text{A}_n\text{B}_m(\text{s}) \rightleftharpoons n\text{A}^{m+}(\text{aq}) + m\text{B}^{n-}(\text{aq})$$

其溶度积的通式为

$$K_{\text{sp}}^{\ominus}(\text{A}_n\text{B}_m) = \left[c(\text{A}^{m+})/c^{\ominus} \right]^n \cdot \left[c(\text{B}^{n-})/c^{\ominus} \right]^m \tag{6-2}$$

或

$$K_{\text{sp}}^{\ominus}(\text{A}_n\text{B}_m) = \{ c(\text{A}^{m+}) \}^n \cdot \{ c(\text{B}^{n-}) \}^m$$

由上式可知,溶度积是难溶强电解质沉淀-溶解平衡的标准平衡常数,等于体系达到沉淀-溶解平衡时离子浓度幂的乘积,其中幂指数与化学计量式中该离子的数目相等。

值得注意的是,难溶强电解质的溶度积常数只与温度有关,温度升高,多数难溶强电解

质的溶度积增大。并且,在多相离子平衡系统中,必须有未溶解的固相存在,否则就不能保证系统处于平衡状态。

溶度积可通过实验测得,也可由热力学函数计算得到。常见难溶强电解质的溶度积常数见附录 C。

6.1.2 溶度积与溶解度的关系

在溶度积的表达式中,离子浓度必须是物质的量浓度,单位为 $mol \cdot L^{-1}$,而溶解度的单位往往是 $g \cdot (100g \ H_2O)^{-1}$。因此,计算时有时要先将难溶电解质的溶解度 s 的单位换算为 $mol \cdot L^{-1}$。难溶电解质饱和溶液是极稀的溶液,可将溶剂水的质量看作与溶液的质量相等,因此能很容易计算出饱和溶液的浓度。溶解度 s 和溶度积 $K_{sp}^{\ominus}$ 能够从不同侧面描述物质的溶解能力。尽管二者之间有根本性的区别,但根据难溶电解质的沉淀-溶解平衡中有关组分与溶解度的关系,可以进行溶解度和溶度积的相互换算。

对于一般的沉淀-溶解平衡,设其溶解度为 $s \, mol \cdot L^{-1}$,则

$$A_nB_m(s) \Longleftrightarrow nA^{m+}(aq) + mB^{n-}(aq)$$

平衡浓度/$(mol \cdot L^{-1})$ ns ms

根据溶度积的计算通式可知,此时溶度积为

$$K_{sp}^{\ominus}(A_nB_m) = \{c(A^{m+})\}^n \cdot \{c(B^{n-})\}^m = \{ns\}^n \cdot \{ms\}^m = n^n \cdot m^m \cdot \{s\}^{m+n}$$

解方程,得到溶解度

$$\{s\} = \sqrt[m+n]{\frac{K_{sp}^{\ominus}}{m^m \cdot n^n}} \tag{6-3}$$

式(6-3)即为溶解度 s(单位为 $mol \cdot L^{-1}$)与溶度积 $K_{sp}^{\ominus}$ 之间的换算公式。对于一些常见类型的难溶电解质,其溶解度与溶度积之间的换算关系如表 6-1 所示。

溶解度与溶度积之间的换算关系   表 6-1

难溶电解质的类型	解离方式	$K_{sp}^{\ominus}$ 与 s 的关系换算公式
AB	$AB(s) \Longleftrightarrow A^+(aq) + B^-(aq)$	$\{s\} = (K_{sp}^{\ominus})^{1/2}$
A_2B(或 AB_2)	$A_2B(s) \Longleftrightarrow 2A^+(aq) + B^{2-}(aq)$	$\{s\} = (K_{sp}^{\ominus}/4)^{1/3}$
AB_3	$AB_3(s) \Longleftrightarrow A^{3+}(aq) + 3B^-(aq)$	$\{s\} = (K_{sp}^{\ominus}/27)^{1/4}$

严格地讲,该换算关系只是一种近似计算,计算结果与实验数据可能有所不同。应用近似计算公式时应注意以下几点:

(1)溶度积和溶解度之间的换算要求难溶电解质的离子在溶液中不发生任何化学反应。如果难溶电解质的阴、阳离子在溶液中发生水解反应或配位反应,不能按上述方法进行溶解度和溶度积的换算,否则会产生较大的偏差。

(2)在进行溶度积和溶解度之间的换算时,要求难溶电解质溶于水后一步完成解离。如 $Fe(OH)_3$ 等难溶电解质在水溶液中是分步解离的,在 $Fe(OH)_3$ 水溶液中,虽然存在着 $K_{sp}^{\ominus} = \{c(Fe^{3+})\} \cdot \{c(OH^-)\}^3$ 的关系,但溶液中 $c(Fe^{3+})$ 与 $c(OH^-)$ 的比例不是 $1:3$,因此用近似公式进行溶度积与溶解度的换算也会产生较大的偏差。

(3)共价型难溶电解质溶于水后,存在一个部分解离的过程,所以在其饱和溶液中,离子

浓度幂的乘积等于溶度积常数,但溶解度 s 与溶度积之间不能进行简单的换算。

【例 6-1】 25℃时,AgCl 的溶解度为 $1.92 \times 10^{-3} g \cdot L^{-1}$,求同温度下 AgCl 的溶度积。

解:已知 $M_r(AgCl) = 143.3 g \cdot mol^{-1}$,先将 AgCl 的溶解度换算成以 $mol \cdot L^{-1}$ 为单位的溶解度

$$s = \frac{1.92 \times 10^{-3} g \cdot L^{-1}}{143.3 g \cdot mol^{-1}} = 1.34 \times 10^{-5} mol \cdot L^{-1}$$

假设在 AgCl 溶液中溶解的 AgCl 完全解离

$$AgCl(s) \Longrightarrow Ag^+(aq) + Cl^-(aq)$$

平衡浓度/$(mol \cdot L^{-1})$ $\qquad\qquad\qquad s \qquad\qquad s$

该温度下 AgCl 的溶度积为

$$K_{sp}^{\ominus}(AgCl) = \{c(Ag^+)\} \cdot \{c(Cl^-)\} = \{s\}^2 = (1.34 \times 10^{-5})^2 = 1.8 \times 10^{-10}$$

【例 6-2】 25℃时,已知 Ag_2CrO_4 的溶度积为 1.1×10^{-12},求同温度下 Ag_2CrO_4 在水中的溶解度(单位:$g \cdot L^{-1}$)。

解:假设 Ag_2CrO_4 的溶解度为 $x\,mol \cdot L^{-1}$,则

$$Ag_2CrO_4(s) \Longrightarrow 2Ag^+(aq) + CrO_4^{2-}(aq)$$

平衡浓度/$(mol \cdot L^{-1})$ $\qquad\qquad\qquad 2x \qquad\qquad x$

$$K_{sp}^{\ominus}(Ag_2CrO_4) = \{c(Ag^+)\}^2 \cdot \{c(CrO_4^{2-})\} = (2x)^2 \cdot x = 1.1 \times 10^{-12}$$

$$x = 6.5 \times 10^{-5}$$

$M_r(Ag_2CrO_4) = 331.7 g \cdot mol^{-1}$,$Ag_2CrO_4$ 在水中的溶解度为

$$s = 6.5 \times 10^{-5} mol \cdot L^{-1} \times 331.7 g \cdot mol^{-1} = 2.2 \times 10^{-2} g \cdot L^{-1}$$

从上面两个例子可以看出,AgCl 的溶度积虽然比 Ag_2CrO_4 大,但 AgCl 的溶解度却比 Ag_2CrO_4 的溶解度要小。这是由于 AgCl 属 AB 型物质,Ag_2CrO_4 属 A_2B 型物质,对于不同类型的难溶电解质,$K_{sp}^{\ominus}$ 与 s 的换算关系不一致,因此不能简单根据 $K_{sp}^{\ominus}$ 的大小来判断其溶解度 s 的大小,必须通过计算才能得出结论。只有相同类型的难溶电解质,其 $K_{sp}^{\ominus}$ 与 s 的大小关系才一致,$K_{sp}^{\ominus}$ 大者,溶解度 s 也大。三种 AB 型难溶电解质的 $K_{sp}^{\ominus}$ 与 s 的大小关系如表 6-2 所示。

三种 AB 型难溶电解质的 $K_{sp}^{\ominus}$ 与 s $\hfill$ 表 6-2

	AgCl	AgBr	AgI
$K_{sp}^{\ominus}$	1.8×10^{-10}	5.3×10^{-13}	8.3×10^{-17}
$s/(mol \cdot L^{-1})$	1.34×10^{-5}	7.28×10^{-7}	9.11×10^{-9}

溶度积常数描述的是未溶解的固相与溶液中的离子之间的平衡,因此,由 $K_{sp}^{\ominus}$ 计算得来的溶解度是离子溶解度。实际上,难溶电解质的饱和溶液中可能同时存在多种平衡(如分子的部分解离、分步解离和离子的水解等),它们会影响难溶电解质的溶解度。因此,实测溶解度往往大于离子溶解度。尽管如此,溶度积和溶解度的相互换算在只需要确定溶解度数量级的情况下仍然有用。许多难溶电解质的实际溶解度与由溶度积算出的溶解度就是属于同一数量级。

6.1.3 溶度积规则

同其他化学平衡一样,难溶电解质的沉淀-溶解平衡也是在一定条件下达到的动态平

衡。如果条件改变,沉淀-溶解平衡将会向生成沉淀或沉淀溶解的方向移动。

对于难溶电解质的多相离子平衡

$$A_nB_m(s) \rightleftharpoons nA^{m+}(aq) + mB^{n-}(aq)$$

其反应商 J 的表达式为

$$J = \{c(A^{m+})\}^n \cdot \{c(B^{n-})\}^m$$

根据平衡移动原理可知:

当 $J > K_{sp}^{\ominus}$ 时,平衡向左移动,有沉淀析出。

当 $J = K_{sp}^{\ominus}$ 时,溶液为饱和溶液,溶液中的离子与沉淀处于动态平衡状态。

当 $J < K_{sp}^{\ominus}$ 时,溶液为不饱和溶液,无沉淀析出;若原来系统中有沉淀,平衡向右移动,沉淀溶解。

这就是沉淀-溶解平衡的反应商判据,称为**溶度积规则**,经常用来判断沉淀的生成和溶解。由图 6-2 可看出 AgCl 沉淀与溶解的情况。

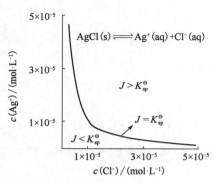

图 6-2　AgCl 沉淀与溶解的条件

6.1.4　影响溶解度的因素

在难溶电解质的饱和溶液中加入易溶强电解质,将影响难溶电解质的溶解度。下面主要讨论影响溶解度的两种效应——同离子效应和盐效应。

1)同离子效应

【例 6-3】　已知 AgCl 的 $K_{sp}^{\ominus}$ 为 1.8×10^{-10},比较 AgCl 在纯水中和在 $1.0 \, mol \cdot L^{-1}$ 盐酸溶液中的溶解度。

解:假设 AgCl 在水溶液中达到沉淀-溶解平衡时,溶液中 Ag^+ 的浓度为 $x \, mol \cdot L^{-1}$,则

$$AgCl(s) \rightleftharpoons Ag^+(aq) + Cl^-(aq)$$

起始浓度/$(mol \cdot L^{-1})$　　　　　　　　0　　　　　0

平衡浓度/$(mol \cdot L^{-1})$　　　　　　　　x　　　　　x

$$K_{sp}^{\ominus}(AgCl) = \{c(Ag^+)\} \cdot \{c(Cl^-)\} = x^2 = 1.8 \times 10^{-10}$$

解得 $x = 1.3 \times 10^{-5}(mol \cdot L^{-1})$。

在 $1.0 \, mol \cdot L^{-1}$ 盐酸溶液中,假设达到沉淀-溶解平衡时,溶液中 Ag^+ 的浓度为 $y \, mol \cdot L^{-1}$,有

$$AgCl(s) \rightleftharpoons Ag^+(aq) + Cl^-(aq)$$

起始浓度/$(mol \cdot L^{-1})$　　　　　　　　0　　　　　1.0

平衡浓度/$(mol \cdot L^{-1})$　　　　　　　　y　　　　$1.0 + y$

达到饱和时 Ag^+ 的浓度与溶解在盐酸溶液中的 AgCl 的浓度是一样的,即 AgCl 的溶解度等于 $c(Ag^+)$。

$$K_{sp}^{\ominus}(AgCl) = \{c(Ag^+)\} \cdot \{c(Cl^-)\} = y \cdot (1.0 + y) = 1.8 \times 10^{-10}$$

由于 y 很小,$1.0 + y \approx 1.0$,因此可解得 $y = 1.8 \times 10^{-10}(mol \cdot L^{-1})$。

由例 6-3 可知,AgCl 在纯水中的溶解度为 $1.3 \times 10^{-5} mol \cdot L^{-1}$,在 $1.0 \, mol \cdot L^{-1}$ 盐酸溶液中的溶解度为 $1.8 \times 10^{-10} mol \cdot L^{-1}$。由此可见,相同离子 Cl^- 的存在,使得 AgCl 的溶解度比

其在纯水中的要低。这种在难溶电解质溶液中加入与其含有相同离子的易溶强电解质,难溶电解质的多相离子平衡向生成难溶电解质的方向移动,从而使难溶电解质的溶解度降低的作用称为**同离子效应**(common ion effect)。

同离子效应在分离提纯和分析鉴定中的应用非常广泛。在重量分析中使某种离子生成沉淀以备称量时,可加入过量的沉淀剂,利用同离子效应保证沉淀完全(被沉淀离子的浓度 $\leq 10^{-5}$ mol·L^{-1})。但沉淀剂也不宜过量太多,否则会发生其他反应,使沉淀的溶解度增大。如,在 AgCl 沉淀中加入过量盐酸,由于生成配离子 $[AgCl_2]^-$ 而使 AgCl 的溶解度增大,甚至溶解。在洗涤沉淀时也常应用同离子效应,为了减少洗涤过程中沉淀的损失,常用与沉淀含有相同离子的溶液来洗涤,而不用纯水洗涤。

2)盐效应

与同离子效应相反,在 AgCl、$BaSO_4$ 等难溶电解质的饱和溶液中加入不含同离子的易溶强电解质(如 KNO_3)时,沉淀的溶解度增大的现象,称为**盐效应**(salt effect)。表 6-3 给出了 25℃时 AgCl 在不同浓度 KNO_3 溶液中的溶解度,可以看出,AgCl 在 KNO_3 溶液中的溶解度比其在纯水中的大,并且随 KNO_3 浓度的增大而增大。这是由于加入易溶强电解质后,离子总浓度增大,离子间的静电作用增强,阴、阳离子表面均形成离子氛,使单位时间内阴、阳离子与沉淀表面的碰撞速率减小,沉淀速率小于溶解速率。

AgCl 在 KNO_3 溶液中的溶解度(25℃)　　表 6-3

$c(KNO_3)/(mol \cdot L^{-1})$	0	0.001	0.005	0.010
$s(AgCl)/(10^{-5}mol \cdot L^{-1})$	1.278	1.325	1.385	1.427

需要说明的是,能够产生盐效应的易溶强电解质并不只限于盐类,加入不与体系发生其他化学反应的强酸或强碱同样能使溶液中各种离子的总浓度增大,有利于离子氛的形成,从而使难溶强电解质的溶解度增大。

加入具有相同离子的电解质,在产生同离子效应的同时,也能产生盐效应。如表 6-4 所示,当 $c(SO_4^{2-}) < 0.04$ mol·L^{-1} 时,随着 $c(SO_4^{2-})$ 浓度的增大,$PbSO_4$ 的溶解度显著减小,同离子效应占主导;当 $c(SO_4^{2-}) > 0.04$ mol·L^{-1} 时,随着 $c(SO_4^{2-})$ 浓度的增大,$PbSO_4$ 的溶解度缓慢增大,盐效应占主导。所以利用同离子效应降低沉淀溶解度时,如果沉淀试剂过量太多将会引起盐效应,反而使沉淀的溶解度增大。

$PbSO_4$ 在 $NaSO_4$ 溶液中的溶解度　　表 6-4

$c(NaSO_4)/(mol \cdot L^{-1})$	0	0.001	0.01	0.02	0.04	0.100	0.200
$s(PbSO_4)/(10^{-3}mol \cdot L^{-1})$	0.15	0.024	0.016	0.014	0.013	0.016	0.023

6.2　溶度积的应用

6.2.1　沉淀的生成

根据溶度积规则,当溶液中 $J > K_{sp}^{\ominus}$ 时,将有沉淀生成。

【例 6-4】 25℃时，某溶液中 $c(SO_4^{2-})$ 为 $6.0 \times 10^{-4} mol \cdot L^{-1}$。若在 40.0L 该溶液中加入 $0.010 mol \cdot L^{-1}$ $BaCl_2$ 溶液 10.0L。(1)判断能否生成 $BaSO_4$ 沉淀？(2)如果有沉淀生成，能够生成 $BaSO_4$ 多少克？最后溶液中剩余的 $c(SO_4^{2-})$ 是多少？

解:(1)混合溶液中

$$c_0(SO_4^{2-}) = \frac{6.0 \times 10^{-4} mol \cdot L^{-1} \times 40.0L}{(40.0 + 10.0)L} = 4.8 \times 10^{-4} mol \cdot L^{-1}$$

$$c_0(Ba^{2+}) = \frac{0.010 mol \cdot L^{-1} \times 10.0L}{(40.0 + 10.0)L} = 2.0 \times 10^{-3} mol \cdot L^{-1}$$

反应商

$$J = \{c_0(Ba^{2+})\} \cdot \{c_0(SO_4^{2-})\} = 2.0 \times 10^{-3} \times 4.8 \times 10^{-4} = 9.6 \times 10^{-7}$$

由附录 C 查得 $K_{sp}^{\ominus}(BaSO_4) = 1.1 \times 10^{-10}$，所以 $J > K_{sp}^{\ominus}$，溶液中有 $BaSO_4$ 沉淀析出。

(2)假设最后溶液中 $c(SO_4^{2-})$ 为 $x mol \cdot L^{-1}$，则

$$BaSO_4(s) \Longrightarrow Ba^{2+}(aq) + SO_4^{2-}(aq)$$

反应前浓度/$(mol \cdot L^{-1})$ 2.0×10^{-3} 4.8×10^{-4}

完全反应后浓度/$(mol \cdot L^{-1})$ 1.52×10^{-3} 0

平衡浓度/$(mol \cdot L^{-1})$ $1.52 \times 10^{-3} + x$ x

$$K_{sp}^{\ominus}(BaSO_4) = \{c(Ba^{2+})\} \cdot \{c(SO_4^{2-})\} = (1.52 \times 10^{-3} + x) \cdot x = 1.1 \times 10^{-10}$$

由于 x 很小，$1.52 \times 10^{-3} + x \approx 1.52 \times 10^{-3}$。

解得 $x \approx 7.2 \times 10^{-8}$，即最后溶液中 $c(SO_4^{2-}) = 7.2 \times 10^{-8} mol \cdot L^{-1}$，生成 $BaSO_4$ 的质量为

$$m(BaSO_4) = (4.8 \times 10^{-4} - x) mol \cdot L^{-1} \times 50.0L \times 233 g \cdot mol^{-1}$$

$$\approx 4.8 \times 10^{-4} mol \cdot L^{-1} \times 50.0L \times 233 g \cdot mol^{-1}$$

$$= 5.6 g$$

然而，有时候我们计算的 J 比 $K_{sp}^{\ominus}$ 稍大一些，却并未观察到沉淀的生成，这是由于：

(1)盐效应的影响。离子氛的存在，导致实际的有效浓度比理论计算值小，从而需要继续溶解才能达到溶度积规则的要求。

(2)过饱和现象的影响。有时即使满足了溶度积规则的要求，而溶液中无结晶中心(晶核)，沉淀也不能生成，而是形成过饱和溶液。这时，若向过饱和溶液中引入晶核，即微小的颗粒(甚至灰尘)，或用玻璃棒摩擦器壁，就会产生沉淀。

(3)沉淀的量的影响。实际上即使有沉淀生成，如果沉淀的量非常少，肉眼也很难观察到，对于正常的视力，当沉淀的量达到 $10^{-5} g \cdot mL^{-1}$ 时，才能观察到有浑浊出现。

6.2.2 沉淀的溶解

沉淀与饱和溶液共存，根据溶度积规则，当溶液中 $J < K_{sp}^{\ominus}$ 时，沉淀发生溶解。通过氧化还原法、生成配合物及弱电解质的方法都可以使有关离子浓度减小，从而达到使 $J < K_{sp}^{\ominus}$ 的目的。接下来将着重讨论酸碱解离平衡对沉淀-溶解平衡的影响。

（1）H_2WO_4、H_2MoO_4、H_2SiO_3 等难溶的酸，常加入强碱 OH^- 以生成弱电解质 H_2O

$$H_2WO_4(s) + 2OH^-(aq) \longrightarrow WO_4^{2-}(aq) + 2H_2O(l)$$

（2）$Mg(OH)_2$、$Fe(OH)_3$ 等难溶的金属氢氧化物，常加强酸 H^+ 以生成弱电解质 H_2O

$$Mg(OH)_2(s) + 2H^+(aq) \longrightarrow Mg^{2+}(aq) + 2H_2O(l)$$

其中，$Mg(OH)_2$、$Fe(OH)_2$ 等 $K_{sp}^{\ominus}$ 不是很小、碱性较强的物质，甚至加入铵盐也能生成弱电解质 $NH_3 \cdot H_2O$ 而溶解

$$Mg(OH)_2(s) + 2NH_4^+(aq) \longrightarrow Mg^{2+}(aq) + 2NH_3 \cdot H_2O(aq)$$

（3）$Zn(OH)_2$、$Al(OH)_3$、$Cr(OH)_3$ 等两性氢氧化物，加酸或加碱均能使其溶解

$$Al(OH)_3(s) + 3H^+(aq) \longrightarrow Al^{3+}(aq) + 3H_2O(l)$$

$$Al(OH)_3(s) + OH^-(aq) \longrightarrow [Al(OH)_4]^-(aq)$$

（4）$CaCO_3$、FeS、ZnS、$Ca_3(PO_4)_2$ 等难溶弱酸盐，加酸能使其生成酸式盐或弱酸等弱电解质而溶解

$$CaCO_3(s) \Longrightarrow Ca^{2+}(aq) + CO_3^{2-}(aq)$$
$$+$$
$$H^+(aq)$$
$$\Updownarrow$$
$$HCO_3^-(aq) + H^+(aq) \Longrightarrow H_2CO_3(aq)$$

6.2.3 分步沉淀

实际溶液中常会有多种离子共存，当一种试剂能够和溶液中的几种离子生成沉淀时，哪一种离子先沉淀，何时一起沉淀？这与两种沉淀间的沉淀-溶解平衡有关。众所周知，AgCl 和 AgI 都是难溶电解质，如果在 Cl^- 和 I^- 浓度均为 $1.0 \times 10^{-3}\ mol \cdot L^{-1}$ 的 1.0 L 溶液中逐滴加入 $1.0 \times 10^{-3}\ mol \cdot L^{-1}$ 的 $AgNO_3$ 溶液，Cl^- 和 I^- 哪个先沉淀？假设 AgI 和 AgCl 开始沉淀时所需的 Ag^+ 浓度分别为 $c_1(Ag^+)$ 和 $c_2(Ag^+)$，则

$$AgI(s) \Longrightarrow Ag^+(aq) + I^-(aq)$$

$$c_1(Ag^+) = \frac{K_{sp}^{\ominus}(AgI)}{\{c(I^-)\}} \cdot c^{\ominus} = \frac{8.3 \times 10^{-17}}{1.0 \times 10^{-3}} \times 1\ mol \cdot L^{-1} = 8.3 \times 10^{-14}\ mol \cdot L^{-1}$$

$$AgCl(s) \Longrightarrow Ag^+(aq) + Cl^-(aq)$$

$$c_2(Ag^+) = \frac{K_{sp}^{\ominus}(AgCl)}{\{c(Cl^-)\}} \cdot c^{\ominus} = \frac{1.8 \times 10^{-10}}{1.0 \times 10^{-3}} \times 1\ mol \cdot L^{-1} = 1.8 \times 10^{-7}\ mol \cdot L^{-1}$$

显然 AgI 沉淀所需的 $c_1(Ag^+)$ 要小很多，故 AgI 先沉淀。在连续滴加 $AgNO_3$ 溶液的过程中，由于 AgI 不断析出，溶液中 I^- 的浓度逐渐降低，Ag^+ 的浓度逐渐增加。当 Ag^+ 的浓度增加到 AgCl 开始沉淀所需的浓度时，AgI 和 AgCl 沉淀同时析出，此时溶液中存在两个沉淀-溶解平衡，Ag^+ 的浓度必须同时满足如下两个关系式：

$$\{c(Ag^+)\} \cdot \{c(I^-)\} = K_{sp}^{\ominus}(AgI)$$

$$\{c(\text{Ag}^+)\} \cdot \{c(\text{Cl}^-)\} = K_{sp}^{\ominus}(\text{AgCl})$$

所以

$$\{c(\text{Ag}^+)\} = \frac{K_{sp}^{\ominus}(\text{AgCl})}{\{c(\text{Cl}^-)\}} = \frac{K_{sp}^{\ominus}(\text{AgI})}{\{c(\text{I}^-)\}}$$

即

$$\frac{\{c(\text{Cl}^-)\}}{\{c(\text{I}^-)\}} = \frac{K_{sp}^{\ominus}(\text{AgCl})}{K_{sp}^{\ominus}(\text{AgI})} = \frac{1.8 \times 10^{-10}}{8.3 \times 10^{-17}} = 2.2 \times 10^6$$

因此,当溶液中 $c(\text{Cl}^-)/c(\text{I}^-) = 2.2 \times 10^6$ 时,向溶液中滴加 AgNO_3 溶液,两种离子能够同时生成沉淀。

实际上,当 AgCl 开始沉淀时,溶液中的 Cl^- 浓度为 $1.0 \times 10^{-3} \text{mol} \cdot \text{L}^{-1}$,则 I^- 浓度为

$$c(\text{I}^-) = \frac{1.0 \times 10^{-3}}{2.2 \times 10^6} \cdot c^{\ominus} = \frac{1.0 \times 10^{-3}}{2.2 \times 10^6} \times 1\text{mol} \cdot \text{L}^{-1} = 4.5 \times 10^{-10}\text{mol} \cdot \text{L}^{-1}$$

或

$$c(\text{I}^-) = \frac{K_{sp}^{\ominus}(\text{AgI})}{\{c_2(\text{Ag}^+)\}} \cdot c^{\ominus} = \frac{8.3 \times 10^{-17}}{1.8 \times 10^{-7}} \times 1\text{mol} \cdot \text{L}^{-1} = 4.6 \times 10^{-10}\text{mol} \cdot \text{L}^{-1}$$

由于此时 $c(\text{I}^-) \ll 10^{-5}\text{mol} \cdot \text{L}^{-1}$,所以当 Cl^- 开始沉淀时,I^- 已经沉淀完全。因此,Cl^- 和 I^- 在这种情况下不会同时发生沉淀,I^- 先沉淀,沉淀完全后 Cl^- 才开始沉淀。这种沉淀先后析出的现象称为**分步沉淀**或分级沉淀。通过分步沉淀的方法可以分离 AgI 和 AgCl。

根据上述分析可知,分步沉淀的次序与溶度积 $K_{sp}^{\ominus}$ 的大小及沉淀的类型有关。当沉淀类型相同,被沉淀离子浓度也相同时,$K_{sp}^{\ominus}$ 小者先沉淀,$K_{sp}^{\ominus}$ 大者后沉淀。当沉淀类型不同时,必须通过计算判断沉淀的先后次序。沉淀开始析出时所需沉淀试剂浓度小的难溶电解质先析出,即反应商 J 先达到 $K_{sp}^{\ominus}$ 的难溶电解质先析出沉淀。

此外,分步沉淀的次序还与溶液中相应被沉淀离子的浓度有关。上述实例中,如果溶液中 $c(\text{Cl}^-) < 2.2 \times 10^6 c(\text{I}^-)$,向其中滴加 Ag^+ 时,AgI 会先行达到 $K_{sp}^{\ominus}$ 而沉淀;如果溶液中 $c(\text{Cl}^-) = 2.2 \times 10^6 c(\text{I}^-)$,向其中滴加 Ag^+ 时,AgI 和 AgCl 会同时达到 $K_{sp}^{\ominus}$ 而沉淀;如果溶液中 $c(\text{Cl}^-) > 2.2 \times 10^6 c(\text{I}^-)$,向其中滴加 Ag^+ 时,AgCl 会先行达到 $K_{sp}^{\ominus}$ 而沉淀。

【例6-5】 某溶液中含有 Cl^- 和 CrO_4^{2-},它们的浓度分别是 $0.10\text{mol} \cdot \text{L}^{-1}$ 和 $0.0010\text{mol} \cdot \text{L}^{-1}$,试通过计算判断逐滴加入 AgNO_3 试剂时,哪一种沉淀先析出? 当第二种沉淀析出时,第一种离子是否已经被沉淀完全(加入 AgNO_3 所引起的体积变化可忽略)?

解:在向溶液中加入 AgNO_3 时,可能存在如下两个沉淀-溶解平衡

$$\text{AgCl}(s) \rightleftharpoons \text{Ag}^+(aq) + \text{Cl}^-(aq)$$

$$K_{sp}^{\ominus}(\text{AgCl}) = \{c(\text{Ag}^+)\} \cdot \{c(\text{Cl}^-)\} = 1.8 \times 10^{-10}$$

$$\text{Ag}_2\text{CrO}_4(s) \rightleftharpoons 2\text{Ag}^+(aq) + \text{CrO}_4^{2-}(aq)$$

$$K_{sp}^{\ominus}(\text{Ag}_2\text{CrO}_4) = \{c(\text{Ag}^+)\}^2 \cdot \{c(\text{CrO}_4^{2-})\} = 1.1 \times 10^{-12}$$

析出 AgCl 沉淀所需的最低 Ag^+ 浓度为

$$c_1(Ag^+) = \frac{K_{sp}^{\ominus}(AgCl)}{\{c(Cl^-)\}} \cdot c^{\ominus} = \frac{1.8 \times 10^{-10}}{0.10} \times 1 mol \cdot L^{-1} = 1.8 \times 10^{-9} mol \cdot L^{-1}$$

析出 Ag_2CrO_4 沉淀所需的最低 Ag^+ 浓度为

$$c_2(Ag^+) = \sqrt{\frac{K_{sp}^{\ominus}(Ag_2CrO_4)}{\{c(CrO_4^{2-})\}} \cdot c^{\ominus}} = \sqrt{\frac{1.1 \times 10^{-12}}{0.001\,0} \times 1 mol \cdot L^{-1}} = 3.3 \times 10^{-5} mol \cdot L^{-1}$$

由于 $c_1(Ag^+) \ll c_2(Ag^+)$，因此逐滴加入 $AgNO_3$ 试剂时，AgCl 沉淀先析出。

当 Ag_2CrO_4 沉淀析出时，溶液中 $c(Ag^+) = 3.3 \times 10^{-5} mol \cdot L^{-1}$，此时溶液中

$$c'(Cl^-) = \frac{K_{sp}^{\ominus}(AgCl)}{\{c(Ag^+)\}} \cdot c^{\ominus} = \frac{1.8 \times 10^{-10}}{3.3 \times 10^{-5}} \times 1 mol \cdot L^{-1} = 5.5 \times 10^{-6} mol \cdot L^{-1}$$

由于 $c'(Cl^-) < 10^{-5} mol \cdot L^{-1}$，因此当第二种沉淀析出时，第一种离子已经被沉淀完全。

6.2.4　沉淀的转化

沉淀的转化是指难溶性强电解质解离生成的离子，与溶液中存在的另一种沉淀剂结合而生成一种新的沉淀的过程。例如：在一试管中白色的 AgCl 沉淀与其饱和溶液共存，向其中加入 KI 溶液并搅拌，观察到沉淀由白色（AgCl 沉淀）转变为黄色（AgI 沉淀）。这一沉淀的转化过程可以表示为

$$AgCl(s) \rightleftharpoons Ag^+(aq) + Cl^-(aq)$$
$$+$$
$$KI(s) \rightleftharpoons I^-(aq) + K^+(aq)$$
$$\Downarrow$$
$$AgI(s)$$

AgCl 的 $K_{sp}^{\ominus} = 1.8 \times 10^{-10}$，而 AgI 的 $K_{sp}^{\ominus} = 8.3 \times 10^{-17}$，AgI 的溶度积更小，说明它比 AgCl 更难溶。因此，这个过程是由一种难溶物质转化为另一种更难溶物质的过程。

接下来，我们来讨论实现上述沉淀转化过程的条件。倘若上述两种沉淀-溶解平衡同时存在，则

$$K_{sp}^{\ominus}(AgCl) = \{c(Ag^+)\} \cdot \{c(Cl^-)\} = 1.8 \times 10^{-10}$$

$$K_{sp}^{\ominus}(AgI) = \{c(Ag^+)\} \cdot \{c(I^-)\} = 8.3 \times 10^{-17}$$

两式相除得到

$$\frac{\{c(Cl^-)\}}{\{c(I^-)\}} = 2.2 \times 10^6$$

这相当于上述两个沉淀-溶解平衡的总反应

$$AgCl(s) + I^-(aq) \rightleftharpoons AgI(s) + Cl^-(aq)$$

的标准平衡常数 $K^{\ominus}$。

由于反应商 $J < K^{\ominus}$ 时，平衡向右移动，即向沉淀转化的方向移动，所以在加入新的沉淀剂 I^- 时，只要能保持溶液中的 $c(I^-) > \dfrac{1}{2.2 \times 10^6} \cdot c(Cl^-)$，白色的 AgCl 沉淀就会转变为黄

色的 AgI 沉淀。对于 $c(I^-)$ 这一要求非常容易达到,因此,这种由一种难溶物质转化为另一种更难溶物质的过程是比较容易实现的。

反过来,欲将溶解度非常小的 AgI 转化为溶解度较大的 AgCl 是比较困难的。从上面的讨论中可以看出,只有保持 $c(Cl^-) > 2.2 \times 10^6 c(I^-)$ 时,才能使 AgI 转化为 AgCl。这种转化条件在实际操作过程中根本不可能达到。

如果两种沉淀的 $K_{sp}^{\ominus}$ 比较接近,差别不大,将一种溶解度较小的沉淀转化为溶解度较大的沉淀,是有可能的,也是有实际意义的。例如,将 $BaCrO_4$ 转化成 $BaCO_3$,其沉淀转化反应的总反应方程式为

$$BaCrO_4(s) + CO_3^{2-}(aq) \Longrightarrow BaCO_3(s) + CrO_4^{2-}(aq)$$

$$K^{\ominus} = \frac{\{c(CrO_4^{2-})\}}{\{c(CO_3^{2-})\}} = \frac{\{c(Ba^{2+})\} \cdot \{c(CrO_4^{2-})\}}{\{c(Ba^{2+})\} \cdot \{c(CO_3^{2-})\}} = \frac{K_{sp}^{\ominus}(BaCrO_4)}{K_{sp}^{\ominus}(BaCO_3)} = \frac{1.2 \times 10^{-10}}{2.6 \times 10^{-9}} = 0.046$$

这说明:只要能保持 $c(CrO_4^{2-}) > 0.046 c(CO_3^{2-})$,$BaCO_3$ 就会转变为 $BaCrO_4$;反过来,只有保持 $c(CO_3^{2-}) > \frac{1}{0.046} \cdot c(CrO_4^{2-}) = 22 c(CrO_4^{2-})$,才能使 $BaCrO_4$ 转化为 $BaCO_3$,而这样的转化条件在实验室中是可以实现的。

综上所述,沉淀类型相同时,$K_{sp}^{\ominus}$ 大(易溶)者向 $K_{sp}^{\ominus}$ 小(难溶)者转化容易,二者 $K_{sp}^{\ominus}$ 相差越大,转化越完全;反之,$K_{sp}^{\ominus}$ 小者向 $K_{sp}^{\ominus}$ 大者转化困难。沉淀类型不同时,不能直接通过 $K_{sp}^{\ominus}$ 比较沉淀转化的难易,需要计算沉淀转化反应的标准平衡常数 $K^{\ominus}$:$K^{\ominus} > 1$,转化比较容易实现;$K^{\ominus} < 1$,转化往往比较困难。

【例 6-6】 在 1L Na_2CO_3 溶液中使 0.010mol $CaSO_4$ 全部转化为 $CaCO_3$,求 Na_2CO_3 的最初浓度为多少。

解: 查附录 C 可知 $K_{sp}^{\ominus}(CaSO_4) = 7.1 \times 10^{-5}$,$K_{sp}^{\ominus}(CaCO_3) = 4.9 \times 10^{-9}$。

沉淀转化反应为

$$CaSO_4(s) + CO_3^{2-}(aq) \Longrightarrow CaCO_3(s) + SO_4^{2-}(aq)$$

$$K^{\ominus} = \frac{\{c(SO_4^{2-})\}}{\{c(CO_3^{2-})\}} = \frac{\{c(Ca^{2+})\} \cdot \{c(SO_4^{2-})\}}{\{c(Ca^{2+})\} \cdot \{c(CO_3^{2-})\}} = \frac{K_{sp}^{\ominus}(CaSO_4)}{K_{sp}^{\ominus}(CaCO_3)} = \frac{7.1 \times 10^{-5}}{4.9 \times 10^{-9}} = 1.4 \times 10^4$$

0.010mol 的 $CaSO_4$ 在 1L Na_2CO_3 溶液中全部转化为 $CaCO_3$ 时,$c(SO_4^{2-}) = 0.010 \text{mol} \cdot L^{-1}$,设溶液中 $c(CO_3^{2-}) = x \text{mol} \cdot L^{-1}$,代入平衡常数表达式可得

$$K^{\ominus} = \frac{0.010}{x} = 1.4 \times 10^4$$

解得 $x = 7.1 \times 10^{-7}$。

由于 0.010mol $CaSO_4$ 完全转化为 $CaCO_3$ 消耗了 0.010mol Na_2CO_3,所以 Na_2CO_3 溶液的初始浓度为

$$c(NaCO_3) = (7.1 \times 10^{-7} + 0.010) \text{mol} \cdot L^{-1} \approx 0.010 \text{mol} \cdot L^{-1}$$

【例 6-7】 0.20L 1.5mol·L^{-1} Na_2CO_3 溶液可以转化掉 $BaSO_4$ 固体多少克?

解: 查附录 C 可知 $K_{sp}^{\ominus}(BaSO_4) = 1.1 \times 10^{-10}$,$K_{sp}^{\ominus}(BaCO_3) = 2.6 \times 10^{-9}$。

设沉淀转化反应达到平衡时 $c(SO_4^{2-}) = x \text{mol} \cdot L^{-1}$,则

$$BaSO_4(s) + CO_3^{2-}(aq) \Longrightarrow BaCO_3(s) + SO_4^{2-}(aq)$$

起始浓度/(mol·L^{-1}) 　　　　　　1.5　　　　　　　　　　0

平衡浓度/(mol·L^{-1})　　　　　1.5 − x　　　　　　　　　x

$$K^{\ominus} = \frac{\{c(SO_4^{2-})\}}{\{c(CO_3^{2-})\}} = \frac{\{c(Ba^{2+})\} \cdot \{c(SO_4^{2-})\}}{\{c(Ba^{2+})\} \cdot \{c(CO_3^{2-})\}} = \frac{K_{sp}^{\ominus}(BaSO_4)}{K_{sp}^{\ominus}(BaCO_3)} = \frac{1.1 \times 10^{-10}}{2.6 \times 10^{-9}} = 0.042$$

将平衡时各物质浓度代入平衡常数表达式可得

$$K^{\ominus} = \frac{x}{1.5 - x} = 0.042$$

解得 $x = 0.060$，即 $c(SO_4^{2-}) = 0.060\,mol·L^{-1}$。

在 0.20L 溶液中 SO_4^{2-} 的物质的量为

$$0.060\,mol·L^{-1} \times 0.20L = 0.012\,mol$$

由于转化掉多少 $BaSO_4$ 就产生多少 SO_4^{2-}，相当于有 0.012mol $BaSO_4$ 被溶解掉。因此，溶解掉的 $BaSO_4$ 质量为

$$0.012\,mol \times 233g·mol^{-1} = 2.80g$$

6.3　pH 对沉淀-溶解平衡的影响

难溶金属氢氧化物和难溶弱酸盐的沉淀-溶解平衡受溶液 pH 的影响，根据实际需要控制溶液的 pH 可以使难溶电解质溶解或从溶液中析出。

6.3.1　pH 对难溶金属氢氧化物沉淀-溶解平衡的影响

在含有难溶金属氢氧化物 $M(OH)_n$ 的水溶液中存在下列沉淀-溶解平衡

$$M(OH)_n(s) \Longrightarrow M^{n+}(aq) + nOH^-(aq)$$

$$K_{sp}^{\ominus}[M(OH)_n] = \{c(M^{n+})\} \cdot \{c(OH^-)\}^n$$

若溶液中可被沉淀金属离子的浓度为 $c_0(M^{n+})$，则氢氧化物开始沉淀时 OH^- 的最低浓度为

$$c(OH^-) = \sqrt[n]{\frac{K_{sp}^{\ominus}[M(OH)_n]}{\{c_0(M^{n+})\}}}\,mol·L^{-1} \tag{6-4}$$

随着 $M(OH)_n$ 沉淀的生成，溶液中 M^{n+} 的浓度逐渐降低，当其浓度低至 $1.0 \times 10^{-5}\,mol·L^{-1}$ 时，可认为 M^{n+} 被沉淀完全，沉淀完全时对应的 OH^- 的最低浓度为

$$c(OH^-) = \sqrt[n]{\frac{K_{sp}^{\ominus}[M(OH)_n]}{1.0 \times 10^{-5}}}\,mol·L^{-1} \tag{6-5}$$

按照上述方法能够计算出常见难溶金属氢氧化物开始沉淀和沉淀完全时溶液中 OH^- 浓度及溶液的 pH。根据一种难溶金属氢氧化物沉淀完全时和另一种难溶金属氢氧化物开始沉淀时 pH 差别的大小，即可确定能否通过控制一定的 pH 范围将不同的金属离子分

开。这种分离法适合分离沉淀时所需 pH 相差很远的金属离子。

【**例 6-8**】 如果溶液中 Fe^{3+} 和 Mg^{2+} 的浓度都为 $0.10mol \cdot L^{-1}$，求使 Fe^{3+} 定量沉淀而 Mg^{2+} 不沉淀的 pH 范围。

解：
$$Fe(OH)_3(s) \Longrightarrow Fe^{3+}(aq) + 3OH^-(aq)$$
$$K_{sp}^{\ominus}[Fe(OH)_3] = \{c(Fe^{3+})\} \cdot \{c(OH^-)\}^3$$

Fe^{3+} 沉淀完全时 OH^- 的浓度为

$$c(OH^-) = \sqrt[3]{\frac{K_{sp}^{\ominus}[Fe(OH)_3]}{1.0 \times 10^{-5}}}mol \cdot L^{-1} = \sqrt[3]{\frac{2.8 \times 10^{-39}}{1.0 \times 10^{-5}}}mol \cdot L^{-1} = 6.5 \times 10^{-12}mol \cdot L^{-1}$$

则

$$c(H^+) = \frac{1.0 \times 10^{-14}}{6.5 \times 10^{-12}}mol \cdot L^{-1} = 1.5 \times 10^{-3}mol \cdot L^{-1}$$

$$pH = -\lg(1.5 \times 10^{-3}) = 2.82$$

$$Mg(OH)_2(s) \Longrightarrow Mg^{2+}(aq) + 2OH^-(aq)$$
$$K_{sp}^{\ominus}[Mg(OH)_2] = \{c(Mg^{2+})\} \cdot \{c(OH^-)\}^2$$

Mg^{2+} 开始沉淀时 OH^- 的浓度为

$$c(OH^-) = \sqrt{\frac{K_{sp}^{\ominus}[Mg(OH)_2]}{\{c_0(Mg^{2+})\}}}mol \cdot L^{-1} = \sqrt{\frac{5.1 \times 10^{-12}}{0.10}}mol \cdot L^{-1} = 7.1 \times 10^{-5}mol \cdot L^{-1}$$

$$c(H^+) = \frac{1.0 \times 10^{-14}}{7.1 \times 10^{-5}}mol \cdot L^{-1} = 1.4 \times 10^{-10}mol \cdot L^{-1}$$

$$pH = -\lg(1.4 \times 10^{-10}) = 9.85$$

当 pH = 9.85 时 Fe^{3+} 早已沉淀完全，因此只要将 pH 控制在 2.82 ~ 9.85，就可使 Fe^{3+} 定量沉淀而 Mg^{2+} 不沉淀。

当然，实际情况比利用上述方法计算时的情况要复杂得多，开始沉淀及沉淀完全时对应 pH 的实测值与计算值之间也会有一定的出入。但该方法计算出的仍不失为一个有相当价值的参考数据。在实际工作中，经常会利用氢氧化物溶度积的不同，使用缓冲溶液控制溶液的 pH，从而对金属离子进行分离。

需要注意的是，某些特殊的难溶金属氢氧化物既溶于酸，也溶于碱，不能够利用上述方法进行分离。如

$$Al(OH)_3(s) + 3H^+(aq) \Longrightarrow Al^{3+}(aq) + 3H_2O(l)$$
$$Al(OH)_3(s) + OH^-(aq) \Longrightarrow [Al(OH)_4]^-(aq)$$

一般的难溶金属氢氧化物都可以溶于铵盐，加入铵盐能够使金属氢氧化物溶解。如

$$Mg(OH)_2(s) \Longrightarrow Mg^{2+}(aq) + 2OH^-(aq)$$
$$NH_4^+(s) + OH^-(aq) \Longrightarrow NH_3 \cdot H_2O(aq)$$

【**例 6-9**】 向 0.20L 的 $0.50mol \cdot L^{-1}$ $MgCl_2$ 溶液中加入等体积的 $0.10mol \cdot L^{-1}$ 的氨水溶液，有无 $Mg(OH)_2$ 沉淀生成？为了不使 $Mg(OH)_2$ 沉淀析出，至少应加入多少克 $NH_4Cl(s)$？

[设加入 $NH_4Cl(s)$ 后体积不变]

解:(1)$MgCl_2$ 溶液与氨水等体积混合,发生反应之前,二者浓度均为原来的一半,即

$$c(Mg^{2+}) = \frac{0.50mol \cdot L^{-1}}{2} = 0.25mol \cdot L^{-1}$$

$$c(NH_3) = \frac{0.10mol \cdot L^{-1}}{2} = 0.05mol \cdot L^{-1}$$

设平衡时 OH^- 的浓度为 $x\,mol \cdot L^{-1}$,则

$$NH_3(aq) + H_2O(l) \Longrightarrow NH_4^+(aq) + OH^-(aq) \quad\quad (1)$$

起始浓度/$(mol \cdot L^{-1})$ 0.05   0   0

平衡浓度/$(mol \cdot L^{-1})$ $0.05 - x$ x x

$$K_b^{\ominus}(NH_3) = \frac{\{c(NH_4^+)\} \cdot \{c(OH^-)\}}{\{c(NH_3)\}} = \frac{x^2}{0.05 - x} = 1.8 \times 10^{-5}$$

解得 $x = 9.5 \times 10^{-4}$,即溶液中 OH^- 的浓度为 $9.5 \times 10^{-4}\,mol \cdot L^{-1}$。

判断此时是否有 $Mg(OH)_2$ 沉淀生成

$$Mg(OH)_2(s) \Longrightarrow Mg^{2+}(aq) + 2OH^-(aq) \quad\quad (2)$$

$$J = \{c(Mg^{2+})\} \cdot \{c(OH^-)\}^2 = 0.25 \times (9.5 \times 10^{-4})^2 = 2.3 \times 10^{-7}$$

由于 $K_{sp}^{\ominus}[Mg(OH)_2] = 5.1 \times 10^{-12}$,所以,$J > K_{sp}^{\ominus}$,有 $Mg(OH)_2$ 沉淀析出。

(2)为了不使 $Mg(OH)_2$ 沉淀析出,需要使平衡(2)的 $J \leqslant K_{sp}^{\ominus}$

$$c(OH^-) \leqslant \sqrt{\frac{K_{sp}^{\ominus}[Mg(OH)_2]}{\{c(Mg^{2+})\}}}\,mol \cdot L^{-1} = \sqrt{\frac{5.1 \times 10^{-12}}{0.25}}\,mol \cdot L^{-1} = 4.5 \times 10^{-6}\,mol \cdot L^{-1}$$

设加入 NH_4Cl 后溶液中 NH_4^+ 的浓度为 $y\,mol \cdot L^{-1}$,则

$$NH_3(aq) + H_2O(l) \Longrightarrow NH_4^+(aq) + OH^-(aq) \quad\quad (3)$$

起始浓度/$(mol \cdot L^{-1})$ 0.05 y 0

平衡浓度/$(mol \cdot L^{-1})$ $0.05 - 4.5 \times 10^{-6}$ $y + 4.5 \times 10^{-6}$ 4.5×10^{-6}

$$K_b^{\ominus}(NH_3) = \frac{\{c(NH_4^+)\} \cdot \{c(OH^-)\}}{\{c(NH_3)\}} = \frac{(y + 4.5 \times 10^{-6}) \times 4.5 \times 10^{-6}}{0.05 - 4.5 \times 10^{-6}} = 1.8 \times 10^{-5}$$

由于 4.5×10^{-6} 很小,$0.05 - 4.5 \times 10^{-6} \approx 0.05$,$y + 4.5 \times 10^{-6} \approx y$,上式可改写为

$$\frac{y \times 4.5 \times 10^{-6}}{0.05} = 1.8 \times 10^{-5}$$

解得 $y = 0.20$,即加入 NH_4Cl 后溶液中 NH_4^+ 的浓度为 $0.20\,mol \cdot L^{-1}$。

查得 $M_r(NH_4Cl) = 53.5g \cdot mol^{-1}$。若不析出 $Mg(OH)_2$ 沉淀,加入 NH_4Cl 的质量应至少为

$$m(NH_4Cl) = 0.20mol \cdot L^{-1} \times 0.40L \times 53.5g \cdot mol^{-1} = 4.28g$$

此题也可以利用由平衡(1)和平衡(2)所构成的双平衡方程,求出双平衡方程的标准平衡常数,然后利用标准平衡常数与浓度之间的关系式进行求解。

6.3.2　pH 对金属硫化物沉淀-溶解平衡的影响

金属硫化物通常难溶于水,有特定的颜色,不同金属硫化物的溶度积常数也不相同。因

此,经常利用硫化物的这些性质来分离或鉴定某些金属离子。

金属硫化物 MS 可以看作二元弱酸 H_2S 的盐,其在水溶液中的沉淀-溶解平衡为

$$MS(s) \Longrightarrow M^{2+}(aq) + S^{2-}(aq) \tag{1}$$

$$K_{sp}^{\ominus}(MS) = [c(M^{2+})/c^{\ominus}] \cdot [c(S^{2-})/c^{\ominus}] = \{c(M^{2+})\} \cdot \{c(S^{2-})\}$$

其中,$c(S^{2-})$ 与 H_2S 的两级解离常数及溶液的 pH 有关。

$$H_2S(aq) \Longrightarrow H^+(aq) + HS^-(aq) \tag{2}$$

$$K_{a_1}^{\ominus}(H_2S) = \frac{\{c(H^+)\} \cdot \{c(HS^-)\}}{\{c(H_2S)\}}$$

$$HS^-(aq) \Longrightarrow H^+(aq) + S^{2-}(aq) \tag{3}$$

$$K_{a_2}^{\ominus}(H_2S) = \frac{\{c(H^+)\} \cdot \{c(S^{2-})\}}{\{c(HS^-)\}}$$

(2) + (3)得

$$H_2S(aq) \Longrightarrow 2H^+(aq) + S^{2-}(aq) \tag{4}$$

$$K_{a_1}^{\ominus}(H_2S) \cdot K_{a_2}^{\ominus}(H_2S) = \frac{\{c(H^+)\}^2 \cdot \{c(S^{2-})\}}{\{c(H_2S)\}}$$

(1) − (4)得

$$MS(s) + 2H^+(aq) \Longrightarrow M^{2+}(aq) + H_2S(aq) \tag{5}$$

式(5)的标准平衡常数为

$$K_{spa}^{\ominus} = \frac{\{c(M^{2+})\} \cdot \{c(H_2S)\}}{\{c(H^+)\}^2} = \frac{K_{sp}^{\ominus}(MS)}{K_{a_1}^{\ominus}(H_2S) \cdot K_{a_2}^{\ominus}(H_2S)} \tag{6-6}$$

式(5)为 MS 在酸中的沉淀-溶解平衡,$K_{spa}^{\ominus}$ 为 MS 在酸中的溶度积常数。值得注意的是,溶度积规则同样适用于硫化物在酸中的沉淀-溶解平衡。由于 $K_{sp}^{\ominus}(MS)$ 和 H_2S 的解离常数在不同文献中的数据可能不同,$K_{spa}^{\ominus}$ 也会存在一定的差异,这里我们给出一些难溶金属硫化物的 $K_{spa}^{\ominus}$(表6-5)。

25℃时某些难溶金属硫化物的 $K_{spa}^{\ominus}$　　　　表6-5

硫　化　物	$K_{spa}^{\ominus}$	硫　化　物	$K_{spa}^{\ominus}$
MnS(肉色)	3×10^{10}	PbS(黑色)	3×10^{-7}
FeS(黑色)	6×10^2	SnS(棕色)	1×10^{-5}
CoS(黑色)	3	α-CdS(黄色)	8×10^{-7}
NiS(黑色)	8×10^{-1}	CuS(黑色)	6×10^{-16}
β-ZnS(白色)	2×10^{-2}	Ag_2S(黑色)	6×10^{-30}
α-ZnS(白色)	3×10^{-4}	HgS(黑色)	2×10^{-32}

【例6-10】 25℃时,向 $0.010\,mol \cdot L^{-1}$ $FeSO_4$ 溶液中通入 $H_2S(g)$,使其成为饱和溶液 $[c(H_2S) = 0.10\,mol \cdot L^{-1}]$。用 HCl 调节 pH,使 $c(HCl) = 0.30\,mol \cdot L^{-1}$。试判断是否能生成 FeS 沉淀。

解: FeS 在酸中存在如下沉淀-溶解平衡

$$FeS(s) + 2H^+(aq) \Longleftrightarrow Fe^{2+}(aq) + H_2S(aq)$$

起始浓度/(mol·L^{-1})　　　　0.30　　　　0.010　　　　0.10

$$J = \frac{\{c(Fe^{2+})\} \cdot \{c(H_2S)\}}{\{c(H^+)\}^2} = \frac{0.010 \times 0.10}{0.30^2} = 0.011$$

由于 $K_{spa}^{\ominus}(FeS) = 600$，所以 $J < K_{spa}^{\ominus}$，没有 FeS 沉淀生成。

金属硫化物在酸中的溶解度有较大的差异：

（1）$K_{spa}^{\ominus}$ 较大的硫化物，例如 MnS，在稀 HCl 中甚至酸性更弱的 HAc 中即可溶解。只有在氨碱性溶液中加入 H_2S 饱和溶液才能生成 MnS 沉淀。

（2）FeS 和 β-ZnS 等硫化物的 $K_{spa}^{\ominus} > 10^{-2}$，它们在 0.30mol·L^{-1} 的稀 HCl 中即可溶解；CdS 和 PbS 在稀 HCl 中不能溶解，在浓 HCl 中可发生酸溶解和配位溶解。利用 β-ZnS 和 CdS 溶解性的差别，控制溶液中 $c(H_3O^+) = 0.30$mol·L^{-1}，能够使 CdS 沉淀，而 Zn^{2+} 仍留在溶液中。

（3）CuS 和 Ag_2S 在浓 HCl 中不溶，在 HNO_3 中能够发生氧化还原溶解：

$$3CuS(s) + 2NO_3^-(aq) + 8H^+(aq) \longrightarrow 3Cu^{2+}(aq) + 2NO(g) + 3S(s) + 4H_2O(l)$$

（4）HgS 是 $K_{spa}^{\ominus}$ 非常小的硫化物，在 HCl、HNO_3 中都不溶解，但在王水[$V(HCl):V(HNO_3) = 3:1$ 的混合溶液]中能够发生配位溶解和氧化还原溶解：

$$3HgS(s) + 2NO_3^-(aq) + 12Cl^-(aq) + 8H^+(aq) \longrightarrow$$
$$3[HgCl_4]^{2-}(aq) + 3S(s) + 2NO(g) + 4H_2O(l)$$

【人物传记】

侯德榜

侯德榜（1890—1974 年），名启荣，字致本，著名科学家，杰出化学家，"侯氏制碱法"的提出者，中国重化学工业的开拓者，近代化学工业的奠基人之一，世界制碱业的权威，他为祖国的化工事业奋斗终生。

1890 年，侯德榜出生于福建闽侯县凤尾坡村。1903—1906 年，侯德榜就读于福州英华学院。1907 年，他因成绩优异被保送到上海闽皖铁路学堂，1910 年毕业后，在当时正施工的津浦路上谋到了一份工作。1911 年，侯德榜弃职并考入北平清华留美预备学堂。1913 年，被保送进入美国麻省理工学院化工科学习。1917 年获学士学位，1918 年获制革化学师文凭，同年进入哥伦比亚大学研究院研究制革，1919 年获硕士学位，1921 年获博士学位。他的博士论文《铁盐鞣革》(*Iron Tannage*) 在《美国制革化学师协会会刊》(*The Journal of the American Lether Chemists Association*) 上被特予连载[1921(16):63，139，202，229]，全文发表，成为制革界至今广为引用的经典文献之一。

侯德榜在化工技术上有三大突出贡献：①揭开了索尔维(Solvay)制碱法的秘密，并将其公布于世；②创立了中国人自己的制碱工艺——侯氏制碱法；③为小化肥工业的发展作出了巨大贡献。

侯德榜勤奋好学,在工作之余,还抽时间著书立说。1933 年,他编写的《纯碱制造》一书被列入美国化学会丛书出版。这部化工巨著第一次彻底公开了索尔维制碱法的秘密,被世界各国化工界公认为制碱工业的权威专著,相继被译成多种文字出版,对世界制碱工业的发展起到了重要的推动作用。美国的威尔逊教授称这本书是"中国化学家对世界文明所作的重大贡献"。他在晚年还编著了《制碱工业》一书,在该书中他详细总结了从事制碱工业 40 余年的经验,在科学水平上较《纯碱制造》一书有较大提高。该书将侯氏制碱法系统地奉献给读者,在国内外学术界引起了强烈的反响。

侯德榜因为世界化学工业事业所作的杰出贡献而受到各国人民的尊敬和爱戴,英国皇家学会聘他为名誉会员,美国化学工程师学会和美国机械工程师学会也先后聘他为荣誉会员。

侯德榜是一位杰出的科学家,犹如一块坚硬的基石,与范旭东、陈调甫等实业家、化学家一起,托起了中国现代化学工业的大厦。

1974 年 8 月 26 日,世界著名科学家,一代化工巨人——侯德榜先生与世长辞,终年84 岁。

【延伸阅读】

沉淀与生命科学

沉淀是指在液体环境中,由于发生了化学反应或者受到一定的物理作用,生成的不溶于溶液的物质。严格来说,没有一种物质是完全不溶于液体中的,所有的沉淀都存在溶解平衡,称为沉淀-溶解平衡,且一般情况下是多种离子之间的平衡,所以又被称为多相离子平衡。

沉淀又与生命活动密不可分,美丽的贝壳,动物的骨骼,还有各种结石都是沉淀在生命科学中的身影。在生命科学领域,沉淀又被称为生物矿化,其定义为:生物体通过生物大分子的调控生成无机矿物的过程。在一定的条件下,在生物体特定的部位,在一定的生物有机物质的控制下,溶液中的粒子就会转变为固相的矿物质。参与这一过程的有生物大分子、生物体代谢、细胞和有机基质。

生物矿化分为两种情况:第一种是细胞代谢物直接与细胞内、外离子结合生成矿物质,例如某些藻类的细胞间文石;第二种是代谢物在细胞干预下生成生物矿物,如牙齿、骨骼中羟基磷灰石的形成等。

以肾结石为例。肾结石又称为原发性结石,是泌尿科常见病症。其成因十分复杂,至今没有成熟的理论解释其成因,普遍认为遗传、代谢和生活方式或饮食习惯等相互影响,使肾脏受损形成结石。相关工作者在结石中发现一种尺寸很小的细菌,被称为纳米细菌,它的直径为 $50 \sim 500nm$,为普通细菌的百分之一。纳米细菌具有较强的矿化能力,在 pH 为 7.4,生理性钙磷浓度的条件下能形成羟磷灰石碳酸盐结晶,从而形成坚硬的矿化外壳。人们认为纳米细菌的磷酸钙外壳能够成为晶核,使结石在其周围沉积。于是有人认为纳米细菌的生物矿化作用,形成磷酸钙结石的核心,最后逐渐发展为肾结石。

目前为止,人们已发现天然生物矿物70多种,利用生物矿化原理人工合成的各种材料不计其数,对于生物矿化和病理矿化的研究已经达到了原子水平。在多年来生物矿化研究的基础上,相关工作者已提取到与矿化相关的蛋白质,并努力在基因中寻找其中的关联。

习 题 6

6-1 什么是溶度积常数?什么是溶度积规则?如何利用溶度积规则判断沉淀的生成与溶解?

6-2 Try to write the precipitation-dissolution equilibrium reaction equations and give an expression of the solubility product constants for the following insoluble compounds.

(1) CaC_2O_4　　　　(2) Li_2CO_3

(3) $Al(OH)_3$　　　　(4) Ag_3PO_4

(5) PbI_2　　　　(6) Bi_2S_3

6-3 已知25℃时 PbI_2 在纯水中的溶解度为 $1.28 \times 10^{-3} mol \cdot L^{-1}$,求 PbI_2 的溶度积;已知25℃时 $BaCrO_4$ 在纯水中的溶解度为 $1.10 \times 10^{-5} mol \cdot L^{-1}$,求 $BaCrO_4$ 的溶度积。

6-4 $AgIO_3$ 和 Ag_2CrO_4 的溶度积分别为 3.1×10^{-8} 和 1.1×10^{-12},通过计算说明:

(1) 哪种物质在水中的溶解度更大?

(2) 哪种物质在 $0.010 mol \cdot L^{-1}$ 的 $AgNO_3$ 溶液中的溶解度更大?

6-5 If an equal volume of $4.0 \times 10^{-3} mol \cdot L^{-1}$ $AgNO_3$ solution and $4.0 \times 10^{-3} mol \cdot L^{-1}$ K_2CrO_4 solution are mixed together, will there be any precipitation of Ag_2CrO_4 or not?

6-6 25℃时,已知反应 $AgCl(s) \Longrightarrow Ag^+(aq) + Cl^-(aq)$ 的 $\Delta_r G_m^\ominus = 55.7 kJ \cdot mol^{-1}$,求 $AgCl$ 的溶度积。

6-7 $Cu(OH)_2$ 在水中存在如下沉淀-溶解平衡

$$Cu(OH)_2(s) \Longrightarrow Cu^{2+}(aq) + 2OH^-(aq)$$

在常温下,$K_{sp} = 2.0 \times 10^{-20} mol^3 \cdot L^{-3}$。某 $CuSO_4$ 溶液中的 Cu^{2+} 浓度为 $0.02 mol \cdot L^{-1}$,在常温下如果要生成 $Cu(OH)_2$ 沉淀,溶液的pH要控制在什么范围?

6-8 试讨论盐效应与同离子效应对难溶电解质的溶解度的影响。

6-9 某溶液中含有 Ag^+、Pb^{2+}、Ba^{2+} 和 Sr^{2+},各离子浓度均为 $0.10 mol \cdot L^{-1}$。向其中逐滴滴加稀 K_2CrO_4 溶液,忽略溶液的体积变化,试比较上述各离子的铬酸盐开始沉淀的顺序。

6-10 某溶液含有 Fe^{3+} 和 Fe^{2+},其浓度均为 $0.050 mol \cdot L^{-1}$,要求 $Fe(OH)_3$ 完全沉淀而不生成 $Fe(OH)_2$ 沉淀,需将pH控制在什么范围?

6-11 向 $0.05 mol \cdot L^{-1}$ Sr^{2+} 和 $0.10 mol \cdot L^{-1}$ Ca^{2+} 的混合溶液中滴加 Na_2CO_3 溶液,忽略溶液的体积变化,哪种离子先沉淀?当第二种离子开始沉淀时,溶液中剩余第一种离子的百分数为多少?

6-12 Please try to explain whether 0.0010 mol CuS can be dissolved in 1L hydrochloric acid solution or not based on corresponding calculation.

6-13 已知反应 $Cr(OH)_3(s) + OH^-(aq) \Longrightarrow [Cr(OH)_4]^-(aq)$ 的标准平衡常数 $K^\ominus = 0.4$,若将 $0.10 mol$ $Cr(OH)_3$ 刚好溶解在 1L NaOH 溶液中,那么 NaOH 溶液的初始浓度至少

为多少?

6-14 用 Na_2CO_3 溶液处理 AgI,使之转化为 Ag_2CO_3,转化进行到底的条件是什么? 根据计算结果预测转化反应能否进行到底。

6-15 如果用 $Ca(OH)_2$ 溶液来处理 $MgCO_3$ 沉淀,使之转化为 $Mg(OH)_2$ 沉淀,那么该反应的标准平衡常数是多少? 欲在 1.0L $Ca(OH)_2$ 溶液中溶解 0.0045mol $MgCO_3$, $Ca(OH)_2$ 的初始浓度至少应为多少?

(王凤燕)

第7章 氧化还原反应

根据研究目的的不同,化学反应有不同的分类方法:根据其反应机理,化学反应可分为基元反应(简单反应)和非基元反应(复杂反应);根据其反应程度,可分为可逆反应和不可逆反应;根据其反应特征,可分为酸碱反应、沉淀反应、分解反应、取代反应等。但是如果从反应物之间是否有电子转移或者氧化数的改变这个角度,则可将化学反应分为两类,即非氧化还原反应(non-redox reaction)和氧化还原反应(redox reaction)。氧化还原反应发生电子的转移或偏移,与电化学有着密切的联系。通过氧化还原反应可实现电能与化学能的相互转变,因此氧化还原反应在材料的电解合成、化学电源等领域有重要的应用。

本章首先介绍氧化还原反应的基础知识,在此基础上讨论电极电势和电池电动势的产生及其影响因素,用电极电势和电池电动势判断氧化还原反应进行的方向和限度。

7.1　氧化还原反应的基本概念

7.1.1　氧化还原反应的概念

氧化还原反应是指在反应过程中伴随着电子的转移或偏移的反应。在氧化还原反应中,得到电子的物质叫**氧化剂**(oxidizer),失去电子的物质叫**还原剂**(deoxidizer 或 reducer)。氧化剂得到电子被**还原**,而还原剂失去电子被**氧化**,氧化剂与还原剂得失电子数目相等。氧化还原反应一般可看作由两个半反应构成,这两个半反应分别是氧化半反应和还原半反应,二者同时存在于同一氧化还原反应中。以单质锌置换硫酸铜的反应为例

$$Zn(s) + Cu^{2+}(aq) \Longleftrightarrow Zn^{2+}(aq) + Cu(s)$$

该反应可以看作由锌的氧化和铜的还原两个半反应构成

$$Zn(s) - 2e^- \Longleftrightarrow Zn^{2+}(aq)$$
$$Cu^{2+}(aq) + 2e^- \Longleftrightarrow Cu(s)$$

其中,Zn 是还原剂,Cu^{2+} 是氧化剂。Zn 失去电子被氧化成 Zn^{2+},Cu^{2+} 得到电子被还原成 Cu。Zn^{2+} 和 Cu 分别被称为氧化产物和还原产物。每一个半反应中的氧化型物质和还原型物质成对出现,称为**氧化还原电对**(redox electric couple),表示为氧化型/还原型,如锌电对是 Zn^{2+}/Zn,铜电对是 Cu^{2+}/Cu。

7.1.2 氧化数

氧化数(oxidation number) 又称氧化值,它是人们为了描述在氧化还原反应中元素的原子被氧化的程度而提出的,在一定程度上标志着元素在化合物中的化合状态。1970 年,国际纯粹和应用化学联合会(IUPAC)在《无机化学命名法》中,严格定义了氧化数的概念,即氧化数是指某元素一个原子的荷电数。所谓荷电数是人为指定的,通过把每一个化学键的电子指定给电负性更大的原子而求得。对于以共价键结合的多原子分子或离子,原子间共用电子对靠近电负性大的原子,偏离电负性小的原子。因此,靠近电子对的原子带负电荷,远离电子对的原子带正电荷。

确定氧化数的规则如下:

(1)单质中元素的氧化数为零。

(2)H 在大多数化合物中的氧化数为 +1,在活泼金属的氢化物(如 KH、CaH_2 等)中,氧化数为 −1。

(3)在化合物中,氧原子的氧化数一般为 −2,但在过氧化物(如 Na_2O_2、H_2O_2)中氧的氧化数为 −1,在超氧化物中氧的氧化数为 −1/2。

(4)分子中各原子氧化数的代数和为零。

(5)由单原子构成的离子中,离子所带电荷数等于其氧化数。复杂离子的电荷数等于其中各原子氧化数的代数和。

(6)在任何化合物中,氟原子的氧化数为 −1。

(7)碱金属在化合物中的氧化数一般为 +1,碱土金属一般为 +2。

由上述规则可以计算各种化合物中原子的氧化数。

例如,SiO_2 中的 Si 的氧化数为 +4,PO_4^{3-} 离子中 P 的氧化数为 +5,$KMnO_4$ 中 Mn 的氧化数为 +7。写氧化数时应写在该原子的元素符号的正上方,正、负号写于数值之前,如 $\overset{+4}{C}O_2$、$Na_2\overset{+2}{S}_2\overset{-2}{O}_3$。写离子的电荷时,应将电荷数写在该离子符号的右上方,正、负号写于数值之后,如 Si^{4+}、Cr^{7+} 等,书写时应特别注意区别。

根据氧化数的概念,氧化还原反应可以看作是某些元素原子的氧化数发生改变的反应。氧化是指氧化数升高的过程,还原是指氧化数降低的过程。氧化与还原反应总是同时发生。如果反应物中某原子氧化数升高,该反应物称为还原剂,反之则将该反应物称为氧化剂。

7.2 氧化还原反应方程式的配平(离子-电子法)

氧化还原反应体系一般较为复杂,除氧化剂和还原剂外,还有介质的参与,普通观察法常常难以配平。氧化还原反应常用的配平法有氧化数法和离子-电子法。本书只介绍后一种方法。

离子-电子法是根据物料守恒和电荷守恒原则进行配平的。其原则是:氧化剂获得电子的总数等于还原剂失去电子的总数。

配平氧化还原反应方程式的步骤是：

（1）根据实验事实写出相应的离子方程式（注意对于气体、纯液体、固体和弱电解质，则写分子式）。

（2）根据氧化还原电对，将离子方程式拆分成氧化半反应和还原半反应。

（3）根据物料守恒，使半反应式两边各原子的数目相等。若反应式两侧 O 原子数目不等，可通过添加 H_2O、H^+、OH^- 来配平，但要注意反应的酸碱性条件。若反应在酸性介质中进行，则在多 n 个 O 的一边加 $2n$ 个 H^+，另一边加 n 个 H_2O。若在碱性介质中反应，则在多 n 个 O 的一边加 n 个 H_2O，另一边加 $2n$ 个 OH^-。

（4）根据电荷守恒，在半反应式的一边配以适当数量的电子，使反应式两边电荷总量相等。

（5）配平方程式。根据氧化剂和还原剂得失电子数相等的原则，两个半反应分别乘以得失电子数目的最小公倍数，然后合并并消去电子，得到配平的氧化还原反应的离子方程式。

离子-电子法的特点是不需要计算元素的氧化值，但此法仅适用于水溶液中进行的反应，而且要特别注意有含氧酸根参与的半反应在不同介质中的配平方法存在差异。

【例 7-1】 请配平在酸性介质中 $KClO_3$ 和 $FeSO_4$ 反应生成 $Fe_2(SO_4)_3$ 和 KCl 的方程式。

解:（1）先写出反应的离子方程式

$$ClO_3^-(aq) + Fe^{2+}(aq) \longrightarrow Fe^{3+}(aq) + Cl^-(aq)$$

（2）分成两个半反应

$$氧化反应 \quad Fe^{2+} \longrightarrow Fe^{3+}$$

$$还原反应 \quad ClO_3^- \longrightarrow Cl^-$$

（3）配平半反应

$$Fe^{2+} - e^- \Longrightarrow Fe^{3+}$$

在半反应 $ClO_3^- \longrightarrow Cl^-$ 中，ClO_3^- 有 3 个 O，H^+ 数为 6，则

$$ClO_3^- + 6H^+ + 6e^- \Longrightarrow Cl^- + 3H_2O$$

（4）合并半反应并配平电荷数

$$6Fe^{2+} - 6e^- \Longrightarrow 6Fe^{3+}$$

$$ClO_3^- + 6H^+ + 6e^- \Longrightarrow Cl^- + 3H_2O$$

得到配平的离子方程式

$$ClO_3^-(aq) + 6H^+(aq) + 6Fe^{2+}(aq) \Longrightarrow 6Fe^{3+}(aq) + Cl^-(aq) + 3H_2O(l)$$

因此，在 H_2SO_4 介质中，分子方程式为

$$KClO_3 + 3H_2SO_4 + 6FeSO_4 \Longrightarrow 3Fe_2(SO_4)_3 + KCl + 3H_2O$$

【例 7-2】 配平碱性介质中的反应 $Cr(OH)_4^-(aq) + ClO^-(aq) \longrightarrow Cl^-(aq) + CrO_4^{2-}(aq)$。

解:（1）先写出反应的离子方程式

$$Cr(OH)_4^-(aq) + ClO^-(aq) \longrightarrow Cl^-(aq) + CrO_4^{2-}(aq)$$

（2）分成两个半反应

$$氧化反应: Cr(OH)_4^- \longrightarrow CrO_4^{2-}$$

$$还原反应: \quad ClO^- \longrightarrow Cl^-$$

（3）配平半反应

在碱性介质中用 OH^- 离子和 H_2O 来配平，O 少的一边加 OH^-，O 多的一边加 H_2O。

$$Cr(OH)_4^- + 4OH^- - 3e^- \Longrightarrow CrO_4^{2-} + 4H_2O$$

$$ClO^- + H_2O + 2e^- \Longrightarrow Cl^- + 2OH^-$$

（4）合并半反应并配平电荷数

$$2Cr(OH)_4^- + 8OH^- - 6e^- \Longrightarrow 2CrO_4^{2-} + 8H_2O$$

$$3ClO^- + 3H_2O + 6e^- \Longrightarrow 3Cl^- + 6OH^-$$

得到配平的离子方程式

$$2Cr(OH)_4^-(aq) + 2OH^-(aq) + 3ClO^-(aq) \Longrightarrow 2CrO_4^{2-}(aq) + 5H_2O(l) + 3Cl^-(aq)$$

7.3 原电池及其电动势

7.3.1 原电池

原电池(primary cell)是利用氧化还原反应，将化学能转变为电能的装置。铜锌原电池是最早发明的原电池，称 Daniell 电池。

1）铜锌原电池

如果将一块锌片浸入硫酸铜溶液中，会观察到红色的金属铜不断沉积在锌片上，同时锌片因溶解而变薄。这一过程实际发生了氧化还原反应，锌原子失去电子被氧化并将电子转移给铜离子，铜离子得到电子被还原。反应方程式如下

$$Zn(s) + Cu^{2+}(aq) \Longrightarrow Zn^{2+}(aq) + Cu(s)$$

该反应的 $\Delta_r G_m^\ominus(298.15K) = -212.55kJ \cdot mol^{-1}$，$\Delta_r H_m(298.15K) = -218.66kJ \cdot mol^{-1}$，为正向自发反应，有热量放出，由于反应在同一溶液中进行，故无电流产生，化学能转变成为热能。

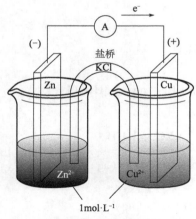

图 7-1 铜锌原电池示意图

1863 年，英国化学家丹尼尔(J. F. Daniell)根据上述反应装置组装了一个原电池(图 7-1)。在盛有 $ZnSO_4$ 溶液的烧杯中插入锌片，在盛有 $CuSO_4$ 溶液的烧杯中插入铜片，两个烧杯之间用盐桥连通。通常盐桥是在倒置的 U 形管中充满用饱和 KCl 溶液浸泡的琼脂。在锌片和铜片之间用导线串联一个检流计，可以看到检流计指针发生偏转，表明有电流通过，根据检流计指针偏转方向可以判定电子流动的方向是从负极锌片流向正极铜片，则电流的方向是由正极铜片流向负极锌片。另外，在铜片上有金属铜沉积，锌片逐渐溶解。放入盐桥，检流计指针发生偏转；取出盐桥，指针不偏转。表明盐桥有沟通回路的作用。

2）原电池的组成

从以上铜锌原电池的例子可以看出，原电池是将化学能转化成电能的装置。它由以下

几部分构成：

（1）电极：以铜锌原电池为例，由两个电极构成，又称两个"半电池"。电池左侧为 $ZnSO_4$ 溶液，其中插入锌片，构成锌电极，表达式为 Zn^{2+}/Zn；右侧为 $CuSO_4$ 溶液，其中插入铜片，构成铜电极，表达式为 Cu^{2+}/Cu。发生氧化反应的电极称为负极，发生还原反应的电极称为正极。铜锌电池电路接通时，在正、负极上分别发生如下反应

正极 $\qquad\qquad\qquad\qquad Cu^{2+}(aq) + 2e^- \Longrightarrow Cu(s)$

负极 $\qquad\qquad\qquad\qquad Zn(s) - 2e^- \Longrightarrow Zn^{2+}(aq)$

因为上述反应发生于电极上，故称为**电极反应**（electrode reaction）或**半电池反应**。半电池反应可统一表示为：氧化型 $+ ne^- \Longrightarrow$ 还原型。

铜锌原电池中发生的总反应称为**电池反应**。铜锌原电池的电池反应式为

$$Zn(s) + Cu^{2+}(aq) \Longrightarrow Zn^{2+}(aq) + Cu(s)$$

（2）盐桥：用来连接两极的 U 形导通管，内盛由饱和 KCl 溶液与琼脂制成的凝胶，能导通两极间的电流、阻隔两极电解质间的接触。

（3）外电路：用导线将电流表、小电珠、电键等串联后接入两极，形成闭合回路。

3）原电池的工作原理

原电池的工作原理是使氧化还原反应的氧化反应、还原反应分别在两极上进行，还原剂在负极被氧化，失去的电子通过导线传递给正极，氧化剂在正极被还原，得到电子，从而实现化学能到电能的转化。溶液中的电流通路是靠离子迁移完成的。以铜锌原电池为例，Zn 失去电子形成 Zn^{2+} 进入 $ZnSO_4$ 溶液，因 Zn^{2+} 增多而使得 $ZnSO_4$ 溶液带过剩的正电荷。同时由于 Cu^{2+} 变为 Cu，使得 $CuSO_4$ 溶液中 SO_4^{2-} 相对较多而带过剩的负电荷。溶液不能保持电中性，将阻止放电作用继续进行。由于盐桥中阴离子 Cl^- 可以向 $ZnSO_4$ 溶液扩散和迁移，阳离子 K^+ 则向 $CuSO_4$ 溶液扩散和迁移，分别中和过剩的电荷，使溶液保持电中性，因而放电作用不间断进行，直到锌片全部溶解或者 $CuSO_4$ 溶液中的 Cu^{2+} 几乎完全沉淀出来。

4）原电池的符号

原电池的组成可以用电池组成式（电池符号）表示。铜锌原电池的电池符号为

$$(-)Zn(s) | ZnSO_4(c_1) \parallel CuSO_4(c_2) | Cu(s)(+)$$

书写原电池符号的方法如下：

（1）负极写在左，正极写在右，符号（ - ）、（ + ）也可以不写，用双竖线"$\parallel$"表示盐桥。

（2）用单竖线"|"表示不同相物质间的界面，同一相中不同物质间用逗号","隔开。溶液的浓度（或活度）、气体的压力也应标明。

（3）电池符号中，电极板写在外边，纯气体、纯液体和固体物质紧靠电极板。

理论上，借助于任何自发氧化还原反应都可以构成原电池。如果电池反应物中没有可用作电极导体的，可以使用铂或者石墨等只起导电作用，不参与氧化还原反应的导体作为电极，这类电极也叫作惰性电极。

【例7-3】 根据反应 $Cu(s) + 2Fe^{3+}(aq) \Longrightarrow Cu^{2+}(aq) + 2Fe^{2+}(aq)$ 写出原电池的符号及电极反应。

解：此原电池的电极反应为

负极 $\qquad Cu(s) - 2e^- \Longrightarrow Cu^{2+}(aq)$

正极 $\qquad 2Fe^{3+}(aq) + 2e^- \Longrightarrow 2Fe^{2+}(aq)$

电极反应 $\qquad Cu(s) + 2Fe^{3+}(aq) \Longrightarrow Cu^{2+}(aq) + 2Fe^{2+}(aq)$

电池的符号为 $(-)Cu(s)|Cu^{2+}(c_1) \parallel Fe^{3+}(c_2), Fe^{2+}(c_3)|Pt(s)(+)$

因为电池反应物中正极没有可作电极导体的,故需加入惰性电极铂作为导体。

7.3.2 电极电势

1)电极电势的产生

接通铜锌原电池,可以检测到电流从 Cu 片经外电路流向 Zn 片,即 Cu 电极的电极电势高于 Zn 电极的电极电势。为何不同电极具有不同的电势? 电极电势又是怎样产生的? 1889 年能斯特(W. H. Nernst)用双电层理论对此作了说明。

在 Zn 与 $ZnSO_4$ 溶液组成的半电池中,由于受溶液中水分子的作用,Zn 原子将失去电子变为水合锌离子进入溶液。同时,溶液中的水合锌离子也可以从电极上获得电子沉积于电极上,于是在电极与溶液间存在如下平衡

$$Zn(s) - 2e^- \Longrightarrow Zn^{2+}(aq)$$

由于 Zn 活泼,易失去电子而进入溶液,Zn 电极上将有过剩的电子,而溶液中将有过剩的正电荷。带有负电的电极将吸引溶液中过剩的正电荷,在电极表面形成双电层,产生电极电势[如图 7-2(a)所示,即金属溶解趋势大于沉积趋势,平衡时金属带负电]。

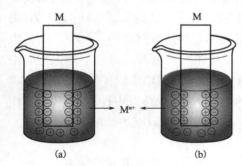

图 7-2　电极电势的产生

(a)Zn^{2+}/Zn;(b)Cu^{2+}/Cu

在 Cu 与 $CuSO_4$ 溶液组成的半电池中,也存在类似的过程。不过由于 Cu 的活泼性较差,失去电子变为水合铜离子进入溶液的倾向较小,而溶液中的水合铜离子则较易于从电极上获得电子沉积于电极上。结果在电极与溶液的界面上也会产生双电层,不过电极一侧带正电,而溶液一侧带负电[如图 7-2(b)所示,即金属溶解趋势小于沉积趋势,平衡时金属带正电]。

双电层电势差的存在将阻止金属原子继续进入溶液,或阻止金属的水合离子继续在电极上沉积,电极与溶液间可很快达到溶解-沉积平衡。当两个半电池用导线和盐桥连接起来时,这种平衡状态就被破坏。锌片上过剩的电子就会从外电路流向正电荷过剩的铜片,产生电流,同时伴有 Zn^{2+} 的不断溶解和 Cu 的不断沉积。因此,在电极表面与溶液之间就产生了电势差,称为**电极电势**(electrode potential),用 E 表示(有的教科书上用 φ 表示)。电极电势 E 的大小与金属的活泼性有关,也与溶液中金属离子的浓度以及温度等因素有关。

两电极间的电势差是产生电流的根源。当电路中电流趋近零时,两个电极间电势差值最大,称为电池的**电动势**(electromotive force),用符号 E_{MF} 表示。正、负电极的电极电势分别用符号 $E_{(+)}$ 和 $E_{(-)}$ 表示。电池电动势为正、负电极的电极电势之差,即

$$E_{MF} = E_{(+)} - E_{(-)} \tag{7-1}$$

原电池的电动势为正值。用电位计可测定原电池中两个电极的电势之差,即电池的电动势,

并能确定正极和负极,但不能确定某一电极电势的绝对数值。

在铜锌原电池中,电子由锌片经导线流向铜片。锌片为负极,铜片为正极。

2)标准氢电极和甘汞电极

要测量一个电极的电极电势的绝对数值是不可能的,因为任何完整的电路必须包含有两个电极。要测量电极电势就需要选取一个电极作为基准,又称为参比电极。IUPAC 选定**标准氢电极**(standard hydrogen electrode,SHE)作为电极电势的比较标准,以确定各种电极的相对电极电势。

标准氢电极的组成如图 7-3 所示。用覆盖铂黑的铂片作为电极,铂黑由颗粒细小的铂粉构成,它对 H_2 的吸附能力很强。将其浸入含有 H^+ 的酸溶液中,并持续通入 H_2,保持 H_2 的压力为 100kPa,H^+ 的浓度(严格地说应当是活度)为 $1mol \cdot L^{-1}$。当铂黑表面的 H_2 饱和时,电极就与溶液间达到平衡

$$2H^+(1mol \cdot L^{-1}) + 2e^- \rightleftharpoons H_2(100kPa)$$

这时,电极与溶液界面上产生的电势差,就是标准氢电极的电极电势。IUPAC 规定,在 298.15K 时,标准氢电极的电极电势为零,即 $E^{\ominus}(H^+/H_2) = 0$。

标准氢电极虽然稳定,但操作麻烦,所以普通实验室常用重现性好、比较稳定的**甘汞电极**(图 7-4)作为比较标准。甘汞电极是由金属汞和 Hg_2Cl_2 及 KCl 溶液组成的电极。电极反应式为

$$Hg_2Cl_2(s) + 2e^- \rightleftharpoons 2Hg(l) + 2Cl^-(aq)$$

此电极的电势只与其内部 Cl^- 浓度有关,经常使用的是 KCl 饱和溶液,所以又称**饱和甘汞电极**(saturated calomel electrode,SCE),298.15K 时饱和甘汞电极的电极电势为 0.241 2V。

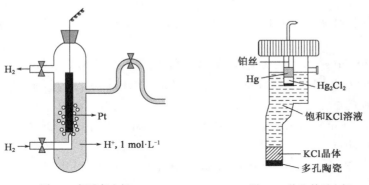

图 7-3 标准氢电极   图 7-4 饱和甘汞电极

3)标准电极电势和标准电动势

(1)标准电极电势

电极反应中,各物质均处于标准状态时产生的电极电势称为标准电极电势,用 $E^{\ominus}$(氧化型/还原型)表示。标准电极电势可以通过实验测得。根据 IUPAC 的建议,将待测电极作为正极,标准氢电极作为负极,组成原电池。

$$(-)Pt|H_2(100kPa)|H^+(1mol \cdot L^{-1}) \parallel M^{n+}(1mol \cdot L^{-1})|M(+)$$

此时,用数字电压表或电位差计测得的电动势就是该电极的标准电极电势。

例如,标准氢电极与铜电极组成原电池,当 Cu^{2+} 浓度为 $1mol \cdot L^{-1}$ 时,测得电池电动势

$E_{MF} = 0.3394V$，铜电极为正极，氢电极为负极。因此铜电极的标准电极电势为 $0.3394V$，即 $E^{\ominus}(Cu^{2+}/Cu) = 0.3394V$。其他电极的标准电极电势也可用类似方法测定得到。298.15K 时各电对的标准电极电势见附录 D。使用标准电极电势表应注意以下几点：

①标准电极电势是在标准状态下的水溶液中测定的，对非水溶液或高温下的固相反应不适用。

②标准电极电势的数值和符号，不因电极反应的书写方式而改变。

例如，不管电极反应是按 $Cu^{2+}(aq) + 2e^- \Longrightarrow Cu(s)$ 还是按 $Cu(s) \Longrightarrow Cu^{2+}(aq) + 2e^-$ 进行，$E^{\ominus}(Cu^{2+}/Cu) = 0.3394V$ 不变。

③电极的标准电极电势是强度性质，与物质的量无关。

例如，反应 $Br_2(l) + 2e^- \Longrightarrow 2Br^-(aq)$ 和 $1/2Br_2(l) + e^- \Longrightarrow Br^-(aq)$，其标准电极电势相等，都是 $E^{\ominus}(Br_2/Br^-) = 1.0774V$。

④部分标准电极电势数值与反应体系的酸碱性有关。

例如：MnO_4^- 在酸性、中性和碱性条件下的标准电极电势各不相同。在碱性条件下 $E^{\ominus}(MnO_4^-/MnO_2) = 0.5965V$，酸性条件下 $E^{\ominus}(MnO_4^-/MnO_2) = 1.700V$。

（2）标准电动势

原电池的电动势与系统组成有关。当电池中各物种均处于各自的标准状态时，测得的电动势称为标准电动势，以 $E_{MF}^{\ominus}$ 表示。298.15K 时各种电对的标准电极电势数据可以从附录 D 查到，利用这些数据可以计算任意两个电对组成的原电池的标准电动势。电极电势大的电对为正极，电极电势小的电对为负极，二者的标准电极电势之差等于标准电动势，即

$$E_{MF}^{\ominus} = E_{(+)}^{\ominus} - E_{(-)}^{\ominus} \tag{7-2}$$

【例7-4】 当铜锌原电池中 $c(Zn^{2+}) = c(Cu^{2+}) = 1.0mol \cdot L^{-1}$ 时，通过查表计算该电池的标准电动势。

解：$Zn(s)$ 和 $Cu(s)$ 均为纯物质，在标准状态下，组成标准铜锌原电池

$$Zn(s) | Zn^{2+}(1.0mol \cdot L^{-1}) \| Cu^{2+}(1.0mol \cdot L^{-1}) | Cu(s)$$

正极的电极反应

$$Cu^{2+}(aq) + 2e^- \Longrightarrow Cu(s) \quad E^{\ominus}(Cu^{2+}/Cu) = 0.3394V$$

负极的电极反应

$$Zn(s) - 2e^- \Longrightarrow Zn^{2+}(aq) \quad E^{\ominus}(Zn^{2+}/Zn) = -0.7621V$$

电池反应

$$Zn(s) + Cu^{2+}(aq) \Longrightarrow Zn^{2+}(aq) + Cu(s)$$

$$E_{MF}^{\ominus} = E^{\ominus}(Cu^{2+}/Cu) - E^{\ominus}(Zn^{2+}/Zn) = 0.3394V - (-0.7621V) = 1.1015V$$

7.3.3 电动势及其与 Gibbs 自由能变的关系

当原电池放电电流无限小时，可近似地看作可逆电池。在可逆电池中，反应自发进行，产生电流，做电功。根据物理学原理，电流所做电功等于电路中通过的电荷量与电势差的乘积，即

$$电功 = 电荷量 \times 电势差$$

可逆电池所做的最大电功为

$$W_{max} = -zFE_{MF} \tag{7-3}$$

式中,z 为配平的电池反应方程式中得失的电子数;F 为法拉第常数,指 $1mol$ 电子所带电量,其数值为 $96\,485C \cdot mol^{-1}$。

热力学研究表明,在等温等压下,系统的 Gibbs 自由能变等于非体积功,即

$$\Delta_r G_m = W_{max} \tag{7-4}$$

因此,可得

$$\Delta_r G_m = -zFE_{MF} \tag{7-5}$$

即可逆电池中系统的 Gibbs 自由能变等于系统所做的最大电功。

如果可逆电池反应是在标准状态下进行,则有

$$\Delta_r G_m^{\ominus} = -zFE_{MF}^{\ominus} \tag{7-6}$$

因此,可以由电池反应的 Gibbs 自由能变计算电池电动势,或通过测定原电池电动势求电池反应的 Gibbs 自由能变。

例如,对于原电池反应 $Zn(s) + Cu^{2+}(aq) \rightleftharpoons Zn^{2+}(aq) + Cu(s)$,如果电池反应处于标准态,则该反应的 $\Delta_r G_m^{\ominus} = -2F[E^{\ominus}(Cu^{2+}/Cu) - E^{\ominus}(Zn^{2+}/Zn)]$。

7.4 影响电极电势的因素——Nernst 方程

附录 D 标准电极电势表中的数据是在 $298.15K$ 时和标准状态下测得的,用这些数据只能计算 $298.15K$ 时的标准电池电动势。氧化还原反应大都在非标准状态下进行,当温度、浓度(或压力)改变时,电对的电极电势会随之变化,电池电动势也会随之而变。

7.4.1 电池反应的 Nernst 方程

在第 2 章化学热力学基础部分曾介绍过化学反应等温方程式

$$\Delta_r G_m(T) = \Delta_r G_m^{\ominus}(T) + RT\ln J$$

将式(7-5)和式(7-6)代入上式,得

$$-zFE_{MF}(T) = -zFE_{MF}^{\ominus}(T) + RT\ln J \tag{7-7}$$

等式两边同除以 $-zF$,得

$$E_{MF}(T) = E_{MF}^{\ominus}(T) - \frac{RT}{zF}\ln J \tag{7-8}$$

式中,$E_{MF}(T)$ 和 $E_{MF}^{\ominus}(T)$ 分别为温度为 T 时电池的电动势和标准电动势,z 为配平的电池反应方程式中的得失电子数,F 为法拉第常数,J 为电池反应的反应商。该方程最早由德国化学家能斯特(W. H. Nernst)提出,叫作 **Nernst 方程**,是电化学的基本方程。由 Nernst 方程可以看出温度 T、反应商 J 中的浓度 c 或气体压力 p 对电动势的影响。需要特别指出的是,$E_{MF}^{\ominus}(T)$ 也随温度的变化而改变。

通常由化学手册查得的标准电极电势都是 $298.15K$ 时的数据。将 $T = 298.15K$,$R = 8.314J \cdot mol^{-1} \cdot K^{-1}$,$F = 96\,485C \cdot mol^{-1}$ 代入式(7-8),得

$$E_{MF}(298.15K) = E_{MF}^{\ominus}(298.15K) - \frac{0.025\ 7V}{z}\ln J \tag{7-9}$$

如果以常用对数表示,则

$$E_{MF}(298.15K) = E_{MF}^{\ominus}(298.15K) - \frac{0.059\ 2V}{z}\lg J \tag{7-10}$$

利用该方程可以计算 298.15K 时电池反应的非标准电动势。

需要注意的是,方程中的反应商 J 与电池反应有关,方程式的化学计量数不同,J 值不同,利用 Nernst 方程计算出的反应的电池电动势也就不同,即电池反应的 Nernst 方程要与电池反应相对应。

此外还应注意,若 H^+ 或 OH^- 参与电池反应,则 H^+ 或 OH^- 的浓度也应写入反应商的表达式中。例如反应

$$2MnO_4^-(aq) + 16H^+(aq) + 10Cl^-(aq) \Longrightarrow 2\ Mn^{2+}(aq) + 5Cl_2(g) + 8H_2O(l)$$

在 298.15K 时,其原电池的电动势的 Nernst 方程式为

$$E_{MF} = E_{MF}^{\ominus} - \frac{0.059\ 2V}{10}\lg\frac{\{c(Mn^{2+})\}^2 \cdot [p(Cl_2)/p^{\ominus}]^5}{\{c(MnO_4^-)\}^2 \cdot \{c(H^+)\}^{16} \cdot \{c(Cl^-)\}^{10}}$$

式中,$p(Cl_2)$ 为 Cl_2 的分压;c 为各物质的浓度。电池的标准电动势可由附录 D 查出的相关电对的标准电极电势根据式(7-2)计算得到。查得酸性条件下 $E^{\ominus}(MnO_4^-/Mn^{2+}) = 1.512V$,$E^{\ominus}(Cl_2/Cl^-) = 1.360V$,则

$$E_{MF}^{\ominus} = E^{\ominus}(MnO_4^-/Mn^{2+}) - E^{\ominus}(Cl_2/Cl^-) = 1.512V - 1.360V = 0.152V$$

7.4.2　电极反应的 Nernst 方程

由电池电动势的 Nernst 方程可以推导出电极电势的 Nernst 方程。例如,在 298.15K 时,铜锌电池中

$$Zn(s) + Cu^{2+}(aq) \Longrightarrow Zn^{2+}(aq) + Cu(s)$$

$$E_{MF} = E(Cu^{2+}/Cu) - E(Zn^{2+}/Zn) = E_{MF}^{\ominus} - \frac{0.059\ 2V}{2}\lg\frac{\{c(Zn^{2+})\}}{\{c(Cu^{2+})\}}$$

$$= E^{\ominus}(Cu^{2+}/Cu) - E^{\ominus}(Zn^{2+}/Zn) - \frac{0.059\ 2V}{2}\lg\frac{\{c(Zn^{2+})\}}{\{c(Cu^{2+})\}}$$

$$= \left[E^{\ominus}(Cu^{2+}/Cu) + \frac{0.059\ 2V}{2}\lg\{c(Cu^{2+})\}\right] - \left[E^{\ominus}(Zn^{2+}/Zn) + \frac{0.059\ 2V}{2}\lg\{c(Zn^{2+})\}\right]$$

分别考虑正极和负极

正极 $\qquad E(Cu^{2+}/Cu) = E^{\ominus}(Cu^{2+}/Cu) + \frac{0.059\ 2V}{2}\lg\{c(Cu^{2+})\}$

负极 $\qquad E(Zn^{2+}/Zn) = E^{\ominus}(Zn^{2+}/Zn) + \frac{0.059\ 2V}{2}\lg\{c(Zn^{2+})\}$

因此,对于电极反应

$$a\mathrm{Ox} + z\mathrm{e}^- \rightleftharpoons b\mathrm{Red}$$

其电极电势可以通过 Nernst 方程计算:

$$E(\mathrm{Ox/Red}) = E^{\ominus}(\mathrm{Ox/Red}) + \frac{RT}{zF}\ln\frac{\{c(\mathrm{Ox})\}^a}{\{c(\mathrm{Red})\}^b} \tag{7-11}$$

当温度为 298.15K 时,将各常数代入式(7-11),则 Nernst 方程可改写为

$$E(\mathrm{Ox/Red}) = E^{\ominus}(\mathrm{Ox/Red}) + \frac{0.059\,2\mathrm{V}}{z}\lg\frac{\{c(\mathrm{Ox})\}^a}{\{c(\mathrm{Red})\}^b} \tag{7-12}$$

应用 Nernst 方程时应注意:纯固体、纯液体及水(非水溶剂中需要写入方程,参见 4.2.2 节)不写入方程式;若电极反应中的介质(如 H^+ 和 OH^-)也参与反应,其浓度也要写在方程式中。

【例 7-5】　写出下列电极反应在 298.15K 时对应的 Nernst 方程。

(1) $\mathrm{MnO_4^-(aq)} + 8\mathrm{H}^+(\mathrm{aq}) + 5\mathrm{e}^- \rightleftharpoons \mathrm{Mn}^{2+}(\mathrm{aq}) + 4\mathrm{H_2O(l)}$

(2) $\mathrm{Ag}^+(\mathrm{aq}) + \mathrm{e}^- \rightleftharpoons \mathrm{Ag(s)}$

解:根据式(7-12)可得

(1) $E(\mathrm{MnO_4^-/Mn^{2+}}) = E^{\ominus}(\mathrm{MnO_4^-/Mn^{2+}}) + \dfrac{0.059\,2\mathrm{V}}{5}\lg\dfrac{\{c(\mathrm{MnO_4^-})\}\cdot\{c(\mathrm{H}^+)\}^8}{\{c(\mathrm{Mn}^{2+})\}}$

(2) $E(\mathrm{Ag^+/Ag}) = E^{\ominus}(\mathrm{Ag^+/Ag}) + 0.059\,2\mathrm{V}\lg\{c(\mathrm{Ag}^+)\}$

7.4.3　影响电极电势的因素

1)浓度(或分压)对电极电势的影响

由 Nernst 方程可以看出,电极电势的值取决于电对的标准电极电势,同时还取决于温度、电子转移数以及氧化态和还原态的浓度(或分压)等因素。增加氧化态的浓度(或分压)或减小还原态的浓度(或分压),电对平衡将向右移动,电极电势增高;增加还原态的浓度(或分压)或减小氧化态的浓度(或分压),电对平衡将向左移动,电极电势降低。

【例 7-6】　计算 298.15K 时,$\mathrm{Fe}^{3+}(0.01\,\mathrm{mol}\cdot\mathrm{L}^{-1})$,$\mathrm{Fe}^{2+}(1\,\mathrm{mol}\cdot\mathrm{L}^{-1})$|Pt 的电极电势。

解:查附录 D 可知,$E^{\ominus}(\mathrm{Fe^{3+}/Fe^{2+}}) = 0.769\mathrm{V}$,则

$$E(\mathrm{Fe^{3+}/Fe^{2+}}) = E^{\ominus}(\mathrm{Fe^{3+}/Fe^{2+}}) + 0.059\,2\mathrm{V}\,\lg\frac{\{c(\mathrm{Fe}^{3+})\}}{\{c(\mathrm{Fe}^{2+})\}}$$

$$= 0.769\mathrm{V} + 0.059\,2\mathrm{V}\,\lg\frac{0.01}{1} = 0.650\,6\mathrm{V}$$

可见,当氧化态物质 Fe^{3+} 的浓度由 $1\,\mathrm{mol}\cdot\mathrm{L}^{-1}$ 减小到 $0.01\,\mathrm{mol}\cdot\mathrm{L}^{-1}$ 时,其电极电势由 $0.769\mathrm{V}$ 减小到 $0.650\,6\mathrm{V}$。

2)酸度对电极电势的影响

对于有 H^+ 或 OH^- 等介质参与的电极反应,电对的电极电势除了受氧化态和还原态物质的浓度(或分压)影响外,还与溶液的酸度有关。

【**例 7-7**】 计算在 pH =5 时电极反应

$$Cr_2O_7^{2-}(aq) + 14H^+(aq) + 6e^- \Longrightarrow 2Cr^{3+}(aq) + 7H_2O(l)$$

的电极电势(其他条件为标准状态)。

解:查附录 D 可知,在酸性条件下 $E^{\ominus}(Cr_2O_7^{2-}/Cr^{3+}) = 1.33V$,则

$$E(Cr_2O_7^{2-}/Cr^{3+}) = E^{\ominus}(Cr_2O_7^{2-}/Cr^{3+}) + \frac{0.0592V}{6}lg\frac{\{c(Cr_2O_7^{2-})\} \cdot \{c(H^+)\}^{14}}{\{c(Cr^{3+})\}^2}$$

$$= 1.33V + \frac{0.0592V}{6}lg(10^{-5})^{14} = 0.639V$$

结果表明,溶液 pH 越大,电极电势降低得越多,$Cr_2O_7^{2-}$ 的氧化性越弱;反之,溶液 pH 越小,电极电势越大,$Cr_2O_7^{2-}$ 的氧化性越强。

3)沉淀的生成对电极电势的影响

有些电极反应中的离子由于生成难溶电解质沉淀,也会大大降低溶液中相应离子的浓度,导致电极电势发生显著改变。

【**例 7-8**】 已知 298.15K 时,$E^{\ominus}(Ag^+/Ag) = 0.7991V$,$K_{sp}^{\ominus}(AgCl) = 1.8 \times 10^{-10}$,向 Ag^+ 和 Ag 组成的半电池中加入 Cl^-,生成 AgCl 沉淀,并使 $c(Cl^-) = 1mol \cdot L^{-1}$,计算 $E(Ag^+/Ag)$ 和 $E^{\ominus}(AgCl/Ag)$。

解:由于系统中生成 AgCl 沉淀,所以存在以下沉淀-溶解平衡

$$AgCl(s) \Longrightarrow Ag^+(aq) + Cl^-(aq)$$

$$K_{sp}^{\ominus}(AgCl) = \{c(Ag^+)\} \cdot \{c(Cl^-)\} = 1.8 \times 10^{-10}$$

当 $c(Cl^-) = 1.0mol \cdot L^{-1}$ 时,

$$c(Ag^+) = \frac{K_{sp}^{\ominus}(AgCl)}{\{c(Cl^-)\}} \cdot c^{\ominus} = 1.8 \times 10^{-10}mol \cdot L^{-1}$$

对于电极反应

$$Ag^+(aq) + e^- \Longrightarrow Ag(s)$$

$$E(Ag^+/Ag) = E^{\ominus}(Ag^+/Ag) + 0.0592V \, lg\{c(Ag^+)\}$$

$$= 0.7991V + 0.0592V \, lg(1.8 \times 10^{-10}) = 0.2222V$$

该系统中 $c(Ag^+)$ 很小,实际上的电极反应为

$$AgCl(s) + e^- \Longrightarrow Ag(s) + Cl^-(aq)$$

当 $c(Cl^-) = 1mol \cdot L^{-1}$ 时,此电极反应处于标准状态,测得的电极电势即为 AgCl/Ag 电对的标准电极电势,所以

$$E^{\ominus}(AgCl/Ag) = 0.2222V$$

由此可见,由于生成 AgCl 沉淀,氧化型 Ag^+ 的浓度显著降低,导致电极电势明显减小。

相反,如果电对中的还原型离子生成沉淀,电极电势将会增大。例如,$E^{\ominus}(Cu^{2+}/CuI) > E^{\ominus}(Cu^{2+}/Cu^+)$。

如果电对中的氧化型离子和还原型离子都生成沉淀,电极电势的变化将取决于两种沉淀溶度积的相对大小。若 $K_{sp}^{\ominus}(氧化型) < K_{sp}^{\ominus}(还原型)$,则电极电势减小。例如,

$K_{sp}^{\ominus}[\text{Fe}(\text{OH})_3] < K_{sp}^{\ominus}[\text{Fe}(\text{OH})_2]$，因而 $E^{\ominus}(\text{Fe}^{3+}/\text{Fe}^{2+}) > E^{\ominus}[\text{Fe}(\text{OH})_3/\text{Fe}(\text{OH})_2]$。

7.5　电极电势的应用

7.5.1　判断氧化剂和还原剂的相对强弱

根据附录 D 中标准电极电势数值的大小可以比较氧化还原电对中氧化态和还原态物质氧化还原能力的相对强弱。附录 D 中给出的电极反应都是还原反应，相应的 $E^{\ominus}$ 的数值都是标准还原电极电势。这种半电池反应常写作

$$\text{氧化型} + ze^- \rightleftharpoons \text{还原型}$$

$E^{\ominus}$ 愈高，氧化还原电对中氧化型物质的得电子能力愈强，是较强的氧化剂，其还原型是较弱的还原剂；$E^{\ominus}$ 愈低，电对中还原型物质失电子能力愈强，是较强的还原剂，其氧化型是较弱的氧化剂。由附录 D 可以看出，排在最前面的电对 Li^+/Li 的标准电极电势最小，因此 Li 是最强的还原剂。排在最后面的电对 F_2/HF 标准电极电势最大，因此 F_2 是最强的氧化剂。对于较强氧化剂，其电对中对应的还原型物质的还原能力较弱；对于较强还原剂，其电对中对应的氧化型物质的氧化能力较弱。如 $\text{MnO}_4^-/\text{Mn}^{2+}$ 和 $\text{Cr}_2\text{O}_7^{2-}/\text{Cr}^{3+}$ 相比，由于 $E^{\ominus}(\text{MnO}_4^-/\text{Mn}^{2+}) = 1.512\text{V}$，$E^{\ominus}(\text{Cr}_2\text{O}_7^{2-}/\text{Cr}^{3+}) = 1.33\text{V}$，因此 MnO_4^- 的氧化能力比 $\text{Cr}_2\text{O}_7^{2-}$ 强，而 Mn^{2+} 的还原能力弱于 Cr^{3+}。

【例 7-9】　比较在水溶液中 Zn^{2+}、Cu^{2+}、Ag^+ 和 F_2 的氧化能力。

解：查附录 D 可知

$$E^{\ominus}(\text{Zn}^{2+}/\text{Zn}) = -0.762\ 1\text{V}$$
$$E^{\ominus}(\text{Cu}^{2+}/\text{Cu}) = 0.339\ 4\text{V}$$
$$E^{\ominus}(\text{Ag}^+/\text{Ag}) = 0.799\ 1\text{V}$$
$$E^{\ominus}(\text{F}_2/\text{F}^-) = 2.889\text{V}$$

根据 $E^{\ominus}$ 的大小，可判断氧化能力的大小为

$$\text{F}_2 > \text{Ag}^+ > \text{Cu}^{2+} > \text{Zn}^{2+}$$

同样也可判断还原能力的大小

$$\text{Zn} > \text{Cu} > \text{Ag} > \text{F}^-$$

7.5.2　判断氧化还原反应进行的方向

通过热力学的学习，我们了解到化学反应正向自发进行的条件是 $\Delta_r G_m < 0$。对于氧化还原反应，有 $\Delta_r G_m = -zFE_{MF}$，因此可以将 E_{MF} 作为氧化还原反应自发进行方向的判据。

当 $E_{MF} > 0$ 时，正向反应自发进行。

当 $E_{MF} = 0$ 时，反应处于平衡状态。

当 $E_{MF} < 0$ 时，正向反应不能自发进行，逆向反应可自发进行。

任何自发进行的氧化还原反应，原则上都可组成一个原电池。氧化还原反应的电池电

动势等于氧化剂电对(原电池的正极)的电极电势与还原剂电对(原电池的负极)的电极电势之差,根据电池的电动势 $E_{MF} = E_{(+)} - E_{(-)}$,即可判断氧化还原反应进行的方向。

自发进行的氧化还原反应总是得电子能力强的氧化剂与失电子能力强的还原剂之间的反应,即

$$强还原剂(1) + 强氧化剂(2) \longrightarrow 弱氧化剂(1) + 弱还原剂(2)$$

【例7-10】 在标准状态下,判断反应 $2Fe^{3+}(aq) + 2Br^-(aq) \rightleftharpoons 2Fe^{2+}(aq) + Br_2(1)$ 能否正向自发进行。

解: 查附录 D 可知

$$E^{\ominus}(Fe^{3+}/Fe^{2+}) = 0.769V$$

$$E^{\ominus}(Br_2/Br^-) = 1.077\,4V$$

$$E^{\ominus}_{MF} = E^{\ominus}(Fe^{3+}/Fe^{2+}) - E^{\ominus}(Br_2/Br^-) = 0.769V - 1.077\,4V = -0.308\,4V$$

由于 $E^{\ominus}_{MF} < 0$,因此在标准状态下,正向反应不能自发进行,但逆向反应可自发进行。

实际上多数氧化还原反应是在非标准状态下进行的。判断非标准状态下自发反应进行的方向,需要用电池电动势的 Nernst 方程式求出电池的电动势 E_{MF},根据其正负判断反应自发进行的方向。

【例7-11】 在 $0.5mol \cdot L^{-1}$ H_2SO_4 溶液中,MnO_4^- 能否将 Br^- 氧化为 Br_2?在 $pH = 5$ 的介质中能氧化吗?(假设其他物质处于标准态)

解: 正极反应 $\quad MnO_4^-(aq) + 8H^+(aq) + 5e^- \rightleftharpoons Mn^{2+}(aq) + 4H_2O(1)$

负极反应 $\quad\quad\quad\quad\quad 2Br^-(aq) - 2e^- \rightleftharpoons Br_2(1)$

查附录 D 可知 $E^{\ominus}(MnO_4^-/Mn^{2+}) = 1.512V$,$E^{\ominus}(Br_2/Br^-) = 1.077\,4V$。

(1)在 $0.5mol \cdot L^{-1}$ H_2SO_4 溶液中,$c(H^+) = 1mol \cdot L^{-1}$,此时电池反应处于标准状态

$$E^{\ominus}_{MF} = E^{\ominus}(MnO_4^-/Mn^{2+}) - E^{\ominus}(Br_2/Br^-) = 1.512V - 1.077\,4V = 0.434\,6V$$

由于 $E^{\ominus}_{MF} > 0$,因此在标准状态下,正向反应可自发进行。

(2)在 $pH = 5$ 的介质中,$c(H^+) = 10^{-5}mol \cdot L^{-1}$,因此

$$E(MnO_4^-/Mn^{2+}) = E^{\ominus}(MnO_4^-/Mn^{2+}) + \frac{0.059\,2V}{5}\lg\frac{\{c(MnO_4^-)\} \cdot \{c(H^+)\}^8}{\{c(Mn^{2+})\}}$$

$$= 1.512V + \frac{0.059\,2V}{5}\lg(10^{-5})^8 = 1.038\,4V$$

$$E_{MF} = E(MnO_4^-/Mn^{2+}) - E^{\ominus}(Br_2/Br^-) = 1.038\,4V - 1.077\,4V = -0.039\,0V$$

由于 $E_{MF} < 0$,因此正向反应不能自发进行,逆向反应可自发进行。

从电池电动势的 Nernst 方程可看出,由于反应商需取对数再乘以 $0.059\,2/z$,因此浓度的改变对电池电动势的影响较小,在反应商改变不大的情况下,电池电动势的符号主要由 $E^{\ominus}_{MF}$ 决定。

一般来说,在非标准状态下,仍可用电池的标准电动势估计氧化还原反应进行的方向。

当 $E^{\ominus}_{MF} > 0.2V$ 时,正向反应自发进行。

当 $E^{\ominus}_{MF} < -0.2V$ 时,正向反应不能自发进行,逆向反应可自发进行。

当 $-0.2V < E_{MF}^{\ominus} < 0.2V$ 时，不可忽略浓度对电动势的影响，要根据 Nernst 方程计算电池电动势 E_{MF}，并根据其符号判断反应自发进行的方向。

7.5.3　判断氧化还原反应进行的限度

氧化还原反应进行的限度(或称程度)的理论标志是平衡常数 K，K 越大，正向反应进行的程度就越大；K 越小，正向反应进行的程度就越小，而逆向反应进行的程度就越大。

当电池反应达到平衡时，$E_{MF} = 0$，两个半电池电对的电极电势相等。在 298.15K 时，根据电池电动势的 Nernst 方程(式 7-10)，有

$$E_{MF} = E_{MF}^{\ominus} - \frac{0.059\,2\,V}{z}\lg J$$

当达到平衡时，反应商 J 等于标准平衡常数 $K^{\ominus}$，即

$$E_{MF}^{\ominus} - \frac{0.059\,2\,V}{z}\lg K^{\ominus} = 0$$

$$\lg K^{\ominus} = \frac{zE_{MF}^{\ominus}}{0.059\,2\,V} \tag{7-13}$$

根据标准电动势 $E_{MF}^{\ominus}$，可以计算出在 298.15K 时氧化还原反应的标准平衡常数 $K^{\ominus}$。在其他温度 T 时，

$$\lg K^{\ominus}(T) = \frac{zFE_{MF}^{\ominus}(T)}{2.303RT} \tag{7-14}$$

应注意标准电动势 $E_{MF}^{\ominus}$ 是随着温度变化有所变化的，用 298.15K 时的 $E_{MF}^{\ominus}$ 计算其他温度时的平衡常数将有较大的误差。

对于某一氧化还原反应，加入沉淀剂、配体或改变溶液的 pH 均可引起电池电动势的改变。因此，通过测定电池电动势或利用标准电极电势表中的数值，可以计算出难溶电解质的溶度积 $K_{sp}^{\ominus}$、配离子的稳定常数 K_f 以及弱酸的解离常数 K_a 等重要数据。

【例 7-12】　根据电池的标准电动势，求反应 $Cu^{2+}(aq) + Cu(s) \Longrightarrow 2Cu^{+}(aq)$ 的 $K^{\ominus}$。

解： 根据反应设计电池如下：

$$(-)Cu|Cu^{+}(aq) \| Cu^{2+}(aq), Cu^{+}(aq)|Pt(+)$$

正极反应　　　　　　　　$Cu^{2+}(aq) + e^{-} \Longrightarrow Cu^{+}(aq)$

负极反应　　　　　　　　$Cu(s) - e^{-} \Longrightarrow Cu^{+}(aq)$

$$E_{MF}^{\ominus} = E^{\ominus}(Cu^{2+}/Cu^{+}) - E^{\ominus}(Cu^{+}/Cu) = 0.160\,7V - 0.518\,0V = -0.357\,3V$$

$$\lg K^{\ominus} = \frac{zE_{MF}^{\ominus}}{0.059\,2\,V} = \frac{1 \times (-0.357\,3V)}{0.059\,2\,V} = -6.036$$

$$K^{\ominus} = 9.20 \times 10^{-7}$$

【例 7-13】　已知 298.15K 时下列电极反应的 $E^{\ominus}$ 值

$$Ag^{+}(aq) + e^{-} \Longrightarrow Ag(s) \qquad\qquad E^{\ominus} = 0.799\,1V \tag{1}$$

$$AgBr(s) + e^{-} \Longrightarrow Ag(s) + Br^{-}(aq) \quad E^{\ominus} = 0.073\,17V \tag{2}$$

试求 298.15K 时 AgBr 的溶度积常数。

解：将这两个半反应组成一个原电池

$$Ag(s) \mid AgBr(s) \mid Br^-(1mol \cdot L^{-1}) \parallel Ag^+(1mol \cdot L^{-1}) \mid Ag(s)$$

(1) - (2)，得电池反应为

$$Ag^+(aq) + Br^-(aq) \Longleftrightarrow AgBr(s)$$

$$E_{MF}^{\ominus} = E^{\ominus}(Ag^+/Ag) - E^{\ominus}(AgBr/Ag) = 0.799\ 1V - 0.073\ 17V = 0.725\ 9V$$

$$\lg K^{\ominus} = \frac{zE_{MF}^{\ominus}}{0.059\ 2V} = \frac{1 \times 0.725\ 9V}{0.059\ 2V} = 12.26$$

$$K^{\ominus} = \frac{1}{K_{sp}^{\ominus}(AgBr)} = 1.82 \times 10^{12}$$

$$K_{sp}^{\ominus}(AgBr) = 5.49 \times 10^{-13}$$

上述两例中，电池反应中氧化剂和还原剂是根据 $E^{\ominus}$ 的高低确定的。$E^{\ominus}$ 高的电对，其氧化态为氧化剂；$E^{\ominus}$ 低的电对，其还原态为还原剂。电池反应式可以由相应的两电极反应式直接相减得到。

7.5.4 元素电势图

如果某元素能形成三种或三种以上氧化数的物质，他们之间可以组成多种不同的电对，则各电对的标准电极电势及其关系可以用图的形式表示出来。

按照元素氧化数由高到低自左向右排列，写出各物质的分子式或离子式，不同氧化数物质之间用直线连接起来，将电对的标准电极电势写在不同氧化态物质之间的连线上方。得到的这种图叫作**元素电势图**，又称 Latimer 图。例如 I 在酸性溶液和碱性溶液中的元素电势图分别表示如下：

$E_A^{\ominus}/V$

$$H_5IO_6 \xrightarrow{1.60} IO_3^- \xrightarrow{1.15} HIO \xrightarrow{1.431} I_2 \xrightarrow{0.534\ 5} I^-$$
$$\underset{1.209}{\underline{\qquad\qquad\qquad}}$$

$E_B^{\ominus}/V$

$$H_3IO_6^{2-} \xrightarrow{0.7} IO_3^- \xrightarrow{0.56} IO^- \xrightarrow{0.403} I_2 \xrightarrow{0.534\ 5} I^-$$
$$\underset{1.029}{\underline{\qquad\qquad\qquad}}$$

元素电势图可以清楚地表示出同种元素不同氧化态物质的氧化能力、还原能力的相对强弱。例如

$$Fe^{3+} \xrightarrow{0.769} Fe^{2+} \xrightarrow{-0.408\ 9} Fe$$

因 $0.769 > -0.408\ 9$，因此 Fe^{3+} 的氧化能力大于 Fe^{2+}，而 Fe 的还原能力大于 Fe^{2+}。又如

$$Cu^{2+} \xrightarrow{0.160\ 7} Cu^+ \xrightarrow{0.518\ 0} Cu$$

因 $0.518\ 0 > 0.160\ 7$，因此 Cu^+ 的氧化能力大于 Cu^{2+}，而 Cu 的还原能力小于 Cu^+。

通过元素电势图能够判断中间氧化数物质是否发生歧化。中间氧化数物质发生的自身氧化还原反应称为歧化反应。如果某物质左边的电位低于右边的电位，则该物质可歧化为与它相邻的物质。

例如,在酸性条件下 O 的元素电势图为

$$O_3 \xrightarrow{2.075} O_2 \xrightarrow{0.694\,5} H_2O_2 \xrightarrow{1.763} H_2O$$
$$\underbrace{\qquad\qquad\qquad}_{1.229}$$

在酸性溶液中,由于 $1.763 > 0.694\,5$,由 H_2O_2/H_2O 和 O_2/H_2O_2 组成的电池,其 $E_{MF}^{\ominus} > 0$,该歧化反应能自发进行,即在酸性溶液中 H_2O_2 不能稳定存在,会歧化为 H_2O 和 O_2。

根据元素电势图,若已知几个相邻电对的标准电极电势,可求算其他电对的标准电极电势。

假设某元素的电势图如下:

$$A \underset{z_1}{\xrightarrow{E_1^{\ominus}}} B \underset{z_2}{\xrightarrow{E_2^{\ominus}}} C$$
$$\underbrace{\qquad\qquad\qquad}_{z}^{E^{\ominus}}$$

相应的电极反应及 $\Delta_r G_m^{\ominus}$ 和 $E^{\ominus}$ 的关系:

①$A + z_1 e^- \Longrightarrow B \qquad \Delta_r G_m^{\ominus}(1) = -z_1 F E_1^{\ominus}$

②$B + z_2 e^- \Longrightarrow C \qquad \Delta_r G_m^{\ominus}(2) = -z_2 F E_2^{\ominus}$

则①$+$②,得

$$A + z e^- \Longrightarrow C \qquad \Delta_r G_m^{\ominus} = -z F E^{\ominus}$$

其中,z_1、z_2 和 z 分别为相应电对的转移电子数,$z = z_1 + z_2$,可得

$$\Delta_r G_m^{\ominus} = -z F E^{\ominus} = -(z_1 + z_2) F E^{\ominus}$$

由于

$$\Delta_r G_m^{\ominus} = \Delta_r G_m^{\ominus}(1) + \Delta_r G_m^{\ominus}(2)$$

可得

$$-(z_1 + z_2) F E^{\ominus} = -z_1 F E_1^{\ominus} - z_2 F E_2^{\ominus}$$

化简得

$$E^{\ominus} = \frac{z_1 E_1^{\ominus} + z_2 E_2^{\ominus}}{z_1 + z_2} \tag{7-15}$$

将其扩展到有 i 个相邻电对,则有

$$E^{\ominus} = \frac{z_1 E_1^{\ominus} + z_2 E_2^{\ominus} + \cdots + z_i E_i^{\ominus}}{z_1 + z_2 + \cdots + z_i} \tag{7-16}$$

【例 7-14】 氯在酸性溶液中的元素电势图如下

$$ClO_4^- \xrightarrow{1.226} ClO_3^- \xrightarrow{E_2^{\ominus}} HClO_2 \xrightarrow{E_1^{\ominus}} HClO \xrightarrow{1.630} Cl_2 \xrightarrow{1.360} Cl^-$$

(图中上方 1.584 连接 ClO_3^- 至 Cl_2,中间 1.458 连接 ClO_3^- 至 $HClO$,下方 $E_3^{\ominus}$ 连接 ClO_4^- 至 Cl_2)

试计算 $E_1^{\ominus}(HClO_2/HClO)$、$E_2^{\ominus}(ClO_3^-/HClO_2)$ 和 $E_3^{\ominus}(ClO_4^-/Cl_2)$ 分别是多少?

解:根据各电对间转移电子数和已知的标准电极电势,可得

$$E_1^\ominus(\mathrm{HClO_2/HClO}) = \frac{4 \cdot E^\ominus(\mathrm{HClO_2/Cl^-}) - 1 \cdot E^\ominus(\mathrm{HClO/Cl_2}) - 1 \cdot E^\ominus(\mathrm{Cl_2/Cl^-})}{2}$$

$$= \frac{4 \times 1.584\mathrm{V} - 1 \times 1.630\mathrm{V} - 1 \times 1.360\mathrm{V}}{2} = 1.673\mathrm{V}$$

$$E_2^\ominus(\mathrm{ClO_3^-/HClO_2}) = \frac{5 \cdot E^\ominus(\mathrm{ClO_3^-/Cl_2}) - 2 \cdot E^\ominus(\mathrm{HClO_2/HClO}) - 1 \cdot E^\ominus(\mathrm{HClO/Cl_2})}{2}$$

$$= \frac{5 \times 1.458\mathrm{V} - 2 \times 1.673\mathrm{V} - 1 \times 1.630\mathrm{V}}{2} = 1.157\mathrm{V}$$

$$E_3^\ominus(\mathrm{ClO_4^-/Cl_2}) = \frac{2 \cdot E^\ominus(\mathrm{ClO_4^-/ClO_3^-}) + 5 \cdot E^\ominus(\mathrm{ClO_3^-/Cl_2})}{7}$$

$$= \frac{2 \times 1.226\mathrm{V} + 5 \times 1.458\mathrm{V}}{7} = 1.392\mathrm{V}$$

【人物传记】

能斯特

瓦尔特·赫尔曼·能斯特(W. H. Nernst,1864—1941 年),德国卓越的物理学家、物理化学家和化学史家。热力学第三定律发现人,能斯特灯的创造者。他得出了电极电势与溶液浓度的关系式,即 Nernst 方程。著有《新热定律的理论与实验基础》等。1920 年因在热化学方面的卓越成就获得诺贝尔化学奖。

1883—1887 年,能斯特曾在苏黎世大学、柏林大学、格拉茨大学和维尔茨堡大学学习。1887 年获得博士学位,被著名的物理化学家奥斯特瓦尔德(F. W. Ostwald)邀请担任他的助教,这是能斯特由物理学转向化学研究的开始。1889 年能斯特作为一个 25 岁的青年在物理化学上崭露头角,他将热力学原理应用到了电池上,这是自伏打(A. Volta)在将近一个世纪以前发明电池以来,第一次有人对电池产生电势作出合理解释。1891 年能斯特被哥廷根大学聘为物理副教授。1893 年,能斯特出版了著名的理论化学教科书《理论化学》。1895 年,能斯特被提升为物理化学教授并担任系主任,成为当时德国除奥斯特瓦尔德以外的第二个物理化学教授。

能斯特的早期研究主要在物理化学领域,并对物理化学作出了很大的贡献。1889 年,他提出了溶解压理论。能斯特通过应用热力学原理计算 1g 当量金属在等温条件下进入溶液的最大功,从而导出了电极电位公式,即"Nernst 公式"。同年提出了溶度积理论,以解释沉淀反应。他设计出用指示剂测定介电常数、离子水化度和酸碱度的方法。他发展了分解和接触电势、钯电极性状和神经刺激理论。但他最辉煌的成就是在化学热力学领域,1906 年能斯特发表了"热定理"或他自称的"热力学第三定律",认为在热力学温度为零时,处于完全平衡的每个物质的熵等于零,因而压强、体积及表面张力均与温度无关。1920 年因此获得诺贝尔化学奖。

【延伸阅读】

伏打电堆

1800 年 3 月 20 日,意大利教授伏打(A. Volta)发明了世界上第一个发电器——伏打电堆,也就是电池组,开创了电学发展的新时代。

1786 年,意大利物理学家、医生伽伐尼(L. Galvani)在实验室解剖青蛙,用刀尖触碰剥了皮的蛙腿上外露的神经时,发现蛙腿剧烈痉挛,并出现电火花。经过反复实验,他认为痉挛起因于动物体上本来就存在的电,他称其为“动物电”。五年后,他把自己长期从事蛙腿痉挛的研究成果发表。这个新奇发现,震惊了科学界。1799 年,伏打受到伽伐尼的影响,决定沿着“动物电”的思路研究下去。

伏打把一个金属锌环放在一个铜环上,用一块浸透盐水的纸或呢绒环压上,再放上锌环、铜环,如此重复下去,10 个、20 个、30 个叠成一个柱状,便产生了明显的电流。这就是后人所称的伏打电堆或伏打电池。柱子叠得越高,电流就越强。伏打通过实验创立了电位差理论,即不同的金属接触,表面就会出现异性电荷,也就是说有电压。他还提出了著名的伏打序列:铝、锌、锡、镉、锑、铋、汞、铁、铜、银、金、铂、钯。在这个序列中任何一种金属与后面的金属相接触时,总是前面的金属带正电,后面的金属带负电。只要有了电位差,即电压,就会产生电流。如此,人们对电的认识一下就超出了静电的领域。科学家阿拉果(D. F. J. Arago)在 1831 年写的某篇文章中这样称赞伏打电堆:“这种由不同金属中间用一些液体隔开而构成的电堆,就它所产生的奇异效果而言,乃是人类发明的最神奇的仪器。”

1800 年 3 月 20 日,伏打正式对外宣布:电荷就像水,在电线中流动,会由电压高的地方向电压低的地方流动,产生电流,即为电势差。

伏打电堆的发明,开启了科学界的电池研发之路。伏打电堆堪称人类的第一种电池。1836 年,英国科学家丹尼尔(J. F. Daniell)对伏打电堆进行改良,使用稀硫酸做电解液,解决了电池极化问题,制造出第一个不极化、能保持平衡电流的铜锌电池。这种电池能充电,可反复使用,被称为“蓄电池”。1887 年,英国人赫勒森(W. Hellesen)发明了最早的干电池,其电解液为糊状,不会溢漏,便于携带,因此获得了广泛应用。1890 年,“发明大王”爱迪生(T. A. Edison)发明了可充电的铁镍干电池,把电池的发明推向一个新阶段。

随着科学技术的发展,干电池已经发展成为一个大家族,到目前为止已经有 100 多种,比如锌-锰干电池、碱性锌-锰干电池、镁-锰干电池、锌-空气电池、锌-氧化汞电池、锌-氧化银电池、锂-锰电池等。这些干电池,其实就是改良版的伏打电堆:用氯化铵的糊状物代替当初的盐水,用石墨棒代替当初的铜板作为正极,而外壳仍然用锌皮作为电池的负极。

伏打电堆提供了产生稳定电流的电源——化学电源,它的强度的数量级比从静电起电机得到的电流大得多。人们从伏打电堆中获得稳定、持续的电流,使电学从对静电的研究进入对动电的研究。1820 年丹麦物理学家奥斯特(H. C. Oersted)发现了电流的磁效应,受此影响,1831 年英国物理学家法拉第(M. Faraday)发现了电磁感应现象并发明了发电机,使电磁学获得了突飞猛进的发展;发电机的出现标志着电气文明的开始,并导致第二次工业革命的出现,改变了人类社会的结构。从这方面讲,伏打电堆把电学推进了一个新的时代。

习 题 7

7-1 用离子-电子法配平下列电极反应

(1) $PbO_2 + Cl^- \longrightarrow Pb^{2+} + Cl_2$ (酸性介质)

(2) $Br_2 \longrightarrow BrO_3^- + Br^-$ (酸性介质)

(3) $HgS + 2NO_3^- + Cl^- \longrightarrow [HgCl_4]^{2-} + 2NO_2$ (酸性介质)

(4) $CuS + CN^- + OH^- \longrightarrow [Cu(CN)_4]^{3-} + NCO^- + S^{2-}$ (碱性介质)

(5) $K_2Cr_2O_7 + H_2S + H_2SO_4 \longrightarrow K_2SO_4 + Cr_2(SO_4)_3 + S + H_2O$

(6) $MnO_4^- + H_2O_2 \longrightarrow O_2 + Mn^{2+}$ (酸性介质)

(7) $Zn + NO_3^- + OH^- \longrightarrow NH_3 + [Zn(OH)_4]^{2-}$

(8) $[Cr(OH)_4]^- + H_2O_2 \longrightarrow CrO_4^{2-}$

(9) $Hg + NO_3^- + H^+ \longrightarrow Hg_2^{2+} + NO$

7-2 现有下列物质：$KMnO_4$、$K_2Cr_2O_7$、$CuCl_2$、$FeCl_3$、I_2、Br_2、Cl_2 和 F_2。它们在一定条件下都能作为氧化剂，试根据附录 D 的标准电极电势表，将这些物质按氧化能力的大小排序。

7-3 将下列反应设计成原电池，并用标准电极电势判断标准状态下电池的正极和负极，写出正极和负极的电极反应，计算电池的电动势，并写出电池符号。

(1) $Zn(s) + 2Ag^+(aq) \longrightarrow Zn^{2+}(aq) + 2Ag(s)$

(2) $2Fe^{3+}(aq) + Fe(s) \longrightarrow 3Fe^{2+}(aq)$

(3) $Zn(s) + 2H^+(aq) \longrightarrow Zn^{2+}(aq) + H_2(g)$

(4) $H_2(g) + Cl_2(g) \longrightarrow 2H^+(aq) + Cl^-(aq)$

(5) $IO_3^-(aq) + 5I^-(aq) + 6H^+(aq) \longrightarrow 3I_2(s) + 3H_2O(l)$

7-4 氧化还原滴定的指示剂在滴定终点时因与滴定操作溶液发生氧化还原反应而变色。为选择用重铬酸钾滴定亚铁溶液的指示剂，请计算出达到滴定终点 $[c(Fe^{2+}) = 10^{-5} mol \cdot L^{-1}$，$c(Fe^{3+}) = 10^{-2} mol \cdot L^{-1}]$ 时 $Fe^{3+}(aq) + e^- \rightleftharpoons Fe^{2+}(aq)$ 的电极电势，并由此估算指示剂的标准电极电势。

7-5 查相应数据，用 Nernst 方程计算来说明，$Fe(s) + Cu^{2+}(aq) \rightleftharpoons Fe^{2+}(aq) + Cu(s)$ 的逆反应能否进行。

7-6 请通过标准电极电势说明，在标准状态下，二氧化锰和盐酸反应能否得到氯气。若改用浓盐酸，用 Nernst 方程计算可否反应，并计算能与二氧化锰反应得到氯气的盐酸在热力学理论上的最低浓度。

7-7 Please calculate the standard electrode potential of half reaction $2HAc(aq) + 2e^- \rightleftharpoons H_2(g) + 2Ac^-(aq)$ using $E^{\ominus}(H^+/H_2)$ and $K_a^{\ominus}$ of HAc.

7-8 利用 $E^{\ominus}(Cu^{2+}/Cu)$ 和 $E^{\ominus}([Cu(NH_3)_4]^{2+}/Cu)$ 计算配位反应

$$Cu^{2+}(aq) + 4NH_3(aq) \rightleftharpoons [Cu(NH_3)_4]^{2+}(aq)$$

的平衡常数，已知 $E^{\ominus}([Cu(NH_3)_4]^{2+}/Cu) = -0.065V$。

7-9 Please calculate $E^{\ominus}(AgCl/Ag)$ according to $E^{\ominus}(Ag^+/Ag)$ and $K_{sp}^{\ominus}(AgCl)$.

7-10 利用 $K_w^{\ominus}$(水的离子积)计算碱性溶液中的 $E^{\ominus}(H_2O/H_2)$。

7-11　Please calculate $\Delta_r G^{\ominus}_m$ for the following reactions from the corresponding $E^{\ominus}$ (Ox/ Red).

（1）$MnO_2(s) + 4H^+(aq) + 2Br^-(aq) \longrightarrow Mn^{2+}(aq) + 2H_2O(l) + Br_2(l)$

（2）$Br_2(l) + HNO_2(aq) + H_2O(l) \longrightarrow 2Br^-(aq) + NO_3^-(aq) + 3H^+(aq)$

（3）$I_2(s) + Sn^{2+}(aq) \longrightarrow 2I^-(aq) + Sn^{4+}(aq)$

（4）$NO_3^-(aq) + 3H^+(aq) + 2Fe^{2+}(aq) \longrightarrow 2Fe^{3+}(aq) + HNO_2(aq) + H_2O(l)$

（5）$Cl_2(g) + 2Br^-(aq) \longrightarrow Br_2(l) + 2Cl^-(aq)$

7-12　已知在 298.15K 时反应 $Fe^{3+}(aq) + Ag(s) \longrightarrow Fe^{2+}(aq) + Ag^+(aq)$ 的 $K^{\ominus} = 0.531$，$E^{\ominus}(Fe^{3+}/Fe^{2+}) = 0.769V$。计算 $E^{\ominus}(Ag^+/Ag)$。

7-13　对于 298.15K 时 Sn^{2+} 和 Pb^{2+} 与其金属粉末平衡的溶液，在低离子强度的溶液中 $c(Sn^{2+})/c(Pb^{2+}) = 2.98$，已知 $E^{\ominus}(Pb^{2+}/Pb) = -0.1266V$，求 $E^{\ominus}(Sn^{2+}/Sn)$。

7-14　由 $E^{\ominus}(Cu^{2+}/Cu)$ 和 $E^{\ominus}(Cu^+/Cu)$ 求算 $E^{\ominus}(Cu^{2+}/Cu^+)$。

7-15　请根据 $MnO_4^-(aq) + 4H^+(aq) + 3e^- \rightleftharpoons MnO_2(s) + 2H_2O(l)$ 和 $MnO_4^-(aq) + e^- \rightleftharpoons MnO_4^{2-}(aq)$ 的标准电极电势以及水的离子积，求 $MnO_4^{2-}(aq) + 2H_2O(l) + 2e^- \rightleftharpoons MnO_2(s) + 4OH^-(aq)$ 的标准电极电势。

（苟　蕾）

第8章 配位平衡

配位化合物(coordination compounds),简称配合物,过去也称为络合物(complex compounds),是一类组成复杂、种类繁多、用途广泛的化合物。这些化合物都是由一些独立且稳定存在的简单化合物进一步结合而成的。1798年法国化学家塔索尔特(B. M. Tassaert)在实验中发现,将钴盐置于氯化铵和氨水溶液中可以生成一种由两个简单化合物$CoCl_3$和NH_3构成的化学组成为$CoCl_3 \cdot 6NH_3$的新型化合物。但是由于当时对这类化合物成键本质的认识不足,故将这类新物质称为复杂化合物(complex compounds)。直到1891年,瑞士化学家维尔纳(A. Werner)提出了配位理论,奠定了配合物化学的基础,创立了配位学说,并在至今的100多年对无机化学和化学键理论的发展产生了深远的影响。之后,人们发现绝大多数无机化合物,包括盐类的水合晶体,都是以配合物的形式存在的。现在配合物已成为化学领域中一门独立的学科,研究领域也已渗透到有机化学、结构化学、生命科学等学科。本章先介绍配合物的基本概念,包括配合物的组成、命名以及分类,然后讨论配合物的稳定性和配位平衡。

8.1 配合物的基本概念

向硫酸铜溶液中滴加氨水,开始有蓝色沉淀,通过分析可知沉淀是碱式硫酸铜$Cu_2(OH)_2SO_4$。当氨水过量时,蓝色沉淀消失,变成深蓝色的溶液。往该深蓝色溶液中加入乙醇,立即有深蓝色晶体析出。通过化学分析确定其组成为$CuSO_4 \cdot 4NH_3 \cdot H_2O$。将该深蓝色晶体再溶于水,加入$NaOH$溶液,无蓝色沉淀析出,加入$BaCl_2$溶液,则有白色沉淀生成。溶液几乎无氨味。

加入$NaOH$溶液,无蓝色沉淀析出,可知溶液中无较高浓度的Cu^{2+};而加入$BaCl_2$溶液,有白色沉淀$BaSO_4$生成,说明溶液中SO_4^{2-}浓度较高。从化学式看Cu^{2+}和SO_4^{2-}的浓度应该是一样的,但固体和溶液又无氨味,那么Cu^{2+}和NH_3到哪儿去了呢?原来Cu^{2+}和NH_3以配位键形式结合生成了较复杂又较稳定的离子——铜氨配离子$[Cu(NH_3)_4]^{2+}$。

8.1.1 配合物的组成

配合物是由中心离子(或原子)和一定数目的阴离子(或中性分子)以配位键相结合而

形成的具有一定空间构型和稳定性的复杂化合物。与一般的简单化合物相比,配合物具有明显不同的结构和性质。

1)内界与外界

配合物由**内界**(方括号内部分)和**外界**(方括号外部分)组成。整个配合物呈电中性,所以,如果内界为正离子(如 $[Cu(NH_3)_4]^{2+}$),称为**配阳离子**,外界就是负离子(如 SO_4^{2-});如果内界为负离子(如 $[Fe(CN)_6]^{3-}$),称为**配阴离子**,外界就是正离子(如 Na^+)。内界与外界之间以离子键结合(参见图 8-1),在水溶液中的行为类似强电解质。如果内界本身为电中性(如 $[Ni(CO)_4]$),则无须外界,称为**配分子**。有些配合物的阴阳离子均是配离子,两部分为各自的内界,如 $[Cu(NH_3)_4][PtCl_4]$。

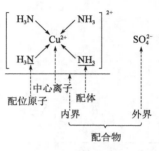

图 8-1 配合物的组成与结构

2)中心离子(或原子)

在配合物的内界,有一个带正电荷的离子或中性原子,位于配合物的中心位置,称为配合物的**中心离子**(central ion),也称为配合物的形成体,具有能够接受电子对的价层空轨道,它是 Lewis 酸。配合物的形成体通常是金属离子和原子,也有少数是非金属元素。如 $[Cu(NH_3)_4]^{2+}$ 的 Cu^{2+},$[HgI_4]^{2-}$ 的 Hg^{2+},$[Ni(CO)_4]$ 中的 Ni,$[Fe(CO)_5]$ 中的 Fe,$[SiF_6]^{2-}$ 中的 Si(IV),$[BF_4]^-$ 中的 B(III)等。在周期表中,s 区元素形成配合物的能力较弱,p 区元素稍强,而过渡元素形成配合物的能力最强。

3)配位原子和配体

能提供孤对电子,并与中心离子(或原子)形成配位键的原子称为**配位原子**(coordination atom)。常见的配位原子多为 C、O、S、N、F、Cl、Br、I 等原子。含有配位原子的中性分子或阴离子称为**配体**(ligand,或配位体),为 Lewis 碱。配体分为两大类:含有单个配位原子的配体为单齿配体,如 CN^-、NH_3、Cl^- 等,多为无机配体;含有两个或两个以上配位原子的配体为多齿配体,如乙二胺、草酸根等,多为有机配体。多齿配体与中心原子形成的配合物也称为螯合物(chelate)。表 8-1 和表 8-2 分别列出了常见的单齿配体和常见的多齿配体。

常见的单齿配体   表 8-1

配 位 原 子	单 齿 配 体
C	CO(羰基),CN^-(氰根)
N	NH_3(氨),NH_2^-(氨基),NO(亚硝酰基),NO_2^-(硝基),NCS^-(异硫氰酸根)
O	H_2O(水),OH^-(羟基),ONO^-(亚硝酸根)
S	SCN^-(硫氰酸根),$S_2O_3^{2-}$(硫代硫酸根)
X	F^-(氟),Cl^-(氯),Br^-(溴),I^-(碘)

常见的多齿配体   表 8-2

分 子 结 构	配位原子	名称	缩写
(草酸根结构式)	O	草酸根	$C_2O_4^{2-}$

分 子 结 构	配位原子	名称	缩写
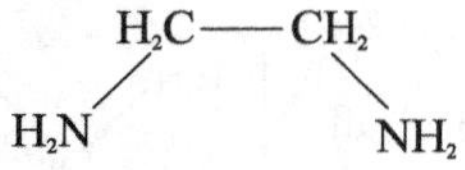	N	乙二胺	en
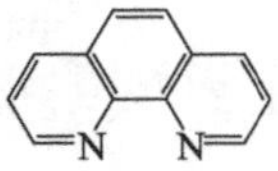	N	邻二氮菲	o-phen
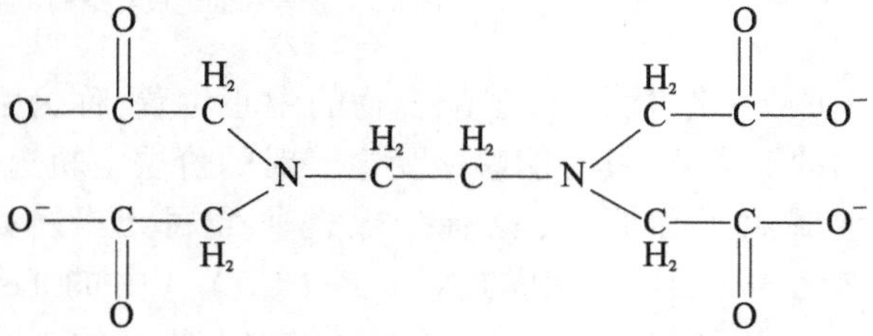	N,O	乙二胺四乙酸根	EDTA

中心离子(或原子)的价层空轨道接受配体的孤对电子时,为减少孤对电子间的斥力,配位原子将尽可能远离彼此。一个配位原子即使有多对孤对电子,也只有一对电子能与中心离子(或原子)形成配位键;若配体中有多个含孤对电子的原子可作为配位原子,且这两原子连接或间隔太小,如 CO(C 或 O 可作为配位原子)、SCN^-(S 或 N 可作为配位原子),由于空间效应,也只能有一个原子作为配位原子。由于电负性较小的原子给电子能力更强,因此常为配位原子,如 CO 和 CN^- 中均是 C 为配位原子。

4)配位数

在配合物中,直接与中心离子(或原子)成键的配位原子的数目称为**配位数**。由单齿配体形成的配合物,配位数等于配体的数目,如 $[Cu(NH_3)_4]^{2+}$ 中 Cu^{2+} 的配位数为 4。由多齿配体形成的配合物,配位数等于配位原子的个数。如 $[Cu(en)_2]^{2+}$ 中 Cu^{2+} 的配位数为 4,$[Ca(EDTA)]^{2-}$ 中 Ca^{2+} 的配位数为 6。中心离子(或原子)最常见的配位数是 2、4 和 6。

5)配离子的电荷

中心离子和配体电荷的代数和即为配离子的电荷,常根据配合物的外界离子电荷数来确定。例如,在 $[PtCl(NH_3)_3]Cl$ 中,外界只有一个 Cl^-,据此可知 $[PtCl(NH_3)_3]^+$ 的电荷数为 +1。

8.1.2　配合物的化学式与命名

书写配合物的化学式时应先写出形成体的元素符号,然后依次写出阴离子和/或中性分子配体,将整个配离子或配分子的化学式括在方括号"[ ]"中。命名配合物时,不同配体名称之间以圆点"·"分开,在最后一个配体名称之后缀以"合"字。在形成体元素名称之后圆括

号"( )"内用罗马数字表示其氧化数。具体命名规则如下:

(1)配位化合物的内外界命名顺序遵循无机化合物的命名原则。若为阳离子配合物,则称为"某化某"或"某酸某"。如$[Co(NH_3)_4Cl_2]Cl$为氯化某,$[Cu(NH_3)_4]SO_4$为硫酸某。若为阴离子配合物,外界和内界之间用"酸"字连接,若外界为"H",则在配阴离子后加"酸"字。如$K_3[Fe(CN)_6]$为某酸钾,$H_2[PtCl_4]$为某酸。

(2)配合物的内界命名。配合物的内界命名次序:配体数—配体名称—合—中心离子(中心离子氧化数,以罗马数字表示)。不同配体名称之间以圆点分开,相同配体个数用倍数词头二、三等表示。

配体的命名次序:先无机后有机,先阴离子后中性分子,先少后多。

①先无机,后有机。如先NH_3,后乙二胺(en)。

②先阴离子,后中性分子。如先Cl^-,后NH_3分子。

③同类配体按照配位原子元素符号的英文字母顺序命名。如先NH_3,后H_2O。

④同类配体、配位原子相同的,含较少原子的配体在前,含较多原子的配体在后。如先NH_3,后NH_2OH。

⑤同类配体、配位原子相同且原子数目也相同的,按照与配位原子相连原子的元素符号的英文字母顺序命名,如先NH_2^-,后NO_2^-。

⑥同一配体有两个不同配位原子的,先NCS,后SCN^-;先NO_2^-,后ONO^-。

综上所述,配合物命名的总原则:配体名称列在中心离子(原子)名称之前,顺序同书写顺序,相互之间用"·"连接,配体与中心离子(原子)之间以"合"字连接;同类配体按配位原子的元素符号的英文字母顺序排列;配体个数用一、二、三表示;中心离子的氧化数用带括号的罗马数字(Ⅰ、Ⅱ、Ⅲ、Ⅳ、Ⅴ、Ⅵ、Ⅶ)表示。表8-3列出了一些常见配合物的化学式及命名。

一些常见配合物的化学式及命名　　　　　　　　　表8-3

化　学　式	命　　名	化　学　式	命　　名
$[Ag(NH_3)_2]NO_3$	硝酸二氨合银(Ⅰ)	$H_2[SiF_6]$	六氟合硅(Ⅳ)酸
$[CrCl_2\cdot(NH_3)_4]Cl$	氯化二氯·四氨合铬(Ⅲ)	$[PtCl_2(NH_3)_2]$	二氯·二氨合铂(Ⅱ)
$[Co(NH_3)_5\cdot(H_2O)]Cl_3$	氯化五氨·一水合钴(Ⅲ)	$[Ni(CO)_4]$	四羰基合镍
$K_3[Fe(CN)_6]$	六氰合铁(Ⅲ)酸钾	$[CoCl_2(en)_2]Cl$	氯化二氯·二(乙二胺)合钴(Ⅲ)

8.1.3　配合物的分类

配合物范围很广,类型多样。按中心离子分类,有单核配合物和多核配合物;按配体分类,每种配体均可分为一类配合物;按成键类型分类,有经典配合物(σ配键)和特殊配合物(σ配键和反馈π键);按学科分类,有无机配合物、生物无机配合物和有机金属配合物等。这里介绍简单配合物、螯合物、大环配合物、多核配合物和特殊配合物,前两类是常见的经典配合物。

1)简单配合物

由中心离子(或原子)与单齿配体形成的配合物称为简单配合物,如$[Cu(NH_3)_4]SO_4$、$[Ag(NH_3)_2]Cl$、$K_3[Fe(CN)_6]$、$K_2[PtCl_4]$等。大多数金属离子在水溶液中实际是以水合配离子的形式存在,配位数多为 6,例如 $[Fe(H_2O)_6]^{2+}$、$[Cr(H_2O)_6]^{3+}$ 等。许多含结晶水的盐实际也以水合配离子的形式存在,例如 $FeCl_3 \cdot 6H_2O$ 为 $[Fe(H_2O)_6]Cl_3$,$CuSO_4 \cdot 5H_2O$ 为 $[Cu(H_2O)_4]SO_4 \cdot H_2O$。简单配合物数量大,应用广泛,其研究也最为深入,在化工、冶金、材料和环境等行业有着非常重要的作用。

2) 螯合物

螯合物又称内配合物,是一类由多齿配体与中心离子(或原子)结合形成的具有环状结构的配合物。如 2 个乙二胺与 Cu^{2+} 配位,可以形成具有 2 个五元环结构的螯合物 $[Cu(en)_2]^{2+}$[图 8-2(a)];1 个三乙烯四胺与 Cu^{2+} 配位,可以形成具有 3 个五元环结构的螯合物 $[Cu(trien)]^{2+}$[图 8-2(b)];1 个 EDTA 与 Cu^{2+} 配位,可以形成具有 5 个五元环结构的螯合物 $[Cu(EDTA)]^{2-}$[图 8-2(c)]。在以上多齿配体中,乙二胺含有 2 个配位原子 N,三乙烯四胺含有 4 个配位原子 N,EDTA 含有 2 个配位原子 N 和 4 个配位原子 O,均能和 Cu^{2+} 形成具有五元环的螯合物。结构式中常以"→"表示金属离子和不带电荷原子间的配位键(如图 8-2 中的 N→Cu),以"—"表示金属离子和带电荷原子间的配位键[如图 8-2(c)中的 O—Cu]。

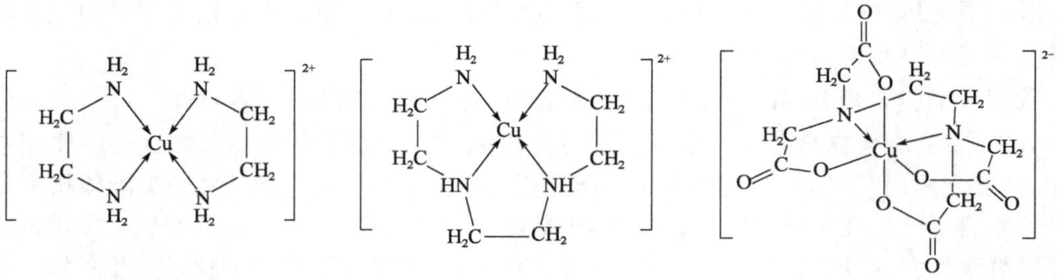

图 8-2　螯合物的结构

(a)$[Cu(en)_2]^{2+}$;(b)$[Cu(trien)]^{2+}$;(c)$[Cu(EDTA)]^{2-}$

能与中心离子(或原子)形成螯合物的多齿配体称为螯合剂(chelate ligand)。螯合剂具有以下两个特点:第一,同一配体分子(或离子)中必须含有 2 个及以上的配位原子;第二,配体中相邻 2 个配位原子之间必须相隔 2 个或 3 个其他原子,以便形成稳定的五元环或六元环。在图 8-2 所示的多齿配体中,乙二胺含有 2 个相同的配位原子 N,这 2 个 N 原子间相隔 2 个 C 原子;三乙烯四胺含有 4 个配位原子 N,相邻 2 个 N 原子间相隔 2 个 C 原子;EDTA 含有 2 个配位原子 N 和 4 个配位原子 O,相邻 2 个配位原子之间相隔 2 个 C 原子。因此,乙二胺、三乙烯四胺和 EDTA 均能和 Cu^{2+} 形成具有五元环结构的螯合物。

氨基羧酸类化合物是最常见的螯合剂,其中应用最广泛的是乙二胺四乙酸及其盐,一般简写为 EDTA,以 H_2Y^{2-} 或 Y^{4-} 表示。EDTA 是一个六齿配体,其中 2 个氨基 N 和 4 个羧基 O 都可以充当配位原子,与金属离子结合形成六配位、具有 5 个五元环的螯合物[参见图 8-2(c)]。

EDTA 是一种配位能力很强的螯合剂,可以与除了 Na^+、K^+、Rb^+、Cs^+ 等以外的大多数金属离子形成螯合物,其中多数具有很好的稳定性。Ca^{2+}、Mg^{2+} 等一般不易与其他配体形成配合物,但可以与 EDTA 形成较稳定的螯合物。

$$Ca^{2+}(aq) + H_2Y^{2-}(aq) \rightleftharpoons [CaY]^{2-}(aq) + 2H^+(aq)$$

与简单配合物相比,螯合物具有特殊的稳定性,且具有特殊的颜色。螯合物的稳定性是由于环状结构的形成而产生的,螯合物结构中的多元环称为螯合环(chelate ring)。形成螯合环从而使螯合物具有特殊稳定性的作用称为螯合效应(chelate effect)。例如:中心原子、配位原子和配位数都相同的两种配离子$[Cu(NH_3)_4]^{2+}$、$[Cu(en)_2]^{2+}$,其K_f分别为3.89×10^{12}和3.98×10^{19}。显然,$[Cu(en)_2]^{2+}$比$[Cu(NH_3)_4]^{2+}$的稳定性大得多。

3)大环配合物

大环配合物是指环骨架上带有 O、N、S、P 等多个配位原子的多齿配体形成的环状配合物。例如叶绿素为Mg^{2+}的卟啉环配合物,卟啉环上的 4 个 N 原子同Mg^{2+}发生配位,形成配合物。此外,冠醚、球醚、穴醚、环芳烃等环状化合物因其含有亲水的空腔和 O、N 等配位原子,可以和大小相匹配的金属离子,甚至是碱金属和碱土金属离子配位。

以上所讨论的简单配合物、螯合物、大环配合物等,都具有一个中心离子(或原子),称为单核配合物。

4)多核配合物

分子中含有两个或两个以上中心离子(或原子)的配合物称为多核配合物。多核配合物的形成是由于配体中的一个配位原子同时与两个中心离子(或原子)以配位键相结合。根据中心离子的数目,有双核配合物、三核配合物、四核配合物以及具有无限多中心离子的配位聚合物等。最常见的如Al_2Cl_6,在这个配合物中,配位原子 Cl 同时连接两个中心离子Al^{3+}[图 8-3(a)]。在双核配合物$[Co_2(NH_3)_8(OH)_2]^{4+}$中,配位原子 O 同时连接两个中心离子$Co^{2+}$[图 8-3(b)]。含有这种原子的配体称为中继基,一般为—OH、—NH_2、—O—、—O_2—、Cl^-等。

若中心离子(或原子)之间以金属—金属键相连,形成的多核金属配合物称为原子簇配合物,简称簇合物(cluster)。按照金属原子数,有双核簇、三核簇、四核簇等。最简单的簇合物为$[Re_2Cl_8]^{2-}$[图 8-3(c)]。

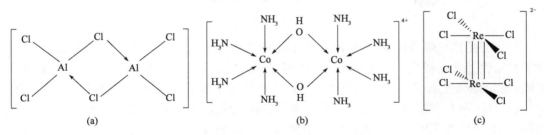

图 8-3　双核配合物的结构

(a)Al_2Cl_6;(b)$[Co_2(NH_3)_8(OH)_2]^{4+}$;(c)$[Re_2Cl_8]^{2-}$

5)特殊配合物

特殊配合物是相较经典配合物而言的,是非经典或非 Werner 型的配合物,是指配体除了可以提供孤对电子或 π 电子外,还可以接受中心原子的电子对形成反馈 π 键的一类配合物。

(1)羰基配合物(carbonyl complex),简称羰合物,是以 CO 为配体的一类配合物。CO 几乎可以和所有的过渡金属形成稳定的配合物,如[Fe(CO)$_5$]、[Ni(CO)$_4$]等。在羰合物中,C原子提供孤对电子给中心金属原子的价层空轨道,形成 σ 配键[图 8-4(a)];CO 以空的 π*(2p)反键轨道(参见第 10 章分子结构部分)接受金属原子 d 轨道上的孤对电子,形成反馈(d→p)π 键[图 8-4(b)]。由于 σ 配键和反馈 π 键的同时作用,金属与 CO 形成的羰合物具有很高的稳定性。羰合物的熔点和沸点一般不高,较易挥发,有毒,不溶于水,易溶于有机溶剂,广泛用于提纯制备金属。

(2)π-配合物,是以 π 电子与中心原子作用而形成的配合物,其特殊之处在于 π-配合物中没有特定的配位原子,配体中具有离域 π 电子。常见的可以提供 π 电子的有烯烃、炔烃、芳香基团等,如蔡氏盐 K[Pt(C$_2$H$_4$)Cl$_3$]·H$_2$O 中的乙烯[图 8-5(a)]和二茂铁中的环戊二烯[图 8-5(b)]。

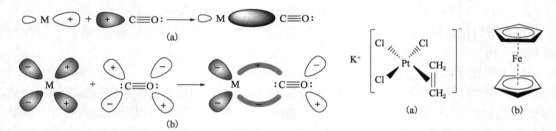

图 8-4 过渡金属 M 和 CO 的 C—M σ 键和 M—C 反馈 π 键的形成
(a)C—M σ 键;(b)M—C 反馈 π 键

图 8-5 蔡氏盐 K[Pt(C$_2$H$_4$)Cl$_3$]·H$_2$O 和二茂铁的结构
(a)蔡氏盐 K[Pt(C$_2$H$_4$)Cl$_3$]·H$_2$O 的结构;
(b)二茂铁的结构

除此之外,还有以多酸根为配体的多酸型配合物,这里不再介绍。

8.2　配合物的稳定性与配位平衡

配离子虽然比较稳定,但在水溶液中也存在着配离子或配合物分子的解离反应。配合物的稳定性通常是指配合物在水溶液中解离出其组成成分(中心离子和配体)的难易程度,是配合物的重要性质之一。中心离子和配体在水溶液中生成配合物的反应是配合物解离反应的逆反应,即在水溶液中同时存在着解离反应和生成反应,当解离反应和生成反应达到平衡时,中心离子和配体与配合物之间的平衡称为配位平衡。配合物的稳定性可以用相应的解离常数和稳定常数来定量表示。

8.2.1　配合物的解离常数和稳定常数

以配合物[Cu(NH$_3$)$_4$]SO$_4$ 为例,其解离分下列两种情况:

强电解质的完全解离:

$$[Cu(NH_3)_4]SO_4(s) \longrightarrow [Cu(NH_3)_4]^{2+}(aq) + SO_4^{2-}(aq) \tag{1}$$

弱电解质的部分电离:

$$[Cu(NH_3)_4]^{2+}(aq) \Longrightarrow Cu^{2+}(aq) + 4NH_3(aq) \tag{2}$$

式(2)所示的解离反应(配位反应的逆反应)是可逆的,像这样配离子在一定条件下达到 $r_{解离} = r_{配位}$ 的平衡状态,称为**配离子的解离平衡**,也称配位平衡。它有固定的标准平衡常数

$$K_d^{\ominus} = \frac{[c(Cu^{2+})/c^{\ominus}] \cdot [c(NH_3)/c^{\ominus}]^4}{c([Cu(NH_3)_4]^{2+})/c^{\ominus}}$$

可简写为

$$K_d^{\ominus} = \frac{\{c(Cu^{2+})\} \cdot \{c(NH_3)\}^4}{\{c([Cu(NH_3)_4]^{2+})\}} \tag{8-1}$$

$K_d^{\ominus}$ 称为配离子的解离常数,又称为不稳定常数,$K_d^{\ominus}$ 越大表示解离反应进行的程度越大,配离子越不稳定。写成配离子的形成反应

$$Cu^{2+}(aq) + 4NH_3(aq) \Longrightarrow [Cu(NH_3)_4]^{2+}(aq)$$

则平衡常数为

$$K_f^{\ominus} = \frac{\{c([Cu(NH_3)_4]^{2+})\}}{\{c(Cu^{2+})\} \cdot \{c(NH_3)\}^4} \tag{8-2}$$

$K_f^{\ominus}$ 称为配离子的稳定常数或生成常数,$K_f^{\ominus}$ 越大表示配位反应进行得越完全,配离子越稳定。

注意:$K_d^{\ominus}$ 和 $K_f^{\ominus}$ 互为倒数,二者概念不同,使用时应注意不可混淆。

$$K_d^{\ominus} = \frac{1}{K_f^{\ominus}} \tag{8-3}$$

事实上,配离子的生成或解离都是分步进行的,因此溶液中存在着一系列配位平衡,对于这些平衡每一步都有相应的逐级稳定常数。如 $[Cu(NH_3)_4]^{2+}$,

$$Cu^{2+} + NH_3 \Longrightarrow [Cu(NH_3)]^{2+}$$
$$[Cu(NH_3)]^{2+} + NH_3 \Longrightarrow [Cu(NH_3)_2]^{2+}$$
$$[Cu(NH_3)_2]^{2+} + NH_3 \Longrightarrow [Cu(NH_3)_3]^{2+}$$
$$[Cu(NH_3)_3]^{2+} + NH_3 \Longrightarrow [Cu(NH_3)_4]^{2+}$$

其逐级稳定常数分别为

$$K_{f_1}^{\ominus} = \frac{\{c([Cu(NH_3)]^{2+})\}}{\{c(Cu^{2+})\} \cdot \{c(NH_3)\}} \tag{8-4}$$

$$K_{f_2}^{\ominus} = \frac{\{c([Cu(NH_3)_2]^{2+})\}}{\{c([Cu(NH_3)]^{2+})\} \cdot \{c(NH_3)\}} \tag{8-5}$$

$$K_{f_3}^{\ominus} = \frac{\{c([Cu(NH_3)_3]^{2+})\}}{\{c([Cu(NH_3)_2]^{2+})\} \cdot \{c(NH_3)\}} \tag{8-6}$$

$$K_{f_4}^{\ominus} = \frac{\{c([Cu(NH_3)_4]^{2+})\}}{\{c([Cu(NH_3)_3]^{2+})\} \cdot \{c(NH_3)\}} \tag{8-7}$$

上述四个反应式相加即为 $[Cu(NH_3)_4]^{2+}$ 的形成反应,因此 $[Cu(NH_3)_4]^{2+}$ 的稳定常数 $K_f^{\ominus}$ 就等于逐级稳定常数 $K_{f_i}^{\ominus}$ 的乘积,即

$$K_f^{\ominus} = K_{f_1}^{\ominus} \cdot K_{f_2}^{\ominus} \cdot K_{f_3}^{\ominus} \cdot K_{f_4}^{\ominus} \tag{8-8}$$

随着配体数的增加,配体之间的斥力增加,逐级稳定常数逐级减小,由于经常加入过量

的配位剂,且各级稳定常数都较大,故可认为中心离子与配位剂以最高配位数结合。

累积稳定常数 $\beta_i^{\ominus}$ 就是前 i 级稳定常数的乘积,即 $\beta_1^{\ominus} = K_{f_1}^{\ominus}$,$\beta_2^{\ominus} = K_{f_1}^{\ominus} \cdot K_{f_2}^{\ominus}$,$\beta_3^{\ominus} = K_{f_1}^{\ominus} \cdot K_{f_2}^{\ominus} \cdot K_{f_3}^{\ominus}$,$\beta_4^{\ominus} = K_{f_1}^{\ominus} \cdot K_{f_2}^{\ominus} \cdot K_{f_3}^{\ominus} \cdot K_{f_4}^{\ominus} = K_f^{\ominus}$。

可以利用配合物的稳定常数判断相同类型配离子的稳定性。例如,$\lg K_f^{\ominus}([Ag(NH_3)_2]^+) = 7.23$,$\lg K_f^{\ominus}([Ag(CN)_2]^-) = 18.74$。可见,$[Ag(CN)_2]^-$ 要比 $[Ag(NH_3)_2]^+$ 稳定得多。需要注意的是:在比较的时候配离子类型必须相同才能比较,否则会出现错误。对于不同类型的配离子,只能通过计算来比较。即在配位剂浓度相同的情况下,溶液中游离的中心离子浓度越小,该配离子越稳定。

8.2.2 配合物平衡浓度的计算

在进行平衡组成计算时,只有在配合物 $K_f^{\ominus}$ 已知且很大,溶液中配体浓度也较大的情况下,才可作近似计算。否则,需要根据化学平衡知识进行精确计算。

【例 8-1】 在 1.0mL 0.040mol · L^{-1} AgNO$_3$ 溶液中加入 1.0mL 2.0mol · L^{-1} NH$_3$ · H$_2$O,计算达到平衡时溶液中 Ag$^+$ 的浓度。([Ag(NH$_3$)$_2$]$^+$ 的 $K_f^{\ominus} = 1.67 \times 10^7$)

解:因为混合溶液体积增加一倍,AgNO$_3$ 和 NH$_3$ · H$_2$O 的浓度均为原来的一半,即分别为 0.020mol · L^{-1} 和 1.0mol · L^{-1}。由于氨水大大过量,而 [Ag(NH$_3$)$_2$]$^+$ 的 $K_f^{\ominus}$ 相当大,故可以近似认为配位反应向右进行完全,即生成了 0.020mol · L^{-1} 的 [Ag(NH$_3$)$_2$]$^+$,剩余的 NH$_3$ · H$_2$O 的浓度 $c(NH_3 \cdot H_2O) = (1.0 - 0.020 \times 2)$mol · L^{-1} = 0.96mol · L^{-1}。设达到平衡后,溶液中解离出的 Ag$^+$ 的浓度为 $x$mol · L^{-1}。

对于配位反应

$$Ag^+(aq) + 2NH_3(aq) \rightleftharpoons [Ag(NH_3)_2]^+(aq)$$

平衡浓度/(mol · L^{-1})　　　　x　　　　$0.96 + 2x$　　　　$0.020 - x$

代入平衡常数表达式:

$$K_f^{\ominus} = \frac{\{c([Ag(NH_3)_2]^+)\}}{\{c(Ag^+)\} \cdot \{c(NH_3)\}^2} = \frac{0.020 - x}{x \cdot (0.96 + 2x)^2} = 1.67 \times 10^7$$

因为 x 很小,所以 $0.020 - x \approx 0.020$,$0.96 + 2x \approx 0.96$,解得 $x = 1.30 \times 10^{-9}$,即达到平衡时溶液中 Ag$^+$ 的浓度为 1.30×10^{-9}mol · L^{-1}。

8.2.3 配位平衡的移动

若在一个配位平衡体系中,加入其他物质可使体系中同时存在酸碱平衡、沉淀-溶解平衡、氧化还原反应或另一个配位平衡,则它们之间将相互影响,使配位平衡和与之相关的化学平衡发生移动。

1)酸碱平衡对配位平衡的影响

(1)配合物的生成对溶液 pH 的影响。例如,La^{3+} 与弱酸 HAc 的配位反应,随着配合物的生成,消耗了 Ac$^-$ 而使 HAc 的解离向右进行,释放出更多的 H$^+$,从而使溶液的 pH 降低。

(2)溶液 pH 的变化对配位平衡的影响,主要体现在对配体和对中心离子的影响两个方面:

①根据酸碱质子理论,大多数配体如 NH_3、CN^-、Cl^-、SCN^- 等,均为不同强度的碱,可以接受质子而生成相应的共轭酸。根据平衡移动原理,若向配合物溶液中加入强酸,则配体与质子结合而使配体的浓度下降,导致配合物解离。这种溶液酸度增大导致配离子稳定性下降的现象称为**酸效应**。溶液酸度一定时,配体的碱性越强,酸效应就越明显。

②配合物的中心离子大多为过渡金属离子,在水溶液中大多能与 OH^- 作用,生成氢氧化物沉淀,导致中心离子浓度降低,使配合物发生解离。这种中心离子与溶液中的 OH^- 结合导致配离子稳定性降低的现象称为**水解效应**。很明显,溶液的碱性越强,水解效应就越明显。一般在不产生氢氧化物沉淀的前提下,提高溶液的 pH,可以提高配离子的稳定性。

【例8-2】 在 $[Ag(NH_3)_2]^+$ 的溶液中加入酸时,将发生什么反应?

解:加入酸后,溶液存在两个平衡的竞争,即

$$Ag^+(aq) + 2NH_3(aq) \Longleftrightarrow [Ag(NH_3)_2]^+(aq) \tag{1}$$

$$NH_3(aq) + H^+(aq) \Longleftrightarrow NH_4^+(aq) \tag{2}$$

反应(1)的 $K_1^\ominus = K_f^\ominus = 1.67 \times 10^7$,反应(2)的 $K_2^\ominus = \dfrac{1}{K_a^\ominus} = \dfrac{K_b^\ominus}{K_w^\ominus} = \dfrac{1.8 \times 10^{-5}}{1.0 \times 10^{-14}} = 1.8 \times 10^9$

则 $2 \times (2) - (1)$ 得

$$[Ag(NH_3)_2]^+(aq) + 2H^+(aq) \Longleftrightarrow Ag^+(aq) + 2NH_4^+(aq) \tag{3}$$

$$K^\ominus = \frac{(K_2^\ominus)^2}{K_f^\ominus} = \frac{(1.8 \times 10^9)^2}{1.67 \times 10^7} = 1.94 \times 10^{11}$$

可见,反应(3)的平衡常数 $K^\ominus$ 很大,说明 H^+ 与 Ag^+ 在竞争 NH_3 的过程中,平衡向 $[Ag(NH_3)_2]^+$ 解离的方向移动。

2)沉淀-溶解平衡对配位平衡的影响

往配合物溶液中加入沉淀剂,是否会有沉淀生成?或在一定量的沉淀中加入一种配体,此沉淀是否会因生成配合物而溶解?这涉及配离子与沉淀之间的转化,是沉淀-溶解平衡与配位平衡的竞争。两种平衡相互影响、相互制约,要综合利用配离子的稳定常数和沉淀的溶度积常数来进行分析。

(1)配合物的生成对难溶化合物溶解度的影响。

【例8-3】 分别计算 AgCl 沉淀在水中和在 $0.10\text{mol} \cdot \text{L}^{-1}$ $NH_3 \cdot H_2O$ 中的溶解度。(已知 AgCl 的 $K_{sp}^\ominus = 1.8 \times 10^{-10}$,$[Ag(NH_3)_2]^+$ 的 $K_f^\ominus = 1.67 \times 10^7$)

解:设 AgCl 沉淀在水中的溶解度为 $s_1 \text{mol} \cdot \text{L}^{-1}$,则

$$s_1 = \sqrt{K_{sp}^\ominus} = \sqrt{1.8 \times 10^{-10}} = 1.34 \times 10^{-5}$$

即 AgCl 沉淀在水中的溶解度为 $1.34 \times 10^{-5} \text{mol} \cdot \text{L}^{-1}$。

设 AgCl 沉淀在 $0.10\text{mol} \cdot \text{L}^{-1}$ $NH_3 \cdot H_2O$ 中的溶解度为 $s_2 \text{mol} \cdot \text{L}^{-1}$,在该体系中,存在以下两个平衡:

$$Ag^+(aq) + 2NH_3(aq) \Longleftrightarrow [Ag(NH_3)_2]^+(aq) \tag{1}$$

$$AgCl(s) \Longleftrightarrow Ag^+(aq) + Cl^-(aq) \tag{2}$$

(1) + (2) 可得

$$AgCl(s) + 2NH_3(aq) \Longrightarrow [Ag(NH_3)_2]^+(aq) + Cl^-(aq)$$

平衡浓度/$(mol \cdot L^{-1})$ $0.10 - 2s_2$ s_2 s_2

该反应的平衡常数为

$$K^{\ominus} = K_f^{\ominus}([Ag(NH_3)_2]^+) \cdot K_{sp}^{\ominus}(AgCl) = 1.67 \times 10^7 \times 1.8 \times 10^{-10} = 3.0 \times 10^{-3}$$

$$K^{\ominus} = \frac{s_2^2}{(0.10 - 2s_2)^2} = 3.0 \times 10^{-3}$$

解得 $s_2 = 4.94 \times 10^{-3}$，即 AgCl 沉淀在 $0.10mol \cdot L^{-1}$ $NH_3 \cdot H_2O$ 中的溶解度为 $4.94 \times 10^{-3} mol \cdot L^{-1}$。

由计算可见，AgCl 在氨水中的溶解度比在水中要大得多。

由上例可以看出，金属难溶盐在配体溶液中，配体会与金属难溶盐溶解生成的金属离子发生配位，消耗金属离子，导致金属离子的浓度减小，金属难溶盐的沉淀-溶解平衡向沉淀溶解的方向移动，从而使得金属难溶盐的溶解度增加。

（2）难溶化合物的生成对配位平衡的影响。

【例 8-4】 在 $0.10mol \cdot L^{-1}$ 的 $[Ag(NH_3)_2]^+$ 溶液中加入 NaCl 固体使 Cl^- 浓度达到 $1.0 \times 10^{-4} mol \cdot L^{-1}$。此时有无 AgCl 沉淀生成？（假设 NaCl 的加入不改变溶液体积。已知 AgCl 的 $K_{sp}^{\ominus} = 1.8 \times 10^{-10}$，$[Ag(NH_3)_2]^+$ 的 $K_f^{\ominus} = 1.67 \times 10^7$）

解：设 $[Ag(NH_3)_2]^+$ 溶液中解离出的 Ag^+ 浓度为 $x mol \cdot L^{-1}$。

$$[Ag(NH_3)_2]^+(aq) \Longrightarrow Ag^+(aq) + 2NH_3(aq)$$

平衡浓度/$(mol \cdot L^{-1})$ $0.10 - x \approx 0.10$ x $2x$

$$K_f^{\ominus} = \frac{\{c([Ag(NH_3)_2]^+)\}}{\{c(Ag^+)\} \cdot \{c(NH_3)\}^2} = \frac{0.10}{x \cdot (2x)^2} = 1.67 \times 10^7$$

解得 $x = 1.14 \times 10^{-3}$，即 $[Ag(NH_3)_2]^+$ 溶液中解离出的 Ag^+ 浓度为 $1.14 \times 10^{-3} mol \cdot L^{-1}$。

则反应商

$$J = \{c(Ag^+)\} \cdot \{c(Cl^-)\} = 1.14 \times 10^{-3} \times 1.0 \times 10^{-4} = 1.14 \times 10^{-7} > K_{sp}^{\ominus} = 1.8 \times 10^{-10}$$

所以有 AgCl 沉淀生成。

在上述体系中存在着两种平衡，Cl^- 和 NH_3 都在争夺 Ag^+，Cl^- 争夺 Ag^+ 的能力取决于 $K_{sp}^{\ominus}(AgCl)$ 和 Cl^- 的浓度，NH_3 争夺 Ag^+ 的能力取决于 $K_f^{\ominus}([Ag(NH_3)_2]^+)$ 和 NH_3 的浓度。当配离子的稳定性差（$K_f^{\ominus}$ 小），沉淀物的溶解度小（$K_{sp}^{\ominus}$ 小）时，有利于配合物转化为沉淀；反之，则有利于沉淀的溶解。

3）氧化还原反应对配位平衡的影响

在配离子溶液中，加入适当的氧化剂或还原剂，使中心离子发生氧化还原反应而改变氧化态，从而使中心离子的浓度降低，配位平衡向解离的方向移动。例如，还原剂 Sn^{2+} 可将 $[Fe(SCN)_6]^{3-}$ 中的 Fe^{3+} 还原成 Fe^{2+}，使配离子解离

$$2Fe^{3+}(aq) + Sn^{2+}(aq) \longrightarrow Sn^{4+}(aq) + 2Fe^{2+}(aq)$$

$$[Fe(SCN)_6]^{3-}(aq) \Longrightarrow 6SCN^-(aq) + Fe^{3+}(aq)$$

另一方面，在氧化还原体系中加入配体，配合物的生成将降低游离金属离子的浓度，从

而改变有关电对的电极电势,甚至可能改变氧化还原反应进行的方向。例如,$E^{\ominus}(Au^+/Au)$ =1.68V,$E^{\ominus}(O_2/OH^-)$ =0.400 9V,单质金在空气中不能被 O_2 氧化,但若在金矿粉中加入 NaCN 稀溶液,则由于 $[Au(CN)_2]^-$ 的生成,使得 Au^+ 浓度降低,O_2 氧化 Au 的反应就能顺利进行

$$4Au(s) + O_2(g) + 2H_2O(l) + 8CN^-(aq) \Longrightarrow 4[Au(CN)_2]^-(aq) + 4OH^-(aq)$$

此时,再向溶液中加入还原剂,即可得到 Au

$$2[Au(CN)_2]^-(aq) + Zn(s) \Longrightarrow [Zn(CN)_4]^{2-}(aq) + 2Au(s)$$

【例 8-5】 试根据以下数据计算 $E^{\ominus}([Au(CN)_2]^-/Au)$。(已知 $E^{\ominus}(Au^+/Au)$ = 1.68V,$K_f^{\ominus}([Au(CN)_2]^-) = 3.16 \times 10^{38}$)

解:根据 $E^{\ominus}([Au(CN)_2]^-/Au)$ 的定义,可知 $c([Au(CN)_2]^-) = 1 \text{mol} \cdot L^{-1}$,$c(CN^-) = 1 \text{mol} \cdot L^{-1}$。

$$Au^+(aq) + 2CN^-(aq) \Longrightarrow [Au(CN)_2]^-(aq)$$

$$K_f^{\ominus}([Au(CN)_2]^-) = \frac{\{c([Au(CN)_2]^-)\}}{\{c(Au^+)\} \cdot \{c(CN^-)\}^2} = \frac{1}{\{c(Au^+)\} \times 1^2} = 3.16 \times 10^{38}$$

解得 $\{c(Au^+)\} = 3.16 \times 10^{-39}$,因此

$$E^{\ominus}([Au(CN)_2]^-/Au) = E(Au^+/Au) = E^{\ominus}(Au^+/Au) + 0.059 \, 2V \, \lg\{c(Au^+)\}$$

$$= 1.68V + 0.059 \, 2V \, \lg(3.16 \times 10^{-39}) = -0.60V$$

可以看出,在 NaCN 存在的条件下,$E^{\ominus}(Au^+/Au)$ 由原来的 1.68V 下降到 $-0.60V$,低于 $E^{\ominus}(O_2/OH^-)$,所以 Au 可被 O_2 氧化。

4)不同配离子之间的转化

在配位平衡体系中,若加入另一种能与中心离子形成配合物的配位剂,或加入另一种能与配体形成配合物的中心离子,溶液中就同时存在两个配位平衡的竞争,这种竞争的结果取决于所形成配合物稳定性的大小。一般来说,配离子倾向于转化成更稳定的配离子。即配位反应总是向形成更稳定配离子的方向自发进行,两种配离子的稳定常数相差越大,反应就越彻底,转化也就越完全。

【例 8-6】 $FeCl_3$ 溶液中加入 KSCN 溶液后立即变成血红色(形成了 $[Fe(SCN)_6]^{3-}$),如果在此溶液中再加入一些固体 NH_4F,则红色立即褪去,如何解释?(已知 $K_f^{\ominus}([FeF_6]^{3-})$ = 2.04×10^{14},$K_f^{\ominus}([Fe(SCN)_6]^{3-}) = 1.3 \times 10^6$。提示:发生的反应为 $[Fe(SCN)_6]^{3-}(aq)$ + $6F^-(aq) \Longrightarrow [FeF_6]^{3-}(aq) + 6SCN^-(aq)$

解:配离子之间的转化反应为

$$[Fe(SCN)_6]^{3-}(aq) + 6F^-(aq) \Longrightarrow [FeF_6]^{3-}(aq) + 6SCN^-(aq)$$

反应的平衡常数为

$$K^{\ominus} = \frac{\{c([FeF_6]^{3-})\} \cdot \{c(SCN^-)\}^6}{\{c([Fe(SCN)_6]^{3-})\} \cdot \{c(F^-)\}^6} = \frac{\{c([FeF_6]^{3-})\} \cdot \{c(SCN^-)\}^6 \cdot \{c(Fe^{3+})\}}{\{c([Fe(SCN)_6]^{3-})\} \cdot \{c(F^-)\}^6 \cdot \{c(Fe^{3+})\}}$$

$$= \frac{K_f^{\ominus}([FeF_6]^{3-})}{K_f^{\ominus}([Fe(SCN)_6]^{3-})} = \frac{2.04 \times 10^{14}}{1.3 \times 10^6} = 1.57 \times 10^8$$

平衡常数非常大,说明反应向右进行的趋势很大,因此血红色的 $[Fe(SCN)_6]^{3-}$ 很容易转化为无色的 $[FeF_6]^{3-}$。

8.2.4　螯合物的稳定性

同一种金属离子的螯合物往往比具有相同配位原子和配位数的简单配合物稳定($K_f^\ominus$ 大),这种现象叫作螯合效应。表 8-4 中列出了一些具有相同配位原子的螯合物和简单配合物的稳定常数。

一些具有相同配位原子的螯合物和简单配合物的稳定常数　　　　　表 8-4

螯　合　物	$\lg K_f^\ominus$	简单配合物	$\lg K_f^\ominus$
$[Cu(en)_2]^{2+}$	20.00	$[Cu(NH_3)_4]^{2+}$	12.36
$[Zn(en)_2]^{2+}$	10.83	$[Zn(NH_3)_4]^{2+}$	8.56
$[Cd(en)_2]^{2+}$	10.09	$[Cd(NH_2CH_3)_4]^{2+}$	7.12
$[Ni(en)_3]^{2+}$	18.33	$[Ni(NH_3)_6]^{2+}$	8.95

从结构上来说,螯合物的稳定性与螯环的大小、数目等因素有关。通常,螯合配体与中心离子螯合形成五元环或六元环,这样的螯合物往往更稳定。一个螯合配体分子提供的配位原子越多,形成的五元环或六元环的数目也越多,螯合物越稳定。例如,EDTA 能与多种金属离子形成螯合物,每个 EDTA 离子能与 1 个金属离子形成 5 个五元环。EDTA 不仅能与形成配合物能力强的 d 区元素的离子螯合,某些碱金属与碱土金属离子也能与 EDTA 形成螯合物,其中部分螯合物的稳定常数如下:

	Li$^+$	Na$^+$	Ca^{2+}	Sr^{2+}	Ba^{2+}
$\lg K_f^\ominus$	2.79	1.66	11.0	8.8	7.78

【人物传记】

游效曾

游效曾(1934—2016 年),江西吉安人,1934 年 1 月 24 日出生于江西省南昌市。无机化学家、化学教育家,中国科学院院士,南京大学教授、博士生导师。

游效曾于 1955 年毕业于武汉大学;1957 年从南京大学毕业后留校任教,先后担任助教、讲师、副教授、教授、博士生导师;1962 年在吉林大学参加教育部主办的"物质结构讨论班"学习;1984 年担任南京大学配位化学研究所所长;1986 年首次在中国提出"光电功能配合物"这一新学科分支并开展研究;1991 年当选为中国科学院院士;2004 年获得何梁何利基金科学与技术进步奖化学奖。

游效曾致力于无机化学的基础研究,特别是配位化合物的合成、结构、成键、性质和光电功能分子材料的研究,运用现代物理方法和理论阐明微观结构和宏观性质。他在中国开拓了光电功能配合物这一新领域，取得了具有国际影响的重大成就。1991年因在"配合物合成、结构和性质"方面的成就获得了国家自然科学三等奖。2004年，他负责完成的"光电功能配合物及其组装"研究，再获国家自然科学二等奖。在合成新型功能性配合物方面，发展了混合三聚电解聚合等新型反应，合成了一系列轴向、大环、金属有机和多核配合物，测定并阐明了它们的结构和性质的关系；在谱学和结构研究方面，应用核磁共振、电子自旋共振、电子光谱和气相色谱等方法精确测定了一系列配合物的基本结构参数；提出了包括d轨道和f轨道在内的核磁共振计算方法，改进了配体场的计算程序，对结构规律提出了不少新见解。他参与创建了中国第一个配位化学研究所和配位化学国家重点实验室，并长期指导配位化学国家重点实验室的学术研究。

游效曾编著了《结构分析导论》《配位化合物的结构和性质》《分子材料——光电功能化合物》等专著，这些著作成为国内这个学科的教学人员和科研人员的必读著作。他组织和翻译了《过渡金属化学导论——配位场理论》《群论在化学中的应用》《化学中的物理方法》等国外知名学术著作，促进了我国配位化学、结构化学、量子化学理论的教学与普及，让国内化学家走在世界化学前沿。

半个世纪来，这位我国著名的化学教育家，先后担任"物质结构""结晶化学""结构化学"等基础课和"结构研究方法"等研究生课程的教学工作，学生中涌现出长江学者、国家杰出青年基金获得者、优秀世界青年科学家等，为化学界输送了大量科研人才。

2016年11月19日，带着对化学事业的依依不舍，中国科学院院士、我国著名无机化学家、南京大学教授游效曾逝世，享年83岁。

【延伸阅读】

生命体中的配位化学

配位化合物，特别是螯合物在生物体中具有重要作用，至少有九种过渡元素（V、Cr、Mn、Fe、Co、Ni、Cu、Zn和Mo）是生命必需元素，这些金属元素的生物学效应大都是通过与生物配体的配位作用而产生的。

卟啉类化合物和咕啉类化合物是两类重要的生物配体，前者含有卟啉环结构，后者含咕啉环结构。事实上，许多卟啉都是以与金属离子配位的形式存在于自然界中。

叶绿素是含镁的卟啉化合物，光合过程所需的能量通过Mg-大环叶绿素（镁二氢卟啉配合物）从太阳光中吸收能量，然后利用此光能生产O_2和有机物。

人体中，Fe是最丰富的过渡金属，在哺乳动物中，大约70%的Fe以卟啉配合物的形式存在，例如血红蛋白、肌红蛋白、过氧化氢酶、色氨酸双加氧酶等。

血红蛋白是我们最熟悉、分布最广的氧载体，存在于红血细胞中。血红蛋白由4个蛋白质亚单元构成，每个亚单元含有一个Fe（Ⅱ）-原卟啉配合物（血红素），其中心是Fe（Ⅱ），6个配位原子（卟啉环中的4个N原子，另一分子的血红蛋白质肽链中的1个组氨酸N原子和1个配位水分子中的O原子）占据八面体的顶点，配位的水容易与O_2发生可逆的交换反应。血红蛋白在肺部摄取O_2，将水取代，当血液流动时，在需氧的地方释放出O_2又将水交换上去，从而起到输送O_2的作用。

肌红蛋白由一条单一多肽链(珠蛋白)和一个 $Fe(II)$-原卟啉配合物构成,是肌肉内储存氧的蛋白质。

血红蛋白与肌红蛋白在传输 O_2 的过程中表现出一种所谓的"合作效应",即血红蛋白在高氧气分压下(肺组织中)结合的 O_2 几乎无损耗地通过血液释放给肌肉组织中的肌红蛋白。而肌红蛋白即使是在低氧气分压、低 pH(积累较多的 CO_2 和乳酸的肌肉组织)下也能有效地结合 O_2。血红蛋白与肌红蛋白在结合 O_2 能力上的这一差别,有利于 O_2 由血红蛋白向肌红蛋白传输。

为什么静脉血和动脉血的颜色不同呢?这是由于 O_2 是强场配体,使得 $Fe(II)$ 的 6 个 d 电子呈现反磁性,吸收了短波长光,动脉血就是红颜色的。O_2 被弱场配体水取代后,形成了高自旋配合物,吸收的是较长波长的光,所以静脉血中的血带蓝色光泽。

血蓝蛋白是第二种类型的氧载体(第一种类型是血红蛋白),它是在某些软体动物(如蜗牛)、节肢动物(如螃蟹和甲壳虫)的淋巴液中发现的一种游离的蓝色呼吸色素。血蓝蛋白含 2 个直接连接多肽链的 Cu^{2+},与含铁的血红蛋白类似,它易与 O_2 结合,也易与 O_2 解离,是已知的唯一可与 O_2 可逆结合的铜蛋白,在氧合状态下为蓝色,在非氧合状态下则为无色或白色。

超氧化歧化酶(superoxide dismutase,SOD)是由麦克德(McCord)和弗雷德维奇(Fridovich)在 1968 年发现的,是一个含有 Cu 和 Zn 的金属酶。SOD 能有效地催化超氧离子的歧化反应,使其转化为 H_2O_2 和 O_2。由牛肝中分离得到的 SOD,对人体组织的消肿、消炎特别有效,并发现在治疗骨关节炎症方面有价值,也是一种很好的抗衰老剂。

Zn 是一种非常重要的生命必需元素,现已在生命体中发现了 200 多种含 Zn 的金属酶,在人体中已确认有 18 种锌酶和 14 种 Zn^{2+} 激活酶。每个碳酸酐酶分子中仅含有 1 个 Zn^{2+},该 Zn^{2+} 结合 3 个组氨酸残基,将第 4 个配位位置开放给水分子和羟基阴离子。碳酸酐酶在体内主要催化 CO_2 的水化-脱水平衡。羧肽酶是另一种重要的含锌酶系,其功能是催化蛋白质中肽键的水解过程。其中研究得较充分的是牛羧肽酶,它是一个含有 307 个残基的蛋肽链与 1 个 Zn^{2+} 结合的金属酶。

唯一已知含 Co 的生物分子是辅酶 B12,该辅酶含有 1 个 Co 原子,Co 原子周围的配位环境包括一个与卟啉环类似的咕啉环,其中的 5 个配位位置是 N 原子,第六个位置被一个腺苷配位体的 C 原子占据。这一 Co—C 键使辅酶 B12 成为生物体中极罕见的一种金属有机化合物。辅酶 B12 是一种多功能酶,它的 Co 原子可从 $Co(III)$ 还原到 $Co(II)$ 和 $Co(I)$,容易发生甲基化反应,生成甲硫氨酸合成酶。与辅酶 B12 密切相关的维生素 B_{12} 最早是 1929 年从肝的提取物中得到的。维生素 B_{12} 又叫钴胺素,自然界中的维生素 B_{12} 都是微生物合成的,高等动植物不能制造维生素 B_{12}。维生素 B_{12} 是唯一一种需要肠道分泌物(内源因子)帮助才能被吸收的维生素。有的人由于肠胃异常,缺乏这种内源因子,即使膳食中来源充足也会患恶性贫血。植物性食物中基本没有维生素 B_{12}。维生素 B_{12} 的主要生理功能是参与制造骨髓红细胞,防止恶性贫血,防止大脑神经受到破坏。

大气中的氮被还原为氨的过程称为生物固氮作用,生物固氮只发生在少数细菌和藻类中。该过程的特征,也是最诱人的地方是它可以在常温、常压的温和条件下进行,而这一过程就是依靠一种叫"固氮酶"的生物催化剂的催化作用才进行的。固氮酶是一种能够将分子氮还原成氨的酶。固氮酶由两种蛋白质组成:一种含有铁,叫铁蛋白;另一种含铁和钼,称为钼铁蛋白。只有钼铁蛋白和铁蛋白同时存在,固氮酶才具有固氮的作用。钼铁蛋白的活性中心由两个铁钼辅因子及两个铁硫簇组成,铁蛋白的活性中心由两个铁硫簇组成。固氮酶依靠这两种蛋白的协同作用,催化还原 N_2 生成 NH_3。固氮酶广泛存在于与豆科植物(苜蓿、紫花苜蓿、大豆、豌豆)共生的根瘤菌中,土壤中的细菌(如克雷白氏杆菌、固氮菌、蓝藻细菌)以及赤杨树上生长的固氮根瘤中。

此外,在医学上,还常用配位反应治疗人体中某些元素的中毒,就像 EDTA 的钙盐是人体铅中毒的高效解毒剂。治疗糖尿病的胰岛素,治疗血吸虫病的酒石酸锑钾,抗癌药顺铂(含铂配合物),以及具有抗病毒作用的二氰合金都属于配合物。

因此,可以不夸张地说,某些有机金属配合物就是生命体存在的功臣。生命离不开配位化学!

习　题　8

8-1 某物质的实验式为 $PtCl_4 \cdot 2NH_3$,其水溶液不导电,加入 $AgNO_3$ 不产生沉淀,以强碱处理并无 NH_3 放出,写出它的配位化学式。

8-2 指出下列配合物(配离子)的中心离子(原子)、配体、配位原子及中心离子的配位数。

(1) $[Cr(NH_3)_6]^{3+}$　　　　　　(2) $[Co(H_2O)_6]^{2+}$

(3) $[Al(OH)_4]^-$　　　　　　　(4) $[Fe(OH)_2(H_2O)_4]^+$

(5) $[PtCl_5(NH_3)]^-$　　　　　　(6) $[PtCl_2(en)]$

8-3 命名下列各配合物(配离子):

(1) $(NH_4)_3[SbCl_6]$　　　　　　(2) $Li[AlH_4]$

(3) $[Co(en)_3]Cl_3$　　　　　　　(4) $[CoCl_2(H_2O)_4]Cl$

(5) $[CrBr_2(H_2O)_4]Br \cdot 2H_2O$　(6) $[Cr(OH)(H_2O)(C_2O_4)(en)]$

(7) $[Co(NO_2)_6]^{3-}$　　　　　　(8) $[Co(NH_3)_4(NO_2)Cl]^+$

8-4 写出下列配合物或配离子的化学式:

(1) 硫酸四氨合铜(Ⅱ)　　　　　(2) 四硫氰·二氨合铬(Ⅲ)酸铵

(3) 二羟基·四水合铝(Ⅲ)离子　(4) 二苯合铬

8-5 $AgNO_3$ 能将 $Pt(NH_3)_6Cl_4$ 溶液中所有的氯沉淀为 AgCl,但在 $Pt(NH_3)_3Cl_4$ 中仅能沉淀出 1/4 的氯,试根据这些事实写出这两种配合物的结构式。

8-6 有两个化合物 A 和 B 具有同一化学式: $Co(NH_3)_3(H_2O)_2ClBr_2$。在一干燥器中,1mol A 很快失去 1mol H_2O,但在同样条件下,B 却不失去 H_2O。当将 $AgNO_3$ 加入 A 中时,1mol A 沉淀出 1mol AgBr,而 1mol B 沉淀出 2mol AgBr。试写出 A 和 B 的化学式。

8-7 试解释为何螯合物有特殊的稳定性,为何 EDTA 与金属离子形成的配合物其配位比大多是 1:1。

8-8 Please calculate the standard equilibrium constants for the following reactions according to the corresponding $K_f^{\ominus}$ values in Appendix E.

(1) $\left[\,Fe(\,C_2O_4\,)_3\,\right]^{3-}(\,aq\,)+6CN^-(\,aq\,)\Longrightarrow\left[\,Fe(\,CN\,)_6\,\right]^{3-}(\,aq\,)+3C_2O_4^{2-}(\,aq\,)$

(2) $\left[\,Ag(\,NH_3\,)_2\,\right]^{+}(\,aq\,)+2S_2O_3^{2-}(\,aq\,)\Longrightarrow\left[\,Ag(\,S_2O_3\,)_2\,\right]^{3-}(\,aq\,)+2NH_3(\,aq\,)$

8-9 在 1L 6mol·L^{-1}的氨水中加入 0.01mol 固体 CuSO$_4$,溶解后,向此溶液中再加入 0.01mol固体 NaOH,铜氨配合物能否被破坏?

8-10 Please calculate the stepwise stability constants $K_{f_3}^{\ominus}$ and $K_{f_4}^{\ominus}$ for $\left[\,Ag(\,CN\,)_4\,\right]^{3-}$ based on its cumulative stability constants ($\beta_2^{\ominus}=3.5\times10^7$, $\beta_3^{\ominus}=1.4\times10^9$ and $\beta_4^{\ominus}=1.0\times10^{10}$).

8-11 在 50mL 0.10mol·L^{-1} AgNO$_3$ 溶液中加入密度为 0.93g·mL^{-1}、质量分数为 0.182的氨水 30mL 后,加水稀释到 100mL,求算溶液中 Ag$^+$、$\left[\,Ag(\,NH_3\,)_2\,\right]^{+}$ 和 NH$_3$ 的浓度各是多少? 在$\left[\,Ag(\,NH_3\,)_2\,\right]^{+}$中,已配位的 Ag$^+$ 占 Ag$^+$ 总浓度的百分比为多少?

8-12 在习题 8-11 的混合溶液中加入 KCl 1.0mol,是否有 AgCl 析出? 若没有 AgCl 析出,原来 AgNO$_3$ 和氨的混合溶液中总氨的最低浓度应为多少?

8-13 欲将 14.3mg AgCl 溶于 1.0mL 氨水中,问此氨水溶液的总浓度至少应为多少?

(高莉宁)

PART3 | 第三篇

物质结构基础

第9章 原子结构和元素周期律

前面已经介绍了化学热力学、化学动力学和化学平衡的基础知识,讨论了酸碱反应、沉淀-溶解平衡、氧化还原反应和配位平衡等水溶液中反应的方向和限度问题。从第三篇开始,将依次介绍原子结构、分子结构、晶体结构和配合物结构的相关知识,从微观角度讨论物质的结构及其与性质之间的关系。

9.1 原子核外电子的运动特征

9.1.1 古典原子理论

原子论的创始人是古希腊人留基伯(前500—约前440年),他是德谟克利特的老师。古代学者在谈及原子论时,通常把他们二人的学说混在一起。留基伯的学说由他的学生德谟克利特发展和完善,因此德谟克利特被公认为是原子论的主要代表。德谟克利特认为,万物的本原或根本元素是"原子"和"虚空"。"原子"在希腊文中是"不可分"的意思。德谟克利特用这一概念来指称构成具体事物的最基本的物质微粒。原子的根本特性是"充满和坚实",即原子内部没有空隙,是坚不可入的,因而是不可分的。德谟克利特认为,原子是永恒的、不生不灭的;原子在数量上是无限的;原子处在不断的运动状态中,它的唯一运动形式是"振动";原子体积微小,是眼睛所看不见的,即不能为感官所感知,只能通过理性才能认识。

9.1.2 近代原子理论

1661年,自然哲学家波义耳出版了《怀疑的化学家》(*The Sceptical Chymist*)一书,他认为物质是由不同的"微粒"或原子自由组合而成的,并不是由诸如气、土、火、水等基本元素构成的。恩格斯认为,波义耳是最早把化学确立为科学的化学家。

1789年,法国科学家拉瓦锡定义了原子一词。从此,原子就被用来表示化学变化中的最小单位。

1803年,英语教师及自然哲学家道尔顿(J. Dalton)用原子的概念解释了为什么不同元素总是成整数倍反应,即倍比定律(law of multiple proportions);也解释了为什么某些气体比另外一些更易溶于水。他提出每一种元素只包含唯一一种原子,而这些原子相互结合起来就形成了化合物。

1827 年,英国植物学家布朗(B. R. Brown)在使用显微镜观察水面上的灰尘的时候,发现它们进行着不规则运动,进一步证明了微粒学说。后来,这一现象被称为布朗运动。

1877 年,德绍尔克思(J. Desaulx)提出布朗运动是由于水分子的热运动而导致的。

1897 年,在关于阴极射线的研究中,物理学家汤姆生(J. J. Thomson)发现了电子以及它的亚原子特性,粉碎了一直以来认为原子不可再分的设想。汤姆生认为电子平均地分布在整个原子上,就如同散布在一个均匀的正电荷的海洋之中,它们的负电荷与那些正电荷相互抵消。这也叫作葡萄干蛋糕(plum pudding model)模型[图 9-1(a)]。

1909 年,在物理学家卢瑟福(E. Rutherford)的指导下,莱纳德(P. E. A. Lenard)用氦离子轰击金箔,发现有很小一部分离子的偏转角度远远大于使用汤姆生假设所得到的预测值。卢瑟福根据这个金箔实验的结果指出:原子中大部分质量和正电荷都集中在位于原子中心的原子核当中,电子则像行星围绕太阳一样围绕着原子核。带正电的氦离子在穿越原子核附近时,就会被大角度地反射。这就是原子核的行星结构[图 9-1(b)]。

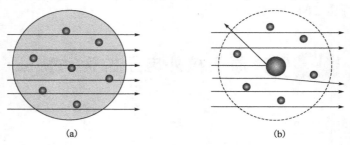

图 9-1 汤姆生的葡萄干蛋糕模型和卢瑟福的行星结构示意图

(a)汤姆生的葡萄干蛋糕模型;(b)卢瑟福的行星结构示意图

9.1.3 玻尔理论的形成

1)卢瑟福有核原子模型

1911 年卢瑟福通过粒子散射实验,确认原子内存在一个小而重且带正电荷的原子核,建立了卢瑟福的有核原子模型(atom model with nuclear),如图 9-2 所示:原子是由带正电荷的原子核和核周围带负电荷的电子组成,原子半径约为几百皮米($1pm = 10^{-12}$ m),核半径约为几至几十飞米($1fm = 10^{-15}$ m);原子核由带正电荷的质子和电中性的中子组成,质子的质量和中子的质量分别为 $1.672\ 4 \times 10^{-27}$ kg 和 $1.674\ 9 \times 10^{-27}$ kg,原子核外电子的质量为 $9.109\ 6 \times 10^{-31}$ kg,电子质量约为质子质量的 1/1 836,所以原子质量的 99.9% 以上都集中在原子核上。但是原子核的体积仅占原子总体积的 $1/10^{14}$,这就使得原子核的密度高达 1×10^{14} g·cm^{-3}。这意味着原子核内蕴藏着巨大的潜能,原子的种类和性质主要取决于原子核。

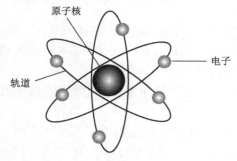

图 9-2 卢瑟福有核原子模型

卢瑟福的有核原子模型与经典电动力学是相

矛盾的。根据经典电动力学,带负电荷的电子围绕带正电荷的原子核高速运动时,应当不断地以电磁波的形式释放能量。原子整个体系每放出一部分能量,电子就必然向核靠近一些,因此最终的结果是电子离核越来越近,落到原子核上,原子将不复存在。但实际情况并非如此,多数原子是可以稳定存在的。此外,原子发射电磁波的频率取决于电子绕核运动时放出的能量,由于放出能量是连续的,因而原子发射电磁波的频率也应当是连续的。但是,实验证明原子的发射光谱是不连续的线状光谱。因此,原子只发射具有一定能量的光。

2）氢原子光谱

氢原子是最简单的原子,核外只有一个电子,因而氢原子光谱实验能反映原子内部结构和电子的能量状况,成为人类探索原子结构的重要窗口。受到传统观念的束缚,人们认为氢原子核外电子的能量是连续变化的,由核外电子跃迁而产生的氢原子光谱也应该是连续光谱,即带状光谱。然而令人不解的是,得到的实验结果却是不连续的线状光谱[图 9-3（a）,彩图见二维码]。1885 年,瑞士数学教师巴耳末（J. J. Balmer）猜想到这些谱线的波长之间存在某种数学关系,经过反复尝试,他发现氢原子光谱的 410.12nm、434.01nm、486.07nm 和 656.21nm 的谱线波长 λ 与编号 n 之间存在如下经验关系

$$\lambda = 364.56 \frac{n^2}{n^2 - 2^2} \tag{9-1}$$

式中,$n = 3, 4, 5, 6$,此式称为巴耳末公式。

1889 年,瑞典物理学家里德伯（J. R. Rydberg）在巴耳末公式和氢原子其他谱线的基础上总结出更具普遍意义的公式,即里德伯公式

$$\frac{1}{\lambda} = R \left(\frac{1}{n_1^2} - \frac{1}{n_2^2} \right) \tag{9-2}$$

式中,n 表示能级代号,n_1、n_2 为正整数且 $n_2 > n_1$,R 为里德伯常数,其值为 $1.097\,373\,156\,9 \times 10^7 \mathrm{m}^{-1}$。

根据里德伯公式,当 $n_1 = 2$ 时,得到的是氢在可见光区的谱线,称为巴耳末（Balmer）系;当 $n_1 = 3$ 和 $n_1 = 4$ 时,得到氢的红外光谱,分别称为帕邢（Paschen）系和布拉开（Brackett）系;当 $n_1 = 1$ 时,得到氢的紫外光谱,称为莱曼（Lyman）系[图 9-3（b）]。

然而巴耳末公式和里德伯公式都是经验公式,人们并不了解它们的物理含义。

3）普朗克的量子假说

1900 年,普朗克（M. Planck）首次提出了微观粒子具有量子化特征的假说。量子化特征是指,如果某一物理量的变化是不连续的,而是以某一最小单位作跳跃式的增减,那么这一物理量就是量子化（quantized）的,其变化的最小单位就称为这一物理量的量子（quantum）。

微观粒子量子化的第一个实例就是能量量子化。在黑体辐射（理想黑体可以吸收所有照射到它表面的电磁辐射,并将这些辐射转化为热辐射,即辐射能）过程中,辐射能的变化 E_n 是不连续的,而是以能量的最小单元 E 的整数倍变化的。最小能量单元 E 称为（能）量子,它是一个光子的能量并与光的频率成正比,又称为光量子

$$E = h\nu \tag{9-3}$$

式中,h 是普朗克常量,其值为 $6.626 \times 10^{-34} \mathrm{J \cdot s}$。

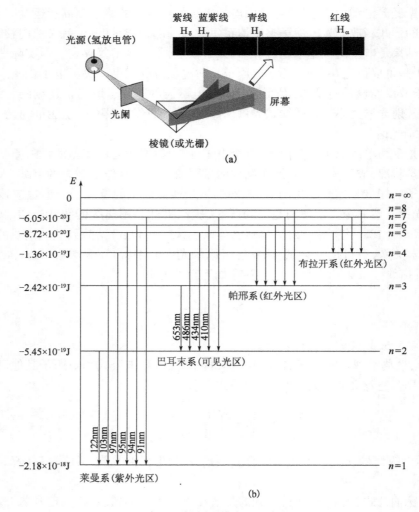

图9-3　氢原子光谱实验和氢原子谱线的形成

(a)氢原子光谱实验;(b)氢原子谱线的形成

普朗克的量子假说否定了"一切自然过程都是连续的"的观点,成为"20世纪整个物理学研究的基础"(爱因斯坦)。

4)玻尔理论

玻尔(N. H. D. Bohr)1913年综合卢瑟福的有核原子模型、普朗克的量子假说和爱因斯坦的光子学说,创立了玻尔理论,圆满解释了氢原子的光谱规律。

玻尔理论包含以下基本要点:

(1)原子轨道的不连续性:原子系统只能具有一系列的不连续的能量状态,在这些状态中,电子绕核作圆形轨道运动,不辐射也不吸收能量。在这些轨道上运动的电子所处的状态称为原子的定态。能量最低的定态称为基态,能量较高的定态称为激发态。原子轨道的半径不是连续的,其规律为

$$r_n = a_0 \cdot n^2 \qquad n = 1, 2, 3, \cdots (n \text{ 为正整数}) \tag{9-4}$$

式中,n 为能级代号,比例常数 $a_0 = 53\,\mathrm{pm}$,称为玻尔半径。

（2）原子轨道能量的不连续性:当电子受到激发时,可以从能量低的轨道跃迁到能量高的轨道,原子轨道的能量不是连续的,对于氢原子或类氢离子❶系统

$$E_n = -2.179 \times 10^{-18} \frac{Z^2}{n^2} \tag{9-5}$$

式中,n 为能级代号;Z 为原子序数;E_n 为能级为 n 的原子轨道的能量,单位为 J。

（3）电子辐射能的不连续性:当核外电子从能量较高的轨道跃迁回到能量较低的轨道时,就会产生光辐射。由于跃迁只能在两个定态之间进行,因此电子的辐射能是不连续的,对于氢原子有

$$\Delta E = E_{n_2} - E_{n_1} = 2.179 \times 10^{-18} \left(\frac{1}{n_1^2} - \frac{1}{n_2^2} \right) \tag{9-6}$$

式中,n 为能级代号,n_1、n_2 为正整数且 $n_2 > n_1$;E_{n_2} 为 n_2 能级的能量;E_{n_1} 为 n_1 能级的能量;ΔE 为 n_2 能级与 n_1 能级的能量之差。当 $n_1 = 1$,$n_2 = \infty$ 时,$\Delta E = 2.179 \times 10^{-18}\,\mathrm{J}$,即为氢原子的电离能,也相当于氢原子基态原子轨道的能量。能量若以 $\mathrm{kJ \cdot mol^{-1}}$ 计,则需乘以阿伏伽德罗常数,即 $2.179 \times 10^{-18}\,\mathrm{J} \times 6.022 \times 10^{23}\,\mathrm{mol^{-1}} \times 10^{-3}\,\mathrm{kJ \cdot J^{-1}} = 1\,312\,\mathrm{kJ \cdot mol^{-1}}$。

（4）原子光谱的不连续性:原子光谱的频率 ν、波长 λ 和波数 $\bar{\nu}$ 取决于电子跃迁的辐射能。因为电子跃迁的辐射能不连续,所以原子光谱也是不连续的,对于氢原子,有

$$h\nu = E_{n_2} - E_{n_1} = \Delta E$$

式中,h 为普朗克常量。将式（9-6）代入,解得

$$\nu = 3.289 \times 10^{15} \left(\frac{1}{n_1^2} - \frac{1}{n_2^2} \right) \tag{9-7}$$

利用 $\nu = c/\lambda = c\,\bar{\nu}$,$c$ 为光速（$3 \times 10^8\,\mathrm{m \cdot s^{-1}}$）,可进行氢原子光谱的频率 $\nu(\mathrm{s^{-1}})$、波长 $\lambda(\mathrm{m})$ 和波数 $\bar{\nu}(\mathrm{m^{-1}})$ 之间的换算。换算结果发现,式（9-2）和式（9-7）在本质上是相同的。

玻尔的氢原子理论可以解释氢原子光谱的产生和不连续性。氢原子处于基态时不发光,当氢原子得到能量后,其电子由基态跃迁至能量较高的激发态,激发态的电子回到能量较低的轨道时以光的形式释放出能量。由于两个轨道间的能量差是确定的,所以发射出来的光具有确定的频率。当电子从 $n = 3$、4、5、6 等轨道跃迁到 $n = 2$ 的轨道时,分别产生可见光区的 $\mathrm{H_\alpha}$（红线）、$\mathrm{H_\beta}$（青线）、$\mathrm{H_\gamma}$（蓝紫线）和 $\mathrm{H_\delta}$（紫线）［图 9-3（a）,可参见彩图 9-3（a）］;电子从 $n = 2$、3、4、5、6 等轨道跃迁到 $n = 1$ 的轨道时,分别产生紫外光区的一系列谱线;电子从 $n = 4$、5、6 等轨道跃迁到 $n = 3$ 的轨道时,分别产生红外光区的一系列谱线［参见图 9-3（b）］。因为能级是不连续（或量子化）的,所以氢原子光谱也是不连续的线状光谱,每条谱线有各自的频率。

玻尔理论虽然对氢原子光谱进行了相当令人满意的解释,但它不能说明多电子原子的光谱,也不能说明氢原子光谱的精细结构。这是因为它没有摆脱经典力学的束缚。虽然引

---

❶ 指 $\mathrm{He^+}$、$\mathrm{Li^{2+}}$ 等原子核外只有一个电子的离子。

入了量子化条件,但仍将电子视为有固定运动轨道的宏观粒子,而没有认识到电子运动的波动性,因此不能全面反映微观粒子的运动规律。

9.1.4 微观粒子的波粒二象性

波粒二象性(或二重性)是量子力学的基础,是理解核外电子运动状态的关键。电子既有粒子性也有波动性,这用经典力学无法解释,但在微观世界,波粒二象性是普遍存在的现象。

1)德布罗意物质波

20世纪初,物理学确立了光具有波粒二象性,在这个认识的启发下,法国物理学家德布罗意(L. de Broglie)于1924年提出了"物质波"的假设。他认为二象性并非光才具有的属性,一切运动着的实物粒子也都具有波粒二象性。他将反映光的二象性的公式应用到电子等微粒上,提出了物质波公式(或称为 de Broglie 关系式)

$$\lambda = \frac{h}{P} = \frac{h}{mv} \tag{9-8}$$

式中,P 是微粒的动量,m 是微粒的质量,v 是微粒的运动速度,这些都是粒子性的物理量。λ 代表微粒波的波长,它是波动性的物理量。二者通过普朗克常量 h(6.626×10^{-34} J·s)联系起来。如果实物粒子的 mv 值远大于 h(如宏观物体),则实物波的波长很短,通常可以忽略,因而不显示波动性;如果实物粒子的 mv 值等于或小于 h 值,则其波长不能忽略,即显示波动性。

1927年,德布罗意的假设被美国物理学家戴维森(C. J. Davisson)和英国物理学家汤姆森(G. P. Thomson)的电子衍射实验所证实,即电子具有波粒二象性这一特性。此后相继用中子、质子、α 粒子、原子等粒子流进行实验,也同样观察到了衍射现象,这就充分说明了微观粒子具有波动性的特征。

德布罗意波是微观粒子的运动属性,其物理意义不能用经典物理学解释,只能用适用于微观粒子运动状态的量子力学解释。量子力学告诉我们,德布罗意波是具有统计性的概率波。

2)海森堡测不准原理

海森堡(W. Heisenberg)测不准原理(uncertainty principle)是指同时准确地知道微观粒子的位置和动量是不可能的,即具有波动性的粒子没有确定的轨道。

经典力学认为宏观物体运动时,它的位置(坐标)和动量(速度)可以同时准确地测定,对于具有波动性的微观粒子却完全不同,我们无法同时准确地测定它的运动坐标和动量。微观粒子的位置和动量之间存在着下列不确定的关系式

$$\Delta x \cdot \Delta P \geqslant \frac{h}{4\pi} \text{或} \Delta x \geqslant \frac{h}{4\pi m \Delta v} \tag{9-9}$$

式中,ΔP 是粒子动量的不准确量;Δx 是粒子位置的不准确量;Δv 是粒子速度的不准确量;m 是粒子的质量;h 为普朗克常量。此式称为海森堡测不准关系式。

式(9-9)表明,粒子位置测定得越准确(Δx 越小),它的动量的不准确度就越大(ΔP 越大),反之亦然。

值得注意的是,测不准原理并不是因为目前的测量技术不够精确,也不是说微观粒子的运动是虚无缥缈、不可认识的,实际上它来源于微观粒子运动的波粒二象性,是微观粒子的固有属性。

9.2　单电子原子的结构

9.2.1　电子运动的波动方程——薛定谔方程

在经典物理学中,宏观物体的运动状态,可根据经典力学的方法,用坐标和动量来描述其运动轨迹。测不准原理告诉我们,用坐标和动量来描述微观粒子的运动状态是不可能的。但对于微观粒子的运动状态,可以用波的概念来描述。

1926 年薛定谔(E. Schrödinger)根据德布罗意关于物质波的观点,将物质波的关系式代入经典的波动方程中,用以描述微观粒子的概率波,建立了著名的描述微观粒子运动状态的量子力学波动方程,即**薛定谔方程**。下式给出了氢原子(单电子原子)在直角坐标系中的薛定谔方程

$$\frac{\partial^2 \psi}{\partial x^2} + \frac{\partial^2 \psi}{\partial y^2} + \frac{\partial^2 \psi}{\partial z^2} + \frac{8\pi^2 m}{h^2}(E - V)\psi = 0 \tag{9-10}$$

式中,E 是体系中电子的总能量;V 是体系中电子的总势能;m 是电子的质量;$(E - V)$ 是电子的动能;ψ 称为波函数,为方程的解,是表示电子绕核运动状态的数学关系式。可以看出,在这个方程中,既有 m、E、V 等粒子性的物理量,又有波动性的物理量 ψ,它们被联系在薛定谔方程中。为了叙述方便,常用函数通式表示复杂的薛定谔方程

$$f(x, y, z) = 0 \tag{9-11}$$

薛定谔方程是一个二阶偏微分方程,解这个方程相当复杂,需要较深的数学知识,以下简单介绍薛定谔方程的求解过程。

(1)坐标变换。为适应核电荷势场的球形对称的特点,将薛定谔方程由直角坐标系的形式 $f(x, y, z) = 0$ 变换成球坐标系的形式 $f(r, \theta, \varphi) = 0$($x = r\sin\theta\cos\varphi, y = r\sin\theta\sin\varphi, z = r\cos\theta$, $r = \sqrt{x^2 + y^2 + z^2}$)。方程的解也由 $\psi(x, y, z)$ 转变为 $\psi(r, \theta, \varphi)$。

(2)变量分离。球坐标系 (r, θ, φ) 包含了半径因素 (r) 和方位角度因素 (θ, φ)。为计算方便,将薛定谔方程分解为径向方程 $f(r) = 0$ 和角度方程 $f(\theta, \varphi) = 0$,方程的解波函数 $\psi(r, \theta, \varphi)$ 也被分解为径向波函数 $R(r)$ 和角度波函数 $Y(\theta, \varphi)$,波函数 $\psi(r, \theta, \varphi)$ 即为二者的乘积。

$$\psi(r, \theta, \varphi) = R(r) \cdot Y(\theta, \varphi) \tag{9-12}$$

(3)方程的解。薛定谔方程是描述核外电子运动规律的数理方程,其解 $\psi(r, \theta, \varphi)$ 是表示核外电子能量状态的函数关系式。表 9-1 给出了氢原子部分原子轨道波函数的数学形式。波函数绝对值的平方 $\psi^2(r, \theta, \varphi)$ 表示电子的概率密度随 (r, θ, φ) 的变化情况。角度波函数绝对值的平方 $Y^2(\theta, \varphi)$ 表示电子的概率密度随 (θ, φ) 变化的情况;径向波函数绝对值的平方 $R^2(r)$ 表示电子的概率密度随 r 变化的情况。概率密度与原子核外指定空间体积 $d\tau$ 的

乘积就是电子在该空间的出现概率,即

$$概率 = \psi_{n,l,m}^2(r,\theta,\varphi) \cdot d\tau \tag{9-13}$$

式中,n、l、m 为量子数,将在下面进行介绍。

氢原子部分原子轨道的径向波函数和角度波函数　　表9-1

轨道	$\psi(r,\theta,\varphi)$	$R(r)$	$Y(\theta,\varphi)$
1s	$\sqrt{\dfrac{1}{\pi a_0^3}}\,e^{-\frac{r}{a_0}}$	$2\sqrt{\dfrac{1}{a_0^3}}\,e^{-\frac{r}{a_0}}$	$\sqrt{\dfrac{1}{4\pi}}$
2s	$\dfrac{1}{4}\sqrt{\dfrac{1}{2\pi a_0^3}}\left(2-\dfrac{r}{a_0}\right)e^{-\frac{r}{2a_0}}$	$\sqrt{\dfrac{1}{8\pi a_0^3}}\left(2-\dfrac{r}{a_0}\right)e^{-\frac{r}{2a_0}}$	$\sqrt{\dfrac{1}{4\pi}}$
$2p_z$	$\dfrac{1}{4}\sqrt{\dfrac{1}{2\pi a_0^3}}\left(\dfrac{r}{a_0}\right)e^{-\frac{r}{2a_0}}\cos\theta$	$\sqrt{\dfrac{1}{24a_0^3}}\left(\dfrac{r}{a_0}\right)e^{-\frac{r}{2a_0}}$	$\sqrt{\dfrac{3}{4\pi}}\cos\theta$
$2p_x$	$\dfrac{1}{4}\sqrt{\dfrac{1}{2\pi a_0^3}}\left(\dfrac{r}{a_0}\right)e^{-\frac{r}{2a_0}}\sin\theta\cos\varphi$	$\sqrt{\dfrac{1}{24a_0^3}}\left(\dfrac{r}{a_0}\right)e^{-\frac{r}{2a_0}}$	$\sqrt{\dfrac{3}{4\pi}}\sin\theta\cos\varphi$
$2p_y$	$\dfrac{1}{4}\sqrt{\dfrac{1}{2\pi a_0^3}}\left(\dfrac{r}{a_0}\right)e^{-\frac{r}{2a_0}}\sin\theta\sin\varphi$	$\sqrt{\dfrac{1}{24a_0^3}}\left(\dfrac{r}{a_0}\right)e^{-\frac{r}{2a_0}}$	$\sqrt{\dfrac{3}{4\pi}}\sin\theta\sin\varphi$

9.2.2 　四个量子数

薛定谔方程的解为系列解,每个解对应一个运动状态,因而原子中电子有一系列可能的运动状态。由于每个解受到三个常数 n、l、m 的规定,因而一个波函数(一个运动状态或一个原子轨道)可以简化为用一组量子数 (n,l,m) 来表示,写为 $\psi_{n,l,m}(r,\theta,\varphi)$ 或 $\psi_{n,l,m}(x,y,z)$,即表示原子中核外电子的一种运动状态。

由三个确定的量子数 n、l、m 组成一套参数可描述出波函数的特征,即核外电子的一种运动状态。除了这三个量子数外,还有一个描述电子自旋运动特征的量子数 m_s,叫自旋量子数。这些量子数对描述核外电子的运动状态,确定原子中电子的能量、原子轨道或电子云的形状和伸展方向,以及多电子原子核外电子的排布是非常重要的。

1)主量子数 n

n 称为**主量子数**(principal quantum number),表示电子出现的最大概率区域离核的远近和轨道能量的高低。n 的取值为从 1 到 ∞ 的任何正整数,在光谱学上常用字母来表示 n 值,对应关系为:

n 值:1,2,3,4,5,6,7,…

光谱学符号:K,L,M,N,O,P,Q,…

对 n 物理意义的理解,需要注意以下三点:n 越小,表示电子出现概率最大的区域离核越近;n 越大,表示电子出现概率最大的区域离核越远。n 越小,轨道的能量越低;n 越大,轨道的能量越高。n 相同,有时会有几个原子轨道,在这些轨道上运动的电子在同样的空间范围运动,可认为归属同一电子层,用光谱学符号 K,L,M,N,… 表示。对于单电子体系,电子能量完全由 n 决定;对于多电子体系,电子的能量还与角量子数 l 有关。

2) 角量子数 l

l 称为**角量子数**(azimuthal quantum number),又称副量子数,表示原子轨道的形状,是影响轨道能量的另一个因素,其取值受 n 的限制。对给定的 n, l 取 0 到 $(n-1)$ 的正整数,即 $l = 0,1,2,\cdots,n-1$(当 $n=1$ 时,$l=0$;当 $n=2$ 时,$l=0,1$;当 $n=3$ 时,$l=0,1,2$ 等),按照光谱学习惯可用 s,p,d,f,g,$\cdots$ 表示,其对应关系为:

l 值:$0,1,2,3,4,\cdots,(n-1)$

光谱学符号:s,p,d,f,g,$\cdots$

l 决定电子在空间的角度分布,即电子云的形状,并决定核外电子角动量的大小。通常将 n 相同、l 不同的电子归在同一电子层中的不同电子亚层。对于给定的 n,l 越大,轨道能量越高,即 $E_{ns} < E_{np} < E_{nd} < E_{nf} < \cdots$

3) 磁量子数 m

m 称为**磁量子数**(magnetic quantum number),表示轨道在空间的伸展方向。m 的取值受 l 的限制,对给定的 l 值,$m = 0, \pm 1, \pm 2, \pm 3, \cdots, \pm l$,共计 $2l+1$ 个值。

对 m 物理意义的理解需要注意:l 相同,m 不同的轨道在形状上完全相同,只是轨道的伸展方向不同。m 也可用光谱符号表示:$l=0$ 时,$m=0$,只有一种取向,即呈球形分布,用 s 表示;$l=1$ 时,$m=0, \pm 1$,有三种取向,光谱学符号为 p_z、p_x 和 p_y;$l=2$ 时,$m=0, \pm 1, \pm 2$,有五种取向,光谱学符号为 d_{z^2}、d_{xz}、d_{yz}、d_{xy} 和 $d_{x^2-z^2}$。因此,波函数(原子轨道)可以用两种方式表示,例如 $n=2$,$l=0$,$m=0$ 时,波函数为 $\psi_{2,0,0}$ 或 ψ_{2s};$n=2$,$l=1$,$m=0, \pm 1$ 时,波函数为 $\psi_{2,1,0}$、$\psi_{2,1,-1}$、$\psi_{2,1,+1}$ 或 ψ_{2p_z}、ψ_{2p_x}、ψ_{2p_y}。l 相同,m 不同的几个原子轨道称为**等价轨道**(equivalent orbital)或**简并轨道**(degenerate orbital)。如 l 相同的 3 个 p 轨道、5 个 d 轨道或 7 个 f 轨道,都是等价轨道。

4) 自旋量子数 m_s

m_s 表示电子在空间的自旋方向,顺时针方向和逆时针方向。用**自旋量子数**(spin quantum number)$m_s = +1/2$ 和 $m_s = -1/2$ 表示。对于这种自旋方向,也常用向上的箭头"↑"和向下的箭头"↓"形象地表示。

综上所述,描述一个原子轨道要用三个量子数 (n,l,m);描述一个原子轨道上运动的电子,则要用四个量子数 (n,l,m,m_s);而描述一个原子轨道的能量高低只需两个量子数 (n,l) 就可确定。表 9-2 给出了四个量子数以及与原子轨道之间的对应关系,由此可以理解,原子中每一层上的轨道数是一定的,电子的最大容量也是一定的。

量子数、原子轨道和电子容量的关系　　　　表 9-2

主量子数 n	电子层	角量子数 l	电子亚层	磁量子数 m	原子轨道	轨道数		自旋量子数 m_s	电子最大容量	
1	K	0	s	0	1s	1	1	$\pm 1/2$	2	2
2	L	0	s	0	2s	1	4	$\pm 1/2$	2	8
		1	p	$0, \pm 1$	2p	3		$\pm 1/2$	6	
3	M	0	s	0	3s	1	9	$\pm 1/2$	2	18
		1	p	$0, \pm 1$	3p	3		$\pm 1/2$	6	
		2	d	$0, \pm 1, \pm 2$	3d	5		$\pm 1/2$	10	

主量子数 n	电子层	角量子数 l	电子亚层	磁量子数 m	原子轨道	轨道数	自旋量子数 m_s	电子最大容量
4	N	0	s	0	4s	1	±1/2	2	32
		1	p	0, ±1	4p	3	±1/2	6
		2	d	0, ±1, ±2	4d	5	±1/2	10
		3	f	0, ±1, ±2, ±3	4f	7	±1/2	14

(轨道数合计 16;电子最大容量合计 32)

9.2.3 波函数和电子云的有关图形表示

波函数 $\psi_{n,l,m}(r,\theta,\varphi)$ 中包含 ψ、r、θ、φ 四个变量。在三维空间中无法表示四维空间的图像。前已述及,球坐标波函数可以分离成两部分的乘积,即 $\psi(r,\theta,\varphi)=R(r)\cdot Y(\theta,\varphi)$,其中 $R_{n,l}(r)$ 仅与 r 有关,由 n、l 决定,称为**径向波函数**;$Y_{l,m}(\theta,\varphi)$ 仅与 θ、φ 有关,由 l、m 决定,称为**角度波函数**。因此,我们可以利用 $R_{n,l}(r)$ 和 $Y_{l,m}(\theta,\varphi)$ 的图像从径向 (r) 和角度 (θ,φ) 两个方面来研究波函数。

1)波函数角度分布图

作原子轨道角度分布函数 $Y_{l,m}(\theta,\varphi)$ 随角度 (θ,φ) 变化的图,就可以得到波函数的角度分布图,它反映波函数值的大小随角度变化的情况[图9-4(a)、(c)和(e)]。

角度坐标 (θ,φ) 是三维空间角度坐标,因而角度分布图为一曲面。$l=0$(s 轨道)的 $Y(\theta,\varphi)$ 是常数(表9-1),与 (θ,φ) 无关,所以 s 轨道的角度分布图为一圆球[图9-4(a)]。由于 $Y(\theta,\varphi)$ 与量子数 n 无关,只与 l、m 有关,因此,n 不同,l、m 相同时,它们的角度分布图形状和伸展方向相同,例如 $2p_z$、$3p_z$ 和 $4p_z$ 轨道的角度分布图都是 xy 平面上方和下方两个相切的球(呈哑铃形),伸展方向在 z 轴上,统称为 p_z 轨道的角度分布图[图9-4(c)]。波函数角度分布图上的正负号没有"电性"的意义,表示的是曲面各部分上 Y 的正负号,这种正、负号在讨论原子间成键时有一定的作用。

2)电子云的角度分布图

电子云是电子在核外空间出现的概率密度分布的形象化描述,**概率密度**的大小可用 ψ^2 来表示。作 ψ^2 的角度部分 $Y^2_{l,m}(\theta,\varphi)$ 对 (θ,φ) 的图,就可得到电子云的角度分布图[图9-4(b)、(d)和(f)],它反映了概率密度随角度变化的情况。

需要注意的是,电子云的角度分布图和相应的原子轨道的角度分布图非常相似,它们之间的主要区别在于:由于 $Y<1$,因此 Y^2 一定小于 Y,因而电子云的角度分布图要比原子轨道角度分布图"瘦"一些;原子轨道角度分布图有正、负之分,而电子云角度分布图全部为正,这是由于 Y 平方后,总是正值[图9-4(b)、(d)和(f)]。

3)波函数(原子轨道)的径向分布图

同波函数的角度分布图类似,作径向波函数 $R(r)$ 对半径 r 的图,得到波函数(原子轨道)的径向分布图,它表示径向波函数的大小随半径的变化情况[图9-5(a)~(c)]。

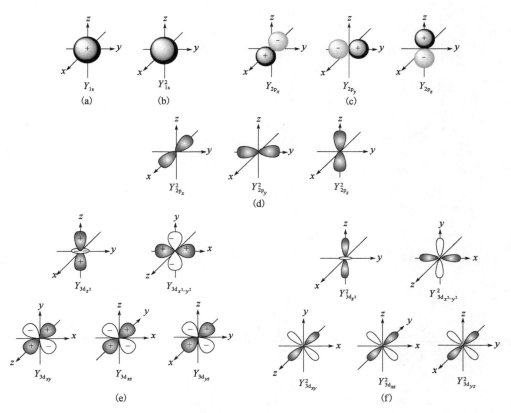

图 9-4　部分原子轨道和电子云的角度分布图

(a)s 轨道;(b)s 电子云;(c)p 轨道;(d)p 电子云;(e)d 轨道;(f)d 电子云

4)电子云的径向分布图

作 ψ^2 的径向部分 $R^2(r)$ 对 r 的图,就可得到电子云的径向分布图,它表示电子概率密度的大小随半径的变化情况[图 9-5(d)~(f)]。

5)电子概率的径向分布图

下面考虑电子出现的概率与离核远近的关系。假设考虑电子出现在半径为 r、厚度为 dr 的薄球壳的概率,这个球壳的相应球面积是 $4\pi r^2$,因此这个球壳内电子出现的概率应该等于概率密度的径向部分 $R^2(r)$ 乘以球壳的体积 $4\pi r^2 dr$,即 $R^2(r) \cdot 4\pi r^2 dr$。将 $R^2(r) \cdot 4\pi r^2$ 称为**径向分布函数**,用 $D(r)$ 表示。利用 D 对 r 作图,就可得到电子概率的径向分布图,此图可以形象地显示出电子出现的概率大小和离核远近的关系。图 9-6 给出了部分轨道电子概率的径向分布图。

由图 9-6 可以发现:

(1)曲线的极大值数为 $(n-l)$,比如 3s 轨道,$n=3$、$l=0$,即有 3 个极大值,$D-r$ 曲线上有 3 个峰。

(2)n 相同,l 不同,极大值峰数目就不同,但 l 越小,最小峰离核越近,主峰(最大峰)离核越远。

(3)n 越大,主峰离核越远。

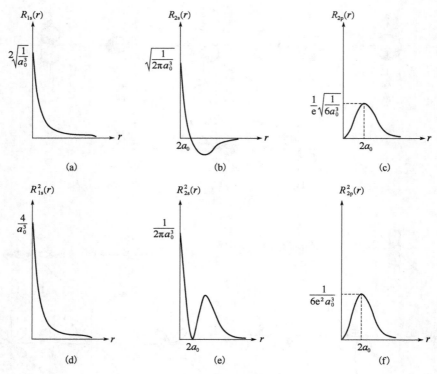

图9-5 部分原子轨道和电子云的径向分布图

(a)1s 轨道;(b)2s 轨道;(c)2p 轨道;(d)1s 电子云;(e)2s 电子云;(f)2p 电子云

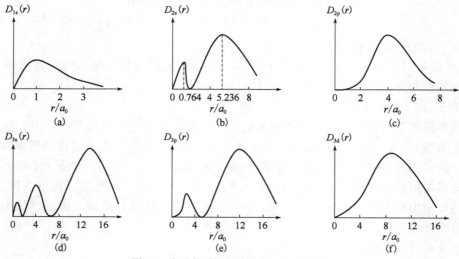

图9-6 部分轨道的电子概率的径向分布图

6)空间分布图

  作波函数 $\psi_{n,l,m}(r,\theta,\varphi)$ 对空间参数 (r,θ,φ) 的图,就得到波函数(或原子轨道)的空间分布图[图9-7(a)]。用 $\psi_{n,l,m}^2(r,\theta,\varphi)$ 对空间参数 (r,θ,φ) 作图,就得到电子云的空间分布图[图9-7(b)]。

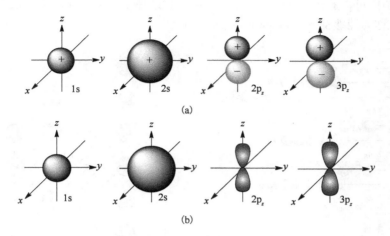

图 9-7　部分原子轨道和电子云的空间分布图

(a)原子轨道的空间分布图;(b)电子云的空间分布图

由图 9-7 可以看出,空间分布图的图形与主量子数 n 有关,不仅有形状的区别,而且有大小之分。例如 2s 的空间分布就大于 1s。不考虑图形尺寸差别的情况下,空间分布图与角度分布图相同。因此在讨论问题时,为了简化,往往以角度分布图代替空间分布图。

9.3　多电子原子的能级

氢原子的原子基态和激发态的能量都取决于主量子数,而与角量子数无关。在多电子原子中,原子中轨道之间的相互排斥作用,使得主量子数相同的各轨道发生分裂,因而主量子数相同的各轨道的能量不再相等。因此多电子原子中各轨道的能量不仅取决于主量子数,还和角量子数有关。原子中各轨道能级的高低主要是由光谱实验结果得到的。

9.3.1　鲍林近似能级图

鲍林(L. Pauling)根据光谱实验结果总结出多电子原子中各轨道能级相对高低的情况,并用图近似地表示出来[图 9-8(a),彩图见二维码]。图中每个圆圈表示一个原子轨道,如 3 个 2p 轨道,5 个 3d 轨道等分别处于同一个能级,属于能量简并的轨道。图中每个虚线方框表示一个能量组,方框内是能量相近的轨道。圆圈位置的高低表示各轨道能级的相对高低。图 9-8(a)称为**鲍林近似能级图**(approximate energy level diagram),它反映了核外电子填充的一般顺序。

由图 9-8 可以看出,多电子原子的能级不仅与主量子数 n 有关,还和角量子数 l 有关:

(1)当 l 相同时,n 愈大,能级愈高。例如 $E_{1s} < E_{2s} < E_{3s} < E_{4s} < \cdots$

(2)当 n 相同,l 不同时,l 愈大,能级愈高。例如 $E_{ns} < E_{np} < E_{nd} < E_{nf} < \cdots$

(3)对于 n 和 l 都不同的原子轨道,能级变化比较复杂。例如,$E_{4s} < E_{3d}$,$E_{5s} < E_{4d}$,$E_{6s} <$

$E_{4f} < E_{5d}$。从图中可以看出 ns 能级均低于 $(n-1)d$,这种 n 值大的亚层能量反而比 n 值小的能量低的现象称为**能级交错**(energy level overlap)。

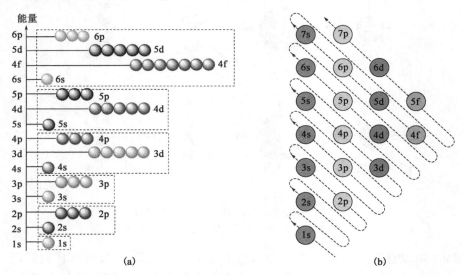

图 9-8　鲍林近似能级图和电子填充顺序(参见彩图 9-8)

(a)鲍林近似能级图;(b)电子填充顺序

　　(4)我国化学家徐光宪归纳出这样的规律,即用该轨道的 $(n+0.7l)$ 值来判断其所处的能级高低:$(n+0.7l)$ 值愈小,能级愈低。例如:4s 和 3d 两个轨道,它们的 $(n+0.7l)$ 值分别为 4.0 和 4.4,因此,$E_{4s} < E_{3d}$。徐光宪把 $(n+0.7l)$ 值的第一位数字相同的能级并为一个能级组。据此将原子轨道划分为 7 个能级组,与鲍林近似能级图一致[图 9-8(a)虚线方框所示]。相邻两个能级组之间的能量差比较大,而同一能级组中各轨道的能量差较小或很接近。以后我们将会看到,这种能级组的划分与元素周期表中元素划分为七个周期是一致的,即元素周期表中元素划分为周期的本质原因是原子轨道的能量关系。

9.3.2　科顿的原子轨道能级图

　　事实上,原子核外电子能量高低的顺序并不是一成不变的,而是随着原子序数的增加而有规律地变化。1962 年,美国化学家科顿(F. A. Cotton)在总结前人研究成果的基础上,提出了原子轨道与原子序数的关系图[图 9-9(a)],图 9-9(b)为原子序数在 20 附近的 4s 和 3d 原子轨道能级次序的放大图。

　　由图 9-9(彩图见二维码)可以看出:主量子数 n 相同的氢原子轨道具有能量简并性。随着原子序数的增加,原子轨道的能量下降,且不同轨道下降的幅度不同,出现了能级交错现象。

　　上面讨论的能级交错现象可用屏蔽效应和钻穿效应来解释。

9.3.3　屏蔽效应

　　在多电子原子中,电子不仅受到原子核的吸引,而且电子和电子之间也存在着排斥作用。斯莱特(J. C. Slater)认为,在多电子原子中,某一电子受其余电子排斥作用的结果,与原子核对该电子的吸引作用正好相反。因此,可以认为,其余电子屏蔽了或削弱了原子核对该电子的吸引作用。即该电子实际上所受到核的引力要比相应的原子序数 Z 的核电荷的引力小,因此,要从 Z 中减去 σ, σ 称为**屏蔽常数**(screening constant),它是 $(Z-1)$ 个电子对某个电子屏蔽作用的总和。通常把电子实际所受到的核电荷称为**有效核电荷**(effective nuclear charge),用 Z^* 表示,则

$$Z^* = Z - \sigma \tag{9-14}$$

这种将其他电子对某个电子的排斥作用表现为抵消一部分核电荷的作用,称为**屏蔽效应**(screening effect)。不同的电子所产生的屏蔽作用不同,离核越近,屏蔽作用越大。

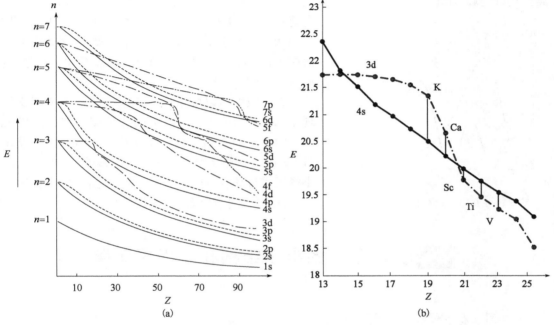

图 9-9　科顿原子轨道能级图和局部放大图
(a)科顿原子轨道能级图;(b)局部放大图

多电子原子中电子 i 的能量 E_i(单位为 J)为

$$E_i = \frac{-2.179 \times 10^{-18}(Z-\sigma)^2}{n^2} \tag{9-15}$$

由此可见,对于某多电子原子,电子所处的能级 n 一定时,电子所受到的有效核电荷数越小(即 σ 越大),电子所具有的能量就越高,因此屏蔽效应的结果使电子能量升高。对某一电子, σ 的大小既与起屏蔽作用的电子的多少以及这些电子所处的轨道有关,也与该电子本身所在的轨道有关。一般内层电子对外层电子的屏蔽作用较大,同层电子的屏蔽作用较小,外层电子对内层电子可近似看作不产生屏蔽作用。可利用斯莱特经验规则来计算 σ 的大小,在此不作详细介绍。

9.3.4　钻穿效应

从量子力学观点来看,电子可以出现在原子内的任何位置上,因此,最外层电子也可能

出现在离核很近处。也就是说，外层电子可钻入内电子壳层而更靠近原子核,这种电子渗入原子内部空间而更靠近核的本领称为钻穿。电子钻穿的结果降低了其他电子对它的屏蔽作用,起到了增加有效核电荷、降低轨道能量的作用。电子钻穿得愈靠近核,电子的能量愈低。这种由于电子钻穿而引起能量发生变化的现象称为**钻穿效应**(drill through effect)或穿透效应(penetration effect)。钻穿效应的存在不仅能引起轨道能级的分裂,还能导致能级的交错。

电子钻穿的大小可从核外电子的径向分布函数图看出(参见图9-6)。除1s、2p、3d和4f电子外,其他电子的径向分布图都有小峰。径向分布图的特点是具有 $n-l$ 个峰。

对主量子数 n 相同的电子,角量子数 l 每小1个单位,峰的数值就多1个,也就是多1个离核较近的峰,而电子钻得越深,离核越近,受其他电子的屏蔽作用越小,实际受到的有效核电荷越大,轨道能量越低。因此,量子数 n 相同,但 l 不同的电子发生了能级分裂。它们的钻穿效应大小次序为: $ns > np > nd > nf$,则对应的能量大小次序为: $E_{ns} < E_{np} < E_{nd} < E_{nf}$。

钻穿效应可以用来说明不同主层中的能级交错现象,如 ns 与 $(n-1)d$ 轨道的能级交错现象。将4s和3d的径向分布函数图进行比较就可以看出(图9-10),4s最大峰虽然比3d离核要远,但是它的小峰很靠近核,因此,4s比3d的穿透能力要强,4s的能量比3d要低,能级产生交错。

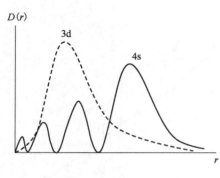

图9-10　钻穿效应示意图

9.4　原子的电子结构和元素周期律

9.4.1　核外电子排布的规则

核外电子排布遵循三个原则:能量最低原理、泡利不相容原理和洪特规则。

1)能量最低原理

我们知道,自然界中任何体系的能量愈低,则所处的状态愈稳定。对于电子进入原子轨道而言也是如此。因此,核外电子在原子轨道上的排布,应使整个原子的能量处于最低状态,即填充电子时,是按照近似能级图中各能级的顺序由低到高填充的[参见图9-8(b)]。这一原则,称为**能量最低原理**(lowest energy principle)。

2)泡利不相容原理

能量最低原理确定了电子进入轨道的次序,但每一轨道上的电子数是有一定限制的。关于这一点,1925年泡利(W. Pauli)根据原子的光谱现象并考虑元素周期表中每一周期元素的数目,提出**泡利不相容原理**(exclusion principle):在同一原子或分子中,不可能有两个电子具有完全相同的四个量子数。如果原子中电子的 n、l、m 三个量子数都相同,则第四个量子数 m_s 一定不同,即同一轨道最多能容纳2个自旋方向相反的电子。应用泡利不相容原理,可以推算出某一电子层或亚层的最大容量。每层电子的最大容量为 $2n^2$。

3）洪特规则

洪特（F. Hund）根据大量光谱实验结果，总结出一个普遍规则：在同一亚层的各个轨道（等价轨道）上，电子的排布将尽可能分占不同的轨道，并且自旋方向相同。这个规则叫**洪特规则**（Hund's rule），也称最多等价轨道规则。用量子力学理论推算，也证明这样的排布可以使体系能量最低。因为当一个轨道中已占有一个电子时，另一个电子要继续填入同前一个电子成对，就必须克服它们之间的排斥作用，其所需能量叫电子成对能。因此，电子分占不同的等价轨道，有利于体系的能量降低。

作为洪特规则的特例，等价轨道（简并轨道）全充满（p^6 或 d^{10} 或 f^{14}）、半充满（p^3 或 d^5 或 f^7）或全空（p^0 或 d^0 或 f^0）状态是比较稳定的。

9.4.2　基态原子的电子排布

处于基态的原子称为基态原子。讨论原子核外电子的排布，主要是根据核外电子排布原则，并结合鲍林近似能级图，按照原子序数的增加将电子逐个填入。大多数元素，与光谱实验结果一致，但也有少数例外，对于这种情况，要尊重实验事实。

各元素基态原子的电子排布式见表9-3。第一、第二、第三周期的18个元素的原子轨道没有能级交错，只需按顺序填充电子。例如，氖（原子序数10）原子的电子层结构是 $1s^2 2s^2 2p^6$。从铝开始排 3p 电子，到氩（原子序数18）排满 $3p^6$。从第四周期开始，钾的第19个电子不是 3d 而是 4s，因为 $E_{3d} > E_{4s}$。钪的第21个电子是 3d 而不是 4p，因为 $E_{4p} > E_{3d}$。从钪到锌元素逐个增加 1 个 d 电子，其中有两个特殊情况：Cr 不是 $3d^4 4s^2$，而是 $3d^5 4s^1$；Cu 不是 $3d^9 4s^2$，而是 $3d^{10} 4s^1$。这是因为半充满的 d^5 和全充满的 d^{10} 结构比较稳定。

第四、第五、第六周期元素原子电子排布的例外情况更多一些。一方面，虽然填充时假定所有元素的原子能级高低次序一样，但实际上，随原子序数的增加，电子受到的有效核电荷数增加，虽然所有原子轨道的能量一般都逐渐下降，但不同轨道能量下降的幅度各不相同。因此，各能级的相对位置将随之改变。另一方面，因较重元素原子的 ns 轨道和 $(n-1)d$ 轨道之间的能量差要小一些，故 ns 电子激发到 $(n-1)d$ 轨道上只需很少的能量。如果激发后能增加轨道中自旋平行的单电子数，其所降低的能量超过激发能，就会造成特殊排布。例如，铌不是 $4d^3 5s^2$，而是 $4d^4 5s^1$；钯不是 $4d^8 5s^2$，而是 $4d^{10}$。

基态原子的电子排布式　　　　　　　　　　　　　　　　　　　表 9-3

周期	原子序数	元素符号	电子结构	周期	原子序数	元素符号	电子结构
1	1	H	$1s^1$	2	9	F	$[He]2s^2 2p^5$
	2	He	$1s^2$		10	Ne	$[He]2s^2 2p^6$
2	3	Li	$[He]2s^1$	3	11	Na	$[Ne]3s^1$
	4	Be	$[He]2s^2$		12	Mg	$[Ne]3s^2$
	5	B	$[He]2s^2 2p^1$		13	Al	$[Ne]3s^2 3p^1$
	6	C	$[He]2s^2 2p^2$		14	Si	$[Ne]3s^2 3p^2$
	7	N	$[He]2s^2 2p^3$		15	P	$[Ne]3s^2 3p^3$
	8	O	$[He]2s^2 2p^4$		16	S	$[Ne]3s^2 3p^4$

周期	原子序数	元素符号	电子结构	周期	原子序数	元素符号	电子结构
3	17	Cl	$[Ne]3s^23p^5$	5	52	Te	$[Kr]4d^{10}5s^25p^4$
	18	Ar	$[Ne]3s^23p^6$		53	I	$[Kr]4d^{10}5s^25p^5$
4	19	K	$[Ar]4s^1$		54	Xe	$[Kr]4d^{10}5s^25p^6$
	20	Ca	$[Ar]4s^2$	6	55	Cs	$[Xe]6s^1$
	21	Sc	$[Ar]3d^14s^2$		56	Ba	$[Xe]6s^2$
	22	Ti	$[Ar]3d^24s^2$		57	La	$[Xe]5d^16s^2$
	23	V	$[Ar]3d^34s^2$		58	Ce	$[Xe]4f^15d^16s^2$
	24	Cr	$[Ar]3d^54s^1$		59	Pr	$[Xe]4f^36s^2$
	25	Mn	$[Ar]3d^54s^2$		60	Nd	$[Xe]4f^46s^2$
	26	Fe	$[Ar]3d^64s^2$		61	Pm	$[Xe]4f^56s^2$
	27	Co	$[Ar]3d^74s^2$		62	Sm	$[Xe]4f^66s^2$
	28	Ni	$[Ar]3d^84s^2$		63	Eu	$[Xe]4f^76s^2$
	29	Cu	$[Ar]3d^{10}4s^1$		64	Gd	$[Xe]4f^75d^16s^2$
	30	Zn	$[Ar]3d^{10}4s^2$		65	Tb	$[Xe]4f^96s^2$
	31	Ga	$[Ar]3d^{10}4s^24p^1$		66	Dy	$[Xe]4f^{10}6s^2$
	32	Ge	$[Ar]3d^{10}4s^24p^2$		67	Ho	$[Xe]4f^{11}6s^2$
	33	As	$[Ar]3d^{10}4s^24p^3$		68	Er	$[Xe]4f^{12}6s^2$
	34	Se	$[Ar]3d^{10}4s^24p^4$		69	Tm	$[Xe]4f^{13}6s^2$
	35	Br	$[Ar]3d^{10}4s^24p^5$		70	Yb	$[Xe]4f^{14}6s^2$
	36	Kr	$[Ar]3d^{10}4s^24p^6$		71	Lu	$[Xe]4f^{14}5d^16s^2$
5	37	Rb	$[Kr]5s^1$		72	Hf	$[Xe]4f^{14}5d^26s^2$
	38	Sr	$[Kr]5s^2$		73	Ta	$[Xe]4f^{14}5d^36s^2$
	39	Y	$[Kr]4d^15s^2$		74	W	$[Xe]4f^{14}5d^46s^2$
	40	Zr	$[Kr]4d^25s^2$		75	Re	$[Xe]4f^{14}5d^56s^2$
	41	Nb	$[Kr]4d^45s^1$		76	Os	$[Xe]4f^{14}5d^66s^2$
	42	Mo	$[Kr]4d^55s^1$		77	Ir	$[Xe]4f^{14}5d^76s^2$
	43	Tc	$[Kr]4d^55s^2$		78	Pt	$[Xe]4f^{14}5d^96s^1$
	44	Ru	$[Kr]4d^75s^1$		79	Au	$[Xe]4f^{14}5d^{10}6s^1$
	45	Rh	$[Kr]4d^85s^1$		80	Hg	$[Xe]4f^{14}5d^{10}6s^2$
	46	Pd	$[Kr]4d^{10}$		81	Tl	$[Xe]4f^{14}5d^{10}6s^26p^1$
	47	Ag	$[Kr]4d^{10}5s^1$		82	Pb	$[Xe]4f^{14}5d^{10}6s^26p^2$
	48	Cd	$[Kr]4d^{10}5s^2$		83	Bi	$[Xe]4f^{14}5d^{10}6s^26p^3$
	49	In	$[Kr]4d^{10}5s^25p^1$		84	Po	$[Xe]4f^{14}5d^{10}6s^26p^4$
	50	Sn	$[Kr]4d^{10}5s^25p^2$		85	At	$[Xe]4f^{14}5d^{10}6s^26p^5$
	51	Sb	$[Kr]4d^{10}5s^25p^3$		86	Rn	$[Xe]4f^{14}5d^{10}6s^26p^6$

续上表

周期	原子序数	元素符号	电子结构	周期	原子序数	元素符号	电子结构
	87	Fr	$[Rn]7s^1$		103	Lr	$[Rn]5f^{14}6d^17s^2$
	88	Ra	$[Rn]7s^2$		104	Rf	$[Rn]5f^{14}6d^27s^2$
	89	Ac	$[Rn]6d^17s^2$		105	Db	$[Rn]5f^{14}6d^37s^2$
	90	Th	$[Rn]6d^27s^2$		106	Sg	$[Rn]5f^{14}6d^47s^2$
	91	Pa	$[Rn]5f^26d^17s^2$		107	Bh	$[Rn]5f^{14}6d^57s^2$
	92	U	$[Rn]5f^36d^17s^2$		108	Hs	$[Rn]5f^{14}6d^67s^2$
	93	Np	$[Rn]5f^46d^17s^2$		109	Mt	$[Rn]5f^{14}6d^77s^2$
	94	Pu	$[Rn]5f^67s^2$		110	Ds	$[Rn]5f^{14}6d^87s^2$
7	95	Am	$[Rn]5f^77s^2$	7	111	Rg	$[Rn]5f^{14}6d^{10}7s^1$
	96	Cm	$[Rn]5f^76d^17s^2$		112	Cn	$[Rn]5f^{14}6d^{10}7s^2$
	97	Bk	$[Rn]5f^97s^2$		113	Nh	$[Rn]5f^{14}6d^{10}7s^27p^1$
	98	Cf	$[Rn]5f^{10}7s^2$		114	Fl	$[Rn]5f^{14}6d^{10}7s^27p^2$
	99	Es	$[Rn]5f^{11}7s^2$		115	Mc	$[Rn]5f^{14}6d^{10}7s^27p^3$
	100	Fm	$[Rn]5f^{12}7s^2$		116	Lv	$[Rn]5f^{14}6d^{10}7s^27p^4$
	101	Md	$[Rn]5f^{13}7s^2$		117	Ts	$[Rn]5f^{14}6d^{10}7s^27p^5$
	102	No	$[Rn]5f^{14}7s^2$		118	Og	$[Rn]5f^{14}6d^{10}7s^27p^6$

注:表中单框中的元素为过渡元素,双框中的元素为镧系或锕系元素。

9.4.3　元素周期律

1869 年门捷列夫(Д. И. Менделéев)在元素系统化的研究中,将元素按照一定顺序排列起来,使元素的化学性质呈现出周期性的变化。元素性质的这种周期性变化规律称为**元素周期律**(elemental periodicity),其表格形式被称为**元素周期表**(periodic table)。

1)原子结构与元素周期律

(1)周期。元素周期表中共有七个周期。第一、第二、第三周期为短周期,从第四周期起以后的称为长周期。每个周期的最外层电子的结构都是从 ns^1 开始到 np^6(稀有气体)结束(第一周期除外)。元素所在的周期数与该元素的原子所具有的电子层数一致,也与该元素所处的按原子轨道能量高低顺序划分出的能级组的组数一致。能级组的划分是元素周期表中元素被分为周期的根本原因,所以一个能级组就对应着一个周期。

(2)族。元素周期表中,每一个纵列的元素具有相似的价层电子结构,称为一族。按照电子的填充顺序,最后一个电子填入 ns 或 np 能级的元素称为主族(A 族)元素。周期表上共有八个主族。通常把稀有气体称为零族元素。主族元素最外层的电子数与所属的族数相同,也与它的最高氧化数相同,所以同主族元素的化学性质非常相似。按照电子的填充顺序,最后一个电子填充在$(n-1)d$ 或 $(n-2)f$ 能级上的元素称为副族(B 族)元素。共有八个副族,但第Ⅷ副族有三个竖列。副族元素介于典型的金属元素(碱金属和碱土金属)和非金属元素(硼族到卤族)之间,因此又被称为过渡元素。第四、第五、第六周期中的过渡元素分别称为第一、第二、第三过渡系元素。镧系和锕系元素被称为内过渡系元素。

（3）区。根据基态原子电子排布的特点,将价层电子结构相近的族归为同一个区,元素周期表共划分为 4 个区(也有的教材将其划分为 5 个区,即将 d 区和 ds 区分开),如图 9-11 所示。

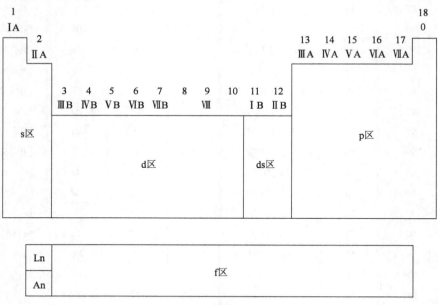

图 9-11　周期表元素的分区

s 区 ns^{1-2}:最后一个电子填充在 s 轨道上的元素称为 s 区元素,包括 ⅠA 族和 ⅡA 族元素,其价层电子排布为 ns^{1-2}。s 区是按族划分的周期表的主族,其中元素的族数等于价层电子中的 s 电子数。s 区元素易失去 1 个或 2 个电子形成 +1 价或 +2 价离子。它们都是活泼的金属元素。

p 区 ns^2np^{1-6}:最后一个电子填充在 p 轨道上的元素称为 p 区元素,包括 ⅢA 族至 ⅦA 族和 0 族元素。除了氢无 p 电子外,所有元素的价电子排布均为 ns^2np^{1-6}。p 区是按族划分的元素周期表的主族,其中元素的族数等于价层电子中 s 电子数与 p 电子数之和。若和数为 8,则为 0 族元素。在元素周期表中,p 区有一条金属元素区和非金属元素区的分界线,分界线的左下方为金属元素,右上方为非金属元素(参见元素周期表)。分界线附近的元素既表现金属性,又表现非金属性,故被称为两性元素。

d 区 $(n-1)d^{1-10}ns^{1-2}$:最后一个电子填充在 d 轨道上的元素称为 d 区元素,包括 ⅢB 至 ⅦB 和第Ⅷ族元素。其价电子排布为 $(n-1)d^{1-9}ns^{1-2}$(Pd 为 $4d^{10}5s^0$)。d 区元素的族数,等于价层电子中 $(n-1)d$ 的电子数与 ns 的电子数之和,若和数大于或等于 8,则为第Ⅷ族元素。d 轨道上的电子结构对 d 区元素的性质影响较大。由于 $(n-1)d$ 电子由不充满向充满过渡,该区元素常有可变的氧化态。由于最外电子层上的电子数少,而且结构的差别发生在次外层,因此它们都是金属元素,而且性质比较相似。最后一个电子填充在 d 轨道或 s 轨道,使其价层电子排布达到 $(n-1)d^{10}ns^{1-2}$ 的元素称为 ds 区元素,它包括 ⅠB 族和 ⅡB 族,在周期表中处于 p 区和 d 区之间。ds 区元素的族数,等于价层电子中 ns 的电子数。d 区和 ds 区的元素合称为过渡元素,其电子层结构的差别大都体现在次外层的 d 轨道上,因此性质比较相似,并且都是金属。习惯将 d 区和 ds 区统称为 d 区。

f 区 $(n-2)f^{0\sim14}(n-1)d^{0\sim2}ns^2$：最后一个电子填充在 f 轨道上的元素称为 f 区元素,包括镧系和锕系元素,其价层电子排布为 $(n-2)f^{0\sim14}(n-1)d^{0\sim2}ns^2$。由于其 $(n-2)f$ 中的电子由不充满向充满过渡,该区元素也被称为内过渡元素,并且它们的化学性质非常相似。

综上所述,原子的电子构型与它在周期表中的位置密切相关。一般来说,我们可以根据元素的原子序数和电子填充顺序,写出该原子的电子构型并推断它在周期表中的位置,或根据它在周期表中的位置,推知其原子序数和电子构型。周期表元素的分区见图 9-11。

2) 有效核电荷 Z^* 的周期性

随着元素原子序数增加,原子的核电荷 Z 呈线性增长趋势,但有效核电荷 Z^* 却呈周期性的变化(图 9-12)。这是因为屏蔽常数 σ 的大小与电子层结构有关,而电子层构型呈周期性的变化(参见 9.3.3 节屏蔽效应)。

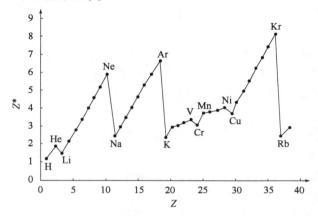

图 9-12 有效核电荷 Z^* 随原子序数 Z 的周期性变化

在短周期中,从左到右电子依次填充到最外层,即加在同一电子层中。同层电子间屏蔽作用弱,因此,有效核电荷显著增加。在长周期中,从第三个元素开始,增加的电子进入次外层,所产生的屏蔽作用比进入最外层要增大一些,因此有效核电荷增大不多;当次外层电子半充满或全充满时,屏蔽作用较大,因此有效核电荷略有下降;但在长周期的后半部,电子又填充到最外层,因而有效核电荷又显著增大。

同一族中元素由上到下,虽然核电荷增加较多,但相邻两元素之间依次增加一个电子内层,因而屏蔽作用也较大,使得有效核电荷增加不显著。

3) 原子半径的周期性

从量子力学的观点看,一个孤立的自由原子的核外电子,从原子核附近到距核无穷远处都有出现的概率。所以严格地说,原子(及离子)没有固定的半径,但在理论上可以用最外层原子轨道的有效半径近似地代表自由原子的半径,称为原子的理论半径 r_0

$$r_0 = \frac{n^2}{Z^*}a_0 \tag{9-16}$$

式中,n 为最大主量子数,Z^* 为有效核电荷数,a_0(53pm)为玻尔半径。

通常所说的**原子半径**是指原子处于某种特定的环境中(如在晶体、液体中)或与其他原子结合成分子时所表现的大小。根据原子之间作用力的性质,有共价半径、金属半径和范德华半径等。

通过 X 射线衍射及电子衍射等实验，可测定共价化合物中共价键的键长，得到原子的**共价半径**(covalence radius)。通常是把同种元素共价键键长的一半作为这个元素的共价半径。例如氢分子的共价键长(两个氢原子核间的距离)是 74pm，所以氢原子的共价半径是 37pm(因两个氢原子的电子云重叠，所以比自由原子半径 53pm 小得多)。两原子之间单键的键长最长，双键次之，叁键更短。通常共价半径是指共价单键半径。同种元素的共价半径在不同条件下基本不变，如金刚石晶体中 C—C 键长为 154pm，饱和烃中 C—C 键长为 152 ~ 155pm，故 C 的共价半径是 77pm。

共价半径有加和性。例如 Cl 的共价半径是 99pm，根据加和性，C—Cl 键的键长应该是 99pm + 77pm = 176pm。CCl_4 中 C—Cl 键的实验值是 177.6pm，计算值与之符合得很好。这说明共价半径只取决于成键原子本身，受相邻原子的影响很小。即无论和什么原子形成共价键，共价半径基本不变。

在金属晶体中，把相邻两个原子的核间距离的一半作为这种元素的**金属半径**(metal radius)。金属晶体中原子的堆积方式不同，则配位数不同，测得的半径数值也不同。一般取配位数为 12 时的金属半径值。需对配位数不等于 12 的金属原子的半径值进行校正，得出配位数为 12 时的金属半径。

在液态和固态的共价化合物中，分子和分子之间有一定的作用力，称为范德华力。例如，在 Cl_2 分子的晶体中，Cl_2 分子间依靠范德华力互相吸引。我们把不属同一分子的两个最接近的原子核间距离的一半称为原子的**范德华半径**(van der Waals radius)。一般范德华半径比同种元素的共价单键半径大得多(如图 9-13 中的 0 族元素)。

图 9-13 列出了元素周期表中各元素的原子半径。

1 ⅠA	2 ⅡA	3 ⅢB	4 ⅣB	5 ⅤB	6 ⅥB	7 ⅦB	8	9 Ⅷ	10	11 ⅠB	12 ⅡB	13 ⅢA	14 ⅣA	15 ⅤA	16 ⅥA	17 ⅦA	18 0
H 37																	He 122
Li 152	Be 111											B 88	C 77	N 70	O 66	F 64	Ne 160
Na 186	Mg 160											Al 143	Si 117	P 110	S 104	Cl 99	Ar 191
K 227	Ca 197	Sc 161	Ti 145	V 132	Cr 125	Mn 124	Fe 124	Co 125	Ni 125	Cu 128	Zn 133	Ga 122	Ge 122	As 121	Se 117	Br 114	Kr 198
Rb 248	Sr 215	Y 181	Zr 160	Nb 143	Mo 136	Tc 136	Ru 133	Rh 135	Pd 138	Ag 144	Cd 149	In 163	Sn 141	Sb 141	Te 137	I 133	Xe 217
Cs 265	Ba 217	Lu 173	Hf 159	Ta 143	W 137	Re 137	Os 134	Ir 136	Pt 136	Au 144	Hg 160	Tl 170	Pb 175	Bi 155	Po 153	At	Rn

Ln	La 187	Ce 183	Pr 182	Nd 181	Pm 181	Sm 179	Eu 199	Gd 179	Tb 176	Dy 175	Ho 174	Er 173	Tm 170	Yb 194	Lu 173

图 9-13 原子半径(单位:pm)

注:非金属为共价半径，金属为金属半径，稀有气体为范德华半径。

由图 9-13 数据可以看出：

(1) 对于主族元素，同一周期从左到右，原子半径以较大幅度逐渐缩小。这是由于随着核电荷的增加，电子层数不变，新增加的电子填入最外层的 s 亚层或 p 亚层，对屏蔽常数 σ

的贡献较小。因此,从左到右有效核电荷显著增加,外层电子被拉得更紧,从而使原子半径以较大幅度逐渐缩小。

(2)对于副族元素,同一周期从左到右,原子半径较缓慢地逐渐缩小,但变化情况不太规律。这是因为新增加的电子进入次外层的 d 亚层,而次外层电子对核电荷的屏蔽作用要比最外层电子大得多,致使有效核电荷增加的幅度较小。此外,d 电子间又相互排斥使半径增大。所以,同一周期中过渡元素从左到右原子半径减小的幅度比主族元素要小。d 电子的屏蔽作用和相互排斥作用与 d 电子的数目和空间分布对称性有关,因而原子半径变化不太规律。对于 d^{10} 电子构型,因为有较大的屏蔽作用,所以原子半径略有增大,f^7 和 f^{14} 电子构型也有类似情况。Cu、Zn 和 Pd、Ag、Cd 等的原子半径有较明显的增加趋势,因为从它们开始出现 d^{10} 电子构型。Eu 和 Yb 的原子半径增大,是因为从它们开始出现 f^7 和 f^{14} 电子构型。

(3)对于镧系元素,因为它们新增加的电子进入外数第三层的 f 亚层,对核电荷的屏蔽作用更大,但并不能"抵消"核电荷的增加,所以镧系元素随着原子序数增加,原子半径在总趋势上逐渐缩小,但减小的程度更小些,这种现象称为**镧系收缩**。由于镧系收缩的影响,镧系各元素之间的原子半径非常相近,性质相似,分离非常困难。同时,使镧系之后第六周期副族元素的原子半径都变得较小,以至于和第五周期副族中相应元素的原子半径很相近,Zr 和 Hf、Nb 和 Ta、Mo 和 W 等在性质上极为相似,分离十分困难。

(4)对于主族元素,同族从上到下原子半径增加。同族从上到下核电荷数增加,但电子层数也在增加,且后者的影响超过前者的作用,所以原子半径递增。

(5)对于副族元素,因有镧系收缩的影响,第五、第六周期元素的原子半径相差极少,有些则基本一样。

4)电离能的周期性

原子失去电子的难易程度,可以用电离能来衡量。**电离能**(ionization energy)是指气态原子在基态时失去电子所需的能量。常用使 1mol 气态原子失去电子所需的能量($kJ \cdot mol^{-1}$)表示。

原子失去第一个电子所需的能量称为第一电离能,用 I_1 表示;失去第二个电子所需的能量称为第二电离能,用 I_2 表示;依次类推。

$$E(g) \longrightarrow E^+(g) + e^- \qquad I_1$$

$$E^+(g) \longrightarrow E^{2+}(g) + e^- \qquad I_2$$

对于相同元素的各级电离能,$I_1 < I_2 < I_3 < \cdots$ 这是因为原子失去一个电子后,离子中的电子受核的吸引力增强,因此从 E^+ 离子中再失去一个电子所需的能量增加。例如

$$Li(g) - e^- \longrightarrow Li^+(g) \qquad I_1 = 520.2 kJ \cdot mol^{-1}$$

$$Li^+(g) - e^- \longrightarrow Li^{2+}(g) \qquad I_2 = 7\,298.1 kJ \cdot mol^{-1}$$

$$Li^{2+}(g) - e^- \longrightarrow Li^{3+}(g) \qquad I_3 = 11\,815 kJ \cdot mol^{-1}$$

如无特别说明,通常讲的电离能是指第一电离能。电离能越小,原子越容易失去电子,金属性越强;电离能越大,原子越难失去电子,金属性越弱。电离能可以通过原子光谱、光电子能谱或电子冲击质谱等实验方法测定。图 9-14 给出了元素周期表中大部分元素的第一电离能。

图9-14 元素的第一电离能 I_1(单位:kJ·mol^{-1})

1	2	3	4	5	6	7	8	9	10	11	12	13	14	15	16	17	18
H 1312.1																	He 2372.3
Li 520.2	Be 899.5											B 800.6	C 1086.5	N 1402.3	O 1313.9	F 1681.0	Ne 2080.7
Na 495.8	Mg 737.8											Al 577.5	Si 786.5	P 1011.8	S 999.6	Cl 1251.2	Ar 1520.6
K 418.8	Ca 589.8	Sc 633.1	Ti 658.8	V 650.9	Cr 652.9	Mn 717.3	Fe 762.5	Co 760.4	Ni 737.1	Cu 745.5	Zn 906.4	Ga 578.8	Ge 762.2	As 944.5	Se 941.0	Br 1139.9	Kr 1350.8
Rb 403.0	Sr 549.5	Y 599.9	Zr 640.1	Nb 652.1	Mo 684.3	Tc 702.4	Ru 710.2	Rh 719.7	Pd 804.4	Ag 731.0	Cd 867.8	In 558.3	Sn 708.6	Sb 830.6	Te 869.3	I 1008.4	Xe 1170.4
Cs 375.7	Ba 502.8	*Lu 523.5	Hf 658.5	Ta 728.4	W 758.8	Re 755.8	Os 814.2	Ir 865.2	Pt 864.4	Au 890.1	Hg 1007.1	Tl 589.4	Pb 715.6	Bi 702.9	Po 811.8	At	Rn 1037.1
Fr 393.0	Ra 509.3	Lr 472.8	Rf 579.0														

La 538.1	Ce 534.4	Pr 528.1	Nd 533.1	Pm 538.6	Sm 544.5	Eu 547.1	Gd 593.4	Tb 565.8	Dy 573.0	Ho 581.0	Er 589.3	Tm 596.7	Yb 603.4
Ac 498.8	Th 608.5	Pa 568.3	U 597.6	Np 604.5	Pu 581.4	Am 576.4	Cm 578.1	Bk 598.0	Cf 606.1	Es 619.4	Fm 627.2	Md 634.9	No 641.6

注:图中数据引自英国皇家化学学会周期表,网址 http://www.rsc.org/periodic-table。

在同一主族中,电离能一般随着电子层数的增加而递减。这是因为从上到下原子半径逐渐增大,原子核对外层电子的吸引力逐渐减弱,电子容易失去。

在同一周期中,元素电离能一般随着原子序数的增加而递增,增加的幅度随周期数的增加而减小,但这种递增是曲折上升的(图 9-15)。每一周期中, IA 族的 I_1 最小,稀有气体的 I_1 最大,因为稀有气体原子具有 ns^2np^6 的稳定电子层结构。此外,从第二周期开始,每一周期的曲线有小的起伏,例如 N、P、As 和 Be、Mg 等元素的 I_1 分别比各自相邻元素的 I_1 高,这是因为它们的电子层结构分别处于半满和全满状态,比较稳定,失去电子相对较难。对于过渡元素,由于电子填充入内层轨道,从左到右有效核电荷增加的程度较小,原子半径缓慢减小, I_1 略有增加。

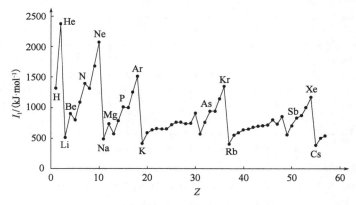

图 9-15　元素第一电离能的变化规律

5)电子亲和能的周期性

基态的气态原子获得电子成为气态负离子时所放出的能量叫作原子的**电子亲和能**(electron affinity energy)。本书中电子亲和能为负值表示放出能量,电子亲和能为正值表示吸收能量。电子亲和能的单位和电离能的单位一样,一般用 $kJ \cdot mol^{-1}$ 表示。例如

$$F(g) + e^- \longrightarrow F^-(g) \qquad A_1 = -328.0 kJ \cdot mol^{-1}$$

它表示 1mol 气态 F 原子得到 1mol 电子转变为 1mol 气态 F^- 时所放出的能量为 328.0kJ。

和电离能相似,依次获得一个电子,称为第一电子亲和能 A_1,第二电子亲和能 A_2 等。当负一价离子获得电子时,要克服负电荷之间的排斥力,因此需要吸收能量。例如

$$O(g) + e^- \longrightarrow O^-(g) \qquad A_1 = -141.0 kJ \cdot mol^{-1}$$

$$O^-(g) + e^- \longrightarrow O^{2-}(g) \qquad A_2 = 844.2 kJ \cdot mol^{-1}$$

活泼非金属的第一电子亲和能一般为负值(放能),但第二电子亲和能却是较高的正值(吸能);金属原子的第一电子亲和能一般为较小的负值或正值;稀有气体的第一电子亲和能均为正值。

电子亲和能的大小主要取决于有效核电荷、原子半径和原子的电子层结构,能够反映原子得到电子的难易程度。如无特别说明,通常讲的电子亲和能是指第一电子亲和能。电子亲和能(代数值)越小,表示基态的气态原子获得电子成为气态负离子时所放出的能量越多,

该气态原子越容易得到电子形成气态负离子。电子亲和能的测定比较困难,其数据远不如电离能的数据完整,图9-16给出了主族元素的电子亲和能。

H −72.8							He —
Li −59.6	Be —	B −26.7	C −121.9	N 6.8	O −141.0	F −328.0	Ne —
Na −52.9	Mg —	Al −42.5	Si −133.6	P −72.0	S −200.4	Cl −349.0	Ar —
K −48.4	Ca —	Ga −28.9	Ge −115.8	As −78.2	Se −195.0	Br −324.7	Kr —
Rb −46.9	Sr —	In −28.9	Sn −115.8	Sb −103.2	Te −190.2	I −295.2	Xe —
Cs −45.5	Ba —	Tl −19.3	Pb −35.1	Bi −91.3	Po −183.2	At −270.2	Rn —

图9-16 主族元素的第一电子亲和能 A_1(单位:$kJ \cdot mol^{-1}$)

注:1. 表中"—"表示该原子的负离子不稳定;

2. 本图数据引自 H. Hotop, W. C. Lineberger. J. Phys. Chem. Ref. Data, 1985, 14:731,原始数据单位为 eV,图中数据为换算成 $kJ \cdot mol^{-1}$ 之后的数据,$1eV = 96.485 kJ \cdot mol^{-1}$。

在元素周期表中,电子亲和能的变化规律类似于电离能的变化规律。同周期元素从左到右,原子的有效核电荷增大,原子半径逐渐减小,同时由于最外层电子数逐渐增多,易与电子结合形成8电子稳定结构。因此,元素的电子亲和能(代数值)逐渐减小,原子更易获得电子形成气态负离子。同一周期中以卤素的电子亲和能(代数值)最小。碱土金属由于半径大且具有 ns^2 电子层结构不易结合电子,电子亲和能比左右相邻元素的要大,一般为正值。第ⅤA族元素由于具有 ns^2np^3 电子层结构,p轨道半满,不易结合电子,电子亲和能比左右相邻元素的电子亲和能要大。氮原子的电子亲和能比较特殊,为正值($6.8kJ \cdot mol^{-1}$)。稀有气体由于具有 ns^2np^6 的稳定电子层结构,更不易结合电子,因而元素的电子亲和能在同周期中均最大。

同一主族中,从上到下电子亲和能的变化规律不如其同一周期变化规律那么明显,元素的电子亲和能(代数值)大部分逐渐增大,得电子的能力逐渐减弱,部分呈相反趋势,具体情况要根据有效核电荷、原子半径和电子层结构进行具体分析。值得注意的是,电子亲和能的最小值不是出现在氟原子上,而是出现在氯原子上。同一主族,第ⅡA族到第ⅦA族的第二周期元素的电子亲和能(代数值)均比第三周期的大。这是因为第二周期元素的原子虽然有很强的接受电子的倾向,但半径很小,结合的电子会受到原有电子较强的排斥,用于克服电子排斥所消耗的能量相对多些,原子结合电子的能力减弱。

6)元素电负性的周期性

1932年鲍林定义元素的**电负性**(electronegativity)为"元素的原子在化合物中吸引电子

能力的标度",他指定氟的电负性为 4.0(后人改为 3.98),并根据热化学数据比较各元素原子吸引电子的能力,得出其他元素的电负性 χ_P(图 9-17)。元素的电负性数值愈大,表示原子在分子中吸引电子的能力愈强。

原子半径减小—电离能增加—电负性增加
$\longrightarrow$

H 2.20																
Li 0.98	Be 1.57											B 2.04	C 2.55	N 3.04	O 3.44	F 3.98
Na 0.93	Mg 1.31											Al 1.61	Si 1.90	P 2.19	S 2.58	Cl 3.16
K 0.82	Ca 1.00	Sc 1.36	Ti 1.54	V 1.63	Cr 1.66	Mn 1.55	Fe 1.83	Co 1.88	Ni 1.91	Cu 1.90	Zn 1.65	Ga 1.81	Ge 2.01	As 2.18	Se 2.55	Br 2.96
Rb 0.82	Sr 0.95	Y 1.22	Zr 1.33	Nb 1.60	Mo 2.16	Tc 2.10	Ru 2.2	Rh 2.28	Pd 2.20	Ag 1.93	Cd 1.69	In 1.78	Sn 1.96	Sb 2.05	Te 2.10	I 2.66
Cs 0.79	Ba 0.89	Lu 1.0	Hf 1.3	Ta 1.5	W 1.7	Re 1.9	Os 2.2	Ir 2.2	Pt 2.2	Au 2.4	Hg 1.9	Tl 1.8	Pb 1.8	Bi 1.9	Po 2.0	At 2.2

图 9-17　元素电负性 χ_P 的周期性变化

注:图中数据引自英国皇家化学学会周期表,网址 http://www.rsc.org/periodic-table。

在元素周期表中,右上角 χ_P(F)最大,左下角 χ_P(Cs)最小,但主族元素和副族元素电负性变化规律不完全相同。对主族元素,同一周期内,自左至右元素的电负性依次增大;同一族内,自上而下,电负性一般减小。但长周期的 p 区出现反常,这是因为过渡元素的插入使得 p 区元素的有效核电荷数增加得较多。对于副族元素,同一周期元素的电负性自左至右略有增加。一般金属元素的电负性小于 2.0,而非金属元素则大于 2.0。

电负性的数值无法用实验测定,只能采用对比的方法得到。选择的标准不同,计算方法不同,得到的电负性数据也不同。主要的有 Pauling 标度 χ_P、Mulliken 标度 χ_M、Allred Roehow 标度 χ_{AR}、Sanderson 标度 χ_S 和 Allen 标度 χ_A 等。使用最广的是 Pauling 电负性。

利用元素的电负性,可以判断元素的金属性和非金属性,判断氧化物的酸碱性,判断分子的极性和键型。

【人物传记】

门捷列夫

德米特里·伊万诺维奇·门捷列夫(Д. И. Менделéев,1834—1907 年),俄国化学家,他发现了化学元素的周期性,依照原子量,制作出世界上第一张元素周期表,并据此预见了一些尚未发现的元素。他的著作、伴随着元素周期律而诞生的《化学原理》,在 19 世纪后期和 20 世纪初,被国际化学界公认为标准著作,前后共出了八版,影响了一代又一代的化学家。

门捷列夫1850年进入圣彼得堡师范学院学习化学,1854年大学毕业,1856年获化学硕士学位,1857年任圣彼得堡大学副教授,1859年到德国海德堡大学深造,1861年任职于圣彼得堡工艺学院,1865年被圣彼得堡大学授予博士学位,1866年任圣彼得堡大学普通化学教授,1890年当选为英国皇家学会外国会员。

门捷列夫从1862年开始研究元素周期律,对283种物质进行了艰苦、细致、系统的分析,掌握了大量的第一手资料。1869年3月,在圣彼得堡大学召开的俄国化学会议上,他宣读了题为《元素的性质和原子量的关系》的论文,向化学界公开了他的首张元素周期表。门捷列夫以其元素周期律为理论依据,大胆指出某些被公认的相对原子质量有误,应重新进行测量。此外,他还预言了一些未知元素的存在。这些预言在此后的几十年都一一被实验事实所证实。门捷列夫的这些成就极大地推动了现代化学的发展,先后获得了英国皇家学会的戴维金质奖章和法拉第奖章。

除了对元素周期律的杰出贡献外,门捷列夫还在度量衡、气体定律、无烟火药、石油化学等领域作出了不同程度的贡献。1907年2月2日因心肌梗死逝于圣彼得堡。为纪念这位伟大的科学家,1955年,由美国科学家在加速器中用氦核轰击锿(^{253}Es)获得的新元素(锿与氦核相结合,发射出一个中子)以门捷列夫(Mendeleyev)的名字命名为钔(Mendelevium,Md)。

【延伸阅读】

从"痴人说梦"到天才预言
——元素周期律发现始末

化学元素周期律的发现,是19世纪自然科学的重大成就之一。它不仅对自然科学特别是化学的发展产生了巨大的影响,而且对辩证唯物主义自然观的确立和发展也起到了不可估量的作用。但是,这一规律的发现却经历了艰难而曲折的斗争。

19世纪的头十年,是化学发展史上令人瞩目的十年。在这短短的时间里,新发现的元素竟达14种之多,这比18世纪以前人类认识的元素的总数的三分之一还多。这些新元素的发现,一方面使1789年拉瓦锡(A. L. de Lavoisier)提出的四类(气、非金属、金属、土质)元素分类法受到了严重的冲击而瓦解,同时,又为化学家提出了一系列新的问题。

自然界中究竟有多少种元素?未知元素的寻找有无规律可循?新元素的性质是怎样的?其性质能否预测?所有这些问题都集中在一个焦点上:元素之间有无内在的必然联系?如果有,这是什么样的联系?正是这个问题使得人们不得不对已知元素进行深入的重新认识。

1829年,德国化学家贝莱纳(J. W. Dobereiner)首先敏锐地察觉到已知元素的内在关系的端倪:某三种化学性质相近的元素,如氯、溴、碘,不仅在颜色、化学活性等方面有一定的变化规律,而且其原子量之间也有一定的关系,即中间元素的原子量为另两种元素原子量的算术平均值。这种情况,他一共找到了五组,将其称为"三元素组"。贝莱纳的"三元素组"第一次明确地提出元素的原子量和性质之间具有一定关系。

在此之后长达 40 年的时间里，这方面的探索工作从未停止过，总计有 90 起之多，其中具有代表性的：1857 年法国人尚古多（B. de Chancortois）提出的关于元素性质的"螺旋图"；1864 年德国的迈尔（J. L. Meyer）发表的"六元素表"；1865 年英国人纽兰兹（J. A. R. Newlands）发表的关于元素性质的"八音律"；等等。

从"三元素组"到"八音律"的 30 多年间，被组织起来的元素越来越多，它们之间的规律性也越来越明显了。在这些向真理逼近的工作中，科学家们付出了巨大的代价，铺平了通向元素周期律大门的道路。

1869 年，元素周期律由门捷列夫和迈尔同时提出，并被载入化学史册。

然而，新生事物的出现往往不是一帆风顺的。周期律的探求者们不仅要在同自然界的奋斗中耗费精力，还要承受来自社会各方面的攻击和非难。在法国，尚古多的"螺旋图"受到了巴黎科学院的冷遇。他虽然在 1862 年和 1863 年先后把有关这方面的三篇论文、图表和模型送交科学院，但一直没有被接纳；在德国，迈尔的"六元素表"由于遭到非难，在当时也未能及时公布于世；在英国，纽兰兹在化学学会上提"八音律"时，不但没有受到欢迎，反而遭到了嘲笑，英国化学会也拒绝发表他的论文。

在俄国，门捷列夫的阻力更大。一些知名的学者，包括他的导师，"俄罗斯化学之父"沃斯克列森基教授和化学界权威齐宁一开始就不支持他从事这项研究。对于门捷列夫的这些工作，连迈尔也曾表示过怀疑，认为他在"薄弱"的基础上来修改当时公认的原子量，是近乎"鲁莽"的行为。更有甚者，一些人竟对此报以挖苦和讥讽："化学是研究业已存在的物质的，它的研究结果是真实而无可争辩的事实。而他却研究鬼怪——世界上不存在的元素，想象出它的性质和特征。这不是化学，而是魔术！等于痴人说梦！"

这种几乎来自当时所有科学大国、学术权威的冷落、嘲讽和诋毁，使这一科学发现本就十分曲折的道路，变得更加陡峭和险峻，其结果是令人痛心的。尚古多的研究成果被推迟了整整 20 年，直到 1889 年才被翻译出版，这不仅在一定程度上影响了对元素周期律发现的进展，而且使法国科学界没有起到在这一重大发现中应起的作用；纽兰兹在英国科学界和权威的巨大压力下，不得不放弃这一重要理论问题的探索，转向制糖工艺的研究，这不仅使本来颇具希望的纽兰兹本人失去了进一步深入研究以获得更好成果的可能性，也使英国化学学会和权威们不得不承受历史上的难洗之耻；即使元素周期律发现之后，由于种种原因，这一重要的科学成果仍迟迟得不到科学界的公认。

经过五年多的沉默，事实终于说话了。

1875 年，门捷列夫根据周期律所作出的对新元素的预言第一次得到了证明：法国人布瓦博德朗（P. E. L. de Boisbaudran）发现的新元素镓 Ga 正是门捷列夫预言的"类铝"。

1879 年，瑞典化学家尼尔森（L. F. Nilson）发现了新元素钪 Sc，又一次证实了门捷列夫预言的"类硼"是完全正确的。

1886 年，当德国科学家克勒（C. A. Winkler）看到自己发现的锗 Ge 正是门捷列夫在 16 年前就已预言过的"类硅"时，惊奇之余，用一段极为精彩的话说明了这一科学发现的无可争辩的真理性："再没有比'类硅'的发现能更好地证明元素周期律的正确性了，它不仅证明了这个有胆略的理论，还扩大了人们在化学方面的眼界，而且在认识领域里迈进了一步！"

元素周期律的发现,使化学研究从只限于对大量零散的事实作无规律的罗列中解脱出来,是化学研究系统化进程中的一个重要里程碑。恩格斯曾高度评价元素周期律的发现:"门捷列夫不自觉地应用黑格尔的量转化为质的规律,完成了科学史上的一个勋业,这个勋业可以和勒维耶计算出尚未知道的行星海王星轨道的勋业居于同等地位。"(《马克思恩格斯选集》,第3卷,人民出版社,1972年,第489页)

2016年,随着IUPAC对118号元素Og的正式宣布,元素周期表的第七周期已经填满。明天的元素周期表将何去何从? 这是摆在我们面前值得探讨的问题。

——改编自《科学蒙难集》第十七章

习 题 9

9-1 Calculate the spectral line frequency of hydrogen atom spectrum in the visible region.

9-2 锂在火焰上燃烧放出红光,其波长 $\lambda = 670.8nm$,这是 Li 原子由电子组态 $1s^22p^1 \rightarrow 1s^22s^1$ 跃迁时产生的。试计算该红光的频率、波数以及以 $kJ \cdot mol^{-1}$ 为单位时的能量。

9-3 四个量子数的物理意义是什么? 它们的合理组合方式有什么规律?

9-4 Point out which set(s) are/is impossible to exist among the following sets of quantum numbers of electron, and try to explain the reasons.

(1)3,2,2,1/2   (2)3,0, −1,1/2   (3)2,2,2,2

(4)1,0,0,0   (5)2, −1,0,1/2   (6)2,0, −2,1/2

9-5 In an atom, the quantum number n and l are 3, and 2, respectively. What is the maximum number of electrons allowed?

9-6 原子核外电子运动有什么特征?

9-7 什么是波函数和原子轨道?

9-8 试分析电子云的角度分布图和相应的原子轨道分布图的异同点。

9-9 Cotton 原子轨道能级图与 Pauling 近似能级图的主要区别是什么?

9-10 什么是屏蔽效应和钻穿效应? 怎样解释同一主层中的能级分裂及不同主层中的能级交错现象?

9-11 下列各基态原子的核外电子排布中,违反了哪些原则或规则? 正确的排布应是怎样的?

(1)硼:$1s^22s^3$

(2)氮:$1s^12s^22p_x^22p_y^1$

(3)铍:$1s^22p^2$

9-12 已知某元素基态原子的电子排布是 $1s^22s^22p^63s^23p^63d^44s^2$,请回答:

(1)该元素的原子序数是多少?

(2)该元素属第几周期? 第几族? 是主族元素还是过渡元素?

9-13 写出下列原子的电子排布式并判断它们属于第几周期,哪一族。

(1)$_{15}$P   (2)$_{21}$Sc   (3)$_{30}$Zn   (4)$_{42}$Mo   (5)$_{77}$Ir   (6)$_{85}$At

9-14 不查阅元素周期表,试补充习题9-14表。

习题 9-14 表

原子序数	电子排布式	价层电子构型	周期	族	结构分区
26					
	$[Kr]5s^2$				
			5	VII A	
57					f
	$[Xe]4f^{14}5d^{10}6s^1$				

9-15 说明在同周期和同族中原子半径的变化规律,并讨论其原因。

9-16 比较下列各对元素中哪一个电离能高,并说明理由。

(1)Li 和 Cs (2)Li 和 F (3)S 和 P (4)Al 和 Mg

9-17 Which of the following elements has the largest first ionization energy? Which element has the lowest first ionization energy?

(1)B (2)N (3)Mg (4)Si (5)S (6)Se (7)Ca

9-18 指出下列叙述是否正确:

(1)氢原子的电离能为 2.179×10^{-19} J,也等于氢原子基态能量的绝对值。

(2)氢原子能级高低的顺序为 1s < 2s < 2p < 3s < 3p < 4s < 3d⋯

(3)氟的电负性比氯大,所以氟的第一电离能也比氯大。

9-19 比较下列各对元素中哪一个得电子的能力更强。

(1)F 和 Cl (2)Cl 和 Br (3)O 和 S (4)S 和 Se

9-20 什么是电负性?常用的电负性标度有哪些?电负性在同周期中、同族中各有何变化规律?

（高莉宁 王 卓）

第10章 分子结构

分子是构成物质的微小粒子,是能单独存在并保持物质原有物理化学性质的最小单元。也就是说,它们是参与化学反应的最基本单元,也决定了物质的物理化学性质。分子的性质由分子的内部结构所决定,因此探索分子结构对了解分子的性质以至了解物质的性质具有极其重要的意义。分子是由原子按照一定的比例构成的。那么,原子为什么要结合成分子?原子又是如何结合成分子的呢?要解决这两个问题,就需要了解分子间化学键的本质和分子的几何构型。人们对分子结构的认识是一个逐渐深入的过程,从经典共价键理论发展到现代价键理论,杂化轨道理论,价层电子对互斥理论,再到分子轨道理论。本章将逐一对这些理论进行简单介绍。

10.1 价键理论

20 世纪初,人们认识到稀有气体具有最稳定的 ns^2np^6(He 原子为 $1s^2$)电子构型。1916 年,美国化学家路易斯(G. N. Lewis)据此结合大量实验事实对分子结构提出了新的观点,认为分子中的原子可以通过共用电子对的方式形成稀有气体稳定的电子构型,并称这种以共用电子对结合的原子间作用力为共价键。因此后人称该理论为路易斯理论或经典共价键理论。通常用短线表示一对共用电子对(或共价键),用小黑点表示非成键的孤电子对,由此表示出的分子结构式称为路易斯结构式。作为示例,图 10-1 给出了 HCl、NH_3 和 HCN 分子的路易斯结构式。

路易斯理论成功解释了由相同原子构成的分子结构或电负性差值较小的元素原子成键的事实。但是由于路易斯理论建立在早期人们对少数化学元素认知的基础上,所以在解释由第二周期以外的元素原子形成的分子结构时适用性并不强。比如,BCl_3 和 PCl_5 分子结构式分别如图 10-2(a)和图 10-2(b)所示,可见分子中的中心原子最外层 p 电子层都没有达到稀有气体的 8 电子结构,而是 6 和 10。用路易斯理论无法解释这样的分子结构为什么能稳定存在。同时,用路易斯理论去解释一些分子的性质的时候也遇到了不少困难。比如,分子中有不成对的单电子时,分子显顺磁性,表现为在外磁场中显磁性。O_2 分子的路易斯结构式如

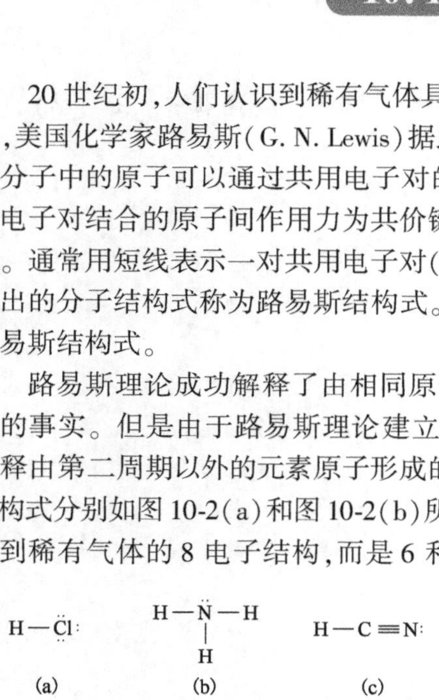

H—C̈l: H—N̈—H   H—C≡N:
                   |
                   H

(a)   (b)   (c)

图 10-1   HCl、NH_3 和 HCN 分子的路易斯结构式

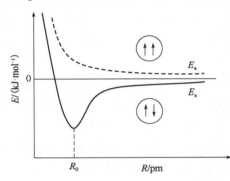

图 10-2(c)所示,由此可知结构中没有单电子,但是实验证明 O_2 分子却是顺磁性物质。路易斯理论无法解决这一矛盾。此外,路易斯理论也没能说明"为什么共用电子对能使原子结合成分子"的本质以及共价键本身存在的一些特性。

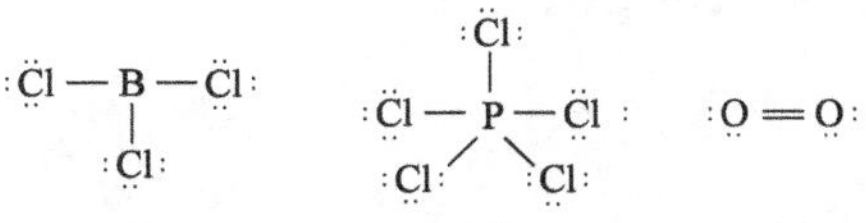

图 10-2　BCl_3、PCl_5 和 O_2 分子的路易斯结构式

1927 年,德国化学家海特勒(W. Heitler)和伦敦(F. Londen)首次成功地将量子力学的成果应用于分子结构的分析,初步揭示了共价键的本质。之后美国化学家鲍林(L. C. Pauling)等人对这一理论加以发展,建立了现代价键理论,进而对共价键的本质和一些特性有了更加深入的认识。

10.1.1　共价键的形成与本质

海特勒和伦敦根据量子力学的基本原理来处理 2 个 H 原子结合成 H_2 分子的过程时,得出了 H_2 分子的能量 E 与 2 个 H 原子核之间的距离 R 之间的关系,如图 10-3 所示。

图 10-3　H_2 分子形成过程的 $E\text{-}R$ 曲线图

当 2 个 H 原子相距很远时,它们之间基本不存在相互作用力。若 2 个 H 原子相互靠近,当两原子中的 1s 单电子采取自旋相反的方式时,随着两核之间的距离逐渐减小,体系的能量逐渐降低。用量子力学原理分析这一过程:当 2 个 H 原子中的 1s 单电子自旋相反且相互靠近时,2 个原子轨道 ψ_{1s} 同号叠加,因此在 2 个原子核之间形成了 1 个电子云密度高的区域[图 10-4(a)],这一负电区域的形成既减小了 2 个原子核之间的正电排斥,又由于静电吸引分别抓牢了 2 个原子核,故此体系趋于稳定,能量降低。原子轨道重叠部分越大,体系能量越低。当两核间距减小至 R_0(理论值为 87 pm,实验值为 74 pm)时,体系能量达到最低,低于 2 个 H 原子单独存在时的能量。实验测知 H 原子的玻尔半径为 53 pm,而 R_0 值小于 2 个 H 原子的玻尔半径,由此可见 H_2 分子中 2 个 H 原子的 1s 轨道确实发生了重叠。此时,H_2 分子体系稳定,2 个 H 原子间形成了共价键,这种状态称为 H_2 分子的基态,如图 10-3 中的 E_s 曲线所示。实验表明,此时体系能量下降的最高值与 H_2 分子的键能相接近。之后若两原子核间距进一步减小,原子核间的排斥力迅速增大,将导致体系能量又开始升高。

若 2 个 H 原子中的 1s 单电子采取相同的自旋方式,随着两原子逐渐靠近,两原子轨道 ψ_{1s} 异号叠加,在两核间形成 1 个电子云密度空白的区域[图 10-4(b)],在该区域电子云密度很小,几乎为零。因此随着两原子的靠近,两核之间没有负电区域的吸引和抵消,只有正电排斥,且越来越强烈,从而导致体系能量不断升高,且都高于 2 个 H 原子单独存在时的能量,此时体系不稳定,故不能成键,不能形成稳定的 H_2 分子,这种状态称为 H_2 分子的排斥态,如图 10-3 中的 E_a 曲线。

由 H_2 分子的形成过程可以得出共价键的本质:两原子相互接近时,2 个单电子自旋方向相反,原子轨道发生重叠,原子核间电子概率密度增大,从而吸引原子核,降低体系能量,形成稳定的共价键。

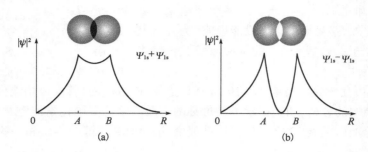

图 10-4　H_2 分子基态和排斥态电子概率密度与轨道重叠示意图

（a）H_2 分子基态电子概率密度与轨道重叠示意图；（b）H_2 分子排斥态电子概率密度与轨道重叠示意图

10.1.2　价键理论的基本要点

鲍林等人将量子力学处理 H_2 分子的结果推广至其他双原子分子或多原子分子，发展成为**现代价键理论**（valence-bond theory，VB 理论），或称为电子配对法。价键理论认为，共价键的形成需要满足以下几个条件：

（1）欲成键的 2 个原子都需要有至少 1 个成单电子，且以自旋方向相反的方式两两配对形成稳定的共价键，这与泡利不相容原理相一致。若两原子各提供 1 个单电子，则形成共价单键；若两原子各提供 2 个或 3 个单电子，则两两配对形成共价双键或三键。

（2）原子成键时，能量相近且对称性相同，即波函数 ψ 的符号（正或负）相同的原子轨道必须发生最大限度的重叠。因为原子轨道重叠后能在键合原子之间形成电子云较密集的区域，进而降低体系能量，形成稳定的共价键。原子轨道重叠部分越大，体系能量越低，形成的共价键越牢固，分子越稳定。所以成键时成键电子的原子轨道将尽可能地发生最大限度的重叠，从而使得体系能量最低。

上述成键条件决定了共价键具有以下特征：

（1）共价键具有饱和性。

共价键的成键条件之一是成键原子需要提供至少 1 个成单电子，与另一个原子的成单电子以自旋方向相反的方式两两配对成键。因为每个原子能提供的成单电子数是一定的，所以能与其发生键合的成单电子数目也是一定的，也就是说对于一个原子来说，成键的总数或能与其成键的原子数目是一定的。比如：H 原子（$1s^1$）最外层有 1 个未成对的 1s 单电子，它与另一个 H 原子 1s 轨道上的单电子配对成键形成双原子 H_2 分子后，每个 H 原子就不再具有单电子了，即使再有第三个 H 原子与 H_2 分子靠近，也不可能形成 H_3 分子。再比如：N 原子（$[\mathrm{He}]2s^2 2p^3$）最外层有 3 个未成对的 2p 单电子，所以 2 个 N 原子的成单电子可以两两配对形成共价三键，从而结合成 N_2 分子；此外，1 个 N 原子中的 3 个单电子也可以与 3 个 H 原子的 1s 单电子分别配对，形成 3 个共价单键，结合成 NH_3 分子。

（2）共价键的方向性。

共价键成键的另一个重要的条件是成键的 2 个原子轨道需要发生最大限度的重叠，才能使得体系能量降到最低,形成稳定的共价键。原子轨道都有一定的形状和空间取向(s 轨道的球形分布除外),所以只有沿着某些特定的方向才能达到最大限度的重叠,因此形成的共价键在空间中具有一定的取向,即共价键的方向性。例如:F 原子([He]$2s^2 2p^5$)只有 1 个成单的 2p 电子,设其处于 $2p_x$ 轨道上。当 H 原子与其接近时,H 原子的 1s 轨道与 F 原子的 $2p_x$ 轨道发生重叠,重叠方式可以多样,图 10-5 只列举了其中的三种。若 2 个轨道采取图 10-5(a)的方式接近,异号轨道叠加相互抵消;若采取图 10-5(b)的方式接近,则同号叠加部分较少;只有当 2 个轨道采取图 10-5(c)的方式接近,H 原子沿着 x 轴(即 $2p_x$ 轨道的对称轴方向)与 F 原子接近时,才能发生最大限度的重叠,从而形成稳定的 HF 分子。

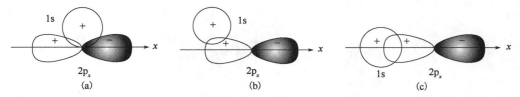

图 10-5　HF 分子成键时的轨道重叠示意图

(3)共价键的本质是电性的。

从共价键的形成来看,共价键的本质其实也是电性的。但这有别于离子键中纯粹的正、负离子之间的静电作用力,共价键的结合力是 2 个原子核对共用电子对所形成的负电区域的吸引力。

10.1.3　共价键的类型

当 2 个成键原子的原子轨道发生重叠时,由于原子轨道形状不同,重叠方式不同,可以形成不同类型的共价键,如 σ 键、π 键、共轭体系中的离域 π 键、有机金属化合物中的 δ 键、π 酸配合物中的反馈键、硼烷中的多中心键,等等。本节只介绍 σ 键和 π 键这两种最为简单且常见的共价键,离域 π 键将在 10.4.4 节中介绍。其他类型的共价键请读者根据需要自行查阅,在此不再赘述。

1)σ 键

成键的 2 个原子核间的连线称为键轴。当 2 个原子轨道沿键轴方向按"头碰头"的方式发生同号重叠时所形成的共价键称为 **σ 键**。如图 10-6 所示,s-s、s-p、p-p、d-d 等轨道重叠都能形成 σ 键。

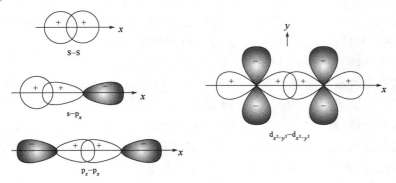

图 10-6　s-s、s-p、p-p 和 d-d 轨道重叠形成 σ 键的示意图

由图 10-6 可见，对于 σ 键，键轴是成键原子轨道的对称轴，绕键轴旋转时成键原子轨道的图形和符号均不发生变化。σ 键中原子轨道能够发生最大限度的重叠，所以 σ 键具有键能大、稳定性高的特点。通常分子的骨架构型即由 σ 键决定。

2）π 键

成键的 2 个原子轨道按"肩并肩"的方式发生重叠所形成的共价键称为 **π 键**。如图 10-7 所示，p-p、d-d 等轨道重叠都能形成 π 键。

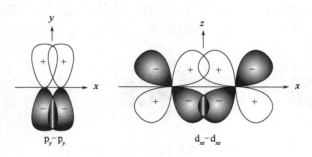

图 10-7　p-p 和 d-d 轨道重叠形成 π 键的示意图

由图 10-7 可见，π 键中成键的原子轨道对通过键轴的 1 个节面呈反对称性，也就是成键轨道在该节面上下的两部分图形一样，但符号相反。该节面上电子云的密度为 0。π 键中轨道重叠程度要比 σ 键中的重叠程度小，所以 π 键较 σ 键而言，键能低、稳定性差。然而也正因为此，π 键上的电子较为活跃，易发生化学反应。

由于原子轨道空间排布的原因，两原子间的成键，一般来说单键形成 σ 键，双键形成 1 个 σ 键和 1 个 π 键，三键形成 1 个 σ 键和 2 个 π 键。由此可见，π 键一般不单独存在，总是和 σ 键一起形成双键或三键。例如，N 原子（$[He]2s^2 2p^3$）最外层有 3 个未成对的 2p 电子，因此，2 个 N 原子间可以形成共价三键。N_2 分子成键情况如图 10-8 所示，当 2 个 N 原子沿 x 轴方向相接近时，p_x 与 p_x 轨道形成"头碰头"的 σ 键，另外 2 个垂直于 x 轴的 p_y 和 p_z 轨道就只能采取"肩并肩"的方式重叠形成 2 个 π 键。

3）正常共价键和配位共价键

根据共价键中电子的来源不同可以分为正常共价键和配位共价键。前面提到的 σ 键和 π 键两种共价键，共用电子对都是由成键的 2 个原子各提供 1 个电子组成的，都属于正常共价键，比如：H_2、O_2、HF 等分子。还有一类共价键，其共用电子对只由成键原子中的 1 个原子单方面提供，这种共价键称为**配位共价键**，或简称**配位键**（coordination bond）。提供电子对的原子称为电子对供体，接受电子对的原子称为电子对受体。在结构示意图中通常以指向电子对受体的箭头来表示配位键。例如 CO 分子中，C 原子（$[He]2s^2 2p^2$）最外层有 2 个未成对的 2p 单电子，O 原子（$[He]2s^2 2p^4$）最外层也有 2 个未成对的 2p 单电子，两原子的单电子两两配对形成共价键，其中 1 个 σ 键，1 个 π 键；此外，O 原子最外层还有 1 对 2p 孤对电子，单独提供给 C 原子的 2p 空轨道构成 1 个配位键，结构参见图 10-9。由此可见，形成配位键必须具备两个条件：成键原子中的其中一个原子其价电子层有孤电子对；另一个原子的价电子层有空轨道。

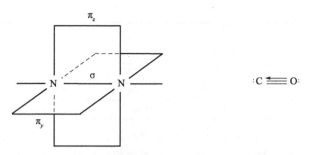

图 10-8 　N$_2$ 分子成键示意图　　　　　图 10-9 　CO 分子配位键示意图

10.1.4 　共价键的参数

共价键的性质可以用键能、键长、键角等物理量来描述,它们称为共价键参数。下面对这些键参数逐个进行说明。

1) 键能

共价键的强弱可以用键断裂时所需能量的大小来衡量。在 298.15K、100kPa 时,1mol 气态双原子分子 AB 的共价键断裂成为气态中性原子 A 和 B 所需要的能量称为**键解离能**。键解离能用符号 D 表示。例如,$D(H—H) = 436kJ \cdot mol^{-1}$,$D(H—F) = 570kJ \cdot mol^{-1}$。在气态多原子分子中断裂分子中的某一个键,形成两个原子或原子团时所需的能量称为该键的解离能。对双原子分子来说,键能就是键的解离能。而对于多原子分子来说,键能和键的解离能是不同的。例如多原子分子 NH$_3$,3 个 N—H 键的解离能数值不同,分别为 D_1、D_2 和 D_3,则键能 E_B 表示为

$$E_B = \frac{1}{3}(D_1 + D_2 + D_3) \tag{10-1}$$

所以,**键能**(bond energy)可定义为:在标准状态下断裂气态分子中某种键成为气态原子时,所需能量的平均值,用 E_B 表示。键能是表示化学键强弱的物理量。键解离能指的是解离分子中某一特定键所需的能量,而键能指的是某种键的平均能量。不同类型的化学键有不同的键能,如离子键的键能是晶格能,金属键的键能是内聚能。这里提到的则是共价键的键能。一般键能越大,表明键越牢固,由该键构成的分子也就越稳定。一些共价键的键能和键长列于表 10-1 中。

一些共价键的键能和键长　　　　　　　　　表 10-1

共价键	键长 l/pm	键能 E_B/($kJ \cdot mol^{-1}$)	共价键	键长 l/pm	键能 E_B/($kJ \cdot mol^{-1}$)
H—H	74	436	C=C	134	602
H—F	92	570	C≡C	120	813
H—Cl	127	432	N—N	145	159
H—Br	141	366	N=N	125	418
H—I	161	298	N≡N	110	946
F—F	128	159	B—H	123	293
Cl—Cl	199	243	C—H	109	414

续上表

共价键	键长 l/pm	键能 E_B/($kJ \cdot mol^{-1}$)	共价键	键长 l/pm	键能 E_B/($kJ \cdot mol^{-1}$)
Br—Br	228	193	N—H	101	389
I—I	267	151	S—H	136	347
C—C	154	356	O—H	96	464

键能是热力学能的一部分。在化学反应中,键的形成或破坏都涉及系统热力学能的变化。但通常实验中测得的是键焓数据。一般情况下,忽略反应中的体积功,键能就可以近似地用焓变代替。气相反应的标准摩尔焓变可以利用键能数据进行估算。计算反应焓变的通式为

$$\Delta_r H_m^{\ominus} = \sum E_B(反应物) - \sum E_B(生成物) \tag{10-2}$$

即气体反应的标准摩尔焓变等于所有反应物的键能之和减去所有生成物的键能之和。

2)键长

形成共价键的两个原子之间的核间距称为**键长**(bond length),一般用 l 表示。例如 H_2 分子中两个 H 原子的核间距为 74pm,所以 H—H 键长就是 74pm。键长和键能都是共价键的重要性质,可由实验测知。一般键长越长,原子核间距离越大,键的强度越弱,键能越小。如表 10-1 中,H—F、H—Cl、H—Br、H—I 键长依次增加,键能依次减少,分子的热稳定性依次降低。键长与成键原子的半径和所形成的共用电子对等有关。

3)键角

一个原子周围如果形成几个共价键,其中两个共价键之间的夹角称为**键角**(bond angle)。键角一定,表明共价键具有方向性。键角和键长是描述分子空间构型的重要参数,分子的许多性质与它们有关。例如,CO_2 分子中 2 个 O ═ C 键的键角为 180°,空间构型为直线形。H_2O 分子中 2 个 O—H 键之间的夹角是 104°45′,空间构型则为 V 形。BCl_3 中任意 2 个 B—Cl 键之间的夹角均为 120°,空间构型为平面正三角形。再比如,CH_4 分子中任意 2 个 C—H 键之间的夹角均为 109°28′,所以空间构型为正四面体(图 10-10)。键角主要通过光谱等实验技术测定。

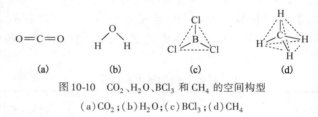

图 10-10　CO_2、H_2O、BCl_3 和 CH_4 的空间构型
(a)CO_2;(b)H_2O;(c)BCl_3;(d)CH_4

10.2　杂化轨道理论

价键理论揭示了共价键的形成过程和本质,并对共价键的一些特性,如方向性和饱和性做出了比较明确的阐述。然而,在分析某些分子的空间结构时却无法得出满意的解释。比如 CH_4 分子,实验结果表明分子的空间构型为正四面体,四个 C—H 键强度相同,∠HCH =

109°28′。CH_4 分子的这一几何构型用价键理论却无法解释。因为按照价键理论,分子的中心 C 原子($[He]2s^22p^2$)最外层只有 2 个未成对的 2p 电子,因此,应该只能与 2 个 H 原子形成 2 个共价键;而且因为 p 轨道间夹角为 90°,所以∠HCH 也应该约为 90°。这显然与实验事实不符。若考虑 C 原子中 2s 电子受激发后形成 4 个单电子,再与 4 个 H 原子成键,由于 s 球形轨道与 p 哑铃形轨道能量不同,所形成的 4 个 C—H 键应该不均等,但这与实验事实也不符。因此,为了能更好地解释多原子分子的实际空间构型和性质,1931 年,鲍林从电子具有波动性,而波可以叠加的观点出发,以科学的想象和逻辑推理,提出了**杂化轨道理论**(hybrid orbital theory),进一步发展了现代价键理论。1953 年,我国著名理论化学家唐敖庆等人成功处理了更为复杂的 s-p-d-f 轨道杂化,提出了轨道杂化的一般方法,更加完善了杂化理论的内容。

10.2.1　杂化轨道的概念

那么用鲍林的杂化轨道理论如何合理地分析 CH_4 的分子结构呢?杂化轨道理论认为:首先 C 原子中 2s 电子受激发后形成 4 个价层单电子($2s^12p^3$),之后为了增强轨道的成键能力,能量相近的 1 个 2s 轨道与 3 个 2p 轨道发生"混合",能量重排得到 4 个能量、形状相同但都不同于原来轨道的新原子轨道,为了使轨道间斥力达到最小,4 个新轨道以 109°28′的夹角(即分别指向正四面体的四个顶点)在空间中均匀分布,再与 H 原子轨道发生重叠,最终形成 4 个相同的 C—H 键,∠HCH = 109°28′,从而得到正四面体结构的 CH_4 分子(图 10-11)。C 原子这种在形成分子的过程中,由于受到其他原子的影响,若干不同类型、能量相近的原子轨道经混杂叠加、重新分配轨道能量和调整空间伸展方向,组成一组新的原子轨道的过程,称为轨道杂化。在杂化过程中所形成的新的原子轨道称为**杂化轨道**(hybrid orbital)。

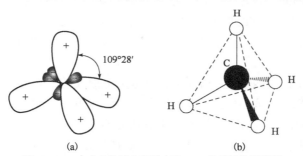

(a)　　　　　　　　　　(b)

图 10-11　sp^3 杂化轨道空间排布和 CH_4 分子结构示意图

(a)sp^3 杂化轨道空间排布;(b)CH_4 分子结构

s 轨道和 p 轨道杂化后得到的轨道形状有所变化,形成了"一头大一头小"的不对称哑铃形,如图 10-12 所示。在"大头"一侧杂化轨道的电子云分布更为集中,显然成键时在"大头"一侧轨道发生重叠,重叠部分更大,即轨道杂化后的成键能力比杂化前增强了,因而形成的分子更为稳定。正因为轨道杂化是为了增强轨道成键能力,所以原子只有在形成分子的过程中才会发生轨道杂化,而孤立的原子是不可能发生杂化的。同时,只有能量比较相近的原子轨道才能发生杂化,比如上例 CH_4 分子中 C 原子的 2s 轨道和 2p 轨道能量接近,可以发生杂化,而 1s 轨道和 2p 轨道能量相差太大,则不能发生杂化。发生杂化后得到的轨道数目与参与杂化的轨道总数相等。比如,由 1 个 2s 轨道和 3 个 2p 轨道杂化后可以形成 4 个杂化轨道。

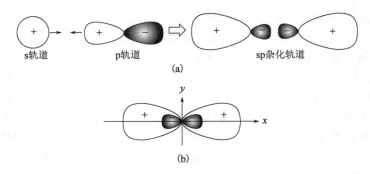

图 10-12　s 轨道和 p 轨道杂化得到 sp 杂化轨道示意图以及 sp 杂化轨道的空间排布

(a) s 轨道和 p 轨道杂化得到的 sp 杂化轨道; (b) sp 杂化轨道的空间排布

　　借由 CH_4 分子形成过程的分析可以得出,原子在形成分子的过程中,通常经过激发、杂化、轨道重叠等过程。但这些步骤并不是依次进行,而是同时发生的。杂化轨道与其他原子轨道重叠形成化学键时,与杂化前原子轨道一样,需要满足原子轨道最大重叠原理。原子轨道重叠部分越多,形成的化学键越稳定。杂化轨道有利于形成 σ 键,但不能形成 π 键。由于分子的空间几何构型是以 σ 键为骨架的,故杂化轨道的构型就决定了其分子的几何构型,例如 CH_4 分子的正四面体结构。

10.2.2　杂化轨道类型

　　根据参与杂化的原子轨道的类型和数目不同,杂化轨道可以分为不同的类型。只有 ns、np 轨道参与的杂化称为 s-p 型杂化,主要有三种类型:sp 杂化、sp^2 杂化和 sp^3 杂化。当能量接近的 $(n-1)$d 或者 nd 轨道也一起参与杂化时,则形成 s-p-d 型杂化,比如过渡金属元素的 $(n-1)$d、ns、np 轨道能级接近,可形成 dsp^2 杂化、d^2sp^3 杂化等类型;p 区元素的 ns、np、nd 轨道能级接近,可形成 sp^3d 杂化、sp^3d^2 杂化等类型。以下简单介绍几种类型的杂化。

　　1) sp 杂化

　　sp 杂化轨道是由 1 个 ns 轨道和 1 个 np 轨道杂化形成的。sp 杂化轨道形状既不同于 s 轨道也不同于 p 轨道,在空间中的伸展方向呈直线形,夹角为 180°。每个 sp 杂化轨道都含有 (1/2) s 轨道成分和 (1/2) p 轨道成分,这里的成分指的是原子轨道的能量。

　　sp 轨道杂化的典型例子是 $BeCl_2$ 分子。实验测得 $BeCl_2$ 分子构型为直线型:Cl—Be—Cl。Be 电子构型为 [He]$2s^2$,Cl 电子构型为 [Ne]$3s^23p^5$ (或 $3s^23p_x^23p_y^23p_z^1$),当 Be 原子与 Cl 原子接近时,基态 Be 原子 2s 轨道中的 1 个电子激发到 2p 轨道,1 个 s 轨道和 1 个 p 轨道发生杂化,形成 2 个夹角为 180° 的 sp 杂化轨道,并与 2 个 Cl 原子的 3p 轨道重叠形成 σ 键,得到直线型的 $BeCl_2$ 分子。Be 原子的 sp 轨道杂化过程和 $BeCl_2$ 分子的成键轨道分别如图 10-13 和图 10-14 所示。

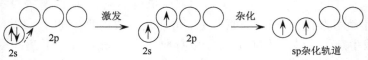

图 10-13　$BeCl_2$ 分子中 Be 原子 sp 轨道杂化示意图

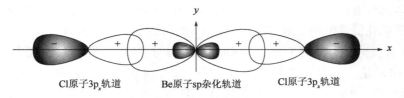

图 10-14 $BeCl_2$ 分子成键轨道示意图

2）sp^2 杂化

sp^2 杂化轨道由 1 个 ns 轨道和 2 个 np 轨道参与杂化而成。杂化轨道呈平面正三角形分布，轨道间夹角为 120°。每个杂化轨道含有(1/3)s 轨道成分和(2/3)p 轨道成分。

以 BF_3 分子的成键过程来说明 sp^2 轨道杂化。B 电子构型为 $[He]2s^22p^1$，F 电子构型为 $[He]2s^22p^5$（或 $2s^22p_x^2 2p_y^2 2p_z^1$）。当 B 原子与 F 原子接近时，基态 B 原子 2s 轨道中的 1 个电子被激发到 2p 轨道上，1 个 s 轨道和 2 个 p 轨道发生杂化，形成 3 个 sp^2 杂化轨道，轨道间夹角为 120°，杂化过程如图 10-15 所示。形成的 3 个 sp^2 杂化轨道分别与 3 个 F 原子的 2p 轨道重叠形成 σ 键，构成平面正三角形的 BF_3 分子，如图 10-16 所示。这与实验事实相一致。

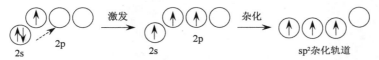

图 10-15 BF_3 分子中 B 原子 sp^2 轨道杂化示意图

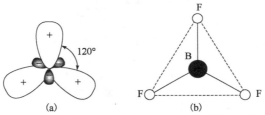

图 10-16 sp^2 杂化轨道空间排布和 BF_3 分子结构示意图

(a)sp^2 杂化轨道空间排布；(b)BF_3 分子结构

3）sp^3 杂化

sp^3 杂化轨道由 1 个 ns 轨道和 3 个 np 轨道参与杂化而成。sp^3 杂化轨道间夹角为 109°28′，空间构型为正四面体。每个杂化轨道含有(1/4)s 轨道成分和(3/4)p 轨道成分。sp^3 轨道杂化的最典型例子就是 CH_4 分子，杂化成键过程如图 10-17 所示，所得正四面体型分子结构如图 10-11 所示。

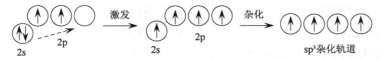

图 10-17 CH_4 分子中 C 原子 sp^3 轨道杂化示意图

4）sp^3d 杂化

sp^3d 杂化轨道由 1 个 ns 轨道、3 个 np 轨道和 1 个 nd 轨道参与杂化而成。sp^3d 杂化轨道的特点是 5 个杂化轨道在空间中呈三角双锥形分布，轨道间夹角分别为 90°、120° 或者

180°。每个杂化轨道含有(1/5)s 轨道成分、(3/5)p 轨道成分和(1/5)d 轨道成分。

sp^{3}d 轨道杂化的典型例子有 PCl$_5$ 分子。P 电子构型为[Ne]3s^{2}3p^3,Cl 电子构型为[Ne] 3s^{2}3p^5(或 3s^{2}3p$_x^2$3p$_y^2$3p$_z^1$)。当 P 原子与 Cl 原子接近时,基态 P 原子 3s 轨道中的 1 个电子被激发到空的 3d 轨道上,1 个 s 轨道、3 个 p 轨道和 1 个 d 轨道发生杂化,形成 5 个 sp^{3}d 杂化轨道,杂化过程如图 10-18 所示。5 个能量简并的杂化轨道在空间中呈三角双锥形分布,三角平面上 3 个轨道间夹角为 120°,2 个垂直于平面的轨道互成 180°,且与平面中轨道的夹角为 90°。5 个 sp^{3}d 杂化轨道分别与 5 个 Cl 原子的 3p 轨道重叠形成 σ 键,从而构成三角双锥形的 PCl$_5$ 分子,如图 10-19 所示。

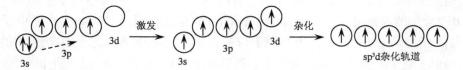

图 10-18　PCl$_5$ 分子中 P 原子 sp^{3}d 轨道杂化示意图

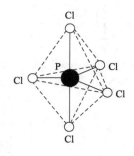

图 10-19　PCl$_5$ 分子结构示意图

5) sp^{3}d^2 杂化

sp^{3}d^2 杂化轨道由 1 个 ns 轨道、3 个 np 轨道和 2 个 nd 轨道参与杂化而成。sp^{3}d^2 杂化轨道的特点是 6 个杂化轨道分别指向正八面体的 6 个顶点,轨道间夹角为 90°或 180°。每个杂化轨道含有(1/6)s 轨道成分、(3/6)p 轨道成分和(2/6)d 轨道成分。

下面以 SF$_6$ 分子为例来说明 sp^{3}d^2 轨道的杂化过程。S 电子构型为[Ne]3s^{2}3p^4,F 电子构型为[He]2s^{2}2p^5(或 2s^{2}2p$_x^2$2p$_y^2$2p$_z^1$)。当 S 原子与 F 原子接近时,基态 S 原子 2s 轨道中的 1 个电子和 3p 轨道上已成对的其中 1 个电子分别被激发到 2 个空的 3d 轨道上,1 个 s 轨道、3 个 p 轨道和 2 个 d 轨道发生杂化,形成 6 个 sp^{3}d^2 杂化轨道,杂化过程如图 10-20 所示。6 个能量简并的杂化轨道在空间中分别指向正八面体的 6 个顶点,并与 6 个 F 原子的 3p 轨道重叠形成 σ 键,从而得到正八面体的 SF$_6$ 分子构型,如图 10-21 所示。

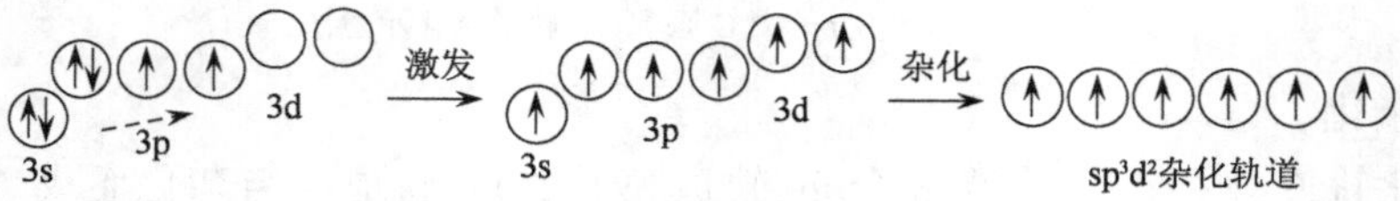

图 10-20　SF$_6$ 分子中 S 原子 sp^{3}d^2 杂化轨道示意图

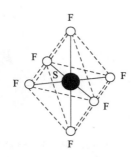

图 10-21　SF$_6$ 分子结构示意图

上述几种杂化轨道的类型、成分以及空间构型之间的关系总结如表 10-2 所示。

几种杂化轨道的类型、成分及空间构型　　　　　　表 10-2

杂化轨道	s 成分	p 成分	d 成分	键角	分子构型	实例
sp	1/2	1/2	—	180°	直线形	BeCl$_2$
sp^2	1/3	2/3	—	120°	正三角形	BF$_3$
sp^3	1/4	3/4	—	109°28′	正四面体	CH$_4$
sp^{3}d	1/5	3/5	1/5	90°,120°,180°	三角双锥体	PCl$_5$
sp^{3}d^2	1/6	3/6	2/6	90°,180°	正八面体	SF$_6$

6）等性杂化与不等性杂化

以上介绍的几种类型的轨道杂化,杂化后得到的每条轨道中 s、p、d 等成分相等,且都能量简并,这样的杂化过程称为**等性杂化**。如上面讨论过的 CH$_4$ 分子中的 sp^3 杂化,BF$_3$ 分子中的 sp^2 杂化,BeCl$_2$ 分子中的 sp 杂化等均属于等性杂化。还有另一种轨道杂化,杂化后得到的轨道中 s、p、d 等成分并不相等,轨道的能量也不相同,这种杂化称为**不等性杂化**。

当参与轨道杂化的原子轨道中不仅包含未成对电子,也包含成对电子时,这种情况下的杂化经常是不等性杂化。例如,H$_2$O 分子中 O 原子就是典型的 sp^3 不等性杂化。O 电子构型为［He］2s^{2}2p^4（或 2s^{2}2p$_x^2$2p$_y^1$2p$_z^1$）,当 O 原子与 H 原子接近结合成 H$_2$O 分子时,采取 sp^3 杂化形成 4 个 sp^3 杂化轨道,其中 2 个轨道各有 1 个未成对电子,分别与 2 个 H 原子的 1s 轨道重叠形成 σ 键;而另 2 个杂化轨道则被已成对的孤电子对所填充。因为 2 个孤电子对不参与成键,与成键电子不同,只受到中心原子的吸引,所以电子云集中在 O 原子周围,对成键电子对所占据的杂化轨道有较强的排斥作用,从而导致 2 个 H—O 键之间的夹角减小为 104°45′,所以得到的 H$_2$O 分子构型与 sp^3 等性杂化所得到的正四面体构型略有不同［图 10-22（a）］。NH$_3$ 分子中的 N 原子也是比较典型的 sp^3 不等性杂化。4 个 sp^3 杂化轨道中的 1 个被 1 对孤对电子所占据,因此对其他 3 个成键轨道起到较强的排斥作用,使得 H—N—H 键角从 109°28′ 减小至 107°18′,从而形成了 NH$_3$ 分子三角锥形的分子构型［图 10-22（b）］。

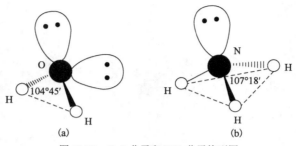

图 10-22　H_2O 分子和 NH_3 分子构型图

10.3　价层电子对互斥理论

杂化轨道理论在解释共价键的方向性、分析和预判一些分子的空间构型方面无疑是比较成功的。20 世纪 50 年代又发展了一种新的理论——**价层电子对互斥理论**（valence shell electron pair repulsion），简称 VSEPR 理论，在分析和判断共价分子的构型方面更为简便、实用。这一理论的最初理论模型由西奇威克（N. V. Sidgwick）和鲍威尔（H. M. Powell）于 1940 年最先提出，后经吉莱斯皮（R. J. Gillespie）和尼霍姆（R. S. Nyholm）加以发展而成。该理论无须原子轨道的概念，只是定性地推断共价分子的几何构型，尽管也有例外，但事实证明对于常见的共价分子，用 VSEPR 法预判的几何构型与实验事实基本相符。

10.3.1　价层电子对互斥理论的基本要点

1）分子构型的确定

价层电子对互斥理论认为：当中心原子 A 和 n 个配位原子或原子团 X 形成 AX_n 型单原子中心共价分子或离子时，分子的构型取决于中心原子 A 的价层电子对的空间构型，而 A 原子价层电子对如何排布主要取决于电子对的数目、类型以及电子对间的排斥作用。价层电子对的类型包括成键电子对和未成键孤电子对。分子的几何构型总是采取电子对间相互排斥作用最小的结构。

2）孤电子对的确定

若以符号 L 表示孤电子对，当中心原子的价层中有 m 个孤电子对时，则分子式可改写为 AX_nL_m。如果分子结构中只含共价单键，则其价层电子对总数是 $n+m$。若分子结构中存在多重键，即中心原子与配位原子之间通过双键或三键结合，则每一个多重键只当作一个共价单键处理，即只计算为 1 个电子对。

3）价层电子对的互相排斥作用

价层电子对互相排斥作用的大小，主要取决于电子对间的夹角、电子对的类型和电子对的成键情况。一般规律如下：

（1）电子对间夹角越小，排斥力越大。因此，为了使价层电子对之间的排斥作用达到最小，电子对间的夹角应尽可能大，使得电子对之间的距离最大。价层电子对排布方式如表 10-3 所示。

价层电子对排布方式　　　　　　　　　　　　　　　　表 10-3

价层电子对数	2	3	4	5	6
价层电子对排布方式	直线形	平面三角形	正四面体	三角双锥	正八面体
价层电子对构型			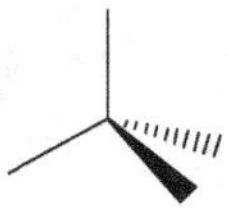		

（2）由于孤电子对不同于成键电子对，只受到中心原子核的吸引，所以电子云比较集中在中心原子周围，电子云图也显示比成键电子对要"肥大"，因此对邻近的其他电子对的排斥作用比较大。不同类型电子对之间排斥作用的顺序为：

孤电子对-孤电子对 > 孤电子对-成键电子对 > 成键电子对-成键电子对

（3）由于多重键（双键和三键）比单键包含的电子数多，排斥力大，所以不同的成键电子对之间排斥作用的顺序为：

三键 > 双键 > 单键

因为分子构型主要取决于 σ 键，所以多重键中 π 键电子并不能改变分子的基本形状，但对键角有一定的影响。一般来说，由于多重键的排斥作用，含多重键的键角要大于单键键角。例如：C_2H_4 中∠HCH 和 $COCl_2$ 中的∠ClCO 分别为 118°和 124°21′（图 10-23）。

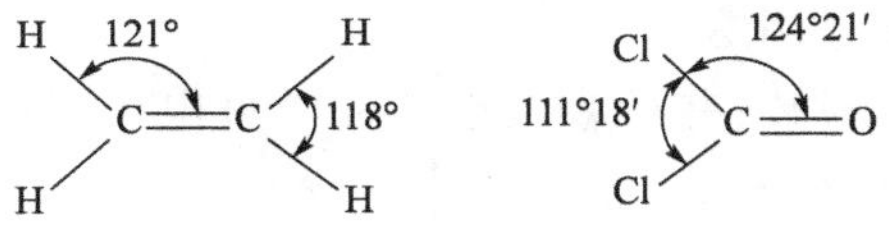

图 10-23　C_2H_4 和 $COCl_2$ 分子中的键角

（a）C_2H_4 分子中的键角；（b）$COCl_2$ 分子中的键角

（4）价层电子对间排斥作用的大小还与中心原子和配位原子的电负性有关。比如当中心原子 A 相同时，配位原子 X 的电负性越强，成键电子对越接近配位原子而远离中心原子，则电子对间斥力越小，电子对间夹角也越小；若配位原子 X 相同，中心原子 A 的电负性越强，成键电子对越接近中心原子，则电子对间斥力越大，电子对间夹角也越大（表 10-4）。

中心原子及配位原子电负性与键角关系　　　　　　　表 10-4

分　　子	中心原子电负性	配位原子电负性	键　　角
NF_3	3.04	3.98	102°6′
NH_3	3.04	2.20	107°18′
PH_3	2.19	2.20	93°18′
AsH_3	2.18	2.20	91°5′

10.3.2　共价分子结构的判断

根据 VSEPR 理论判断共价分子或离子空间构型的具体步骤如下。

1）确定中心原子的价层电子对数目

确定中心原子的价层电子对数目可以采取以下公式计算：

价层电子对数 $= \frac{1}{2} \times$（中心原子价层电子数 + 配位原子提供电子数 − 离子电荷代数值）

中心原子 A 的价层电子数等于 A 所在的族数。例如：碳族原子价层电子数是 4，氮族原子价层电子数是 5，氧族原子价层电子数是 6，卤素原子价层电子数是 7，等等。配位原子 X 通常是 H 原子、氧族原子和卤素原子。作为配位原子时，H 原子和卤素原子各提供 1 个价电子；而氧族原子可认为不提供价电子，即 O 原子和 S 原子提供的电子数为 0，比如 SO_2 中的 O 原子提供的电子数为 0。

如果是共价型离子，在计算价层电子对数目时，要减去离子所带电荷的代数值。比如，PO_4^{3-} 离子的中心原子 P 的价层电子对数 $= \frac{1}{2} \times [5 + 0 \times 4 - (-3)] = 4$；$NH_4^+$ 离子的中心原子 N 的价层电子对数 $= \frac{1}{2} \times (5 + 1 \times 4 - 1) = 4$。

如果中心原子的价电子总数为奇数，即除以 2 后还余 1 个电子，则把单电子作为 1 个电子对处理，如 NO_2 分子中，中心 N 原子的价电子总数为 5，则电子对数为 3。

2）根据中心原子价层电子对数判断相应的电子对构型

按照电子对间排斥作用最小的原则，参考表 10-3，根据计算所得中心原子价层电子对的数目得出电子对构型。

3）确定中心原子的孤电子对数

确定中心原子的孤电子对数，并综合考虑不同类型电子对间排斥作用以及多重键的存在对分子构型的影响，推断出分子的空间构型。

如果中心原子周围都是成键电子对，每一个电子对连接 1 个配位原子（即都以单键连接），则中心原子价层电子对的空间构型就是分子的几何构型。如果每个配位原子都结合 1 个电子对后还有剩余的电子对没有连接上配位原子，则这个电子对即为孤电子对，这时候要根据孤电子对与成键电子对之间排斥力的大小顺序，来确定出排斥力最小的分子构型。一般来说，电子对构型中键角最小的位置电子对间的排斥力最大，所以在这个位置上孤电子对数目应该达到最少。若结构中存在多重键，还需要考虑多重键对其他成键电子对存在较大的斥力，因而会导致分子构型偏离理想模型而发生畸变。

【例 10-1】 试根据 VSEPR 理论判断 BrF_3 分子的几何构型。

图 10-24　价层电子对排布

解：（1）中心原子 Br 的价层电子对数 $= \frac{1}{2} \times (7 + 1 \times 3) = 5$；

（2）参考表 10-3 可知，价层电子对排布呈三角双锥形（图 10-24）；

（3）分子中有 3 个配位原子 F，结合上 3 个成键电子对，还有 2 个孤电子对。

这 2 个孤电子对该排布在什么位置？

根据电子对排布的位置，分子构型有三种可能，如图 10-25 所示。

三角双锥形分子构型中有 90°、120° 和 180° 三种键角，其中最小的键角为 90°，在这个键角上的电子对排斥力最大，因此若在这个键角处排布的电子对间排斥作用达到最小，则分子结构最稳定。图 10-25(a)所示的构型中 90°键角处存在一个排斥作用最强的"孤电子对-孤电子对",所以相对最不稳定;图 10-25(b)所示的构型中 6 个 90°键角都是"孤电子对-成键电子对";图 10-25(c)所示的构型中 90°键角处有 4 个"孤电子对-成键电子对",还有 2 个排斥力较弱的"成键电子对-成键电子对"。经比较可知图 10-25(c)所示的分子构型最稳定。

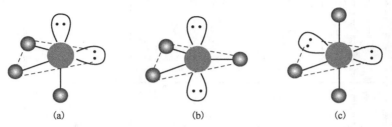

(a)　　　　　　　　(b)　　　　　　　　(c)

图 10-25　分子构型的三种可能

因此,BrF_3 属于 AX_3L_2 型分子,几何构型为 T 形。

根据 VSEPR 理论,可以判断大多数主族元素的共价分子或离子的空间构型,现把常见的共价分子 AX_nL_m 的构型与价层电子对总数、成键电子对数及孤电子对数的关系总结在表 10-5 中。

AX_nL_m 型共价分子(或离子)中心原子的价层电子对排布方式和分子的几何构型　表 10-5

中心原子 A 价层电子对数	n	m	AX_nL_m	中心原子 A 价层电子对构型	分子(或离子)几何构型	实　例
2	2	0	AX_2		直线形	$BeCl_2$,CO_2
3	3	0	AX_3		平面三角形	BF_3,BCl_3
	2	1	AX_2L		V 形	$SnCl_2$,$PbCl_2$
4	4	0	AX_4		四面体形	CH_4,CCl_4,NH_4^+
	3	1	AX_3L		三角锥形	NH_3,SO_3^{2-}
	2	2	AX_2L_2		V 形	H_2O

中心原子 A 价层 电子对数	n	m	AX_nL_m	中心原子 A 价层 电子对构型	分子(或离子) 几何构型	实　例
5	5	0	AX_5		三角双锥形	PCl_5，AsF_5
	4	1	AX_4L		变形四面体形 （跷跷板形）	$TeCl_4$，SF_4
	3	2	AX_3L_2		T 形	ClF_3，XeF_3^+
	2	3	AX_2L_3		直线形	XeF_2
6	6	0	AX_6		八面体形	SF_6，AlF_6^{3-}
	5	1	AX_5L		四方锥形	ClF_5，BrF_5
	4	2	AX_4L_2		平面正方形	XeF_4，ICl_4^-

10.4　分子轨道理论

1932 年美国化学家马利肯(R. S. Mulliken)和德国化学家洪特(F. Hund)提出了**分子轨道理论**(molecular orbital theory)。它是处理双原子分子及多原子分子结构的一种有效的近似方法,已成为研究分子结构的理论基础。之前讨论的价键理论采用了路易斯电子配对的概念,着重于用原子轨道的重组杂化成键来理解化学键,把成键的共用电子对定域在相邻 2 个原子之间。而分子轨道理论注重于分子轨道的认知,即认为分子中的电子围绕整个分子运动而不局限于某个原子。价键理论无法解释的如 H_2 的成键、氧分子的顺磁性以及许多有机化合物分子的结构等问题均可以由分子轨道理论来回答。

10.4.1　基本概念

量子力学中将电子在原子核外某一空间出现机会(概率)最大的区域称为原子轨道。类似地,将**分子轨道**定义为具有特定能量的某个电子在相互键合的 2 个或多个原子核附近空间出现机会(概率)最大的区域。它是描述单电子行为的波函数,其所对应的单电子能量称为能级。分子轨道理论认为原子在形成分子时,所有电子都有贡献,分子中的电子不再从属于某个原子,而是在整个分子空间范围内运动。这点与原子轨道描述的电子运动不同。在原子中,电子的运动只受一个原子核的作用,原子轨道是单核系统;而在分子中,电子则在所有原子核的作用下运动,分子轨道是多核系统。

10.4.2　基本要点

处理分子轨道时,要弄清分子轨道的数目和能级并计算出电子的填充数目,然后按一定规则将电子填入分子轨道。电子在分子轨道中填充时也同样遵循:

(1)能量最低原理:尽可能先占据能量最低的轨道,填满后再填入能级较高的轨道。

(2)泡利不相容原理:每个分子轨道最多能容纳 2 个自旋方向相反的电子。

(3)洪特规则:在等价分子轨道上排布时,总是尽可能分占轨道。

分子轨道可以通过相应的原子轨道线性组合而成。有几个原子轨道相组合,就形成几个分子轨道。即分子轨道的数目等于键合原子的原子轨道数之和。例如,当 2 个原子靠近时,2 个原子轨道 ψ_1 和 ψ_2 可以组合成 2 个分子轨道

$$\Psi_I = c_1\psi_1 + c_2\psi_2$$
$$\Psi_{II} = c_1\psi_2 - c_2\psi_2$$

式中,系数 c_1 和 c_2 分别表示原子轨道对分子轨道贡献的程度。对于同核双原子分子,$c_1 = c_2$;而对于异核双原子分子,$c_1 \neq c_2$。

原子形成分子后,电子填入分子轨道会产生能量不同的分子轨道。所谓分子轨道能量,是指在分子轨道中填入电子时系统能量的降低或升高。只有在系统的能量低于未键合原子能量的情况下才能形成稳定的化学键。可以算出与分子轨道 Ψ_I 和 Ψ_{II} 相应的能量 E_1 和

E_2。计算表明，E_1 低于原子轨道的能量，而 E_2 则高于原子轨道的能量。分子轨道和原子轨道能量示意图如图 10-26 所示。图 10-26 中，能量较低的分子轨道 Ψ_I 称为成键轨道，能量较高的分子轨道 Ψ_{II} 称为反键轨道。成键分子轨道的能级低于成键原子轨道的能级，而反键分子轨道的能级高于成键原子轨道的能级。形成稳定共价键时，电子应尽可能优先排布在能量较低的成键轨道中以使系统能量最低。

原子轨道的名称用 s、p、d 等符号表示，而分子轨道的名称则相应地用 σ、π 等符号表示。原子轨道可采取不同方式组合形成不同的分子轨道。**成键轨道**（bonding orbital）是原子轨道同号重叠形成的，即波函数相加而成。占据分子轨道的电子在核间区域概率密度大，对两个核产生强烈的吸引作用，所形成的键强度大。而**反键轨道**（antibonding orbital）是原子轨道异号重叠形成的，即波函数相减而成。两核之间出现节面（$\psi = 0$），占据分子轨道的电子在核间的概率密度减小，对成键不利，系统能量提高。2 个原子的 s 轨道线性组合形成分子轨道的方式只有一种，即"头对头"方式，如图 10-27 所示。图中，σ_s 为成键轨道，σ_s^* 为反键轨道。

2 个原子的 p 轨道线性组合形成分子轨道则有两种方式，"头对头"和"肩并肩"。一种是 2 个 p_x 轨道沿着 x 轴方向重叠，二者相加组合成 σ_p 成键轨道，相减组合成 σ_p^* 反键轨道；另一种是 2 个 p_y 轨道（或 2 个 p_z 轨道）侧面重叠，二者相加组合成 π_{2p_y}（或 π_{2p_z}）成键轨道，相减组合成 $\pi_{2p_y}^*$（或 $\pi_{2p_z}^*$）成键轨道。两种方式形成的分子轨道如图 10-28 所示。

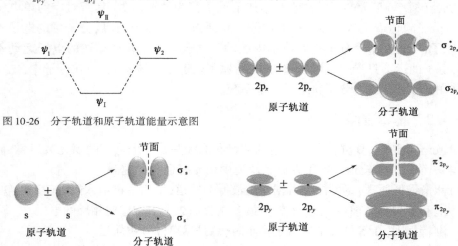

图 10-26　分子轨道和原子轨道能量示意图

图 10-27　s 轨道形成分子轨道　　　图 10-28　p 轨道形成分子轨道

原子轨道线性组合要遵循以下三个原则：

（1）对称性匹配原则：只有对称性匹配的原子轨道才能组合成分子轨道。原子轨道的角度分布函数的几何图形对于某些点、线、面等有着不同的空间对称性。对称性是否匹配，可通过 2 个原子轨道的角度分布图进行两种对称性操作，即旋转和反映操作进行判断。旋转是绕键轴（以 x 轴为键轴）旋转 180°，反映是通过包含键轴的某一个平面（xy 或者 xz）进行反映，即照镜子。若操作以后它们的空间位置、形状以及波瓣符号均未改变，则称为旋转或者反映操作对称，若改变则称为反对称。2 个原子轨道旋转、反映两种操作均为对称或者反对称就称为对称性匹配。s 和 p_x 原子轨道对于旋转以及反映两个操作均为对称；而 p_y 和 p_z 原子轨道均为反对称，所以它们都是属于对称性匹配，可以组成分子轨道。同理，p_y-p_y、p_z-p_z

组成的分子轨道也是对称性匹配。

（2）能量相近原则：只有能量相近的原子轨道才能有效地组合成分子轨道。原子轨道之间的能量相差越小，组成的分子轨道成键能力越强。

（3）轨道最大重叠原则：在满足能量相近原则、对称性匹配原则的前提下，原子轨道重叠程度越大，形成的成键轨道能量下降就越多，成键效果就越强，即形成的化学键越牢固。例如 2 个原子轨道各沿 x 轴方向相互接近时，s-s 以及 p_x-p_x 之间有最大重叠区域，可以组成分子轨道；而 s-p_x 轨道之间只要能量相近也可以组成分子轨道。但 p_x-p_y 轨道因为没有重叠区域，所以不能组成分子轨道。

分子轨道理论中提出了键级的概念，反映分子键的牢固程度，其定义为

$$键级 = \frac{1}{2}(成键轨道中的电子数 - 反键轨道中的电子数)$$

例如，H_2 的键级为 1，He_2 的键级为 0，N_2 的键级为 3，N_2 为三键结构，与价键理论结果一致。可以算出 O_2 的键级为 2。但 O_2 分子并不是双键结构，它含有三电子 π 键，是三键结构，结构式可表示为

$$:O \overset{\cdots}{\underset{\cdots}{\rule{3cm}{0.4pt}}} O:$$

与组成分子的原子系统相比，成键轨道中的电子数目越多，分子系统的能量降低得越多，会增强分子的稳定性；反之，如果反键轨道中电子数目增多，则会削弱分子的稳定性。所以键级越大，分子越稳定。

10.4.3　同核与异核双原子分子的结构

1）同核双原子分子

同核双原子分子是指相同元素原子组成的双原子分子。第一周期共有 2 个元素 H 和 He。氢分子是最简单的同核双原子分子。当 2 个 H 原子相互接近时，由 2 个 1s 原子轨道组合能得到能级不同、空间扩展区域也不同的 2 个分子轨道。能级较低的 1 个为 σ_{1s} 成键轨道，能级较高的 1 个为 σ_{1s}^* 反键轨道，如图 10-29 所示。2 个分子轨道可以排布 4 个电子，来自 2 个 H 原子的 1s 电子，优先填入能量较低的 σ_{1s} 轨道而让 σ_{1s}^* 轨道空置。这样便形成单键，H_2 的分子轨道电子构型可以写成 $H_2[(\sigma_{1s})^2]$。当 2 个 He 原子相互接近时，情况类似，2 个 He 原子的 1s 轨道组合得到 1 个 σ_{1s} 成键轨道和 1 个 σ_{1s}^* 反键轨道。所不同的是，共有 4 个电子待排布，这样恰好填满 σ_{1s} 和 σ_{1s}^* 轨道，He_2 的分子轨道电子构型为 $He_2[(\sigma_{1s})^2(\sigma_{1s}^*)^2]$。成键电子数和反键电子数相等，净结果是降低的能量和升高的能量相抵消，2 个 He 原子不能形成共价键，即不能形成稳定的 He_2 分子。这与 He 是气态单原子分子的事实相一致。

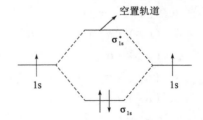

图 10-29　氢的原子轨道和分子轨道能级图

第二周期元素原子共有 5 个原子轨道，包括 1 个 1s 轨道，1 个 2s 轨道和 3 个 2p 轨道。与第一周期元素原子不同的是，这里的 1s 原子轨道是内层轨道。1s 电子基本保持原子特

征,组合成分子轨道时可不予考虑。处于这种轨道上的电子叫非键电子,该轨道称为**非键轨道**(non-bonding orbital)。第二周期 n 值为2的4个原子轨道组合产生8个分子轨道,这些轨道的能级如图10-30所示,这种图称为分子轨道能级图。

图10-30中,2个2s原子轨道组成2个分子轨道 σ_{2s} 和 σ_{2s}^* ;6个2p原子轨道组成6个分子轨道,其中2个是 σ 分子轨道(σ_{2p} 和 σ_{2p}^*),4个是 π 分子轨道(2个 π_{2p} 和2个 π_{2p}^*)。带 $*$ 号的为反键轨道,不带 $*$ 号的为成键轨道。值得注意的是,2个 π_{2p} 轨道的能级与 σ_{2p} 接近。通常情况下, σ_{2p} 轨道能级低于 π_{2p} ,原因是 σ 键通常更强。在有些分子中,上述两种轨道的能级十分接近,以致相互颠倒过来。迄今为止得到的实验结果表明,第二周期较轻的双原子分子(从 Li_2 到 N_2)的 σ_{2p} 能级高于 π_{2p} [图10-30(a)],而 O_2 和 F_2 分子中的 σ_{2p} 能级低于 π_{2p} [图10-30(b)]。

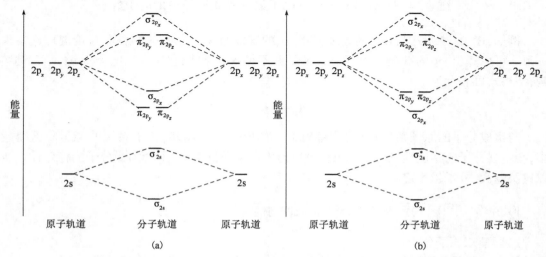

图 10-30 第二周期元素原子轨道和分子轨道的能级图

(a) σ_{2p} 能级高于 π_{2p} ;(b) σ_{2p} 能级低于 π_{2p}

第二周期双原子分子包括 Li_2 、 Be_2 、 B_2 、 C_2 、 N_2 、 O_2 、 F_2 和 Ne_2 。像原子的电子构型一样,分子的电子构型也是按一定规则将电子逐个填入轨道而得到的一种序列。它们的电子构型如下:

$Li_2 \left[(\sigma_{1s})^2 (\sigma_{1s}^*)^2 (\sigma_{2s})^2 \right]$

$Be_2 \left[(\sigma_{1s})^2 (\sigma_{1s}^*)^2 (\sigma_{2s})^2 (\sigma_{2s}^*)^2 \right]$

$B_2 \left[(\sigma_{1s})^2 (\sigma_{1s}^*)^2 (\sigma_{2s})^2 (\sigma_{2s}^*)^2 (\pi_{2p_y})^1 (\pi_{2p_z})^1 \right]$

$C_2 \left[(\sigma_{1s})^2 (\sigma_{1s}^*)^2 (\sigma_{2s})^2 (\sigma_{2s}^*)^2 (\pi_{2p_y})^2 (\pi_{2p_z})^2 \right]$

$N_2 \left[(\sigma_{1s})^2 (\sigma_{1s}^*)^2 (\sigma_{2s})^2 (\sigma_{2s}^*)^2 (\pi_{2p_y})^2 (\pi_{2p_z})^2 (\sigma_{2p_x})^2 \right]$

$O_2 \left[(\sigma_{1s})^2 (\sigma_{1s}^*)^2 (\sigma_{2s})^2 (\sigma_{2s}^*)^2 (\sigma_{2p_x})^2 (\pi_{2p_y})^2 (\pi_{2p_z})^2 (\pi_{2p_y}^*)^1 (\pi_{2p_z}^*)^1 \right]$

$F_2 \left[(\sigma_{1s})^2 (\sigma_{1s}^*)^2 (\sigma_{2s})^2 (\sigma_{2s}^*)^2 (\sigma_{2p_x})^2 (\pi_{2p_y})^2 (\pi_{2p_z})^2 (\pi_{2p_y}^*)^2 (\pi_{2p_z}^*)^2 \right]$

$Ne_2 \left[(\sigma_{1s})^2 (\sigma_{1s}^*)^2 (\sigma_{2s})^2 (\sigma_{2s}^*)^2 (\sigma_{2p_x})^2 (\pi_{2p_y})^2 (\pi_{2p_z})^2 (\pi_{2p_y}^*)^2 (\pi_{2p_z}^*)^2 (\sigma_{2p_x}^*)^2 \right]$

由于 π_{2p} 轨道的能级与 σ_{2p} 接近导致分子轨道能级图出现差异,因而电子构型也会出现差异,典型的例子为 N_2 和 O_2 。 N_2 分子由2个N原子组成。N原子的电子构型是 $1s^2 2s^2 2p^3$,

N_2 分子共有 14 个电子填入分子轨道:4 个填入非键轨道,4 个填入 σ_{2s} 和 σ_{2s}^* 轨道,4 个填入 π_{2p_y} 和 π_{2p_z} 轨道,其余 2 个成对填入 σ_{2p_x} 轨道。分子轨道中 $(\sigma_{1s})^2$ 和 $(\sigma_{1s}^*)^2$ 的能量与 1s 原子轨道相比一低一高,$(\sigma_{2s})^2$ 和 $(\sigma_{2s}^*)^2$ 的能量与 2s 轨道相比也是一低一高,它们对成键的贡献其实很小,而对成键有贡献的主要是 $(\pi_{2p_y})^2$、$(\pi_{2p_z})^2$ 和 $(\sigma_{2p_x})^2$ 这 3 对电子,它们形成 2 个 π 键和 1 个 σ 键。因此,N_2 为三键结构。

根据价键理论,O_2 分子中的两个 O 原子之间的 2p 电子应该两两配对,形成 1 个 σ 键和 1 个 π 键的双键结构,其余电子也都成对。而根据分子轨道理论,O_2 分子的 σ_{2p_x} 轨道能级低于 π_{2p_y} 和 π_{2p_z}。O 原子的电子构型是 $1s^2 2s^2 2p^4$。O_2 分子共有 16 个电子填入分子轨道。前 14 个电子按能级由高到低的顺序依次填至 σ_{1s}、σ_{1s}^*、σ_{2s}、σ_{2s}^*、σ_{2p_x}、π_{2p_y} 和 π_{2p_z} 轨道。最后 2 个电子进入 π_{2p}^* 轨道,根据洪特规则,它们分占能量相等的 2 个反键轨道,每个轨道里有 1 个电子,它们的自旋方式相同。这样 O_2 分子中存在 2 个未成对电子,故 O_2 分子具有顺磁性,这与实验事实相符。解释 O_2 分子的顺磁性是分子轨道理论取得的成就之一。O_2 分子中对成键有贡献的是 $(\sigma_{2p_x})^2$、$(\pi_{2p_y})^2$ 和 $(\pi_{2p_z})^2$ 这 3 对电子,即 1 个 σ 键和 2 个 π 键,在 $(\pi_{2p}^*)^2$ 反键轨道上的电子抵消了一部分 $(\pi_{2p_y})^2$ 和 $(\pi_{2p_z})^2$ 这 2 个 π 键的能量。与 N_2 分子中的双电子 π 键不同的是,O_2 分子中的 π 键是由 2 个成键电子和 1 个反键电子组成的三电子 π 键。可见把 2 个 O 原子结合在一起的是三键,而不是价键理论所画出的双键。由于三电子 π 键中有 1 个反键电子,削弱了键的强度,三电子 π 键不及双电子 π 键牢固。

2) 异核双原子分子

不同原子有不同的电子结构,不同原子间的相同轨道的能级差可以很大。但是,一般最外层轨道能级高低却是相近的。通常,异核双原子分子的轨道可以认为是由两原子最外层轨道组合而成的。由于是不同原子轨道组合成的分子轨道,故异核双原子分子的电子构型不能用同核双原子分子轨道的下标 σ_{ns}、σ_{np}、π_{np} 等表示,代以 $n\sigma$、$n\pi$ 表示。n 表示 σ、π 型轨道的能量高低次序。下面以 HF 分子为例来说明异核双原子分子的结构。H 原子的电子构型是 $1s^1$,F 原子的电子构型为 $1s^2 2s^2 2p^5$。当 H 原子与 F 原子形成分子时,根据分子轨道理论,能量相近的 2 个原子轨道才能有效地组合成分子轨道。F 原子的 1s 和 2s 轨道的能量远低于氢原子的 1s 轨道能量。只有 F 原子的 2p 轨道能量与 H 原子的 1s 轨道能量相近,它们可以相互作用组成分子轨道,如图 10-31 所示。

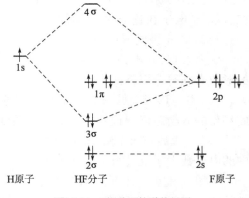

图 10-31　HF 分子轨道能级图

F 原子的 1s 和 2s 轨道的能量与原子轨道的能量基本相同,组成的分子轨道为非键轨道 1σ 和 2σ。F 原子有 3 个能量相同的 2p 轨道,当 H 原子与 F 原子相互接近时,H 原子的 1s 轨道和 F 的 $2p_x$ 轨道可组合成 2 个分子轨道,其中成键轨道 3σ 的能量低于 F 原子的 2p 轨道能量,反键轨道 4σ 的能量则高于 H 原子的 1s 轨道的能量。F 原子的 2p 轨道对成键分子轨道的贡献较大,而 H 原子的 1s 轨道则对反键分子轨道的贡献较大。F 原子的 $2p_y$ 和 $2p_z$ 轨道不能与 H 原子的 1s 轨道有效组合,故形成 2 个非键轨道 1π。因此,HF 分子中共有 4 个非键轨道(1σ、2σ 和 2 个 1π 轨道),即有 4 对孤对电子。使 HF 分子能量降低的是进入 3σ 轨道中的 2 个电子。HF 分子的电子构型为 $HF[(1\sigma)^2(2\sigma)^2(3\sigma)^2(1\pi)^4]$,键级为 1。由于成键 3σ 轨道中,含 F 原子 $2p_x$ 轨道成分多,所以 3σ 轨道上 1 对电子偏向于 F 原子,形成极性共价键。这就是异核双原子分子多为极性分子的原因。

10.4.4 离域 π 键简介

1)离域 π 键的定义

在一些无机或有机共价化合物的分子或离子中,通常含有两种共价键即 σ 键和 π 键。

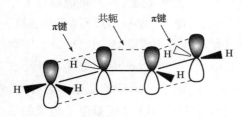

图 10-32　1,3-丁二烯分子结构

普通的 σ 键和 π 键是定域键,在这些键中电子的活动范围仅局限在 2 个成键原子之间。如果化合物分子或离子中的 π 电子不仅仅局限在 2 个原子之间,而是在参与成键的多个原子形成的共轭体系中运动,就称这种化学键为**离域 π 键**(delocalized π bond),即一般所指的大 π 键。下面以 1,3-丁二烯为例来说明离域 π 键,其分子结构参见图 10-32。

如果将 1,3-丁二烯中的 π 键看成定域键,则无法解释中间 2 个碳原子成键的键长(146pm)比乙烷中 C—C 键的键长(154pm)短,而其两头碳原子成键的键长(137pm)比乙烯中 C═C 键的键长(133pm)长的事实。同时,也无法解释 1,3-丁二烯不仅可以发生 1,2 加成反应,也可发生 1,4 加成反应。事实上,在 1,3-丁二烯的分子结构中,形成两个 π 键的 p 轨道不仅在第一和第二、第三和第四个碳原子之间重叠,在第二和第三个碳原子之间也有部分重叠,这样就降低了 π 电子的能量。p 轨道在多个原子上相互平行,连贯地"肩并肩"重叠在一起,π 电子在整个共轭体系中运动,形成大 π 键。

2)离域 π 键的形成条件

研究发现,并不是每一种分子或离子都能形成离域 π 键。从微观结构上看,离域 π 键的形成必须符合以下两个条件:

(1)参与形成离域 π 键的共轭原子必须在同一个平面上,且每个原子可以提供 1 个彼此平行的 p 轨道以保证轨道能够最大限度地重叠;

(2)形成离域 π 键的 π 电子的总数小于参与成键的 p 轨道数的两倍,以保证成键轨道中的电子数大于反键轨道中的电子数。

离域 π 键可以用通式 Π_n^m 来表示,n 为形成离域 π 键的 p 轨道数,m 为 π 电子的总数。必须使 $m < 2n$,以保证离域 π 键的键级大于零。根据分子轨道理论,n 个 p 原子轨道可以组合成 n 个分子轨道。如果 π 电子总数为 p 轨道数的两倍,则成键分子轨道和反键分子轨道均被电子占满,此时能量降低和升高完全抵消,键级为零,等于没有成键。

3)离域 π 键的类型

通常,离域 π 键主要可以分为三类:

(1)正常大 π 键。在这类离域 π 键中,$n = m$,即 p 轨道数等于 π 电子数。有机共轭分

子的离域 π 键大多是正常大 π 键,为 π—π 共轭。例如,前文的 1,3-丁二烯(Π_4^4),还有苯(Π_6^6)、萘(Π_{10}^{10})、乙炔(2 个 Π_4^4)等。无机分子石墨($\Pi_n^n, n=m=\infty$)和 NO_2(Π_3^3)等也均存在大 π 键。

(2)多电子大 π 键。在这类离域 π 键中,$n < m$,即 p 轨道数小于 π 电子数,为 π—p 共轭。例如,酰胺、羧酸和酯类等有机物的 C ═O 双键连接带有孤对电子的 O、N、Cl、S 等原子,这些原子上的孤对电子与 C ═O 的定域 π 键共轭,形成 Π_3^4 的离域 π 键。氯乙烯也存在 Π_3^4 的离域 π 键,苯酚和苯胺存在 Π_7^8 的离域 π 键。无机分子如 CO_2 存在两个 Π_3^4 的离域 π 键,BF_3、BCl_3 和 SO_3 存在 Π_4^6 的离域 π 键,无机离子如 CO_3^{2-} 和 NO_3^- 均存在 Π_4^6 的离域 π 键。

(3)缺电子大 π 键。在这类离域 π 键中,$n > m$,即 p 轨道数大于 π 电子数。例如,3-氯丙烯失去氯离子形成的丙烯基阳离子(H_2C ═CH—CH_2)$^+$,为 Π_3^2 的离域 π 键。

另外,有些分子如丙烯分子内 σ 键轨道和 π 键轨道进行部分有效重叠产生超共轭效应,可形成 σ—π 共轭离域 π 键。分子或离子中离域 π 键的存在,会对物质的性质产生影响,可以使分子的稳定性增加(如苯),酸碱性改变(如相同碳原子的羧酸和醇),分子极性和化学反应性能改变(如氯乙烯的偶极矩和活性小于氯乙烷),有机化合物产生颜色(如光谱红移)和导电性提高(如石墨)等。

【人物传记】

鲍林

莱纳斯·卡尔·鲍林(L. C. Pauling,1901—1994 年),美国著名化学家,量子化学和结构生物学的先驱者之一。1954 年因在化学键方面的成就而获得诺贝尔化学奖,1962 年因反对地面核弹测试的行动获得诺贝尔和平奖,成为获得不同诺贝尔奖项的两人之一。

1901 年 2 月 28 日,鲍林出生在美国俄勒冈州波特兰市。鲍林从小聪明好学,尤其是化学成绩一直名列前茅,立志当一名化学家。1917 年,鲍林以优异的成绩考入俄勒冈州农学院化学工程系,他对化学键的理论很感兴趣,同时,认真学习了原子物理、数学、生物学等多门学科。这些知识,为鲍林以后的研究工作打下了坚实的基础。1922 年,鲍林以优异的成绩大学毕业,同时,考取了加州理工学院的研究生,导师是著名化学家诺伊斯。鲍林在诺伊斯的指导下,完成的第一个科研课题是测定辉铝矿(MoSZ)的晶体结构,该工作的出色完成使他在化学界初露锋芒,也增强了他进行科学研究的信心。

鲍林在加州理工学院经导师介绍,还得到了迪肯森、托尔曼的精心指导。1925 年,鲍林以出色的成绩获得化学哲学博士。他系统地研究了化学物质的组成、结构、性质三者的联系,同时还从方法论上探讨了决定论和随机性的关系。

获博士学位以后,鲍林于 1926 年 2 月去欧洲,在索末菲实验室工作一年。然后到玻尔实验室工作了半年,还到过薛定谔和德拜实验室。这些学术研究,使鲍林对量子力学有了极为深刻的理解,坚定了他用量子力学方法解决化学键问题的信心。鲍林从读研究生到去欧洲游学,所接触的都是世界一流的专家,直接面临科学前沿问题,这对他后来取得的学术成就是十分重要的。

鲍林的学术贡献主要在于"价键理论""电负性""共振论"的提出以及对生物大分子结构和功能方面的研究。

鲍林自 19 世纪 30 年代开始致力于化学键的研究,1931 年 2 月发表价键理论,此后陆续发表相关论文,1939 年出版了化学史上具有划时代意义的《化学键的本质》(The Nature of the Chemical Bond) 一书。这本书彻底改变了人们对化学键的认识,将其从感性的、臆想的概念升华到定量的和理性的高度,该书出版后不到 30 年,共被引用超过 16 000 次,至今仍有许多高水平学术论文引用该书观点。由于鲍林在化学键本质以及复杂化合物质结构阐释方面杰出的贡献,他获得了 1954 年诺贝尔化学奖。鲍林对化学键本质的研究,引申出了广泛使用的杂化轨道概念。

1994 年 8 月 19 日,鲍林以 93 岁高龄在加利福尼亚州的家中逝世。曾被英国《新科学家》(New Scientist) 周刊评为人类有史以来 20 位最杰出的科学家之一,与牛顿、居里夫人及爱因斯坦齐名。然而,路透社在报道鲍林逝世的消息时却说,他是"20 世纪最受尊敬和最受嘲弄的科学家之一"。

【延伸阅读】

二维材料大家族

二维(2D)材料是指电子仅可在两个维度的非纳米尺度(1～100nm)上自由运动(平面运动)的材料,如纳米薄膜、超晶格、量子阱等。2004 年,英国曼彻斯特大学的海姆(Geim)和诺沃肖洛夫(Novoselov)等采用胶带法剥离得到了石墨烯(graphene),并研究了它的相关物理性能,引发了世界范围对 2D 材料的研究热潮,海姆和诺沃肖洛夫还因此而获得了 2010 年的诺贝尔物理学奖。石墨烯突出的特点是单原子层厚,载流子迁移率高,线状能谱、强度高。无论是在理论研究方面还是在应用领域,石墨烯都引起了相关学者们极大的兴趣,海姆本人称之为"Gold Rush(淘金热)"。

2D 材料由单层或少数层原子或者分子层组成,层内原子由较强的共价键或离子键连接,而层与层之间的作用力则是较弱的范德华力。它们因独特的 2D 结构而具有奇特的性质与功能。目前,2D 材料主要包括石墨烯、拓扑绝缘体、过渡金属硫化物、黑磷等。

石墨烯是由单层碳原子以 sp^2 杂化轨道组成一个六角格子并紧密堆积成蜂窝状结构的二维光电材料,具有相当优异的电子传输特性,电子迁移率高出传统硅材料 100 倍,电导率可达 $10^6 S \cdot m^{-1}$,可是说是目前已知的室温下导电性能最好的光电材料,而且对在紫外—可见—红外—太赫兹波段的超宽带光谱范围内的任意频率的光子都具有共振光学响应,在电子及光电子学等领域具有广阔的应用前景。石墨烯结构见图10-33。

拓扑绝缘体是一种内部绝缘而表面或边缘处导电的 2D 材料,强自旋轨道耦合使其能带反转,拥有与石墨烯相似的狄拉克锥结构。目前,实验证实的强拓扑绝缘体材料主要有 Sb_2Se_3、Bi_2Se_3、Bi_2Te_3 和 Sb_2Te_3 等,它们具有内部绝缘、表面导电的特性,在构建自旋量子器件、拓扑量子计算、马约拉纳费米子研究、激光锁模等方面具有重要应用价值。

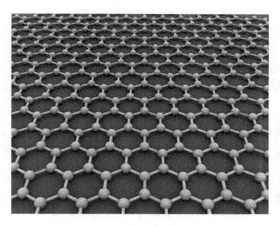

图 10-33 石墨烯结构

过渡金属硫系化合物是由六方晶系的单层或少层组成层状结构的另一类非常重要的 2D 材料,包括 MoS_2、WS_2、WSe_2 等。近年来,过渡金属硫系化合物独特的光电特性引起了世界范围内的研究热潮。随着层数减至单原子层,过渡金属硫系化合物可从间接带隙变为直接带隙半导体,其带隙可随化学组分和原子层数的变化而在 1~2.5eV 内变化,甚至可在更宽的范围内进行调节,在近红外波段具有较强的源于强库仑作用的激子发光特性,为构建新型发光器件(如 LED、激光器等)提供了新的材料选择。过渡金属硫系化合物晶体结构反演对称性的破缺和强自旋-轨道相互作用引起的圆二色性可用于产生具有可变磁动量的载流子,由此产生了新兴的能谷光电子学。过渡金属硫系化合物的典型结构示意图见图 10-34 (彩图见二维码)。

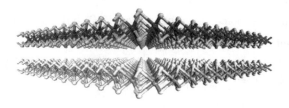

图 10-34 过渡金属硫系化合物典型结构示意图

黑磷(BP)是最近被广泛研究的另一种非常重要的类石墨烯 2D 材料,磷原子在二维平面紧密堆积成褶皱状结构,BP 的层间距为 0.53nm,大于石墨烯的层间距(0.36nm),有利于离子的插入及脱出,这使得 BP 具有优异的储能潜力,在锂离子电池、超级电容器等领域具有广阔的应用前景。BP 是一种 p 型直接带隙半导体,其带隙与层数具有依赖关系,随着层数减少,带隙调控可在 0.3~2.2eV 之间,在红外波段发光、光探测、光调制等光电子领域具有更广泛的潜在应用。由于独特的褶皱状晶体结构,BP 在原子平面内具有较大的拉伸和挤压特性,因此可通过施加外力使晶体产生应变,进而调节其电子能带结构在半金属态和绝缘态之间变动,可用于机械电子传感等。在原子平面内,BP 的晶体结构只有二次对称性,因此其电子结构具有各向异性光电特性,在等离子体器件共振特性及与晶格正交性相关的热电子学研究方面有特殊应用。黑磷晶体结构示意图见图 10-35(彩图见二维码)。

图 10-35　黑磷晶体结构示意图

二维材料因其载流子迁移和热量扩散都被限制在二维平面内,而展现出许多奇特的性质。其带隙可调的特性在场效应管、光电器件、热电器件等领域应用广泛;其自旋自由度和谷自由度的可控性在自旋电子学和谷电子学领域引起相关学者的深入研究;不同的二维材料由于晶体结构的特殊性质导致其电学特性或光学特性的各向异性,包括拉曼光谱、光致发光光谱、二阶谐波谱、光吸收谱、热导率、电导率等性质的各向异性,在偏振光电器件、偏振热电器件、仿生器件、偏振光探测等领域具有很大的发展潜力。

习　题　10

10-1　Describe the bonding in the following molecules using their Lewis structures: N_2, SF_4, H_2SO_4, $(CH_3)_2O$ and ClO_3^-.

10-2　如何理解共价键具有方向性和饱和性的特征?

10-3　s—s, s—p, p—p 等轨道以"头碰头"的方式发生同号轨道重叠都能形成 σ 键,试判断以下分子中 σ 键的类型。

（1）LiH　　　（2）HCl　　　（3）Cl_2　　　（4）CH_4

10-4　Describe the characteristics of σ bond and π bond.

10-5　By analyzing the molecular structures of H_2O, NH_3 and CH_4, explain why there are only H_3O^+ and NH_4^+, but no CH_5^+?

10-6　分析 NI_3、CH_3Cl、CO_2、BrF_3 和 OF_2 分子中的轨道杂化情况。

10-7　解释下列分子或离子结构中形成的离域 π 键。

（1）NO_3^-, Π_4^6　　　（2）O_3, Π_3^4

10-8　下列两组分子,其中心原子氧化数和配位数都相同,而分子构型不同,试分析中心原子的杂化类型和分子构型的区别。

（1）BCl_3 和 NCl_3　　　（2）CO_2 和 SO_2

10-9　Please predict the structures of the following molecules using VSEPR theory.

（1）NO_2^-　　　　　　（2）$SnCl_3^-$

（3）SO_2Cl_2　　　　　（4）BrF_3

（5）I_3^-　　　　　　　（6）SO_3^{2-}

（7）SO_4^{2-}　　　　　（8）CO_3^{2-}

（9）IF_5　　　　　　　（10）ClO_2^-

10-10　Compare the bond angles of the following groups of molecules or ions:

（1）H_2O，BF_3，CO_2，NH_3 and CH_4

（2）PH_3，NH_3 and AsH_3

10-11 已知丁三烯是平面分子，试画出该分子的结构，并说明分子中四个 C 原子的轨道杂化情况以及各个键角分别为多少，结构中是否存在共轭大 π 键，若有，说明大 π 键的组成。

10-12 分子轨道是由原子轨道线性组合而成的，这种组合必须遵循的三个原则是什么？试举例说明。

10-13 用分子轨道理论说明为什么两组同周期同核双原子分子 H_2 和 He_2，Li_2 和 Ne_2 中，H_2 和 Li_2 分子稳定，而 He_2 和 Ne_2 分子不稳定。写出电子排布式并计算键级。

10-14 用分子轨道理论解释为什么 O_2 具有顺磁性，而 N_2 却具有反磁性。

10-15 NO^+ 是 N_2 的等电子体，NO^- 是 O_2 的等电子体，试计算它们的键级并说明磁性。

10-16 多原子分子中，键的解离能与键的键能相等，对吗？

10-17 相同原子间的双键和三键分别是单键键能的两倍和三倍，对吗？

10-18 举例说明如何用键能和键长来判断分子的稳定性。

10-19 利用键能数据估算 C_2H_6 的标准摩尔燃烧焓 $\Delta_c H_m^\ominus(C_2H_6, g)$〔$E_B(O=O) = 498 \text{kJ} \cdot \text{mol}^{-1}$，$E_B(C=O) = 803 \text{kJ} \cdot \text{mol}^{-1}$，$\Delta_{vap} H_m^\ominus(H_2O) = 44 \text{kJ} \cdot \text{mol}^{-1}$，其他键能数据查表 10-1〕。

10-20 试用分子轨道理论说明为什么离域 π 键 Π_n^m 中需要 $m < 2n$，而一旦 $m = 2n$，整个离域 π 键就会崩溃。

（吴 蕾 俞鹏飞）

第11章 晶体结构

物质通常有固、液、气三种聚集态,90% 的元素单质和大部分无机化合物在常温下均为固体,它们在人类生活中起着重要的作用。固体有晶体、非晶体与准晶体之分。本章以晶体结构为重点,介绍晶体中微粒之间的作用力和这些微粒在空间中的排布情况。

11.1 晶体的结构和类型

11.1.1 晶体结构的特征与晶格理论

1)晶体结构的特征

晶体和非晶体是按粒子在固体状态时排列特性的不同而划分的。**晶体**(crystal)是由原子、离子或分子在空间中按一定规律周期性地重复排列构成的固体。晶体的这种周期性排列的基本结构特征使它具有以下性质:

(1)晶体具有规则的多面体几何外形。这是指物质凝固或从溶液中结晶的自然生长过程中出现的外形。非晶体不会自发地形成多面体外形,从熔融状态冷却下来时,内部粒子还来不及排列整齐,就固化成表面圆滑的无定形体。

(2)晶体呈现各向异性。许多物理性质,如光学性质、导电性、热膨胀系数和机械强度等在晶体的不同方向上测定时,是各不相同的。非晶体的各种物理性质不随测定的方向而改变,具有各向同性。

(3)晶体具有固定的熔点。非晶体如玻璃受热渐渐软化成液态,有一段较宽的软化温度范围。

上述晶体的宏观、外表特征是由它的微观内在结构特征所决定的,科学家们历经两个多世纪的研究终于找到了内在奥秘。17 世纪中叶丹麦矿物学家史诺登(N. Steno)对石英的断面仔细"相面"后发现,从不同产地得到的石英晶体大小和形状千差万别,但有一条不变的规律:晶面夹角相等,即呈多种形状的石英晶体,它们的三组晶面 a、b、c 之间的夹角保持不变,a、c 晶面间的夹角总是 113°,b、c 晶面间的夹角总是 120°。这种规律适用于各种晶体,被称为晶面夹角守恒定律。

18 世纪中叶法国地质学家浩羽(R. J. Haüy)发现方解石可以不断地解理成愈来愈小的

菱面体,据此提出了构造理论:晶体由一个个小的几何体在空间中平行地、无间隙地堆砌而成。这为现代晶格理论奠定了基础。

19 世纪布拉维(A. Bravais)、熊夫利(A. M. Schöenflies)等科学家创建了晶格理论,并在 20 世纪被劳厄(M. Laue)、布拉格(W. H. Bragg)等物理学家用 X 射线衍射实验所证实。

2)晶格理论的基本概念

晶格是一种几何概念,将许多点等距离排成一行,再将行等距离平行排列(行距与点距可以不相等)。将这些点(即结点)联结起来,得到平面格子。将这种二维体扩展到三维空间,得到的是空间格子,即**晶格**(crystal lattice)。也就是说,晶格用点和线反映晶体结构的周期性,是从实际晶体结构中抽象出来以表示晶体的周期性结构规律。

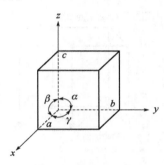

实际晶体的微粒(原子、离子和分子)就位于晶格的结点上。可将晶格划分成一个个平行六面体,此即晶体的最小重复单元,叫作**晶胞**(unit cell)。晶胞在空间中平移并无隙堆砌即成晶体。

晶胞包括两个要素:一是晶胞的大小和形状,由晶胞参数 a、b、c 和 α、β、γ 表示,其中 a、b、c 表示六面体的边长,α、β、γ 是边 b 和 c、边 c 和 a、边 a 和 b 所形成的 3 个夹角(图 11-1)。二是晶胞的内容,由晶胞中粒子的种类、数目和它们在晶胞中的相对位置来表示。

图 11-1　晶胞

尽管世界上的晶体有千万种,但根据晶胞参数的差异,可将晶体分成 7 个晶系(crystal system),如表 11-1 所示,它们分别是立方晶系、四方晶系、正交晶系、单斜晶系❶、三斜晶系、菱方晶系(有的教材亦称三方晶系)和六方晶系,它们具有不同的对称性。

晶体的 7 个晶系及实例　　　　　　　　　　表 11-1

晶　　系	边　　长	夹　　角	晶 体 实 例
立方晶系	$a=b=c$	$\alpha=\beta=\gamma=90°$	$NaCl,ZnS,CaF_2,Cu$
四方晶系	$a=b\neq c$	$\alpha=\beta=\gamma=90°$	$SiO_2,MgF_2,NiSO_4,Sn$
正交晶系	$a\neq b\neq c$	$\alpha=\beta=\gamma=90°$	$K_2SO_4,HgCl_2,BaCO_3,I_2$
单斜晶系	$a\neq b\neq c$	$\alpha=\gamma=90°,\beta\neq90°$	$KClO_3,Na_2B_4O_7,K_3[Fe(CN)_6]$
三斜晶系	$a\neq b\neq c$	$\alpha\neq\beta\neq\gamma\neq90°$	$CuSO_4\cdot5H_2O,K_2Cr_2O_7$
菱方晶系	$a=b=c$	$\alpha=\beta=\gamma<120°\neq90°$	$Al_2O_3,CaCO_3(方解石),As,Bi$
六方晶系	$a=b\neq c$	$\alpha=\beta=90°,\gamma=120°$	$AgI,CuS,SiO_2(石英),Mg$

由晶胞参数决定晶胞形状、大小的同时,考虑六面体的面上和体中有无面心或体心,可将 7 个晶系分为 14 种空间点阵形式(图 11-2)。这 14 种空间格子是由法国的布拉维首先论证的,因此也称为布拉维空间格子。

---

❶ 单斜点阵有 2 种不同的系统,分别为 $a\neq b\neq c,\alpha=\gamma=90°,\beta\neq90°$ 和 $a\neq b\neq c,\alpha=\beta=90°,\gamma\neq90°$。化学家习惯取前者。

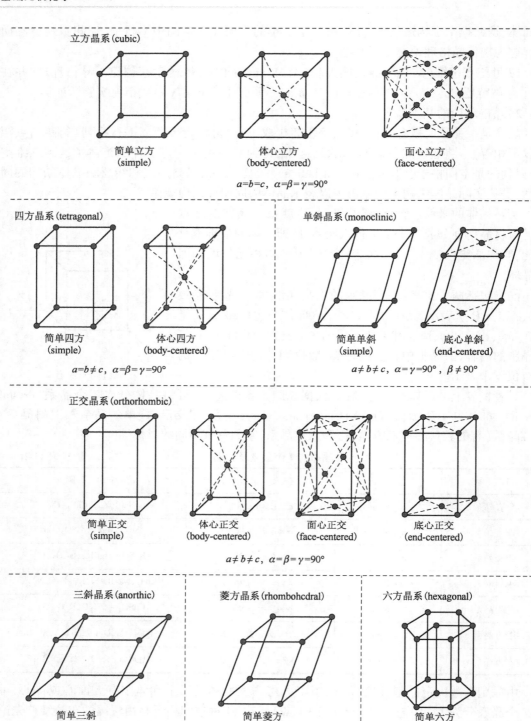

图 11-2　7 个晶系 14 种空间点阵形式

立方晶系有简单立方、体心立方和面心立方三种形式：

（1）简单立方。晶胞是立方体，有8个结点，分布在立方体的8个顶点上。

（2）体心立方。晶胞是立方体，有9个结点，分别分布在立方体的8个顶点和立方体的体心上。

（3）面心立方。晶胞是立方体，有14个结点，其中8个结点分布在立方体的8个顶点上，6个结点分布在立方体的6个面心上。

此外，四方晶系有两种形式，简单四方和体心四方；正交晶系有四种形式，简单正交、体心正交、面心正交和底心正交；单斜晶系有两种形式，简单单斜和底心单斜；三斜晶系、菱方晶系和六方晶系都只有一种形式，即简单三斜、简单菱方和简单六方。

11.1.2 非晶体和准晶体

1）非晶体

固态物质除了晶体之外，还有非晶体，如玻璃、石蜡、橡胶和塑料等。**非晶体**（noncrystal）没有规则的几何外形，内部微粒的排列是无规则的，没有特定的晶面。基于这点，人们把非晶体看作"过冷的液体"。

玻璃是非晶体，快速冷却石英熔体可得到石英玻璃。石英晶体[图11-3（a）]与石英玻璃[图11-3（b）]不同，前者又称水晶，在 SiO_4 立体网状结构中，键角均为109.5°；石英玻璃的结构特征是近程有序，长程无序。近程范围一般在0.1nm以下，长程范围一般在20nm以上。将玻璃拉成直径为 $5\mu m$ 的细丝，制成石英玻璃光导纤维，可广泛用于电话、电视、计算机网络等领域。另外，宇宙飞船上的窗玻璃、激光器所用的激光玻璃、太阳能电池所用的非晶硅都显示着非晶体作为新材料在高科技领域中广阔的应用前景。

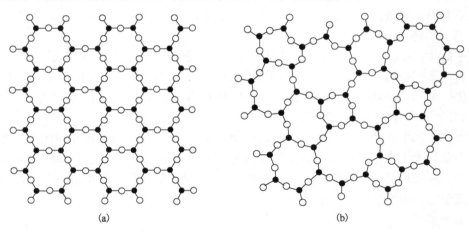

(a)   (b)

图11-3　石英晶体与石英玻璃

（a）石英晶体；（b）石英玻璃

2）准晶体

长期以来，人们将固体材料分为两类：一类是晶体，其组成质点排列长程有序，且在三维空间中作周期性重复；另一类是非晶体，其组成质点的排列长程无序。1984年在对Al—Mn合金的透射电子显微镜研究中，首次发现了长程定向有序而周期平移无序的一种封闭正二十面体相。这种新的结构因为缺少空间周期性而不是晶体,其所展现的完美长程有序结构又不像非晶体。此后,这类物质被陆续发现,被认为是介于非晶态和结晶态之间的一种新物态,即准晶态(quasicrystal)。

准晶体是具有准周期平移格子构造的固体,其中的质点常呈定向、有序排列,但是不作周期性平移重复。准晶体的发现对传统晶体学产生了强烈的冲击,它对传统晶体学理论中长程有序与周期性等价的基本概念提出了挑战。同时,准晶体的发现也为物质微观结构的研究增添了新的内容,为新材料的发展开拓了新的领域。

11.1.3 晶体类型

根据组成晶体粒子的种类及粒子之间作用力的不同,将晶体分成四种基本类型:金属晶体、离子晶体、分子晶体和原子晶体。

1) 金属晶体

金属晶体(metallic crystal)是金属原子或离子彼此靠金属键结合而成的。金属键没有方向性,因此在每个金属原子周围总是有尽可能多的邻近金属原子紧密地堆积在一起,以使系统能量最低。金属晶体内原子都以具有较高的配位数为特征。元素周期表中约三分之二的金属原子是配位数为 12 的紧密堆积结构,少数金属晶体配位数为 8,只有极少数为 6。

金属具有许多共同的性质,有金属光泽,能导电、传热,富有延展性等。这些通性与金属键的性质和强度有关。金属键的强度可用金属的原子化焓(1mol 的金属单质变成气态原子时的焓变)来衡量。一般来说,原子化焓愈大,金属的硬度愈大,熔点愈高。而原子化焓随着成键电子数的增加而变大。如第六周期元素钨的熔点最高达 3 414℃,而汞熔点最低,室温下即为液体。金属的硬度差异也不小,例如,铬的莫氏硬度为 9.0,而铅的莫氏硬度仅为1.5。这些性质都与金属键的复杂性有关。金属键理论将在本章 11.2.2 节中讨论。

2) 离子晶体

离子晶体(ionic crystal)是由正、负离子组成的。破坏离子晶体时,要克服离子间的静电引力。若离子间静电引力较大,那么离子晶体的硬度大,熔点也高。多电荷离子组成的晶体更为突出。例如:NaF 的莫氏硬度为 3.2,熔点为 993℃;而 MgO 的莫氏硬度为 6.5,熔点高达 2 852℃。此外,离子晶体熔融后都能导电。

在离子晶体中离子的堆积方式与金属晶体类似。由于离子键没有方向性和饱和性,所以离子在晶体中常常趋向于采取紧密堆积方式,但不同的是各离子周围接触的是带异号电荷的离子。一般负离子半径较大,可把负离子看作等径圆球进行密堆积,而正离子有序地填充在负离子密堆积形成的空隙中。

3) 分子晶体

非金属单质(如 O_2、Cl_2、S 和 I_2 等)和某些化合物(如 CO_2、NH_3、H_2O、苯甲酸和尿素等)在降温凝聚时可通过分子间作用力聚集在一起,形成**分子晶体**(molecular crystal)。虽然分子内部存在着较强的共价键,但分子之间是较弱的分子间作用力或氢键。因此,分子晶体的硬度不大,熔点不高。

由于分子间作用力没有方向性和饱和性,所以球形或近似球形的分子也采用紧密堆积方式,配位数可高达 12。

4) 原子晶体

原子晶体(atomic crystal)的晶格结点是中性原子,原子与原子间以共价键结合,构成一个巨大分子。例如,金刚石是原子晶体的典型代表,每个 C 原子以 sp^3 杂化轨道成键,与其邻近的 4 个 C 原子形成共价键,无数个这样的 C 原子构成三维空间网状结构。金刚砂(SiC)、石英(SiO_2)都是原子晶体。破坏原子晶体时必须破坏共价键,需要耗费很多的能量,因此原子晶体硬度大,熔点高。例如,金刚石的莫氏硬度为 10,熔点约为 3 570℃;而金刚砂的莫氏硬度为 9 ~ 10,熔点约为 2 700℃。

原子晶体一般不导电。但硅、碳化硅等具有半导体性质,在一定条件下能导电。

共价键具有方向性和饱和性,使得原子晶体不能采取紧密堆积的方式,因此原子晶体具有低配位数、低密度的特性。

以下将分别讨论金属晶体、离子晶体、分子晶体和原子晶体。需要指出的是,上述对晶体种类的划分仅仅是对晶体简单的分类,通过 X 射线单晶衍射测定得到的越来越多的晶体结构数据表明,绝大多数晶体不是纯的离子晶体、金属晶体或原子晶体,尤其是在一些复杂的包含有机、无机配体和生物大分子的晶体结构中,原子或分子间存在着多种多样的作用形式,其中以共价键、氢键和分子间作用力为主。因此,要明确指出一个晶体究竟属于上述分类中的哪一种晶体类型是比较困难的,有时也是没有必要的。

11.2　金属晶体

11.2.1　金属晶体的结构

由于金属键没有方向性和饱和性,因此金属晶格的结构要求金属原子紧密堆积,最紧密的堆积是最稳定的结构。金属密堆积是指球状的刚性金属原子一个挨一个堆积在一起而形成的堆积方式。金属晶体中粒子的排列方式有以下三种:六方密堆积(hexagonal closest packing,hcp),面心立方密堆积(cubic closest packing,ccp)和体心立方堆积(body-centered cubic packing,bcc),参见表 11-2。

常温下某些金属元素的晶体结构　　　　　　　　表 11-2

金属原子堆积方式	元　　　素	原子空间利用率/%
六方密堆积	Be,Mg,Co,Ti,Zn,Cd	74
面心立方密堆积	Al,Pb,Cu,Ag,Au,Ni,Pd,Pt	74
体心立方堆积	碱金属,Ba,Cr,Mo,W,Fe	68

图 11-4(彩图见二维码)为等径圆球的密堆积方式示意图,可以看出,在同一层中,每个球周围可排 6 个球构成密堆积。第二层密堆积层排在第一层上时,每个球放入第一层 3 个球所形成的空隙上。第一层球用 A 表示,第二层球用 B 表示。在密堆积结构中,第三密堆积层的球加到已排好的两层上时,可能有两种情况:一是第三层球可以与第一层球对齐,产生 ABABAB…方式的排列[图 11-4(a)]。这种密堆积方式可画出六方晶胞,因此称为六方密堆

积[图 11-5(a),彩图见二维码],例如金属镁中的镁原子便是这样堆积的。二是第三层球与第一层有一定的错位,以 ABCABC…方式排列[图 11-4(b)]。这种密堆积方式可画出面心立方晶胞,因此称为**面心立方密堆积**[图 11-5(b),彩图见二维码],例如金属铜原子的密堆积。

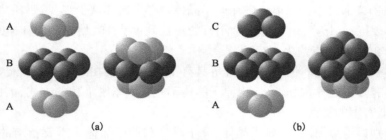

图 11-4　等径圆球的密堆积方式示意图
(a)ABABAB…;(b)ABCABC…

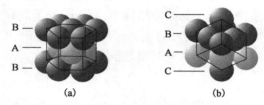

图 11-5　六方密堆积和面心立方密堆积
(a)六方密堆积;(b)面心立方堆积

　　在密堆积层间有空隙,这种空隙有两类,分别是四面体空隙和八面体空隙。在一层的 3 个球与上层或下层最密接触的第四个球间存在的空隙叫作四面体空隙[图 11-6(a)]。而在一层的 3 个球与交错排列的另一层的 3 个球之间形成较大的空隙,叫作八面体空隙[图 11-6(b)]。后者也可以这样来理解,即以 4 个球排列成正方形,只有两个球分别排在该正方形的上下,6 个球形成一个八面体,其中的空隙就是八面体空隙。这些空隙具有重要意义,许多合金结构、离子化合物结构等均可看作是某些原子(或离子)占据金属原子(或离子)的密堆积结构的空隙形成的。

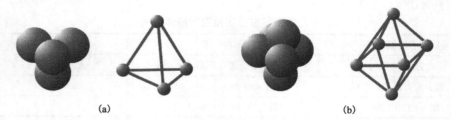

图 11-6　四面体空隙和八面体空隙
(a)四面体空隙;(b)八面体空隙

　　可以发现,对于密堆积结构来说,每个球有 12 个近邻,即在同一层中有 6 个以六边形排列,另外 6 个分别分布在上、下两层(图 11-4)。因此,六方密堆积和面心立方密堆积中原子的配位数都为 12,每个原子均摊有 2 个四面体空隙和 1 个八面体空隙,空间利用率为 74%。

密堆积中还有一种**体心立方堆积**(图 11-7),可以画出体心立方晶胞,如金属钾。在这种堆积方式中,原子的配位数为 8,1 个原子位于晶胞立方体的体心,和上下两层的 8 个原子紧密接触,立方体顶点上的原子没有接触。空间利用率要低于六方密堆积和面心立方密堆积,为 68%。

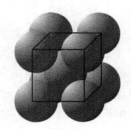

图 11-7　体心立方堆积

不少金属具有多种结构,这与温度和压力有关。如铁在室温下是体心立方堆积(称为 α—Fe)。在 906 ~ 1 400℃ 时面心立方密堆积结构较稳定(称为 γ—Fe),但在 1 400 ~ 1 535℃(熔点)时,其体心立方堆积结构的 α—Fe 又变得稳定。β—Fe 是在高压下形成的。这就是金属的多晶现象。

需要指出的是,并非所有单质金属都具有密堆积结构,如金属 Po(α—Po)是在 0℃ 下具有简单立方结构的唯一实例。

研究金属晶体的结构类型,有利于我们了解它们的性质并在实践中应用。例如,Fe、Co、Ni 等金属是常用的催化剂,其催化作用除与它们的 d 轨道有关外,也和它们的晶体结构有关。对某些加氢反应而言,面心立方的 β—Ni 具有较高的催化活性,而立方堆积的 α—Ni 则没有这种活性。又如结构相同的两种金属互溶而形成合金。

11.2.2　金属键理论

金属键的理论模型有电子海模型和金属的分子轨道模型(即能带理论)。检验模型是否成功,关键是看其能否说明金属的典型性质。

1)电子海模型

电子海模型将金属描绘成金属正离子在电子海中的规则排列,如图 11-8(彩图见二维码)所示。

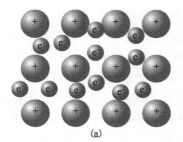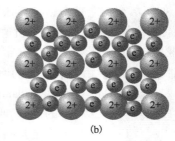

图 11-8　金属键的电子海模型

(a)碱金属;(b)碱土金属

相对非金属原子而言,金属原子价电子数目较少,核对价电子的吸引力较弱。因此,电子容易摆脱金属原子的束缚成为自由电子,并为整个金属所共有。金属正离子靠这些自由电子的胶合作用构成金属晶体,这种作用就是**金属键**(metallic bond)。

电子海模型可以说明金属的特性。自由电子在外加电场的影响下,可以定向流动而形成电流,使金属具有良好的导电性。金属受热时,金属离子振动加强,与其不断碰撞的自由电子可交换并传递热量,使金属温度迅速升高,呈现良好的导热性。当金属受到机械外力的冲击时,由于自由电子的胶合作用,金属正离子容易滑动却又不像离子晶体那样脆,因此可以加工成细丝和薄片,表现出良好的延展性。

2）能带理论

能带理论是 20 世纪 30 年代形成的晶体量子理论。能带理论把金属晶体看成一个大分子。这个分子由晶体中所有原子组合而成。现以 Li 为例讨论金属晶体中的成键情况。1 个 Li 原子有 1 个 1s 轨道和 1 个 2s 轨道，2 个 Li 原子有 2 个 1s 轨道和 2 个 2s 轨道。按照分子轨道理论的概念，2 个原子相互作用时原子轨道要重叠，同时形成成键轨道和反键轨道，这样由原来的原子能量状态变成分子能量状态。晶体中包含原子数愈多，分子状态也就愈多。若有 n 个 Li 原子，其 $2n$ 个原子轨道可形成 $2n$ 个分子轨道。分子轨道如此之多，分子轨道之间的能级差很小，实际上这些能级很难分清（图 11-9），连成一片就成为能带。**能带**（energy band）可看作延伸到整个晶体中的分子轨道。

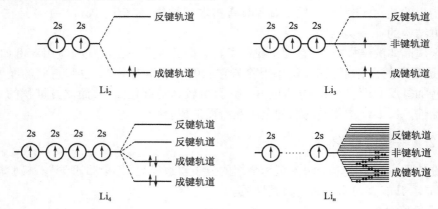

图 11-9　Li 晶体中能带结构的形成

Li 原子的电子构型是 $1s^2 2s^1$，每个原子有 3 个电子，价电子数是 1。n 个 Li 原子有 $3n$ 个电子，这些电子如何填充到能带中去？与在原子和分子中的情况相似，要符合能量最低原理和泡利不相容原理。由 s、p、d 和 f 原子轨道分别重叠产生的能带中，容纳最多的电子数目，s 带为 $2n$ 个，p 带为 $6n$ 个，d 带为 $10n$ 个，f 带为 $14n$ 个等。由于每个 Li 原子只提供 1 个价电子，故其 2s 能带为半充满。由充满电子的原子轨道所形成的较低能量的能带叫作**满带**（full filled band），由未充满电子的原子轨道所形成的较高能量的能带，叫作**导带**（conduction band）。例如，金属 Li 中，1s 能带是满带，2s 能带是导带。在这两种能带之间还隔出一段能量（图 11-10）。正如电子不能停留在 1s 能级与 2s 能级之间一样，电子也不能进入 1s 能带和 2s 能带之间的能量空隙，所以这段能量空隙叫作**禁带**（forbidden band 或 band gap）。金属的导电性就是靠导带中的电子来体现的。

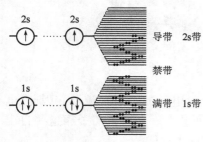

图 11-10　金属 Li 的能带

金属镁的价电子层结构为 $3s^2$，其 3s 能带应是满带，似乎镁应是一个非导体，但其实不是这样，金属的密堆积使得原子间距离极近，形成的相邻能带之间的能量间隙很小，甚至能带可以重叠。镁的 3s 和 3p 能带部分重叠（3p 能带为空带），也就是说满带和空带重叠则成导带（图 11-11）。

根据能带结构中禁带宽度和能带中电子的填充状况,可把物质分为导体、绝缘体和半导体(图 11-12)。

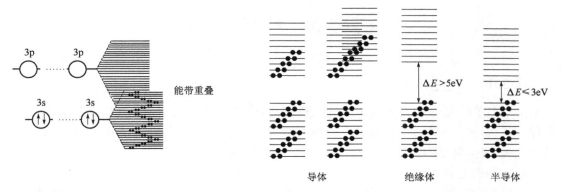

图 11-11　金属镁的能带重叠　　　　　　　图 11-12　导体、绝缘体和半导体的能带

一般金属导体的导带是未充满的,绝缘体的禁带很宽,其能量间隔 ΔE 超过 5eV。而半导体的禁带较狭窄,能量间隔不超过 3eV。例如,金刚石为绝缘体,禁带宽度为 6eV;硅和锗为半导体,禁带宽度分别为 1.12eV 和 0.67eV。

能带理论是这样说明金属导电性的:当在金属两端接上导线并通电时,在外加电场的作用下,电子将获得能量并从负极流向正极,即朝着与电场相反的方向流动。在满带内部的电子无法跃迁,电子往往不能由满带越过禁带进入导带。只有导带没有被电子占满,能量较高的部分还空着,导带内的电子获得能量后才可以跃入其空缺部分,这样的电子在导体中担负着导电的作用。这些电子显然不定域于某两个原子之间,而是活动在整个晶体范围内,成为非定域状态。因此,金属的导电性取决于它的结构特征——具有导带。

绝缘体不能导电,它的结构特征是只有满带和空带,且禁带宽度大,一般电场条件下,难以将满带电子激发进入空带,即不能形成导带而导电。

半导体的能带特征也是只有满带和空带,但禁带宽度较窄,在外电场作用下,部分电子跃入空带,空带有了电子变成导带,原来的满带缺少了电子,或者说产生了空穴,也形成了导带能导电,一般称此为空穴导电。在外加电场作用下导带中的电子可从外加电场的负端向正端运动,而满带中的空穴则可接受靠近负端的电子,同时在该电子原来所在的地方留下新的空穴,相邻电子再向该新空穴移动又形成新的空穴,以此类推,其结果是空穴从外加电场的正极向负极移动,空穴移动方向与电子移动方向相反。半导体中的导电性是导带中的电子传递(电子导电)和满带中的空穴传递(空穴导电)所构成的混合导电性。

一般金属在升高温度时由于原子振动加剧,在导带中的电子运动受到的阻碍增强,而满带中的电子又由于禁带太宽不能跃入导带,导致电阻增大,导电性能减弱。

在半导体中,随着温度升高,满带中有更多的电子被激发进入导带,导带中的电子数目与满带中形成的空穴的数目相应增加,增强了导电性能,其结果足以抵消因温度升高导致的原子振动加剧所引起的电子运动受阻,且有富余。

金属晶体与金属键的理论还不成熟,能带理论成功地解释了一些现象,但有些问题还无法解释。有人认为 d 轨道不影响金属中原子的堆积,也有人认为过渡元素次外层的 d 电子参与形成了部分共价键的金属键,从而使某些金属(如 Cr 和 W 等)具有高硬度、高熔点等性质,这是很有意义的理论问题。能带理论比简单的电子海模型更能定量地说明问题,在此不予赘述。

11.3 离 子 晶 体

11.3.1 离子晶体的结构

由于离子的大小不同、电荷数不同以及正离子最外层电子构型不同等因素的影响,离子晶体中正、负离子在空间中的排布情况多种多样。下面以最简单的立方晶系 AB 型离子晶体为代表,讨论常见的三种典型的结构类型——NaCl 型、CsCl 型和 ZnS 型。

1)三种典型的 AB 型晶体

NaCl 型、CsCl 型和 ZnS 型均属于 AB 型离子晶体,即只含有一种正离子和一种负离子,且电荷数相同。但是,这三种离子晶体的结构特征有所区别(图 11-13,彩图见二维码)。NaCl 晶体由 Cl^- 形成面心立方晶格,Na^+ 占据晶格中的所有八面体空隙。每个离子都被 6 个异号离子以八面体方式包围,因而每种离子的配位数都是 6,配位比为 6∶6。从图 11-13 中可以看出,NaCl 晶体似乎有 13 个 Na^+ 和 14 个 Cl^-,其实 8 个顶点上的每个离子为 8 个晶胞所共享,属于这个晶胞的只有 $8 \times 1/8 = 1$,6 个面上的每个离子为 2 个晶胞所共享,属于此晶胞的只有 $6 \times 1/2 = 3$,12 个棱上的每个离子为 4 个晶胞所共享,属于此晶胞的只有 $12 \times 1/4 = 3$,只有晶胞中心的 1 个离子完全属于此晶胞。按此计算每个晶胞含有 4 个 Na^+ 和 4 个 Cl^-。

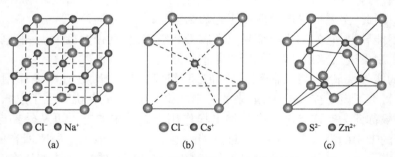

图 11-13　NaCl 型、CsCl 型和 ZnS 型晶体结构
(a)NaCl 型;(b)CsCl 型;(c)ZnS 型

CsCl 型晶体结构可看作 Cl^- 作简单立方堆积,Cs^+ 填入立方体空隙中,CsCl 的正、负离子配位数均为 8,配位比是 8∶8。每个晶胞含有 1 个 Cs^+ 和 1 个 Cl^-。

ZnS 型晶体有两种结构类型,一种是闪锌矿型,另一种是纤锌矿型。前者的结构为 S^{2-} 按面心立方结构堆积,Zn^{2+} 填入 S^{2-} 堆积的部分四面体空隙中。S^{2-}、Zn^{2+} 的配位数都是 4,配位比为 4∶4。根据前述同样的方法可以算出每个晶胞含有 4 个 S^{2-} 和 4 个 Zn^{2+}。

2)离子键理论

离子键理论是 20 世纪初由德国化学家科赛尔(Kossel)根据稀有气体原子具有稳定结构的事实提出的。他认为电离能小的金属原子和电子亲和能大的非金属原子相互靠近时,失去或获得电子生成具有稀有气体稳定电子结构的正负离子,然后通过库仑静电引力生成离子化合物。这种正负离子间的静电吸引力叫作**离子键**(electrovalent bond)。

库仑力的性质决定了离子键区别于共价键的特点:既没有方向性,也不具有饱和性。所谓没有方向性,是指晶体中被看作带电小圆球的正负离子在空间任意方向上吸引相反电荷的能力是等同的。所谓不具有饱和性则包含两个含义:正负离子周围邻近的异电荷离子数主要取决于正负离子半径的相对大小,与各自所带电荷多少无直接关系;一个离子除吸引最邻近的异电荷离子外,还可以吸引远程的异电荷离子。

离子键的强度可用晶格能的大小来度量。**晶格能**(crystal lattice energy)定义为 1 mol 离子晶体解离为自由气态离子所吸收的能量,以符号 U 表示。晶体类型相同时晶格能与正、负离子电荷数成正比,与它们之间的距离 r_0 成反比。晶格能越大,正、负离子的结合力越强,相应晶体的熔点越高,硬度越大,压缩系数和热膨胀系数越小。表 11-3 给出了相同晶格类型(NaCl 型)的几种离子化合物的晶格能、熔点和硬度随离子电荷及 r_0 的变化。

离子电荷、r_0 对晶体晶格能、熔点和硬度的影响　　　　表 11-3

化　合　物	离子电荷 $z_+ = z_-$	r_0/pm	晶格能/$(kJ \cdot mol^{-1})$	熔点/℃	莫氏硬度
NaF	1	231	923	993	3.2
NaCl	1	276	786	801	2.5
NaBr	1	290	747	747	<2.5
NaI	1	311	704	661	<2.5
MgO	2	205	3 791	2 852	6.5
CaO	2	239	3 401	2 614	4.5
SrO	2	253	3 223	2 430	3.5
BaO	2	275	3 054	1 918	3.3

离子型化合物具有以下通性:绝大多数情况下为晶状固体,硬度大,易击碎,熔点、沸点高,熔化热、汽化热高,熔融状态下能导电,许多化合物溶于水。这些性质都可用离子键理论解释。由正负离子通过离子键交替连接而构成的 NaCl 晶体中无法划出各个独立的 NaCl 分子,只能把整个晶体看作一个巨大的分子。破坏分子内离子排布方式的任何变化都要由外部提供能量,这就解释了离子化合物涉及状态变化的性质(如熔点、沸点、熔化热、汽化热)为什么数值都较高。同样的理由亦可用来解释其硬度——破坏晶格需要较强的外力。

固态 NaCl 离子化合物导电性很差,是因为作为电流载体的正、负离子在静电引力作用下只能在晶格结点附近振动而无法自由移动。熔融状态下导电性急剧上升,则是因为化学键遭到很大程度的破坏而产生离子流动性。两种状态下导电性均随温度升高而缓慢上升,则分别与晶体中离子振动的加剧和熔体中离子流动性的提高有关。晶体表面具有剩余势场的正、负离子对溶剂水分子的偶极吸引导致离子水合,进而随后者的热运动离开晶体表面造成晶体溶解。溶解性除了与水合作用的强弱有关外,在很大程度上显然取决于晶格能。比如表 11-3 给出的 8 个化合物中以 MgO(晶格能最大)的溶解度最小。

3)离子半径与配位数

离子晶体的配位比与正、负离子半径之比有关。所谓**离子半径**,可以这样来理解:设想离子呈球形,在离子晶体中,最邻近的正、负离子中心之间的距离就是正、负离子半径之和。

离子中心之间的距离可以用 X 射线衍射测出。

其实离子中心之间的距离与晶体构型有关。为了确定离子半径,通常以 NaCl 构型的半径作为标准,对其他构型的半径再做一定的校正。

实验测知的晶体中离子间距离既然被认为是 2 个离子半径之和,要得到每个离子的半径,需要有一番推算,才能把离子间距离合理地分给 2 个离子。1926 年戈尔德施密特(Goldschmidt)利用球形离子堆积的几何方法推算出 80 多种离子的半径。1927 年鲍林(Pauling)根据原子核对外层电子的吸引力推算出一套离子半径,至今还在使用。后来香农(R. D. Shannon)等人归纳整理了实验测定的上千种氧化物、氟化物中正、负离子核间距的数据,以鲍林提出的 O^{2-} 和 F^- 半径为前提,用 Goldschmidt 方法划分离子半径,经过多次修正,提出了一套完整的离子半径数据。表 11-4 列出了两套离子半径数据(Goldschmidt 和 Pauling 数据)。离子半径的概念在预言物质性质、判断矿物中离子相互取代等方面十分有用,但使用时要注意选用同一套数据,不能将来源不同的数据混用。

Goldschmidt 和 Pauling 离子半径数据(单位:pm)　　　　　　表 11-4

离子	G	P	离子	G	P	离子	G	P
H^+	—	208	S^{6+}	30	29	Cu^{2+}	72	72
Li^+	70	60	Cl^-	181	181	Zn^{2+}	83	74
Be^{2+}	—	31	Cl^{5+}	34	—	Ga^{3+}	62	62
B^{2+}	34	31	Cl^{7+}	—	26	Ge^{2+}	65	73
B^{3+}	—	20	K^+	133	133	Ge^{4+}	55	53
C^{4-}	—	260	Ca^{2+}	105	99	As^{3-}	191	222
C^{4+}	20	15	Sc^{3+}	83	81	As^{3+}	69	47
N^{3-}	—	171	Ti^{3+}	75	69	Se^{2-}	193	198
N^{3+}	16	—	Ti^{4+}	64	68	Br^-	196	195
N^{5+}	15	11	V^{2+}	88	66	Br^{5+}	47	—
O^{2-}	132	140	V^{5+}	—	59	Br^{7+}	—	39
F^-	133	136	Cr^{3+}	65	64	Rb^+	149	148
Na^+	98	95	Cr^{6+}	36	52	Sr^{2+}	—	113
Mg^{2+}	78	65	Mn^{2+}	91	80	Ag^+	—	126
Al^{3+}	55	50	Mn^{4+}	52	—	Cd^{2+}	—	97
Si^{4-}	198	271	Mn^{7+}	—	46	I^-	—	216
Si^{4+}	40	41	Fe^{2+}	83	75	Cs^+	—	169
P^{3-}	186	212	Fe^{3+}	67	60	Ba^{2+}	—	135
P^{3+}	44	—	Co^{2+}	82	72	Hg^{2+}	—	110
P^{5+}	35	34	Co^{3+}	65	63	Pb^{2+}	—	120
S^{2-}	182	184	Ni^{2+}	78	70	Pb^{4+}	—	84
S^{4+}	37	—	Cu^+	—	96			

　　形成离子晶体时正、负离子紧靠在一起，晶体才能稳定。离子能否完全紧靠与正、负离子半径之比 r_+/r_- 有关。取配位比为 6:6 的晶体构型的某一层为例（图 11-14）来说明：

　　令 $r_- = 1$，则 $ac = 4, ab = bc = 2 + 2r_+$。因为 $\triangle abc$ 为直角三角形，有

$$ac^2 = ab^2 + bc^2$$
$$4^2 = 2 \times (2 + 2r_+)^2$$

可以解出 $r_+ = 0.414$。

　　即 $r_+/r_- = 0.414$ 时，正、负离子直接接触，负离子也两两接触。如果 $r_+/r_- < 0.414$ 或 $r_+/r_- > 0.414$，就会出现如下情况（参见图 11-15）：在 $r_+/r_- < 0.414$ 时，负离子相互接触（排斥），而正、负离子接触不良，这样的构型不稳定[图 11-15（a）]。若晶体转入较少的配位数，如转入 4:4 配位，这样正、负离子才能接触得比较好。在 $r_+/r_- > 0.414$ 时，负离子接触不良，正、负离子却能紧靠在一起，这样的构型可以稳定[图 11-15（b）]。但是当 $r_+/r_- > 0.732$ 时，正离子表面就有可能紧靠更多的负离子，使配位数变成 8。由此可以归纳出表 11-5 所示的关系。

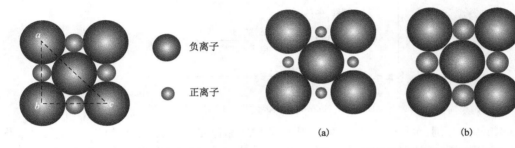

<table>
<tr><td colspan="2">图 11-14　配位数为 6 的晶体中正、
负离子半径之比</td><td colspan="2">图 11-15　半径比与配位数的关系
（a）$r_+/r_- < 0.414$；（b）$r_+/r_- > 0.414$</td></tr>
</table>

半径比与配位数的关系　　　　　　　　　　　　　　　　　　　　表 11-5

r_+/r_-	配 位 数	构　型
$0.225 \sim 0.414$	4	ZnS 型
$0.414 \sim 0.732$	6	NaCl 型
$0.732 \sim 1.000$	8	CsCl 型

　　在不同的温度和压力下，离子晶体可以形成不同类型的晶体，如 CsCl 晶体在常温下是 CsCl 型，但在高温下可以转变为 NaCl 型。NH_4Cl 在 184.3℃ 以下为 CsCl 型，在 184.3℃ 以上为 NaCl 型。RbCl 和 RbBr 也存在同质异构现象，它们在通常情况下属于 NaCl 型，但在高压下可转变为 CsCl 型。因此，离子半径比规则只能帮助我们判断离子晶体的构型，而具体采取什么构型则应由实验来判断。

11.3.2　晶格能

　　通过 X 射线衍射实验测出晶体中各质点的电子相对密度，结果表明氯化钠晶体是由具有 10 个电子的钠离子和 18 个电子的氯离子规则排列而成，从而证明离子晶体中有由价电子转移而形成的正、负离子间的静电作用（离子键），离子间的静电作用强度可用晶格能的大小来衡量。

在标准状态下,按下列化学反应进行

$$M_aX_b(s) \longrightarrow aM^{b+}(g) + bX^{a-}(g)$$

使 1 mol $M_aX_b(s)$ 变为气态正离子 M^{b+} 和气态负离子 X^{a-} 时所吸收的能量称为 M_aX_b 的晶格能,用 U 表示。晶格能的数据可以通过以下几种方法获得。

1) Born-Haber 循环

伯恩(M. Born)和哈伯(F. Haber)设计了一个热化学循环(图 11-16),即 Born-Haber 循环,利用这一循环,可以根据实验数据计算晶体的晶格能,通常称为晶格能的实验值。

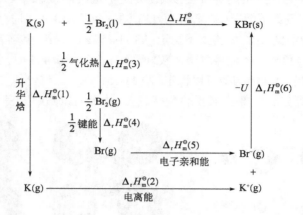

图 11-16 Born-Haber 循环[以 KBr(s)为例]

以 KBr(s)为例:金属钾与液态溴作用生成 KBr 晶体是一个比较复杂的过程,反应过程中放出大量的热。下面从金属钾开始来分析这一过程。金属钾晶体变为气态钾原子,相当于升华或钾的原子化过程,要吸收热量以破坏金属键:

$$K(s) \xrightarrow{\text{升华}} K(g) \quad \Delta_r H_m^\ominus(1) = 89.2 \text{kJ} \cdot \text{mol}^{-1}$$

K 原子进一步电离成 K^+,这一步也要吸收热量,相当于 K 的第一电离能 I_1:

$$K(g) - e^- \xrightarrow{\text{电离}} K^+(g) \quad \Delta_r H_m^\ominus(2) = 418.8 \text{kJ} \cdot \text{mol}^{-1}$$

再考虑溴,首先是液体溴的气化,然后是双原子分子 Br_2 中共价键的断裂。这两步都吸收热量:

$$\frac{1}{2}Br_2(l) \xrightarrow{\text{气化}} \frac{1}{2}Br_2(g) \quad \Delta_r H_m^\ominus(3) = 15.45 \text{kJ} \cdot \text{mol}^{-1}$$

$$\frac{1}{2}Br_2(g) \xrightarrow{\text{断键}} Br(g) \quad \Delta_r H_m^\ominus(4) = 96.5 \text{kJ} \cdot \text{mol}^{-1}$$

Br 原子得到电子时放出的热量,叫作电子亲和能:

$$Br(g) + e^- \xrightarrow{\text{电子亲和能}} Br^-(g) \quad \Delta_r H_m^\ominus(5) = -324.7 \text{kJ} \cdot \text{mol}^{-1}$$

已知

$$K(s) + \frac{1}{2}Br_2(l) \longrightarrow KBr(s) \quad \Delta_r H_m^\ominus = \Delta_f H_m^\ominus(KBr, s) = -393.8 \text{kJ} \cdot \text{mol}^{-1}$$

根据 Hess 定律,

$$\Delta_r H_m^{\ominus}(6) = \Delta_r H_m^{\ominus} - \left[\Delta_r H_m^{\ominus}(1) + \Delta_r H_m^{\ominus}(2) + \Delta_r H_m^{\ominus}(3) + \Delta_r H_m^{\ominus}(4) + \Delta_r H_m^{\ominus}(5) \right]$$
$$= \left[-393.8 - (89.2 + 418.8 + 15.5 + 96.5 - 324.7) \right] kJ \cdot mol^{-1}$$
$$= -689.1 kJ \cdot mol^{-1}$$

即

$$K^+(g) + Br^-(g) \longrightarrow KBr(s) \quad \Delta_r H_m^{\ominus}(6) = -689.1 kJ \cdot mol^{-1}$$

根据晶格能的定义,有 $U = -\Delta_r H_m^{\ominus}(6) = 689.1 kJ \cdot mol^{-1}$。

表 11-6 给出了利用这种方法计算出的一些晶格能数据。

基于 Born-Haber 循环计算出的一些晶格能数据　　表 11-6

晶体	NaF	NaCl	NaBr	NaI	KF	KCl
$U/(kJ \cdot mol^{-1})$	928	787	758	709	826	718
晶体	KI	BeO	MgO	CaO	SrO	BaO
$U/(kJ \cdot mol^{-1})$	654	4 555	3 902	3 513	3 335	3 166

2) Born-Landé 公式

既然晶格能来源于正、负离子间的静电作用,根据这种观点,可以建立一些半经验公式,从理论上计算晶格能。

导出这些半经验公式的出发点是:

(1) 离子晶体中的异号离子间有静电引力,同号离子间有静电斥力,这种静电作用符合库仑定律。

(2) 异号离子间虽有静电引力,但当它们靠得很近时,离子的电子云之间将产生排斥作用。电子云之间的排斥作用不能用库仑定律计算。排斥能被假定为与离子间距离的 5~12 次方成反比。由此推导出来的计算晶格能的 Born-Landé 公式如下

$$U = \frac{1.389 \times 10^5 A z_+ z_-}{r_0} \left(1 - \frac{1}{n} \right) \tag{11-1}$$

式中,r_0 是正、负离子的核间距离,可由实验测定,如无实验数据,则可近似地用正、负离子半径之和代替,单位为 pm;z_+ 与 z_- 分别代表正、负离子电荷的绝对值;A 为 Madelung 常数,与晶体类型有关(表 11-7);n 为 Born 指数,用以计算正、负离子相当接近时它们的电子云之间产生的排斥作用,由离子的电子构型决定(表 11-8),当正、负离子的电子构型不同时,取各自 n 的平均值;U 为晶格能,单位是 kJ · mol⁻¹。

晶体类型与 Madelung 常数　　表 11-7

晶体类型	CsCl	NaCl	ZnS
A	1.763	1.748	1.638

Born 指数与离子的电子构型　　表 11-8

离子的电子构型	He	Ne	Ar 或 Cu⁺	Kr 或 Ag⁺	Xe 或 Au⁺
n	5	7	9	10	12

以 NaCl 为例,可用式(11-1)计算其晶格能。因 $r_0 = (95 + 181) pm = 276 pm$,$z_+ = z_- = 1$,$A = 1.748$,$n = 8$,代入式(11-1)可得 $U = 770 kJ \cdot mol^{-1}$。

理论公式算出的晶格能与实验值基本符合,说明导出理论公式时的推理基本正确。由 Born-Landé 公式可知,在晶体类型相同时,晶体晶格能与正、负离子电荷数成正比,而与它们的核间距成反比。因此,离子电荷数越大、离子半径越小的离子晶体晶格能越大,相应晶体的熔点越高、硬度越大,压缩系数和热膨胀系数越小。表 11-3 列出了常见 NaCl 型离子晶体的晶格能、熔点、硬度随离子电荷及 r_0 的变化情况。

在离子相互极化显著的情况下,用理论公式计算所得值与实验值相差较大。

3)Капустинский 公式

在晶格能的理论公式中,Madelung 常数 A 随晶体的结构类型不同而有不同的值。对于结构尚未弄清的晶体,A 的数值无法确定。卡普斯钦斯基(Капустинский)找到一条经验规律:A 约与 Σ 成正比(比值约等于 0.8),这里 $\Sigma = n_+ + n_-$,其中,n_+ 和 n_- 分别为晶体的化学式中正、负离子的数目(例如,$CaCl_2$ 晶体中 $\Sigma = n_+ + n_- = 1 + 2 = 3$)。于是,Капустинский 用 Σ 代替 A,并取 Born 指数为 9,得出计算二元离子化合物晶格能的半经验公式

$$U = 1.079 \times 10^5 \frac{\Sigma z_+ z_-}{r_0} \tag{11-2}$$

后来又进一步改进,得到较精确的公式

$$U = 1.208 \times 10^5 \frac{\Sigma z_+ z_-}{r_0} \cdot \left(1 - \frac{34.5}{r_0}\right) \tag{11-3}$$

用此半经验公式计算所得的结果与实验值基本相符。

综上所述,晶格能的计算可以采用多种方法,各有其特点。例如,利用 Born-Haber 循环计算晶格能,可以理解为晶格能与其他有关过程(电离、升华、解离等)能量之间的关系。利用理论公式计算晶格能则可以看出核间距离、离子电荷和配位数(反映在 Madelung 常数 A 上)等微观因素对晶格能的影响。利用 Капустинский 公式也能在不了解晶体结构的细节情况下求出晶格能。

应该指出,计算晶格能的半经验公式都是从有限的实验数据出发归纳总结出来的,具有一定的适用范围,超出这个适用范围,其计算结果将有很大的误差,这一点在使用这些经验公式时要充分注意。

11.3.3　离子极化

在离子晶体中有离子键向共价键过渡的情况,这种过渡突出地表现在它们的溶解度上。这里讨论离子极化就是要从本质上解释晶体中键型的过渡。

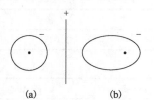

图 11-17　负离子在电场中的极化
(a)未极化;(b)极化

1)离子的极化作用和变形性

所有离子在外加电场的作用下,除了向带有相反电荷的极板移动外,在非常靠近电极板的时候本身也会变形。当负离子靠近正极板时,正极板把离子中的电子拉近一些,把原子核推开一些(图 11-17);正离子靠近负极板时则反之,负极板把离子中的电子推开一些,把原子核拉近一些。这种现象叫作**离子的极化**(polarization)。

一种离子使异性离子极化而变形的作用,称为该离子的极化力。被异性离子极化而发

生电子云变形的性能,称为该离子的变形性。

(1)离子极化力的影响因素。

除了高电荷的复杂负离子如 SO_4^{2-}、PO_4^{3-} 等具有一定的极化能力外,负离子的极化能力一般很弱,通常不予考虑。正离子的极化力受到离子电荷、离子半径和离子构型的影响。

①离子的正电荷越多,半径越小,离子的极化作用就越强,如 $Ba^{2+} < Mg^{2+}$,$Na^+ < Mg^{2+} < Al^{3+}$。

②若离子的电荷相等,半径相近,则离子的极化力主要取决于离子的外层电子构型(原子得到或失去电子形成离子时的外层电子结构)。对于简单负离子(如 Cl^-、F^-、O^{2-} 等),通常具有稳定的 8 电子构型。对于正离子来说情况比较复杂,正离子的最外层有 $8e^-$ 构型的,也有多于 $8e^-$ 构型的。多于 $8e^-$ 构型的正离子,常见的有 $9 \sim 17e^-$ 构型 $ns^2np^6nd^{1\sim9}$,如 Fe^{2+}、Cr^{3+}、Cu^{2+}、Ti^{3+} 等;$18e^-$ 构型 $ns^2np^6nd^{10}$,如 Zn^{2+}、Ag^+、Hg^{2+}、Cu^+、Cd^{2+} 等;$(18+2)$ e^- 构型 $(n-1)s^2(n-1)p^6(n-1)d^{10}ns^2$,如 Pd^{2+}、Bi^{3+}、Sn^{2+}、Sb^{3+} 等。当离子电荷相同、半径相近时,离子极化能力相对强弱关系为:

$$18e^- 构型、(18+2)e^- 构型 > 9 \sim 17e^- 构型 > 8e^- 构型$$

$2e^-$ 构型的离子(如 Li^+、Be^{2+})和 H^+ 的半径很小,和 $18e^-$ 构型、$(18+2)e^-$ 构型的离子一样,也具有较强的极化能力。

(2)离子的变形性。

离子的变形性主要取决于离子半径、离子电荷和外层电子构型。

①外层电子构型相同的离子,半径越大、负电荷越多,其变形性越大。例如 $Cs^+ > Rb^+ > K^+ > Na^+ > Li^+$,$I^- > Br^- > Cl^- > F^-$,$O^{2-} > F^- > Ne > Na^+ > Mg^{2+} > Al^{3+} > Si^{4+}$。

②外层电子构型不规则的正离子,如 $18e^-$ 构型、$(18+2)e^-$ 构型和 $9 \sim 17e^-$ 构型的正离子,变形性都要比 $8e^-$ 构型的正离子大得多,这是因为 d 电子云易于变形。

③复杂负离子的变形性比较小,且其中心离子的氧化数越高,变形性越小,这与其内部原子间紧密结合形成了对称性极强的原子基团有关。一些负离子及水的变形性规律如下:

$$I^- > Br^- > Cl^- > CN^- > OH^- > H_2O > NO_3^- > F^- > ClO_4^-$$
$$S^{2-} > O^{2-} > CO_3^{2-} > H_2O > SO_4^{2-}$$

离子的变形性大小可用离子极化率来表示。离子极化率 α 的定义为在单位电场中被极化所产生的诱导偶极矩 μ,即

$$\alpha = \frac{\mu}{E} \tag{11-4}$$

式中,E 为电场强度。显然,E 一定时,μ 越大,α 也越大,亦即离子的变形性越大。表 11-9 给出了实验测得的一些常见离子的极化率。

常见离子的极化率 α(单位:$10^{-40}C \cdot m^2 \cdot V^{-1}$)　　　表 11-9

离　子	α	离　子	α	离　子	α
Li^+	0.034	Ca^{2+}	0.52	OH^-	1.95
Na^+	0.199	Sr^{2+}	0.96	F^-	1.16
K^+	0.923	B^{3+}	0.0033	Cl^-	4.07
Rb^+	1.56	Al^{3+}	0.058	Br^-	5.31

续上表

离　子	α	离　子	α	离　子	α
Cs^+	2.69	Hg^{2+}	1.39	I^-	7.9
Be^{2+}	0.009	Ag^+	1.91	O^{2-}	4.32
Mg^{2+}	0.105	Zn^{2+}	0.317	S^{2-}	11.3

从表 11-9 中可以看出:最容易变形的是体积大的阴离子和具有 $18e^-$ 及 $(18+2)e^-$ 构型、电荷少的阳离子;最不容易变形的是半径小、电荷多的具有稀有气体构型的阳离子。

在离子相互极化的过程中,正、负离子都具有双重性:作为电场,能使周围异电荷离子极

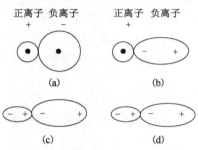

图 11-18　阴、阳离子的相互极化作用
(a)未极化的球形离子;(b)正离子极化负离子;
(c)正离子的变形;(d)正离子变形后产生的附加极化

化而变形,表现出极化力;同时作为被极化的对象,在邻近异性电荷的作用下,离子本身被极化而变形,表现出变形性。但并不是所有离子都具有同等程度的极化力和变形性。对于正离子,由于失去电子,其半径减小,对核外电子的作用力比较强,在极化过程中主要表现为极化力。对于负离子,半径比较大,外层有较多的电子,在正离子的极化作用下容易变形,所以主要考虑其变形性。但是当正离子的变形性较大时,就需要考虑负离子对正离子的极化作用,这种附加极化作用将使极化作用进一步增强(图 11-18)。

一般情况下,由正离子的电场引起的负离子的极化是矛盾的主要方面,只有当正离子最外层为 $18e^-$(如 Ag^+、Zn^{2+}、Hg^{2+} 等)时,正离子的变形性才比较显著,此时负离子对正离子的极化也较显著,见图 11-18(c)、(d)。

2)离子极化对键型的影响

当极化力强、变形性大的阳离子与变形性大的阴离子相互接触时,由于阳、阴离子相互极化作用显著,阴离子的电子云向阳离子偏移,同时阳离子的电子云也发生相应变形。这样就导致阳、阴离子外层轨道发生不同程度的重叠,阳、阴离子的核间距缩短(即键长缩短),键的极性减弱,从而使键型从离子键向共价键过渡。例如 AgI 晶体中,正、负离子间的相互极化很突出,两种离子的电子云都发生变形,离子键向共价键过渡的程度较大。

由于键型的过渡,键的极性减弱了。离子的电子云相互重叠,缩短了离子间的距离。例如,AgI 晶体中 Ag^+ 和 I^- 间的距离,按离子半径之和计算应是 $(126+216)pm=342pm$,实验测定的却是 $299pm$,缩短了 $43pm$。

键型过渡在性质上的表现,最明显的是物质在水中溶解度的降低。离子晶体通常是可溶于水的。水的介电常数很大(约等于 80),它会削弱正、负离子间的静电吸引,离子晶体进入水中后,正、负离子很容易受热运动的作用而互相分离。离子间极化作用明显时,离子键向共价键过渡的程度较大,水不能像减弱离子间的静电作用那样减弱共价键的结合力,所以离子极化作用显著地使晶体难溶于水。例如 AgCl 和 AgI 的 $K_{sp}^{\ominus}$ 分别为 1.8×10^{-10} 和 8.3×10^{-17}。

键型的过渡缩短了离子间的距离,往往也减小了晶体的配位数。如硫化镉 CdS 的离子

半径比 r_+/r_- 约为 0.53,按半径比规则应属于配位数为 6 的 NaCl 型晶体,实际上 CdS 晶体却属于配位数为 4 的 ZnS 型。其原因就在于 Cd^{2+} 和 S^{2-} 之间有显著的极化作用。极化作用使 Cd^{2+} 部分钻入 S^{2-} 的电子云中,犹如缩小了离子半径比 r_+/r_-,使之不再等于正、负离子未极化时的比值 0.53,而减小到小于 0.414。由于极化而改变晶型、减小配位数的现象是很普遍的。

11.4 分 子 晶 体

气态分子在一定条件下可以凝聚为液体,甚至凝固为固体,这说明分子之间存在着相互吸引的作用力。这种作用力的概念是荷兰物理学家 van der Waals 于 1930 年研究真实气体行为时提出的,因此将这种力称为**分子间作用力**或**范德华力**。分子晶体就是由极性分子或非极性分子通过这种分子间力或氢键作用聚集在一起的。

虽然分子从总体上看不显电性,但是在分子中有带正电荷的原子核和带负电荷的电子,它们一直在运动着,只是保持着大致不变的相对位置。有了这样的认识,才能理解分子之间吸引力的来源。

分子间作用力比化学键弱得多,即使在晶体中分子靠得很近时,也不过是后者的 1/100 ~ 1/10,但是在很多实际问题中它却起着重要的作用。

11.4.1 分子的偶极矩和极化率

1)偶极矩

利用电学和光学等物理实验方法可以测出分子的一种基本性质——偶极矩,这是衡量分子极性的依据。表 11-10 列出了部分分子偶极矩的实验数据。

部分分子的偶极矩 表 11-10

分子式	$\mu/(10^{-30}\,C \cdot m)$	分子几何构型	分子式	$\mu/(10^{-30}\,C \cdot m)$	分子几何构型
H_2	0	直线	O_3	1.67	V 形
N_2	0	直线	NH_3	4.90	三角锥
CO_2	0	直线	BF_3	0	平面三角形
CS_2	0	直线	HF	6.34	直线
CH_4	0	正四面体	HCl	3.60	直线
CCl_4	0	正四面体	HBr	2.67	直线
$CHCl_3$	3.63	四面体	HI	1.40	直线
H_2S	3.63	V 形	H_2O_2	7.03	—
SO_2	5.28	V 形	C_2H_5OH	5.61	—
H_2O	6.17	V 形	CH_3COOH	5.71	—

如前所述,分子中有正电荷部分(原子核)和负电荷部分(电子)。例如,H_2 的正电荷部分就在 2 个原子核上,负电荷部分则在 2 个电子(共用电子对)上。像对物体的质量取中心那样,

可以在分子中取 1 个正电中心和 1 个负电中心。对于 H_2 来说,这 2 个中心都正好在两核之间,重合在一起。**偶极矩**(dipole moment)等于正电中心(或负电中心)上的电荷量乘以 2 个中心之间的距离所得的积。偶极矩是矢量,方向由正电中心指向负电中心,H_2 的正、负电中心之间的距离为零(中心重合),所以偶极矩为 0。像 H_2 这样偶极矩为 0 的分子叫作**非极性分子**(nonpolar/apolar molecular),表 11-10 中偶极矩为 0 的都是非极性分子,它们的正、负电中心都重合在一起。

与此相反,偶极矩不为 0 的分子叫作**极性分子**(polar molecular),它们的正、负电中心不重合在一起。以 H_2O 为例,其几何构型为键角等于 $104°45'$ 的 V 形分子。正电荷分布在 2 个 H 核和 1 个 O 核上,其中心应在三角形平面中的某一点;由于 O—H 共用电子对偏向 O 原子,负电荷中心也在三角形平面中,但更靠近 O 原子核。因此正、负电中心不重合,但都在 ∠HOH 的等分线上。

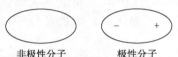

非极性分子　　极性分子

图 11-19　非极性分子和极性分子

通常用图 11-19 所示的符号表示非极性分子和极性分子。

一般情况下,可根据实验测出的偶极矩来推断分子构型。例如,实验测得 CO_2 的偶极矩为 0,为非极性分子,可以断言 CO_2 分子中的正、负电中心是重合的,由此推测 CO_2 分子应为直线形,因为只有这样才能得到正、负电中心重合的结果(正、负电中心都在 C 原子核上)。又如,实验测知 NH_3 的偶极矩不等于 0,是极性分子。显然可以推断 N 原子和 3 个 H 原子不会在同一平面上成为三角形构型,其构型可能像一个扁的三角锥,底上是 3 个 H 原子,锥顶是 N 原子,这是考虑了 NH_3 的极性而推测出来的。因此利用实验测得的偶极矩来推测和验证分子构型是一种有效方法。

对于双原子极性分子,如果以单键形成,可由电负性来判断,即电负性大的一方为负端,电负性小的一方为正端;如果是以多重键形成的双原子分子,则要加以分析。例如,CO 为具有多重键的极性双原子分子,根据分子轨道理论的研究,对分子偶极矩贡献最大的 5σ 轨道中电子较多地偏向 C 的一方,因此 CO 分子的负端在 C,正端在 O。

2)极化率

极化率可以用来表征分子的变形性。分子以原子核为骨架,电子受到骨架的吸引。但是,不论是原子核还是电子,时时刻刻都在运动,每个电子都可以离开它的平衡位置,尤其是那些离核稍远的电子因被吸得并不太牢,更是这样。不过离开平衡位置的电子很快又被拉了回来,轻易不能摆脱核骨架的束缚。但平衡是相对的,所谓分子构型其实只表现了在一段时间内的大体情况。分子的变形性与分子的大小有关,电子被吸引得愈弱,分子的变形性也就愈大。实验表明,在外加电场的作用下,由于同性相斥、异性相吸,非极性分子原来重合的正、负电中心被分开,极性分子原来不重合的正、负电中心也被进一步分开。这种正、负两"极"(即电中心)分开的过程叫作**极化**(polarization),如图 11-20 所示。在外电场的影响(诱导)下产生的偶极矩,称

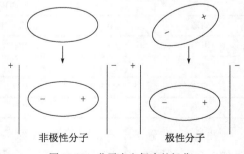

非极性分子　　　极性分子

图 11-20　分子在电场中的极化

为**诱导偶极矩**(induced dipole moment)。电场越强,分子产生的诱导偶极矩也就越大,二者成正比关系

$$\mu_{诱导} = \alpha \cdot E \qquad (11-5)$$

式中,$\mu_{诱导}$为诱导偶极矩,E为电场强度,α为比例常数,称为**极化率**。若取消外电场,非极性分子恢复其偶极矩为0,极性分子则恢复其固有偶极矩。

极化率α可由实验测出(表11-11),它反映分子在外电场作用下的变形性,或者反映分子外层电子云的可移动性或可变性。从表11-11中的数据可以看出,随着相对分子质量的增大以及电子云弥散,分子极化率α相应增大。对于同族元素的有关分子,从上到下,分子的变形性增大。

部分分子的极化率α(单位:$10^{-40}C \cdot m^2 \cdot V^{-1}$)　　　　　　　　表11-11

分子	α	分子	α	分子	α	分子	α
He	0.227	HCl	2.85	H_2	0.892	CO	2.14
Ne	0.437	HBr	3.86	O_2	1.74	CO_2	2.87
Ar	1.81	HI	5.78	N_2	1.93	NH_3	2.39
Kr	2.73	H_2O	1.61	Cl_2	5.01	CH_4	3.00
Xe	4.45	H_2S	4.05	Br_2	7.15	C_2H_6	4.81

确切地说,由实验测得的极性分子的极化率,除了表明极性分子的变形能力以外,还包含着它们在电场中的取向作用。取向就是分子克服热运动的影响,在电场中将正电中心指向负极板和将负电中心指向正极板的一种运动。

11.4.2　分子间的作用——范德华力

任何分子都有正、负电中心,非极性分子也有正、负电中心,不过是重合在一起罢了。任何分子都有变形的能力,分子的极性和变形性是当分子互相靠近时分子间产生吸引作用的根本原因。

先看2个非极性分子(如氯分子)相遇时的情况。分子中的电子和原子核都在不停地运动着,运动的过程中它们会发生瞬时的相对位移,在每一瞬间分子的正、负电中心都不重合。虽然在一段时间内,分子的正、负电中心是重合的,表现为非极性分子,但每一瞬间却总是出现正、负电中心不重合的状态,形成瞬时偶极[图11-21(a)]。当2个非极性分子靠得较近,如相距只有几百皮米(氯分子本身的直径约为348pm)时,这2个分子的电中心步调一致地处于异极相邻的状态[图11-21(b)],这样就会在2个分子之间产生一种吸引作用,叫作**色散作用**(dispersion force,也称London force)。虽然一瞬间的时间极短,但在下一瞬间仍然重复着这样异极相邻的状态[图11-21(c)]。因此,在这靠近的2个分子之间色散作用始终存在着。只有当分子离得稍远时,色散作用才变得不显著。色散作用与分子的极化率有关,极化率愈大的分子,其分子之间的色散作用愈强。

当极性分子(如HCl分子)和非极性分子(如N_2分子)靠近时,由于每种分子都有变形性,如前所述,在这两种分子之间显然会有色散作用。但除此之外,在这两种分子之间还有一种诱导作用。由于极性分子本身具有不重合的正、负电中心,当非极性分子与它靠近到几

百皮米时,在极性分子的电场诱导下,非极性分子中原来重合的正、负电中心被拉开(极化)了[图 11-22(b)],2 个分子之间保持着异极相邻的状态,在它们之间由此产生的吸引作用叫作**诱导作用**(induced force,也称 Debye force)。诱导作用的强弱除与距离有关外,还与另外两个因素有关:一是极性分子的偶极矩,偶极矩愈大则诱导作用愈强;二是非极性分子的极化率,极化率愈大则被诱导而"两极分化"愈显著,产生的诱导作用愈强。诱导作用除了存在于极性分子和非极性分子之间,还存在于极性分子之间。因为极性分子相互靠近,在发生取向的同时,相互之间也互为外电场,使对方变形极化,在固有偶极的基础上产生诱导偶极。

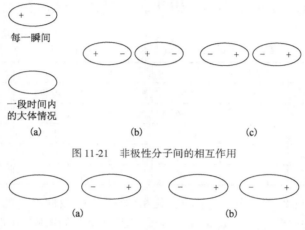

图 11-21　非极性分子间的相互作用

图 11-22　极性分子和非极性分子之间的作用
(a)分子离得较远;(b)分子靠近时

当 2 个极性分子(如 H_2S 分子)靠近时,分子间依然有色散作用。此外,由于同极相斥、异极相吸,分子在空间中的运动循着一定的方向,呈现异极相邻的状态[图 11-23(b)]。由于极性分子的取向而产生的分子之间的吸引作用叫作**取向作用**(orientation force 或 dipole-dipole force),取向作用的强弱除了与分子间距离有关外,还取决于极性分子的偶极矩。偶极矩愈大则取向作用愈强。

取向作用使 2 个极性分子更加接近,2 个分子相互诱导,使每个分子的正、负电中心分得更开[图 11-23(c)],所以它们之间也存在诱导作用。

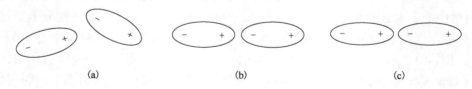

图 11-23　极性分子间的相互作用
(a)分子离得较远;(b)取向;(c)诱导

总之,在非极性分子之间,只有色散作用;在极性分子和非极性分子之间,有诱导作用和色散作用;在极性分子之间,则有取向作用、诱导作用和色散作用。这三种作用都是吸引作用,分子间作用力就是这三种吸引力的总称。

表 11-12 列举了几种物质分子间作用力的数值,所有数值都以能量单位表示。为了便

于比较,分子间的距离都取 500pm。从这些数值可以看出,除了偶极矩很大的分子(如 H_2O)之外,色散作用始终是最主要的吸引作用,诱导作用所占成分最少。

部分分子间作用力数值(两分子间的距离为 500pm, $T = 298K$)　　　表 11-12

分　子	取向力/(10^{-22}J)	诱导力/(10^{-22}J)	色散力/(10^{-22}J)	总和/(10^{-22}J)
He	0	0	0.05	0.05
Ar	0	0	2.9	2.9
Xe	0	0	18	18
CO	0.000 21	0.003 7	4.6	4.6
CCl_4	0	0	116	116
HCl	1.2	0.36	7.8	9.4
HBr	0.39	0.28	15	15.7
HI	0.021	0.10	33	33.1
H_2O	11.9	0.65	2.6	15.2
NH_3	5.2	0.63	5.6	11.4

　　分子间的取向、诱导和色散作用是相互联系的。我国科学家考虑它们的内在联系,依据内在联系的本质,统一处理分子间的三种作用力,得到了更为深刻的认识,发展了分子间作用力的理论。

　　在生产上利用分子间作用力的地方很多。例如,有的工厂用空气氧化甲苯制取苯甲酸,未参与反应的甲苯随尾气逸出,可以用活性炭吸附回收甲苯蒸气,空气则不被吸附而放空。这可以联系甲苯、氧和氮分子的变形性来理解。甲苯 C_7H_8 分子比 O_2 或 N_2 分子大得多,变形性显著。在同样的条件下,变形性愈大的分子愈容易被吸附,活性炭分离出甲苯就是根据这一原理。防毒面具滤去氯气等有毒气体而让空气通过,其原理是相同的。近年来生产和科学实验中广泛使用的气相色谱,就是利用了各种气体分子的极性和变形性不同而被吸附的情况不同,从而分离、鉴定气体混合物中的各种成分。

11.4.3　氢键

　　卤化氢分子是极性分子,分子间存在着取向力、诱导力和色散力,其中主要作用是色散力。从 HCl 到 HI,随着分子间作用力的增大,其熔点、沸点依次升高。但 HF 的熔点、沸点却反常地高,是个特例。这主要是因为 HF 分子除了存在正常的分子间作用力之外,分子间还存在着氢键。与其相似的还有 H_2O、NH_3。

　　H 的电负性为 2.20,F 的电负性为 3.98,二者的电负性相差很大。在固体 HF 分子晶体中,H 原子和 F 原子形成的共价键是强极性共价键,共用电子对强烈偏向 F 原子而使 H 原子几乎成为裸露的原子核,F 原子带部分负电荷。HF 分子中 H 原子带有部分正电荷,会与另一 HF 分子中电负性大的 F 原子中的孤对电子产生静电作用力,如图 11-24(a)所示。这种力被称为**氢键**(hydrogen bond),用"----"表示。因此在整个 HF 晶体中,分子间的作用力得到加强,使得 HF 的沸点、熔点都反常地高。

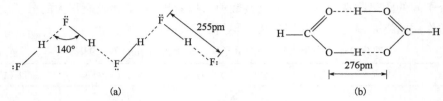

图 11-24　HF 分子和甲酸分子中的分子间氢键

（a）HF 分子中的分子间氢键；（b）甲酸分子中的分子间氢键

从以上分析可以看出，分子欲形成氢键必须具备两个条件：一是分子中必须有氢原子；二是分子中必须有电负性很大、半径很小且带有孤对电子的元素原子，如 F、O、N。

氢键的组成可以表示为 X—H····Y 的形式，X、Y 都是电负性大、半径小的元素原子，并且 Y 原子带有孤对电子。氢键的键长是指 X 和 Y 间的距离。氢键的强度可用氢键的键能来衡量，与 X 和 Y 原子的电负性、半径有关，电负性越大、半径越小，则氢键越强。氢键的键能一般为 $20 \sim 40 kJ \cdot mol^{-1}$，与范德华力相差不大，比共价键的键能小得多。所以氢键也可看作另一种分子间作用力。表 11-13 给出了几种常见氢键的键能和键长。

常见氢键的键能和键长　　　　　　　　　　　　　　　　表 11-13

氢　　键	键能/$(kJ \cdot mol^{-1})$	键长/pm	示　　例
F—H····F	28.0	255	HF
O—H····O	18.8	276	H_2O
N—H····F	20.9	268	NH_4F
N—H····O	16.2	286	$CH_3CONHCH_3$（在 CCl_4 中）
N—H····N	5.4	338	NH_3

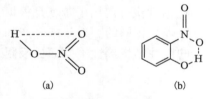

图 11-25　硝酸和邻硝基苯酚的分子内氢键

（a）硝酸的分子内氢键；（b）邻硝基苯酚中的分子内氢键

若有机化合物也满足氢键存在的条件，如羧酸、醇、胺等，则有机分子之间也能形成氢键。如分子间氢键使得甲酸以二聚体的形式存在［图 11-24（b）］。除了分子间氢键外，还有分子内氢键，如硝酸和邻硝基苯酚（图 11-25）。

与共价键相同，氢键也有饱和性和方向性。对 X—H····Y 形式的分子间氢键，由于 H 原子体积较小，为减少 X 和 Y 之间的斥力，它们需要尽量远离，H 原子两边的键角接近 180°，X、H、Y 在一条线上，体现出氢键的方向性。同时由于 H 原子体积较小，它与较大的 X、Y 接触后，H 原子周围的空间就难以再容纳另一个体积较大的原子，因此 H 的配位数一般为 2，即氢键表现出饱和性。

分子间和分子内氢键的形成，对化合物的熔点、沸点、溶解度等都有一定的影响：

（1）熔点、沸点。分子间有氢键的物质熔化或汽化时，除了要克服纯粹的分子间力外，还必须提高温度，额外地供应一份能量来破坏分子间的氢键，所以这些物质的熔点、沸点比同系列氢化物的熔点、沸点高。分子内生成氢键，熔点、沸点常降低。例如，有分子内氢键的邻硝基苯酚的熔点（45℃）比有分子间氢键的间位硝基苯酚（96℃）和对位硝基苯酚（114℃）的熔点都低。

（2）溶解度。在极性溶剂中，如果溶质分子与溶剂分子之间可以形成氢键，则溶质的溶解度增大。HF 和 NH_3 在水中的溶解度比较大，就是这个缘故。

（3）黏度。分子间有氢键的液体，一般黏度较大。例如甘油、磷酸、浓硫酸等多羟基化合物，由于分子间可形成众多氢键，这些物质通常为黏稠状液体。

（4）密度。液体分子间若形成氢键，有可能发生缔合现象，例如液态 HF，在通常条件下，除了正常简单的 HF 分子外，还有通过氢键联系在一起的复杂分子 $(HF)_n$，其中 n 可以是 2，3，4，…。这种由若干个简单分子联结成复杂分子而又不会改变原物质化学性质的现象，称为分子缔合。分子缔合会影响液体的密度。

H_2O 分子之间也有缔合现象。常温下液态水中除了简单 H_2O 分子外，还有 $(H_2O)_2$，$(H_2O)_3$，…，$(H_2O)_n$ 等缔合分子存在。降低温度，有利于水分子的缔合。温度降至 0℃ 时，全部水分子结成巨大的缔合物——冰（图 11-26，彩图见二维码）。

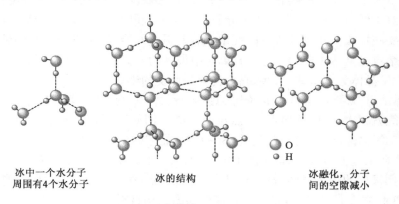

冰中一个水分子周围有4个水分子　　　冰的结构　　　冰融化，分子间的空隙减小

图 11-26　H_2O 分子间的氢键（冰）

由于氢键的存在，冰和水具有很多不寻常的性质，冰靠氢键的作用结合成含有许多孔洞的结构，因而冰的密度小于水，并浮在水面上，使得江河湖泊中的生物在冬季免遭冻死。

由氢键结合而成的水分子笼可以将外来分子或离子包围起来形成笼形水合物（clathrate hydrate）。例如，组成为 $Cl_2(H_2O)_{7.25}$ 的笼形水合物的十四面体或十二面体就是由氢键维系的（图 11-27，彩图见二维码），Cl_2 分子位于十四面体内。高压下地层和海洋深处的甲烷可形成笼形水合物，人们估计海底天然气就是以这种形式存在的。

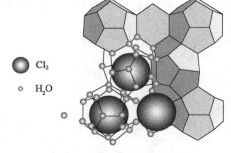

图 11-27　笼形水合物的结构

氢键在分子聚合、结晶、溶解、晶体水合物形成等重要物理化学过程中，起着重要作用。当氨水冷却时，$NH_3 \cdot H_2O$ 和 $2NH_3 \cdot H_2O$ 等水合氨分子晶体可以沉淀出来，此类化合物中氨分子和水分子就是通过氢键结合的。

氢键对生物体也有十分重要的作用，许多生物分子的高级结构是由氢键决定的。脱氧核糖核酸（DNA）是生物遗传的物质基础，分子中的碱基通过氢键配对，使得 DNA 的两条多肽链组成双螺旋结构。

11.5 原子晶体和层状晶体

11.5.1 原子晶体

相邻原子之间只通过强烈的共价键结合而成的具有空间网状结构的晶体叫作原子晶体。在这类晶体中,晶格上的质点是原子,原子通过共价键结合在一起。例如金刚石是由碳原子构成的原子晶体,硅、硼等单质以及碳化硅、氮化硅等许多化合物晶体都是原子晶体。

原子晶体中原子之间相互结合的共价键非常强,要打断这些键而使晶体熔化必须消耗大量能量,所以原子晶体一般具有较高的熔点、沸点和硬度,通常情况下不导电,也是热的不良导体,不易溶于任何溶剂,化学性质十分稳定。例如金刚石,由于碳原子半径较小,共价键的强度很大,要破坏 4 个共价键或弯曲键角都需要很大的能量,所以金刚石的硬度是所有单质中最大的,熔点也高达 3 570℃,是所有单质中最高的。又如 BN(立方)的硬度也接近于金刚石。多数原子晶体为绝缘体,有些如硅、锗等是优良的半导体材料。

原子晶体熔点、沸点的高低与共价键的强弱有关。一般来说,半径越小,形成的共价键键长越短,键能就越大,晶体的熔点、沸点也就越高。例如以下物质的熔点、沸点排序:金刚石(C—C) > 二氧化硅(Si—O) > 碳化硅(Si—C) > 晶体硅(Si—Si)。

原子晶体在工业上多被用作耐磨、耐熔或耐火材料。金刚石、金刚砂都是极重要的磨料;SiO_2 是应用极广的耐火材料;石英及其变体,如水晶、紫晶、燧石和玛瑙等,是工业上的贵重材料;SiC、BN(立方)、Si_3N_4 等是性能良好的高温结构材料。

11.5.2 层状晶体

前面介绍了三种典型的化学键及由这些化学键和分子间作用力所构成的四种典型晶体。实际上,键型和晶体类型之间没有绝对的界限。三种键型之间存在交融,各自存在对方的成分,形成一系列过渡键型,从而产生一系列的过渡性晶体结构。

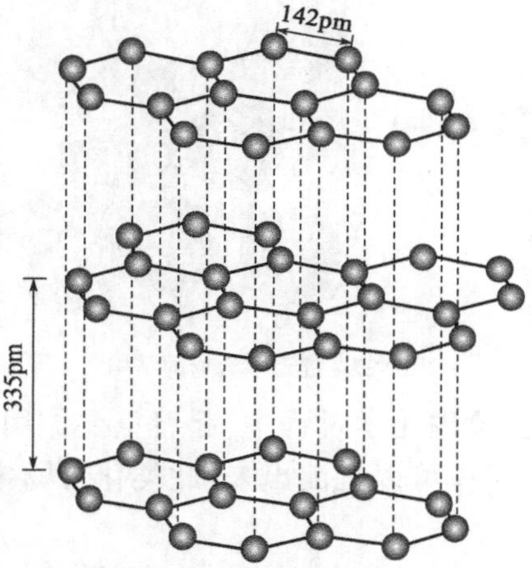

元素周期表中的大部分元素所形成的单质都是金属晶体,主要分布在左侧。从左向右,化学键型逐渐由金属键向共价键转变,晶型也由金属晶体(碱金属及碱土金属单质)向周期表右侧的分子晶体(氧族单质、卤素单质及稀有气体)转变。在典型的分子晶体与金属晶体之间的过渡区域内存在着混合型晶体,例如石墨(图 11-28)。

图 11-28 石墨的层状结构示意图

石墨具有层状结构,又称层状晶体(lamellar crystal)。同一层的 C—C 键长为 142 pm,层内 C 原子采用 sp^2 杂化,每个 C 原子以 3 个 sp^2 杂化轨道与另外 3 个相邻 C 原子成键,彼此之间以 σ 键连接在一起,键角 120°。6 个 C 原子在同一平面上形成 1 个正六边形的环,并由此延伸形成整个片层结构。在形成 3 个 σ 键后,每个 C 原子还剩余 1 个 2p 轨道和 1 个 2p 电子,这些 2p 轨道以"肩并肩"的形式重叠,垂直于 sp^2 杂化轨道的平面,且互相平行,在整个片层内形成 1 个非定域大 π 键,成键电子可在整个原子层上运动。这些可在离域 π 键上自由运动的离域电子,类似于金属晶体中的自由电子,因此石墨具有良好的导电性和导热性,外观也具有金属光泽。石墨层与层之间的距离较远(335pm),它们是靠分子间作用力结合起来的,这种分子间作用力较弱,所以层与层之间可以滑移。石墨在工业上用作润滑剂就是利用了这一特性。

属于混合型晶体的还有云母、黑磷、氮化硼(BN,又称白色石墨)、链状晶体石棉等。

【人物传记】

范德华

约翰尼斯·迪德里克·范德华(J. D. van der Waals,1837—1923 年),荷兰物理学家。曾任阿姆斯特丹大学教授。因在气体和液体的状态方程方面的工作而获得 1910 年诺贝尔物理学奖。化学中有以他的名字命名的范德华力(即分子间作用力)。1873 年,范德华发表了论文《连续性的气态和液态状态》(*Over de Continuiteit van den Gas en Vloeistoftoestand*),并以此获得了博士学位。在这篇论文中,他提出了自己的连续性思想。他认为,尽管人们在确定压强时除了考虑分子的运动外,还要考虑其他因素,但是在物质的气态和液态之间并没有本质区别,需要考虑的一个重要因素是分子之间的吸引力和这些分子所占的体积,而这两点在理想气体中都被

忽略了。从以上考虑出发,他得出了非理想气体的状态方程,即著名的范德华方程。这是一篇在物理学中非常具有标志性的论文,并立即受到大众的认可,范德华本人也因此成为世界知名的物理学家。

相对于其他实验工作者提出的模型和状态方程,范德华方程非常有用,受到了广泛的重视。它比较简单,突出了决定流动性的分子的特征;它又能指出气体有三相点,且与在临界温度下可液化等性质相符合。

1880 年,范德华还发现了对应态定律。该理论预言了气体液化所必需的条件,对所谓"永久"气体的液化具有重要的指导作用。基于此,英国物理学家杜瓦在 1898 年首先得到了液态氢。同年,荷兰的物理学家奥涅斯(H. K. Onnes)也得到了液态氢。1908 年,奥涅斯成功地将氦气变成液体。

范德华获得了无数的荣誉和声望,他被授予剑桥大学的博士学位,被世界荣誉协会誉为莫斯科的博物学家,他是爱尔兰皇家科学院和美国哲学学会会员,法兰西学院和柏林皇家科学院的会员,比利时皇家科学院的准会员和外国化学伦敦学会会员。在 72 岁(1910 年)时范德华被授予诺贝尔物理学奖。

范德华于 1923 年 3 月 8 日卒于阿姆斯特丹,享年 86 岁。

【延伸阅读】

超 导 体

超导体有两大特性：一是临界温度(即形成超导态的温度,用 T_c 表示)以下电阻为零；二是具有排斥磁场效应。超导体的这些重要特性引起人们极大的兴趣,人们渴望制备超导电缆,因为它可减少或避免能量损失,如可使粒子加速器在极高能量下工作。超导材料的出现,使得核聚变发动机、诊断疾病的核磁共振仪和磁悬浮列车方面都展示出诱人的前景。

过去发现的超导体仅在很低的温度下才能观察到超导性,因此成本很高。最早在 1911 年发现汞在低于 4.2K 下显示超导性。此后科学家们着眼于寻找高温超导体。在后来的 75 年内,超导体的临界温度仅上升到 23K。1986 年,贝德诺尔茨(J. G. Bednorz)和米勒(K. A. Müller)获得了临界温度达到 35K 的超导体,因此获得了 1987 年的诺贝尔物理学奖。1987 年,中国科学院赵忠贤等和美国休斯敦大学朱经武等独立地发现了临界温度达到 95K 的 $YBa_2Cu_3O_7$ 超导化合物,其临界温度高于液氮沸点(77K)。这一突破性进展使得超导进入了实用性的研究阶段。

在超导化合物 $YBa_2Cu_3O_7$ 的结构中有平面正方形(CuO_4)和四方锥(CuO_5)结构单元。尽管超导体的机理尚无公认解释,但普遍认为这些结构单元是超导机理的重要部分。

目前,人们仍在积极探讨超导机理,期望建立超导理论；同时通过实验不断探索制备高温超导体的可行途径和方法,并期望通过理论指导实验工作。另有研究结果表明用含有 Ti^+ 和 Ca^{2+} 的材料代替镧系离子可获得临界温度为 125K 的超导体。1993 年,瑞士的 Zurich 发现含汞化合物在 133K 具有超导性。2019 年,人类对室温超导的研究更进一步。美国科学家索马亚祖鲁(M. Somayazulu)的研究组宣布,十氢化镧(LaH_{10})在 190 万个大气压下,可以在逼近室温的 260K 以上出现超导性。距离索马亚祖鲁的研究仅一年,即 2020 年,罗切斯特大学的迪亚斯(R. Dias)就用一种含碳的硫化氢刷新了超导体临界温度的纪录,最高临界温度为(287.7 ± 1.2)K(约 15℃)。

习 题 11

11-1　完成习题 11-1 表。

习题 11-1 表

物　　质	晶体中质点间作用力	晶 体 类 型	熔点/℃
KI			880
Cr			1 907
BN(立方)			3 300
BBr$_3$			−46

11-2　在晶体密堆积结构中,每个粒子的配位数是多少？六方密堆积与面心立方密堆积主要区别在哪里？

11-3　"六方密堆积与面心立方密堆积中都存在着四面体空隙""在 NaCl 晶体结构中, Cl^- 离子堆积形成了八面体空隙,所以 NaCl 晶体不属于密堆积结构"这两句话是否正确？如何正确表述?

11-4 根据离子半径比推测下列物质的晶体各属何种类型。

(1)KBr   (2)CsI   (3)NaI   (4)CaO   (5)MgO

11-5 试通过 Born-Haber 循环,计算 NaCl 晶格能。(已知 Na 的第一电离能 I_1 为 495.8kJ·mol^{-1})。

11-6 KF 晶体属于 NaCl 型,试利用 Born-Landé 公式计算 KF 晶体的晶格能。已知通过 Born-Haber 循环求得的晶格能为 826kJ·mol^{-1},比较实验值和理论值的符合程度。

11-7 下列物质中,何者熔点最低?

(1)NaCl   (2)KBr   (3)KCl   (4)MgO

11-8 离子的极化力、变形性与离子电荷、半径、电子层结构有何关系?离子极化对晶体结构和性质有何影响?试举例说明。

11-9 试用离子极化的概念讨论 Cu^+ 与 Na^+ 虽然半径相近,但 CuCl 在水中的溶解度比 NaCl 小得多的原因。

11-10 写出下列物质的离子极化作用由大到小的顺序。

(1)$MgCl_2$ (2)NaCl   (3)$AlCl_3$ (4)$SiCl_4$

11-11 讨论下列物质的键型有何不同。

(1)Cl_2 (2)HCl   (3)AgI   (4)NaF

11-12 指出下列各固态物质中分子间作用力的类型。

(1)Xe   (2)P_4 (3)H_2O (4)NO   (5)BF_3 (6)C_2H_6 (7)H_2S

11-13 试用离子极化的观点解释 AgF 易溶于水,而 AgCl、AgBr 和 AgI 难溶于水,并且由 AgF 到 AgBr 再到 AgI 溶解度依次减小的现象。

11-14 Give the name of the crystal system according to the cell parameters for each crystal (习题11-14表).

习题11-14表

Compounds	a/nm	b/nm	c/nm	α	β	γ	Crystal system
Sb	6.23	6.23	6.23	57°5′	57°5′	57°5′	
TiO_2	4.58	4.58	2.95	90°	90°	90°	
Cu	0.356	0.356	0.356	90°	90°	90°	
$FeSO_4 \cdot H_2O$	15.34	10.98	20.02	90°	104°15′	90°	

11-15 Which of the following compounds does not contain hydrogen bonds?

(1)$B(OH)_3$ (2)HI   (3)CH_3OH (4)$H_2NCH_2CH_2NH_2$

11-16 请解释以下各组物质的沸点差异。

(1)HF(20℃)和 HCl(−85℃);

(2)NaCl(1 465℃)和 CsCl(1 290℃);

(3)$TiCl_4$(136℃)和 LiCl(1 360℃);

(4)CH_3OCH_3(−25℃)和 CH_3CH_2OH(79℃)。

(李 江 高莉宁)

第 12 章 配合物结构

配合物的不断发现与合成促进了人们对其结构的研究,也加深了人们对化学键本质的理解。配合物的结构理论有静电理论、价键理论、晶体场理论、配位场理论和分子轨道理论等。本章首先介绍配合物的空间构型、异构现象和磁性,然后介绍配合物的价键理论和晶体场理论。

12.1 配合物的空间构型、异构现象和磁性

12.1.1 配合物的空间构型

配合物的空间构型是指配体围绕着中心离子(或原子)排布的几何构型。为了减少配体(尤其是阴离子配体)之间的静电排斥作用(或成键电子对之间的斥力),以达到能量上的稳定状态,配体要尽量互相远离,因而在中心离子(或原子)周围采取对称分布的状态。例如,配位数为 2 时,空间构型为直线形;配位数为 3 时,空间构型为平面正三角形;配位数为 4 时,空间构型为正四面体或平面正方形;配位数为 5 时,空间构型为三角双锥形;配位数为 6 时,空间构型为正八面体。测定配合物空间构型的实验方法有多种。例如,用 X 射线晶体衍射法能够比较精确地测出配合物中各原子的位置、键角和键长等,从而得出配合物分子或离子的空间构型。表 12-1 列出了不同配位数的配合物的空间构型。

配合物的空间构型 表 12-1

配位数	杂化类型	几何构型	实 例
2	sp	直线形	$[Ag(NH_3)_2]^+$, $[Cu(NH_3)_2]^+$, $[Ag(CN)_2]^-$, $[CuCl_2]^-$
3	sp^2	平面正三角形	$[CuCl_3]^{2-}$, $[HgI_3]^-$

配位数	杂化类型	几何构型	实　例
4	sp^3	正四面体	$[Ni(NH_3)_4]^{2+}$, $[ZnCl_4]^{2-}$, $[BeF_4]^{2-}$, $[HgCl_4]^{2-}$
	dsp^2	平面正方形	$[Ni(CN)_4]^{2-}$, $[PtCl_4]^{2-}$, $[PdCl_4]^{2-}$, $[AuCl_4]^{2-}$
5	dsp^3	三角双锥形	$[Fe(CO)_5]$, $[CuCl_5]^{3-}$, $[Co(CN)_5]^{3-}$
6	sp^3d^2	正八面体	$[CoF_6]^{3-}$, $[Fe(H_2O)_6]^{3+}$, $[FeF_6]^{3-}$
	d^2sp^3		$[Fe(CN)_6]^{3-}$, $[Fe(CN)_6]^{4-}$, $[Co(NH_3)_6]^{3+}$, $[PtCl_6]^{2-}$

　　可见,配合物空间构型不仅取决于配位数,当配位数相同时,还常与中心离子(原子)的杂化方式和配体的种类有关。例如,$[Ni(NH_3)_4]^{2+}$ 是正四面体构型,而 $[Ni(CN)_4]^{2-}$ 则为平面正方形构型。五配位配合物具有两种基本几何构型,即三角双锥形和四方锥形,其中以前者为主。人们在研究配合物的反应动力学时发现,无论是四配位配合物还是六配位配合物的取代反应历程中,都可以形成不稳定的五配位中间产物。六配位配合物是最常见、最重要的一类配合物,经典配位化学就是从这里发展起来的,其空间构型一般为正八面体构型。

12.1.2 配合物的异构现象

化学式相同但结构和性质不同的几种化合物互为异构体(isomer)。在配合物中,异构现象比较普遍,主要有几何异构、结构异构及旋光异构三大类。

1)几何异构

几何异构又叫立体异构,是指配体相同,内、外界相同,但配体在中心离子周围空间的排列方式不同而引起的异构现象。几何异构与配位数和配合物的构型有关。几何异构现象主要发生在配位数为4的平面正方形结构和配位数为6的正八面体结构配合物中。在这类配合物中,配体围绕中心体可以占据不同的位置。通常分顺式(cis-)和反式(anti-)两种异构体。顺式是指相同配体彼此处于邻位,反式是指相同配体彼此处于对位。这类异构现象在直线构型(配位数为2)、平面正三角形构型(配位数为3)和正四面体构型(配位数为4)的配合物中是不存在的,因为上述构型中所有配位位置都彼此相邻。

通式为 MA_2B_2 的平面正方形的配合物,有顺式和反式两种异构体。例如平面正方形构型的二氯·二氨合铂(Ⅱ)具有顺式和反式两种异构体,如图 12-1 所示。当同种配体的配位原子处于相邻位置时,配合物称为顺式异构体;同种配体的配位原子处于对角线位置时,则称为反式异构体。顺、反异构体结构不同,其性质也有差异。例如,cis-[PtCl$_2$(NH$_3$)$_2$]配合物的偶极矩 $\mu \neq 0$,呈棕黄色,易溶于极性溶剂;而 anti-[PtCl$_2$(NH$_3$)$_2$]配合物的偶极矩 $\mu = 0$,呈淡黄色,难溶于极性溶剂。

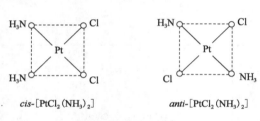

cis-[PtCl$_2$(NH$_3$)$_2$]　　　　anti-[PtCl$_2$(NH$_3$)$_2$]

图 12-1 [PtCl$_2$(NH$_3$)$_2$]的顺、反异构体

此外,通式为 MA_3B_3 的正八面体构型的配离子中,还存在面式和经式两种异构体。如果配体 A 的配位原子所构成的三角形和配体 B 的配位原子所构成的三角形互不相交,则称为面式异构体;如果两个三角形平面相交,则称为经式异构体。例如[PtCl$_3$(NH$_3$)$_3$]$^+$就有面式异构体和经式异构体。

2)结构异构

结构异构是指由配合物中的内部结构不同而引起的异构现象,主要有由于配体所处位置的变化引起的结构异构和由配体结构的变化引起的结构异构两类。

例如,在[Co(NH$_3$)$_5$Br]SO$_4$ 和[Co(NH$_3$)$_5$SO$_4$]Br 中,由于 SO$_4^{2-}$ 和 Br$^-$ 分别处于配合物的内界和外界,二者互为电离异构体,并表现出不同的性质。二者在水中的电离产物不同,前者呈紫红色,后者呈红色。

对于两可配体,由于配位原子不同也会引起异构现象。例如,两可配体 NO$_2^-$,如果以 N 原子配位,则生成[Co(NH$_3$)$_5$NO$_2$]$^{2+}$(黄褐色),如果以 O 原子配位,则生成[Co(NH$_3$)$_5$(ONO)]$^{2+}$(红褐色),它们互为键合异构体。

3)旋光异构

当一种分子具有与它的镜像不能重叠的结构时就产生旋光异构现象,形成具有光学活性的两种旋光异构体(或称对映体)。例如[Co(en)$_2$Cl$_2$]$^+$(en 为乙二胺)的配合物有顺式和反式两种几何异构体,其中只有顺式具有光学活性,采用一定的方法可以分离出两种旋光异构体。对偏振光平面向右旋的称为右旋异构体,用符号 D 或(−)表示;对偏振光平面向左旋的称为左旋异构体,用符号 L 或(+)表示。由于一对旋光异构体的能量相同,合成中往往形成等量的产物,即得到不显光学活性的外消旋混合物。

平面正方形配合物不存在旋光异构体,因为一般情形下平面正方形配合物的分子平面就是分子的对称面。

12.1.3 配合物的磁性

配合物的磁性是配合物的重要性质之一,它为配合物结构的研究提供了重要的实验依据。

物质的**磁性**(magnetism)是指它在磁场中表现出来的性质。若把物质置于磁场中,按照它们受磁场的影响可分为两大类:一类是反磁性物质,另一类是顺磁性物质。这种不同的表现主要与物质内部的电子自旋有关。若这些电子都是偶合的,由电子自旋产生的磁效应彼此抵消,这种物质在磁场中表现出**反磁性**(diamagnetism);反之,当有未成对电子存在时,由电子自旋产生的磁效应不能抵消,这种物质就表现出**顺磁性**(paramagnetism)。

顺磁性物质的分子中含有不同数目的未成对电子时,它们在磁场中产生的效应也不同,这种效应可以由实验测出。由于物质的磁性主要来自于自旋未成对电子,显然顺磁性物质中未成对电子数目越多,磁矩就越大,二者之间符合以下关系:

$$\mu_m = \sqrt{n(n+2)} \tag{12-1}$$

式中,n 为体系中未成对电子数;μ_m 为磁矩(magnetic moment),单位为玻尔磁子(Bohr magneton,B. M.)。由实验测出物质的磁矩 μ_m,便可由式(12-1)计算出配合物中的未成对电子数 n。配合物的磁矩理论值 μ_m 与其未成对电子数 n 的关系如表 12-2 所示。

配合物的磁矩理论值 μ_m 与其未成对电子数 n 的关系　　　　　　　表 12-2

n	1	2	3	4	5
μ_m/B. M.	1.73	2.83	3.87	4.90	5.92

12.2　配合物的价键理论

配合物的化学键理论是指中心离子与配体之间的成键理论,目前主要有配合物的静电理论(electrostatic theory,EST)、价键理论(valence-bond theory,VBT)、晶体场理论(crystal-field theory,CFT)、分子轨道理论(molecular orbital theory,MOT)和配位场理论(coordination field theory,LFT)这五种。

1931 年,美国化学家鲍林(L. Pauling)将杂化轨道理论用于研究配合物的结构,较好地说明了配合物的几何构型和某些性质,形成了配合物的**价键理论**。价键理论后经他人改进充实而逐步完善,其基本要点如下:

(1)在配合物形成时由配位原子提供的孤对电子进入中心离子提供的价层空轨道而形成 σ 配键;

（2）中心离子的价层空轨道采取杂化轨道与配位原子成键；

（3）不同类型的杂化轨道具有不同的几何构型。

对于绝大多数 d 区元素原子来说，除 s 轨道和 p 轨道参与杂化外，d 轨道也常参与杂化，形成含有 d、s、p 成分的杂化轨道，如 d^2sp^3 和 dsp^2 等杂化轨道。现将常见的杂化轨道类型与配离子的几何构型列于表 12-3 中。

杂化轨道的类型与配离子的空间构型 表 12-3

配位数	配离子	电 子 构 型	杂化方式	几 何 构 型
2	$[Ag(NH_3)_2]^+$		sp	直线形
3	$[Cu(CN)_3]^{2-}$		sp^2	平面正三角形
4	$[NiCl_4]^{2-}$		sp^3	正四面体
	$[Ni(CN)_4]^{2-}$		dsp^2	平面正方形
5	$[Fe(CO)_5]$		dsp^3	三角双锥形
6	$[FeF_6]^{3-}$		sp^3d^2	正八面体
	$[Fe(CN)_6]^{3-}$		d^2sp^3	正八面体

12.2.1　配位数为 2 的配合物

氧化值为 +1 的 Ag^+、Cu^+ 等常形成配位数为 2 的配合物，如 Ag^+ 的配合物 $[Ag(NH_3)_2]^+$、$[AgCl_2]^-$ 和 $[AgI_2]^-$ 等。当 Ag^+ 与配体形成配位数为 2 的配合物时，它的 5s 轨道和 1 个 5p 轨道杂化组成 2 个 sp 杂化轨道，形成 $[Ag(NH_3)_2]^+$ 配离子（图 12-2）。以 sp 杂化轨道成键的配合物的空间构型为直线形。

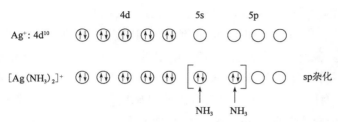

图 12-2 Ag^+ 和 $[Ag(NH_3)_2]^+$ 的电子分布及杂化轨道类型

12.2.2 配位数为 4 的配合物

已知配位数为 4 的配合物有两种构型,正四面体和平面正方形。前者中心离子以 sp^3 杂化轨道成键,后者以 dsp^2 杂化轨道成键。至于形成体是以 sp^3 杂化轨道成键,还是以 dsp^2 杂化轨道成键,主要由中心离子的价电子层结构和配位体的性质所决定。例如,Be^{2+} 的价层电子构型为 $1s^2$,其 $2s$、$2p$ 价电子轨道都是空的,且无 $(n-1)d$ 轨道,因此 Be^{2+} 形成配位数为 4 的配合物时,将采取 sp^3 杂化轨道成键,几何构型为正四面体。由实验事实可知,Be^{2+} 的配位数为 4 的配合物(如 $[BeF_4]^{2-}$ 和 $[Be(H_2O)_4]^{2+}$ 等)都是正四面体构型。

某些过渡金属离子的价层 d 轨道中未充满电子,形成配位数为 4 的配合物时,配合物的几何构型有两种可能。例如,Ni^{2+} 的价层电子构型为 $3d^8$,价电子轨道中的电子分布为 3 个 3d 轨道各有 2 个电子,2 个 3d 轨道各有 1 个电子(参见图 12-3)。

当 Ni^{2+} 形成配位数为 4 的配合物时,一种可能是以 sp^3 杂化轨道成键,配合物的几何构型应为正四面体构型。例如 $[NiCl_4]^{2-}$,其几何构型为正四面体,磁矩为 2.83B. M. 左右(因为它保留了 2 个未成对电子)。另一种可能是 Ni^{2+} 的 2 个未成对的 d 电子偶合成对,这样就可以腾出 1 个 3d 轨道形成 dsp^2 杂化轨道,配合物的几何构型为平面正方形,这时 Ni^{2+} 的配合物的磁矩为 0(无未成对电子)。例如,$[Ni(CN)_4]^{2-}$ 的几何构型为平面正方形,且为反磁性的配合物。图 12-3 给出了 $[NiCl_4]^{2-}$ 和 $[Ni(CN)_4]^{2-}$ 的电子分布。

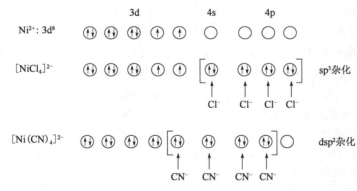

图 12-3 Ni^{2+}、$[NiCl_4]^{2-}$ 和 $[Ni(CN)_4]^{2-}$ 的电子分布及杂化轨道类型

12.2.3 配位数为 6 的配合物

配位数为 6 的配合物绝大多数是正八面体构型,这种构型的配合物可能采取 sp^3d^2 或 d^2sp^3 杂化轨道成键。例如,Fe^{3+} 的价电子构型为 $3d^5$,5 个电子分布在 5 个 3d 轨道上。配合

物$[FeF_6]^{3-}$的几何构型是正八面体,磁矩为 5.90B. M.,相当于有 5 个未成对电子。很显然,$[FeF_6]^{3-}$形成时 Fe^{3+} 以 sp^3d^2 杂化轨道成键。与$[FeF_6]^{3-}$不同,$[Fe(CN)_6]^{3-}$的几何构型也是正八面体,但实验测得其磁矩为 2.4B. M.,因此$[Fe(CN)_6]^{3-}$形成时的电子分布和成键情况与$[FeF_6]^{3-}$不同。当形成$[Fe(CN)_6]^{3-}$时,若 Fe^{3+} 保留 1 个未成对电子,其磁矩应为 1.73B. M.,与实验测得的磁矩比较接近。由此可确定$[Fe(CN)_6]^{3-}$仅有 1 个未成对 d 电子,其余 4 个 d 电子两两偶合,$[Fe(CN)_6]^{3-}$形成时 Fe^{3+} 以 d^2sp^3 杂化轨道成键。图 12-4 给出了$[FeF_6]^{3-}$和$[Fe(CN)_6]^{3-}$的电子分布。

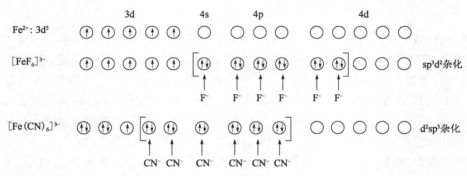

图 12-4　Fe^{3+}、$[FeF_6]^{3-}$ 和$[Fe(CN)_6]^{3-}$的电子分布及杂化轨道类型

从以上讨论的 Fe^{3+} 的两种配合物$[FeF_6]^{3-}$和$[Fe(CN)_6]^{3-}$可以看出,虽然它们形成时都有 Fe^{3+} 的 2 个 d 轨道参与杂化,但是前者是能量较高的 4d 轨道,而后者是能量较低的 3d 轨道。因此,$[FeF_6]^{3-}$中的配键叫外轨配键,$[Fe(CN)_6]^{3-}$中的配键叫内轨配键。形成外轨配键时,ns、np 和 nd 轨道杂化组成 sp^3d^2 杂化轨道;形成内轨配键时,$(n-1)d$、ns 和 np 轨道杂化组成 d^2sp^3 杂化轨道。以外轨配键形成的配合物叫**外轨型配合物**(outer orbital coordination compound),以内轨配键形成的配合物叫**内轨型配合物**(inner orbital coordination compound)。由于$(n-1)d$ 轨道比 nd 轨道能量低,因此同一中心离子的内轨型配合物比外轨型配合物稳定。例如,$[Fe(CN)_6]^{3-}$和$[FeF_6]^{3-}$的 $\lg K_f^{\ominus}$ 分别为 52.6 和 14.3。

在正八面体型配合物中,实际上只需判断 d^4、d^5 和 d^6 构型的中心离子所形成的配合物是否存在 d 电子重排的可能性。对于 $d^{1\sim3}$ 构型的金属离子,至少有 2 个空的 d 轨道可以参与杂化成键,肯定形成内轨型配合物。对于 $d^{7\sim9}$ 构型的金属离子,其 d 电子占据 4 个或 5 个 d 轨道,不能空出 2 个内层轨道参与杂化成键,故只能形成外轨型配合物。而具有 $d^{4\sim6}$ 构型的中心离子,既可能形成内轨型配合物,也可能形成外轨型配合物。配位体的性质与形成内轨或外轨配合物的关系比较复杂,难以作出全面概括,只能以实验事实为依据。一般说来,电负性较大的配位原子(如 F、O)大都与上述中心离子形成外轨型配合物,CN^- 等则能与多种中心离子形成内轨型配合物。

价键理论简单明了,使用方便,能说明配合物的配位数、几何构型、磁性和稳定性。价键理论曾是 20 世纪 30 年代化学家用以说明配合物结构的唯一方法,但目前已经很少有人用单一的价键理论来说明配合物的结构。因为价键理论不能独立判断中心离子的杂化方式(需要借助磁矩测定),不能定量解释配合物的稳定性规律,也不能解释配合物的电子光谱规律。

12.3　配合物的晶体场理论

价键理论未考虑配体对中心离子(或原子)的影响。事实上,配体对中心离子(或原子) d 电子的影响是非常大的,不能忽略不计。20 世纪 50 年代以后发展起来的晶体场理论,主要研究过渡金属离子的 d 轨道在配体作用下发生的能级分裂以及由此产生的影响。晶体场理论能较好地解释过渡金属化合物的许多性质,如配合物的稳定性、磁性以及光谱性质等。

12.3.1　晶体场理论的基本要点

(1)在配合物中,中心离子是带正电的点电荷,配体是带负电的点电荷,中心离子和配体之间的作用为纯粹的静电吸引和排斥作用,就像离子晶体中的正、负离子间的静电作用一样,中心离子处于配体的负电荷所形成的晶体场之中。晶体场理论也因之得名。

(2)中心离子的 5 个简并 d 轨道受周围配体负电场的排斥作用,致使中心离子 d 轨道的能量发生改变,能级发生分裂。有些 d 轨道能量相对升高,有些 d 轨道能量则相对降低。

(3)由于 d 轨道能级的分裂,中心原子 d 轨道上的电子将重新排布,优先占据能量较低的轨道,使系统的总能量有所降低,配合物更稳定。

12.3.2　中心离子 d 轨道的能级分裂

中心离子中的 d 轨道有 5 个不同的伸展方向,在孤立状态下,这 5 个 d 轨道的能量是相同的,称为简并轨道。但当配体与中心离子形成配合物时,中心离子的 d 轨道会受到配体的影响(图 12-5,彩图见二维码)。中心离子的正电荷受到配体的负电荷吸引,而中心离子 d 轨道的电子受到配体电子云的排斥。配体所产生的这种静电作用,称为配合物的**晶体场**(crystal field)。对于配位数不同的配合物,其产生的晶体场不同,如正八面体晶体场,正四面体晶体场等。

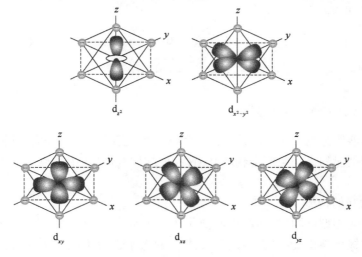

图 12-5　正八面体晶体场对 d 轨道的作用

在正八面体晶体场中,由于受到配体的影响,中心离子 5 个 d 轨道的能量都有所上升,但这种影响的大小程度因方向不同而不同。由于 d 轨道能量上升程度的不同,原来能量相同的 5 个简并轨道出现了能量高低的差别,这种现象称为**能级分裂**(energy level splitting)。

配体作用前,作为中心离子的 5 个 d 轨道具有相同的能量 E_0。当中心离子处于一个带负电场的球形场中心时,未分裂的 d 轨道的能量上升为 E_s。发生配位时,由于中心离子 d_{z^2} 轨道和 $d_{x^2-y^2}$ 轨道的伸展方向正好处于正八面体的 6 个顶点方向,与配体迎头相遇(参见图 12-5),使其能量上升(相比于 E_s)。而中心离子的 d_{xy}、d_{yz} 和 d_{xz} 轨道正好与正八面体轴向相错(参见图 12-5),与配体的相互作用小,其能量下降(相比于 E_s)。这样,在周围配体电场的作用下,5 个 d 轨道因能级分裂而分为两组,能量相对升高的一组轨道(d_{z^2} 和 $d_{x^2-y^2}$)称为 e_g 轨道,能量相对下降的一组轨道(d_{xy}、d_{yz} 和 d_{xz})称为 t_{2g} 轨道,两组轨道之间的能量差称为正八面体场的分裂能,用符号 Δ_o 表示(下标"o"代表正八面体场)(图 12-6)。

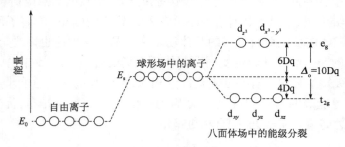

图 12-6　正八面体场中中心离子 d 轨道的能级分裂

为便于定量计算,将 $\Delta_o/10$ 作为一个能量单位,用符号 Dq 表示,即 $\Delta_o = 10Dq$。在图 12-6 中,以 e_g 轨道和 t_{2g} 轨道的平均值 E_s 作为能量计算的起点,令 $E_s = 0$,则有

$$2E(e_g) + 3E(t_{2g}) = 0$$
$$E(e_g) - E(t_{2g}) = 10Dq \tag{12-2}$$

解联立方程,可得

$$E(e_g) = 6Dq$$
$$E(t_{2g}) = -4Dq \tag{12-3}$$

12.3.3　影响分裂能的因素

Δ 只是表示能级差的符号,对不同的配合物体系,能级分裂的程度不同,Δ 所代表的能量值也不同。分裂能的大小与配合物的几何构型、配体的性质、中心离子的电荷及元素所在周期数有关。

1)配合物的几何构型

配合物的几何构型不同,配体在中心离子周围的分布不同,对 d 轨道的作用情况不同,使得 d 轨道的能级分裂情况不同,因此分裂能 Δ 的大小也就不同。例如,在正四面体场中,d_{xy}、d_{yz} 和 d_{xz} 轨道指向立方体各棱的中点,而 d_{z^2} 和 $d_{x^2-y^2}$ 轨道指向立方体的面心。相对而言,前者受到配体的作用更强,在正四面体场中,d_{xy}、d_{yz} 和 d_{xz} 轨道能量高于平均值,而 d_{z^2} 和 $d_{x^2-y^2}$ 轨道能量低于平均值。表 12-4 为中心离子 d 轨道在不同几何构型的晶体场中的能级分裂情况及分裂能的相对大小。

中心离子 d 轨道在不同几何构型的晶体场中的能级分裂情况　表 12-4
及分裂能的相对大小(单位:Dq)

配位数	几何构型	d_{z^2}	$d_{x^2-y^2}$	d_{xy}	d_{yz}	d_{xz}	Δ
2	直线形	10.28	-6.28	-6.28	1.14	1.14	16.56
3	平面三角形	-3.21	5.46	5.46	-3.86	-3.86	9.32
4	正四面体	-2.67	-2.67	1.78	1.78	1.78	4.45
4	平面正方形	-4.28	12.28	2.28	-5.14	-5.14	17.42
5	三角双锥形	7.07	-0.82	-0.82	-2.72	-2.72	9.79
5	四方锥	0.86	9.14	-0.86	-4.57	-4.57	13.71
6	正八面体	6.00	6.00	-4.00	-4.00	-4.00	10.00

2)配体的性质

中心离子相同,配体不同,形成具有相同构型的配离子时,其分裂能 Δ 随配体场强弱不同而变化。表 12-5 列出了 Cr^{3+} 与不同配体形成八面体配离子时的分裂能 Δ_o。

不同配体的晶体场分裂能　表 12-5

配离子	$[CrCl_6]^{3-}$	$[CrF_6]^{3-}$	$[Cr(H_2O)_6]^{3+}$	$[Cr(NH_3)_6]^{3+}$	$[Cr(en)_3]^{3+}$	$[Cr(CN)_6]^{3-}$
分裂能 Δ_o/cm^{-1}	13 600	15 300	17 400	21 600	21 900	26 300

由表 12-5 可以看出,Cl^- 作为配体时,Δ_o 值较小,即它对中心离子 3d 电子的排斥作用较小;CN^- 作配体时 Δ_o 值较大,即在 CN^- 的正八面体场中,中心离子 3d 电子被 CN^- 强烈排斥。显然,Cl^- 为弱场配体,CN^- 为强场配体。配体场强越强,Δ_o 值就越大。配体场强的强弱顺序排列如下:

$$弱场配体 \xrightarrow{\text{场强增强}} 强场配体$$

$I^- < Br^- < S^{2-} < \underline{S}CN^- \sim Cl^- < NO_3^- < F^- < 尿素 < OH^- < O\underline{N}O^- \sim HCOO^- < C_2O_4^{2-} < H_2O < \underline{N}CS^- < 吡啶 \sim EDTA < NH_3 < en < \underline{N}O_2^- < \underline{C}N^- \sim \underline{C}O$

其中,"_"标记的原子表示配位原子。该顺序是通过配合物的光谱实验确定的,故称为**光谱化学序列**。通常以水的分裂能力为基准,将排在水前面的配体(如 I^-、Br^-、Cl^- 等)称为弱场配体,它们形成配合物时的分裂能较小;将排在水后面的配体(如 CN^-、CO 等)称为强场配体,它们形成的配合物的分裂能较大。

3)中心离子的电荷

同种配体与同一过渡元素中心离子形成的配合物,中心离子正电荷越多,其分裂能 Δ 越大。这是由于随着中心离子正电荷的增多,配体更靠近中心离子,中心离子外层 d 电子与配体之间的斥力增大,从而使 Δ 增大。表 12-6 给出了某些 $[M(H_2O)_6]^{2+}$ 和 $[M(H_2O)_6]^{3+}$ 的分裂能 Δ_o。

$[\mathrm{M(H_2O)_6}]^{2+}$ 和 $[\mathrm{M(H_2O)_6}]^{3+}$ 的分裂能 Δ_o(单位:cm^{-1})　　　表 12-6

中心离子	V	Cr	Mn	Fe	Co
$[\mathrm{M(H_2O)_6}]^{2+}$	12 600	13 900	7 800	10 400	9 300
$[\mathrm{M(H_2O)_6}]^{3+}$	17 700	17 400	21 000	13 700	18 600

4)元素所在周期数

同种配体与相同氧化数同族过渡金属离子所形成的配合物,其 Δ 值随中心离子在周期表中所处周期数的增大而递增。这主要是由于与 3d 轨道相比,4d、5d 轨道伸展得较远,与配体更接近,受配体电场的排斥作用较大。例如,配离子 $[\mathrm{Co(NH_3)_6}]^{3+}$、$[\mathrm{Rh(NH_3)_6}]^{3+}$ 和 $[\mathrm{Ir(NH_3)_6}]^{3+}$ 的 Δ_o 分别为 23 000 cm^{-1}、33 900 cm^{-1} 和 40 000 cm^{-1}。

12.3.4　中心离子 d 电子的分布

在正八面体场中,由于中心离子的 d 轨道出现能级分裂,所以中心离子的 d 电子需要重新排布,其排布的基本原则是"能量最低原理"。对于 d$^{1\sim3}$ 构型,每个 d 电子分别占据 t_{2g} 组的 1 个 d 轨道,自旋平行,无须动用 e_g 组的 d 轨道;对于 d$^{8\sim10}$ 构型,t_{2g} 轨道组的 d 轨道全部被电子对充满,还要动用 e_g 组的 d 轨道。上述构型的 d 电子排布只有一种方式。当中心离子为 d$^{4\sim7}$ 构型时,d 电子的排列情况要复杂得多。例如 d^4 构型,正八面体场中的 4 个 d 电子,在分裂了的 d 轨道上,存在两种可能的排布方式,即方式(a)$(t_{2g})^3(e_g)^1$ 和方式(b)$(t_{2g})^4(e_g)^0$。

当 d 电子以方式(a)排布时,因为有 1 个电子排在了能量较高的 e_g 轨道上,需要克服正八面体场的分裂能 Δ_o,使体系的能量上升了 Δ_o;当 d 电子以方式(b)排布时,虽然 4 个电子都排在能量较低的 t_{2g} 轨道上,但有 1 对电子挤在同一轨道上,需要克服电子成对能 P,因此体系的能量上升了 P。

可计算两个体系的总能量:

$$E(a) = 3E(t_{2g}) + E(e_g) = 3E(t_{2g}) + [E(t_{2g}) + \Delta_o] = 4E(t_{2g}) + \Delta_o \quad (12\text{-}4)$$

$$E(b) = 4E(t_{2g}) + P \quad (12\text{-}5)$$

因此,$E(a)$ 与 $E(b)$ 的大小就取决于分裂能 Δ_o 与电子成对能 P 的大小。

当 $\Delta_o < P$ 时,$E(a) < E(b)$,d 电子将按照方式(a)排布,该配离子称为弱场配离子。这种排布方式导致自旋平行的电子数增多,又称高自旋配合物。当 $\Delta_o > P$ 时,$E(a) > E(b)$,d 电子将按照方式(b)排布,该配离子称为强场配离子。这种排布方式导致自旋平行的电子数减少,又称低自旋配合物。

表 12-7 列出了 d$^{1\sim10}$ 构型的 d 电子在 t_{2g} 和 e_g 轨道中的分布情况。

d 电子在 t_{2g} 和 e_g 轨道中的分布情况(正八面体场)　　　表 12-7

d 电子构型	弱场 $P > \Delta_o$		强场 $\Delta_o > P$	
	t_{2g}	e_g	t_{2g}	e_g
d^1	↑			↑	
d^2	↑	↑		↑	↑	
d^3	↑	↑	↑	↑	↑	↑	

d 电子构型	弱场 $P > \Delta_o$					强场 $\Delta_o > P$				
	t_{2g}			e_g		t_{2g}			e_g	
d^4	↑	↑	↑	↑		↑↓	↑	↑		
d^5	↑	↑	↑	↑	↑	↑↓	↑↓	↑		
d^6	↑↓	↑	↑	↑	↑	↑↓	↑↓	↑↓		
d^7	↑↓	↑↓	↑	↑	↑	↑↓	↑↓	↑↓	↑	
d^8	↑↓	↑↓	↑↓	↑	↑	↑↓	↑↓	↑↓	↑	↑
d^9	↑↓	↑↓	↑↓	↑↓	↑	↑↓	↑↓	↑↓	↑↓	↑
d^{10}	↑↓	↑↓	↑↓	↑↓	↑↓	↑↓	↑↓	↑↓	↑↓	↑↓

12.3.5　晶体场稳定化能

在晶体场中,中心离子的 d 电子从假如未分裂的 d 轨道(能量为 E_s)进入分裂后的 d 轨道所产生的能量降低值,称为**晶体场稳定化能**(crystal field stability energy,CFSE)。下面以 d^6 构型的中心离子为例,说明在正八面体场中 d 轨道分裂前后体系能量的变化情况。

在未分裂的 d 轨道中,d 电子的分布为 d^6,5 个 d 轨道能量简并,设其能量 $E_s = 0$。d 电子在弱场中,其排布方式为 $(t_{2g})^4(e_g)^2$,与 E_s 相比(无电子对变化),此时体系总能量的变化为

$$E(弱场) = 4 \times (-4Dq) + 2 \times (+6Dq) = -4Dq \tag{12-6}$$

表示 d^6 构型的中心离子在弱场中的晶体场稳定化能为 $-4Dq$,即 CFSE(d^6弱场) $= -4Dq$。

同理,d 电子在强场中,其排布方式为 $(t_{2g})^6(e_g)^0$,与 E_s 相比,多了 2 对电子,因此,考虑电子成对能后,其晶体场稳定化能为 $-24Dq + 2P$,即 CFSE(d^6强场) $= -24Dq + 2P$。

根据以上方法,可以计算得到 $d^{1\sim10}$ 构型的中心离子在强场和弱场中的 CFSE,所得结果列于表 12-8 中。

$d^{1\sim10}$构型的中心离子在强场和弱场中的 CFSE(正八面体场)　　　　表 12-8

d 电子构型	d^1	d^2	d^3	d^4	d^5
弱场	$-4Dq$	$-8Dq$	$-12Dq$	$-6Dq$	0
强场	$-4Dq$	$-8Dq$	$-12Dq$	$-16Dq + P$	$-20Dq + 2P$
d 电子构型	d^6	d^7	d^8	d^9	d^{10}
弱场	$-4Dq$	$-8Dq$	$-12Dq$	$-6Dq$	0
强场	$-24Dq + 2P$	$-18Dq + P$	$-12Dq$	$-6Dq$	0

CFSE 越负(代数值越小),体系越稳定。利用 CFSE 能很好地解释配合物的稳定性规律。

12.3.6 晶体场理论的应用

电子成对能 P 和分裂能 Δ 可通过光谱实验数据求得,从而可推测出配合物中中心离子的电子排布及自旋状态。例如 Co^{3+}(d^6 构型)与弱场配体 F^- 形成 $[CoF_6]^{3-}$,测得其 $\Delta_o = 13\,000\,cm^{-1}$,$P = 21\,000\,cm^{-1}$,因为 $\Delta_o < P$,可推知中心离子 Co^{3+} 的 d 电子处于高自旋状态,d 电子排布为 $(t_{2g})^4(e_g)^2$,未成对电子有 4 个。根据式(12-1)磁矩 μ_m 与单电子数 n 之间的关系,可求得该配离子的磁矩为 4.90B.M.。

晶体场理论能较好地解释配合物的颜色。过渡元素水合离子为配离子,其中心离子在配体水分子的影响下,d 轨道发生能级分裂。由于 d 轨道大多没有填满电子,当配离子吸收可见光区某一部分波长的光时,d 电子可从能级低的 d 轨道跃迁到能级较高的 d 轨道(例如正八面体场中由 t_{2g} 轨道跃迁到 e_g 轨道),这种跃迁称为 d—d 跃迁。发生 d—d 跃迁所需的能量即为轨道的分裂能 Δ。吸收光的波长越短,电子被激发发生跃迁所需要的能量就越大,即分裂能 Δ 越大。例如 $[Ti(H_2O)_6]^{3+}$,中心离子 Ti^{3+} 因吸收能量而使 d 电子发生 d—d 跃迁,其吸收光谱显示最大吸收峰在 490nm 处(蓝绿色),因此它呈现出的是与蓝绿光相应的补色——紫红色。对于不同的中心离子,虽然配体相同,但 e_g 与 t_{2g} 能级差不同,d—d 跃迁时就吸收不同颜色的可见光,故显示出不同的颜色。如果中心离子 d 轨道全空或全满,则不可能发生 d—d 跃迁,因此其水合离子是无色的(例如 $[Zn(H_2O)_6]^{2+}$ 和 $[Sc(H_2O)_6]^{3+}$)。

晶体场理论能较好地解释配合物的构型、颜色、磁性、稳定性及某些热力学性质,并有一定的定量准确性,因而自 20 世纪 50 年代以来,有了很大的发展。这无疑要比价键理论大大地前进了一步,然而它仍有很多不足之处。

(1)晶体场理论把中心离子与配体之间的相互作用完全作为静电问题来处理,而未考虑中心离子与配体之间的共价作用,这显然与许多配合物中明显的共价性质不符合,尤其不能解释像 $[Ni(CO)_4]$、$[Fe(C_5H_5)_2]$ 这类中性原子配合物的形成问题。

(2)不能用该理论满意地解释光谱化学序列。例如 F^- 是弱场配位体,其场强要比中性分子 H_2O 弱,相比于 CO 更是弱得多,这一结果按照晶体场理论的静电模型是很难理解的。

晶体场理论的局限性正是由于它只考虑了配位键的离子性,而忽略了配位键的共价性。对于这类配合物,后续发展起来的配位场理论考虑了配体与金属离子间的共价作用,引入了分子轨道理论的方法,弥补了晶体场理论的不足,较好地解释了配合物的许多性质,例如配合物中化学键的本质及配合物的性质。限于篇幅,本书不对配位场理论和分子轨道理论进行介绍。感兴趣的读者可以自行了解。

【人物传记】

维尔纳

阿尔弗雷德·维尔纳(A. Werner,1866—1919 年),瑞士化学家,教授。维尔纳出生在法国阿尔萨斯的一个铁匠家庭,因研究配位化合物结构而获得 1913 年诺贝尔化学奖。1890 年与汉奇合作研究肟获得苏黎世大学博士学位,他对肟分子三维结构的探索是对立

体化学的宝贵贡献。1891 年回到苏黎世后,从 1893 年起获得终身教职,被誉为优秀教师。1891 年,他发表的配位理论把无机化学简明分类,并扩大了同分异构的概念范围。1893 年,他在总结前人研究的基础上,发表了《论无机化合物的结构》一文,大胆提出了划时代的配位理论,首次提出配位数、配合物等概念,并成功解释了很多配合物的性质,这是无机化学和配位化学结构理论的开端。维尔纳也被人称为"配位化学之父"。他和他的学生制备了许多新的化合物,并将它们纳入新的体系中。维尔纳理论虽已被稍作修正,但仍是现代无机化学的基础,并为化学键的现代概念开辟了道路。他的主要著作有《立体化学手册》《论无机化合物的结构》等。1919 年 11 月 15 日,维尔纳由于动脉硬化于苏黎世逝世,年仅 53 岁。

【延伸阅读】

配合物的前世今生

配合物的记载很早就有,国外文献最早在 1704 年记录的配合物是普鲁士蓝(Prussian blue),其化学结构是 $Fe_4^{III}[Fe^{II}(CN)_6]_3$,距今已有 300 年的历史。我国《诗经》记载的"缟衣茹藘"和"茹藘在阪",实际上是二羟基蒽醌和铝钙离子生成的红色配合物(比普鲁士蓝发现早 2 000 多年)。最早关于配合物的研究是 1798 年法国塔索尔特(B. M. Tassert)关于黄色氯化钴 $[Co(NH_3)_6]Cl_3$ 的研究。他在 $CoCl_2$ 溶液中加入氨水后没有得到 $Co(OH)_3$,而是得到了橘黄色结晶,起初认为这是一种复合物 $CoCl_3·6NH_3$,但他在该橘黄色结晶的溶液中加碱后得不到 NH_3,也检查不出 Co^{3+} 离子的存在,可见 Co^{3+} 与 NH_3 是紧密结合在一起的,而加入 $AgNO_3$ 后却得到了 $AgCl$ 沉淀,证明 Cl^- 是游离的。塔索尔特的报道使一些化学家开始研究这类化合物,因为当时的理论不能解释这类化合物,故称之为复杂化合物,即络合物。在此后的 100 多年里,人们用测定摩尔电导的方法研究这类物质的性质,从而推导出每个化合物分子中所含的离子数。这一时期,许多实验事实的积累为配位化学奠定了实验基础。

1893 年,瑞士化学家维尔纳(A. Werner)发表了《论无机化合物的结构》一文,大胆提出了划时代的配位理论,这是无机化学和配位化学结构理论的开端。维尔纳因此获得 1913 年诺贝尔化学奖。但是,维尔纳的理论仍然无法解释主价和副价的本质。

1923 年,英国化学家西奇维克(N. V. Sidgwick)提出有效原子序数法则(EAN),揭示了中心原子电子数与配位数之间的关系,如果配合物的有效原子序数等于中心原子同一周期的稀有气体原子的序数,则该配合物是稳定的。该法则只能解释部分配合物的实验事实,不是一个普遍的法则。

1929 年贝特(H. Bethe)和 1932 年范弗里克(J. H. van Vlack)提出了晶体场理论(CFT),但该理论直到 1953 年才用于配合物结构和性质的解释。CFT 的核心是在静电理论的基础上考虑了中心原子的轨道在配体静电场中的分裂。但是,晶体场理论认为配位键完全具有离子键性质而无共价键成分,模型过于简单,不能解释电子云伸展效应。

　　1935 年,范弗里克把分子轨道理论(MOT)用于配合物化学键的研究中,补充了晶体场理论的不足,将分子轨道理论和晶体场理论相互配合起来处理配合物,称为配位场理论(LFT)。配位场理论认为金属所有的原子轨道以及配体的轨道在成键中处于相同的地位。由于配位场理论既保留了晶体场理论的具体模型而使计算简捷,又吸收了分子轨道理论,因而在配合物的结构和性质方面得到了广泛的应用。

　　1940 年,美国化学家鲍林(L. Pauling)提出了著名的价键理论(VBT),配合物成键本质才基本清楚。价键理论概念明确、模型具体,与化学键概念相一致,易为人们所接受,能反映配合物的大致面貌,能说明配合物的某些性质。但是价键理论也存在缺陷,比如只能定性地解释配合物某些性质,对 Cu 配合物的解释有些勉强,只讨论配合物的基态性质,无法解释配合物的激发态性质。

　　事实上,在量子理论、价键理论、分子轨道理论等确立以后,配位化学才得以蓬勃发展。1951 年,威尔金森(G. Wilkinson)和费歇尔(E. O. Fischer)合成出二茂铁夹心化合物,突破了传统配位化学的概念限制,并带动金属有机化学的迅猛发展。二人因此获得 1973 年的诺贝尔化学奖。

　　1953 年,齐格勒(K. Ziegler)和纳塔(G. Natta)发明的齐格勒-纳塔(Ziegler-Natta)催化剂,极大地推动了烯烃聚合,特别是立体选择性聚合反应及其相关聚合物合成、性质方面的研究,高效率、高选择性过渡金属配合物催化剂研究得到进一步发展,他们也因此获得 1963 年诺贝尔化学奖。20 世纪 60 年代德国化学家艾根(M. Eigen)和英国化学家波特(G. Porter)提出了溶液中金属配合物的生成机理而获得 1967 年诺贝尔化学奖。目前已有 20 多位科学家因从事与配位化学有关的研究而获得诺贝尔奖。

　　20 世纪以来,配位化学作为一门独立的学科,以其蓬勃发展之势,使传统的无机化学和有机化学的人工壁垒逐渐消融,并不断与其他学科,如物理化学、材料科学及生命科学交叉、渗透,孕育出许多富有生命力的新兴边缘学科,为化学学科的发展带来新的契机。

习　题　12

12-1　根据下列配离子的空间构型,画出它们形成时中心离子的价层电子分布,并指出它们以何种杂化轨道成键? 估计其磁矩各为多少?

(1)$[CuCl_2]^-$(直线形)　(2)$[Zn(NH_3)_4]^{2+}$(正四面体)　(3)$[Co(NCS)_4]^{2-}$(正四面体)

12-2　根据下列配离子的磁矩,画出它们形成时中心离子的价层电子分布,并指出杂化轨道和配离子的空间构型。判断哪些是内轨型,哪些是外轨型。

$[Co(H_2O)_6]^{2+}$:4.3B. M.　　$[Mn(CN)_6]^{4-}$:1.8B. M.　　$[Ni(NH_3)_6]^{2+}$:3.0B. M.

$[Ni(CN)_6]^{4-}$:2.8B. M.　　$[Fe(CN)_6]^{4-}$:0　　$[Cr(NH_3)_6]^{3+}$:3.9B. M.

$[Co(en)_3]^{2+}$:3.8B. M.　　$[Fe(C_2O_4)_3]^{3+}$:5.7B. M.

12-3　There are two single electrons(unpaired electrons)in the coordination ion $[NiCl_4]^{2-}$, but $[Ni(CN)_4]^{2-}$ ion shows the property of diamagnetism. Please point out the spatial configurations of the two coordination ions,and calculate their magnetic moments.

12-4　下列配离子中未成对电子数是多少? 其磁矩各为多少?

(1) $[Ru(NH_3)_6]^{2+}$（低自旋）　　　　(2) $[Fe(CN)_6]^{3-}$（低自旋）

(3) $[Ni(H_2O)_6]^{2+}$　　　　　　　　(4) $[CoCl_4]^{2-}$（高自旋）

12-5　写出下列离子在正八面体场中的 d 电子排布式。

(1) Fe^{2+}（低自旋）　　(2) Fe^{3+}（高自旋）　　(3) Co^{2+}（低自旋）　　(4) Zn^{2+}

12-6　影响晶体场分裂能的因素有哪些？

12-7　某金属离子在正八面体弱场中的磁矩为 4.90B.M.，而它在正八面体强场中的磁矩为 0，该中心金属离子可能是哪个？

12-8　已知 $[Pd(Cl)_2(OH)_2]$ 有两种不同的结构，成键电子所占据的杂化轨道应该是哪种杂化轨道？

（高莉宁）

PART4 | 第四篇

元 素 化 学

第 13 章 s 区 元 素

元素周期表中的 IA 和 IIA 族元素,价层电子构型分别为 ns^1 和 ns^2,它们的原子最外层有 1~2 个 s 电子,因此称其为 s 区元素。s 区元素包括氢、碱金属元素和碱土金属元素,其中位于 IA 的氢为非金属元素,其他均为活泼性最强的金属元素。本章先介绍氢及其化合物,再分别介绍碱金属和碱土金属。图 13-1 给出了 s 区元素在元素周期表中的位置(深色部分)。

1 IA	2 IIA											13 IIIA	14 IVA	15 VA	16 VIA	17 VIIA	18 0
1 H																	2 He
3 Li	4 Be											5 B	6 C	7 N	8 O	9 F	10 Ne
11 Na	12 Mg	3 IIIB	4 IVB	5 VB	6 VIB	7 VIIB	8	9 VIII	10	11 IB	12 IIB	13 Al	14 Si	15 P	16 S	17 Cl	18 Ar
19 K	20 Ca	21 Sc	22 Ti	23 V	24 Cr	25 Mn	26 Fe	27 Co	28 Ni	29 Cu	30 Zn	31 Ga	32 Ge	33 As	34 Se	35 Br	36 Kr
37 Rb	38 Sr	39 Y	40 Zr	41 Nb	42 Mo	43 Tc	44 Ru	45 Rh	46 Pd	47 Ag	48 Cd	49 In	50 Sn	51 Sb	52 Te	53 I	54 Xe
55 Cs	56 Ba	57~71 Ln	72 Hf	73 Ta	74 W	75 Re	76 Os	77 Ir	78 Pt	79 Au	80 Hg	81 Tl	82 Pb	83 Bi	84 Po	85 At	86 Rn
87 Fr	88 Ra	89~103 An	104 Rf	105 Db	106 Sg	107 Bh	108 Hs	109 Mt	110 Ds	111 Rg	112 Cn	113 Nh	114 Fl	115 Mc	116 Lv	117 Ts	118 Og

Ln	57 La	58 Ce	59 Pr	60 Nd	61 Pm	62 Sm	63 Eu	64 Gd	65 Tb	66 Dy	67 Ho	68 Er	69 Tm	70 Yb	71 Lu
An	89 Ac	90 Th	91 Pa	92 U	93 Np	94 Pu	95 Am	96 Cm	97 Bk	98 Cf	99 Es	100 Fm	101 Md	102 No	103 Lr

图 13-1 s 区元素(深色部分)在元素周期表中的位置

13.1 氢

13.1.1 氢的存在形式

氢 H(Hydrogen)是宇宙中丰度最高的元素,占宇宙所有原子总数的 90% 以上。太阳、大气的组成部分主要是氢,含量高达 81.75%(以原子百分比计)。而在地球上氢的丰度仅次于氧和硅,位居第 3 位。水是地球上最大的氢资源,另外碳氢化合物及所有生物组织中均含有氢。

氢的原子核中只含有 1 个质子,有三种同位素,分别为 ^1H(氕,H)、^2H(氘,D)和 ^3H(氚,T),其中子数分别为 0、1 和 2。自然界中氕是丰度最大的氢同位素,占 99.98%,氘约占 0.016%。氕和氘都是稳定的同位素,而氚是一种不稳定的放射性同位素,由于半衰期短,因此在自然界中的含量极微,其含量仅为氕含量的 10^{-17}。

在离子化合物中,氢原子可以得到 1 个电子成为氢阴离子 H^-,与阳离子构成氢化物;也可以失去 1 个电子成为氢阳离子 H^+(简称氢离子),但氢离子实际上以更为复杂的形式存在。氢在酸碱化学中尤为重要,这是因为酸碱反应中常存在着氢离子的交换。氢具有极强的还原性。在高温下氢非常活泼。除稀有气体元素外,几乎所有的元素都能与氢生成化合物。

13.1.2　氢的成键特征

氢原子的价电子构型为 $1s^1$,电负性为 2.20。氢的价层电子构型与碱金属原子相同,都是 ns^1,因此人们将氢纳入 IA 族。氢原子能获得 1 个电子形成 H^-,这又与卤素相似。但是,氢的电离能比碱金属元素原子大得多,电子亲和能(绝对值)又比卤素原子小得多。因此,氢与 IA 族或 VIIA 族元素的性质都不完全相同。在化学反应中,氢原子与其他元素的原子结合时主要有以下三种成键情况:

(1)离子键。H 与活泼金属(如 Na、K、Ca 等)通过离子键形成氢化物时,H 得到 1 个电子形成 H^-。H^- 具有与氦原子相同的价层电子构型。H^- 因具有较大的半径(208pm)而仅存在于离子型氢化物的晶体中。

(2)共价键。氢原子与大多数 p 区元素形成氢化物时通过共用电子对形成共价单键,如 H_2O、HCl、NH_3 等。

(3)其他键型。H 原子可以填充到许多过渡金属晶格的空隙中,形成非整比化合物,称为金属氢化物,如 $ZrH_{1.30}$ 和 $LaH_{2.87}$;在硼氢化合物(如 B_2H_6)和某些过渡金属配合物中存在氢桥键,这些键都不属于经典的共价键;在含有强极性共价键的共价氢化物中,近乎裸露的氢原子核可以定向吸引邻近电负性高的原子(如 F、O、N)上的孤对电子而形成分子间或分子内氢键。

13.1.3　单质的性质及制备

1)氢气的物理性质

氢气是无色、无味、无臭的易燃气体,是最轻的气体,常用来填充氢气球。氢气质量仅为空气的 1/14.5,具有最大的扩散速度,易于通过各种细小的空隙(例如高压下的氢气容易穿透器壁)。氢的临界温度为 −240℃,很难液化,但若将氢冷却到 −253℃ 时,气态氢可被液化。液态氢可以把除氦以外的其他气体冷却而变为固体。氢气在水中的溶解度很小,273K 时 1L 水仅能溶解 $0.02L\ H_2$。

2)氢气的化学性质

H_2 中 H—H 键的解离能为 $436kJ \cdot mol^{-1}$,比一般的单键高很多,相当于一般双键的解离能。因此,常温下氢分子不活泼,但在加热、光照或适当催化剂的作用下,氢分子可被活化,产生非常活泼的氢原子。H_2 分子活化后很容易与多种物质发生反应。例如

$$3H_2(g) + N_2(g) \xrightarrow[\text{催化剂}]{\text{高温、高压}} 2NH_3(g)$$

$$H_2(g) + Cl_2(g) \xrightarrow{h\nu} 2HCl(g)$$

利用氢气能与某些非金属直接合成二元化合物的性质,可以制取一些重要的工业原料。当前氢气用量最大的是与氮气直接合成 NH_3。

H_2 是很好的还原剂,在金属冶炼中,可以在高温条件下将多种金属氧化物或氯化物还原,得到相应纯度较高的单质,广泛用于钨、钼、钴、铁等金属粉末和锗、硅等半导体的生产中。例如,还原氧化钨的反应如下:

$$WO_3(s) + 3H_2(g) \xrightarrow{\triangle} W(s) + 3H_2O(g)$$

氢气可以和活泼金属在高温下反应,生成离子型氢化物。

同时,H_2 在空气中燃烧生成水,火焰温度可高达 3 000℃ 左右,工业上常利用此反应切割和焊接金属。

另外,H_2 还可以与一些有机物发生加氢反应。例如,不饱和烃加氢生成饱和烃。

3) 氢气的制备

氢气在工业上的制备方法之一是 H_2O 和还原剂(如碳、碳氢化合物或 CO)在高温下反应。加热至 1 000℃ 左右的焦炭与水蒸气反应生成 H_2 与 CO 的混合气体(水煤气):

$$C(s) + H_2O(g) \xrightarrow{1\,000℃} H_2(g) + CO(g)$$

上述反应叫水煤气反应。天然气在高温高压、NiO 催化下,与水蒸气反应制取 H_2 的反应叫水蒸气转化反应,方程式如下:

$$CH_4(g) + H_2O(g) \xrightarrow[1.0 \times 10^6 Pa, NiO]{650 \sim 1\,000℃} 3H_2(g) + CO(g)$$

水煤气反应和水蒸气转化反应中都有 CO 生成,为了进一步提高 H_2 的产率,可以使其进一步与水蒸气反应:

$$CO(g) + H_2O(g) \xrightarrow{\text{高温,催化剂}} H_2(g) + CO_2(g)$$

工业上还可通过电解法制备纯度为 99.9% 的氢气,但该法耗电量较高。实验室常利用活泼金属还原 H^+ 的方法制备氢气。例如

$$Zn(s) + 2H^+(aq) \longrightarrow Zn^{2+}(aq) + H_2(g)$$

13.1.4 氢化物

氢化物(hydride)是指氢与其他元素形成的二元化合物或者含有 H^- 的化合物。氢能与除稀有气体外的大多数元素化合生成氢化物。根据元素电负性的不同或氢化物结构和性质的差异,通常将氢化物分为离子型氢化物、共价型氢化物和金属型氢化物三类。

1) 离子型氢化物

离子型氢化物由 s 区的电正性高的碱金属和碱土金属(铍和镁除外)和氢形成,其中氢以 H^- 形式存在。例如,碱金属和碱土金属中的钙、锶、钡在氢气流中加热,可以分别生成离

子型氢化物。

$$2Li + H_2 \xrightarrow{\triangle} 2LiH$$

$$2Na + H_2 \xrightarrow{380℃} 2NaH$$

$$Ca + H_2 \xrightarrow{150\sim300℃} CaH_2$$

常温下离子型氢化物都是白色晶体(常因含少量金属而显灰色),与典型的无机盐一样,不易挥发,不导电,并具有明确的晶体结构,因此又称为类盐型氢化物(saline hydrides)。离子型氢化物除 LiH 和 BaH_2 具有较高的熔点(分别为 692℃ 和 1 200℃)外,大多在熔化前就已分解为金属单质和氢气。碱金属氢化物具有 NaCl 型晶体结构,碱土金属氢化物具有斜方晶系结构。离子型氢化物与水都发生剧烈的水解反应,放出氢气:

$$MH + H_2O \longrightarrow MOH + H_2(g)$$

$$MH_2 + 2H_2O \longrightarrow M(OH)_2 + 2H_2(g)$$

离子型氢化物不仅可以强烈水解,还具有良好的还原性能,$E^{\ominus}(H_2/H^-) = -2.25V$,广泛用作无机和有机合成中的还原剂和 H^- 的来源。例如,NaH 在 400℃ 时能将 $TiCl_4$ 还原为金属钛:

$$TiCl_4 + 4NaH \xrightarrow{400℃} Ti + 4NaCl + 2H_2(g)$$

离子型氢化物熔融时能够导电,电解这种熔融盐可使阳极放出 H_2。

离子型氢化物在非水溶剂中能与含硼、铝等元素的缺电子化合物作用形成配位氢化物。例如,LiH 和无水 $AlCl_3$ 在乙醚溶液中相互作用,生成四氢铝锂:

$$4LiH + AlCl_3 \xrightarrow{乙醚} LiAlH_4 + 3LiCl$$

$LiAlH_4$ 在干燥空气中较稳定,遇水则发生强烈反应:

$$LiAlH_4 + 4H_2O \longrightarrow LiOH + Al(OH)_3 + 4H_2(g)$$

$LiAlH_4$ 具有很强的还原性,能将许多有机化合物中的官能团还原,例如将醛、酮、羧酸等还原为醇,将硝基还原为氨基等。该类配位氢化物已广泛应用于有机合成中。

离子型氢化物在实验室用来除去有机溶剂和惰性气体(如 N_2、Ar)中的痕量水。其中,CaH_2 由于价格便宜,使用方便,成为实验室的首选除水氢化物。但需要注意的是,在使用氢化物除水之前,要进行初步除水处理,以去除溶剂中大量的水,否则,反应中放出大量的热会使产生的 H_2 燃烧,发生意外。CaH_2 也常用作军事和气象野外作业的生氢剂。

2)共价型氢化物

氢与 p 区元素(除稀有气体、铟和铊外)以共价键结合形成**共价型氢化物**,也称分子型氢化物(molecular hydride)。它们的晶体属于分子晶体,是由单个饱和共价分子通过弱的分子间力或氢键将分子结合在一起的。这种结构使得共价型氢化物的熔点、沸点较低,通常条件下多为气体,有挥发性,没有导电性等。同一周期从 ⅣA 族到 ⅥA 族元素氢化物的熔点和沸点依次升高,而 ⅦA 族元素氢化物的熔点、沸点则低一些。同一族元素氢化物的熔点、沸点自上而下逐渐升高,但第二周期的 NH_3、H_2O 和 HF 却由于分子间存在氢键而使它们的熔点、沸点反常地高。

p 区元素氢化物的热稳定性差别很大,同一周期元素氢化物的热稳定性从左到右逐渐增强,同一族元素氢化物的热稳定性从上到下逐渐减弱。这种变化规律与 p 区元素电负性的递变规律一致。与氢相结合的元素 E 的电负性愈大,它与氢形成的 E—H 键的键能愈大,氢化物的热稳定性愈高。根据它们结构中电子数和键数的差异,可分为三种存在形式。一是缺电子氢化物,指分子中的键电子数不足,从而不能写出正常路易斯结构的化合物,如乙硼烷 B_2H_6。二是满电子氢化物,指所有价电子都与中心原子形成化学键,并满足路易斯结构要求的一类化合物,如 CH_4。三是富电子氢化物,指价电子对的数目多于化学键数目的一类化合物,如 H_2O、NH_3、HF 等。由于分子型氢化物共价键的极性差别较大,所以它们的化学性质比较复杂。

3)金属型氢化物

金属型氢化物(metal hydride)又称过渡型氢化物,是氢与 d 区元素、f 区元素、s 区的铍和镁及 p 区的铟和铊形成的一类二元氢化物。因为该类氢化物基本保留着金属的外观特征与通性,如金属光泽、导电性等,因而得名金属型氢化物。在这类氢化物中,氢原子钻到金属晶体的空隙中形成具有非化学计量组成的化合物。例如,在 550℃,化合物 ZrH_x 的组成变化在 $ZrH_{1.30}$ 和 $ZrH_{1.75}$ 之间。不少金属型氢化物在高温下可以释放出 H_2,因此可以作为储氢材料。

13.2　碱金属和碱土金属

13.2.1　概述

碱金属包括ⅠA 族的锂 Li(Lithium)、钠 Na(Sodium)、钾 K(Potassium)、铷 Rb(Rubidium)、铯 Cs(Caesium)和钫 Fr(Francium)6 种元素。碱土金属包括 ⅡA 族铍 Be(Beryllium)、镁 Mg(Magnesium)、钙 Ca(Calcium)、锶 Sr(Strontium)、钡 Ba(Barium)和镭 Ra(Radium)6 种元素。它们的价层电子构型分别为 ns^1 和 ns^2,原子最外层有 1 ~ 2 个 s 电子。s 区元素中,锂、铷、铯、铍是稀有金属元素,钫和镭是放射性元素,钠、钾、镁、钙是生命必需元素。

由于对水和氧的高度活泼性,s 区金属元素只能以化合物的形式存在于自然界。其中有些元素在地壳中的丰度相当高,如钙、钠、镁、钾的丰度分别排在第 5、6、7 和 8 位。s 区元素在自然界中的主要存在形式如下:

锂的主要存在形式是锂辉石 $Li_2O \cdot Al_2O_3 \cdot 4SiO_2$,盐湖卤水也是重要的锂资源。海水(含 NaCl 约 2.7%)和盐湖中的氯化钠是最重要的钠资源。重要的钾矿包括钾石盐 KCl 和盐卤,青海省察尔汗盐湖的盐卤是我国目前生产钾盐的主要支柱。我国钾肥需求量的 80% 仍靠进口,21 世纪初在罗布泊发现的超大型钾盐资源,将会大大缓解这种局面(张强,罗布泊地区发现大型钾盐矿,《中国农贸》,2002 年)。

最重要的铍矿物为绿柱石 $3BeO \cdot Al_2O_3 \cdot 6SiO_2$。海水是镁的重要来源,每 $1km^3$ 海水中含镁 $1.3 \times 10^6 t$,而海水总量高达 $1\,018km^3$。此外,菱镁矿 $MgCO_3$、白云石 $CaCO_3 \cdot MgCO_3$ 和光卤石 $KCl \cdot MgCl_2 \cdot 6H_2O$ 也是重要的镁矿物。有工业价值的钙资源包括钙的碳酸盐(如石灰石、大理石、方解石等)、硫酸盐(如石膏 $CaSO_4 \cdot 2H_2O$)、磷酸盐[如氟磷灰石 Ca_5F $(PO_4)_3$]、氟化物(如萤石 CaF_2)和钙镁碳酸盐(如白云石)等,其中以石灰石最为重要。锶主要存在于碳酸锶矿 $SrCO_3$ 和天青石 $SrSO_4$ 中。钡以重晶石 $BaSO_4$ 的形式存在。

　　表 13-1 和表 13-2 分别列出了碱金属和碱土金属的一些性质参数。碱金属原子最外层只有 1 个 ns 电子,次外层是 8 电子(锂的次外层是 2 电子)结构,它们的原子半径在同周期元素中除稀有气体外最大,而核电荷数在同周期元素中最小。由于内层电子的屏蔽作用显著,故这些元素很容易失去最外层的 1 个 s 电子,这从第一电离能的数值可以看出:碱金属的第一电离能在同周期元素中最低,因此,碱金属是同周期元素中金属性最强的元素。碱土金属原子最外层有 2 个 ns 电子,次外层也是 8 电子(铍的次外层是 2 电子)结构,它们的核电荷数比碱金属大,原子半径比碱金属小。虽然这些元素也容易失去最外层的 s 电子,具有较强的金属性,但与同周期碱金属相比,金属性略差。

碱金属的一些性质　　　　　　　　　　　　　　　表 13-1

元素	Li	Na	K	Rb	Cs
价层电子构型	$2s^1$	$3s^1$	$4s^1$	$5s^1$	$6s^1$
金属半径/pm	152	186	227	248	265
沸点/℃	1 342	882.9	759	688	671
熔点/℃	180.5	97.79	63.5	39.30	28.5
密度/$(g \cdot cm^{-3})$	0.534	0.97	0.89	1.53	1.873
电负性	0.98	0.93	0.82	0.82	0.79
电离能 I_1/$(kJ \cdot mol^{-1})$	520.2	495.8	418.8	403.0	375.7
电子亲和能 A_1/$(kJ \cdot mol^{-1})$	−59.6	−52.9	−48.4	−46.9	−45.5
莫氏硬度	0.6	0.4	0.5	0.3	0.2
火焰颜色	洋红色	黄色	紫色	红紫色	蓝色
$E^{\ominus}(M^+/M)$/V	−3.040	−2.714	−2.936	−2.943	−3.027
氧化值	+1	+1	+1	+1	+1
晶体结构	体心立方	体心立方	体心立方	体心立方	体心立方

碱土金属的一些性质　　　　　　　　　　　　　　表 13-2

元素	Be	Mg	Ca	Sr	Ba
价层电子构型	$2s^2$	$3s^2$	$4s^2$	$5s^2$	$6s^2$
金属半径/pm	111	160	197	215	217
沸点/℃	2 468	1 090	1 484	1 377	1 845
熔点/℃	1 287	650	842	777	727
密度/$(g \cdot cm^{-3})$	1.85	1.74	1.54	2.64	3.62
电负性	1.57	1.31	1.00	0.95	0.89
电离能 I_1/$(kJ \cdot mol^{-1})$	899.5	737.8	589.8	549.5	502.9
电子亲和能 A_1/$(kJ \cdot mol^{-1})$	—	—	—	—	—
莫氏硬度	≈5	2.0	1.5	1.8	≈2
火焰颜色	无色	无色	橙红色	深红色	绿色
$E^{\ominus}(M^{2+}/M)$/V	−1.968	−2.357	−2.869	−2.899	−2.906
氧化值	+1	+1	+1	+1	+1
晶体结构	六方(低温)、体心立方(高温)	体心立方	体心立方	体心立方	体心立方

可以看出,s 区元素同族自上而下性质的变化是有规律的。例如,随着核电荷数的增加,同族元素的原子半径逐渐增大,电离能逐渐减小,电负性逐渐减小,金属性、还原性逐渐增强。但这些性质的递变有时并不很均匀。第二周期元素与第三周期元素之间在性质上有较大差异,而其后各周期元素性质的递变则较均匀。

s 区元素的一个重要特点是各族元素通常只有一种稳定的氧化态。碱金属和碱土金属的常见氧化值分别为 +1 和 +2,这与它们的族序数一致。与同周期元素相比,碱金属的第一电离能 I_1 最小,很容易失去 1 个电子,但其第二电离能 I_2 大,故很难再失去第二个电子。碱土金属的 I_1 和 I_2 较小,容易失去 2 个电子,而第三电离能 I_3 很大,所以很难再失去第三个电子。

s 区元素的单质是活泼或非常活泼的金属,它们能与大多数非金属反应。除了铍和镁外,它们都较易于与水反应,形成稳定的氢氧化物,这些氢氧化物大多是强碱。

s 区元素所形成的化合物大多是离子型的。第二周期的锂和铍的离子半径小,极化作用较强,形成共价型的化合物(有一部分锂的化合物是离子型)。少数镁的化合物也是共价型的。常温下,在 s 区元素的盐类水溶液中,金属离子大多不发生水解反应。除铍之外,s 区元素的单质都能溶于液氨生成蓝色的还原性溶液。

由表 13-1 可以看出,碱金属的标准电极电势都很小,且从钠到铯,$E^{\ominus}(M^+/M)$ 逐渐减小,但 $E^{\ominus}(Li^+/Li)$ 却比 $E^{\ominus}(Cs^+/Cs)$ 还小,表现出反常性,这主要与气态锂离子水合时放出的热量特别大有关。

13.2.2　碱金属和碱土金属的单质

1)物理性质

一般说来,ⅠA 和 ⅡA 两族金属单质都是具有金属光泽的银白色(铍为灰色)金属,具有良好的导电性、导热性和延展性。碱金属的密度都小于 $2g \cdot cm^{-3}$,其中锂、钠、钾的密度均小于 $1g \cdot cm^{-3}$(表 13-1),能浮在水面上;碱土金属的密度略大,但也都小于 $5g \cdot cm^{-3}$。它们都是轻金属,这与它们的原子半径比较大、晶体结构为体心立方堆积等因素有关。碱金属、碱土金属的硬度很小,除铍、镁外,它们的莫氏硬度都小于 2,且可以用刀切割。碱土金属由于核外有 2 个有效成键电子,原子间距离较小,金属键强度较大,因此它们的熔点、沸点和硬度均比碱金属高。碱金属易熔化且易转化为蒸气,这一性质可用于它们的蒸馏提纯。通过以上物理数据和现象不难归纳出碱金属和碱土金属物理性质的主要特点是轻、软、熔点低。

2)化学性质

碱金属和碱土金属是活泼或非常活泼的金属,能直接或间接地与电负性较高的非金属单质如卤素、氧、硫、磷、氢等反应形成化合物。单质的化学反应以还原性为特征,表 13-3 和表 13-4 列出了碱金属和碱土金属的重要化学反应。

碱金属的化学反应 表 13-3

化 学 反 应	说　明
$4Li + O_2$(过量)$\longrightarrow 2 Li_2O$	其他金属形成 Na_2O_2,K_2O_2,KO_2,RbO_2,CsO_2
$2M + S \longrightarrow M_2S$	反应很激烈
$2M + 2H_2O \longrightarrow 2MOH + H_2$(g)	Li 反应缓慢,K 发生爆炸现象,与酸作用时都发生爆炸现象

化 学 反 应	说　　明
$2M + H_2 \longrightarrow 2MH$	高温下反应,LiH 最稳定
$2M + X_2 \longrightarrow 2MX$	X 为卤素
$6Li + N_2 \longrightarrow 2Li_3N$	室温,其他碱金属无此反应
$3M + E \longrightarrow M_3E$	E 为 P、As、Sb 或 Bi,加热反应
$M + Hg \longrightarrow 汞齐$	

碱土金属的化学反应　　　　　　　　　　　　　　　表 13-4

化 学 反 应	说　　明
$2M + O_2 \longrightarrow 2MO$	加热能燃烧,钡能形成过氧化钡 BaO_2
$M + S \longrightarrow MS$	
$M + 2H_2O \longrightarrow M(OH)_2 + H_2(g)$	Be、Mg 与冷水反应缓慢
$M + 2H^+ \longrightarrow M^{2+} + H_2(g)$	Be 反应缓慢,其余反应较快
$M + H_2 \longrightarrow MH_2$	仅高温下反应,Mg 需高压
$M + X_2 \longrightarrow MX_2$	X 为卤素
$3M + N_2 \longrightarrow M_3N_2$	水解生成 NH_3 和 $M(OH)_2$
$Be + 2OH^- + 2H_2O \longrightarrow [Be(OH)_4]^{2-} + H_2(g)$	其他碱土金属无此类反应

　　碱金属具有很高的反应活性,在空气中极易形成 M_2CO_3 覆盖层,因此要将它们保存在无水煤油中。锂的密度很小,能浮在煤油上,所以要将其保存在液体石蜡中。碱土金属的活泼性不如碱金属,铍和镁表面能形成致密的氧化物保护膜。

　　碱金属和碱土金属都能被水氧化。Na、K、Rb 和 Cs 与水反应十分剧烈,反应中生成的 H_2 能自燃。反应剧烈的原因是金属的熔点低,反应放出大量的热使金属熔化,水分子容易通过熔体的清洁表面与金属接触。熔点相对较高的金属锂在反应过程中不熔化,生成溶解度较小的 LiOH 覆盖在表面而使反应变得较缓和。实验室通常将金属钠作为干燥剂,除去烯烃和醚等有机溶剂中少量的水分。同周期的碱土金属与水反应不如碱金属激烈。铍、镁与冷水作用很慢,因为金属表面形成一层难溶的氢氧化物,阻止了金属与水的进一步作用。

　　碱金属与氧气直接反应,除可生成氧化物外,还能生成过氧化物、超氧化物,甚至臭氧化物;碱土金属的活泼性相对较弱,它们与氧气反应一般只生成氧化物和过氧化物。

　　碱金属和碱土金属的单质都是强还原剂,通过它们相关电对的标准电极电势可以看出,碱金属的标准电极电势相差不大,都在 $-2.9V$ 左右,未呈现出与碱金属电离能同样的变化趋势(碱金属原子的电离能自 Cs 至 Li 依次增大)。产生该现象的主要原因与碱金属阳离子的水合作用有关。碱金属阳离子的水合能自 Cs^+ 至 Li^+ 依次增大,标准电极电势相互接近的事实是两种能量变化趋势的总体现。

　　$E^{\ominus}(Li^+/Li)$ 为 $-3.040V$,明显低于其他几种碱金属。这意味着锂这个原子半径最小、电离能最高的元素是水溶液中最强的还原剂。

　　这一现象同样可由水合作用解释。Li^+ 是 ⅠA 族中最小的阳离子,其水合程度(水合分子数的多少)和水合强度(水合焓的高低)都是最大的。虽然每个 Li^+ 离子只直接键合 4 个 H_2O 分子,但有近 20 个 H_2O 分子处于第二水合层,总配位数高达 25。如此强的水合作用使得 Li 比同族其他元素的还原性都要强。

碱金属与汞一起研磨时发生强放热反应生成汞齐(amalgam)。有人将汞齐看作合金,例如钠汞齐被看作金属钠(固体)和汞(液体)的合金。随着钠含量的增加,钠汞齐由液体变为固体。与金属钠本身相比,钠汞齐与水的反应要平稳得多:

$$2NaHg(s 或 l) + 2H_2O(l) \longrightarrow 2NaOH(aq) + H_2(g) + 2Hg(l)$$

传统的氯碱工业中利用汞阴极电解形成的钠汞齐与水反应制烧碱。由于带来严重的汞污染,这一方法已逐渐被淘汰。

碱金属与液氨之间发生非常独特的反应。碱金属在液氨中的溶解度达到超乎想象的程度,例如 39.8g 的液氨在 −50℃ 时能溶解 132.9g 金属铯。有趣的是,不论溶解何种碱金属,氨的稀溶液都具有同一吸收波长的蓝色。这表明各种金属的氨溶液中存在着一共同物种——氨合电子 $e^-(NH_3)_x$。钠溶于液氨的反应如下:

$$Na(s) + xNH_3(l) \longrightarrow Na^+(am) + e^-(NH_3)_x(am)$$

式中的"am"代表氨,表示相关的物种为氨合物种。只要液氨保持干燥和足够高的纯度(特别是没有过渡金属离子存在),这种蓝色溶液就相当稳定。碱金属的氨溶液被广泛用作有机合成中的还原剂,以实现那些用其他方法无法实现的还原反应。钠溶于某些干燥的有机溶剂(如醚)中也会产生溶剂合电子的颜色。用钠回流干燥这些溶剂时,蓝色的出现被看作溶剂处于干燥状态的标志。

3)焰色反应

碱金属和碱土金属中的钙、锶、钡及其挥发性化合物在无色的火焰中灼烧时,其火焰都具有特征的焰色,称为焰色反应(flame test)。产生焰色反应的原因是它们的原子或离子受热时,电子易被激发至高能级,当电子从较高能级跃迁回到较低能级时,以光的形式释放能量,产生线状光谱。光的波长位于可见光范围内,因而使火焰呈现出相应的特征颜色。不同元素的原子因电子层结构不同而产生不同颜色的火焰,这是火焰光谱或原子吸收光谱分析鉴定这些金属的基础。光谱颜色及主要的发射波长示于表 13-5 中。

s 区元素的火焰颜色 表 13-5

元素	Li	Na	K	Rb	Cs	Ca	Sr	Ba
火焰颜色	洋红	黄	紫	红紫	蓝	橙红	深红	绿
波长/nm	670.8	589.6	404.7	629.8	459.3	616.2	707.0	553.6

4)单质的制备

由于钠和镁等 s 区主要金属具有很强的还原性,它们的制备一般都采用电解熔融盐的方法。应当指出,在金属钾的实际生产中,并不采用电解 KCl 熔盐的方法。这是因为钾易溶解在熔融的 KCl 中,以致不能浮在电解槽的上部对其进行分离收集。同时,还因为钾在操作温度下迅速气化,增加了不安全因素。工业上采用热还原法,在 850℃ 以上用金属钠还原氯化钾得到金属钾:

$$Na(g) + KCl(l) \Longrightarrow NaCl(l) + K(g)$$

由于钾的沸点比钠低,钾比钠更易汽化。随着钾蒸气的不断逸出,平衡不断向右移动,可以得到含少量钠的金属钾,再经过蒸馏可得到纯度为 99% ~99.99% 的钾。用类似的方法,减压下于 750℃用金属钙还原可以生产金属铷和铯。

现将 s 区元素单质的制备方法概括在表 13-6 中。

s 区元素单质的制备方法　　　　　　　　　　　　　　表 13-6

元素单质	制备方法
锂	450℃下电解 55% LiCl 和 45% KCl 的熔融混合物
钠	580℃下电解 40% NaCl 和 60% CaCl$_2$ 的熔融混合物
钾	850℃下,用金属钠还原氯化钾:$Na + KCl \longrightarrow NaCl + K$
铷或铯	13Pa,800℃下,用金属钙还原氯化铯:$2CsCl + Ca \longrightarrow CaCl_2 + 2Cs$
铍	350 ~400℃下,电解 NaCl 和 BeCl$_2$ 的熔融盐 镁还原氟化铍:$Mg + BeF_2 \longrightarrow Be + MgF_2$
镁	720 ~780℃电解水合氯化镁(含 20% CaCl$_2$ 和 60% NaCl) 硅热还原法:$2(MgO \cdot CaO) + FeSi \longrightarrow 2Mg + Ca_2SiO_4 + Fe$
钙	780 ~800℃下,电解 CaCl$_2$ 与 KCl 的熔融混合物 铝热法:$6CaO + 2Al \longrightarrow 3Ca + 3CaO \cdot Al_2O_3$

5)单质的用途

金属锂很容易与氧、氮、硫等化合,在冶金工业中可用作脱氧剂。锂也可以作为铅基合金和铍、镁、铝等轻质合金的组分。锂在原子能工业中有重要用途。^6_3Li 同位素(在天然锂中约占 7.5%)受中子轰击产生氚。氚是制造热核武器氢弹的主要原料,也是核聚变反应堆的增殖材料。金属锂还可以用于合成氢化锂、氨基锂和有机锂化合物,后者常用作有机化学中的还原剂和聚合反应的催化剂。金属锂还可用于制造 Al-Li 合金(含锂 2% ~3%),这种合金因质量轻和强度大而用于空间飞行器。目前,各种便携式数码电子设备中广泛使用的锂离子电池也离不开锂元素。

钠的一个重要用途是作为还原剂生产某些难熔的金属,如钛、铀、钍、锆、铂等。钠还原 TiCl$_4$ 制备钛的反应为

$$TiCl_4 + 4Na \longrightarrow Ti + 4NaCl$$

金属钠具有高导热性和低的中子吸收能力,故被用作快速增殖反应堆的冷却剂。20 世纪 80 年代以前,市场上的金属钠主要被用来制备钠铅合金,钠铅合金与氯乙烷 C$_2$H$_5$Cl 反应生产汽油抗震剂四乙基铅(C$_2$H$_5$)$_4$Pb。20 世纪 70 年代中期以来,随着无铅汽油的推广,钠的年产量逐年下降。科学家们正倾心于开发钠的新用途。钠离子电池的研究取得了很大的进展,有望代替锂离子电池成为新兴的能量存储设备。

金属钾在工业上的应用范围小得多,世界年产量只及钠的 0.1% 。由于钾比钠贵,一般情况下都用钠代替钾,钾盐的用途就比较少。钾主要用作化肥、玻璃、烟火和肥皂的工业原料,也用于合成 K$_2$O$_2$(生氧剂)、KO$_2$(吸收二氧化碳产生氧气)等,还用于宇航、矿工面罩生产等领域中。钾用于制造低熔点钠钾合金(通常为液体),钠钾合金可用来干燥有机溶剂或不与其发生反应的气体。钠钾合金的比热容较高,因而可用作传热介质,如用作核反应堆的

冷却剂。

　　铍、镁和铝属于轻金属。世界铍耗量的 70% ~80% 用于铍铜合金的制造,这种合金主要用于各种电器设备。金属铍和铍基合金的弹性-质量比、拉伸应力和导热性都较高,用于各种空间飞行器中。有 6% ~8% 的铍以 BeO 的形式消耗,主要用于制备氧化物陶瓷,这种陶瓷因具有高熔点和高化学稳定性而用来制造印刷电路板。航空航天工业和电子工业的发展对金属铍和氧化铍的需求不断增大,但由于价格太高、加工程序复杂以及铍尘和铍蒸气被认为有毒而使应用受到限制。

　　镁是最轻的一种结构金属,也是用途最大的碱土金属。20 世纪 90 年代初全世界镁耗量高达 $4 \times 10^5 t$,其中 70% 用于制造各种合金。除了质轻和机械强度高之外,镁合金还有许多其他优良性能,因而广泛应用于航空和宇航工业。目前发射到空间轨道上的飞行器中,镁的使用量比其他任何金属都要多。

　　全世界钙的年产量不到镁的 1% 。金属钙很少用于制造合金,在某些特殊金属(如锆、钍、铀、镧系金属)和钐钴永磁合金($SmCo_5$)的制造中用作还原剂。

13.2.3　碱金属和碱土金属的化合物

1)与氧的二元化合物

碱金属和碱土金属在通常条件下与氧形成的二元化合物分为四大类(表 13-7)。

碱金属和碱土金属与氧形成的二元化合物　　　　　表 13-7

	碱　金　属	碱　土　金　属
氧化物	M_2O(M 为 Li、Na)	MO(M 为 Be、Mg、Ca、Sr、Ba)
过氧化物	M_2O_2(M 为 Na、K、Rb、Cs)	MO_2(M 为 Ba)
超氧化物	MO_2(M 为 Na、K、Rb、Cs)	
臭氧化物	MO_3(M 为 K、Rb、Cs)	

　　在以上四类化合物中,金属都处于各自的族氧化态。氧的存在形式分别为 O^{2-}、O_2^{2-}、O_2^- 和 O_3^- 离子。原子半径最小的两个金属(Li 和 Be)与氧直接化合只生成氧化物。体积较大的 O_2^{2-}、O_2^- 和 O_3^- 阴离子更易被体积较大的金属阳离子所稳定(大阳离子稳定大阴离子,小阳离子稳定小阴离子)。

　　过氧化物与水或稀酸反应生成 H_2O_2,例如

$$Na_2O_2(s) + 2H_2O(l) \longrightarrow H_2O_2(aq) + 2NaOH(aq)$$
$$Na_2O_2(s) + H_2SO_4(aq) \longrightarrow H_2O_2(aq) + Na_2SO_4(aq)$$

　　超氧化物与水反应生成 H_2O_2,同时放出 O_2:

$$2MO_2(s) + 2H_2O(l) \longrightarrow H_2O_2(aq) + O_2(g) + 2MOH(aq)\ (M 为 K、Rb、Cs)$$

　　臭氧化物则不同,与水反应不生成 H_2O_2:

$$4KO_3(s) + 2H_2O(l) \longrightarrow 4KOH(aq) + 5O_2(g)$$

　　碱金属、碱土金属过氧化物中以 Na_2O_2 最重要。它被用作高空飞行、潜水作业和地下采掘人员的供氧剂,这是因为 Na_2O_2 与人体呼出的 CO_2 发生如下反应:

$$2Na_2O_2(s) + 2CO_2(g) \longrightarrow O_2(g) + 2Na_2CO_3(s)$$

分析化学中常用 Na_2O_2 与矿石一起熔融使矿物氧化分解,例如与铬铁矿共熔,可将 $Cr(Ⅲ)$ 氧化为 $Cr(Ⅵ)$:

$$2(FeO \cdot Cr_2O_3)(s) + 7Na_2O_2(l) \longrightarrow Fe_2O_3(s) + 4Na_2CrO_4(s) + 3Na_2O(s)$$

用水浸取时,Na_2CrO_4 便进入溶液中。

Na_2O_2 与软锰矿共熔时,将 MnO_2 转化为可溶性的锰酸盐 $Mn(Ⅵ)$:

$$MnO_2(s) + Na_2O_2(l) \longrightarrow Na_2MnO_4(s)$$

熔矿时要使用铁或镍制坩埚,不能使用陶瓷、石英、铂制坩埚,因为它们容易被腐蚀。熔融的 Na_2O_2 遇到棉花、硫粉、铝粉等还原性物质会爆炸,使用时要倍加小心!

2)氢氧化物

考虑中学时期已经对 s 区元素氢氧化物的性质比较熟悉,这里仅介绍某些性质的递变规律。

碱金属和碱土金属的氢氧化物都是白色固体,它们在空气中易吸水而潮解,故固体 $NaOH$ 和 $Ca(OH)_2$ 常用作干燥剂。

除 $Be(OH)_2$ 为两性外,其他氢氧化物都是碱性化合物。同一族元素的氢氧化物由上而下碱性增大,碱金属的氢氧化物的碱性大于同周期碱土金属的氢氧化物。其碱性递变次序如下:

$$LiOH < NaOH < KOH < RbOH < CsOH$$
中强碱 强碱 强碱 强碱 强碱

$$Be(OH)_2 < Mg(OH)_2 < Ca(OH)_2 < Sr(OH)_2 < Ba(OH)_2$$
两性 中强碱 强碱 强碱 强碱

碱金属的氢氧化物在水中易溶($LiOH$ 溶解度稍小),溶解时放出大量的热。碱土金属的氢氧化物的溶解度则较小(表 13-8),其中 $Be(OH)_2$ 和 $Mg(OH)_2$ 是难溶的氢氧化物。由表 13-8 中数据可以看出,对碱土金属,由 $Be(OH)_2$ 到 $Ba(OH)_2$,其溶解度依次增大。这是由于随着金属离子半径的增大,阳、阴离子之间的作用力逐渐减小,容易被水分子解离。

碱土金属氢氧化物的溶解度(20℃) 表 13-8

氢氧化物	$Be(OH)_2$	$Mg(OH)_2$	$Ca(OH)_2$	$Sr(OH)_2$	$Ba(OH)_2$
溶解度/$(mol \cdot L^{-1})$	8×10^{-6}	2.1×10^{-4}	2.3×10^{-2}	6.6×10^{-2}	1.2×10^{-1}

碱金属氢氧化物中最重要的是氢氧化钠。$NaOH$ 俗称烧碱,是重要的化工原料,应用很广泛。工业上制备 $NaOH$ 采用电解食盐水的方法,常用隔膜电解法和离子交换膜电解法。用碳酸钠和熟石灰反应(苛化法)也可制备 $NaOH$。$LiOH$ 在宇宙飞船和潜水艇等密封环境中用于吸收 CO_2。

碱土金属氢氧化物中较重要的是氢氧化钙。$Ca(OH)_2$ 俗称熟石灰或消石灰,可由 CaO 与水反应制得。$Ca(OH)_2$ 价格低廉,大量用于化工和建筑工业。

3)碱金属的盐类化合物

常见的碱金属盐类化合物有卤化物、硝酸盐、硫酸盐、碳酸盐和磷酸盐等。

绝大多数碱金属形成离子型化合物,只有锂的某些盐(如 $LiCl$)具有一定程度的共价性。

碱金属盐类化合物通常具有较高的稳定性,唯有硝酸盐的热稳定性较差,加热分解产生

O_2。这一性质使 KNO_3 成为火药的一种成分:

$$2KNO_3(s) \xrightarrow{940K} 2KNO_2(s) + O_2(g)$$

碱金属的许多盐在水中易溶,但也有一些例外。例如,锂的氟化物 LiF、碳酸盐 Li_2CO_3 和磷酸盐 $Li_3PO_4 \cdot 5H_2O$;钠盐中的六羟基合锑(V)酸钠 $Na[Sb(OH)_6]$ 和醋酸铀酰锌钠 $NaZn(UO_2)_3(CH_3COO)_9 \cdot 6H_2O$;钾、铷和铯的六硝基合钴(Ⅲ)酸盐 $M_3[Co(NO_2)_6]$、四苯硼酸盐 $M[B(C_6H_5)_4]$、高氯酸盐 $MClO_4$ 和六氯合铂(Ⅱ)酸盐 $M_2[PtCl_6]$ 等。

可以看出,大半径的阴离子将大半径的阳离子 K^+、Rb^+、Cs^+ 沉淀下来,而小半径的阴离子则沉淀小半径的阳离子 Li^+。一般而言,阴、阳离子半径差大于 80pm 的 MX 型离子化合物都易溶。

4)碱土金属的盐类化合物

碱土金属的硝酸盐、醋酸盐、高氯酸盐以及除氟化物之外的其他卤化物都易溶,而碳酸盐、草酸盐和磷酸盐都难溶。硫酸盐和铬酸盐的溶解度递变规律是"相差溶解"现象的极好实例。对 SO_4^{2-} 和 CrO_4^{2-} 两个大半径的阴离子而言,阳离子半径较小的铍盐和镁盐都是易溶盐,而阳离子半径较大的 $BaSO_4$ 和 $BaCrO_4$ 溶解度都很小,化学分析中经常用到下列几个沉淀反应进行离子的鉴定或分离:

$$Ba^{2+}(aq) + SO_4^{2-}(aq) \longrightarrow BaSO_4(s)$$

$$Ba^{2+}(aq) + CrO_4^{2-}(aq) \longrightarrow BaCrO_4(s)$$

$$Ca^{2+}(aq) + C_2O_4^{2-}(aq) \longrightarrow CaC_2O_4(s)$$

与 $BaSO_4$ 不同,铬酸钡和草酸钙均能溶于强酸(如盐酸)稀溶液中:

$$2BaCrO_4(s) + 2H_3O^+(aq) \longrightarrow 2Ba^{2+}(aq) + Cr_2O_7^{2-}(aq) + 3H_2O(l)$$

$$CaC_2O_4(s) + H_3O^+(aq) \longrightarrow Ca^{2+}(aq) + HC_2O_4^-(aq) + H_2O(l)$$

这就意味着不能在酸性太强的溶液中沉淀 $BaCrO_4$ 和 CaC_2O_4。

碱土金属的碳酸盐在加热时按下式分解:

$$MCO_3(s) \xrightarrow{\triangle} MO(s) + CO_2(g)$$

如果 MCO_3 中的 M 为 Mg、Ca、Sr 或 Ba,加热使其分解所需的温度见表 13-9

碱金属碳酸盐加热分解所需温度(单位:℃) 表 13-9

化合物	$MgCO_3$	$CaCO_3$	$SrCO_3$	$BaCO_3$
分解温度	300	840	1 100	1 300

由表 13-9 可以看出,分解温度随阳离子半径的增大而升高。判断无机离子晶体化合物热稳定性的一条规律:大半径的阳离子能稳定大半径的阴离子,或者说含大半径的阴离子(如 CO_3^{2-})的化合物的热分解温度随阳离子半径的增大而增高。

13.3 对角线规则

在周期表的第二和第三周期元素中,有几对处于两族对角线位置的元素具有十分相似的性质。这种元素性质的相似性称为**对角线规则**(diagonal relationship)。

13.3.1 锂与镁的相似性

在 IA 族中,锂的半径最小,极化能力最强,表现出与同族其他元素不同的性质,但其性质却与 IIA 族的镁相似。

例如,锂和镁在过量的氧气中燃烧均生成正常氧化物,而不是过氧化物;都能与氮气直接化合生成氮化物;它们的氟化物、碳酸盐、磷酸盐均难溶于水;它们的碳酸盐在加热时均能分解为相应的氧化物和二氧化碳;它们的氯化物均能溶于有机溶剂中,表现出一定的共价性。

值得注意的是,锂的金属性比镁强,LiOH 为强碱,易溶于水,而 $Mg(OH)_2$ 为中强碱,难溶于水。锂与水反应平缓,镁则很缓慢。

13.3.2 铍与铝的相似性

II A 族的铍也很特殊,其性质和 III A 族的铝相似。

例如,铍和铝都是两性金属,标准电极电势相近,既能溶于酸,也能溶于强碱;都能被低温浓硝酸钝化;它们的氧化物均是熔点高、硬度大的物质;它们的氧化物、氢氧化物都呈两性,而且氢氧化物都难溶于水;都能与碱金属的氟化物形成配合物,如 $Na_2[BeF_4]$,$Na_3[AlF_6]$;它们的氯化物、溴化物、碘化物都易溶于水,高价阴离子盐都难溶;它们的氯化物都是共价型化合物,气态下易生成双聚体,易升华,易聚合,易溶于有机溶剂。

13.3.3 硼与硅的相似性

硼和硅在单质状态下都有一定的金属性;自然界中多以氧化物形式存在,B—O 和 Si—O 十分稳定;它们的氢化物多种多样,都是共价型化合物;它们的卤化物都是路易斯酸,完全水解;它们的氧化物及其水化物都是弱酸;它们的氧化物和某些金属氧化共熔,生成含氧酸盐。

13.3.4 对角线规则产生的原因

对角线规则是从有关元素及其化合物的许多性质中总结出来的经验规律,对此可以用离子极化的观点加以粗略说明。同一周期最外层电子构型相同的金属离子,从左至右随离子电荷数的增加而引起极化作用的增强。同一族电荷数相同的金属离子,自上而下随离子半径的增大而极化作用减弱。因此,处于周期表中左上右下对角线位置上的邻近两个元素,由于电荷数和半径的影响恰好相反,它们的离子极化作用相近,从而使它们的化学性质有许多相似之处。由此反映出物质的性质与结构之间的内在联系。

【人物传记】

玛丽·居里

玛丽·居里(Marie Curie,1867—1934 年),世称"居里夫人",波兰裔法国籍女物理学家、放射化学家。她是放射性现象的研究先驱,也是两次获得诺贝尔奖的第一人。玛丽·居里还是巴黎大学第一位女教授。

玛丽·居里原名玛丽亚·斯克洛多夫斯卡,1867 年生于当时沙俄统治下的华沙,即现在波兰的首都。她在华沙生活至 24 岁,1891 年追随姐姐布洛尼斯拉娃至巴黎读书。她在巴黎取得学位并从事科学研究。她是巴黎和华沙"居里研究所"的创始人。1903 年,居里夫人、居里夫人的丈夫皮埃尔·居里、亨利·贝克勒由于对放射性的研究共同获得诺贝尔物理学奖。1911 年,居里夫人又因发现元素钋和镭而获得诺贝尔化学奖。她的长女伊雷娜·约里奥·居里和长女婿弗雷德里克·约里奥·居里于 1935 年共同获得诺贝尔化学奖。

玛丽·居里的成就包括开创了放射性理论,发明了分离放射性同位素的技术,以及发现两种新元素钋 Po 和镭 Ra。在她的指导下,人们第一次将放射性同位素用于治疗癌症。由于长期接触放射性物质,居里夫人于 1934 年 7 月 3 日因恶性白血病逝世。

【延伸阅读】

碱金属的发现

第一块锂矿石——透锂长石 $LiAlSi_4O_{10}$ 是由巴西人于 18 世纪 90 年代在名为 Utö 的瑞典小岛上发现的。当把它扔到火中时会发出浓烈的深红色火焰,斯德哥尔摩的 Johan August Arfvedson 分析了它并推断它含有以前未知的金属,将其称作 Lithium,来源于希腊文 lithos,意为"石头"。

2018 年 8 月,由中国科学院国家天文台带领的科研团队依托大科学装置郭守敬望远镜(LAMOST)发现了一颗奇特天体,它的锂元素含量约是同类天体的 3 000 倍,是人类已知锂元素丰度最高的恒星。这一重要天文发现于北京时间 2018 年 8 月 7 日凌晨,在国际科学期刊《自然·天文》(Nature Astronomy)上在线发布。

锂元素是连接宇宙大爆炸、星际物质和恒星的关键元素,它在宇宙和恒星中的演化,一直以来都是天文领域的重要课题,但当代天文学对锂元素的理解还有很大局限性。富含锂元素的巨星十分稀有,在揭示锂元素起源和演化上却具有重要意义,过去 30 余年天文学家只发现极少量此类天体。

1861 年,海德堡大学的本生(R. Bunsen)和基尔霍夫(G. Kirchhoff)在一种矿泉水里和锂云母矿石中,发现了一种能产生红色光谱铷矿石线的未知元素。这个新发现的元素就用它的光谱线的颜色铷来命名(在拉丁语里,铷的含意是深红色)。铷的发现,是用光谱分析法研究分析物质元素成分取得的第一次胜利。纯净的铷金属样本在 1928 年被生产出来。

1860 年,即在本生和基尔霍夫创建光谱分析法的这一年,他们用分光镜在浓缩的杜克海姆矿泉水中发现了一个新的碱金属。他们在一篇报告中叙述着:"蒸发掉 40 吨矿泉水,把石灰、锶土和苦土沉淀后,用碳酸铵除去锂土,得到的滤液在分光镜中除显示出钠、钾和锂的谱线外,还有两条明亮的蓝线,在锶线附近。现在并无已知的简单物质能在光谱的这一部分显现出这两条蓝线。经过研究可以得出结论,必有一未知的简单物质存在,属于碱金属族。我们建议把这一物质叫作 Caesium,符号为 Cs。命名来自拉丁文 caesius,古代人们用它指晴朗天空的蓝色"。金属铯直到 1882 年才由德国化学家塞特贝格电解氰化铯 CsCN 和氰化钡 Ba(CN)₂ 的混合物获得。

钫是门捷列夫曾经指出的类铯,是莫斯莱所确定的原子序数为 87 的元素。它的发现经历了曲折的历史。起初,化学家们根据门捷列夫的推断——类铯是一个碱金属元素,是成盐的元素,就尝试在各种盐类里寻找它,但是一无所获。1925 年 7 月,英国化学家费里恩德特地选定了炎热的夏天去死海寻找它。但经过辛劳的化学分析和光谱分析后,却没有丝毫发现。后来又有不少化学家尝试利用光谱技术和原子量作为突破口去寻找这个元素,但都没有成功。1930 年,美国亚拉巴马州工艺学院物理学教授阿立生宣布,在稀有的碱金属矿铯镏石和鳞云母中用磁光分析法,发现了 87 号元素,元素符号定为 Vi。可是不久,磁光分析法本身被否定了,利用它发现的元素也就不可能成立。1939 年,法国女科学家佩里在研究锕的同位素 ^{227}Ac 的 α 衰变产物时,从中发现了 87 号元素,并对它进行研究。为了纪念她的祖国,把 87 号元素称为 Francium,元素符号为 Fr。

习 题 13

13-1 碱土金属的熔点比碱金属的高,硬度比碱金属的大,试说明其原因。

13-2 Show the proper handling and storage of metal Lithium(Li), Sodium(Na), and Potassium(K).

13-3 写出下列物质的化学式:
(1)萤石　　　　(2)石膏　　　　(3)重晶石
(4)天青石　　　(5)方解石　　　(6)光卤石
(7)白云石

13-4 完成并配平下列反应方程式:
(1)在过氧化钠固体上滴加热水;
(2)将二氧化碳通入过氧化钠;
(3)将氮化钙投入水中;
(4)六水合氯化镁受热分解;
(5)金属钠和氯化钾共热;
(6)金属铍溶于氢氧化钠溶液中;
(7)用 NaH 还原四氯化钛;
(8)将臭氧化钾投入水中;
(9)将氢化钠投入水中。

13-5 商品 NaOH 中常含有 Na_2CO_3,怎样用简单的方法加以检验?

13-6 $Ba(OH)_2$、$Mg(OH)_2$、$MgCO_3$ 都是白色粉末,如何用简单的实验区别之。

13-7 一固体混合物可能含有 $MgCO_3$、Na_2SO_4、$Ba(NO_3)_2$、$AgNO_3$ 和 $CuSO_4$ 中的一种或几种。将其投入水中得到无色溶液和白色沉淀;将溶液进行焰色试验,火焰呈黄色;沉淀可溶于稀盐酸并放出气体。试判断哪些物质肯定存在,哪些物质肯定不存在,并分析原因。

13-8　Show the similarity between Lithium(Li)and Magnesium(Mg)using specific examples.

13-9　Show the property differences between Magnesium(Mg)and Beryllium(Be)that can be used to distinguish and separate(1)$Be(OH)_2$ and $Mg(OH)_2$,(2)$BeCO_3$ and $MgCO_3$,(3)BeF_2 and MgF_2.

13-10　某碱土金属 A 在空气中燃烧时火焰呈橙红色,反应产物为 B 和 C 的固体混合物,该混合物与水反应生成 D 并放出气体 E。E 可以使红色石蕊试纸变蓝,D 的水溶液使酚酞变红。试确定各字母所代表的物质,并写出有关的反应方程式。

13-11　含有 Ca^{2+}、Mg^{2+} 和 SO_4^{2-} 离子的粗食盐如何精制成纯食盐,以反应式表示。

13-12　CaH_2 can be used to produce hydrogen in field work in cold highland areas. Try to calculate the volume(in Liters)of $H_2(g)$(standard state)can be made from the reaction of 2.00g CaH_2 and ice. Show the relevant reaction equations.

（苟　蕾）

第14章 p 区 元 素

元素周期表中ⅢA～ⅦA族元素和0族元素,原子的最外层具有 $ns^2np^{1\sim6}$ 的价电子层结构。除氦外,它们依次增加的电子都填充在 np 轨道上,因此被称为 p 区元素。图 14-1 元素周期表中深色区域就是 p 区元素。

1 IA												13	14	15	16	17	18 0
1 H	2 ⅡA											ⅢA	ⅣA	ⅤA	ⅥA	ⅦA	2 He
3 Li	4 Be											5 B	6 C	7 N	8 O	9 F	10 Ne
11 Na	12 Mg	3 ⅢB	4 ⅣB	5 ⅤB	6 ⅥB	7 ⅦB	8	9 Ⅷ	10	11 ⅠB	12 ⅡB	13 Al	14 Si	15 P	16 S	17 Cl	18 Ar
19 K	20 Ca	21 Sc	22 Ti	23 V	24 Cr	25 Mn	26 Fe	27 Co	28 Ni	29 Cu	30 Zn	31 Ga	32 Ge	33 As	34 Se	35 Br	36 Kr
37 Rb	38 Sr	39 Y	40 Zr	41 Nb	42 Mo	43 Tc	44 Ru	45 Rh	46 Pd	47 Ag	48 Cd	49 In	50 Sn	51 Sb	52 Te	53 I	54 Xe
55 Cs	56 Ba	57~71 Ln	72 Hf	73 Ta	74 W	75 Re	76 Os	77 Ir	78 Pt	79 Au	80 Hg	81 Tl	82 Pb	83 Bi	84 Po	85 At	86 Rn
87 Fr	88 Ra	89~103 An	104 Rf	105 Db	106 Sg	107 Bh	108 Hs	109 Mt	110 Ds	111 Rg	112 Cn	113 Nh	114 Fl	115 Mc	116 Lv	117 Ts	118 Og

Ln	57 La	58 Ce	59 Pr	60 Nd	61 Pm	62 Sm	63 Eu	64 Gd	65 Tb	66 Dy	67 Ho	68 Er	69 Tm	70 Yb	71 Lu
An	89 Ac	90 Th	91 Pa	92 U	93 Np	94 Pu	95 Am	96 Cm	97 Bk	98 Cf	99 Es	100 Fm	101 Md	102 No	103 Lr

图 14-1　p 区元素(深色部分)在元素周期表中的位置

14.1　p 区元素概述

　　p 区元素包括除氢以外的所有非金属元素和部分金属元素。与 s 区元素相似,p 区元素的原子半径在同一族中自上而下逐渐增大,它们获得电子的能力逐渐减弱,元素的非金属性也逐渐减弱,金属性逐渐增强。这些变化规律在ⅢA～ⅤA族元素中表现得尤为明显。除

ⅦA 族元素和稀有气体元素外,p 区各族元素都由明显的非金属元素开始,过渡到明显的金属元素止。同一族元素中,第一个元素的原子半径最小,电负性最大,获得电子的能力最强,因而与同族其他元素相比,化学性质有较大的差别。

p 区元素的价层电子构型为 $ns^2np^{1\sim6}$,大多都有多种氧化态。ⅢA ~ ⅤA 族元素的低的正氧化值化合物的稳定性在同一主族中大致随原子序数的增加而增强,但高的正氧化值化合物的稳定性则自上而下依次减弱。例如,ⅣA 族中的 Si(Ⅳ) 的化合物很稳定,Si(Ⅱ) 的化合物则不稳定;Pb(Ⅱ) 的化合物较稳定,Pb(Ⅳ) 的化合物则不稳定,表现出强的氧化性,这种现象叫作**惰性电子对效应**(inert electron pairs effect)。一般认为,随着原子序数的增加,外层 ns 轨道中的 1 对电子愈不容易参与成键,显得愈不够活泼。因此,高氧化值化合物容易获得 2 个电子而形成 ns^2 电子结构。惰性电子对效应也存在于 ⅢA 和 ⅤA 族元素中。

p 区元素的电负性较 s 区元素的电负性大。p 区元素在许多化合物中以共价键结合。除铟 In 和铊 Tl 外,p 区元素都形成共价型的氢化物。较重元素形成的氢化物不稳定,例如,ⅤA 族元素氢化物的稳定性按 NH_3、PH_3、AsH_3、SbH_3、BiH_3 的顺序依次减弱。

同时,由于 d 区元素和 f 区元素的插入,使 p 区元素性质自上而下的递变远不如 s 区元素那样有规律。p 区元素的性质有如下四个特征:

(1)第二周期元素具有反常性质。

与 s 区元素中的锂和铍具有特殊性相似,在 p 区元素中,第二周期元素也表现出反常性。

第二周期 p 区元素原子最外层只有 2s 和 2p 轨道,所容纳的电子数最多不超过 8,而除此之外,其他元素的原子最外层除 s 和 p 轨道外还有 d 轨道,可容纳更多电子。因此,第二周期 p 区元素形成化合物时配位数一般不超过 4,而较重元素则可以有更高配位数的化合物。

(2)第四周期元素表现出异样性。

从第四周期起,在周期系中 s 区元素和 p 区元素之间插进了 d 区元素,使第四周期 p 区元素的有效核电荷显著增大,对核外电子的吸引力增强,因而原子半径比同周期的 s 区元素的原子半径显著减小。因此 p 区第四周期元素的性质在同族中也显得比较特殊。

(3)各族第四 ~ 第六周期元素性质缓慢递变。

在第五周期和第六周期的 p 区元素前面,也排列着 d 区元素(第六周期前还排列着 f 区元素),它们对这两周期元素也有类似的影响,因而使各族第四、第五、第六周期三种元素的性质又出现了同族元素性质的递变情况,但这种递变远不如 s 区元素那样明显。

(4)各族第五、第六周期元素性质相似。

第六周期 f 区元素由于镧系收缩的影响与第五周期相应元素的性质比较接近。第五、第六周期元素的离子半径相差不太大,而第四、第五周期元素的离子半径却相差较大。

14.2 硼 族 元 素

14.2.1 硼族元素概述

周期系ⅢA 族元素包括硼 B(Boron)、铝 Al(Aluminium)、镓 Ga(Gallium)、铟 In(Indium)、铊

Tl(Thallium)、𫓧 Nh(Nihonium)6 种元素,又称为硼族元素。铝在地壳中的丰度仅次于氧和硅,居第三位,在金属元素中居首位。硼和铝有富集的矿藏,镓、铟、铊是分散的稀有元素,常与其他矿共生。硼在地壳中的含量很小。硼在自然界不以单质的形式存在,主要以含氧化合物的形式存在。硼的重要矿石有硼砂 $Na_2B_4O_7 \cdot 10H_2O$,方硼石 $2Mg_3B_3O_{15} \cdot MgCl_2$,硼镁石 $Mg_2B_2O_5 \cdot H_2O$ 等,还有少量硼酸 H_3BO_3。我国西部地区的内陆盐湖和辽宁、吉林等省都有硼矿。

铝在自然界分布很广,主要以铝矾土 $Al_2O_3 \cdot xH_2O$ 的形式存在。铝矾土是一种含有杂质的水合氧化铝矿,是提取金属铝的主要原料。

硼族元素的一般性质列于表 14-1 中。

硼族元素的一般性质　　　　　　　　　　表 14-1

元素	B	Al	Ga	In	Tl
价层电子构型	$2s^2 2p^1$	$3s^2 3p^1$	$4s^2 4p^1$	$5s^2 5p^1$	$6s^2 6p^1$
共价半径/pm	88	143	122	163	170
沸点/℃	4 000	2 519	2 229	2 027	1 473
熔点/℃	2 077	660.3	29.76	156.6	304
密度/$(g \cdot cm^{-3})$	2.34	2.70	5.91	7.31	11.8
电负性	2.04	1.61	1.81	1.78	1.8
电离能 $I_1/(kJ \cdot mol^{-1})$	800.6	577.5	578.8	558.3	589.4
电子亲和能 $A_1/(kJ \cdot mol^{-1})$	-26.7	-42.5	-28.9	-28.9	-50
氧化值	+3	+3	+1, +3	+1, +3	+1, +3

由表 14-1 可以看出,从硼到铝这种性质上的突变正说明了 p 区第二周期元素的反常性。

硼族元素原子的价层电子构型为 $ns^2 np^1$,它们一般形成氧化值为 +3 的化合物。硼的原子半径较小,电负性较大,其化合物都是共价型的。其他元素均可形成 M^{3+} 和相应的化合物,但由于 M^{3+} 具有较强的极化作用,这些化合物中的化学键也容易表现出共价性。由于惰性电子对效应的影响,低氧化值的 Tl(Ⅰ)化合物较稳定。

硼族元素原子的价电子轨道(ns 和 np)数为 4,而其价电子仅有 3 个,这种价电子数小于价键轨道数的原子称为**缺电子原子**(electron-deficient atom)。它们所形成的化合物有些为缺电子化合物。在缺电子化合物中,成键电子对数小于中心原子的价键轨道数。由于有空的价键轨道存在,所以缺电子化合物有很强的接受电子对的能力,容易形成聚合型分子(如 Al_2Cl_6)和配位化合物(如 HBF_4)。

在硼的化合物中硼原子的最高配位数为 4,而在硼族其他元素的化合物中,由于外层 d 轨道参与成键,所以中心原子的最高配位数可以是 6。

本节重点讨论硼、铝及其化合物。

14.2.2　硼和铝的单质

1)单质硼

单质硼有无定形硼和晶形硼等多种同素异形体。无定形硼为棕色粉末,晶形硼呈黑灰色。硼的熔点、沸点都很高。晶形硼硬度大,在单质中,其硬度略次于金刚石,稳定性高,不与氧、硝酸、热浓硫酸、烧碱等作用。无定形硼性质较活泼,可与熔融的 NaOH 反应。由于硼电负性较大,能与金属形成硼化物,其中硼的氧化值一般认为是 -3。

晶形硼结构复杂,α-菱形硼等所含的 B_{12} 基本结构单元为 12 个硼原子组成的正二十面体,每个 B 原子位于正二十面体的一个顶角,分别和另外 5 个 B 原子相连,B—B 键的键长为 177pm。

另外,硼吸收中子能力较强,在核反应堆中,常作为中子吸收剂使用。硼还常作为原料制备一些特殊的硼化合物,如金属硼化物和 B_4C 等。

工业上制备单质硼一般采用镁等活泼金属还原 B_2O_3 得到。制备高纯度的硼可以采用碘化硼 BI_3 热分解的方法。

2)单质铝

铝是银白色有光泽的轻金属,密度为 $2.70g \cdot cm^{-3}$,具有良好的导电性和延展性。纯铝的导电能力强,较铜轻,资源丰富,被广泛用于导线、结构材料和日用器皿的制作,尤其对于质轻而又坚硬的铝合金,在飞机制造和其他构件上使用普遍。

金属铝的化学性质比较活泼,但由于其表面有一层致密的钝态氧化膜,而使铝的反应活性大为降低,不能与空气和水进一步作用。铝也是亲氧元素,它与氧的结合力极强。

铝和氧化合时放出大量的热,比一般金属与氧化合时放出的热量要大得多,这与 Al_2O_3 具有很大的晶格能有关。

$$4Al(s) + 3O_2(g) \longrightarrow 2Al_2O_3(s) \quad \Delta_r H_m^{\ominus} = -3\ 264.0kJ \cdot mol^{-1}$$

铝能将大多数金属氧化物还原为单质。当灼烧某些金属的氧化物和铝粉的混合物时,便发生铝还原金属氧化物的剧烈反应,得到相应的金属单质,并放出大量的热。例如:

$$2Al(s) + Fe_2O_3(s) \longrightarrow 2Fe(s) + Al_2O_3(s) \quad \Delta_r H_m^{\ominus} = -807.8kJ \cdot mol^{-1}$$

这类反应可在容器(如坩埚)内进行,能够达到很高的温度,用于制备许多难熔金属单质(如 Cr、Mn、V 等),称为铝热法。这种方法也可用在焊接工艺上,如铁轨的焊接等,所用的"铝热剂"是由铝和四氧化三铁的细粉组成的(借助铝和过氧化钠的混合物或镁来点燃),反应方程式如下:

$$8Al(s) + 3Fe_3O_4(s) \longrightarrow 9Fe(s) + 4Al_2O_3(s) \quad \Delta_r H_m^{\ominus} = -4\ 055.4kJ \cdot mol^{-1}$$

该反应过程的温度可高达 3 000℃。

高温金属陶瓷涂层是将铝粉、石墨、二氧化钛(或其他高熔点金属的氧化物)按一定比例混合后,涂在底层金属上,然后在高温下煅烧而成的,反应方程式如下:

$$4Al + 3TiO_2 + 3C \longrightarrow 3TiC + 2Al_2O_3$$

这两种产物都是耐高温的物质,在火箭及导弹生产中有重要应用。

工业上提取铝是以铝矾土矿为原料,分为如下步骤:

首先在加压条件下用碱溶解,得到四羟基合铝(Ⅲ)酸钠;过滤,以除去残渣氧化铁、硅铝酸钠等;向滤液中通入 CO_2,生成 $Al(OH)_3$ 沉淀,过滤、灼烧,得 Al_2O_3;最后将 Al_2O_3 和冰晶石 Na_3AlF_6 的熔融液在 1 300K 左右的高温下电解,在阴极上得到熔融的金属铝,纯度可达 99% 左右。相关反应方程式如下:

$$Al_2O_3(铝矾土) + 2NaOH + 3H_2O \longrightarrow 2Na[Al(OH)_4]$$

$$2Na[Al(OH)_4] + CO_2 \longrightarrow 2Al(OH)_3(s) + Na_2CO_3 + H_2O$$

$$2Al(OH)_3 \xrightarrow{\text{灼烧}} Al_2O_3 + 3H_2O$$

$$2Al_2O_3 \xrightarrow[\text{电解}]{Na_3AlF_6} 4Al + 3O_2$$

14.2.3 硼的化合物

在硼的化合物中,重要的有硼的氢化物、硼的含氧化合物和硼的卤化物。

1)硼的氢化物

硼可以与氢形成一系列共价型氢化物,如 B_2H_6、B_4H_{10}、B_5H_9、B_6H_{10} 等。这类化合物的性质与烷烃相似,故又称**硼烷**(borane),是一系列特殊的化合物。目前已制备出的硼烷有几十种。通过测定硼烷的气体密度已经证明最简单的稳定硼烷是乙硼烷 B_2H_6。

硼和氢不能直接化合生成硼烷,硼烷的制取是采取间接方法实现的。用 LiH、NaH 或 $NaBH_4$ 与卤化硼作用可以制得 B_2H_6。如

$$6LiH(s) + 8BF_3(g) \longrightarrow 6LiBF_4(s) + B_2H_6(g) \quad \Delta_r H_m^\ominus = -1\,386 kJ \cdot mol^{-1}$$

由于硼原子是缺电子原子,乙硼烷分子内所有的价电子总数不能满足形成一般共价键所需要的数目。若使硼原子达到稳定的 8 电子结构,在乙硼烷分子中必须有 14 个价电子,而实际上 B_2H_6 中仅有 12 个价电子。所以乙硼烷也是缺电子化合物。在 B_2H_6 和 B_4H_{10} 这类硼烷分子中,除了形成部分常见共价键外,还形成一部分三中心键,即 2 个硼原子与 1 个氢原子通过共用 2 个电子而形成的三中心两电子键 Π_3^2,为非定域键。常以弧线表示三中心键,像是 2 个硼原子通过氢原子作为桥梁而连接起来的,该三中心键又称为**氢桥**(hydrogen bridge)。B_2H_6 的结构如图 14-2 所示。

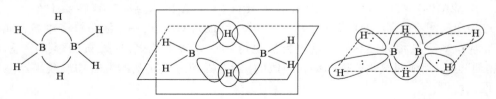

图 14-2　B_2H_6 结构示意图

在乙硼烷分子中,硼原子采取不等性 sp^3 杂化,以 2 个 sp^3 杂化轨道与 2 个氢原子形成 2 个正常 σ 键,键长 119pm。另外 2 个 sp^3 杂化轨道则用于同氢原子形成三中心键。2 个硼原子和与其形成正常 σ 键的 4 个氢原子位于同一平面,而 2 个三中心键则对称分布于该平面的上方和下方,且与平面垂直。

乙硼烷是无色气体,毒性极大,稳定性差,在空气中能自燃,放热量比相应的碳氢化合物大得多:

$$B_2H_6(g) + 3O_2(g) \longrightarrow B_2O_3(s) + 3H_2O(g) \quad \Delta_r H_m^\ominus = -2\,015.6 kJ \cdot mol^{-1}$$

因此,乙硼烷曾被考虑作为火箭和导弹的高能燃料。

乙硼烷极易水解,室温下反应很快:

$$B_2H_6(g) + 6H_2O(l) \longrightarrow 2H_3BO_3(s) + 6H_2(g) \quad \Delta_r H_m^\ominus = -509.3 kJ \cdot mol^{-1}$$

由于该反应放热量也较大,乙硼烷也被考虑作为水下火箭燃料。

乙硼烷作为路易斯酸,能与 CO、NH_3 等具有孤对电子的分子发生加合反应。例如

$$B_2H_6 + 2CO \longrightarrow 2[H_3B \longleftarrow CO]$$

$$B_2H_6 + 2NH_3 \longrightarrow [BH_2 \cdot (NH_3)_2]^+ + [BH_4]^-$$

乙硼烷在乙醚中与 LiH、NaH 直接反应生成 $LiBH_4$、$NaBH_4$。

$$2LiH + B_2H_6 \longrightarrow 2LiBH_4$$

$$2NaH + B_2H_6 \longrightarrow 2NaBH_4$$

$LiBH_4$、$NaBH_4$ 作为优良的还原剂用于有机合成。

乙硼烷可用作制备各种硼烷的原料,但是乙硼烷的毒性极大,其毒性可与氰化氢 HCN 和光气 $COCl_2$ 相比。空气中 B_2H_6 最高允许含量仅为 $0.1\mu g \cdot g^{-1}$。因此,在使用乙硼烷时必须十分小心。

2) 硼的含氧化合物

由于硼与氧形成的 B—O 键的键能大($806kJ \cdot mol^{-1}$),所以硼的含氧化合物具有很高的稳定性。

(1) 三氧化二硼。

单质硼燃烧或将硼酸加热失水可制得 B_2O_3,其反应方程式为

$$4B + 3O_2 \longrightarrow 2B_2O_3$$

$$2H_3BO_3 \longrightarrow B_2O_3 + 3H_2O$$

B_2O_3 很容易吸水,是一种吸水剂:

$$B_2O_3 + 3H_2O \longrightarrow 2H_3BO_3$$

(2) 硼酸。

硼酸包括原硼酸 H_3BO_3、偏硼酸 HBO_2 和多硼酸 $xB_2O_3 \cdot yH_2O$。原硼酸通常又简称为硼酸。

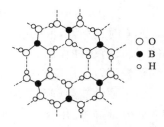

硼酸为白色片状晶体,其基本结构单元为 H_3BO_3 分子,几何构型为平面三角形。在 H_3BO_3 分子中,硼原子以 sp^2 杂化轨道与 3 个氧原子形成 3 个 σ 键。H_3BO_3 分子在同一层内彼此通过氢键相互连接,如图 14-3 所示。氢键的平均键长为

图 14-3　硼酸的分子结构示意图

272pm。层与层之间距离为 318pm,层间以微弱的分子间力结合起来。因此硼酸晶体具有解离性,可作润滑剂使用。

将纯硼砂($Na_2B_4O_7 \cdot 10H_2O$)溶于沸水中并加入盐酸,放置后可析出硼酸:

$$Na_2B_4O_7 + 2HCl + 5H_2O \longrightarrow 4H_3BO_3 + 2NaCl$$

硼酸微溶于冷水,但在热水中溶解度较大。H_3BO_3 是一元酸,其水溶液呈弱酸性。H_3BO_3 与水的反应如下:

$$H_3BO_3 + H_2O \Longleftrightarrow [B(OH)_4]^- + H^+ \quad K_a^{\ominus} = 5.8 \times 10^{-10}$$

H_3BO_3 与 H_2O 反应的特殊性是由其缺电子性质决定的。H_3BO_3 是典型的路易斯酸,在 H_3BO_3 溶液中加入多羟基化合物,由于形成配合物和 H^+ 而使溶液酸性增强。硼酸和一元醇反应则生成硼酸酯,硼酸酯可挥发并且易燃,燃烧时火焰呈绿色。利用这一特性可以鉴定有无硼的化合物存在。

硼酸大量用于搪瓷工业,有时也用作食物的防腐剂,在医药卫生方面也有广泛的用途。

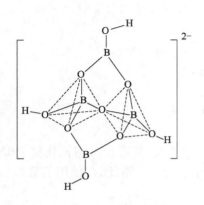

图 14-4 $[B_4O_5(OH)_4]^{2-}$ 的结构示意图

（3）硼酸盐。

硼酸盐有偏硼酸盐、原硼酸盐和多硼酸盐等多种。最重要的硼酸盐是四硼酸钠,俗称硼砂。硼砂的分子式是 $Na_2B_4O_5(OH)_4 \cdot 8H_2O$,常写作 $Na_2B_4O_7 \cdot 10H_2O$,$[B_4O_5(OH)_4]^{2-}$ 的结构如图 14-4 所示。

硼砂是无色透明晶体,在干燥的空气中易风化失水。硼砂受热时失去结晶水;加热至 350~400℃ 时进一步脱水而成为无水四硼酸钠 $Na_2B_4O_7$;在878℃时熔融为玻璃体。熔融的硼砂可以溶解许多金属氧化物,生成偏硼酸复盐,并且依金属的不同而显出不同的特征颜色。例如:

$$Na_2B_4O_7 + CoO \longrightarrow 2NaBO_2 \cdot Co(BO_2)_2（蓝宝石色）$$

用镍丝蘸一些硼砂在煤气灯上灼烧,熔融成圆珠,将烧红的硼砂珠蘸一些金属氧化物再灼烧,就可得到不同颜色的硼砂珠。除了用 CoO 可得到蓝色硼砂珠 $2NaBO_2 \cdot Co(BO_2)_2$ 外,用 Cu_2O 可得到红色硼砂珠,用 MnO_2 可得到紫色硼砂珠,用 Fe_2O_3 可得到棕色硼砂珠,用 Cr_2O_3 可得到绿色硼砂珠。利用硼砂的这一类反应,可以鉴定某些金属离子,这在分析化学上称为**硼砂珠实验**(borax bead experiment)。野外地质队曾经采用这种特殊颜色硼砂珠实验对矿石进行初步鉴定。

硼砂易溶于水,其水溶液因 $[B_4O_5(OH)_4]^{2-}$ 的水解而显弱碱性:

$$[B_4O_5(OH)_4]^{2-} + 5H_2O \rightleftharpoons 4H_3BO_3 + 2OH^- \rightleftharpoons 2H_3BO_3 + 2[B(OH)_4]^-$$

20℃时,硼砂溶液的 pH 为 9.24。硼砂溶液中含有的 H_3BO_3 和 $[B(OH)_4]^-$ 的物质的量相等,故具有缓冲作用。在实验室中常用它来配制缓冲溶液。

陶瓷工业上用硼砂来制备低熔点釉。硼砂也用于制造耐温度骤变的特种玻璃和光学玻璃。由于硼砂能溶解金属氧化物,焊接金属时可以用它作助熔剂,以熔去金属表面的氧化物。此外,硼砂还用作防腐剂。

3）硼的卤化物

卤素都能和硼形成硼的卤化物,即三卤化硼 BX_3。三卤化硼的分子构型为平面三角形,硼原子以 sp^2 杂化轨道成键。随着卤素原子半径的增大,B—X 键的键能依次减小。实验测得 BF_3 分子中 B—F 键的键长为 130pm,比理论 B—F 单键键长(152pm)短。有人认为这与 BF_3 分子中存在着 π 键有关。除硼原子与 3 个氟原子形成 3 个 σ 键外,具有孤对 2p 电子的 3 个氟原子与具有 1 个 2p 空轨道的硼原子之间形成离域大 π 键。

BX_3 可用卤素单质与硼单质在加热的条件下直接反应而生成。例如

$$2B(无定型) + 3Cl_2 \xrightarrow{\triangle} 2BCl_3$$

通常 BF_3 是用 B_2O_3、100% H_2SO_4 和 CaF_2 混合物加热来制取的:

$$B_2O_3 + 3H_2SO_4 + 3CaF_2 \xrightarrow{\triangle} 2BF_3(g) + 3CaSO_4 + 3H_2O$$

BCl_3 可以用 B_2O_3 和碳在高于500℃条件下通入氯气反应来制备:

$$B_2O_3 + 3C + 3Cl_2 \xrightarrow{>500℃} 2BCl_3(g) + 3CO$$

　　三卤化硼的一些性质列于表 14-2 中。三卤化硼是共价型分子,在室温下,随着相对分子质量的增加,BX_3 的存在状态由气态的 BF_3、BCl_3 经液态的 BBr_3 过渡到固态的 BI_3。纯 BX_3 都是无色的,但 BBr_3 和 BI_3 在光照下部分分解而显黄色。

三卤化硼的一些性质   表 14-2

BX_3	熔点/℃	沸点/℃	$\Delta_f H_m^{\ominus}/(kJ \cdot mol^{-1})$	键能/$(kJ \cdot mol^{-1})$	键长/pm	$r_B + r_X$/pm
BF_3	−127	−100	−1 137.00(g)	613	130	152
BCl_3	−107	13	−403.76(g)	456	175	187
BBr_3	−46	91	−205.64(g)	377	185	202
BI_3	50	210	71.13(g)	267	210	221

　　BX_3 在潮湿空气中因水解而发烟:

$$BX_3 + 3H_2O \longrightarrow B(OH)_3 + 3HX$$

　　BX_3 是缺电子化合物,有接受孤对电子的能力,因而表现出路易斯酸的性质。它们与路易斯碱(如氨、醚等)生成加合物,例如

$$BF_3 + NH_3 \longrightarrow [F_3B \longleftarrow NH_3]$$

　　BX_3 和碱金属、碱土金属作用被还原为单质硼,而和某些强还原剂,如 NaH、$LiAlH_4$ 等作用则被还原为乙硼烷。例如

$$3LiAlH_4 + 4BCl_3 \longrightarrow 3LiCl + 3AlCl_3 + 2B_2H_6$$

　　在硼的卤化物中,最重要的是 BF_3 和 BCl_3,它们是许多有机反应的催化剂,也常用于有机硼化合物的合成和硼氢化合物的制备。

14.2.4 铝的化合物

　　铝位于元素周期表中典型金属元素和非金属元素的交界区,是典型的两性元素。铝的单质及其氧化物既能溶于酸生成相应的铝盐,又能溶于碱生成相应的铝酸盐。

　　在铝的化合物中,铝的氧化值一般为 +3。铝的化合物有共价型的,也有离子型的。由于 Al^{3+} 电荷数较多,半径较小(50pm),对阴离子产生较大的极化作用,所以,Al^{3+} 与难变形的阴离子(如 F^-、O^{2-})形成离子型化合物,而与较易变形的阴离子(如 Cl^-、Br^-、I^-)形成共价型化合物。铝的共价型化合物熔点低、易挥发,能溶于有机溶剂;铝的离子型化合物熔点高,不溶于有机溶剂。

　　1)氧化铝和氢氧化铝

　　(1)氧化铝。

　　氧化铝 Al_2O_3 有多种晶型,其中两种最主要的变体是 α-Al_2O_3 和 γ-Al_2O_3,在自然界中存在的 α-Al_2O_3 称为刚玉。刚玉的熔点高、硬度大,化学性质极不活泼,除溶于熔融的碱外,几乎与所有试剂都不反应。由于刚玉的莫氏硬度高达 8.8,故可以用作磨料,也可作轴承。纯刚玉是白色不透明的,当刚玉含有不同杂质时,呈现不同的颜色。含有微量氧化铬的氧化铝显红色,称为红宝石;含少量氧化铁和二氧化钛的氧化铝显蓝色,称为蓝宝石。将铝矾土在电炉中熔化,可以得到人造宝石,用作机器的轴承、手表的钻石和耐火材料等。在 450℃左右加热 $Al(OH)_3$ 可得到 γ-Al_2O_3,γ-Al_2O_3 在 1 000℃高温下可转变为 α-Al_2O_3。γ-Al_2O_3 可溶

于稀酸,也能溶于碱,又称为活性氧化铝。由于 $\gamma\text{-}Al_2O_3$ 比表面积很大($200 \sim 600 m^2 \cdot g^{-1}$),所以用作吸附剂和催化剂载体。

(2)氢氧化铝。

氢氧化铝是两性氢氧化物,可以溶于酸生成 Al^{3+},又可溶于碱生成$[Al(OH)_4]^-$:

$$Al(OH)_3 + OH^- \longrightarrow [Al(OH)_4]^-$$

光谱实验证明,铝酸盐溶液中不存在 AlO_2^- 或 AlO_3^{3-}。

在铝酸盐溶液中通入 CO_2,沉淀出白色氢氧化铝:

$$2[Al(OH)_4]^- + CO_2 \longrightarrow 2Al(OH)_3(s) + CO_3^{2-} + H_2O$$

而在铝盐溶液中加入氨水或适量的碱所得到的凝胶状白色沉淀,实际上是含水量不定的水合氧化铝 $Al_2O_3 \cdot xH_2O$,通常写作 $Al(OH)_3$。$Al(OH)_3$ 是一种优良的阻燃剂,用量较大。

2)铝的卤化物

卤化铝 AlX_3 中只有 AlF_3 为离子型化合物,其他卤化铝均为共价型化合物。AlF_3 为白色难溶固体(100g 水中的溶解度为 0.56g),其他卤化铝均易溶于水。在 AlF_3 晶体中,Al 的配位数为 6,气态 AlF_3 为单分子。

铝的卤化物中以 $AlCl_3$ 最为重要,常温下无水 $AlCl_3$ 为无色晶体,易挥发,能溶于有机溶剂,在水中的溶解度也很大。无水 $AlCl_3$ 的水解反应非常激烈,并放出大量的热,甚至在潮湿的空气中也因水解强烈而发烟。

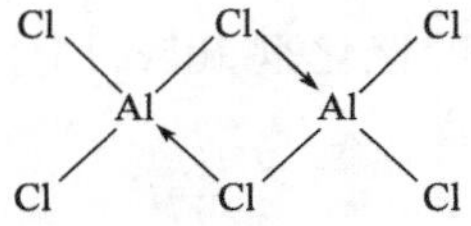

$AlCl_3$ 分子中的铝原子为缺电子原子,故其为典型的 Lewis 酸,表现出强烈的加合作用倾向。两个气态 $AlCl_3$ 聚合为双聚分子 Al_2Cl_6,其结构如图 14-5 所示。在 Al_2Cl_6 分子中,每个铝原子以 sp^3 杂化轨道与 4 个氯原子成键,呈正四面体结构。2 个铝原子与两端的 4 个氯原子共处于同一平面,中间 2 个氯原子位于该平面

图 14-5　Al_2Cl_6 的结构示意图

的两侧,形成桥式结构,并与上述平面垂直。这 2 个氯原子各与 1 个铝原子形成一个 Al←Cl 配键。这是由 $AlCl_3$ 的缺电子性所决定的。

$AlCl_3$ 除了自聚为双聚分子外,还可与有机胺、醚、醇等路易斯碱发生加合作用,故无水 $AlCl_3$ 被广泛用作石油化工和有机合成工业的催化剂。溴化铝 $AlBr_3$ 和碘化铝 AlI_3 的性质与 $AlCl_3$ 类似,它们在气相时也是双聚分子,与 Al_2Cl_6 结构相似。

聚合氯化铝(PAC)也称碱式氯化铝,是一种无机高分子材料,组成为 $[Al_2(OH)_nCl_{6-n}]_m$,它是水处理中广泛应用的无机絮凝剂。

3)铝的含氧酸盐

铝的含氧酸盐有硫酸铝、氯酸铝、高氯酸铝、硝酸铝等。

用浓硫酸溶解纯氢氧化铝,或用硫酸直接处理铝矾土即可制得硫酸铝,常温下从水溶液中析出的铝盐晶体为水合晶体,如 $Al_2(SO_4)_3 \cdot 18H_2O$ 等。硫酸铝易与碱金属 M^I(除 Li 外)的硫酸盐结合成一类复盐,称为矾,其组成通式可表示为 $M^I Al(SO_4)_2 \cdot 12H_2O$。例如,铝钾矾 $KAl(SO_4)_2 \cdot 12H_2O$ 就是通常所说的明矾。如 Al^{3+} 被半径与其相近的 Fe^{3+}、Cr^{3+}、Ti^{3+} 等离子所代替,其名称仍为矾,通式为 $M^I M^{III}(SO_4)_2 \cdot 12H_2O$,晶体结构保持不变,如铬钾矾 $KCr(SO_4)_2 \cdot 12H_2O$。像铝钾矾和铬钾矾这样组成相似、晶形相同的物质称为类质同晶物质,相应的这种现象叫作类质同晶现象。

硫酸铝和硝酸铝都易溶于水,由于 Al^{3+} 的水解作用,使其溶液呈酸性。

$$[Al(H_2O)_6]^{3+} \rightleftharpoons [Al(OH)(H_2O)_5]^{2+} + H^+ \quad K^\ominus = 9.3 \times 10^{-6}$$

进一步水解则生成 $Al(OH)_3$ 沉淀。只有在酸性溶液中才有水合离子 $[Al(H_2O)_6]^{3+}$ 存在。由于铝的弱酸盐水解更加明显,近乎完全,故弱酸的铝盐不能通过湿法制取。例如,在 Al^{3+} 的溶液中加入 $(NH_4)_2S$ 或 Na_2CO_3 溶液,几乎都生成 $Al(OH)_3$ 沉淀,得不到相应的弱酸铝盐。

$$2Al^{3+} + 3S^{2-} + 6H_2O \longrightarrow 2Al(OH)_3(s) + 3H_2S$$

$$2Al^{3+} + 3CO_3^{2-} + 3H_2O \longrightarrow 2Al(OH)_3(s) + 3CO_2$$

Al^{3+} 的鉴定反应通常通过在 Al^{3+} 溶液中加入茜素的氨溶液来观察,特征现象为有红色沉淀生成,反应方程式如下:

$$Al^{3+} + 3NH_3 \cdot H_2O \longrightarrow Al(OH)_3(s) + 3NH_4^+$$

$$Al(OH)_3 + 3C_{14}H_6O_2(OH)_2(茜素) \longrightarrow Al(C_{14}H_7O_4)_3(红色) + 3H_2O$$

该反应灵敏度较高,即使溶液中存在微量的 Al^{3+},反应现象也很明显。

Al^{3+} 能与一些配体形成较稳定的配合物,如 $[AlF_6]^{3-}$、$[Al(C_2O_4)_3]^{3-}$、$[Al(EDTA)]^-$ 等。

工业上最重要的铝盐是硫酸铝和明矾,在造纸工业上用作胶料,与树脂酸钠一同加入纸浆中可使纤维粘合。另外,由于硫酸铝与水作用生成的氢氧化物具有很强的吸附性能,故明矾还可用于水的净化,在印染工业上硫酸铝或明矾还可用作媒染剂。

14.3　碳 族 元 素

14.3.1　碳族元素概述

周期系 ⅣA 族元素包括碳 C(Carbon)、硅 Si(Silicon)、锗 Ge(Germanium)、锡 Sn(Tin)、铅 Pb(Lead)和鈇 Fl(Flerovium)6 种元素,又称碳族元素。碳和硅在自然界分布很广,硅在地壳中的含量仅次于氧,其丰度位居第二。除碳、硅外,其他元素比较稀少。锡和铅矿藏富集,易提炼,应用广泛。鈇为人造元素,属于放射性元素。碳是非金属元素,硅虽然也呈现较弱的金属性,但仍以非金属性为主。锗、锡、铅、鈇是金属元素,锗在某些情况下也表现出非金属性。碳族元素的一般性质列于表 14-3 中。

碳族元素的一般性质　　　　　　　　　　表 14-3

元素	C	Si	Ge	Sn	Pb
价层电子构型	$2s^22p^2$	$3s^23p^2$	$4s^24p^2$	$5s^25p^2$	$6s^26p^2$
共价半径/pm	77	117	122	141	175
莫氏硬度	10(金刚石)	7.0	6.5	1.5~1.8	1.5
沸点/℃	3 825(升华)	3 265	2 833	2 586	1 749
熔点/℃		1 414	938	232	327
密度/(g·cm^{-3})	3.512(金刚石) 2.20(石墨)	2.330	5.323	7.287	11.3

元素	C	Si	Ge	Sn	Pb
电负性	2.55	1.90	2.01	1.96	1.8
电离能 $I_1/(\text{kJ}\cdot\text{mol}^{-1})$	1 086.5	786.5	762.2	708.6	715.6
电子亲和能 $A_1/(\text{kJ}\cdot\text{mol}^{-1})$	−121.9	−133.6	−115.8	−115.8	−35.1
氧化值	+2, +4	+4	+2, +4	+2, +4	+2, +4

碳族元素的价层电子构型为 ns^2np^2，因此能生成氧化值为 +4 和 +2 的化合物，碳有时会生成氧化值为 −4 的化合物。氧化值为 +4 的化合物主要为共价型。碳形成化合物时的配位数不能超过 4，而其他元素的原子能形成配位数为 6 的阴离子，如 $[\text{GeCl}_6]^{2-}$、$[\text{SiF}_6]^{2-}$、$[\text{SnCl}_6]^{2-}$ 等。

在碳族元素中，随着原子序数的增大，氧化值为 +4 的化合物的稳定性降低，惰性电子对效应明显。例如，Pb（Ⅱ）的化合物比较稳定，而 Pb（Ⅳ）的化合物氧化性较强，稳定性差。硅与ⅢA族的硼在周期表中处于对角线位置，它们的单质及化合物的性质有相似之处。

14.3.2　碳族元素的单质

1）碳的同素异形体

早先人们发现碳的晶体单质有两种同素异形体：金刚石（钻石）和石墨。20 世纪 80 年代中期又发现了碳的第三种同素异形体——碳原子簇 C_n（$n<200$）。随着科技的日益进步，人们又发现了碳的第四种同素异形体——碳纳米管。

（1）金刚石。

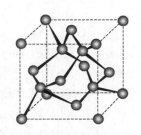

金刚石是典型的原子晶体，属立方晶系，在所有的物质中，金刚石的硬度最大。金刚石是最稳定的面心立方结构，每个碳原子都以 sp^3 杂化轨道与另外 4 个碳原子构成四面体（图 14-6），从而形成巨型分子，如果要破坏金刚石的晶体结构，就要破坏很多很强的键，耗能很大。因此，金刚石在所有物质中硬度最大，熔点也很高，而且晶体中没有自由电子，不导电。

金刚石俗称钻石，价格极其昂贵，除了作装饰品外，主要用于制造钻头、磨削工具和精密仪器的轴。

图 14-6　金刚石的晶体结构

由于金刚石的特殊物理性质及其用途，人们很早就在尝试合成金刚石以弥补天然金刚石产量的不足，经过漫长的摸索，终于在 1954 年由霍尔（Hall）等首次成功合成金刚石。

（2）石墨。

石墨是碳的另一种固体单质，熔点仅比金刚石低 50℃。石墨很软，呈黑灰色，相对密度比金刚石小。石墨晶体中具有层状结构，碳原子以 sp^2 杂化轨道与相邻的 3 个碳原子形成共价单键，构成六角的网状片层结构。各层之间靠范德华力结合而形成晶体。其中 C—C 键长为 142pm，各层之间的间距为 335pm。每个碳原子均剩余 1 个未参与 sp^2 杂化的 p 轨道，其中 1 个未成对的 p 电子与同层中这个碳原子中的 p 电子形成 1 个 m 中心 n 电子的大 π 键（Π_m^n 键）。这些离域电子可以在整个碳原子平面活动，因此石墨具有良好的导热性、导电性。石墨层与层之间以分子间力结合，因此石墨容易沿着层平行的方向滑动、裂开，是良好的润滑剂。

石墨的层状结构如图 14-7 所示,由于自由电子的存在,石墨的化学性质比金刚石活泼。由于石墨有以上物理及化学性质,故被大量用于制作电极、电刷、坩埚、原子反应堆中的减速剂、颜料、铅笔等。

木炭、焦炭、炭黑实际上都属于石墨类型,只不过晶形不完整,并不是真正的无定形结构。

(3)碳原子簇。

1984 年罗芬(Rogfing)等用质谱仪研究在超声氦气流中以激光蒸发石墨所得产物(烟灰)时,发现碳可以形成 $n < 200$ 的碳原子簇(其中包括 C_{60}),至此人们才发现碳的第三种同素异形体——碳原子簇。碳原子簇的分子式为 C_n,n 一般小于 200。此后陆续发现了 C_{44}、C_{70}、C_{80}、C_{84}、C_{120}、C_{180} 等由纯碳原子组成的分子。在众多的碳原子簇中,由于 C_{60} 稳定性较高,人们对它的研究也最为深入。结构研究表明,C_{60} 分子具有球形结构,60 个碳原子构成 32 面体,其中有 20 个正六边形和 12 个正五边形,如图 14-8 所示。在 C_{60} 分子中,每个碳原子采用 sp^2 杂化轨道与相邻的 3 个碳原子成键,平均键角为 116°,而没有参与杂化的 p 轨道相互重叠,在球面内外形成大 π 键。也有人认为碳原子以 $sp^{2.8}$ 杂化轨道成键。C_{60} 结构的设想受到美国建筑学家巴克敏斯特·富勒(R. Buckminster Fuller)设计的圆顶建筑的启发,而被命名为巴克敏斯特富勒烯(Buckminster fullerene),包括 C_{60} 在内的碳原子簇分子被统称为富勒烯(fullerene),也被称为球碳。多年来,人们对 C_{60} 等碳原子簇及其化合物进行了大量研究,以期在碳原子簇应用方面取得重大突破。近年来发现 C_{60} 笼内掺入碱金属可成为三维超导体,临界温度可高达 48K,有可能用作催化剂和润滑剂的基质材料。

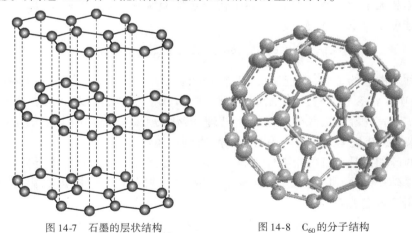

图 14-7　石墨的层状结构　　　　图 14-8　C_{60} 的分子结构

(4)碳纳米管。

1991 年,日本 NEC 公司基础研究实验室的电子显微镜专家饭岛(Lijima)在高分辨透射电子显微镜下检验石墨电弧设备中产生的球状碳分子时,意外发现了由管状的同轴纳米管组成的碳分子,这就是现在称为"carbon nanotube"的碳纳米管,又称为巴基管。碳纳米管具有典型的层状中空结构特征,构成碳纳米管的层片之间存在一定的夹角。管身由六边形碳环微结构单元组成,端帽部分是由含五边形的碳环组成的多边形结构,或者称为多边锥形多壁结构。碳纳米管是一种具有特殊结构(径向尺寸为纳米量级,轴向尺寸为微米量级,管子两端基本都封口)的一维量子材料,其主要是由呈六边形排列的碳原子构成的数层到数十层的同轴圆管,层与层之间保持固定的距离,约为 0.34nm,直径一般为 2~20nm。碳纳米管按照石墨烯片的层数分类可分为单壁碳纳米管(single-walled nanotube,SWNT)和多壁碳纳米管(multi-walled nanotube,MWNT)。多壁碳纳米管在开始形成的时候,层与层之间很容易成为陷阱中心而捕获各种缺陷,因而多壁碳纳米管的管身上通常布满小洞样的缺陷。与多壁碳纳米管相比,单壁碳纳米管由单层圆柱形石墨层构成,其直径大小的分布范围小,缺陷少,有更高的均一性。

碳纳米管中碳原子采取 sp^2 杂化,与 sp^3 杂化相比,sp^2 杂化中 s 轨道成分比较多,使碳纳米管具有良好的力学性能。碳纳米管抗拉强度可达 50~200GPa,是钢的 100 倍,相对密度却只有钢的 1/6,至少比常规石墨纤维高一个数量级;它的弹性模量可达 1TPa,与金刚石的弹性模量相当,约为钢的 5 倍。对于具有理想结构的单壁碳纳米管,其抗拉强度约为800GPa。碳纳米管的结构虽然与高分子材料的结构相似,但其结构却比高分子材料稳定得多。碳纳米管是目前可制备出的具有最高比强度的材料。若以其他工程材料为基体,与碳纳米管制成复合材料,可使复合材料表现出良好的强度、弹性、抗疲劳性及各向同性,极大地改善复合材料的性能。

2)硅、锗、锡、铅

硅是构成各种矿物的重要元素。在矿物中,硅原子通过 Si—O—Si 键构成链状、层状和三维骨架的复杂结构,组成岩石、土壤、黏土和砂子等。在硅的化合物中,除 Si—F 键外,Si—O 键最为牢固,也最为常见。故硅多以 SiO_2 和各种硅酸盐的形式存在于地壳中。

硅有晶体和无定形两种。晶体硅的结构与金刚石类似,其质地脆硬,熔点、沸点较高。工业用晶体硅可按以下步骤得到:

$$SiO_2 \xrightarrow[\text{电炉}]{C} Si \xrightarrow{Cl_2} SiCl_4 \xrightarrow{\text{蒸馏}} \text{纯} SiCl_4 \xrightarrow{\text{还原}} Si$$

锗是一种灰白色的金属,比较脆硬,其晶体结构也是金刚石型。锗常与许多硫化物矿共生,如硫银锗矿 $4Ag_2S \cdot GeS_2$,硫铅锗矿 $2PbS \cdot GeS_2$ 等。另外,锗以 GeO_2 的形式富集在烟道灰中。锗矿石首先经硫酸和硝酸的混酸处理,转化为 GeO_2,然后将其溶解于盐酸中生成 $GeCl_4$,再经水解生成纯 GeO_2,最后用 H_2 还原,得到金属锗。

高纯度的硅和锗是良好的半导体材料,在电子工业上用来制造各种半导体元件。

重要的锡矿是锡石,其主要成分为 SnO_2。锡有三种同素异形体,即灰锡、白锡和脆锡,它们之间的相互转变关系为

$$\text{灰锡} \underset{}{\overset{13.2℃}{\rightleftharpoons}} \text{白锡} \underset{}{\overset{161℃}{\rightleftharpoons}} \text{脆锡}$$

白锡,色白,质软,延展性较好。低温下白锡转变为粉末状灰锡的速率大大加快,所以锡制品因长期处于低温而自行毁坏,这种现象称为锡疫。

铅是很软的重金属,强度低,可以阻挡 X 射线,主要以硫化物和碳酸盐的形式存在,例如方铅矿 PbS、白铅矿 $PbCO_3$ 等。从铅石制备单质铅常用碳还原的方法:

$$2PbS + 3O_2 \longrightarrow 2PbO + 2SO_2$$

$$PbO + C \longrightarrow Pb + CO$$

由于锡和铅的熔点低,可用于合金制造。此外,铅也可用作电缆的包皮、铅蓄电池的电极、核反应堆的防护屏等。

碳族单质自上而下化学活泼性逐渐增强。锡在常温下表面有一层保护膜,在空气和水中都稳定,有一定的抗腐蚀性。马口铁就是表面镀锡的薄铁皮。从电极电势[$E^{\ominus}(Pb^{2+}/Pb)=-0.126\,6V$]看,似乎铅应是较活泼的金属,但它在化学反应中却表现得不太活泼。这主要是由于铅的表面生成难溶性化合物而阻止了反应的继续进行。例如,铅与稀硫酸接触时,由于生成难溶性硫酸铅而阻止了铅与硫酸的进一步作用。铅与盐酸作用也因生成难溶的 $PbCl_2$ 而使反应减缓。常温下,铅与空气中氧气、水和二氧化碳作用,表面形成致密的碱式碳酸盐保护层。铅能溶于醋酸,生成可溶性的 $Pb(Ac)_2$,但反应相当缓慢。

14.3.3　碳的化合物

碳的化合物几乎全部为共价型,绝大部分碳的化合物属于有机化合物,仅一小部分碳的化合物,如一氧化碳、二氧化碳、碳酸及其盐等,习惯上作为无机化合物的讨论内容。碳的氧化值除在 CO 中为 +2 外,在其他化合物中均为 +4 或 -4。

1)碳的氧化物

(1)一氧化碳

常温常压下,一氧化碳为无色、无臭、有毒的气体,难溶于水,具有剧毒性,它能与人体血液中的血红蛋白结合形成稳定的配合物,使血红蛋白丧失输送氧气的功能。当空气中 CO 的含量达 0.1%(体积分数)时,就会引起中毒,导致缺氧症,甚至引起心肌坏死。

实验室常通过浓硫酸使甲酸 HCOOH 脱水制备少量 CO,工业上大量 CO 主要是通过生产炉煤气和水煤气制得。炉煤气的生产是碳的不完全燃烧。CO 分子中碳原子与氧原子间形成三重键,即 1 个 σ 键和 2 个 π 键,结构式如下所示:

$$:C\equiv O: \quad\text{或}\quad :C\!\!-\!\!\!-\!\!O:$$

CO 的主要化学性质如下:

CO 作为还原剂被氧化为 CO_2。例如

$$2CO(g)+O_2(g)\longrightarrow 2CO_2(g)\quad \Delta_rH_m^{\ominus}=-565.97kJ\cdot mol^{-1}$$

$$Fe_2O_3(s)+3CO(g)\longrightarrow 2Fe(s)+3CO_2(g)\quad \Delta_rH_m^{\ominus}=-24.75kJ\cdot mol^{-1}$$

CO 表现出强烈的加合性,其配位原子为 C,常作为配体与过渡金属原子(或离子)形成羰基配合物,例如[$Fe(CO)_5$]、[$Ni(CO)_4$]和羰基钴[$Co_2(CO)_8$]等。

CO 还可以与其他非金属反应,应用于有机合成中。例如

$$CO+2H_2\xrightarrow[623\sim673K]{Cr_2O_3\cdot ZnO}CH_3OH$$

$$CO+Cl_2\xrightarrow{活性炭}COCl_2$$

(2)二氧化碳。

CO_2 是无色、无臭的气体,临界温度为31℃,易于液化。常温下,加压至 7.6MPa 即可使 CO_2 液化。液态 CO_2 汽化时从未汽化的 CO_2 吸收大量的热而使这部分 CO_2 变成雪花状固

体,俗称"干冰"。固体 CO_2 是分子晶体,在常压下,温度在 $-78.5℃$ 时直接升华。

由于 CO_2 不助燃,可用作灭火剂。但燃烧的金属镁与 CO_2 发生反应:

$$2Mg(s) + CO_2(g) \longrightarrow 2MgO(s) + C(s) \quad \Delta_r H_m^\ominus = -802.45kJ \cdot mol^{-1}$$

所以镁燃烧时不能用 CO_2 扑灭。

CO_2 分子为直线形,其结构式可以写作 $O = C = O$。CO_2 分子中碳氧键的键长为 116pm,介于 $C = O$ 键长(乙醛中为 124pm)和 $C \equiv O$ 键长(CO 中为 113pm)之间,说明它已具有一定程度的三键特征。因此,有人认为在 CO_2 分子中可能存在着离域的大 π 键,即碳原子除了与氧原子形成 2 个 σ 键外,还形成 2 个三中心四电子的大 π 键 Π_3^4。CO_2 分子结构的另一种表示为

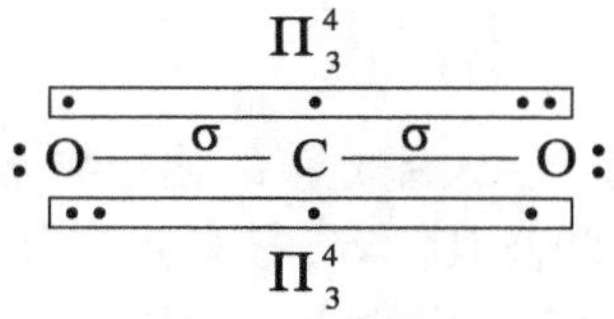

工业上大量的 CO_2 用于生产 Na_2CO_3、$NaHCO_3$、NH_4HCO_3 和尿素等化工产品,也用作低温冷冻剂,还广泛用于啤酒、饮料等生产中。工业用 CO_2 大多是石灰生产和酿酒过程的副产品。

2)碳酸及其盐

二氧化碳能溶于水生成碳酸 H_2CO_3。碳酸是二元弱酸($K_{a_1}^\ominus = 4.2 \times 10^{-7}$,$K_{a_2}^\ominus = 4.7 \times 10^{-11}$),能生成两种盐,即正盐(碳酸盐)和酸式盐(碳酸氢盐)。碱金属(锂除外)和铵的碳酸盐易溶于水,其他金属的碳酸盐难溶于水。对于难溶的碳酸盐来说,通常其相应的酸式盐溶解度较大,这与离子间引力大小紧密相关。例如,$Ca(HCO_3)_2$ 的溶解度大于 $CaCO_3$,故地表层中的碳酸盐矿石在 CO_2 和水的长期侵蚀下部分转变为 $Ca(HCO_3)_2$ 而溶解。

$$CaCO_3 + CO_2 + H_2O \longrightarrow Ca(HCO_3)_2$$

但对易溶的碳酸盐来说却恰好相反,其相应酸式盐的溶解度较小。例如,$NaHCO_3$ 和 $KHCO_3$ 的溶解度分别小于 Na_2CO_3 和 K_2CO_3 的溶解度。这是由于在酸式盐中,HCO_3^- 之间以氢键相连形成二聚离子或多聚链状离子(图 14-9)。

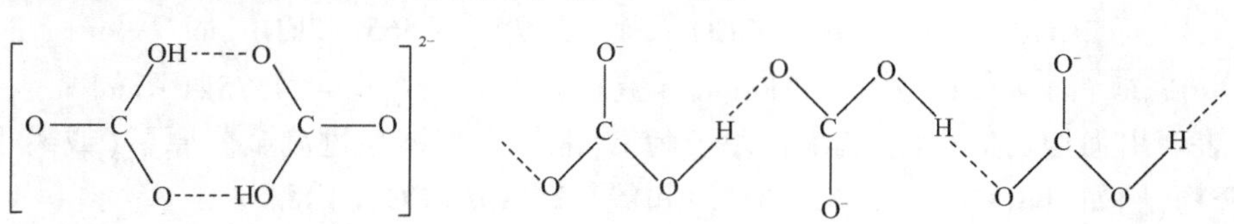

图 14-9　HCO_3^- 之间以氢键相连形成二聚离子或多聚链状离子

碱金属的碳酸盐和碳酸氢盐的水溶液均因水解而分别呈强碱性和弱碱性。当可溶性碳酸盐作为沉淀试剂与溶液中的金属离子作用时,产物类型可根据金属碳酸盐和氢氧化物的溶解度来判断。

如果氢氧化物的溶解度很小,金属离子的水解性强,则生成氢氧化物沉淀。例如

$$2Cr^{3+} + 3CO_3^{2-} + 3H_2O \longrightarrow 2Cr(OH)_3(s) + 3CO_2(g)$$

如果碳酸盐的溶解度小于相应氢氧化物的溶解度,则产物为正盐沉淀。例如

$$Ca^{2+} + CO_3^{2-} \longrightarrow CaCO_3(s)$$

如果碳酸盐和相应的氢氧化物的溶解度相近,则反应产物为碱式碳酸盐。例如

$$2Cu^{2+} + 2CO_3^{2-} + H_2O \longrightarrow Cu_2(OH)_2CO_3 + CO_2(g)$$

碳酸氢盐的热稳定性较差,受热分解为相应的碳酸盐、水和二氧化碳:

$$2M^IHCO_3 \xrightarrow{\triangle} M_2^ICO_3 + H_2O + CO_2(g)$$

大多数碳酸盐在加热时分解为金属氧化物和二氧化碳:

$$M^{II}CO_3 \xrightarrow{\triangle} M^{II}O + CO_2(g)$$

一般说来,碳酸、碳酸氢盐、碳酸盐的热稳定性顺序:碳酸 < 碳酸氢盐 < 碳酸盐。例如,Na_2CO_3 很难分解,$NaHCO_3$ 在 270℃分解,H_2CO_3 在室温以下即分解。

不同金属碳酸盐的分解温度相差很大,这与金属离子的极化作用有关。金属离子的极化作用愈强,其碳酸盐的分解温度就愈低,即碳酸盐愈不稳定。表 14-4 列出了一些碳酸盐的分解温度。

一些碳酸盐的分解温度   表 14-4

碳酸盐	$r(M^{n+})/pm$	M^{n+} 的电子构型	分解温度/℃	碳酸盐	$r(M^{n+})/pm$	M^{n+} 的电子构型	分解温度/℃
Li_2CO_3	60	$2e^-$	1 310	$FeCO_3$	75	$(9\sim17)e^-$	282
Na_2CO_3	95	$8e^-$	1 800	$ZnCO_3$	74	$18e^-$	300
$MgCO_3$	65	$8e^-$	540	$PbCO_3$	120	$(18+2)e^-$	300
$BaCO_3$	135	$8e^-$	1 360				

碳酸根离子 CO_3^{2-} 的几何构型为平面三角形,碳原子以 sp^2 杂化轨道与氧原子成键。碳酸根离子的碳氧键长介于 C—O 键长和 C=O 键长之间,这被认为是碳氧原子间除形成 σ 键之外,还形成离域的四中心六电子大 π 键 Π_4^6 的原因。

14.3.4 硅的化合物

硅的化合物中重要的有硅的氧化物、含氧酸盐以及卤化物等。

1)硅的氧化物

二氧化硅 SiO_2 又称硅石,是由 Si 和 O 组成的巨型分子,有晶体和无定形两种形态。

石英是天然的二氧化硅晶体。纯净的石英又叫水晶,它是一种坚硬、脆性、难溶的无色透明固体,常用于制作光学仪器等。

石英是原子晶体,其中每个硅原子与 4 个氧原子以单键相连,构成 SiO_4 四面体结构单元。Si 位于四面体的中心,4 个 O 位于四面体的顶角,如图 14-10 所示。SiO_4 四面体间通过共用顶角的氧原子而彼此连接起来,并在三维空间多次重复,形成了硅氧网格形式的二氧化硅晶体。二氧化硅的最简式是 SiO_2,但 SiO_2

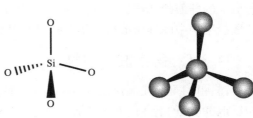

图 14-10 SiO_4 四面体结构

不代表一个简单分子。

石英在 1 600℃熔化成黏稠液体(不易结晶),其结构单元处于无规状态,当急速冷却时,形成石英玻璃。石英玻璃是无定形二氧化硅,其中硅和氧的排布是杂乱的。此外,自然界中的硅藻土和燧石也是无定形二氧化硅。

石英玻璃有许多特殊性质,如能高度透过可见光和紫外光,膨胀系数小,能经受温度的剧变等,因此石英玻璃可用来制造紫外灯和光学仪器。石英玻璃有强的耐酸性,但能被 HF 腐蚀。

二氧化硅是酸性氧化物,能与热的浓碱溶液反应生成硅酸盐,反应较快。SiO_2 和熔融的碱反应更快。SiO_2 也可以与某些碱性氧化物或某些含氧酸盐发生反应生成相应的硅酸盐。

2)硅酸及其盐

硅酸 H_2SiO_3 的酸性($K_{a_1}^{\ominus} = 1.7 \times 10^{-10}$, $K_{a_2}^{\ominus} = 1.6 \times 10^{-12}$)弱于碳酸。硅酸钠与盐酸作用可制得硅酸:

$$Na_2SiO_3 + 2HCl \longrightarrow H_2SiO_3 + 2NaCl$$

硅酸的组成比较复杂,随形成的条件而异,常以通式 $xSiO_2 \cdot yH_2O$ 表示。原硅酸 H_4SiO_4 经脱水得到偏硅酸 H_2SiO_3 和多硅酸。习惯上常用化学式 H_2SiO_3 表示硅酸。

从凝胶状硅酸中除去大部分的水,可得到白色、稍透明的固体,工业上称之为硅胶。硅胶具有许多极细小的孔隙,比表面积大,具有极高的吸附能力,是一种良好的吸附剂,在工业上大量用于气体回收,还可作为有机反应的催化剂或者催化剂的载体。将硅胶用 $CoCl_2$ 溶液处理,烘干活化制得变色硅胶,常用作实验室的干燥剂,根据硅胶的颜色可判断硅胶的吸水程度,从而决定干燥剂的使用性能。

硅酸盐按其溶解性能可分为可溶性和不溶性两大类。常见的硅酸盐 Na_2SiO_3 和 K_2SiO_3 易溶于水,其水溶液因 SiO_3^{2-} 水解而显碱性。俗称为水玻璃(通常写作 $Na_2O \cdot nSiO_2$)的是硅酸钠的水溶液。其他硅酸盐难溶于水并具有特征颜色。

铝硅酸盐在自然界中分布很广。天然存在的硅酸盐都是不溶性的。长石、云母、黏土、石棉、滑石等都是最常见的天然硅酸盐,其化学式很复杂,通常写成氧化物的形式。几种天然硅酸盐的化学式如下:正长石 $K_2O \cdot Al_2O_3 \cdot 6SiO_2$,白云母 $K_2O \cdot 3Al_2O_3 \cdot 6SiO_2 \cdot 2H_2O$,高岭土 $Al_2O_3 \cdot 2SiO_2 \cdot 2H_2O$,石棉 $CaO \cdot 3MgO \cdot 4SiO_2$,滑石 $3MgO \cdot 4SiO_2 \cdot H_2O$,泡沸石 $Na_2O \cdot Al_2O_3 \cdot 2SiO_2 \cdot nH_2O$。

天然硅酸盐晶体骨架的基本结构单元是四面体构型的 SiO_4 原子团。SiO_4 四面体间通过共用顶角 O 原子而彼此连接起来。四面体的排列方式不同,则形成不同结构的硅酸盐:双硅酸根的硅酸盐、链式结构硅酸盐或网状结构硅酸盐,如图 14-11 所示。铝可以部分地取代硅酸盐结构中的硅而形成硅铝酸盐,例如长石、云母、泡沸石等。

14.3.5 锡、铅的化合物

锡、铅均可形成氧化值为 +4 和 +2 的化合物。Sn(Ⅳ)的化合物稳定性优于 Sn(Ⅱ),相反地,Pb(Ⅱ)比 Pb(Ⅳ)的化合物稳定。Sn(Ⅱ)的化合物还原性较强,极易被氧化为 Sn(Ⅳ)的化合物。Pb(Ⅳ)的化合物氧化性较强,极易获得 2 个电子,被还原为 Pb(Ⅱ)。

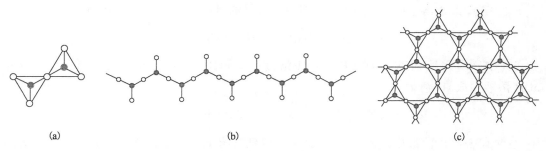

图 14-11　双硅酸根、链式结构和网状结构的硅酸盐

(a) 双硅酸根硅酸盐;(b) 链式结构硅酸盐;(c) 网状结构硅酸盐

高温下 SnO_2 可被碳还原为 Sn,工业上常以 Sn 作为原料制备其他锡的化合物。如,Sn 与 HCl 反应可制得 $SnCl_2 \cdot 2H_2O$,Sn 与 Cl_2 反应可制得 $SnCl_4$。

铅的化合物大多从原料 Pb 制取,首先制出可溶性的硝酸铅或醋酸铅,再从这些可溶性化合物制取其他铅的化合物。

1）锡、铅的氧化物和氢氧化物

锡和铅都能形成氧化值为 +2 和 +4 的氧化物及相应的氢氧化物。氧化亚锡 SnO 呈黑绿色,可用热 Sn(Ⅱ)盐溶液与碳酸钠作用得到。在空气中加热金属锡生成白色的氧化锡 SnO_2,经高温灼烧过的 SnO_2 不能与酸、碱溶液反应,但能溶于熔融的碱生成锡酸盐。

金属铅在空气中加热生成橙黄色的氧化铅 PbO。PbO 大量用于制造铅蓄电池、铅玻璃和铅的化合物。高纯度 PbO 是制造铅靶彩色电视光导摄像管靶面的关键材料。

在碱性溶液中用强氧化剂(如氯气或次氯酸钠)氧化 PbO,可生成褐色的氧化高铅 PbO_2。PbO_2 是一种很强的氧化剂。

$$PbO_2 + 4H^+ + 2e^- \Longrightarrow Pb^{2+} + 2H_2O \quad E^{\ominus} = 1.458V$$

它在硫酸溶液中能释放氧气:

$$2PbO_2 + 4H_2SO_4 \longrightarrow 2Pb(HSO_4)_2 + O_2 + 2H_2O$$

在酸性溶液中 PbO_2 可以把 Cl^- 氧化为 Cl_2,还可以把 Mn^{2+} 氧化为紫红色的 MnO_4^-:

$$PbO_2 + 4HCl(浓) \longrightarrow PbCl_2 + Cl_2 + 2H_2O$$

$$2Mn^{2+} + 5PbO_2 + 4H^+ \longrightarrow 2MnO_4^- + 5Pb^{2+} + 2H_2O$$

PbO_2 加热后被分解为鲜红色的四氧化三铅 Pb_3O_4,放出氧气:

$$3PbO_2 \xrightarrow{\triangle} Pb_3O_4 + O_2$$

Pb_3O_4 俗称铅丹,它和稀硝酸共热时,析出褐色的 PbO_2:

$$Pb_3O_4 + 4HNO_3 \xrightarrow{\triangle} 2Pb(NO_3)_2 + PbO_2 + 2H_2O$$

铅丹的化学性质较稳定,与亚麻仁油混合后涂在管道的连接处可防止漏水。

在含有 Sn^{2+}、Pb^{2+} 的溶液中加入适量的 NaOH 溶液,分别析出白色的 $Sn(OH)_2$ 和 $Pb(OH)_2$ 沉淀:

$$Sn^{2+} + 2OH^- \longrightarrow Sn(OH)_2(s)$$

$$Pb^{2+} + 2OH^- \longrightarrow Pb(OH)_2(s)$$

Sn(OH)$_2$ 既能溶于酸生成 Sn^{2+},又能溶于过量的 NaOH 溶液生成[Sn(OH)$_4$]$^{2-}$:

$$Sn(OH)_2 + 2OH^- \longrightarrow [Sn(OH)_4]^{2-}$$

Pb(OH)$_2$ 可溶于 HNO$_3$ 或 CH$_3$COOH 溶液生成可溶性的铅盐溶液,也可溶于过量的 NaOH 溶液生成[Pb(OH)$_3$]$^-$:

$$Pb(OH)_2 + OH^- \longrightarrow [Pb(OH)_3]^-$$

在含有 Sn^{4+} 的溶液中加入 NaOH 溶液,可得到难溶于水的 α-锡酸(H$_2$SnO$_3$)凝胶。α-锡酸既能和酸作用,也能和碱作用。

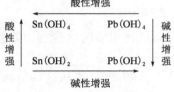

图 14-12　锡、铅的氢氧化物的酸碱性递变规律

α-锡酸长时间放置会转变成 β-锡酸,金属锡和浓硝酸作用也生成 β-锡酸。

β-锡酸既不溶于酸,也不溶于碱,但与碱共熔可以使其转入溶液中。

锡、铅的氢氧化物都是两性的,它们的酸碱性递变规律如图 14-12 所示。

2)锡、铅的盐

氯化亚锡和亚锡酸盐都具有较强的还原性,有关的标准电极电势如下:

$$Sn^{4+} + 2e^- \Longrightarrow Sn^{2+} \quad E^{\ominus} = 0.1539V$$

$$[Sn(OH)_6]^{2-} + 2e^- \Longrightarrow [Sn(OH)_4]^{2-} + 2OH^- \quad E^{\ominus} = 0.96V$$

在酸性溶液中,Sn^{2+} 能将 Fe^{3+} 还原为 Fe^{2+}。在碱性溶液中,[Sn(OH)$_4$]$^{2-}$ 能将 Bi^{3+} 还原为金属铋(粉末状的金属铋呈黑色):

$$3[Sn(OH)_4]^{2-} + 2Bi^{3+} + 6OH^- \longrightarrow 3[Sn(OH)_6]^{2-} + 2Bi(s)$$

这一反应常用来鉴定溶液中 Bi^{3+} 的存在。

SnCl$_2$ 是重要的还原剂,能将 HgCl$_2$ 还原为白色的氯化亚汞 Hg$_2$Cl$_2$ 沉淀:

$$2HgCl_2 + Sn^{2+} + 4Cl^- \longrightarrow Hg_2Cl_2(s) + [SnCl_6]^{2-}$$

过量的 SnCl$_2$ 还能将 Hg$_2$Cl$_2$ 还原为单质 Hg(此情况下汞为黑色):

$$Hg_2Cl_2(s) + Sn^{2+} + 4Cl^- \longrightarrow 2Hg + [SnCl_6]^{2-}$$

上述反应可用来鉴定溶液中 Sn^{2+} 的存在,也可以用来鉴定 Hg(Ⅱ)盐。

Pb(Ⅱ)的还原性比 Sn(Ⅱ)差,由于 Pb(Ⅳ)的氧化性强,所以在酸性溶液中要把 Pb^{2+} 氧化为 Pb(Ⅳ)的化合物很困难,在碱性溶液中将 Pb(OH)$_2$ 氧化为 Pb(Ⅳ)的化合物也需要用较强的氧化剂才能实现,例如

$$Pb(OH)_2 + NaClO \longrightarrow PbO_2 + NaCl + H_2O$$

可溶性的 Sn(Ⅱ)和 Pb(Ⅱ)的化合物只有在强酸性溶液中才有水合离子存在。当溶液的酸性不足或由于加入碱而使酸性降低时,水合金属离子便按下式发生显著的水解反应:

$$Sn^{2+} + H_2O \Longrightarrow [Sn(OH)]^+ + H^+ \quad K^{\ominus} = 10^{-3.9}$$

$$Pb^{2+} + H_2O \Longrightarrow [Pb(OH)]^+ + H^+ \quad K^{\ominus} = 10^{-7.1}$$

水解的结果可以生成碱式盐或氢氧化物沉淀。例如,SnCl$_2$ 水解生成白色的 Sn(OH)Cl

沉淀:

$$Sn^{2+} + H_2O + Cl^- \longrightarrow Sn(OH)Cl(s) + H^+$$

因此在配制 $SnCl_2$ 溶液时,需先将 $SnCl_2$ 固体溶于少量浓盐酸溶液中,再加水稀释,才能得到澄清溶液。并且在此过程中要加入 Sn 粒,以防止空气将 Sn^{2+} 氧化。

Sn(Ⅳ)和 Pb(Ⅳ)的盐在水溶液中也发生强烈的水解。例如,$SnCl_4$ 在潮湿的空气中因水解而发烟。$PbCl_4$ 也有类似的水解作用,但 $PbCl_4$ 本身不稳定,只在低温时存在,常温即可分解为 $PbCl_2$ 和 Cl_2。

可溶性的铅盐有 $Pb(NO_3)_2$ 和 $Pb(Ac)_2$。$Pb(Ac)_2$ 是弱电解质,有甜味,称为铅糖。可溶性铅盐都有毒。

绝大多数 Pb(Ⅱ)的化合物难溶于水。例如,Pb^{2+} 与 Cl^-、I^-、SO_4^{2-}、CO_3^{2-}、CrO_4^{2-} 等形成的化合物都难溶于水,$PbCl_2$ 在冷水中溶解度小,但易溶于热水中。$PbCl_2$ 能溶于盐酸溶液:

$$PbCl_2 + 2HCl \longrightarrow H_2[PbCl_4]$$

$PbSO_4$ 能溶于浓硫酸生成 $Pb(HSO_4)_2$,也能溶于 NH_4Ac 溶液生成 $Pb(Ac)_2$。

Pb^{2+} 与 CrO_4^{2-} 反应生成黄色的 $PbCrO_4$ 沉淀:

$$Pb^{2+} + CrO_4^{2-} \longrightarrow PbCrO_4(s)$$

这一反应常用来鉴定 Pb^{2+},也可用来鉴定 CrO_4^{2-}。$PbCrO_4$ 俗称铬黄,可用作颜料。$PbCrO_4$ 可溶于过量的碱,生成 $[Pb(OH)_3]^-$:

$$PbCrO_4 + 3OH^- \longrightarrow [Pb(OH)_3]^- + CrO_4^{2-}$$

利用这一性质可以将 $PbCrO_4$ 与其他黄色的铬酸盐(如 $BaCrO_4$)沉淀区别开来。

3)锡、铅的硫化物

锡、铅的硫化物有 SnS、PbS 和 SnS_2。在含有 Sn^{2+}、Pb^{2+} 的溶液中通入 H_2S 时,分别生成棕色的 SnS 和黑色的 PbS 沉淀;在 $SnCl_4$ 的盐酸溶液中通入 H_2S 则生成黄色的 SnS_2 沉淀。

SnS、PbS 和 SnS_2 均不溶于水和稀酸。它们与浓盐酸作用因生成配合物而溶解:

$$SnS + 4HCl(浓) \longrightarrow H_2[SnCl_4] + H_2S$$

$$PbS + 4HCl(浓) \longrightarrow H_2[PbCl_4] + H_2S$$

$$SnS_2 + 6HCl(浓) \longrightarrow H_2[SnCl_6] + 2H_2S$$

SnS_2 能溶于 Na_2S 或 $(NH_4)_2S$ 溶液中生成硫代锡酸盐:

$$SnS_2 + S^{2-} \longrightarrow SnS_3^{2-}$$

SnS、PbS 不溶于 Na_2S 或 $(NH_4)_2S$ 溶液,但有时由于 Na_2S 或 $(NH_4)_2S$ 中含有多硫离子 S_x^{2-},能把 SnS 氧化为 SnS_2 而溶解:

$$SnS + S_2^{2-} \longrightarrow SnS_3^{2-}$$

硫代锡酸盐不稳定,遇酸分解为 SnS_2 和 H_2S:

$$SnS_3^{2-} + 2H^+ \longrightarrow SnS_2 + H_2S$$

SnS_2 能和碱作用,生成硫代锡酸盐和锡酸盐:

$$3SnS_2 + 6OH^- \longrightarrow 2SnS_3^{2-} + [Sn(OH)_6]^{2-}$$

而低氧化值的 SnS 和 PbS 则不溶于碱。

14.4 **氮 族 元 素**

14.4.1 氮族元素概述

周期系ⅤA族元素包括氮 N(Nitrogen)、磷 P(Phosphorus)、砷 As(Arsenic)、锑 Sb(Antimony)、铋 Bi(Bismuth)和镆 Mc(Moscovium)6 种元素,又称为氮族元素。氮和磷是非金属元素,砷和锑为准金属,铋和镆是金属元素。氮族元素的一般性质列于表14-5 中。

氮族元素的一般性质 表 14-5

元素	N	P	As	Sb	Bi
价层电子构型	$2s^2 2p^3$	$3s^2 3p^3$	$4s^2 4p^3$	$5s^2 5p^3$	$6s^2 6p^3$
共价半径/pm	70	110	121	141	155
沸点/℃	−195.8	280.5	616(升华)	1 587	1 564
熔点/℃	−210.0	44.15	—	628	271.4
密度/$(g \cdot cm^{-3})$	0.001 145	1.823(白磷)	5.75	6.68	9.79
电负性	3.04	2.19	2.18	2.05	1.9
电离能 $I_1/(kJ \cdot mol^{-1})$	1 402.3	1 011.8	944.5	830.6	702.9
电子亲和能 $A_1/(kJ \cdot mol^{-1})$	6.8	−72.0	−78.2	−103.2	−91.3
氧化值	+1, +2, +3, +4, +5, −1, −2, −3	+3, +5, −3	+3, +5	+3, +5	+3, +5

氮族元素的价层电子构型为 $ns^2 np^3$,与电负性较大的元素结合时,主要形成氧化值为 +3 和 +5 的化合物。由于惰性电子对效应,氮族元素氧化值为 +3 的化合物稳定性自上而下增强,而氧化值为 +5(除氮外)的化合物稳定性自上而下减弱。随着元素金属性的增强,E^{3+}(E 为 N、P、As、Sb 或 Bi)的稳定性增强,N、P 不形成 N^{3+} 和 P^{3+},而 Sb、Bi 则能以 Sb^{3+} 和 Bi^{3+} 的盐存在,如 BiF_3、$Bi(NO_3)_3$、$Sb_2(SO_4)_3$ 等。氧化值为 +5 的含氧阴离子稳定性从 P 到 Bi 依次减弱,Bi(Ⅴ)的化合物是强氧化剂。

氮族元素在基态时,它们的原子都有半充满的 p 轨道,因而与同周期中前后元素相比有相对较高的电离能,与其他元素成键时,共价性较强。随着原子半径的增大,形成离子键的倾向有所增强。而 N^{3-} 和 P^{3-} 半径较大,容易变形,在水溶液中强烈水解,只能存在于固态。

氮族元素氢化物从上到下稳定性依次减弱,酸性增强,但其氧化物的酸性依次减弱。As_2O_3 显酸性,Sb_2O_3 显两性,而 Bi_2O_3 则是碱性氧化物。

除了 N 原子以外,其他原子的最外电子层都有空的 d 轨道,成键时,d 轨道也可能参与成键,所以除 N 原子的配位数不超过 4 以外,其他原子的最高配位数为 6,如 $[PCl_6]^-$。

14.4.2 氮族元素的单质

氮族元素中,除磷在地壳中含量较多外,其他各元素含量均较少。除氮气外,其他元素的单质都比较活泼。绝大部分氮以单质分子 N_2 的形式存在于大气中,少量存在于动植物体内的蛋白质和土壤中。自然界最大的硝酸盐矿是南美洲智利的硝石矿 $NaNO_3$,也是世界上唯一的硝石矿藏。

氮分子是双原子分子,2 个氮原子以三键结合。 $N\equiv N$ 键的键能($946kJ \cdot mol^{-1}$)非常大,N_2 是最稳定的双原子分子。在化学反应中破坏 $N\equiv N$ 键十分困难,其反应活化能很高,在通常情况下反应很难进行,致使氮气表现出很高的化学惰性,常用作保护气体。氮气是无色、无味的气体,微溶于水,0℃时 1mL 水仅能溶解 0.023mL 氮气。

工业上以空气为原料生产大量氮气。首先将空气液化,然后分馏,得到的氮气中含有少量氩和氧。实验室需要的少量氮气可以用 NH_4NO_2 分解制得,实际制备时可采用浓 NH_4Cl 与 $NaNO_2$ 混合溶液加热的方式。

氮气在常温下化学性质极不活泼,不与任何元素化合。升高温度能提高氮气的化学活性。当氮气与锂、钙、镁等活泼金属一起加热时,能生成离子型氮化物。在高温高压并有催化剂存在时,氮气与氢气化合生成氨气。在很高的温度下氮气才与氧气化合生成一氧化氮气体。

磷主要以磷酸盐形式分布于地壳中,如磷酸钙 $Ca_3(PO_4)_2$、氟磷灰石 $3Ca_3(PO_4)_2 \cdot CaF_2$。

将磷酸钙、砂子和焦炭混合在电炉中加热到约 1500℃,可以得到白磷:

$$2Ca_3(PO_4)_2 + 6SiO_2 + 10C \xrightarrow{\triangle} 6CaSiO_3 + P_4 + 10CO\uparrow$$

常见的磷的同素异形体有白磷、红磷和黑磷三种。

白磷是透明、质软的蜡状固体,由 P_4 分子通过分子间力堆积起来。P_4 分子为四面体构型,每个磷原子通过其 p_x、p_y 和 p_z 轨道分别与另外 3 个磷原子形成 3 个 σ 键,键角 ∠PPP 为 60°。这样的分子内部具有张力,结构不稳定。P—P 键的键能小,易被破坏,所以白磷的化学性质很活泼,容易被氧化,在空气中能自燃,因此必须将其保存在水中。

P_4 分子是非极性分子,所以白磷能溶于非极性溶剂。白磷是剧毒物质,约 0.15g 的剂量可使人死亡。将白磷在隔绝空气的条件下加热至 400℃可以得到红磷,红磷结构比较复杂,有人认为其结构是 P_4 分子中的 1 个 P—P 键断裂后相互连接起来的长链。

红磷比白磷稳定,其化学性质不如白磷活泼,室温下不与 O_2 反应,400℃以上才能燃烧。红磷不溶于有机溶剂。

白磷在高压和较高温度下可以转变为黑磷。黑磷具有与石墨类似的层状结构,但与石墨不同的是,黑磷每一层内的磷原子并不都在同一平面上,而是相互以共价键连接成网状结构(图 14-13)。黑磷具有导电性,不溶于有机溶剂。

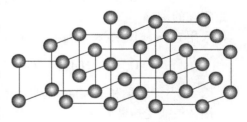

图 14-13　黑磷的网状结构

砷、锑和铋主要以硫化物矿形式存在,如雄黄 As_4S_4、辉锑矿 Sb_2S_3、辉铋矿 Bi_2S_3 等。

砷、锑、铋的制备是将硫化物矿焙烧得到相应的氧化物,然后用碳还原。例如

$$2Sb_2S_3 + 9O_2 \xrightarrow{\triangle} 2Sb_2O_3 + 6SO_2$$

$$Sb_2O_3 + 3C \longrightarrow 2Sb + 3CO$$

氮主要用于制取硝酸、氨以及各种铵盐。磷可用于制造磷酸、火柴、农药等。

14.4.3　氮族元素的化合物

1）氮的化合物

（1）氨。

氨分子的构型为三角锥形，氮原子除以 sp^3 不等性杂化轨道与氢原子成键外，还有 1 对孤对电子。氨分子是极性分子，是具有特殊刺激气味的无色气体，在水中溶解度极大。氨分子间可形成氢键，所以氨的熔点、沸点高于同族元素磷的氢化物 PH_3。氨容易被液化，液态氨的气化焓较大，故液氨可用作制冷剂。

实验室一般用铵盐与强碱共热来制取氨，工业上目前主要采用合成氨法制氨。氨的化学性质较活泼，能和许多物质发生反应。这些反应基本上可分为三种类型，即加合反应、取代反应和氧化还原反应。

氨作为 Lewis 碱能与一些物质发生加合反应。例如，NH_3 与 Ag^+ 和 Cu^{2+} 反应分别生成 $[Ag(NH_3)_2]^+$ 和 $[Cu(NH_3)_4]^{2+}$。NH_4^+ 可以看成 H^+ 与 NH_3 加合的产物。

氨分子中的氢原子可以被活泼金属取代形成氨基化物。例如，氨通入熔融的金属钠可以得到氨基化钠 $NaNH_2$：

$$2Na + 2NH_3 \xrightarrow{300℃} 2NaNH_2 + H_2$$

它是有机合成中常用的一种重要缩合剂。

氨分子中氮的氧化态为 -3，是氮的最低氧化值，所以氨具有还原性。例如，氨在纯氧中可以燃烧生成水和氮气：

$$4NH_3 + 3O_2 \longrightarrow 6H_2O + 2N_2$$

氨在一定条件下进行催化氧化可以制得 NO，这是目前工业制造硝酸的重要步骤之一。

（2）铵盐。

氨与酸作用可以得到各种铵盐。铵盐与碱金属的盐（特别是钾盐）非常相似，这是由于 NH_4^+ 的半径（143pm）和 K^+ 的半径（133pm）相近。

铵盐一般为无色晶体，溶于水，但高氯酸铵等少数铵盐的溶解度较小。铵盐在水中都有一定程度的水解。

采用 Nessler 试剂（$K_2[HgI_4]$ 的 KOH 溶液）可以鉴定试液中的 NH_4^+：

$$NH_4^+ + 2[HgI_4]^{2-} + 4OH^- \longrightarrow [OHg_2NH_2]I(s) + 7I^- + 3H_2O$$

因 NH_4^+ 的含量和 Nessler 试剂的量不同，生成沉淀的颜色从红棕色到深褐色有所不同。

固体铵盐受热易分解，分解情况因组成铵盐的酸的性质不同而异。如果酸易挥发且无氧化性，则酸和氨一起挥发。例如

$$(NH_4)_2CO_3 \xrightarrow{\triangle} 2NH_3 + H_2O + CO_2$$

如果酸不挥发且无氧化性，则只有氨挥发掉，而酸或酸式盐仍残留在容器中。例如

$$(NH_4)_3PO_4 \xrightarrow{\triangle} 3NH_3 + H_3PO_4$$

$$(NH_4)_2SO_4 \xrightarrow{\triangle} NH_3 + NH_4HSO_4$$

如果酸有氧化性,则分解出的氨被酸氧化生成 N_2 或 N_2O。例如

$$(NH_4)_2Cr_2O_7 \xrightarrow{\triangle} N_2 + Cr_2O_3 + 4H_2O$$

$$NH_4NO_3 \xrightarrow{\triangle} N_2O + 2H_2O$$

或

$$5NH_4NO_3 \xrightarrow[\text{有机杂质催化}]{>240℃} 4N_2 + 2HNO_3 + 9H_2O$$

有学者认为后一反应中生成的 HNO_3 对 NH_4NO_3 的分解有催化作用,因此加热大量无水 NH_4NO_3 会引起爆炸。在制备、储存、运输、使用 NH_4NO_3、NH_4NO_2、NH_4ClO_3、NH_4ClO_4、NH_4MnO_4 等时,应格外小心,防止其受热或撞击,以免发生安全事故。

铵盐中最重要的是硝酸铵 NH_4NO_3 和硫酸铵 $(NH_4)_2SO_4$,被大量用作肥料。硝酸铵还可用来制造炸药。在焊接金属时,常用氯化铵除去待焊金属物件表面的氧化物,当氯化铵与红热的金属表面接触时,很快分解为氨和氯化氢,氯化氢立即与金属氧化物反应生成易溶或挥发性的氯化物,这样金属表面就被清洗干净,以使焊料能更好地与焊件结合。

2）氮的氧化物

氮的常见氧化物有 6 种:一氧化二氮 N_2O、一氧化氮 NO、三氧化二氮 N_2O_3、二氧化氮 NO_2、四氧化二氮 N_2O_4、五氧化二氮 N_2O_5,其中氮的氧化值为 $+1 \sim +5$。这些氧化物的结构和物理性质列于表 14-6 中。

氮的氧化物的结构和物理性质　　　　　　　　　　表 14-6

氮的氧化物	颜色和状态	结构	熔点/℃	沸点/℃	$\Delta_f H_m^{\ominus}/(kJ \cdot mol^{-1})$
N_2O	无色、有甜味(g)	直线形	-90.8	-88.5	82.05(g)
NO	无色(g),蓝色(l),无色(s)		-163.6	-151.8	90.25(g)
N_2O_3	蓝色(s),浅蓝色(l)	平面	-100.7	3.5(分解)	83.72(g)
NO_2	红棕色(g)	V 形	-11.2	21.2	33.18(g)
N_2O_4	无色(g)	平面	-9.3	21.2	9.16(g)
N_2O_5	无色(g)	平面	30	47.0(分解)	11.3(g)

氮的氧化物分子中由于 N—O 键较弱,这些氧化物的热稳定性都比较差,受热易分解或易被氧化。

（1）一氧化氮。

一氧化氮 NO 分子中,氧原子和氮原子的价电子数之和为 11,即含有未成对电子,具有顺磁性。这种价电子数为奇数的分子称为奇电子分子。

NO 参与反应时,容易失去 1 个电子形成亚硝酰离子 NO^+,与 N_2、CO、CN^- 互为等电子体。常温下,NO 能与 O_2、F_2、Cl_2、Br_2 等反应,其中与氧的反应极易发生,生成红棕色 NO_2 气体。

$$2NO + O_2 \longrightarrow 2NO_2$$

$$2NO + Cl_2 \longrightarrow 2NOCl(\text{氯化亚硝酰})$$

由于 NO 分子中有孤对电子存在,所以能与金属离子形成配合物。例如,NO 与 $FeSO_4$ 溶液反应生成深棕色的 $[Fe(NO)]SO_4$。

NO 是硝酸生产的中间产物,工业上用氨的铂催化氧化方法制备,实验室用金属铜与稀硝酸反应制取。

$$3Cu + 8HNO_3(稀) \longrightarrow 3Cu(NO_3)_2 + 2NO(g) + 4H_2O$$

近年来发现 NO 具有重要的生理功能,它是神经脉冲的传递介质,具有调节血压、增强免疫功能等作用。

(2)二氧化氮和四氧化二氮。

NO_2 也是奇电子分子,空间构型为 V 形,氮原子以 sp^2 杂化轨道与氧原子成键,此外还形成 1 个三中心三电子大 π 键 Π_3^3。N_2O_4 分子具有对称的结构,2 个氮原子和 4 个氧原子在同一平面上。NO_2 和 N_2O_4 的分子构型如图 14-14 所示。

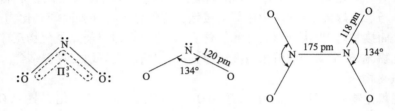

图 14-14　NO_2 和 N_2O_4 的分子构型

二氧化氮 NO_2 是红棕色气体,具有特殊的臭味并有毒。NO_2 与水反应生成硝酸和 NO。NO_2 和 NaOH 溶液反应生成硝酸盐和亚硝酸盐:

$$2NO_2 + 2NaOH \longrightarrow NaNO_3 + NaNO_2 + H_2O$$

NO_2 的氧化能力强,已广泛用作火箭燃料 N_2H_4 的氧化剂。

3)氮的含氧酸及其盐

(1)亚硝酸及其盐。

将等物质的量的 NO_2 和 NO 的混合物溶解在冰冷的水中,或在亚硝酸盐的冷溶液中加入强酸时,均可生成亚硝酸溶液。例如

$$NO_2 + NO + H_2O(冷) \longrightarrow 2HNO_2$$
$$NaNO_2 + H_2SO_4 \longrightarrow NaHSO_4 + HNO_2$$

亚硝酸很不稳定,只能存在于很稀的冷溶液中,溶液浓缩或加热时,会分解为 H_2O 和 N_2O_3,后者又分解为 NO_2 和 NO:

$$2HNO_2 \Longleftrightarrow H_2O + N_2O_3(淡蓝色) \Longleftrightarrow H_2O + NO + NO_2(棕色)$$

亚硝酸是一种弱酸($K_a^\ominus = 6.0 \times 10^{-4}$),其分子构型如图 14-15 所示。

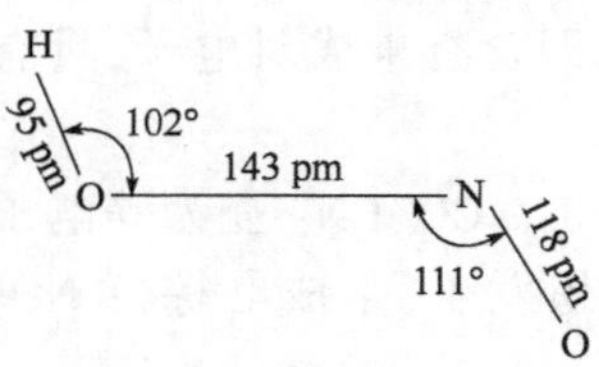

除淡黄色的不溶盐 $AgNO_2$ 外,大多数亚硝酸盐无色,易溶于水。碱金属、碱土金属的亚硝酸盐热稳定性高,但是所有亚硝酸盐都有剧毒且致癌。

图 14-15　HNO_2 的分子构型

通常用碱吸收等物质的量的 NO_2 和 NO 可以制得亚硝酸盐:

$$NO + NO_2 + 2NaOH \longrightarrow 2NaNO_2 + H_2O$$

亚硝酸根离子的空间构型为 V 形,氮原子采取 sp^2 杂化与氧原子形成 σ 键,此外,还形成一个三中心四电子大 π 键 Π_3^4,如图 14-16 所示。

亚硝酸盐在酸性介质中具有氧化性,其还原产物一般为 NO。例如

图 14-16 NO_2^- 的构型

$$2NaNO_2 + 2KI + 2H_2SO_4 \longrightarrow 2NO + I_2 + Na_2SO_4 + K_2SO_4 + 2H_2O$$

这一反应常用于测定 NO_2^- 的含量。与强氧化剂作用时,NO_2^- 又表现出还原性。例如

$$2KMnO_4 + 5KNO_2 + 3H_2SO_4 \longrightarrow 2MnSO_4 + 5KNO_3 + K_2SO_4 + 3H_2O$$

NO_2^- 中 N 和 O 原子都有孤对电子,所以 NO_2^- 具有很强的配位能力,能与许多金属离子形成配合物,当 NO_2^- 以 N 原子配位时称为硝基,以 O 原子配位时称为亚硝酸根,用 ONO^- 表示。

在实际应用中,亚硝酸盐多在酸性介质中做氧化剂。亚硝酸钠大量用于各种有机染料的生产。

(2)硝酸及其盐。

硝酸是工业上重要的无机酸之一,目前普遍采用氨催化氧化法制取硝酸。首先在 800℃ 下,将氨和空气的混合物通过灼热的铂、铑丝网(催化剂),氨几乎被完全氧化为 NO:

$$4NH_3(g) + 5O_2(g) \xrightarrow{Pt,Rh} 4NO(g) + 6H_2O(g)$$

$$\Delta_r G_m^\ominus(298K) = -905.47kJ \cdot mol^{-1} \qquad K^\ominus(298K) = 10^{168}$$

然后,生成的 NO 被 O_2 氧化为 NO_2,后者与水发生歧化反应生成硝酸和 NO:

$$3NO_2 + H_2O \longrightarrow 2HNO_3 + NO$$

生成的 NO 再经氧化、吸收,得到质量分数为 47% ~50% 的稀硝酸,最后加入硝酸镁脱水剂蒸馏即可制得浓硝酸。

在硝酸分子中,氮原子采用 sp^2 杂化轨道与 3 个氧原子形成 3 个 σ 键,呈平面三角形分布。氮原子上 1 个未参与杂化的 p 轨道则与 2 个非羟基氧原子的 p 轨道重叠,在 O—N—O 间形成三中心四电子的大 π 键 Π_3^4。HNO_3 分子内还可形成氢键。HNO_3 的分子构型如图 14-17 所示。

在硝酸盐中,NO_3^- 的构型为平面三角形,如图 14-18 所示。NO_3^- 与 CO_3^{2-} 互为等电子体,它们的结构相似。NO_3^- 中的氮原子除了以 sp^2 杂化轨道与 3 个氧原子形成 σ 键外,还与这些氧原子形成 1 个四中心六电子大 π 键 Π_4^6。

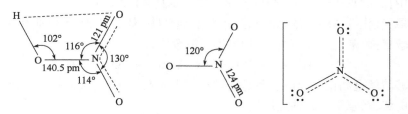

图 14-17 HNO_3 的分子构型   图 14-18 NO_3^- 的分子构型

纯硝酸是一种无色透明油状液体,实验室用的浓硝酸含量约为 69%,密度为 $1.4g \cdot mL^{-1}$,相当于 $15mol \cdot L^{-1}$。溶解了过多 NO_2 的浓硝酸显棕黄色,称为发烟硝酸,可用作火箭燃料的氧化剂。

浓硝酸很不稳定,受热或光照时,部分按下式分解:

$$4HNO_3 \longrightarrow 4NO_2 + O_2 + 2H_2O$$

故浓硝酸应于阴凉避光处存放。

硝酸中,氮的氧化值为 +5。硝酸是氮的最高氧化值的化合物之一,具有强氧化性。硝酸可将许多非金属单质氧化为相应的氧化物或含氧酸。例如,碳、磷、硫、碘等和硝酸混合共煮时,分别被氧化成二氧化碳、磷酸、硫酸、碘酸,硝酸则被还原为 NO。

$$3C + 4HNO_3 \overset{\triangle}{\longrightarrow} 3CO_2 + 4NO + 2H_2O$$

$$3P + 5HNO_3 + 2H_2O \overset{\triangle}{\longrightarrow} 3H_3PO_4 + 5NO$$

$$S + 2HNO_3 \overset{\triangle}{\longrightarrow} H_2SO_4 + 2NO$$

$$3I_2 + 10HNO_3 \overset{\triangle}{\longrightarrow} 6HIO_3 + 10NO + 2H_2O$$

一些金属硫化物由于被浓硝酸氧化为单质硫而溶解,某些有机物质(如松节油等)与浓硝酸接触时甚至可以燃烧,故储存浓硝酸时,应注意将其与还原性物质隔开。

除了不活泼金属(如金、铂等)和某些稀有金属外,硝酸几乎与所有金属都能够发生反应,生成相应的硝酸盐。但是硝酸与金属反应的具体产物比较复杂,这与硝酸的浓度和金属的活泼性都有关系。

如有些金属(如铁、铝、铬等)可溶于稀硝酸但不溶于低温浓硝酸。这是由于浓硝酸在金属表面氧化生成一层薄而致密的氧化物保护膜(钝化膜),致使金属不能与硝酸继续发生反应。有些金属(如锡、钼、钨等)与硝酸作用生成不溶于酸的氧化物。

有些金属和硝酸作用后生成可溶性的硝酸盐,硝酸作为氧化剂与这些金属反应时,主要被还原为 NO_2、NO、N_2O、N_2、NH_3 等,得到的产物通常是上述几种物质的混合物,究竟以何种还原产物为主,则取决于硝酸的浓度和金属的活泼性。浓硝酸主要被还原为 NO_2,稀硝酸通常被还原为 NO。当较稀的硝酸与较活泼的金属作用时,可得到 N_2O;若硝酸很稀时,则可被还原为 NH_4^+。例如

$$Cu + 4HNO_3(浓) \longrightarrow Cu(NO_3)_2 + 2NO_2 + 2H_2O$$

$$3Cu + 8HNO_3(稀) \longrightarrow 3Cu(NO_3)_2 + 2NO + 4H_2O$$

$$4Zn + 10HNO_3(稀) \longrightarrow 4Zn(NO_3)_2 + N_2O + 5H_2O$$

$$4Zn + 10HNO_3(很稀) \longrightarrow 4Zn(NO_3)_2 + NH_4NO_3 + 3H_2O$$

在上述反应中,氮的氧化值由 +5 分别变化为 +4、+2、+1 和 -3。

硝酸愈稀,氧化性愈弱。浓硝酸和浓盐酸的混合物(体积比为 1:3)叫作王水。王水的氧化性比硝酸更强,甚至可以溶解金、铂等不活泼金属。例如

$$Au + HNO_3 + 4HCl \longrightarrow H[AuCl_4] + NO + 2H_2O$$

王水能够溶解金和铂的原因主要是大量 Cl^- 可与 Au^{3+} 形成 $[AuCl_4]^-$,从而降低了金属电对的电极电势,增强了金属的还原性。

硝酸还具有重要的硝化性,能与有机化合物发生硝化反应,生成硝基化合物。硝酸被广

泛用于染料、炸药、硝酸盐以及其他化学药品的生产中,是化工行业和国防工业的重要原料之一。

硝酸根离子电荷低、对称性高、不易变形,其盐易溶于水。硝酸盐受热分解时主要有如下三种情况:碱金属和碱土金属的无水硝酸盐分解产生亚硝酸盐和氧气;活泼性较差的金属(活泼性位于 Mg 和 Cu 之间)的硝酸盐受热分解为氧气、二氧化氮和相应的金属氧化物;不活泼金属(比 Cu 更不活泼)的硝酸盐受热时则分解为氧气、二氧化氮和金属单质。

$$2NaNO_3 \xrightarrow{\triangle} 2NaNO_2 + O_2$$

$$2Pb(NO_3)_2 \xrightarrow{\triangle} 2PbO + 4NO_2 + O_2$$

$$2AgNO_3 \xrightarrow{\triangle} 2Ag + 2NO_2 + O_2$$

硝酸盐中最重要的是硝酸钾、硝酸钠、硝酸铵和硝酸钙等。由于固体硝酸盐高温时分解放出 O_2,具有氧化性,故硝酸铵与可燃物混合在一起可制作炸药,硝酸钾可用来制造黑色火药。有些硝酸盐还用来制造焰火。

14.4.4 磷的化合物

1)磷的氧化物

磷在不充足的空气中燃烧时生成 P_4O_6,充足的空气中生成 P_4O_{10},P_4O_6 和 P_4O_{10} 分别简称为三氧化二磷和五氧化二磷,它们的化学式通常分别写作最简式 P_2O_3 和 P_2O_5。

(1)三氧化二磷。

气态或液态的三氧化二磷都是二聚分子 P_4O_6,其中 4 个磷原子构成 1 个四面体,6 个氧原子位于四面体每一棱的外侧,分别与 2 个磷原子形成 P—O 单键,键长为 165pm,键角 $\angle POP$ 为 128°,$\angle OPO$ 为 99°。

P_4O_6 是白色易挥发的蜡状固体,熔点为 23.8℃,沸点为 173℃,易溶于有机溶剂。P_4O_6 与冷水反应较慢,生成亚磷酸:

$$P_4O_6 + 6H_2O(冷) \longrightarrow 4H_3PO_3$$

(2)五氧化二磷。

蒸气密度测定结果表明,五氧化二磷为二聚分子 P_4O_{10},分子结构与 P_4O_6 基本相似,只是每个磷原子上又多结合了 1 个氧原子。每个磷原子与周围 4 个氧原子以 O—P 键连接形成 1 个四面体,其中 3 个氧原子与另外 3 个四面体共用。

P_4O_{10} 是白色雪花状晶体,在 360℃时升华。P_4O_{10} 与水反应时先生成偏磷酸,然后形成焦磷酸,最后形成正磷酸。

P_4O_{10} 吸水性很强,在空气中吸收水分迅速潮解,因此常用作气体和液体的干燥剂。P_4O_{10} 甚至可以使硫酸、硝酸等脱水成为相应的氧化物:

$$P_4O_{10} + 6H_2SO_4(冷) \longrightarrow 6SO_3 + 4H_3PO_4$$

$$P_4O_{10} + 12HNO_3(冷) \longrightarrow 6N_2O_5 + 4H_3PO_4$$

P_4O_{10} 与水作用时,由于加合水分子数目不同,主要生成以下几种 P(V)的含氧酸:

$$P_4O_{10} + 2H_2O(冷) \longrightarrow 4HPO_3(偏磷酸)$$

$$3P_4O_{10} + 10H_2O \longrightarrow 4H_5P_3O_{10}(三聚磷酸)$$

$$P_4O_{10} + 4H_2O \longrightarrow 2H_4P_2O_7 \text{(焦磷酸)}$$
$$P_4O_{10} + 6H_2O \text{(热)} \longrightarrow 4H_3PO_4 \text{(正磷酸)}$$

2）磷的含氧酸及其盐

磷能形成多种含氧酸，包括次磷酸 H_3PO_2、亚磷酸 H_3PO_3 和正磷酸 H_3PO_4 等，其中磷的氧化态分别为 +1、+3 和 +5。根据含氧酸脱水数目的不同，又分为正磷酸、偏磷酸、聚磷酸、焦磷酸等。

（1）次磷酸及其盐。

次磷酸 H_3PO_2 是一种无色晶状固体，熔点为 26.5℃，易潮解，极易溶于水。H_3PO_2 的结构如图 14-19（a）所示，在 H_3PO_2 分子中，有 2 个氧原子与磷原子直接相连，与氧原子相连的氢原子可以被金属原子取代，在水中解离出 1 个 H^+，故 H_3PO_2 是一元中强酸（$K_a^{\ominus} = 1.0 \times 10^{-2}$）。

H_3PO_2 常温下稳定性较好，升温至 50℃分解，但在碱性溶液中非常不稳定，极易歧化为 HPO_3^{2-} 和 PH_3。同时，H_3PO_2 又是强还原剂，可将水溶液中的 $AgNO_3$、$HgCl_2$、$CuCl_2$ 等重金属盐还原为金属单质。

次磷酸盐多易溶于水，也是强还原剂。例如，化学镀镍就是用 NaH_2PO_2 将镍盐还原为金属镍，沉积于钢或其他金属镀件的表面。

（2）亚磷酸及其盐。

亚磷酸 H_3PO_3 是无色晶体，熔点为 73℃，易潮解，在水中的溶解度较大（20℃时在 100g 水中溶解 82g）。

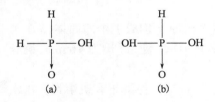

图 14-19　H_3PO_2 和 H_3PO_3 的分子结构
（a）H_3PO_2；（b）H_3PO_3

H_3PO_3 的结构如图 14-19（b）所示，在 H_3PO_3 中，有 2 个羟基与磷原子直接相连，可以解离出两个 H^+，故亚磷酸为二元酸（$K_{a_1}^{\ominus} = 6.3 \times 10^{-2}$，$K_{a_2}^{\ominus} = 2.0 \times 10^{-7}$）。

H_3PO_3 受热发生歧化反应，生成磷酸和膦 PH_3。

亚磷酸能形成正盐和酸式盐（如 NaH_2PO_3）。碱金属和钙的亚磷酸盐易溶于水，其他金属的亚磷酸盐都难溶于水。

亚磷酸和亚磷酸盐都是较强的还原剂，氧化性很弱。例如，亚磷酸能将 Ag^+ 还原为金属银，能将热的浓硫酸还原为二氧化硫。

（3）磷酸及其盐。

磷的含氧酸中以正磷酸最为稳定。正磷酸 H_3PO_4，简称磷酸，是磷酸中最重要的一种。纯净的磷酸为无色晶体，熔点为 42.3℃，是一种高沸点酸。磷酸不形成水合物，但可与水以任何比例混溶。市售磷酸试剂是黏稠、不挥发的浓溶液，磷酸含量约为 83%，密度为 $1.6 \text{g} \cdot \text{mL}^{-1}$，相当于 $14 \text{mol} \cdot \text{L}^{-1}$。

正磷酸的分子构型如图 14-20 所示。其中，PO_4^{3-} 原子团呈四面体构型，磷原子以 sp^3 杂化轨道与 4 个氧原子形成 4 个 σ 键。磷酸是三元中强酸，其三级解离常数分别为 $K_{a_1}^{\ominus} = 6.7 \times 10^{-3}$，$K_{a_2}^{\ominus} = 6.2 \times 10^{-8}$，$K_{a_3}^{\ominus} = 4.5 \times 10^{-13}$。

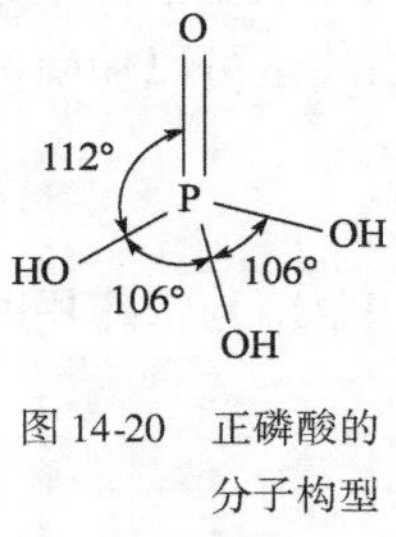

正磷酸的制备是将磷燃烧生成 P_4O_{10}，再与水反应即可制得。工业上也常用硫酸分解磷灰石来制取正磷酸：

图 14-20　正磷酸的
分子构型

$$Ca_3(PO_4)_2 + 3H_2SO_4 \longrightarrow 2H_3PO_4 + 3CaSO_4$$

但这种方法得到的磷酸不纯,含有 Ca^{2+}、Mg^{2+} 等杂质。

磷酸是磷的最高氧化值化合物,但却没有氧化性。浓磷酸和浓硝酸的混合液常用作化学抛光剂来处理金属表面,以提高其光洁度。

正磷酸可以形成三种类型的盐,即磷酸二氢盐(如 NaH_2PO_4)、磷酸一氢盐(如 Na_2HPO_4)和正盐(如 Na_3PO_4),大多数磷酸二氢盐都易溶于水。

除钠、钾及铵等少数盐外,磷酸一氢盐和正盐都难溶于水。碱金属的磷酸盐(除锂外)都易溶于水。由于 PO_4^{3-} 的水解作用使 Na_3PO_4 溶液呈碱性。HPO_4^{2-} 的水解程度比其解离程度大,故 Na_2HPO_4 溶液也呈碱性。而 $H_2PO_4^-$ 的水解程度弱于解离程度,故 NaH_2PO_4 溶液呈弱酸性。

磷酸盐中最重要的为钙盐。磷酸的钙盐在水中的溶解度按 $Ca(H_2PO_4)_2$、$CaHPO_4$、$Ca_3(PO_4)_2$ 的次序依次减小。磷酸钙除以磷灰石和纤核磷灰石矿存在于自然界外,也有少量存在于土壤中。工业上利用天然磷酸钙生产磷肥,其反应方程式如下:

$$Ca_3(PO_4)_2 + 2H_2SO_4 + 4H_2O \longrightarrow Ca(H_2PO_4)_2 + 2(CaSO_4 \cdot 2H_2O)$$

得到的 $Ca(H_2PO_4)_2$ 和 $CaSO_4 \cdot 2H_2O$ 的混合物称为过磷酸钙,可作为化肥使用。

PO_4^{3-} 具有较强的配位能力,能与许多金属离子形成可溶性的配合物。例如,Fe^{3+} 与 PO_4^{3-}、HPO_4^{2-} 形成无色的 $H_3[Fe(PO_4)_2]$、$H[Fe(HPO_4)_2]$,常用 PO_4^{3-} 作为 Fe^{3+} 的掩蔽剂。

磷酸盐与过量的钼酸铵 $(NH_4)_2MoO_4$ 及适量的浓硝酸混合后加热,可缓慢生成黄色的磷钼酸铵沉淀,利用这一反应可用来鉴定 PO_4^{3-}。

$$PO_4^{3-} + 12MoO_4^{2-} + 24H^+ + 3NH_4^+ \longrightarrow (NH_4)_3PO_4 \cdot 12MoO_3 \cdot 6H_2O(s) + 6H_2O$$

磷酸盐在工业上也被大量用来处理钢铁构件,发生磷化作用,使其表面生成难溶磷酸盐保护膜。另外,磷酸盐还可用来处理锅炉用水。

磷酸在强热($200 \sim 300 ℃$)时发生脱水作用生成焦磷酸、三聚磷酸或偏磷酸,它们都是多聚磷酸,属于缩合酸,酸性强于 H_3PO_4。多聚磷酸的结构分为两类,链状结构(如焦磷酸和三聚磷酸)和环状结构(如四偏磷酸)。

焦磷酸 $H_4P_2O_7$ 为无色玻璃状物质,易溶于水。在冷水中,焦磷酸缓慢地转变为磷酸。在热水中,特别是有硝酸存在时,这种转变很快。$P_2O_7^{4-}$ 的结构如图 14-21 所示,其中 2 个四面体构型的 PO_4 原子团共用 1 个顶角 O 原子而连接起来。

焦磷酸是四元酸,其酸性比磷酸强($K_{a_1}^{\ominus} = 2.9 \times 10^{-2}$, $K_{a_2}^{\ominus} = 5.3 \times 10^{-3}$, $K_{a_3}^{\ominus} = 2.2 \times 10^{-7}$, $K_{a_4}^{\ominus} = 4.8 \times 10^{-10}$)。一般说来,酸的缩合程度越大,其产物的酸性越强。

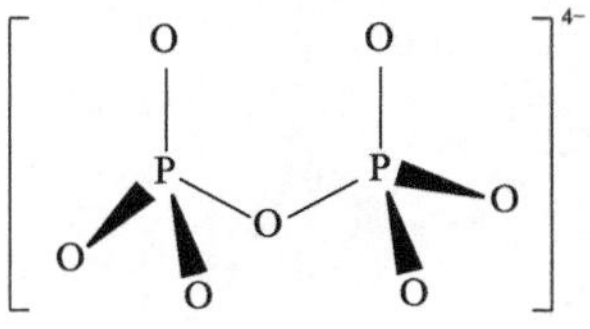

图 14-21 $P_2O_7^{4-}$ 的结构

常见的焦磷盐多为两类,即 $M_2^IH_2P_2O_7$ 和 $M_4^IP_2O_7$。焦磷酸的钠盐溶于水。将磷酸氢钠加热可得焦磷酸钠:

$$2Na_2HPO_4 \xrightarrow{\triangle} Na_4P_2O_7 + H_2O$$

$P_2O_7^{4-}$ 也具有配位能力。适量的 $Na_4P_2O_7$ 溶液与 Cu^{2+} 等离子作用生成相应的焦磷酸盐沉淀;当 $Na_4P_2O_7$ 过量时,则由于生成配合物而使沉淀溶解:

$$2Cu^{2+} + P_2O_7^{4-} \longrightarrow Cu_2P_2O_7(s)$$

$$Cu_2P_2O_7(s) + 3P_2O_7^{4-} \longrightarrow 2\left[Cu(P_2O_7)_2\right]^{6-}$$

焦磷酸盐可用于硬水软化和无氰电镀。

磷、氮等元素是植物生长的必需元素,如工业废水和城市生活污水中含有大量磷、氮等元素,一旦排入湖泊、水库、河流、海湾等区域,将会造成水体富营养化,导致藻类等水生植物生长过盛,引发赤潮。故含磷洗涤剂的生产和使用受到严格限制。

3)磷的卤化物

磷可以形成氧化值为 +3 和 +5 的卤化物,即三卤化磷 PX_3 和五卤化磷 PX_5。

磷与适量的卤素单质作用生成 PX_3(X 为 Cl、Br 或 I)产物中常含有少量 PX_5。三卤化磷的性质列于表 14-7 中。

三卤化磷的性质　　　　　　　　　　　　　　　表 14-7

PX_3	熔点/℃	沸点/℃	P—X 键长/pm	$\Delta_fH_m^{\ominus}/(kJ \cdot mol^{-1})$
PF_3	−151.3	−101.4	152	−918.8(g)
PCl_3	−93.6	76.1	204	−287.0(g)
PBr_3	−41.5	173.2	223	−184.5(g)
PI_3	60	>200 分解	247	−45.6(g)

三卤化磷的分子构型为三角锥形,如图 14-22(a)所示。磷原子除了采取 sp^3 杂化与 3 个卤原子形成 3 个 σ 键外,还有 1 对孤对电子。

PX_3 中以 PCl_3 最为重要。过量的磷在氯气中燃烧生成 PCl_3。室温下,PCl_3 是无色液体,在水中强烈地水解,生成亚磷酸和氯化氢,故在潮湿空气中因水解作用而发烟。

$$PCl_3 + 3H_2O \longrightarrow H_3PO_3 + 3HCl$$

磷与过量的卤素单质直接反应生成五卤化磷,三卤化磷和卤素反应也可以得到五卤化磷。例如,PCl_3 和 Cl_2 直接反应生成 PCl_5。

五卤化磷的气态分子为三角双锥形,分子构型如图 14-22(b)所示。磷原子以 sp^3d 杂化轨道与 5 个卤原子形成 5 个 σ 键,其中 2 个 P—X 键比其他 3 个 P—X 键的键长要长一些。

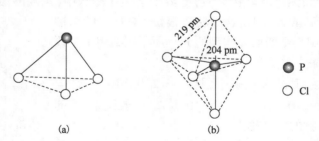

219 pm
204 pm

● P
○ Cl

(a)　　　　(b)

图 14-22　PCl_3 和 PCl_5 的分子构型

(a)PCl_3;(b)PCl_5

PX_5 受热分解为 PX_3 和 X_2,且热稳定性随 X_2 的氧化性增强而增强。例如,PCl_5 在 300℃以上分解为 PCl_3 和 Cl_2,但 PF_5 不分解。

PX_5 中最重要的是 PCl_5,常温下为白色晶体,晶体中含有正四面体的 $\left[PCl_4\right]^+$ 和正八面

体的 $[PCl_6]^-$，二者的排列类似于 CsCl 中的 Cs^+ 和 Cl^-。PCl_5 水解得到磷酸和氯化氢，反应分两步进行：

$$PCl_5 + H_2O \longrightarrow POCl_3 + 2HCl$$
$$POCl_3 + 3H_2O \longrightarrow H_3PO_4 + 3HCl$$

$POCl_3$ 室温下是无色液体，与 PCl_5 一样，在有机反应中常用作氯化剂。$POCl_3$ 的分子构型为四面体，磷原子采取 sp^3 杂化与 3 个氯原子和 1 个氧原子结合。

14.4.5　砷、锑、铋的化合物

1）砷、锑、铋的氢化物

砷、锑、铋都能形成氢化物（AsH_3、SbH_3 和 BiH_3），且有剧毒。这三种氢化物的稳定性均比较差，且稳定性依次减弱，BiH_3 极不稳定；它们的碱性也按该顺序依次减弱，BiH_3 基本没有碱性。

砷、锑、铋的氢化物中以砷化氢 AsH_3 最为重要，又名胂。如用较活泼金属在酸性溶液中还原 $As(III)$ 的化合物，则可以得到 AsH_3。

$$As_2O_3 + 6Zn + 6H_2SO_4 \longrightarrow 2AsH_3 + 6ZnSO_4 + 3H_2O$$

室温下胂在空气中能自燃：

$$2AsH_3 + 3O_2 \longrightarrow As_2O_3 + 3H_2O$$

在缺氧条件下，胂受热分解成单质砷和氢气：

$$2AsH_3 \xrightarrow{\triangle} 2As(s) + 3H_2$$

这即是马氏试砷法的基本原理。具体方法是将试样、锌和盐酸混合，将生成的气体导入热玻璃管中。如果试样中含有砷的化合物，锌会将其还原为胂，胂在玻璃管中受热发生部分分解，生成的砷沉积在管壁表面形成亮黑色的"砷镜"。

另外，胂还可作为还原剂使用，不仅能将高锰酸钾、重铬酸钾以及硫酸、亚硫酸等还原，还能将某些重金属的盐还原为相应的重金属。

2）砷、锑、铋的氧化物

砷、锑、铋与磷相似，可以形成两类氧化物，即氧化值为 +3 的 As_2O_3、Sb_2O_3、Bi_2O_3 和氧化值为 +5 的 As_2O_5、Sb_2O_5、Bi_2O_5（Bi_2O_5 极不稳定）。

常态下，砷、锑的 M_2O_3 是双聚分子 As_4O_6 和 Sb_4O_6，其结构与 P_4O_6 相似，它们在较高温度下才分别解离为 As_2O_3 和 Sb_2O_3。As_2O_3 和 Sb_2O_3 的晶体为分子晶体，Bi_2O_3 则为离子晶体。

三氧化二砷 As_2O_3，俗名砒霜，为白色粉末状的剧毒物，是砷的最重要的化合物。As_2O_3 微溶于水，在热水中溶解度稍大，溶解后形成亚砷酸 H_3AsO_3 溶液。As_2O_3 是两性偏酸的氧化物，因此它可以在碱溶液中溶解生成亚砷酸盐。As_2O_3 主要用于制造杀虫药剂、除草剂以及含砷药物。

三氧化二锑 Sb_2O_3 是不溶于水的白色固体，但既可以溶于酸，也可以溶于强碱溶液。Sb_2O_3 表现出明显的两性，其酸性比 As_2O_3 弱，碱性则略强。

三氧化二铋 Bi_2O_3 是黄色粉末，加热变为红棕色。Bi_2O_3 极难溶于水，溶于酸生成相应的铋盐。Bi_2O_3 是碱性氧化物，不溶于碱。

砷、锑、铋的氧化物的酸性依次减弱,碱性依次增强。

3) 砷、锑、铋的氢氧化物及含氧酸

氧化值为 +3 的砷、锑、铋的氢氧化物包括 H_3AsO_3、$Sb(OH)_3$ 和 $Bi(OH)_3$,它们的酸性依次减弱,碱性依次增强。H_3AsO_3 和 $Sb(OH)_3$ 是两性氢氧化物。$Bi(OH)_3$ 的碱性远大于酸性,只能微溶于浓的强碱溶液。H_3AsO_3 仅在溶液中存在,而 $Sb(OH)_3$ 和 $Bi(OH)_3$ 都是难溶于水的白色沉淀。

亚砷酸 H_3AsO_3 是一种弱酸($K_{a_1}^{\ominus} = 5.9 \times 10^{-10}$),在酸性介质中还原性较差,但亚砷酸盐在碱性溶液中还原性较强,可将弱氧化剂(如碘)还原(pH < 9):

$$AsO_3^{3-} + I_2 + 2OH^- \longrightarrow AsO_4^{3-} + 2I^- + H_2O$$

即使在强碱溶液中,亚锑酸的还原性也很差,$Bi(OH)_3$ 则只能在强碱介质中被极强氧化剂所氧化。例如

$$Bi(OH)_3 + Cl_2 + 3NaOH \longrightarrow NaBiO_3 + 2NaCl + 3H_2O$$

氧化值为 +5 的砷、锑、铋的氢氧化物(或含氧酸)的还原性依次减弱。砷酸 H_3AsO_4 是一种三元酸,其酸性近似于磷酸。锑酸 $H[Sb(OH)_6]$ 在水中难溶,酸性相对较弱。

砷酸盐、锑酸盐和铋酸盐的氧化性依次增强。砷酸盐、锑酸盐只有在酸性溶液中才表现出氧化性,例如

$$H_3AsO_4 + 2I^- + 2H^+ \longrightarrow H_3AsO_3 + I_2 + H_2O$$

铋酸盐在酸性溶液中是很强的氧化剂,可将 Mn^{2+} 氧化成高锰酸盐,这一反应可以用于鉴定 Mn^{2+}。

$$2Mn^{2+} + 5NaBiO_3 + 14H^+ \longrightarrow 2MnO_4^- + 5Bi^{3+} + 5Na^+ + 7H_2O$$

4) 砷、锑、铋的盐

砷、锑、铋的三氯化物,以及硫酸锑 $Sb_2(SO_4)_3$、硫酸铋 $Bi_2(SO_4)_3$、硝酸铋 $Bi(NO_3)_3$ 等盐在水溶液中都易水解。除 $AsCl_3$ 的水解与 PCl_3 相似外,其他盐的水解产物为白色碱式盐沉淀。例如

$$SbCl_3 + H_2O \longrightarrow SbOCl(s) + 2HCl$$
$$BiCl_3 + H_2O \longrightarrow BiOCl(s) + 2HCl$$

Sb^{3+}、Bi^{3+} 也具有一定的氧化性,可被强还原剂还原为金属单质,这一反应可以用来鉴定 Sb^{3+}。

$$2Sb^{3+} + 3Sn \longrightarrow 2Sb + 3Sn^{2+}$$

在碱性溶液中,Sn(Ⅱ)可将 Bi(Ⅲ)还原为 Bi:

$$2Bi^{3+} + 3[Sn(OH)_4]^{2-} + 6OH^- \longrightarrow 2Bi + 3[Sn(OH)_6]^{2-}$$

利用这一反应可以鉴定 Bi^{3+} 的存在。

砷、锑、铋都能形成稳定的硫化物。氧化值为 +3 的硫化物有黄色的 As_2S_3、橙色的 Sb_2S_3 和黑色的 Bi_2S_3,氧化值为 +5 的硫化物有 As_2S_5 和 Sb_2S_5,但不能生成 Bi_2S_5。

在砷、锑、铋的盐溶液中通入硫化氢或加入可溶性硫化物,可得到相应的砷、锑、铋的硫化物沉淀。例如

$$2AsO_3^{3-} + 3H_2S + 6H^+ \longrightarrow As_2S_3(s) + 6H_2O$$

这些硫化物都不溶于水和稀的酸性溶液。

砷、锑、铋的硫化物与酸和碱的反应同它们相应的氧化物相似。砷、锑的硫化物能溶于碱溶液，也能溶于碱金属硫化物溶液，但 Bi_2S_3 不溶于碱或碱金属硫化物溶液中。

砷的硫化物不溶于浓盐酸，而 Sb_2S_3 和 Bi_2S_3 则溶于浓盐酸：

$$Sb_2S_3 + 12HCl(浓) \longrightarrow 2H_3[SbCl_6] + 3H_2S$$

$$Bi_2S_3 + 8HCl(浓) \longrightarrow 2H[BiCl_4] + 3H_2S$$

可用 $(NH_4)_2S$ 或 Na_2S 溶液将砷、锑的硫化物溶解，使之与某些金属硫化物从沉淀中分离出来。

14.5　氧 族 元 素

14.5.1　氧族元素概述

氧族元素包括氧 O（Oxygen）、硫 S（Sulfur）、硒 Se（Selenium）、碲 Te（Tellurium）、钋 Po（Polonium）和铊 Lv（Livermorium）6 种元素。在氧族元素中，氧和硫能以单质和化合态存在于自然界，硒和碲属于分散稀有元素，以极微量存在于各种硫化物矿中。硒有几种同素异形体，其中灰硒为链状晶体，红硒是分子晶体。硒是人体必需的微量元素之一。氧族元素的一般性质列于表 14-8 中。

氧族元素的一般性质　　　　　　　　　　表 14-8

元素	O	S	Se	Te	Po
价层电子构型	$2s^2 2p^4$	$3s^2 3p^4$	$4s^2 4p^4$	$5s^2 5p^4$	$6s^2 6p^4$
共价半径/pm	66	104	117	137	153
沸点/℃	−183.0	444.6	685	988	962
熔点/℃	−218.8	115.2	222.8	449.5	254
密度/($g \cdot cm^{-3}$)	0.001 308	2.07	4.809	6.232	9.20
电负性	3.44	2.58	2.55	2.1	2.0
电离能 I_1/($kJ \cdot mol^{-1}$)	1 313.9	999.6	941.0	869.3	811.8
电子亲和能 A_1/($kJ \cdot mol^{-1}$)	−141.0	−200.4	−195.0	−190.2	−183.2
氧化值	−2, −1,0	−2,0, +4, +6	−2,0, +2, +4, +6	−2,0, +2, +4, +6	

氧族元素原子的价层电子构型为 $ns^2 np^4$，有获得 2 个电子达到稀有气体稳定电子结构的倾向，表现出较强的非金属性。随着原子序数的增加，氧族元素从非金属向金属过渡，氧和硫是典型的非金属元素，硒和碲是准金属元素，钋和铊是典型的金属，为放射性金属元素。

氧在氧族元素中，原子半径最小、电负性最大、电离能最大。氧化态为 −2 的化合物的稳定性从氧到碲依次减弱，其还原性依次增强。氧族元素氢化物的酸性从氧到碲依次递增，从硫到碲其氧化物的酸性依次减弱。

氧的氟化物中,其氧化态为正值,在一般化合物中氧的氧化值为负值。其他氧族元素在与电负性大的元素结合时,可形成氧化值为 +2、+4 和 +6 的化合物。氧原子成键时遵守八隅体规则,该族其他元素可形成配位数大于 4 的化合物。

本节只讨论氧和硫及其重要化合物。氧和硫的元素电势图见图 14-23 和图 14-24。

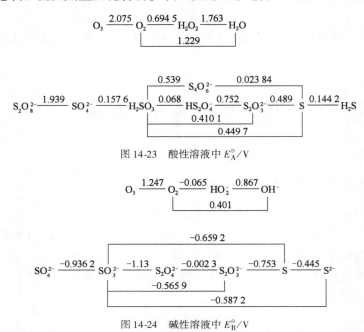

$$O_3 \xrightarrow{2.075} O_2 \xrightarrow{0.694\,5} H_2O_2 \xrightarrow{1.763} H_2O$$
$$\underset{1.229}{}$$

图 14-23 酸性溶液中 $E_A^\ominus/V$

$$O_3 \xrightarrow{1.247} O_2 \xrightarrow{-0.065} HO_2^- \xrightarrow{0.867} OH^-$$
$$\underset{0.401}{}$$

图 14-24 碱性溶液中 $E_B^\ominus/V$

14.5.2 氧族元素的单质

1) 氧

氧是地壳中分布最广的元素,丰度居各种元素之首,质量约占地壳的一半。氧气为无色、无臭气体, $-183℃$ 时凝结为淡蓝色液体,冷却到 $-218℃$ 时,凝固为蓝色固体。氧分子 O_2 是非极性分子,尽管在水中的溶解度很小,却是各种水生动物、植物赖以生存的必要条件。

氧分子的结构式为 O∶∶∶O,具有顺磁性,键解离能较大($498kJ \cdot mol^{-1}$),常温下空气中的氧气只能将如 NO、$SnCl_2$、H_2SO_3 等强还原性的物质氧化;加热条件下,除卤素、少数贵金属(如 Au、Pt 等)以及稀有气体外,氧气几乎能与其他所有元素直接化合生成相应的氧化物。

工业上常通过液态空气的分馏和水的电解方法制取氧气。实验室利用氯酸钾的热分解制备氧气。

氧气用途广泛,炼钢工业用氧量占氧生产总量的 60% 以上,化学工业中使用氧气将乙烯直接氧化为环氧乙烷。氧气广泛用于纸浆漂白、污水处理、渔业养殖、潜水、医疗等,还可用作卫星发射及宇宙飞船中火箭燃料的氧化剂。

2) 臭氧

臭氧 O_3 是氧气 O_2 的同素异形体。由于太阳对大气中氧气的强烈辐射作用,使得在大气层的最上层形成了一层臭氧层,而在地面附近大气层中的含量极少,仅为 $1.0 \times$

$10^{-3}mL \cdot m^{-3}$。臭氧层可以有效吸收太阳光的紫外线,故成为地球上一切生命体免受太阳强辐射的天然保护屏障。随之而来的是,臭氧层的保护已逐渐成为全球性的重要任务之一。在雷雨天气,空气中的氧气在电火花作用下也部分转化为臭氧。在实验室里可借助无声放电的方法制备臭氧。复印机工作时也有臭氧产生。

臭氧的分子构型为 V 形。在臭氧分子中,中心氧原子以 sp^2 杂化轨道与另外 2 个氧原子相结合。中心氧原子利用它的 2 个未成对电子分别与其他 2 个氧原子中的 1 个未成对电子相结合,占据 2 个 sp^2 杂化轨道,形成 2 个 σ 键。第 3 个 sp^2 杂化轨道被孤对电子占有并与 2 个配位氧原子各提供的 1 个电子形成垂直于分子平面的三中心四电子大 π 键 Π_3^4。臭氧分子具有反磁性,表明其分子中无单电子。

臭氧是一种具有鱼腥味、淡蓝色的气体。在 $-112℃$ 时凝聚为深蓝色液体,在 $-193℃$ 时凝结为黑紫色固体。臭氧分子为极性分子,偶极矩 $\mu = 1.8 \times 10^{-30} C \cdot m$。臭氧比氧气易溶于水,稳定性极差,常温下就可以缓慢分解,在 200℃ 以上分解速率较快。

$$2O_3(g) \longrightarrow 3O_2(g) \qquad \Delta_r H_m^{\ominus} = -285.4 kJ \cdot mol^{-1}$$

臭氧的氧化性强于 O_2,能将 I^- 氧化并析出单质碘:

$$O_3 + 2I^- + 2H^+ \longrightarrow I_2 + O_2 + H_2O$$

利用臭氧强氧化性以及不带来二次污染这一特点,可用臭氧来净化废气和废水。臭氧可用作杀菌剂,可用臭氧代替氯气作为饮用水消毒剂,其杀菌效率高且消毒后无味。臭氧又是一种高能燃料的氧化剂。

空气中微量臭氧的存在有益于人体健康,但当臭氧含量高于 $1mL \cdot m^{-3}$ 时,对人体是有害的,将会引起头疼等症状。另外,由于臭氧的强氧化性,其对橡胶和一些塑料表现出特殊的破坏作用。

3) 硫

硫在自然界中以单质和化合态存在。单质硫矿床主要分布在火山附近。以化合物形式存在的硫分布较广,主要有硫化物(如 FeS_2、PbS、$CuFeS_2$、ZnS 等)和硫酸盐(如 $CaSO_4$、$BaSO_4$、$Na_2SO_4 \cdot 10H_2O$ 等)。其中黄铁矿 FeS_2 是最重要的硫化物矿,它大量用于制造硫酸,是一种基本的化工原料。煤和石油中也含有硫。此外,硫是细胞的组成元素之一,它以化合物形式存在于动植物体内。

单质硫俗称硫黄,原子间可形成单键,故聚集为长链的大分子,形成分子晶体,质松脆,室温下以固态存在,不溶于水。硫最常见的同素异形体是晶状的斜方硫(菱形硫,α-硫)和单斜硫(β-硫)。斜方硫是黄色固体,密度为 $2.06g \cdot cm^{-3}$,加热到 95.5℃ 以上时,斜方硫转变为单斜硫。单斜硫呈浅黄色,密度为 $1.99g \cdot cm^{-3}$,在 95.5 ~ 115℃(熔点)范围内稳定。当温度低于 95.5℃ 时,单斜硫又慢慢转变为斜方硫。

$$S(斜方) \underset{95.5℃}{\rightleftharpoons} S(单斜) \qquad \Delta_r H_m^{\ominus} = 0.33 kJ \cdot mol^{-1}$$

斜方硫和单斜硫的分子都由 8 个硫原子组成,为环状结构,如图 14-25 所示。在 S_8 分子中,每个硫原子都以 2 个 sp^3 杂化轨道与相邻的 2 个硫原子形成 σ 键,另外 2 个 sp^3 杂化轨道中则各有 1 对孤对电子。S_8 分子之间靠弱的分子间力结合,熔点低。它们都不溶于强极性溶剂

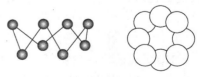

图 14-25　S_8 的环状结构

(例如水),而溶于非极性或弱极性溶剂(如 CS_2、CH_3Cl、C_2H_5OH 等)中。

单斜硫与斜方硫晶体中的 S_8 分子排列方式不同。当单质硫加热熔化后,首先得到浅黄色、透明、流动的液体,继续加热至 160℃ 左右,S_8 环开始断开,且聚合生成长链大分子,液体颜色变暗,黏度逐渐增大,当温度达 190℃ 左右时,黏度达到最大。如将温度为 190℃ 的熔融硫快速倒入冷水中冷却,可得到弹性硫。弹性硫不溶于任何溶剂,静置后缓慢转变为更稳定的晶状硫。

硫的化学性质比较活泼,能与大多数金属直接化合生成相应的硫化物;也能与氢、氧、卤素(碘除外)、碳、磷等直接作用生成相应的共价化合物;硫可与氧化性酸(如硝酸、浓硫酸等)反应,还能与热碱液反应生成硫化物和亚硫酸盐:

$$3S + 6NaOH \xrightarrow{\triangle} 2Na_2S + Na_2SO_3 + 3H_2O$$

当硫过量时生成硫代硫酸盐:

$$4S + 6NaOH \xrightarrow{\triangle} 2Na_2S + Na_2S_2O_3 + 3H_2O$$

硫最大的用途是制造硫酸,也是橡胶工业、造纸工业、火柴和焰火制造等领域的重要原料之一,还可用于黑火药制造、药剂合成以及农药杀虫剂制备等。

14.5.3 氧族元素的化合物

1)过氧化氢

H_2O_2 分子中 2 个氧原子分别采取 sp^3 杂化形成 2 个 σ 键,还有 2 对孤对电子。分子中有 1 个过氧基(—O—O—),每个氧原子连着 1 个氢原子。2 个氢原子和 2 个氧原子不在同一个平面上。纯的过氧化氢的熔点为 -1℃,沸点为 150℃。-4℃ 时,固体 H_2O_2 的密度为 $1.643\,g \cdot cm^{-3}$。H_2O_2 能与水以任意比例混溶,其水溶液一般也称为双氧水。H_2O_2 是强极性分子,极性大于水。分子间具有较强的氢键,在液态和固态中存在缔合分子。

高纯度的 H_2O_2 在低温下较稳定,其分解作用比较平稳,当加热到 153℃ 以上,会发生强烈的爆炸性分解:

$$2H_2O_2(l) \longrightarrow 2H_2O(l) + O_2(g) \quad \Delta_r H_m^{\ominus} = -196.1\,kJ \cdot mol^{-1}$$

H_2O_2 在碱性介质中的分解速率远大于在酸性介质中的分解速率,另外,少量 MnO_2 或 Fe^{2+}、Mn^{2+}、Cu^{2+}、Cr^{3+} 等金属离子的存在能加速 H_2O_2 的分解,光照也可加速 H_2O_2 的分解。故 H_2O_2 应置于棕色瓶中,于阴凉处保存。

过氧化氢酸性很弱,25℃ 时,$K_{a_1}^{\ominus} = 2.0 \times 10^{-12}$,$K_{a_2}^{\ominus} = 10^{-25}$。$H_2O_2$ 能与某些金属氢氧化物反应生成过氧化物和水。例如

$$H_2O_2 + Ba(OH)_2 \longrightarrow BaO_2 + 2H_2O$$

在过氧化氢中,氧的氧化态为 -1,H_2O_2 既有氧化性,又有还原性。H_2O_2 无论在酸性溶液还是在碱性溶液中都是强氧化剂。例如

$$2I^- + H_2O_2 + 2H^+ \longrightarrow I_2 + 2H_2O$$

$$2[Cr(OH)_4]^- + 3H_2O_2 + 2OH^- \longrightarrow 2CrO_4^{2-} + 8H_2O$$

H_2O_2 的还原性较弱,只有当 H_2O_2 与强氧化剂作用时,才能被氧化放出 O_2。例如

$$2KMnO_4 + 5H_2O_2 + 3H_2SO_4 \longrightarrow 2MnSO_4 + 5O_2 + K_2SO_4 + 8H_2O$$

$$H_2O_2 + Cl_2 \longrightarrow 2HCl + O_2$$

过氧化氢可将黑色 PbS 氧化为白色 $PbSO_4$：

$$PbS + 4H_2O_2 \longrightarrow PbSO_4 + 4H_2O$$

在酸性溶液中，H_2O_2 与重铬酸盐反应生成蓝色过氧化铬 CrO_5。CrO_5 在乙醚或戊醇中比较稳定。

$$4H_2O_2 + Cr_2O_7^{2-} + 2H^+ \longrightarrow 2CrO_5 + 5H_2O$$

此反应可用于检测 H_2O_2，也可以用于检测 CrO_4^{2-} 或 $Cr_2O_7^{2-}$ 的存在。

过氧化氢的主要用途是作为氧化剂使用，优点在于反应产物是 H_2O，不会引入其他杂质。工业上还采用 H_2O_2 作漂白剂，医药上用稀 H_2O_2 作为消毒杀菌剂。纯 H_2O_2 还可作为火箭燃料的氧化剂。

工业上制备过氧化氢的方法主要有电解法和蒽醌法两种。由于电解法能耗大，成本高，已逐渐被淘汰。现在较普遍采用蒽醌法。

2）硫化氢和硫化物

（1）硫化氢。

硫化氢 H_2S 为无色、剧毒气体。当空气中 H_2S 的含量达到 0.05% 时，便可闻到腐蛋臭味；当空气中 H_2S 的含量达到 0.1% 时，就会使人头痛，吸入大量硫化氢会造成昏迷或死亡。

硫化氢分子构型呈 V 形，与水分子相似，但 H—S 键长（136pm）比 H—O 键略长，键角 $\angle HSH(92°)$ 较 $\angle HOH$ 小。H_2S 分子的极性比 H_2O 弱，故硫化氢的沸点（$-60℃$）、熔点（$-86℃$）均低于同族的 H_2O、H_2Se、H_2Te。硫化氢略溶于水，在 $20℃$ 时饱和溶液的浓度为 $0.1mol \cdot L^{-1}$。

通常利用金属硫化物和非氧化性酸作用制取硫化氢：

$$FeS + 2HCl \longrightarrow H_2S + FeCl_2$$

在实验室可利用硫代乙酰胺水溶液加热水解的方法制取硫化氢：

$$CH_3CSNH_2 + 2H_2O \overset{\triangle}{\longrightarrow} CH_3COONH_4 + H_2S$$

逸出的 H_2S 气体可用 P_2O_5 干燥。

硫化氢中硫的氧化值为 -2，为硫的最低氧化值，故硫化氢具有较强的还原性，在充足的空气中燃烧生成二氧化硫和水，当空气不足或温度较低时，生成硫单质和水。硫化氢能被卤素氧化成单质硫。例如

$$H_2S + Br_2 \longrightarrow 2HBr + S$$

氯气还能把硫化氢氧化成硫酸：

$$H_2S + 4Cl_2 + 4H_2O \longrightarrow H_2SO_4 + 8HCl$$

硫化氢在水溶液中更容易被氧化，空气中的氧会把硫化氢氧化成硫单质而使溶液逐渐变浑浊。

硫化氢的水溶液称为氢硫酸，是一种很弱的二元酸（$K_{a_1}^{\ominus} = 8.9 \times 10^{-8}$，$K_{a_2}^{\ominus} = 7.1 \times 10^{-19}$）。氢硫酸能与金属离子形成正盐硫化物，也能形成酸式盐硫氢化物（如 NaHS）。

（2）金属硫化物。

大多金属硫化物都有颜色。碱金属硫化物和 BaS 易溶于水，其他碱土金属硫化物微溶于水（BeS 难溶）。除此之外，大多数金属硫化物难溶于水，有些还难溶于酸。个别硫化物由

于完全水解,不能存在于水溶液中(如 Al_2S_3 和 Cr_2S_3),必须通过干法制备。各种金属离子可以通过上述硫化物的性质来分离和鉴别。根据金属硫化物在水和稀酸中的溶解性差别可以把它们分成三类,列于表 14-9 中。

某些金属硫化物的颜色和溶解性 表 14-9

硫化物	颜色	$K_{sp}^{\ominus}$	溶解性	硫化物	颜色	$K_{sp}^{\ominus}$	溶解性
Na_2S	白色	—		SnS	棕色	1.0×10^{-25}	
K_2S	黄棕色	—		PbS	黑色	8.0×10^{-28}	
$(NH_4)_2S$	溶解无色(微黄)	—	溶于水或微溶于水	Sb_2S_3	橙色	2.9×10^{-59}	
CaS	无色	—		Bi_2S_3	黑色	1×10^{-97}	难溶于水和稀酸
BaS	无色	—		Cu_2S	黑色	2.5×10^{-48}	
MnS	肉红色	2.5×10^{-13}		CuS	黑色	6.3×10^{-36}	
FeS	黑色	6.3×10^{-18}	难溶于水而溶于稀酸	Ag_2S	黑色	6.3×10^{-50}	
$CoS(\alpha)$	黑色	4.0×10^{-21}		CdS	黑色	8.0×10^{-27}	
$NiS(\alpha)$	黑色	3.2×10^{-19}		Hg_2S	黑色	1.0×10^{-47}	
$ZnS(\alpha)$	白色	1.6×10^{-24}		HgS	黑色	1.6×10^{-52}	

硫化钠 Na_2S 为白色晶状固体,在空气中易潮解。Na_2S 水溶液由于 S^{2-} 水解而呈碱性,故其俗名叫硫化碱。常用的硫化钠为 $Na_2S \cdot 9H_2O$。硫化钠广泛用于染料、印染、涂料、制革、食品等工业,还用于荧光材料的制造。

硫化铵 $(NH_4)_2S$ 是一种常用的可溶性硫化物试剂,在氨水中通入硫化氢即可制得,其水溶液呈碱性。硫化钠和硫化铵都具有还原性,容易被空气中的 O_2 氧化而形成多硫化物。

金属硫化物都会发生水解反应,即使是难溶金属硫化物,其溶解的部分也发生水解。各种难溶金属硫化物在酸中的溶解情况差异很大,这与其溶度积常数有关。$K_{sp}^{\ominus} > 1 \times 10^{-24}$ 的硫化物一般可溶于稀酸,$K_{sp}^{\ominus}$ 在 $1 \times 10^{-25} \sim 1 \times 10^{-30}$ 之间的硫化物一般不溶于稀酸而溶于浓盐酸,溶度积更小的硫化物(如 CuS)在浓盐酸中也不溶解,但可溶于硝酸。对于在硝酸中也不溶解的 HgS 来说,则需要用王水才能将其溶解。

(3)多硫化物。

在可溶性硫化物的浓溶液中加入硫粉时,硫溶解生成相应的多硫化物。

$$(NH_4)_2S + (x-1)S \longrightarrow (NH_4)_2S_x$$

通常生成的产物是含有不同数目硫原子的多种多硫化物的混合物。随着硫原子数目的增加,多硫化物的颜色从黄色经橙黄色最终变为红色。$x = 2$ 的多硫化物也称为过硫化物。

在多硫化物中,硫原子之间通过共用电子对相互连接形成多硫离子。多硫离子具有链式结构 $[\cdots S-S-S-S-S\cdots]_x^{2-}$。多硫化物具有氧化性和还原性,与 Sn(Ⅱ)、As(Ⅲ) 和 Sb(Ⅲ) 等的硫化物作用生成相应元素高氧化值的硫代酸盐。

多硫化物与酸反应生成多硫化氢 H_2S_x,不稳定,能分解成硫化氢和单质硫。

$$S_x^{2-} + 2H^+ \longrightarrow H_2S_x \longrightarrow H_2S + (x-1)S$$

多硫化物在皮革工业中用作原皮的除毛剂。在农业上用多硫化物作为杀虫剂来防治花红蜘蛛及果木的病虫害。

（4）二氧化硫、亚硫酸及其盐。

硫在空气中燃烧生成二氧化硫 SO_2。气态 SO_2 的分子构型与 O_3 相似，为 V 形，如图 14-26 所示。硫原子除以 2 个 sp^2 杂化轨道分别与 2 个氧原子形成 σ 键外，还形成 1 个三中心四电子大 π 键 Π_3^4。键角 ∠OSO 为 119.5°，S—O 键的键长为 143pm。SO_2 是无色、具有强烈刺激性气味的气体，沸点为 −10℃，熔点为 −75.5℃，较易液化。液态 SO_2 能够解离，是一种良好的非水溶剂。

$$2SO_2 \rightleftharpoons SO^{2+} + SO_3^{2-}$$

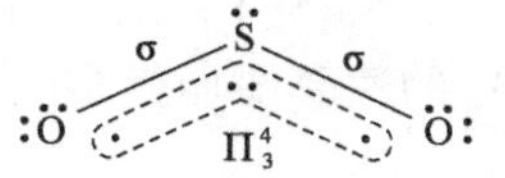

SO_2 分子的极性较强，易溶于水，生成很不稳定的亚硫酸 H_2SO_3，H_2SO_3 是二元中强酸（$K_{a_1}^\ominus = 1.7 \times 10^{-2}$，$K_{a_2}^\ominus = 6.0 \times 10^{-8}$）。$H_2SO_3$ 只存在于水溶液中，游离状态的纯 H_2SO_3 尚未制得。

图 14-26　SO_2 的分子构型

工业上利用焙烧硫化物矿制取 SO_2：

$$3FeS_2 + 8O_2 \longrightarrow Fe_3O_4 + 6SO_2$$

实验室用亚硫酸盐与酸反应制取少量的 SO_2，也可用铜和浓硫酸共同加热制取少量 SO_2。

在 SO_2 和 H_2SO_3 中，硫的氧化值为 +4，它们既有氧化性，又有还原性。例如

$$SO_2 + 2CO \xrightarrow[\text{铝矾土}]{500℃} 2CO_2 + S$$

亚硫酸还原性较强，可将 Cl_2、MnO_4^- 分别还原为 Cl^-、Mn^{2+}，甚至可以将 I_2 还原为 I^-：

$$2MnO_4^- + 5SO_3^{2-} + 6H^+ \longrightarrow 2Mn^{2+} + 5SO_4^{2-} + 3H_2O$$

$$H_2SO_3 + I_2 + H_2O \longrightarrow H_2SO_4 + 2HI$$

当与强还原剂反应时，H_2SO_3 才表现出氧化性。例如

$$H_2SO_3 + 2H_2S \longrightarrow 3S + 3H_2O$$

在化工生产中主要应用 SO_2 和 H_2SO_3 的还原性。SO_2 主要用于硫酸和亚硫酸盐的生产，还大量用于洗涤剂、食品防腐剂、生活消毒剂等的生产合成。由于一些有机物可与 SO_2 或 H_2SO_3 发生加成反应，生成无色的加成物使有机物褪色，故 SO_2 还可用作漂白剂。

亚硫酸可形成正盐（如 Na_2SO_3）和酸式盐（如 $NaHSO_3$）。碱金属和铵的亚硫酸盐易溶于水，并发生水解；亚硫酸氢盐的溶解度大于相应的正盐，也易溶于水。

通常在金属氢氧化物的水溶液中通入 SO_2 可得到相应的亚硫酸盐。

亚硫酸盐的还原性强于亚硫酸，在空气中易被氧化成硫酸盐而失去还原性。Na_2SO_3 和 $NaHSO_3$ 作为还原剂广泛用于染料工业中。在纺织、印染工业中，亚硫酸盐常用作织物的去氯剂：

$$SO_3^{2-} + Cl_2 + H_2O \longrightarrow SO_4^{2-} + 2Cl^- + 2H^+$$

亚硫酸氢钙能溶解木质素，大量用于造纸工业。

（5）三氧化硫、硫酸及其盐。

纯三氧化硫是一种无色、易挥发的固体，熔点为 16.8℃，沸点为 44.8℃。气态 SO_3 为单分子，分子构型为平面三角形，如图 14-27 所示。在 SO_3 分子中，硫原子以 3 个 sp^2 杂化轨道分别与 3 个 O 原子形成 3 个 σ 键（其中有 1 个 σ 配键，该键由 S 原子含有 1 对电子的 sp^2 轨

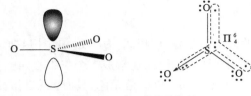

图 14-27　SO₃ 的分子构型

道提供电子给 O 原子),而这 3 个 O 原子的 2p 轨道又和 S 原子的 3p 轨道(均与 SO_3 分子平面垂直)形成 1 个四中心六电子离域 π 键 Π_4^6。S═O键的键长为 143pm,比 S—O 单键(155pm)短,故具有双键特性。实验室可以用发烟硫酸或焦硫酸加热制得 SO_3。

虽然 S(Ⅳ)的化合物都具有还原性,但与氧化 H_2SO_3 或 Na_2SO_3 相比,将 SO_2 氧化成 SO_3 的速率要慢得多,当有催化剂存在时,可加速其氧化:

$$2SO_2(g) + O_2(g) \xrightarrow[>450℃]{V_2O_5} 2SO_3(g) \quad \Delta_rH_m^\ominus = -197.78kJ \cdot mol^{-1}$$

SO_3 氧化性很强。例如,当与磷接触时便会燃烧,高温时 SO_3 能氧化 KI、HBr 和 Fe、Zn 等金属。

SO_3 极易与水化合生成硫酸,同时放出大量的热:

$$SO_3(g) + H_2O(l) \longrightarrow H_2SO_4(aq) \quad \Delta_rH_m^\ominus = -132.44kJ \cdot mol^{-1}$$

因此,SO_3 在潮湿的空气中易挥发呈雾状。

硫酸分子的结构式如图 14-28(a)所示。在硫酸分子中,各键角和 4 个 S—O 键的键长都不相等[图 14-28(b)]。硫原子采用 sp^3 杂化轨道与 2 个氧原子形成 2 个 σ 键;另外 2 个氧原子接受硫原子提供的电子对分别形成 σ 配键;与此同时,硫原子的空 3d 轨道与 2 个非羟基氧原子的 2p 轨道对称性匹配,相互重叠,反过来接受来自这 2 个氧原子的孤对电子,从而形成了 2 个 d-p π 配键。

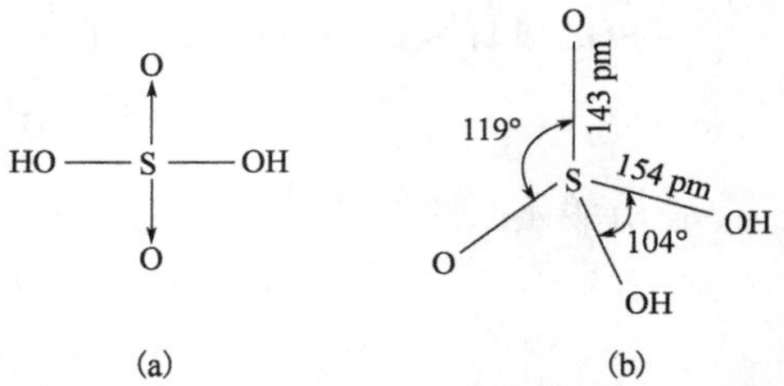

图 14-28　硫酸的分子结构式和分子构型
(a)分子结构式;(b)分子构型

纯硫酸是无色的油状液体,在 10.38℃时凝固成晶体,市售的浓硫酸密度为 $1.84g \cdot mL^{-1}$,浓度约为 $18mol \cdot L^{-1}$。98% 的硫酸的沸点为 330℃,是常用的高沸点酸,这是因为硫酸分子间形成了氢键。

浓硫酸有很强的吸水性。硫酸与水混合时放出大量的热,在稀释硫酸时必须非常小心,应将浓硫酸在搅拌下缓慢倒入水中,不可将水直接倒入浓硫酸中。

由于浓硫酸具有强吸水性,可以用浓硫酸干燥与其不会发生反应的各种气体,如 Cl_2、H_2 和 CO_2 等。浓硫酸也是实验室常用的干燥剂之一(放在干燥器中)。浓硫酸不仅可以用来吸收气体中的水分,而且能与纤维、糖等有机物作用,按比例夺取这些物质里的氢原子和氧原子而留下游离的碳。鉴于浓硫酸的强腐蚀作用,在使用时必须注意安全。

浓硫酸是一种氧化剂,在加热情况下能氧化许多金属和某些非金属,通常浓硫酸被还原为二氧化硫。例如

$$Zn + 2H_2SO_4(浓) \xrightarrow{\triangle} ZnSO_4 + SO_2 + 2H_2O$$

$$S + 2H_2SO_4(浓) \xrightarrow{\triangle} 3SO_2 + 2H_2O$$

比较活泼的金属也可以将浓硫酸还原为硫或硫化氢,例如

$$3Zn + 4H_2SO_4 \longrightarrow 3ZnSO_4 + S + 4H_2O$$

$$4Zn + 5H_2SO_4 \longrightarrow 4ZnSO_4 + H_2S + 4H_2O$$

浓硫酸氧化金属并不放出氢气。稀硫酸与比氢活泼的金属(如 Mg、Zn、Fe 等)作用时,能放出氢气。冷的浓硫酸(70% 以上)能使铁的表面钝化,生成一层致密的保护膜,阻止硫酸与铁表面继续作用,因此可以用钢罐存储和运输浓硫酸(80% ~90%)。硫酸是二元强酸,稳定性较好,一般不会分解。

近代工业中主要采取接触法制造硫酸。首先将黄铁矿(或硫黄)在空气中焙烧得到 SO_2 和空气的混合物,再将上述混合物在 450℃ 左右通过催化剂 V_2O_5,SO_2 即被氧化成 SO_3,最后利用浓硫酸吸收生成的 SO_3。不宜直接采用水吸收 SO_3,这是由于 SO_3 遇水生成 H_2SO_4 雾滴,将会弥漫在吸收器内部空间,回收率大大降低。

将 SO_3 溶解在 100% 的 H_2SO_4 中得到的是发烟硫酸,这是由于该种硫酸暴露在空气中时,挥发生成的 SO_3 遇空气中的水蒸气将会形成 H_2SO_4 细小雾滴而发烟。市售发烟硫酸的浓度以游离 SO_3 的含量来标注,如 20% 即表明溶液中含有 20% 的游离 SO_3。

硫酸是一种重要的基本化工原料。化肥工业中使用大量硫酸制造磷酸、过磷酸钙和硫酸铵。在有机化学工业中,用硫酸作为磺化剂制取磺酸化合物。此外,硫酸还与硝酸一起大量用于炸药的生产、石油和煤焦油产品的精炼以及各种矾和颜料等的制造。硫酸沸点高,挥发性很弱,还可以用来生产其他较易挥发的酸,如盐酸和硝酸。

硫酸能形成两种类型的盐,即正盐和酸式盐(硫酸氢盐)。

X 射线结果表明,硫酸盐中 SO_4^{2-} 的几何构型为正四面体,SO_4^{2-} 中 4 个 S—O 键的键长均为 144pm,具有很大程度的双键性质。

大多数硫酸盐易溶于水,但 $PbSO_4$、$CaSO_4$ 和 $SrSO_4$ 的溶解度很小。$BaSO_4$ 几乎不溶于水,也不溶于酸。根据 $BaSO_4$ 这一特性,可用 $BaCl_2$ 等可溶性钡盐鉴定 SO_4^{2-},虽然 SO_3^{2-} 和 Ba^{2+} 也可生成 $BaSO_3$ 白色沉淀,但它能溶于盐酸而放出 SO_2。

钠、钾的固态酸式硫酸盐稳定性良好。酸式硫酸盐都易溶于水,溶解度稍大于相应的正盐,水溶液呈酸性。

活泼金属的硫酸盐热稳定性高,如 Na_2SO_4、K_2SO_4、$BaSO_4$ 等在 1 000℃ 时仍不分解。$CuSO_4$、Ag_2SO_4 等不活泼金属的硫酸盐在高温下分解为 SO_3 和相应的氧化物或金属单质和氧气。

大多数硫酸盐结晶时带有结晶水,如 $Na_2SO_4 \cdot 10H_2O$、$CaSO_4 \cdot 2H_2O$、$CuSO_4 \cdot 5H_2O$、$FeSO_4 \cdot 7H_2O$ 等。通常认为,水分子与 SO_4^{2-} 间通过氢键相连,形成水合阴离子 $SO_4(H_2O)^{2-}$。此外,硫酸盐还容易形成复盐,例如,明矾 $K_2SO_4 \cdot Al_2(SO_4)_3 \cdot 24H_2O$,铬钾矾 $K_2SO_4 \cdot Cr_2(SO_4)_3 \cdot 24H_2O$ 和 Mohr 盐 $(NH_4)_2SO_4 \cdot FeSO_4 \cdot 6H_2O$ 等是常见的重要硫酸复盐。

许多硫酸盐在水净化、造纸、印染、颜料、医药和化工等方面有着重要用途。

(6)硫的其他含氧酸及其盐。

冷却发烟硫酸时,可以析出焦硫酸 $H_2S_2O_7$ 无色晶体,熔点为 35℃。焦硫酸的结构式如图 14-29 所示,可看作由两分子硫酸进行分子间脱一分子水而得到的产物。焦硫酸的吸水性、腐蚀性均强于硫酸。焦硫酸和水反应生成硫酸。焦硫酸不仅是一种强氧

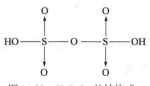

图 14-29　$H_2S_2O_7$ 的结构式

化剂,而且是良好的磺化剂,工业上常用于染料、炸药和其他有机磺酸化合物的制造。

将碱金属的酸式硫酸盐加热到熔点以上,即可得到焦硫酸盐。例如

$$2KHSO_4 \xrightarrow{\triangle} K_2S_2O_7 + H_2O$$

为了溶解一些如 Al_2O_3、Fe_3O_4、TiO_2 等既不溶于水又不溶于酸的金属氧化物,常用 $K_2S_2O_7$（或 $KHSO_4$）与上述难溶氧化物共熔,即可生成可溶于水的硫酸盐,这是处理某些固体试样的一种重要方法。

$$Al_2O_3 + 3K_2S_2O_7 \xrightarrow{\triangle} Al_2(SO_4)_3 + 3K_2SO_4$$

硫代硫酸 $H_2S_2O_3$ 极不稳定,可看作硫酸分子中的一个氧原子被硫原子所取代的产物。亚硫酸盐与硫作用生成硫代硫酸盐。例如,将硫粉和 Na_2SO_3 一同煮沸可制得 $Na_2S_2O_3$:

$$Na_2SO_3 + S \xrightarrow{\triangle} Na_2S_2O_3$$

$Na_2S_2O_3 \cdot 5H_2O$,俗称海波或大苏打,无色透明晶体,易溶于水,水溶液呈弱碱性,是最重要的硫代硫酸盐。$Na_2S_2O_3$ 在中性或碱性溶液中很稳定,当与酸作用时,形成的 $H_2S_2O_3$ 立即分解为 S 和 H_2SO_3,H_2SO_3 又很快分解为 SO_2 和 H_2O。反应方程式如下:

$$S_2O_3^{2-} + 2H^+ \longrightarrow S + SO_2 + H_2O$$

硫代硫酸钠具有还原性,可被较强的氧化剂 Cl_2 氧化为硫酸钠,故在纺织工业上常用作脱氯剂。

$$S_2O_3^{2-} + 4Cl_2 + 5H_2O \longrightarrow 2SO_4^{2-} + 8Cl^- + 10H^+$$

$$2S_2O_3^{2-} + I_2 \longrightarrow S_4O_6^{2-} + 2I^-$$

反应产物中的 $S_4O_6^{2-}$ 叫作连四硫酸根离子,其结构式如图 14-30 所示。

硫代硫酸钠具有配位能力,可与 Ag^+、Cd^{2+} 等形成稳定的配离子。硫代硫酸钠可用作照相的定影剂。照相底片上未感光的溴化银在定影液中形成 $[Ag(S_2O_3)_2]^{3-}$ 而溶解:

$$AgBr + 2S_2O_3^{2-} \longrightarrow [Ag(S_2O_3)_2]^{3-} + Br^-$$

此外,硫代硫酸钠还用作化工生产的还原剂以及用于电镀、鞣革等工业。

过硫酸可看作过氧化氢的衍生物,若 H_2O_2 分子中的 1 个氢原子被—SO_3H 取代,则形成过一硫酸 H_2SO_5;若 2 个氢原子同时被—SO_3H 取代,则形成过二硫酸 $H_2S_2O_8$。过一硫酸和过二硫酸的结构式如图 14-31 所示。

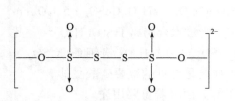

图 14-30 $S_4O_6^{2-}$ 离子结构

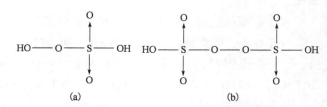

图 14-31 过一硫酸和过二硫酸的结构式
（a）过一硫酸;（b）过二硫酸

工业上用电解低温硫酸溶液的方法制备过二硫酸,HSO_4^- 在阳极失去电子而生成过二硫酸:

$$2HSO_4^- - 2e^- \longrightarrow H_2S_2O_8$$

纯净的过二硫酸和过一硫酸都是无色晶体,吸水性强,可使纤维和糖碳化。过一硫酸和过二硫酸的分子中都含有过氧键—O—O—,因此它们也具有强氧化性。

重要的过二硫酸盐有 $K_2S_2O_8$ 和 $(NH_4)_2S_2O_8$,都是强氧化剂。过二硫酸盐能将 I^-、Fe^{2+} 氧化成 I_2、Fe^{3+},甚至能将 Cr^{3+}、Mn^{2+} 等氧化成相应高氧化值的 $Cr_2O_7^{2-}$、MnO_4^-,但其中有些反应的速率较小,在催化剂作用下,反应进行得较快。例如

$$S_2O_8^{2-} + 2I^- \xrightarrow{Cu^{2+} \text{催化}} 2SO_4^{2-} + I_2$$

$$2Mn^{2+} + 5S_2O_8^{2-} + 8H_2O \xrightarrow{Ag^+ \text{催化}} 2MnO_4^- + 10SO_4^{2-} + 16H^+$$

过硫酸及其盐的热稳定性较差,受热时容易分解。例如,$K_2S_2O_8$ 受热时会放出 SO_3 和 O_2。

$$2K_2S_2O_8 \xrightarrow{\triangle} 2K_2SO_4 + 2SO_3 + O_2$$

14.6 卤 素

14.6.1 卤素概述

卤素位于周期系ⅦA族,包括氟 F(Fluorine)、氯 Cl(Chlorine)、溴 Br(Bromine)、碘 I(Iodine)、砹 At(Astatine)和础 Ts(Tennessine)6 种元素,都是非金属元素,其中 F 的非金属性在所有元素中最强,I 具有微弱的金属性,At 和 Ts 是放射性元素。卤素的一般性质见表 14-10。

卤素的一般性质　　　　　　　　　表 14-10

元素	F	Cl	Br	I
价层电子构型	$2s^2 2p^5$	$3s^2 3p^5$	$4s^2 4p^5$	$5s^2 5p^5$
共价半径/pm	64	99	114	133
沸点/℃	−188.1	−34.04	58.8	184.4
熔点/℃	−219.7	−101.5	−7.2	113.7
密度/$(g \cdot cm^{-3})$	0.001 553	0.002 898	3.102 8	4.933
电负性	3.98	3.16	2.96	2.66
电离能 $I_1/(kJ \cdot mol^{-1})$	1 681.0	1 251.2	1 139.9	1 008.4
电子亲和能 $A_1/(kJ \cdot mol^{-1})$	−328.0	−349.0	−324.7	−295.1
$E^{\ominus}(X_2/X^-)/V$	2.889	1.360	1.077 4	0.534 5
氧化值	−1,0	−1,0,+1,+3,+5,+7	−1,0,+1,+3,+5,+7	−1,0,+1,+3,+5,+7

卤素是相应各周期中原子半径最小、电负性最大的元素,在同周期元素中它们的非金属性最强。从表 14-10 可以看出,卤素的许多性质随着原子序数的增加发生规律变化。

卤素原子的价层电子构型为 $ns^2 np^5$,极易得到一个电子形成稳定的 $8e^-$ 构型,故卤素单质得电子能力很强,为强氧化剂。卤素单质的氧化性按 F_2、Cl_2、Br_2、I_2 的顺序依次减弱。

但在卤素中,电子亲和能最小的元素是氯而不是氟。

由卤素原子的电子构型可知,它们能形成稳定的 X^-,相应氢卤酸的酸性和氢化物的还原性从氟到碘依次增强。除氟外,其他卤素原子的价电子层都有空的 d 轨道,故可形成配位数大于 4 的高氧化值化合物。氯、溴、碘的氧化值多为奇数,即 +1、+3、+5 和 +7。

氟在卤素中原子半径最小、电负性最大,故与同族其他元素相比,表现出一定的特殊性。由于 F_2 的氧化性强,与其他元素化合生成氟化物时,可以将其他元素氧化至稳定的最高氧化态,如 AsF_5、IF_7、SF_6 等,其他卤素则不易将其他元素氧化至最高氧化态。

卤素各氧化态的氧化能力总的规律为从上至下逐渐减弱,但溴比较特殊,在氧化值为 +7 的高卤酸中,最强氧化剂是高溴酸根 BrO_4^-。正因如此,高溴酸盐的制备相当困难,直到 1968 年才获成功。

水溶液中卤素的标准电极电势图如图 14-32 和图 14-33 所示。

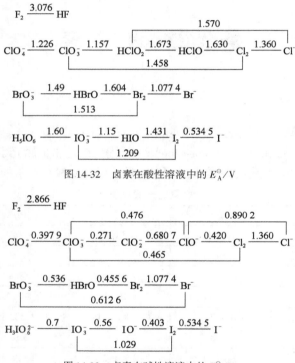

图 14-32　卤素在酸性溶液中的 $E_A^{\ominus}/V$

图 14-33　卤素在碱性溶液中的 $E_B^{\ominus}/V$

卤离子 X^- 作为配体能与许多金属离子形成稳定配合物,X^- 所形成的晶体场强度按 $F^- > Cl^- > Br^- > I^-$ 的次序减弱。由于 F^- 半径小,可与 Fe^{3+}、Al^{3+} 等形成配位数为 6 的稳定配合物。随着卤素离子半径的增大,场强减弱,Cl^-、Br^-、I^- 与某些金属离子主要形成配位数为 4 的配合物。

14.6.2　卤族元素的单质

1)物理性质

卤素单质均为非极性双原子分子,随着相对分子质量的增大,它们的一些物理性质(如密度、熔点、沸点等)呈现规律性的变化。常温下,氟和氯是气体,溴是液体,碘是固体。卤素单质都有颜色,且随着原子序数的增大而逐渐加深。F_2 呈浅黄色,Cl_2 呈黄绿色,Br_2 呈红棕色,I_2 呈紫色。固态碘呈紫黑色,并带有金属光泽。

由于卤素分子的非极性,根据相似相溶原理,卤素在水中的溶解度都较小,故氯、溴和碘的水溶液分别称为氯水、溴水和碘水,而在有机溶剂中的溶解度比在水中大得多。根据这一性质,常采用四氯化碳等有机溶剂将卤素单质从水溶液中萃取出来。

卤素单质都有毒,毒性从氟到碘依次减弱,对眼、鼻、气管等器官的黏膜具有强烈的刺激作用,吸入较多的卤素蒸气会导致严重中毒,甚至死亡。液溴会使皮肤严重灼伤难以治愈,故在使用时要特别小心。

2)化学性质

卤素是很活泼的非金属元素,具有强氧化性,能与大多数元素直接化合。氟的非金属性最为活泼,除氮、氧和某些稀有气体外,氟几乎能与所有金属和非金属直接化合,且反应激烈,有时还会伴随燃烧和爆炸现象。在室温或较低温度下,氟能够钝化铜、铁、镁、镍等金属,在其表面生成金属氟化物保护膜。氯也能与除氮、氧、碳和稀有气体外的所有金属和大多数非金属元素直接化合,但反应不如氟剧烈。溴、碘的活泼性与氯相比则更差。

卤素单质化学活泼性的差异在卤素与氢的化合反应中表现十分突出,氟与氢化合即使在低温、暗处反应也会发生爆炸;氯与氢在暗处反应极为缓慢,但在光照下瞬间就可完成;溴与氢的反应必须在加热条件下才能进行;碘与氢只有在加热或催化剂存在下才能反应,且反应可逆。

随着原子半径的增大,卤素单质的氧化性按照 $F_2 > Cl_2 > Br_2 > I_2$ 的顺序依次减弱,故位于前面的卤素单质可以氧化后面的卤素阴离子。例如,Cl_2 能氧化 Br^- 和 I^-,分别生成相应的单质 Br_2 和 I_2;Br_2 则能氧化 I^-,生成 I_2。

卤素与水主要发生两种化学反应:一类是氧化反应,放出氧气,反应方程式为

$$2X_2 + 2H_2O \longrightarrow 4X^- + 4H^+ + O_2$$

氟与水的反应属于这一类,该反应剧烈且产生燃烧现象。反应不仅生成氧气,还伴有少量氟化氧 OF_2、过氧化氢和臭氧生成。氯只有在光照下才能缓慢与水反应放出 O_2,溴与水反应生成 O_2 的反应极其缓慢,碘与水不能发生这类反应。

另一类是氯、溴在水中的歧化反应:

$$X_2 + H_2O \rightleftharpoons H^+ + X^- + HXO \quad (X = Cl, Br)$$

这类反应进行的程度与溶液的 pH 密切相关。碘的水溶液是稳定的。当溶液的 pH 增大时,卤素的歧化反应平衡向右移动,在碱性溶液中主要发生如下歧化反应:

$$X_2 + 2OH^- \longrightarrow X^- + OX^- + H_2O$$

$$3OX^- \longrightarrow 2X^- + XO_3^-$$

氯在常温下与碱作用主要生成次氯酸盐,当温度升高到 70℃时,可得到氯酸盐。溴在常温下与碱反应就能得到溴酸盐,只有在 0℃时才能得到次溴酸盐。碘即使在 0℃时反应也进行得很快,所以碘与碱反应只能得到碘酸盐。

3)制备和用途

卤素以化合态形式存在于自然界,大多数卤素以氢卤酸盐的形式存在。氟主要以萤石

CaF_2、冰晶石 Na_3AlF_6 等矿物的形式存在；氯、溴、碘主要以钠、钾、钙、镁的无机盐形式存在于海水中，其中以氯化钠的含量最高。某些海藻体内含有碘元素。此外，智利硝石 $NaNO_3$ 中也含有少量碘酸钠 $NaIO_3$。

卤素单质的制备都是通过氧化其相应的卤化物得到的。

工业上通过电解无水氟化氢制备氟。通常，电解时所用的电解质为 3 份氟化氢钾 KHF_2 和 2 份无水氟化氢的熔融混合物（熔点为 72℃）。电解时，阳极生成氟气，阴极生成氢气。电解反应为

$$2HF \xrightarrow{\text{100℃ 电解}} F_2 + H_2$$

实验室可通过分解含氟化合物制得少量氟气。

$$K_2PbF_6 \xrightarrow{\triangle} K_2PbF_4 + F_2$$

1986 年，化学家克里斯特（K. Christe）首次用化学方法制得了氟气。首先合成得到 K_2MnF_6 和 SbF_5：

$$2KMnO_4 + 2KF + 10HF + 3H_2O_2 \longrightarrow 2K_2MnF_6 + 8H_2O + 3O_2$$
$$SbCl_5 + 5HF \longrightarrow SbF_5 + 5HCl$$

再以 K_2MnF_6 和 SbF_5 为原料制备 MnF_4，而 MnF_4 不稳定，很快分解为 MnF_3 和 F_2：

$$2K_2MnF_6 + 4SbF_5 \xrightarrow{150℃} 4KSbF_6 + 2MnF_3 + F_2$$

工业上用电解氯化钠水溶液的方法来制取氯气，目前主要采用隔膜法和离子交换膜法。隔膜电解槽以石墨为阳极，铁网为阴极，以石棉为隔膜材料。电解过程中，阳极产生氯气，阴极产生氢气和氢氧化钠：

$$2NaCl + 2H_2O \xrightarrow{\text{电解}} 2NaOH + Cl_2 + H_2$$

在电解过程中，由于石墨电极不断受到腐蚀，需要定期更换，已逐渐被金属阳极（如钌钛阳极）取代。离子交换膜法是 20 世纪 80 年代起采用的新工艺，以离子交换膜代替石棉隔膜，其优点在于制得的氢氧化钠浓度大、纯度高且节能。

实验室通常采用二氧化锰和浓盐酸反应制取氯气，也可利用浓盐酸与高锰酸钾或重铬酸钾的反应来制取。

工业上制溴主要通过在海水或卤水中通入氯气将 Br^- 氧化得到：

$$Cl_2 + 2Br^- \longrightarrow 2Cl^- + Br_2$$

控制溶液的 pH 为 3.5 左右，用空气将生成的 Br_2 从溶液中吹出，并用 Na_2CO_3 溶液吸收：

$$3Br_2 + 3CO_3^{2-} \longrightarrow 5Br^- + BrO_3^- + 3CO_2$$

最后将溶液浓缩，再经硫酸酸化便可得到液溴：

$$5Br^- + BrO_3^- + 6H^+ \longrightarrow 3Br_2 + 3H_2O$$

碘的提取主要来自海藻。用水浸泡海藻，在所得溶液中通入适量氯气，I^- 即可被氧化为 I_2：

$$Cl_2 + 2I^- \longrightarrow I_2 + 2Cl^-$$

需要注意的是，需控制氯气不能过量，否则 I_2 将被氧化成为 IO_3^-：

$$I_2 + 5Cl_2 + 6H_2O \longrightarrow 2IO_3^- + 10Cl^- + 12H^+$$

I_2 的制备也可通过在酸性溶液中采用 MnO_2 作为氧化剂制取,再加热将碘升华,达到分离和提纯的目的。

卤素单质在化工生产、制冷、印染、医药等方面用途广泛。氟主要用于合成有机氟化物,如四氟乙烯 $F_2C=CF_2$ 塑料单体、杀虫剂 CCl_3F、制冷剂 CCl_2F_2(氟利昂-12)、高效灭火剂 CBr_2F_2 等。在原子能工业上常用氟制造六氟化铀 UF_6,液态氟也是航天工业中所用的高能燃料氧化剂之一。SF_6 的热稳定性好,可作为理想的气体绝缘材料,含 ZrF_4、BaF_2、NaF 的氟化物玻璃可用作光导纤维材料。

氯气是重要的化工产品和化工原料,广泛用于盐酸、染料、炸药、塑料生产和有机合成等方面,还可以用来制造漂白剂,用于纸张和布匹的漂白。另外,氯气还是药剂合成的重要原料之一。将氯气用于饮用水消毒已经有多年历史,但近年来发现它与水中含有的有机烃会形成卤代烃,具有致癌作用,故改用臭氧或二氧化氯作为饮用水的消毒剂。

溴常用于染料和溴化银的生产,溴化银多用于照相行业,溴化钠和溴化钾在医疗上常作为镇静剂使用。溴还可用于二溴乙烷 $C_2H_4Br_2$ 的生产,$C_2H_4Br_2$ 与四乙基铅配合使用可用作汽油抗振剂,但随着无铅汽油的推广,用量已逐渐减少。

碘在医药上主要用作消毒剂,如碘仿 CH_3I 和碘酒等。碘还是人体必需的微量元素之一,碘化物有预防和治疗甲状腺肥大的功能,加碘盐中的碘主要以碘酸钾的形式存在。碘化银可用作人工降雨的"晶种"。

14.6.3　卤族元素的氢化物

卤素的氢化物 HX 称为卤化氢,为共价化合物,包括氟化氢 HF、氯化氢 HCl、溴化氢 HBr 和碘化氢 HI。常温下卤化氢都为无色、有刺激性臭味的气体。液态 HX 都不导电。HX 易溶于水,其水溶液叫作氢卤酸。除氢氟酸外,其他氢卤酸均为强酸,其中最重要的氢卤酸是氢氯酸(即盐酸)。卤化氢的一般性质列于表 14-11 中。

卤化氢的一般性质　　　　　　　　　　　　　　　表 14-11

卤化氢	HF	HCl	HBr	HI
熔点/℃	−83.57	−114.18	−86.87	−50.8
沸点/℃	19.52	−85.05	−66.71	−35.1
核间距/pm	92	127	141	161
偶极矩/($10^{-30}C\cdot m$)	6.34	3.60	2.67	1.40
熔化焓/($kJ\cdot mol^{-1}$)	19.6	2.0	2.4	2.9
汽化焓/($kJ\cdot mol^{-1}$)	28.7	16.2	17.6	19.8
键能/($kJ\cdot mol^{-1}$)	570	432	366	298
$\Delta_f H_m^{\ominus}$/($kJ\cdot mol^{-1}$)	−271.1(g)	−92.307(g)	−36.40(g)	26.48(g)
$\Delta_f G_m^{\ominus}$/($kJ\cdot mol^{-1}$)	−273.1(g)	−95.299(g)	−53.45(g)	1.70(g)

1)氯化氢和盐酸

氯化氢是无色、有刺激性气味的气体,在空气中能够发烟,易溶于水形成盐酸,并放出大量的热。纯盐酸为无色溶液,有氯化氢的气味。一般浓盐酸的浓度约为 37%,相当于

$12 mol \cdot L^{-1}$，密度为 $1.19 g \cdot L^{-1}$。

盐酸是最重要的强酸之一，由于 Cl^- 具有一定的配位能力，能和许多金属离子形成配合物，故浓盐酸可以溶解如 $AgCl$、$CuCl$、$PbCl_2$ 等难溶金属氯化物，甚至可以溶解某些难溶金属硫化物。

工业上生产盐酸的方法是使氢气在氯气中燃烧（两种气体只在相互作用的瞬间才混合），然后用水吸收生成的氯化氢，得到盐酸。

盐酸是重要的化工生产原料，常用来制备金属氯化物、苯胺和染料等产品。另外，在冶金、石油、印染、皮革、食品等工业，以及轧钢、焊接、电镀、搪瓷、医药等领域也应用广泛。

2）氟、溴、碘的氢化物

氟化钙与浓硫酸作用可以得到氟化氢：

$$CaF_2 + H_2SO_4 \longrightarrow CaSO_4 + 2HF$$

氟化氢是无色、有刺激性气味且具有强腐蚀性的有毒气体，皮肤接触 HF 后会引起不易痊愈的灼伤，因此，使用氢氟酸时应特别注意安全。由于氟化氢分子间存在氢键缔合作用，故其熔点、沸点和汽化熵等性质均出现反常现象（表 14-11）。

氟化氢溶于水后得到氢氟酸，为一元弱酸（$K_a^\ominus = 6.9 \times 10^{-4}$），这是由于在氢氟酸中，HF 分子间以氢键缔合形成 $(HF)_x$，限制了氢氟酸的解离，表现为弱酸。

在较浓的氢氟酸溶液中，由于 HF 与 F^- 存在氢键作用，故电离生成的一部分 F^- 与 HF 按下式结合，生成 HF_2^-。

$$HF + F^- \longrightarrow HF_2^- \qquad K^\ominus = 502$$

由于上述反应降低了 F^- 的浓度，加速了氢氟酸的进一步解离，故氢氟酸的解离度随着溶液浓度的增大而增大。

氟化氢和氢氟酸都能与二氧化硅作用，生成挥发性的四氟化硅和水：

$$SiO_2 + 4HF \longrightarrow SiF_4 + 2H_2O$$

由于二氧化硅是玻璃的主要成分，故氢氟酸能将玻璃腐蚀，因此，常采用塑料容器储存氢氟酸，而不能用玻璃瓶。根据氢氟酸的这一特殊性质，也可将其用于刻蚀玻璃或溶解各种硅酸盐。

溴化氢和碘化氢也是无色、具有刺激性气味的气体，易溶于水生成相应的酸，即氢溴酸和氢碘酸。这两种酸都是强酸，且其酸性强于高氯酸。

溴和碘与氢气反应缓慢，且产率低，所以不采用直接合成法制取氢化物。另外，由于 HBr 和 HI 将与浓硫酸进一步发生氧化还原反应，故 HBr 和 HI 也不能用浓硫酸与溴化物和碘化物作用的方法来制取。

$$2HBr + H_2SO_4(浓) \longrightarrow Br_2 + SO_2 + 2H_2O$$

$$8HI + H_2SO_4(浓) \longrightarrow 4I_2 + H_2S + 4H_2O$$

用无氧化性的高沸点酸浓磷酸代替浓硫酸，可制得溴化氢和碘化氢。

通常采用非金属卤化物水解的方法制取 HBr 和 HI。如，PBr_3、PI_3 与水作用分别生成亚磷酸和相应的卤化氢：

$$PBr_3 + 3H_2O \longrightarrow H_3PO_3 + 3HBr$$

$$PI_3 + 3H_2O \longrightarrow H_3PO_3 + 3HI$$

实际上有时无须预先制得三卤化磷,将溴逐滴滴于磷和少许水的混合物表面,或将水逐滴滴于磷和碘的混合物表面,即可分别产生 HBr 和 HI:

$$2P + 3Br_2 + 6H_2O \longrightarrow 2H_3PO_3 + 6HBr$$

$$2P + 3I_2 + 6H_2O \longrightarrow 2H_3PO_3 + 6HI$$

3)卤化氢性质的比较

由表 14-11 可知,卤化氢的许多性质呈规律性变化。卤化氢都为极性分子,随着卤素电负性的减小,其极性按照 HF > HCl > HBr > HI 的规律逐渐减弱。需要注意的是,氟化氢的熔点、沸点在卤化氢中非但不是最低,熔点甚至高于溴化氢,沸点高于碘化氢。

氢卤酸的酸性按 HF ≪ HCl < HBr < HI 的顺序依次增强。其中,氢氟酸为弱酸,其他氢卤酸都是强酸。

卤化氢的稳定性取决于键能的大小,键能越大,卤化氢越稳定,从表 14-11 可以看出,HF、HCl、HBr 和 HI 的键能逐渐减小,故卤化氢的热稳定性的次序是 HF > HCl > HBr > HI。HF 的分解温度高于 1 000℃,而 HI 在 300℃ 条件下就明显分解。另外,从卤化氢的标准摩尔生成焓也可看出上述稳定性变化规律,标准摩尔生成焓数值愈负,卤化氢的稳定性愈高。

氢卤酸中除氢氟酸之外,其他都具有还原性,还原性强弱的次序为 HF < HCl < HBr < HI。盐酸还可被如 $KMnO_4$、$K_2Cr_2O_7$、PbO_2、$NaBiO_3$ 等强氧化剂氧化为 Cl_2。空气中的氧便能将氢碘酸氧化:

$$4I^- + 4H^+ + O_2 \longrightarrow 2I_2 + 2H_2O$$

光照条件下反应速率显著增大,但氢溴酸和氧的反应比较缓慢。

14.6.4　卤化物

卤素和电负性比其小的元素生成的化合物叫作卤化物,分为金属卤化物和非金属卤化物两类。利用卤化物成键作用的不同,又可分为离子型卤化物和共价型卤化物。

1)金属卤化物

所有金属都能形成卤化物。金属卤化物可看作氢卤酸的盐,具有一般盐类的特征,如高熔点和高沸点,在水溶液中或熔融状态下大都可导电等。电负性最大的氟与电负性最小、离子半径最大的铯化合形成的 CsF 是典型的离子化合物。碱金属、碱土金属以及镧系和锕系元素的卤化物大多属于离子型或接近离子型,如 NaCl、$BaCl_2$、$LaCl_3$ 等。在某些卤化物中,阳离子与阴离子之间极化作用比较明显,表现出一定的共价性,如 AgCl 等。有些高氧化值的金属卤化物则为共价型卤化物,如 $AlCl_3$、$SnCl_4$、$FeCl_3$、$TiCl_4$ 等。这些金属卤化物的特征是熔点、沸点一般较低,易挥发,能溶于非极性溶剂,熔融后不导电,遇水强烈水解。总之,金属卤化物的键型与金属和卤素的电负性、离子半径以及金属离子的电荷数有关。

下面就金属卤化物键型及熔点、沸点等性质的递变规律进行讨论。

同一周期元素的卤化物从左到右随阳离子电荷数的升高,离子半径逐渐减小,键型由离子型过渡至共价型,熔点和沸点逐渐降低,导电性依次减弱。表 14-12 列出了第二、第三周期部分元素氯化物的熔点和沸点。

同周期元素氯化物的熔点和沸点　　　　　　　　表 14-12

氯化物	LiCl	BeCl₂	BCl₃	CCl₄
熔点/℃	613	415	− 107	− 22.9
沸点/℃	1 360	482.3	12.7	76.7
键型	离子型	共价型	共价型	共价型
氯化物	NaCl	MgCl₂	AlCl₃	SiCl₄
熔点/℃	800.8	714	—	− 68.8
沸点/℃	1 465	1 412	181(升华)	57.6
键型	离子型	离子型	共价型	共价型

同一金属的不同卤化物,从 F 至 I 随着离子半径的依次增大,极化率逐渐变大,键的离子性依次减弱,共价性依次增强。例如,AlF_3 是离子型化合物,而 AlI_3 是共价型化合物。卤化物的熔点和沸点也依次降低。例如,卤化钠的熔点和沸点高低次序为 NaF > NaCl > NaBr > NaI。卤化铝的熔点和沸点由于键型过渡,不符合上述变化规律。AlF_3 为离子型化合物,熔点、沸点均较高,其他卤化铝多为共价型,熔点、沸点均较低,且沸点随着相对分子质量增大而依次增高(表 14-13)。

卤化钠、卤化铝的熔点和沸点　　　　　　　　表 14-13

卤化钠	熔点/℃	沸点/℃	卤化铝	熔点/℃	沸点/℃
NaF	996	1 704	AlF₃	1 090	1 272(升华)
NaCl	800.8	1 465	AlCl₃	—	181(升华)
NaBr	755	1 390	AlBr₃	97.5	253(升华)
NaI	660	1 304	AlI₃	191.0	382

同一金属不同氧化值的卤化物,高氧化值的卤化物一般共价性更显著,因此熔点、沸点低于低氧化值卤化物,易挥发。表 14-14 列出了几种金属氯化物的熔点和沸点。

几种金属氯化物的熔点和沸点　　　　　　　　表 14-14

氯化物	熔点/℃	沸点/℃	氯化物	熔点/℃	沸点/℃
SnCl₂	246.9	623	SbCl₃	73.4	220.3
SnCl₄	− 33	114.1	SbCl₅	3.5	79(2.9kPa)
PbCl₂	501	950	FeCl₂	677	1 024
PbCl₄	− 15	105(分解)	FeCl₃	304	≈316

大多金属卤化物都易溶于水,常见的金属氯化物中 $AgCl$、Hg_2Cl_2、$PbCl_2$ 和 CuCl 为难溶化合物,溴化物和碘化物在水中的溶解性类似于相应的氯化物,但氟化物的溶解度与其他卤化物不同,这是由氟化物特殊的结构决定的。如 CaF_2 晶格能较大,CaF_2 难溶于水,其他卤化钙的晶格能较小,易溶于水。由于 Ag^+ 与 Cl^-、Br^-、I^- 间的相互极化作用依次增大,因而键的共价性逐渐增强,导致 $AgCl$、$AgBr$、AgI 均难溶于水,且溶解度依次降低,而 Ag^+ 与 F^- 之间的极化作用不显著,所以 AgF 易溶于水。

有些金属卤化物遇水发生水解反应,但不同卤化物水解产物也不相同。如 $SnCl_2$ 的水解

产物为 $Sn(OH)Cl$,而 $SbCl_3$ 和 $BiCl_3$ 的水解产物分别为 $SbOCl$ 和 $BiOCl$。

由于金属卤化物的水解性、挥发性不同,所以金属卤化物的制备方法也不尽相同,有湿法和干法两种。湿法生产卤化物,如 $CaCl_2$、$MgCl_2$、$ZnCl_2$、$FeCl_2$ 等常采用碳酸盐、金属氧化物或金属与氢卤酸作用。干法制取卤化物,如无水 $AlCl_3$、$FeCl_3$、$SnCl_4$ 等采用氯气和金属直接化合得到易挥发的无水卤化物。另外,用金属氧化物与氯、碳反应也可以制取无水卤化物。例如

$$TiO_2 + 2C + 2Cl_2 \longrightarrow TiCl_4 + 2CO$$

2)非金属卤化物

卤素能与非金属元素如硼、碳、硅、氮、磷等形成各种相应的卤化物,这些卤化物以共价键结合,熔点和沸点较低,且按照同一主族中由上到下的顺序依次增大,这是由于金属卤化物的分子间力随相对分子质量增大而增强。

非金属卤化物的稳定性主要与其键能有关,正如氟化氢的稳定性高于其他卤化氢,非金属氟化物的稳定性也高于其他卤化物。

14.6.5 卤素的含氧酸及其盐

除氟外,氧的电负性都大于其他卤素,这些卤素可以和氧形成氧化物、含氧酸及其盐。在这些化合物中,卤素的氧化值都为正值,氧化性较强。稳定性较好的是含氧酸盐,其次是含氧酸,卤素的氧化物最不稳定。卤素的含氧化合物中以氯的含氧化合物最为重要。

1)氯的含氧酸及其盐

(1)次氯酸及其盐。

氯和水反应生成次氯酸和盐酸:

$$Cl_2 + H_2O \longrightarrow HClO + HCl$$

次氯酸的酸性很弱($K_a^{\ominus} = 2.8 \times 10^{-8}$),不稳定,只能存在于稀溶液中,极易分解,在光的作用下分解得更快:

$$2HClO \xrightarrow{h\nu} O_2 + 2HCl$$

当加热时,次氯酸发生歧化反应,生成氯酸和盐酸:

$$3HClO \longrightarrow HClO_3 + 2HCl$$

因此,只有将氯气通入冷水中才能得到次氯酸。

次氯酸的氧化性很强,氯气的漂白性的原理是氯气与水作用生成次氯酸,故完全干燥的氯气没有任何漂白能力。次氯酸做氧化剂时,本身被还原为 Cl^-,将氯气通入冷的碱溶液中,会生成次氯酸盐,例如

$$Cl_2 + 2NaOH \longrightarrow NaClO + NaCl + H_2O$$

次氯酸盐溶液也具有氧化性和漂白作用,它的漂白作用主要基于次氯酸的氧化性。漂白粉就是由氯气与消石灰反应制得,是次氯酸钙、氯化钙和氢氧化钙的混合物,漂白粉的主要制备反应就是氯的歧化反应:

$$2Cl_2 + 3Ca(OH)_2 \longrightarrow Ca(ClO)_2 + CaCl_2 \cdot Ca(OH)_2 \cdot H_2O + H_2O$$

(2)亚氯酸及其盐。

亚氯酸是二氧化氯与水的反应产物之一,从亚氯酸盐可以制得较纯净的亚氯酸溶液:

$$2ClO_2 + H_2O \longrightarrow HClO_2 + HClO_3$$
$$Ba(ClO_2)_2 + H_2SO_4 \longrightarrow 2HClO_2 + BaSO_4$$

但亚氯酸溶液极不稳定,在数分钟之内便会分解放出 ClO_2 和 Cl_2,在氯的含氧酸中,亚氯酸的稳定性最差。

二氧化氯与碱溶液反应生成亚氯酸盐和氯酸盐:

$$2ClO_2 + 2NaOH \longrightarrow NaClO_2 + NaClO_3 + H_2O$$

亚氯酸盐的稳定性虽优于亚氯酸,但如果加热或敲击固体亚氯酸盐,会立即爆炸,分解成氯酸盐和氧化物。亚氯酸盐的水溶液较稳定,具有强氧化性,可用作漂白剂。

(3)氯酸及其盐。

用氯酸钡和稀硫酸作用可制得氯酸:

$$Ba(ClO_3)_2 + H_2SO_4 \longrightarrow BaSO_4 + 2HClO_3$$

次氯酸在加热时发生歧化反应也可生成氯酸和盐酸。

氯酸是强酸,仅存在于水溶液中,将氯酸的水溶液蒸发浓缩至 40% 可得到氯酸。质量分数更高的氯酸的稳定性很差,会发生爆炸性分解,如将一滴浓硫酸滴于 $KClO_3$ 固体表面,生成的浓 $HClO_3$ 立即分解为 $HClO_4$ 和 ClO_2,后者又马上分解为氯气和氧气:

$$8HClO_3 \longrightarrow 4HClO_4 + 2Cl_2 + 3O_2 + 2H_2O$$

氯酸也是强氧化剂,取决于还原剂的强弱及氯酸的用量,其还原产物可以是 Cl_2 或 Cl^-。例如

$$2HClO_3 + I_2 \longrightarrow 2HIO_3 + Cl_2$$
$$HClO_3 + 5HCl \longrightarrow 3Cl_2 + 3H_2O$$

$HClO_3$ 过量时,还原产物为 Cl_2。

氯酸钾和氯酸钠是重要的氯酸盐。当氯与热的苛性钾溶液反应时生成氯酸钾和氯化钾:

$$3Cl_2 + 6KOH \longrightarrow KClO_3 + 5KCl + 3H_2O$$

工业上采用无隔膜槽电解 NaCl 水溶液,产生的 Cl_2 在槽中与热 NaOH 溶液作用生成 $NaClO_3$,然后将所得到的 $NaClO_3$ 溶液与等物质的量的 KCl 进行复分解而制得 $KClO_3$:

$$NaClO_3 + KCl \longrightarrow KClO_3 + NaCl$$

$KClO_3$ 的溶解度小,可从溶液中分离制得。

在催化剂存在的条件下对 $KClO_3$ 加热,分解为氯化钾和氧气:

$$2KClO_3 \xrightarrow{MnO_2 \text{ 催化}} 2KCl + 3O_2$$

无催化剂时,加热 $KClO_3$ 主要发生歧化反应生成高氯酸钾和氯化钾:

$$4KClO_3 \longrightarrow 3KClO_4 + KCl$$

固体 $KClO_3$ 是强氧化剂,与硫、磷、碳或有机物质等各种易燃物混合后,经撞击会引起爆炸、着火,因此 $KClO_3$ 多用来制造火柴和焰火等。$KClO_3$ 的水溶液只有在酸性条件下才有较强的氧化性。

氯酸钠的吸潮性大于氯酸钾,一般不用它制炸药、焰火等,多用作除草剂。

(4)高氯酸及其盐。

高氯酸盐和浓硫酸反应,经减压蒸馏可制得高氯酸:

$$KClO_4 + H_2SO_4（浓）\longrightarrow KHSO_4 + HClO_4$$
$$Ba（ClO_4）_2 + H_2SO_4（浓）\longrightarrow BaSO_4 + 2HClO_4$$

工业上高氯酸的生产主要采用电解氧化的方法,将盐酸电解,在阳极区生成高氯酸,经减压蒸馏后得到 60% 的高氯酸:

$$Cl^- + 4H_2O \longrightarrow ClO_4^- + 8H^+ + 8e^-$$

高氯酸是最强的无机含氧酸,无水的高氯酸为无色液体。$HClO_4$ 的稀溶液比较稳定,冷的稀溶液氧化性较弱,不及 $HClO_3$,但浓 $HClO_4$ 是强氧化剂,不稳定,受热分解为氯气、氧气和水:

$$4HClO_4 \longrightarrow 2Cl_2 + 7O_2 + 2H_2O$$

由于浓的 $HClO_4$ 具有强氧化性,与有机物接触时会引起爆炸,所以储存和使用时必须远离有机物,注意安全。高氯酸是常用的分析试剂,如在钢铁分析中常用来溶解矿样。

高氯酸盐常温下比较稳定。高氯酸钾在 400℃ 时熔化,并按下式分解:

$$KClO_4 \longrightarrow KCl + 2O_2$$

工业上用电解 $KClO_3$ 水溶液的方法来制取 $KClO_4$。高温下固体高氯酸盐是强氧化剂。$KClO_4$ 常用于制造炸药,且制造炸药的稳定性优于 $KClO_3$。NH_4ClO_4 是现代火箭推进剂的主要成分。

高氯酸盐多易溶于水,但 K^+、NH_4^+、Cs^+、Rb^+ 的高氯酸盐溶解度都比较小。

高氯酸根离子的配位作用很弱,故高氯酸盐在金属配合物的研究中常用作惰性盐,以保持一定的离子强度。

现将氯的各种含氧酸及其盐的性质的一般规律总结如图 14-34 所示。

图 14-34　氯的各种含氧酸及其盐的性质

2）溴和碘的含氧酸及其盐

（1）次溴酸、次碘酸及其盐。

次卤酸的酸性按 HClO、HBrO、HIO 的顺序逐渐减弱,次溴酸的酸性较弱（$K_a^\ominus = 2.6 \times 10^{-9}$）,次碘酸的酸性更弱（$K_a^\ominus = 2.4 \times 10^{-11}$）。次溴酸和次碘酸都不稳定,具有强氧化性,但它们的氧化性都弱于 HClO。

溴和低温碱溶液作用能生成次溴酸盐 MBrO。NaBrO 在分析化学上常用作氧化剂,次碘酸盐的稳定性极差,所以利用碘与碱溶液反应得不到次碘酸盐。

（2）溴酸、碘酸及其盐。

将氯气通入溴水中可以得到溴酸:

$$Br_2 + 5Cl_2 + 6H_2O \longrightarrow 2HBrO_3 + 10HCl$$

溴酸同氯酸一样也只能存在于溶液中,其浓度可达 50%。用类似的方法可制得碘酸,另外也可以用硝酸氧化碘单质制备碘酸。

碘酸 HIO_3 为无色斜方晶体,$K_a^\ominus = 0.16$。卤酸中 $HClO_3$、$HBrO_3$、HIO_3 的酸性依次减弱。在酸性介质中,卤酸根离子中 BrO_3^- 的氧化性最强,反映了 p 区第四周期元素的异样性,IO_3^- 的氧化性最弱,因此碘能从氯酸盐和溴酸盐中置换出单质氯和单质溴。例如

$$I_2 + 2ClO_3^- \longrightarrow 2IO_3^- + Cl_2$$

(3)高溴酸、高碘酸及其盐。

在碱性溶液中用氟气氧化溴酸钠可得到高溴酸钠 $NaBrO_4$:

$$NaBrO_3 + F_2 + 2NaOH \longrightarrow NaBrO_4 + 2NaF + H_2O$$

高溴酸 $HBrO_4$ 是强酸,强氧化剂,呈艳黄色,在溶液中比较稳定,浓度可达 55%,物质的量浓度约为 $6mol \cdot L^{-1}$。在高卤酸中,$HBrO_4$ 的氧化性最强,这也是 p 区第四周期元素异样性的一个例子。

高碘酸 H_5IO_6 是无色单斜晶体,分子为八面体构型,碘原子采用 sp^3d^2 杂化轨道与氧原子成键。高碘酸是一种弱酸($K_{a_1}^\ominus = 4.4 \times 10^{-4}$,$K_{a_2}^\ominus = 2.0 \times 10^{-7}$,$K_{a_3}^\ominus = 6.3 \times 10^{-13}$),在真空下加热脱水则转化为偏高碘酸 HIO_4。

高碘酸具有强氧化性,可以将 Mn^{2+} 氧化成 MnO_4^-:

$$5H_5IO_6 + 2Mn^{2+} \longrightarrow 2MnO_4^- + 5IO_3^- + 7H_2O + 11H^+$$

电解碘酸盐溶液可以得到高碘酸盐,高碘酸盐一般难溶于水,在碱性条件下用氯气氧化碘酸盐也可以得到高碘酸盐:

$$IO_3^- + Cl_2 + 6OH^- \longrightarrow IO_6^{5-} + 2Cl^- + 3H_2O$$

14.7　稀有气体

稀有气体包括氦 He(Helium)、氖 Ne(Neon)、氩 Ar(Argon)、氪 Kr(Krypton)、氙 Xe(Xenon)、氡 Rn(Radon)和 Og(Oganesson)等 7 种元素,原子的最外层电子构型除氦为 $1s^2$ 外,其余均为稳定的 $8e^-$ 构型 ns^2np^6。稀有气体都是无色、无味的单原子气体,固态时都是分子晶体,化学性质很不活泼,历史上曾被称为"惰性气体"。因为它们在元素周期表上位于最右侧的零族,因此亦称其为零族元素。

14.7.1　稀有气体的发现

1869 年法国天文学家詹森(P. J. Janssen)和英国天文学家洛基尔(J. N. Lockyer)从太阳光谱上发现了稀有气体氦的存在,因此很长一段时间以来人们认为它是只存在于太阳中的元素。后来,美国化学家希勒布兰德(W. F. Hillebrand)在处理沥青铀矿时发现了一种不活泼气体,当时他误认为其是氮气。到了 1895 年,英国化学家莱姆塞(W. Ramsay)借助光谱实验证明该气体为氦,之后莱姆塞又从空气中分离出了氦,证明了地球上氦的存在。

1894 年,英国物理学家瑞利(L. Rayleigh)重复一百多年前英国化学家卡文迪许(H. Cavendish)做过的实验,发现由空气分馏得到的氮气的密度为 $1.257\,2g \cdot L^{-1}$,而莱姆塞用化学

方法分解氮的化合物得到的氮气的密度为 $1.250\,5\text{g}\cdot\text{L}^{-1}$,这两个数据在第三位小数上存在着差别,但这并非实验误差带来的。经过瑞利和莱姆塞反复认真地实验和精确测量,终于发现这是由于空气中尚有约1%略重于氮气的其他气体存在,通过光谱实验进一步证实了新元素——"不活泼"氩的存在。这就是科学史上著名的"第三位小数的胜利"。

继氩和氦的发现之后,莱姆塞根据氩和氦相近的性质和门捷列夫元素周期律,设想氦和氩可能是元素周期表中新的一族,并预言还存在同族其他元素。1898 年,莱姆塞和他的助手特拉弗斯(M. W. Travers)从空气中相继分离出了氪、氖和氙。1900 年,德国物理学教授道恩(F. E. Dorn)在某些放射性矿物中发现了氡。1908 年,莱姆塞等人通过光谱实验证实了放射性稀有气体氡的存在。

14.7.2　稀有气体的性质和用途

稀有气体的某些性质列于表 14-15 中。稀有气体都是单原子分子,分子间仅存在着微弱的范德华力,它们的物理性质随原子序数的递增呈规律性变化。例如,由于稀有气体分子间色散力递增,其熔点、沸点、溶解度、密度和临界温度等随原子序数的增大而递增,而色散力的递增与分子极化率的递增相关联。

稀有气体的某些性质

表 14-15

稀有气体	He	Ne	Ar	Kr	Xe	Rn
相对原子质量	4.003	20.18	39.95	83.80	131.3	222.0
原子最外层电子构型	$1s^2$	$2s^22p^6$	$3s^23p^6$	$4s^24p^6$	$5s^25p^6$	$6s^26p^6$
范德华半径/pm	122	160	191	198	217	—
沸点/℃	−268.9	−246.0	−185.8	−153.4	−108.1	−61.7
熔点/℃	—	−248.6	−189.3	−157.4	−111.8	−71
电离能 $I_1/(\text{kJ}\cdot\text{mol}^{-1})$	2 372.3	2 080.7	1 520.6	1 350.8	1 170.4	1 037.1
20℃水中溶解度/$(\text{mL}\cdot\text{L}^{-1})$	8.8	10.4	33.6	62.6	123	222
临界温度/K	5.25	44.45	153.15	210.65	289.74	377.65
气体密度/$(\text{g}\cdot\text{L}^{-1})$	0.164	0.825	1.633	3.425	5.366	9.074

氦的临界温度最低,在所有气体中最难液化。液化后温度降到 2.178K 时,液氦 He(Ⅰ)转变为 He(Ⅱ),这个温度称为 λ 点,λ 点随压力不同而异。在 λ 点以下的 He(Ⅱ)具有许多反常的性质,它是一种超流体,其表面张力很小,黏度小到氢气的千分之一。它可以流过普通液体无法流过的毛细孔;可以沿敞口容器内壁向上流动,甚至超过容器边缘沿外壁流出,产生超流效应。液氦 He(Ⅱ)的导热性很好(室温时热导率为铜的 600 倍),导电性也大大增强,其电阻接近 0,所以它是一种超导体。氦是唯一没有气-液-固三相平衡点的物质,常压下氦不能固化。稀有气体中,固态氦的结构尚不清楚。除氦以外,其他稀有气体的固体结构均为面心立方最密堆积。

稀有气体的化学性质很不活泼。从表 14-15 可以看出,稀有气体原子具有很大的电离能,而它们的电子亲和能(参见原子结构部分电子亲和能)未给出,说明在一般条件下稀有气体原子不易失去或得到电子,因此不易与其他元素形成化合物。但在一定条件下,稀有气体仍然可以与某些物质反应生成化合物,如 Xe 可以与 F_2 在不同条件下反应生成 XeF_2、XeF_4 和 XeF_6 等。稀有气体的第一电离能从 He 到 Rn 依次减小,它们的化学活泼性依次增强。现在已经合成的稀有气体化合物多为氙的化合物和少数氪的化合物,而氦、氖、氩的化合物至今尚未制得。

利用液氦可以获得 0.001K 的低温,超低温技术中常常应用液氦。由于氦不燃烧,所以用氦气代替氢气填充气球或汽艇更安全。氦在血液中的溶解度比氮小,用氦和氧的混合物代替空气供潜水员呼吸用,可以延长潜水员在水底工作的时间,避免潜水员迅速返回水面时因压力突然下降而引起氮气自血液中逸出而阻塞血管造成的"气塞病"。这种"人造空气"在医学上也用于气喘、窒息病人的治疗。氦还用于航天工业和核反应工程。稀有气体在电场作用下易放电发光,因此氖、氦等常用于霓虹灯、航标灯等照明设备。氪和氙也用于制造特种电光源,如用氙制造的高压长弧氙灯被称为"人造小太阳"。氦 - 氖激光器就是以氦和氖作为工作介质的,氩离子激光器也有广泛的用途。由于稀有气体的化学性质不活泼,故可作为某些金属的焊接、冶炼和热处理或制备还原性极强物质的保护气氛。少量的氡用于医疗,但氡的放射性也会危害人体健康。

稀有气体在自然界是以单质状态存在的。除 Rn 和 Og 以外,它们主要存在于空气中。在空气中氩的体积分数约为 0.93% ,氖、氦、氪和氙的含量则更少。空气中各稀有气体的含量列于表 14-16 中。

空气中各稀有气体的含量　　　　　　　　　　　　　表 14-16

稀有气体	体积/%	质量/%	稀有气体	体积/%	质量/%
氦	5.3×10^{-4}	7.4×10^{-5}	氪	1.1×10^{-4}	3.3×10^{-4}
氖	1.8×10^{-3}	1.27×10^{-3}	氙	8.6×10^{-5}	3.9×10^{-5}
氩	0.93	1.29			

氦也存在于天然气中,含量约为 1% ,有些地区的天然气中氦含量可高达 8% 。另外,某些放射性物质中常含有氦。氡也存在于放射性矿物中,是镭、钍的放射性产物。

从空气中分离稀有气体的方法是利用它们物理性质的差异,将液态空气分级蒸馏。从天然气中分离氦也可以采用液化的方法。

稀有气体之间的分离是利用低温下活性炭对这些气体的选择性吸附来进行的。吸附了稀有气体混合物的活性炭在低温下经过分级解吸,即可得到各种稀有气体。

14.7.3　稀有气体的化合物

1962 年,巴特列(N. Bartlett)利用 PtF_6 氧化氧分子,合成了 O_2^+ $[PtF_6]^-$。当时,考虑氙的第一电离能($1\ 170.4kJ \cdot mol^{-1}$)与氧分子的第一电离能($1\ 171.5kJ \cdot mol^{-1}$)相近,据此巴特列预测 Xe 也可能与 PtF_6 发生类似的反应。此外,根据 O_2 和 Xe 的范德华半径,估计 O_2^+ 和 Xe^+ 的半径相近,由此估算出 $XePtF_6$ 的晶格能与 O_2PtF_6 的晶格能比较接近,故预测 Xe 与 PtF_6 反应的产物 $XePtF_6$ 可能会稳定存在。经多次实验,他终于在室温下合成出了第一个真正的稀有气体化合物——红色晶体 $XePtF_6$。这一发现震动了整个化学界,推动了稀有气体化学的广泛研究和迅速发展。

　　自从 $XePtF_6$ 成功合成后,数百种稀有气体化合物相继被合成得到。除了 Rn 和 Og 以外,氙是稀有气体中最活泼的元素。到目前为止,对稀有气体化合物研究得比较多的是氙的化合物,如,氙的氟化物(XeF_2 、 XeF_4 和 XeF_6 等)、氧化物(XeO_3 、 XeO_4 等)、氟氧化物($XeOF_2$ 、 $XeOF_4$ 等)和含氧酸盐($MHXeO_4$ 、 M_4XeO_6 等)。

　　在一定条件下,氙的氟化物可由氙与氟直接反应得到,控制反应在镍制反应器内进行。反应的主要产物取决于 Xe 与 F_2 的混合比例和反应压力等条件(表 14-17)。增大反应物混合气体中 F_2 的比例,升高反应压力都有利于形成含氟较高的氟化物。

Xe 与 F_2 反应的条件和平衡常数　　　　　　表 14-17

反应方程式	Xe: F_2	反应条件	$K^{\ominus}$ (548K)
$Xe + F_2 \longrightarrow XeF_2$	1:0.5	光照,加热,673K	8.8×10^{-4}
$Xe + 2F_2 \longrightarrow XeF_4$	1:5	600kPa,873K	1.1×10^{-4}
$Xe + 3F_2 \longrightarrow XeF_6$	1:20	6 000kPa,523K	1.0×10^{-8}

　　氪的氟化物也可以由氪和氟的混合物制得。例如,用高能、低温的方法可制得 KrF_2 :

$$Kr + F_2 \xrightarrow[-196℃]{\text{放电}} KrF_2$$

其他已制得的稀有气体化合物大多是由相应的氟化物水解制得的。

氙的氟化物都能与水反应,但反应现象不同。 XeF_2 溶于水,在稀酸中水解缓慢:

$$2XeF_2 + 2H_2O \longrightarrow 2Xe + O_2 + 4HF$$

而在碱性溶液中迅速分解。 XeF_4 水解时则发生歧化反应:

$$6XeF_4 + 12H_2O \longrightarrow 2XeO_3 + 4Xe + 24HF + 3O_2$$

XeF_6 不完全水解时产物是 $XeOF_4$ 和 HF :

$$XeF_6 + H_2O \longrightarrow XeOF_4 + 2HF$$

完全水解时可得到 XeO_3 :

$$XeF_6 + 3H_2O \longrightarrow XeO_3 + 6HF$$

XeF_6 的水解反应剧烈,低温下水解较平稳。

氙的氟化物都是非常强的氧化剂,能将许多物质氧化。例如

$$XeF_2 + 2HCl \longrightarrow Xe + Cl_2 + 2HF$$

$$XeF_4 + 4KI \longrightarrow Xe + 2I_2 + 4KF$$

$$XeF_6 + 3H_2 \longrightarrow Xe + 6HF$$

XeF_2 甚至可将 BrO_3^- 氧化为 BrO_4^- :

$$XeF_2 + BrO_3^- + H_2O \longrightarrow Xe + BrO_4^- + 2HF$$

　　根据价层电子对互斥理论,可以推测出氙的某些主要化合物的分子(或离子)的几何构型。实验测定 XeF_6 分子的构型为变形八面体,如图 14-35 所示。利用杂化轨道理论可以解释氙的化合物的空间构型。有人认为当稀有气体与电负性很大的原子作用时,稀有气体原子 np 轨道中的电子可能会被激发到能量较高的 nd 轨道上去而形成单电子,同时以杂化

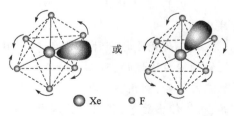

图 14-35　XeF_6 的分子构型

轨道与其他原子形成共价键。例如,在 XeF_2 和 XeF_4 中,氙原子分别以 sp^3d 和 sp^3d^2 杂化轨道中的一部分与氟原子形成 σ 键。而在 XeF_6 中,氙原子则可能以 sp^3d^3 杂化轨道与氟原子形成 σ 键。

【人物传记】

莱姆塞

　　威廉·莱姆塞(W. Ramsay,1852—1916 年),英国化学家,布里斯托尔学院教授,伦敦皇家学会会员,英国科学促进协会主席,法国科学院院士,戴维奖章、诺贝尔化学奖获得者。他在有机化学、液体和气体的临界状态、稀有气体、放射性物质等方面的研究取得了卓越成就。莱姆塞不仅是一位科学家,而且是一位语言大师,精通英语、德语、法语和意大利语。

　　莱姆塞于 1852 年 10 月 2 日生于格拉斯哥,14 岁就被格拉斯哥大学破格录取。1870 年毕业后,去德国海德堡大学跟随著名化学家本生学习。一年后,本生推荐他去蒂宾根大学继续深造,并在那里获得博士学位。

　　莱姆塞于 1872—1880 年在格拉斯哥大学任教,1880 年成为布里斯托尔学院的化学教授,第二年又被任命为院长。1888 年被选为伦敦皇家学会会员。1895 年获得戴维奖章,并被选为法国科学院院士。1911 年担任英国科学促进协会主席。

　　1892 年,英国物理学家瑞利发现从化合物中得到的氮气与空气中的氮气的密度不同。莱姆塞指出,这一差别是由于从空气中分离出来的氮气中含有某种不为人知的气体。经过瑞利和莱姆塞反复、认真地实验和精确测量,1894 年终于发现了空气中的氩。

　　1895 年莱姆塞又发现了氦、氖和氙,并且确定了这五种稀有气体在化学元素周期表中的位置。由于这些杰出贡献,他荣获了 1904 年的诺贝尔化学奖。

　　莱姆塞的主要著作有《近代理论与系统化学》《大气中的气体》《现代化学》《元素与电子》《传记与化学论文集》等。

【延伸阅读】

新型碳、硅、锡材料

　　陶瓷材料具有耐高温、耐腐蚀、耐磨损等突出优点,但其缺点也同样突出,那就是脆性。碳化硅陶瓷或用 SiC 制造的陶瓷材料,保留了普通陶瓷的优点,并具有韧性。

　　根据其制造技术和结构的不同,碳化硅可分为多孔 SiC、颗粒 SiC_p、晶须 SiC_w 和晶片 SiC_{pl}。

　　多孔陶瓷是指一种经高温烧成、具有大量彼此相通或闭合气孔的陶瓷材料。利用多孔陶瓷的均匀透过性,可以制造各种过滤器、分离装置、流体分布元件、混合元件、渗出元件和节流元件等;利用多孔陶瓷发达的比表面积,可以制成各种多孔电极、催化剂载体、热交换器、气体传感器等;利用多孔陶瓷吸收能量的性能,可以制作各种吸音材料、减振材料等;利用多孔陶瓷的低密度、低的热传导性能,还可以制成各种保温材料、轻质结构材料等,加之其耐高温、抗腐蚀,因而引起了全球材料学界的高度重视,并得到了较快的发展。

SiC_p、SiC_w 和 SiC_{p1} 用于制造增韧陶瓷复合材料,如 Al_2O_3/SiC 复合材料、$Ca_3(PO_4)_2/SiC$ 复合材料。

氮化硅 Si_3N_4 在陶瓷材料中有"全能冠军"之称,它既是优良的高温结构材料,又是新型功能材料。它可在 1 200℃的工作温度下长期工作,可用于制作高温轴承、无冷式陶瓷汽车发动机、燃气轮机燃烧室等。

氮化硅广泛应用于高科技领域。用 Si_3N_4 制作的过滤装置,过滤面积大、效率高,再加上其具有耐高温、耐磨损、耐化学腐蚀、机械强度高等优点,在腐蚀性流体、高温流体、熔融金属等介质中使用有其独特的优势。Si_3N_4 陶瓷的生物相容性好,理化性能稳定,无毒副作用,已被用作生物医学材料。Si_3N_4 多孔陶瓷可用作湿敏传感器,测量压力及红外发射、吸收等元件。Si_3N_4 多孔陶瓷孔隙率高(>60%),并且具有优良的耐火性和耐候性,可以在地铁、影院、电视发射中心等防火和隔音要求较高的场合作为吸音材料。

金属氧化物半导体传感器在气敏传感器中占有重要的地位。由于气体响应过程主要发生在敏感材料表面,所以薄膜型气敏材料被广泛采用。SnO_2 是目前应用最广泛的半导体气敏材料。SnO_2 在空气中稳定,对 CO、H_2、CH_4 等还原性气体响应灵敏。吸附气体引起 SnO_2 表面电子得失,半导体能带发生改变,产生可以检测的电信号,可以监测气体并检测气体浓度。

SnO_2 气敏传感器敏感薄膜可以采用磁控溅射、气相沉积、溶胶-凝胶等方法制备。通过对 SnO_2 掺杂不同的材料,还可以制作成对不同气体敏感的传感器,提高传感器的灵敏度、选择性和响应性。

新型半导体材料砷化镓

砷化镓 GaAs 是金属镓和准金属砷化合而成的金属键化合物,具有灰色的金属光泽,晶体结构为闪锌矿型。砷化镓早在 1926 年就被合成出来了,但直到 1952 年才确认了它的半导体性质。砷化镓是继硅之后最重要、最成熟的化合物半导体材料之一,目前广泛应用于光电子和微电子领域。

GaAs 具有禁带宽度宽、电子迁移率高、本征载流子浓度低、光电特性好、耐热、抗辐射性能好和对磁场敏感等优良特性,可直接用其制作光电器件,如发光二极管、可见光激光器、近红外激光器、量子阱大功率激光器、红外探测器和高效太阳能电池等,在移动通信、光纤通信、汽车自动化、卫星通信、情报处理以及其他一些领域,发挥出硅器件不可替代的作用。同时,这些应用的推广也大大推动了砷化镓材料的发展。

自 20 世纪 50 年代开始,人们就开始研究砷化镓单晶生长技术。经过几代科学工作者半个多世纪的努力,已经开发出多种生长技术。目前,比较成功的工业化生长技术有 LEC(液封自拉法)、HB(水平布里奇曼法)、VGF/VB(垂直梯度凝固法/垂直布里奇曼法)和 VCZ(蒸汽压控制直接拉法)等。其中,LEC 是生长砷化镓单晶的主要方法;VGF/VB 及 VCZ 被认为是最佳且最有前途的生长砷化镓单晶的方法;HB 仍然是目前制备用于 LD 和 LED 器件的标称直径50nm、75nm 砷化镓衬底材料的成熟工艺。

另外,作为第二代半导体材料,磷化铟 InP、硅锗 SiGe 单晶体与砷化镓 GaAs 一样具有优异的性能,也适用于高频、高速、高温和大功率电子器件,是制作高性能微波和毫米波器件及电路的优良材料,广泛应用于相控阵雷达、电子对抗、卫星通信、移动通信等领域,具有广阔的军民两用市场和发展前景,对发展微电子工业起着关键作用。

习 题 14

14-1 习题14-1表给出了第二、第三周期元素的第一电离能数据,试说明 B 和 Al 的第一电离能为什么比左右两元素的第一电离能都低?

习题 14-1 表

第二周期元素	Li	Be	B	C	N	O	F	Ne
第一电离能 $I_1/(\text{kJ}\cdot\text{mol}^{-1})$	520.2	899.5	800.6	1 086.5	1 402.3	1 313.9	1 681.0	2 080.7
第三周期元素	Na	Mg	Al	Si	P	S	Cl	Ar
第一电离能 $I_1/(\text{kJ}\cdot\text{mol}^{-1})$	495.8	737.8	577.5	786.5	1 011.8	999.6	1 251.2	1 520.6

14-2 How to prepare B_2H_6 in the laboratory? What is the structure of it?

14-3 说明三卤化硼和三卤化铝蒸气分子的结构。

14-4 Why is boric acid a Lewis acid? Is borax aqueous solution acidic or alkaline?

14-5 怎样由明矾制备氢氧化铝、硫酸钾和偏铝酸钾?请写出相关反应方程式。

14-6 写出下列反应方程式:

(1)固体碳酸钠同氧化铝一起熔烧,将熔块打碎后投入水中,产生白色乳状沉淀;

(2)铝和热浓 NaOH 溶液作用,放出气体;

(3)铝酸钠溶液中加入氯化铵,有氨气产生,且溶液中有乳白色凝胶状沉淀。

14-7 Metal Al lies before Fe and Cu in the metal activity series, but Al does not easily get corroded compared to metal Fe. Why?

14-8 Al_2S_3 cannot be prepared through the reaction of Na_2S and aluminum salts in solution. Why? Try to represent the chemical reaction.

14-9 What are the allotropes of carbon?

14-10 How to prepare CO_2 in the laboratory? How to produce CO_2 in industry? Please give the corresponding chemical reactions.

14-11 CCl_4 不易发生水解,而 $SiCl_4$ 较易发生水解,其原因是什么?

14-12 从水玻璃出发怎样制造变色硅胶?

14-13 用化学反应方程式表示单质硅的制备反应。

14-14 实验室配制 $SnCl_2$ 溶液时要采取哪些措施?其目的是什么?

14-15 Complete and balance the following chemical reaction equations:

(1)$Sn + HCl \longrightarrow$ (2)$Sn + Cl_2 \longrightarrow$

(3)$Sn^{2+} + Fe^{3+} \longrightarrow$ (4)$SnS + S_2^{2-} \longrightarrow$

(5)$SnS_3^{2-} + H^+ \longrightarrow$ (6)$PbS + HCl(\text{concentrated}) \longrightarrow$

(7)$Pb_3O_4 + HNO_3(\text{dilute}) \longrightarrow$ (8)$Pb^{2+} + OH^-(\text{excess}) \longrightarrow$

14-16 一白色固体 A,溶于水产生白色沉淀 B,B 可溶于浓盐酸。若将固体 A 溶于稀硝酸中,得无色溶液 C。将 $AgNO_3$ 溶液加入 C 中,析出白色沉淀 D。D 溶于氨水中得到溶液 E,E 酸化后又产生白色沉淀 D。将 H_2S 气体通入溶液 C 中,产生棕色沉淀 F,F 溶于 $(NH_4)_2S_x$ 形成溶液 G。酸化溶液 G,得到黄色沉淀 H。少量溶液 C 加入 $HgCl_2$ 溶液得白色沉淀 I,继续加入溶液 C,沉淀 I 逐渐变灰,最后变为黑色沉淀 J。试确定字母 A、B、C、D、E、F、G、H、I、J 各表示什么物质。

14-17　虽然氮的电负性比磷高,但是磷的化学性质比氮活泼。为什么?

14-18　试比较下列化合物的性质:

(1)NO_3^- 和 NO_2^- 的氧化性;

(2)NO_2、NO 和 N_2O 在空气中和 O_2 反应的情况。

14-19　如何除去:

(1)氮中所含的微量氧;

(2)用熔融 NH_4NO_3 热分解制得的 NO_2 中混有少量的 NO;

(3)NO 中所含的微量 NO_2。

14-20　Write the reaction equation for the preparation of HNO_2 from $NaNO_3$.

14-21　Complete the following chemical reaction equations:

(1)$AsCl_3 + H_2O \longrightarrow$　　　　(2)$POCl_3 + H_2O \longrightarrow$

(3)$P_4O_{10} + H_2O(cold) \longrightarrow$　　　(4)$P_4O_6 + H_2O(cold) \longrightarrow$

14-22　Describe the structures of NO_3^-, PO_4^{3-} and $\left[Sb(OH)_6 \right]^-$.

14-23　如何鉴别下列各组物质:

(1)NH_4Cl 和 NH_4NO_3;　　　　(2)NH_4NO_3 和 NH_4NO_2;

(3)Na_3PO_4 和 $Na_4P_2O_7$;　　　(4)As^{3+}、Sb^{3+} 和 Bi^{3+}。

14-24　化合物 A 是白色固体,不溶于水,加热剧烈分解,产生一固体 B 和气体 C。固体 B 不溶于水或 HCl,但溶于热的稀 HNO_3,得一溶液 D 及气体 E。E 无色,但在空气中变红。溶液 D 以 HCl 处理时,得一白色沉淀 F。气体 C 与普通试剂不起作用,但与热的金属镁作用生成白色固体 G。G 与水作用得到另一种白色固体 H 及一气体 I。气体 I 使湿润红色石蕊试纸变蓝,固体 H 可溶于稀 H_2SO_4 得溶液 J。化合物 A 以 H_2S 溶液处理时,得黑色沉淀 K、无色溶液 L 和气体 C。过滤后,固体 K 溶于浓 HNO_3 得气体 E、黄色固体 M 和溶液 D。溶液 L 以 NaOH 溶液处理又得气体 I。

请指出 A、B、C、D、E、F、G、H、I、J、K、L、M 所表示的各物质名称。

14-25　举例说明什么叫惰性电子对效应,产生这种效应的原因是什么?

14-26　解释为什么 O_2 分子具有顺磁性,O_3 具有反磁性。

14-27　油画放置一段时间后为什么会发暗、发黑?为什么可用 H_2O_2 来处理?写出反应方程式。

14-28　比较氧族元素和卤族元素氢化物在酸性、还原性、热稳定性方面的递变性规律。

14-29　叙述 SO_3、H_2SO_4 和发烟硫酸的相互关系,写出气态 SO_3 的结构式。

14-30　简述 OSF_2、$OSCl_2$ 和 $OSBr_2$ 分子中 S—O 键强度的变化规律,并解释原因。

14-31　How to prepare $Na_2S_2O_3$ by using Na_2CO_3 and S as reactants? Please write the relevant reaction equation.

14-32 有四种试剂:Na_2SO_4、Na_2SO_3、$Na_2S_2O_3$ 和 $Na_2S_2O_6$,它们的标签已脱落,请设计一简便方法鉴别它们。

14-33 由 H_2S 的制备过程来分析它的某些性质。

14-34 一种盐 A 溶于水后,加入稀 HCl,有刺激性气体 B 产生,同时有黄色沉淀 C 析出,气体 B 能使 $KMnO_4$ 溶液褪色。若通 Cl_2 于 A 溶液中,Cl_2 即消失并得到溶液 D,D 与钡盐作用,即产生不溶于稀硝酸的白色沉淀 E。试确定 A、B、C、D、E 各为何物,写出各步反应方程式。

14-35 Complete and balance the following reaction equations:

(1)$H_2S + H_2O_2 \longrightarrow$ (2)$H_2S + Br_2 \longrightarrow$

(3)$H_2S + I_2 \longrightarrow$ (4)$H_2S + O_2 \longrightarrow$

(5)$H_2S + ClO_3^- \longrightarrow$ (6)$Na_2S + Na_2SO_3 + H^+ \longrightarrow$

(7)$Na_2S_2O_3 + I_2 \longrightarrow$ (8)$Na_2S_2O_3 + Cl_2 \longrightarrow$

(9)$SO_2 + H_2O + Cl_2 \longrightarrow$ (10)$H_2O_2 + MnO_4^- + H^+ \longrightarrow$

(11)$Mn^{2+} + S_2O_8^{2-} + H_2O \longrightarrow$

14-36 在标准状况下,50mL 含有 O_3 的氧气,若其中所含 O_3 完全分解后,体积增加到52mL。若将分解前的混合气体通入 KI 溶液中,能析出多少克碘?分解前的混合气体中 O_3 的体积分数是多少?

14-37 卤素中哪些元素最活泼?为什么由氟至氯活泼性变化有一个突变?

14-38 试解释下列现象:

(1)I_2 溶解在 CCl_4 中得到紫色溶液,而 I_2 在乙醚中却是红棕色。

(2)I_2 难溶于水却易溶于 KI。

14-39 溴能从含碘离子的溶液中取代出碘,碘又能从溴酸钾溶液中取代出溴,这两者有矛盾吗?为什么?

14-40 AlF_3 的熔点高达 1 563K,而 $AlCl_3$ 的熔点却只有 463K,为什么?

14-41 写出下列制备过程的反应式,并注明条件:

(1)用盐酸制备氯气;

(2)用盐酸制备次氯酸;

(3)用氯酸钾制备高氯酸。

14-42 三瓶白色固体失去标签,它们分别是 KClO、$KClO_3$ 和 $KClO_4$,请问用什么方法可以鉴别它们?

14-43 卤化氢可以通过哪些方法得到?每种方法在实际应用中的意义是什么?

14-44 有一种白色固体,可能是 KI、CaI_2、KIO_3、$BaCl_2$ 中的一种或两种的混合物,试根据下述实验判断白色固体的组成。

将白色固体溶于水得到无色溶液;向此溶液加入少量稀 H_2SO_4 后,溶液变黄并有白色沉淀生成,溶液遇淀粉立即变蓝;向蓝色溶液加入 NaOH 到碱性后,蓝色消失而白色并未消失。

14-45 今以一种纯净的可溶碘化物 332mg 溶于稀 H_2SO_4,加入准确称量的 0.002mol KIO_3 于溶液内,煮沸除去反应生成的碘,然后加入足量的 KI 于溶液内,使之与过量 KIO_3 作用,然后用硫代硫酸钠滴定形成的 I_3^- 离子,通过计算得知用去硫代硫酸钠 0.009 6mol,请问原来的化合物是什么？

14-46　以反应方程式表示下列反应过程并注明反应现象：

(1)用过量 $HClO_3$ 处理 I_2；

(2)氯气长时间通入 KI 溶液中；

(3)氯水滴入 KBr 和 KI 的混合液中。

（夏慧芸）

第15章 d 区 元 素

通常人们按不同周期将过渡元素分为下列四个过渡系：

第一过渡系——第四周期元素从钪 Sc 到锌 Zn；

第二过渡系——第五周期元素从钇 Y 到镉 Cd；

第三过渡系——第六周期元素从铪 Hf 到汞 Hg；

第四过渡系——第七周期元素从𬬻 Rf 到鿔 Cn。

由于科学家对第四过渡系元素了解甚少，不在本章介绍范围之内。第一过渡系元素在自然界中的储量较多，它们的单质和化合物在工业上的用途也较广。第二、三过渡系元素，除银 Ag 和汞 Hg 外，在自然界中丰度相对较小。图 15-1 给出了元素周期表中 d 区元素的位置，其中ⅢB ~ ⅦB 族和Ⅷ族为 d 区元素（深灰色部分），ⅠB 和ⅡB 族为 ds 区元素（浅灰色部分）。习惯将其统称为 d 区元素。本章先介绍 d 区元素的通性，然后介绍三个过渡系主要元素的物理性质和化学性质。

1 IA																	18 0
1 H	2 ⅡA												13 ⅢA	14 ⅣA	15 ⅤA	16 ⅥA	17 ⅦA	2 He
3 Li	4 Be												5 B	6 C	7 N	8 O	9 F	10 Ne
11 Na	12 Mg	3 ⅢB	4 ⅣB	5 ⅤB	6 ⅥB	7 ⅦB	8	9 Ⅷ	10	11 ⅠB	12 ⅡB		13 Al	14 Si	15 P	16 S	17 Cl	18 Ar
19 K	20 Ca	21 Sc	22 Ti	23 V	24 Cr	25 Mn	26 Fe	27 Co	28 Ni	29 Cu	30 Zn		31 Ga	32 Ge	33 As	34 Se	35 Br	36 Kr
37 Rb	38 Sr	39 Y	40 Zr	41 Nb	42 Mo	43 Tc	44 Ru	45 Rh	46 Pd	47 Ag	48 Cd		49 In	50 Sn	51 Sb	52 Te	53 I	54 Xe
55 Cs	56 Ba	57~71 Ln	72 Hf	73 Ta	74 W	75 Re	76 Os	77 Ir	78 Pt	79 Au	80 Hg		81 Tl	82 Pb	83 Bi	84 Po	85 At	86 Rn
87 Fr	88 Ra	89~103 An	104 Rf	105 Db	106 Sg	107 Bh	108 Hs	109 Mt	110 Ds	111 Rg	112 Cn		113 Nh	114 Fl	115 Mc	116 Lv	117 Ts	118 Og

Ln	57 La	58 Ce	59 Pr	60 Nd	61 Pm	62 Sm	63 Eu	64 Gd	65 Tb	66 Dy	67 Ho	68 Er	69 Tm	70 Yb	71 Lu
An	89 Ac	90 Th	91 Pa	92 U	93 Np	94 Pu	95 Am	96 Cm	97 Bk	98 Cf	99 Es	100 Fm	101 Md	102 No	103 Lr

图 15-1   d 区元素（深色部分）在元素周期表中的位置

15.1　d 区元素概述

d 区元素包括周期系ⅢB～ⅦB、Ⅷ、ⅠB～ⅡB族元素,不包括镧系元素和锕系元素。d 区元素都是金属元素,这些元素位于长式元素周期表的中部,即典型金属元素和典型非金属元素之间,通常称为**过渡元素**或**过渡金属**。d 区元素的原子结构特点是它们的原子最外层大多有 2 个 s 电子(少数只有 1 个 s 电子,钯 Pd 无 5s 电子),次外层分别有 1～10 个 d 电子。d 区元素的价层电子构型可概括为$(n-1)d^{1~10}ns^{1~2}$(钯为$5s^0$)。

同周期 d 区元素金属性递变不明显。d 区元素的一般性质按照前三个过渡系列于表 15-1 中。

15.1.1　通性

d 区元素显示出许多有别于主族元素的性质。例如,那些熔点、沸点高,硬度、密度大的金属大都集中在这一区,不少元素形成有颜色的化合物;许多元素具有多种氧化态,从而导致丰富的氧化还原行为,形成配合物的能力较强(包括形成金属有机配合物)。d 区的多种金属和它们的化合物是工业催化过程和酶催化过程中的催化剂。所有这些特征都不同程度地与 d 区元素原子价层存在的 d 电子有关,因而有人将 d 区元素的化学归结为 d 电子的化学。

15.1.2　d 区元素的物理性质和化学性质

1)物理性质

汽化焓集中反映了单质的物理性质,d 区金属的汽化焓见表 15-1。过渡金属的汽化焓一般高于主族金属元素,汽化焓特别高的那些元素处于第二、第三过渡系中部,而钨则是所有金属中最高的。由于高温下挥发极慢,金属钨被用作灯丝材料。锌、镉和汞明显不同于其他过渡元素,汽化焓接近于碱金属。汞和钠(钠汞齐)的蒸气被用于日光灯和路灯。汽化焓是金属内部原子间结合力强弱的一种标志,较高的汽化焓可能是由于较多的价电子,特别是较多的未成对 d 电子参与形成金属键。这种结合力似乎也应当反映在其他性质上,例如熔点最高的 10 种 d 区金属也处于第二、第三过渡系中部。

除ⅡB族元素外,过渡元素的单质都是熔点高、沸点高、密度大、导电性和导热性良好的金属。在同周期中,它们的熔点,从左到右一般是先逐渐升高,然后缓慢下降。通常认为产生这种现象的原因是在这些金属原子间除了主要以金属键结合之外,还可能具有部分共价性。这与原子中未成对的 d 电子参与成键有关。原子中未成对的 d 电子数增多,金属键中由这些电子参与成键造成的共价性增强,表现出这些金属单质的熔点升高。在各周期中熔点高的金属在ⅥB族中出现。在同一族中,第二过渡系元素的单质的熔点、沸点大多高于第一过渡系元素,而第三过渡系元素的熔点、沸点又高于第二过渡系元素(ⅢB、ⅠB 和ⅡB族除外)。熔点、沸点最高的单质是钨。金属的熔点还与金属原子的半径、晶体结构等因素有关,并非单纯地取决于未成对 d 电子数目。过渡金属元素单质的硬度也有类似的变化规律。硬度最大的金属是铬(仅次于金刚石)。另外,在过渡元素中,单质密度最大的是Ⅷ族的锇 Os,其次是铱 Ir、铂 Pt 和铼 Re。这些金属都比室温下同体积的水重 20 倍以上,是典型的重金属。

表 15-1

d 区元素的一般性质

过渡系	元	素		价层电子构型	熔点/℃	沸点/℃	原子半径/pm	汽化焓/(kJ·mol⁻¹)	氧 化 态
第一过渡系	钪	Sc	Scandium	$3d^14s^2$	1 541	2 836	161	381	+3
	钛	Ti	Titanium	$3d^24s^2$	1 670	3 287	145	470	−1, 0, +2, +3, +4
	钒	V	Vanadium	$3d^34s^2$	1 910	3 407	132	515	−1, 0, +2, +3, +4, +5
	铬	Cr	Chromium	$3d^54s^1$	1 907	2 671	125	397	−2, −1, 0, +2, +3, +4, +5, +6
	锰	Mn	Manganese	$3d^54s^2$	1 246	2 061	124	285	−2, −1, 0, +1, +2, +3, +4, +5, +6, +7
	铁	Fe	Iron	$3d^64s^2$	1 538	2 861	124	415	0, +2, +3, +4, +5, +6
	钴	Co	Cobalt	$3d^74s^2$	1 495	2 927	125	423	0, +2, +3, +4
	镍	Ni	Nickel	$3d^84s^2$	1 455	2 913	125	422	0, +2, +3, +4
	铜	Cu	Copper	$3d^{10}4s^1$	1 085	2 560	128	339	+1, +2, +3
	锌	Zn	Zinc	$3d^{10}4s^2$	419.5	907	133	131	+2
第二过渡系	钇	Y	Yttrium	$4d^15s^2$	1 522	3 345	181	420	+3
	锆	Zr	Zirconium	$4d^25s^2$	1 854	4 406	160	593	+2, +3, +4
	铌	Nb	Niobium	$4d^45s^1$	2 477	4 741	143	753	+2, +3, +4, +5
	钼	Mo	Molybdenum	$4d^55s^1$	2 622	4 639	136	659	0, +2, +3, +4, +5, +6
	锝	Tc	Technetium	$4d^55s^2$	2 157	4 262	136	661	0, +4, +5, +6, +7
	钌	Ru	Ruthenium	$4d^75s^1$	2 333	4 147	133	650	0, +3, +4, +5, +6, +7, +8
	铑	Rh	Rhodium	$4d^85s^1$	1 963	3 695	135	558	0, +1, +2, +3, +4, +6
	钯	Pd	Palladium	$4d^{10}$	1 555	2 963	138	373	0, +1, +2, +3, +4
	银	Ag	Silver	$4d^{10}5s^1$	961.8	2 162	144	285	+1, +2, +3
	镉	Cd	Cadmium	$4d^{10}5s^2$	321.1	767	149	112	+2
第三过渡系	铪	Hf	Hafnium	$5d^26s^2$	2 233	4 600	159	619	+2, +3, +4
	钽	Ta	Tantalum	$5d^36s^2$	3 017	5 455	143	782	+2, +3, +4, +5
	钨	W	Tungsten	$5d^46s^2$	3 414	5 555	137	851	0, +2, +3, +4, +5, +6
	铼	Re	Rhenium	$5d^56s^2$	3 185	5 590	137	778	0, +2, +3, +4, +5, +6, +7
	锇	Os	Osmium	$5d^66s^2$	3 033	5 008	134	790	0, +2, +3, +4, +5, +6, +7, +8
	铱	Ir	Iridium	$5d^76s^2$	2 446	4 428	136	669	0, +2, +3, +4, +5, +6
	铂	Pt	Platinum	$5d^96s^1$	1 768	3 825	136	565	0, +2, +4, +5, +6
	金	Au	Gold	$5d^{10}6s^1$	1 064	2 836	144	368	+1, +3
	汞	Hg	Mercury	$5d^{10}6s^2$	−38.83	356.6	160	61	+1, +2

2）化学性质

与第二、第三过渡系元素相比,第一过渡系元素单质的化学性质更为活泼。例如,第一过渡系除铜 Cu 外,均能与稀酸(盐酸或硫酸)作用,而第二、第三过渡系的单质大多不与稀酸反应,有些元素的单质如锆 Zr、铪 Hf 等仅能溶于王水和氢氟酸,而钌 Ru、铑 Rh、锇 Os、铱 Ir 等甚至不溶于王水。这主要是由于第二、第三过渡系的原子具有较大的电离能和汽化熔,导致化学性质产生差别。此外,第二、第三过渡系金属单质表面上易形成致密的氧化膜导致它们的活泼性受影响。过渡元素的单质可以与活泼的非金属(如卤素和氧等)直接形成化合物;还可以与氢形成过渡型氢化物,如 VH_{18}、$LaNiH_{5.7}$ 等。

有些过渡元素的单质如ⅣB ~ Ⅷ B 族的元素,还能与硼 B、碳 C、氮 N 等原子半径较小的非金属形成间隙型化合物。B、C、N 原子在这些化合物中占据金属晶格的空隙,随着 B、C、N 在金属中溶解程度的不同,它们会形成非化学计量比的组成,且组成可变。间隙型化合物化学性质并不活泼,与相应的纯金属相比,表现出熔点高(如 TiC、W_2C 和 TiN 的熔点都在 3 000℃左右)和硬度大(TiC、W_2C 和 TiN 莫氏硬度均为 9 左右)的特点。TiC、W_2C、TiN 等在工业上常用于硬质合金,应用于切削工具、耐磨耐高温材料、航空航天等领域。

在冶金工业上,过渡元素的单质常被用来制造不锈钢(含铬、镍等)、弹簧钢(含钒等)、建筑钢(含锰等)等多种合金钢。有些过渡元素的单质及其化合物具有优异的催化性能,在化学工业中占有相当重要的地位。例如,在合成氨工业中,氮分子在铁、钌、稀土等催化剂表面反应,制造硝酸时氨的氧化用铂 Pt 作催化剂;不饱和有机化合物的加氢反应常用镍 Ni 作催化剂,接触法制造硫酸时用五氧化二钒 V_2O_5 作催化剂等。

15.1.3　d 区元素的氧化态

d 区元素大都可以形成不同氧化态的化合物。如果这些元素的原子最外层的 s 电子和 d 电子全部参与成键,则元素形成各自的族氧化态。除铁尚不十分明确外,第 3 族到第 8 族的其他 17 个元素都已制得族氧化态化合物。而第 9 族到第 12 族的 12 个元素均未达到族氧化态。周期表中,d 区元素从左到右形成族氧化态的能力下降。一般来说,d 区元素的高氧化态化合物比其低氧化态化合物的氧化性强。d 区元素要形成高氧化态二元化合物,只能与氧或氟等电负性较大、阴离子难以被氧化的非金属元素反应,如 Mn_2O_7、CrF_6 等。而碘、溴、硫等电负性较小、阴离子易被氧化的非金属元素,则难与它们形成高氧化态的二元化合物。d 区元素高氧化态化合物中含氧酸盐较为稳定,以含氧酸根离子的形式存在,如 MnO_4^-、CrO_4^{2-}、VO_4^{3-} 等。

d 区元素的较低氧化态有 +2 和 +3,可形成 $M^{2+}(aq)$ 和 $M^{3+}(aq)$ 水合离子。同周期从左到右的 +2 氧化态化合物的稳定性依次增加。这些离子的氧化性一般都不强(Co^{3+}、Ni^{3+} 和 Mn^{3+} 除外),可与多种酸根离子形成盐类。d 区元素还能形成氧化值为 +1、0、−1 和 −2 的化合物,如锰元素的氧化态在[$Mn(CO)_5$]Cl 中为 +1,在[$Mn(CO)_5$]中为 0,而在 Na[$Mn(CO)_5$]中为 −1。此外,d 区元素同族从上到下形成族氧化态的趋势增强。例如,铬酸盐是常用的氧化剂,而钼酸盐和钨酸盐则不是。

15.1.4　d 区元素离子的颜色

d 区元素常常会形成有色化合物,这是 d 区元素的一个重要特征。我们常见的最重要的无机颜料大都是 d 区元素化合物,例如钛白 TiO_2、锌白 ZnO、镉红 $CdS/CdSe$、铬黄 $PbCrO_4$、尖晶石绿 $(Co,Ni,Zn)_2O_4$ 等。

d 区元素的水合离子大多有颜色,与除水以外的其他配体形成的配离子通常也具有颜色。过渡金属配离子的颜色产生于 d 电子在两组 d 轨道之间的跃迁。这些配离子吸收了一部分可见光后发生了 d-d 跃迁,而把其余部分的光透过或散射出来。人们肉眼看到的颜色就是物质吸收光后留下来的补色。我们以水溶液中的 $[Ti(H_2O)_6]^{3+}$ 离子为例,从吸收光谱可以知道,$[Ti(H_2O)_6]^{3+}$ 主要吸收了波长为 500nm 附近的绿色光,透过的是紫色光,而紫色正是绿色的补色。因此,$[Ti(H_2O)_6]^{3+}$ 的溶液呈紫色。在可见光范围内,三种电子构型的离子不存在 d-d 跃迁,因而它们的溶液无色。第一种是稀有气体电子构型,例如 Sc^{3+} 离子;第二种是 $18e^-$ 构型,例如 Zn^{2+} 离子;第三种是 $(18+2)e^-$ 构型,例如 Bi^{3+} 离子。

此外,对于像 VO_4^{3-}(淡黄色)、CrO_4^{2-}(黄色)、MnO_4^-(紫色)等具有颜色的含氧酸根离子,一般认为它们的颜色是由电荷迁移引起的。这些离子中的金属元素钒、铬和锰都处于最高氧化态 +5、+6 和 +7,均为稀有气体电子构型,夺取电子的能力较强。当吸收了一部分可见光的能量后,酸根离子中氧阴离子的电荷就会向金属离子迁移而显色。

15.2 钪、钛、钒

15.2.1 钪及其化合物

1)钪的单质

1879 年,瑞典化学家尼尔森(Nilson)在研究稀土元素镱 Yb 时,从黑稀金矿和硅铍钇矿中发现了新元素,定名为钪 Sc。纯钪的制取难度较大,直到 1973 年,斯彼丁(Spedding)才制得纯度达 99.9% 的钪。钪主要用来制轻质合金(如含钪铝合金)、特种玻璃、电光源(如钪钠灯)等。目前,钪发展的最新动向是大力降低成本和包括军转民的全面应用研究和开发。

钪是一种柔软、银白色的金属,有两种晶型,分别为 α-Sc 和 β-Sc。钪的原子序数 21,相对原子质量为 44.96,密度为 $2.99g \cdot cm^{-3}$。钪在自然界中只有一种稳定的同位素 ^{45}Sc。

钪是化学性质非常活泼的金属,易与卤素及空气中的 O_2、CO_2、H_2O 等反应。在空气中,钪的表面会生成氧化膜而阻碍金属的进一步氧化,但超过 250℃ 会剧烈氧化。钪在室温下能与卤素反应,与氮、磷、砷等反应时所需温度稍高,而与碳、硅、氢的反应则需更高温度。钪易溶于除铬酸和氢氟酸外的其他酸,在铬酸中生成铬酸盐层导致反应较慢。钪和浓 $NaOH$ 溶液的反应很慢。

钪与铝类似,具有两性性质。钪盐易水解,其溶液呈弱酸性。在水溶液中的钪离子均呈三价。钪化合物比相应的稀土化合物具有更强烈的水解倾向。钪与阴离子及中性配位体生成复盐和配合物的倾向比稀土元素更强烈。在溶液中钪离子无色,钪盐有收敛性涩味。

2)钪的主要化合物

钪原子的价层电子构型为 $3d^14s^2$。钪有 3 个价电子,离子的氧化值通常为 +3,也可以形成氧化值为 0 ~ +6 的化合物。

（1）钪的含氧化合物。

钪的含氧化合物主要有氧化物 Sc_2O_3、氢氧化物 $Sc(OH)_3$ 和硝酸盐 $Sc(NO_3)_3$ 等。

Sc_2O_3 为白色粉末，可以通过煅烧钪的氢氧化物、硝酸盐等制得：

$$2Sc(OH)_3 \cdot nH_2O \xrightarrow{\triangle} Sc_2O_3 + (n+3)H_2O$$

$$4[Sc(NO_3)_3 \cdot 4H_2O] \xrightarrow{\triangle} 2Sc_2O_3 + 12NO_2 + 3O_2 + 16H_2O$$

Sc_2O_3 不溶于水，易溶于浓酸。高温下可与 Li_2O、BaO、MgO、Al_2O_3 等反应。Sc_2O_3 主要用于电子工业、激光及超导材料、合金添加剂，以及各种阴极涂层添加剂等。氢氧化钪 $Sc(OH)_3$ 为两性化合物，干燥的氢氧化钪有结晶和非晶体两种。用浓 $NaOH$ 处理，在 160℃时，非晶体会转化为结晶 $Sc(OH)_3$。$Sc(OH)_3$ 可用氨水或 $NaOH$ 稀溶液和钪盐溶液作用生成。用硝酸溶解 Sc_2O_3 可得硝酸钪溶液。将所得溶液干燥可得单斜晶系的 $Sc(NO_3)_3 \cdot 4H_2O$ 晶体。无水硝酸钪可通过 $ScCl_3$ 和 N_2O_4 及 N_2O_5 反应制得。硝酸钪易吸水，可溶于水和有机溶剂中，在水溶液中以 $[Sc(NO_3)_3]^{3-n}$（$n = 1 \sim 6$）配离子形式存在。

（2）钪的卤化物。

卤化钪的通式为 ScX_3（$X = F, Cl, Br, I$）。金属钪和卤素直接反应，或在非水溶液中进行，可得到无水卤化钪。无水卤化钪易吸水，且除 ScF_3 外都易溶于水。卤化钪多以二聚物 $Sc_2X_6 \cdot 12H_2O$ 形式存在。

用氢氟酸和钪的氧化物反应，经干燥脱水可制得 ScF_3。ScF_3 微溶于水和无机酸，溶于氢氟酸。碱金属和铵的氟化物形成配合物。在碳还原剂存在时加热 Sc_2O_3 和 CCl_4 或在氯气流中加热金属钪可得 $ScCl_3$。$ScCl_3$ 为白色结晶物质，无水 $ScCl_3$ 极易吸水，水溶液呈酸性，较易溶于盐酸。

其他钪的化合物还有碳化钪（ScC）、氢化钪（ScH_2）、氮化钪（ScN）等。

15.2.2　钛及其化合物

1）钛的单质

金属钛 Ti 为银白色，密度为 $4.506g \cdot cm^{-3}$，高于铝（$2.70g \cdot cm^{-3}$）而低于铁、铜、镍。钛的机械强度很高，但其导热性和导电性能较差。钛的表面易形成致密的氧化膜，因而对湿的氯气和海水具有良好的抗腐蚀性能。钛是工业上最重要的金属之一，它质轻、硬度大、抗腐蚀，是制造超音速飞机、舰艇以及化工厂特殊设备等的理想材料。钛能与肌肉长在一起，可用于制造人造关节，被称为"生物金属"。钛合金还具有记忆功能（Ti—Ni 合金）、超导功能（Nb—Ti 合金）和储氢功能（Ti—Mn 合金、Ti—Fe 合金）等。

室温下钛十分稳定，不与空气、水和卤素反应。但它能缓慢地溶解在浓盐酸或热的稀盐酸中生成 $TiCl_3$ 和 H_2。钛与热的浓硝酸作用可生成不溶性的二氧化钛的水合物 $TiO_2 \cdot nH_2O$。在高温下，钛很活泼，能与许多非金属和水蒸气反应，例如，与氧气、氯气和氮气反应分别生成 TiO_2、$TiCl_4$ 和 Ti_3N_4，与水反应生成 TiO_2 和 H_2。此外，钛还能与许多金属形成钛合金。

2）钛的化合物

钛原子的价层电子构型为 $3d^24s^2$。钛可以形成氧化态为 +4、+3 和 +2 的化合物，也可以形成氧化态为 0 和 −1 的化合物，其中以族氧化态 +4 的化合物最为稳定。由于 Ti^{4+} 的氧化性并不太强,因此钛可与卤族元素形成 TiF_4、$TiCl_4$、$TiBr_4$ 和 TiI_4,但是 $TiBr_4$ 和 TiI_4 较不稳定,还可与氧气形成 TiO_2。

(1)Ti(Ⅳ)的化合物。

在 Ti(Ⅳ)的化合物中,常见的是 TiO_2、$TiOSO_4$、$TiCl_4$ 和 $BaTiO_3$。

TiO_2 在自然界中的存在形式是金红石,它的硬度高,化学稳定性好。TiO_2 在工业上可用钛铁矿 $FeTiO_3$ 为原料来制备:

$$FeTiO_3 + 2H_2SO_4 \longrightarrow FeSO_4 + TiOSO_4 + 2H_2O$$

式中,$TiOSO_4$ 叫作硫酸钛酰。反应后冷却分离出 $FeSO_4$,然后浓缩溶液,并用热水水解 $TiOSO_4$,可得难溶于水的二氧化钛的水合物偏钛酸 H_2TiO_3,将此水合物高温脱水可得到粉末状 TiO_2。制得的 TiO_2 粉末呈浅黄色,冷却后为白色,俗称钛白。TiO_2 在工业上除用作白色涂料外,最重要的用途是用来制造钛的其他化合物。由二氧化钛直接制取金属钛比较困难,这是因为 TiO_2 热稳定性很强。通常用 TiO_2、碳和氯气在 $800 \sim 900 ℃$ 条件下进行反应,首先制得四氯化钛 $TiCl_4$:

$$TiO_2 + 2C + 2Cl_2 \longrightarrow TiCl_4 + 2CO$$

$TiCl_4$ 是钛的重要卤化物,以它为原料可制得一系列钛化合物和金属钛。上述反应生成的 $TiCl_4$ 用镁还原,可得到海绵钛:

$$TiCl_4 + 2Mg \longrightarrow Ti + 2MgCl_2$$

$TiCl_4$ 是共价键占优势的化合物,常温下为无色液体并有刺激性臭味。它极易水解,暴露在潮湿空气中发白烟。$TiCl_4$ 与水作用反应激烈,部分水解时生成钛酰氯 $TiOCl_2$,完全水解时生成偏钛酸 H_2TiO_3。

$$TiCl_4 + H_2O \longrightarrow TiOCl_2 + 2HCl$$

$$TiCl_4 + 3H_2O \longrightarrow H_2TiO_3 + 4HCl$$

具有钙钛矿结构的 $BaTiO_3$ 是另一种重要的钛化合物。$BaTiO_3$ 是重要的电子陶瓷材料,主要用作电容器的介电体。通过 $BaCO_3$ 和 TiO_2 的高温固相反应可制备 $BaTiO_3$:

$$BaCO_3 + TiO_2 \xrightarrow{\text{高温}} BaTiO_3 + CO_2$$

Ti^{4+} 由于电荷多,半径($68\,pm$)小,具有强烈的水解作用,在水溶液中以钛氧离子 TiO^{2+} 的形式存在。在中等酸度的 Ti(Ⅳ)盐溶液中加入 H_2O_2,生成配合物 $[TiO(H_2O_2)]^{2+}$:

$$TiO^{2+} + H_2O_2 \longrightarrow [TiO(H_2O_2)]^{2+}$$

$[TiO(H_2O_2)]^{2+}$ 呈橘黄色,利用这一特征,可通过比色法来测定钛。

(2)Ti(Ⅲ)的化合物。

Ti(Ⅲ)的化合物主要是 $TiCl_3$ 和 $Ti(OH)_3$。$TiCl_4$ 可在加热情况下被 H_2 还原为 $TiCl_3$:

$$2TiCl_4 + H_2 \xrightarrow{\triangle} 2TiCl_3 + 2HCl$$

$TiCl_3$ 和 $TiCl_4$ 在某些有机合成反应中常用作催化剂。

用锌在酸性溶液中还原 TiO^{2+} 时,可以形成紫色的 $[Ti(H_2O)_6]^{3+}$:

$$2TiO^{2+} + Zn + 4H^+ \longrightarrow 2Ti^{3+} + Zn^{2+} + 2H_2O$$

$$Ti^{3+} + 6H_2O \longrightarrow [Ti(H_2O)_6]^{3+}$$

$[Ti(H_2O)_6]^{3+}$ 的水解程度较大,可按下式水解:

$$[Ti(H_2O)_6]^{3+} \longrightarrow [Ti(OH)(H_2O)_5]^{2+} + H^+$$

向含有 Ti^{3+} 的溶液中加入碳酸盐时,会沉淀出 $Ti(OH)_3$:

$$2Ti^{3+} + 3CO_3^{2-} + 3H_2O \longrightarrow 2Ti(OH)_3(s) + 3CO_2$$

15.2.3　钒及其化合物

1) 钒的单质

钒 V 在地壳中分布极为分散,几乎没有钒的富矿,铁矿中一般含有钒。我国的钒资源丰富,在四川攀枝花铁矿中就含有相当数量的钒。另外,海参、海鞘等海洋生物能从海水中摄取钒,富集到血液中。钒是具有光泽的银灰色金属,在空气中稳定,熔点高、硬度大,可以划刻玻璃和石英。纯钒富有延展性,但含有大量杂质时非常脆。钒主要用来制造钒钢。钒钢具有强度大、弹性好、抗磨损、抗冲击等优点,主要用于汽车和飞机等的制造。

常温下钒不与碱、非氧化性酸作用。但它能溶于氢氟酸、浓硝酸、浓硫酸和王水中,生成 VO_2^+。有氧存在时,钒在熔融的强碱中能逐渐溶解形成钒酸盐。在加热时,钒能与大部分非金属反应,钒与氧反应可生成 V_2O_5,与卤素反应生成 VF_5、VCl_4、VBr_3 和 VI_3。钒还能与碳、氮、硅反应生成间隙型化合物 VN、VC、VSi,这些化合物熔点高,硬度大。

2) 钒的化合物

钒原子的价层电子构型为 $3d^34s^2$。钒能形成氧化态为 +5、+4、+3 和 +2 的化合物。V(V)的化合物都是反磁性的,有些是无色的,而其他氧化态的化合物都是顺磁性的,常呈现出颜色。随着钒的氧化态的降低,其二元化合物的氧化性逐渐减弱。钒的化合物中比较重要的是五氧化二钒 V_2O_5 和钒酸盐,它们是制取其他钒的化合物的重要原料。V_2O_5 已成为化学工业中最佳催化剂之一,有"化学面包"之称。钒的化合物都有毒,过量吸入易导致患肺水肿。另外,某些钒的化合物具有重要的生理作用,如胆固醇的生理合成。

可通过 NH_4VO_3 热分解和 $VOCl_3$ 水解来制取 V_2O_5:

$$2NH_4VO_3 \xrightarrow{\triangle} V_2O_5 + 2NH_3 + H_2O$$

$$2VOCl_3 + 3H_2O \longrightarrow V_2O_5 + 6HCl$$

V_2O_5 是橙黄至砖红色固体,无味但有毒。它是两性偏酸的氧化物,微溶于水,水溶液呈淡黄色,显酸性。易溶于强碱溶液中,在冷或热的碱溶液中生成正钒酸盐或偏钒酸盐。

$$V_2O_5 + 6NaOH(热) \longrightarrow 2Na_3VO_4 + 3H_2O$$

V_2O_5 还能与浓盐酸反应产生氯气,自身被还原为蓝色的 $[VO(H_2O)_5]^{2+}$(简写为 VO^{2+})。

$$V_2O_5 + 6H^+ + 2Cl^- \longrightarrow 2VO^{2+} + Cl_2 + 3H_2O$$

在有 SO_3^{2-} 存在的稀硫酸溶液中,V_2O_5 也能溶解,并被 SO_3^{2-} 还原为 VO^{2+}:

$$V_2O_5 + SO_3^{2-} + 4H^+ \longrightarrow 2VO^{2+} + SO_4^{2-} + 2H_2O$$

由于温度、酸碱度等条件的不同,钒酸盐可生成偏钒酸盐、正钒酸盐和多钒酸盐等,不同钒酸盐具有不同的颜色。钒酸盐加酸缩合时,酸度越大越有利于生成多钒酸盐,颜色逐渐加深,由浅黄色变成深红色。

$$pH \geqslant 13 \quad pH \geqslant 8.4 \quad pH \geqslant 3 \quad pH \geqslant 2 \quad pH \geqslant 1$$

VO_4^{3-}	$V_2O_7^{4-}$	$V_3O_9^{3-}$	$V_{10}O_{28}^{6-}$	$V_2O_5 \cdot xH_2O$	VO_2^+
无色	浅黄色	黄色	深红色	红棕色	黄色

VO_4^{3-} 在酸性增强时,逐步缩合为多钒酸根离子:

$$VO_4^{3-} + H^+ \Longrightarrow [VO_3(OH)]^{2-}$$

$$2[VO_3(OH)]^{2-} + H^+ \Longrightarrow [V_2O_6(OH)]^{3-} + H_2O$$

$$3[V_2O_6(OH)]^{3-} + 3H^+ \Longrightarrow 2V_3O_9^{3-} + 3H_2O$$

$$\cdots\cdots$$

当 pH <1 时,溶液中主要以 VO_2^+ 形式存在。实验证明,即使是在酸性很强的溶液中也未发现 $[V(H_2O)_6]^{5+}$ 和 $[V(H_2O)_6]^{4+}$ 离子的存在,这是因为 V(V) 和 V(IV) 容易水解。通常,在强酸性溶液中钒离子常以 VO_2^+ 和 VO^{2+} 的形式存在。VO_2^+、VO^{2+} 在溶液中进一步水解的趋势较小,在溶液中比较稳定。V^{3+} 在水溶液中水解趋势较强,按下式水解:

$$V^{3+} + H_2O \Longrightarrow [V(OH)]^{2+} + H^+$$

VO_2^+ 在强酸性溶液中具有较强的氧化性。用 SO_2(或亚硫酸盐)、Fe^{2+} 或草酸 $H_2C_2O_4$ 等很容易把 VO_2^+ 还原为 VO^{2+}。

$$2VO_2^+ + 2H^+ + SO_3^{2-} \longrightarrow 2VO^{2+} + SO_4^{2-} + H_2O$$

$$VO_2^+ + Fe^{2+} + 2H^+ \longrightarrow VO^{2+} + Fe^{3+} + H_2O$$

$$2VO_2^+ + H_2C_2O_4 + 2H^+ \longrightarrow 2VO^{2+} + 2CO_2 + 2H_2O$$

用 $KMnO_4$ 溶液把 VO^{2+} 氧化为 VO_2^+ 的反应颜色变化非常明显,故在分析化学中常用来测定溶液中的钒。

$$5VO^{2+} + H_2O + MnO_4^- \longrightarrow 5VO_2^+ + Mn^{2+} + 2H^+$$

采用较强的还原剂 Zn 在酸性溶液中可把 VO_2^+ 逐步还原为 V^{2+}。例如,在 NH_4VO_3 的盐酸溶液中加入 Zn,会依次看到生成蓝色的 $[VO(H_2O)_5]^{2+}$,绿色的 $[VCl_2(H_2O)_4]^+$,最后生成紫色的 $[V(H_2O)_6]^{2+}$。V^{3+} 在水溶液中不稳定,碱性条件下容易被空气中的氧氧化。V^{2+} 有较强的还原性,能从水中置换出氢。

15.3　铬、钼、钨

铬 Cr、钼 Mo、钨 W 是元素周期表中 VIB 族元素。铬主要以铬铁矿形式存在于自然界中,其组成为 $FeCr_2O_4$。钼的主要矿物有辉钼矿,其组成为 MoS_2。钨的主要矿物有黑钨矿和白钨矿,其组成分别为 $(Fe,Mn)WO_4$ 和 $CaWO_4$。我国铬矿资源匮乏,主要依赖进口,钼矿资源丰富,钨矿的储量约占世界总储量的一半。

15.3.1　铬及其化合物

1)铬的单质

铬 Cr 为银白色有光泽的金属,熔点、沸点高,硬度是所有金属中最大的。铬是化学性质活泼的金属,表面易形成保护性氧化膜,在空气和水中十分稳定,具有极好的抗腐蚀能力,常温时甚至不溶于王水。在机械工业中,常在金属表面镀上一层光亮的铬来防止金属生锈,也起到美观的作用。室温下,未形成氧化膜的金属铬能与稀盐酸或稀硫酸溶液反应,生成蓝色 Cr^{2+} 离子的盐:

$$Cr + 2HCl \longrightarrow CrCl_2 + H_2$$

在高温下,铬能与活泼的非金属反应,与碳、氮、硼也能形成化合物。铬主要用于制造特种合金钢。在炼钢前,先要用焦炭还原铬铁矿制铬铁:

$$FeCr_2O_4 + 4C \longrightarrow (Fe + 2Cr) + 4CO$$

由于铬具有特殊的物理和化学性质,因此成为重要的合金元素,不锈钢中的铬含量为 12% ~ 14% 。

2)铬的化合物

铬原子的价层电子构型为 $3d^5 4s^1$。铬族氧化态为 +6,形成的化合物为强氧化剂。低氧化态(+2)形成的化合物为强还原剂,最稳定的氧化态为 +3。铬还能形成氧化态为 +5、+4、+1、0、−1 和 −2 的化合物。铬的常见氧化态为 +6 和 +3。常见 Cr(VI) 的化合物有 CrO_3、CrF_6、重铬酸盐和铬酸盐。三价铬的化合物有 Cr_2O_3。一般来说,铬的高氧化态化合物以共价键占优势,中间氧化态化合物以离子键占优势,低氧化态化合物则以共价键相结合,如 $[Cr(CO)_6]$ 等。通常,水溶液中铬的离子有 $Cr_2O_7^{2-}$(橙红色),CrO_4^{2-}(黄色)和 $[Cr(H_2O)_6]^{3+}$(紫色)等。

(1)Cr(VI) 的化合物。

重铬酸钠,俗称红矾钠,是一种橙红色晶体。它是制备其他铬的化合物的起始原料。通常,由铬铁矿为初始原料,与碳酸钠混合,在空气中煅烧来制备重铬酸钠。主要反应为

$$4FeCr_2O_4 + 8Na_2CO_3 + 7O_2 \longrightarrow 8Na_2CrO_4 + 2Fe_2O_3 + 8CO_2$$

用水浸取煅烧后的熔体,Na_2CrO_4 进入溶液,分离杂质,再经浓缩,用适量的 H_2SO_4 酸化,可转化为 $Na_2Cr_2O_7$:

$$2Na_2CrO_4 + H_2SO_4 \longrightarrow Na_2Cr_2O_7 + Na_2SO_4 + H_2O$$

Na_2CrO_4 和 $Na_2Cr_2O_7$ 的转换主要是利用了 CrO_4^{2-} 和 $Cr_2O_7^{2-}$ 离子之间的平衡,酸度增大就向生成 $Cr_2O_7^{2-}$ 离子的方向移动。在碱性或中性溶液中 Cr(VI) 主要以黄色的 CrO_4^{2-} 存在,当增加溶液中 H^+ 浓度时,先生成 $HCrO_4^-$,随之转变为橙红色的 $Cr_2O_7^{2-}$:

$$2CrO_4^{2-} + 2H^+ \Longleftrightarrow 2HCrO_4^- \Longleftrightarrow Cr_2O_7^{2-} + H_2O$$

当溶液的 pH < 2 时,溶液中 $Cr_2O_7^{2-}$ 占优势。

若将 $Na_2Cr_2O_7$ 与 KCl 或 K_2SO_4 进行复分解反应,可得到橙红色的 $K_2Cr_2O_7$ 晶体,俗称红矾钾。与 $Na_2Cr_2O_7$ 不同的是,$K_2Cr_2O_7$ 晶体不含结晶水,且容易重结晶提纯,提纯后的 $K_2Cr_2O_7$ 可用作基准试剂。如 Fe^{2+} 含量的测定:

$$Cr_2O_7^{2-} + 6Fe^{2+} + 14H_3O^+ \longrightarrow 6Fe^{3+} + 2Cr^{3+} + 21H_2O$$

以 $Na_2Cr_2O_7$ 和 $K_2Cr_2O_7$ 为原料可制取三氧化铬 CrO_3、氯化铬酰 CrO_2Cl_2、铬钾矾 $KCr(SO_4)_2 \cdot 12H_2O$、氯化铬 $CrCl_3$ 等。工业上以 $Na_2Cr_2O_7$ 为起始原料制取 CrO_3:

$$Na_2Cr_2O_7 \cdot 2H_2O + H_2SO_4(浓) \longrightarrow 2CrO_3 + Na_2SO_4 + 3H_2O$$

CrO_3 是铬的重要化合物,表现出强氧化性、热不稳定性和水溶性。电镀铬时,可用 CrO_3

与硫酸配制成电镀液；有机物（如酒精等）遇 CrO_3 时立即猛烈燃烧，CrO_3 本身则被还原为 Cr_2O_3。CrO_3 在冷却的条件下与氨水作用，可生成重铬酸铵 $(NH_4)_2Cr_2O_7$：

$$2CrO_3 + 2NH_3 + H_2O \longrightarrow (NH_4)_2Cr_2O_7$$

若在 $Cr_2O_7^{2-}$ 的溶液中加入 Ag^+、Ba^{2+}、Pb^{2+} 时，分别生成 Ag_2CrO_4（砖红色）、$BaCrO_4$（淡黄色）和 $PbCrO_4$（黄色）沉淀。例如

$$4Ag^+ + Cr_2O_7^{2-} + H_2O \longrightarrow 2Ag_2CrO_4(s) + 2H^+$$

这一反应常用来鉴定溶液中是否存在 Ag^+。若向 $Cr_2O_7^{2-}$ 的溶液中加入 H_2O_2 和乙醚或戊醇，则有蓝色的过氧化铬 CrO_5 生成：

$$Cr_2O_7^{2-} + 4H_2O_2 + 2H^+ \rightleftharpoons 2CrO_5 + 5H_2O$$

这一反应可用来鉴定溶液中是否有六价铬的存在。

（2）$Cr(Ⅲ)$ 的化合物。

通过 $(NH_4)_2Cr_2O_7$ 晶体热分解可制备 Cr_2O_3：

$$(NH_4)_2Cr_2O_7 \xrightarrow{\triangle} Cr_2O_3 + N_2 + 4H_2O$$

生成的 Cr_2O_3 可做绿色颜料——铬绿。Cr_2O_3 是两性化合物，溶于酸得 $Cr(Ⅲ)$ 盐，如

$$Cr_2O_3 + 3H_2SO_4 \longrightarrow Cr_2(SO_4)_3 + 3H_2O$$

碱式硫酸铬 $Cr(OH)SO_4$ 是工业上重要的铬鞣剂，它可使兽皮中的胶原羧基发生交联。工业上可通过 SO_2 还原重铬酸钠来制备 $Cr(OH)SO_4$：

$$Na_2Cr_2O_7 + 3SO_2 + H_2O \longrightarrow Na_2SO_4 + 2Cr(OH)SO_4$$

产物 Na_2SO_4 是铬鞣过程中的缓冲剂，不需分离。

$Cr(Ⅲ)$ 配位能力非常强，可与 H_2O、NH_3、CN^-、$C_2O_4^{2-}$ 等配体形成配合物。在水溶液中形成 $[Cr(H_2O)_6]^{3+}$，该离子会发生水解：

$$[Cr(H_2O)_6]^{3+} \rightleftharpoons [Cr(OH)(H_2O)_5]^{2+} + H^+$$

$$2[Cr(H_2O)_6]^{3+} \rightleftharpoons [(H_2O)_4Cr_2(OH)_2(H_2O)_4]^{4+} + 2H^+ + 2H_2O$$

只有在 pH < 4 时，溶液中才有 $[Cr(H_2O)_6]^{3+}$ 存在。$[Cr(H_2O)_6]^{3+}$ 也可简写成 Cr^{3+}，在酸性溶液中，过硫酸铵 $(NH_4)_2S_2O_8$ 会将 Cr^{3+} 氧化成 $Cr_2O_7^{2-}$，其反应为

$$2Cr^{3+} + 3S_2O_8^{2-} + 7H_2O \longrightarrow Cr_2O_7^{2-} + 6SO_4^{2-} + 14H^+$$

15.3.2 钼及其化合物

1）钼的单质

世界钼资源总量约 3000 万吨，美国是世界上产钼第一大国，钼储量几乎占世界一半，中国位居第二。钼 Mo 的纯金属是银白色，非常坚硬。把少量钼加到钢中，可使钢变硬。钼可以作为汽车尾气处理的催化剂以及石油工业的催化剂。钼是对植物很重要的营养元素，也存在于一些酶中。钼具有强度高、硬度高、抗腐蚀能力强、导电导热和机械性能优异的特点，而且在高温下仍能保持高强度和高硬度。钼在自然界中主要以辉钼矿 MoS_2 的形式存在。

室温下，钼在空气中很稳定，当温度升至 600℃ 时，钼迅速与氧反应，生成较易挥发的三氧化钼 MoO_3。800℃ 时，钼与碳发生反应，生成碳化钼。室温下钼即与氟作用，与氯、溴、碘的反应温度分别为 200℃、450℃ 和 800℃。钼与氢不发生化学反应，但钼粉能吸收氢气。在

温度高于 700℃时,水蒸气能将钼氧化成二氧化钼 MoO_2。

常温下,钼在空气或水中都是稳定的,但当温度达到 400℃时,钼开始发生轻微的氧化,当达到 600℃后则发生剧烈的氧化而生成 MoO_3。盐酸、氢氟酸、稀硝酸及碱溶液对钼均不起作用。钼可溶于浓硝酸、王水或热硫酸溶液中,在加热时能被碱腐蚀。在很高的温度下钼与氢也不相互反应,但在 1 500℃下,钼与氮发生反应形成钼的氮化物。在 1 100 ~ 1 200℃以上,钼与 C、CO 和碳氢化合物反应生成碳化物如 Mo_2C,此 Mo_2C 即使在 1 500 ~ 1 700℃的氧化气氛中也是相当稳定的,不会被氧化分解。

高温下,钼还可与磷、硫、硒、碲、硅反应。钼能与钛、锆、钨、铼等金属形成合金。

2) 钼的化合物

钼的价层电子构型为 $4d^5 5s^1$,它能形成 +2 到 +6 的化合物,其中 Mo(Ⅵ)的化合物最稳定。但 Mo(Ⅵ)的化合物的氧化性比 Cr(Ⅵ)弱得多。

钼的化合物中,比较重要的是氧化物和含氧酸盐。它们大都是从钼矿石中首先制取出钼的化合物,这些化合物也是制取其他钼化合物的原料。常见的钼矿有辉钼矿 MoS_2,高温焙烧辉钼矿可以得到相应的氧化物:

$$2MoS_2 + 7O_2 \longrightarrow 2MoO_3 + 4SO_2$$

在钼的含氧酸盐 $(NH_4)_6Mo_7O_{24}$ 的溶液中加入氨水,可形成 $(NH_4)_2MoO_4$。在 $(NH_4)_2MoO_4$ 的溶液中加入适量的盐酸,则析出难溶于水的钼酸 H_2MoO_4:

$$(NH_4)_2MoO_4 + 2HCl \longrightarrow H_2MoO_4 + 2NH_4Cl$$

H_2MoO_4 受热脱水可得到 MoO_3。

钼(Ⅵ)的含氧酸盐中,主要是碱金属盐和铵盐,它们易溶于水。在可溶性的钼酸盐中,增加酸度,往往形成聚合的酸根离子。例如,在含有 MoO_4^{2-} 的溶液中加酸,可形成 $Mo_7O_{24}^{6-}$。钼(Ⅵ)在溶液中容易被还原剂(如 Zn,Sn^{2+} 和 SO_2 等)还原为低氧化值的化合物。例如,在以盐酸酸化的 $(NH_4)_2MoO_4$ 溶液中加入 Zn 或 $SnCl_2$,则 Mo(Ⅵ)被还原为 Mo^{3+}。溶液最初变为蓝色,然后变为绿色,最后变为棕色(Mo^{3+}):

$$2MoO_4^{2-} + 3Zn + 16H^+ \longrightarrow 2Mo^{3+} + 3Zn^{2+} + 8H_2O$$

溶液中若有 NCS^- 存在,则溶液因形成 $[Mo(NCS)_6]^{3-}$ 而呈红色。这一反应常用来鉴定溶液中是否有钼(Ⅲ)存在。

MoO_4^{2-} 可以与 H_2S 作用,生成硫化物:

$$MoO_4^{2-} + 3H_2S + 2H^+ \longrightarrow MoS_3 + 4H_2O$$

MoS_3 能溶于 $(NH_4)_2S$ 中形成硫代酸盐:

$$MoS_3 + S^{2-} \longrightarrow MoS_4^{2-}$$

用硝酸酸化钼酸铵溶液,加热至 50℃,再加入 Na_2HPO_4 溶液,生成磷钼酸铵 $(NH_4)_3PO_4 \cdot 12MoO_3 \cdot 6H_2O$ 黄色沉淀:

$$12MoO_4^{2-} + HPO_4^{2-} + 3NH_4^+ + 23H^+ \longrightarrow (NH_4)_3PO_4 \cdot 12MoO_3 \cdot 6H_2O(s) + 6H_2O$$

这一反应常用来检查溶液中是否存在 MoO_4^{2-},也可用来鉴定溶液中的 PO_4^{3-}、HPO_4^{2-}

或 $H_2PO_4^-$。

钼(VI)的含氧酸中,有些是仅含有简单酸根离子的含氧酸,如 H_2MoO_4,有些则是含有由多个简单酸根离子缩合形成的复杂酸根离子,如 $Mo_7O_{24}^{6-}$。$Mo_7O_{24}^{6-}$ 是由同种中心离子形成的多核配离子,这种多核配离子组成的含氧酸叫作同多酸,它们的盐叫同多酸盐,如 $(NH_4)_6Mo_7O_{24}$。同多酸及其盐被列为多酸类配合物。同多酸的特点是,酸性比相应简单酸的酸性强,它存在于酸性溶液中,在碱性或强碱性溶液中分解为简单酸根离子。

除了同多酸类配合物外,还有一类杂多酸配合物,像前面提到的磷钼酸铵就是一种杂多酸的盐。根据实验测定结果和配合物结构理论,把它写为 $(NH_4)_3[P(Mo_3O_{10})_4]\cdot 6H_2O$,其中 $P(V)$ 是形成体,而四个 $Mo_3O_{10}^{2-}$ 是配体。与磷钼酸铵对应的酸是一种杂多酸。所谓"杂多酸"即由不同酸根组成的配酸。可作为杂多酸的中心离子的还有 $As(V)$、$Te(VI)$、$Si(IV)$ 等。作为配体的酸根离子,大都是 $V(V)$、$Mo(VI)$、$W(VI)$ 的含氧酸根离子。与同多酸相类似,它们的酸性比原来的酸强,只能存在于酸性或者中性溶液中,在碱性溶液中分解为原来的酸根离子。

15.3.3　钨及其化合物

1)钨的单质

钨的化学元素符号是 W,原子序数是 74,属于元素周期表中第六周期(第三长周期)的 VIB 族,相对原子质量为 183.8,原子半径为 137pm,密度为 $19.3g\cdot cm^{-3}$,密度是钢的 2.5 倍,与金相当。钨的熔点为 3 414℃,沸点为 5 555℃,导电性能好,逸出功为 4.55eV,弹性模量高达 35 000~38 000MPa(丝材)。钨有两种晶体结构,即 α-W 和 β-W,α 型是稳定的体心立方结构,β 型只有在氧存在的情况下,630℃ 以下才是稳定的立方晶格。

钨的膨胀系数小,延展性好,耐腐蚀性强,在室温下不与酸和碱作用。钨的主要用途为制造灯丝和高速切削合金钢、超硬模具,也用于光学仪器、化学仪器的制作工艺中等。中国是世界上最大的钨储藏国。钨是一种战略金属,它是当代高科技新材料的重要组成部分,因而广泛应用于当代通信技术、电子计算机、宇航开发、医药卫生、感光材料、光电材料、能源材料和催化剂材料等领域。

2)钨的化合物

钨在自然界主要以六价阳离子的形式存在,其离子半径为 68pm。由于 W^{6+} 离子半径小,电价高,极化能力强,易形成配阴离子,因此钨主要以配阴离子形式 $[WO_4]^{2-}$ 与溶液中的 Fe^{2+}、Mn^{2+}、Ca^{2+} 等阳离子结合,形成黑钨矿或白钨矿沉淀。钨的重要矿物有黑钨矿(Fe,Mn)WO_4 和白钨矿 $CaWO_4$。经过冶炼后的钨单质是银白色有光泽的金属,化学性质也比较稳定。

钨的化合物中,比较重要的是氧化物和含氧酸盐,它们大多是从钨矿石中制取出来的。三氧化钨 WO_3 和钨酸钠 $Na_2WO_4\cdot 12H_2O$ 是钨的化合物的典型代表。在 380~400℃ 时,WO_3 开始被 H_2 还原;630℃ 以上时,H_2 可将 WO_3 还原成钨粉:

$$3H_2 + WO_3 \longrightarrow W + 3H_2O$$

在空气的参与下,碱熔盐法可使黑钨矿的钨转化为可溶物,例如

$$4FeWO_4 + 4Na_2CO_3 + O_2 \longrightarrow 4Na_2WO_4 + 2Fe_2O_3 + 4CO_2$$

向 Na_2WO_4 的溶液中加入适量的盐酸,则析出难溶于水的钨酸 H_2WO_4:

$$Na_2WO_4 + 2HCl \longrightarrow H_2WO_4 + 2NaCl$$

H_2WO_4 受热脱水得到 WO_3。钨(Ⅵ)的含氧酸盐中,主要是碱金属盐和铵盐,它们易溶于水。在可溶性的钨酸盐中,增加 H^+ 的浓度,往往形成聚合的酸根离子。例如,在含有 WO_4^{2-} 的溶液中,H^+ 浓度增大时,可形成 $HW_6O_{21}^{5-}$ 和 $W_{12}O_{41}^{10-}$ 等离子。钨(Ⅵ)在溶液中易于被还原剂如 Zn 还原为低氧化值的化合物。在用盐酸或硫酸酸化的 WO_4^{2-} 溶液中,加入 Zn 时,溶液呈现出蓝色(钨蓝),此现象可以鉴定溶液中钨的存在。WO_4^{2-} 可以与 H_2S 作用,生成硫化物:

$$WO_4^{2-} + 3H_2S + 2H^+ \longrightarrow WS_3 + 4H_2O$$

WS_3 能溶于 $(NH_4)_2S$ 中形成硫代酸盐:

$$WS_3 + S^{2-} \longrightarrow WS_4^{2-}$$

此外,高温下,钨还可与碳反应生成坚硬、耐磨、难溶的碳化钨。

15.4　锰及其化合物

锰 Mn、锝 Tc、铼 Re 是元素周期表中ⅦB 族元素。锰在地壳中的含量位列第 12 位,次于铁和钛。自然界中的锰矿物以软锰矿 MnO_2 最为重要。锰及其化合物以软锰矿为原料来制取。已经发现在深海中有大量的锰矿——锰结核,该锰矿含有大量的铜、镍和钴元素。锝和铼是稀有元素,本节不作阐述。

15.4.1　锰的单质

锰单质是银白色金属,质硬而脆,主要用于生产含锰的合金钢。锰矿和铁矿一起在高炉中用焦炭还原得锰铁,反应为

$$MnO_2 + 2C \longrightarrow Mn + 2CO$$

常温下,锰在潮湿空气中会氧化,也能缓慢地溶于水。锰与稀酸作用可放出氢气,也能与熔融的碱在氧气作用下生成锰酸盐:

$$2Mn + 4KOH + 3O_2 \longrightarrow 2K_2MnO_4 + 2H_2O$$

在加热情况下,锰与氧反应生成 Mn_3O_4,与卤素反应生成卤化物 MnX_2(与氟反应则生成 MnF_3 和 MnF_4)。

15.4.2　锰的化合物

锰原子的价层电子构型为 $3d^54s^2$。锰的氧化态非常多,最常见的是 $+7$、$+6$、$+4$ 和 $+2$,除此以外,还有 $+5$、$+3$、$+1$、0、-1 和 -2。因此,锰的氧化还原反应非常丰富。$Mn(Ⅶ)$ 化合物以高锰酸盐较稳定,$Mn(Ⅳ)$ 化合物以 MnO_2 最稳定,氧化态为 $+2$ 的锰化合物在固态或水溶液中都比较稳定,氧化态为 $+1$、0、-1、-2 的锰化合物大都是羰合物及其衍生物。锰的化合物在水溶液中的离子主要有 MnO_4^-、MnO_4^{2-}、Mn^{2+} 等,水溶液中的主要锰离子及其性质列

于表 15-2 中。

水溶液中锰的各种离子及其性质 表 15-2

离 子	氧 化 态	颜 色	d 电子数	水溶液中稳定条件
MnO_4^-	+7	紫红色	d^0	中性溶液
MnO_4^{2-}	+6	暗绿色	d^1	pH>13.5 的碱性溶液
$[Mn(H_2O)_6]^{3+}$	+3	红色	d^4	容易歧化为 MnO_2 和 Mn^{2+}
$[Mn(H_2O)_6]^{2+}$	+2	淡红色	d^5	酸性溶液

1）Mn（Ⅶ）和 Mn（Ⅵ）化合物

在 Mn（Ⅶ）的化合物中，最重要的是高锰酸的钾盐 $KMnO_4$ 和钠盐 $NaMnO_4$。另外，化合物 NH_4MnO_4 中由于同时存在还原性的 NH_4^+ 和强氧化性的 MnO_4^-，使其非常危险。$KMnO_4$ 可通过软锰矿为原料来制取，将软锰矿与浓 KOH 溶液混合并在 200～260℃下用空气氧化可先制得锰酸钾 K_2MnO_4：

$$2MnO_2 + 4KOH + O_2 \longrightarrow 2K_2MnO_4 + 2H_2O$$

K_2MnO_4 为暗绿色的晶体。然后用电化学氧化法将 K_2MnO_4 转化为 $KMnO_4$：

$$2K_2MnO_4 + 2H_2O \longrightarrow 2KMnO_4 + 2KOH + H_2$$

反应产生的 KOH 可回收用于第一步的碱熔氧化。$KMnO_4$ 是深紫色针状或粒状晶体并伴有金属光泽，是最重要的氧化剂之一，可在有机合成中做氧化剂。用作氧化剂时，$KMnO_4$ 的还原产物随介质的酸碱性不同而不同：在酸性溶液中，还原产物为 Mn^{2+}；在中性或弱碱性溶液中，还原产物为 MnO_2；在强碱性溶液中，还原产物为 MnO_4^{2-}。

通常使用 MnO_4^- 做氧化剂时，反应大都是在酸性介质中进行的，MnO_4^- 常用来氧化 Fe^{2+}、SO_3^{2-}、H_2S、I^-、Sn^{2+} 等。部分反应如下：

$$MnO_4^- + 5Fe^{2+} + 8H^+ \longrightarrow Mn^{2+} + 5Fe^{3+} + 4H_2O$$
$$2MnO_4^- + SO_3^{2-} + 2OH^- \longrightarrow 2MnO_4^{2-} + SO_4^{2-} + H_2O$$
$$2MnO_4^- + 5H_2S + 6H^+ \longrightarrow 2Mn^{2+} + 5S + 8H_2O$$
$$2MnO_4^- + I^- + H_2O \longrightarrow 2MnO_2 + IO_3^- + 2OH^-$$

固体 $KMnO_4$ 相对稳定，但受热时（>200℃）会分解：

$$2KMnO_4 \longrightarrow K_2MnO_4 + MnO_2 + O_2$$

水溶液中的 MnO_4^- 比较稳定，但久置会缓慢地发生反应：

$$4MnO_4^- + 4H^+ \longrightarrow 4MnO_2 + 2H_2O + 3O_2$$

如有光照会加速反应，故通常用棕色瓶盛装 $KMnO_4$ 溶液。

Mn（Ⅵ）的化合物主要是 K_2MnO_4，含有 MnO_4^{2-} 的碱性溶液显暗绿色。MnO_4^{2-} 在微酸性甚至近中性条件下按下式发生歧化反应：

$$3MnO_4^{2-} + 4H^+ \longrightarrow 2MnO_4^- + 2H_2O + MnO_2$$

2）Mn（Ⅳ）的化合物

MnO_2 是 Mn（Ⅳ）的重要化合物，它有多种晶型，如比较稳定的 β-MnO_2 和非常活泼的 γ-MnO_2。MnO_2 可用于锂二氧化锰电池的正极材料。它通过电化学氧化法来制备，获得的产品叫作 EMD（电解 MnO_2 制品，electrolytic manganese dioxide）。在酸性溶液中，MnO_2 表现

出强氧化性,如 MnO_2 与浓盐酸作用:

$$MnO_2 + 4HCl \longrightarrow MnCl_2 + 2H_2O + Cl_2$$

以 MnO_2 为原料,还可以制取锰的低氧化值化合物。例如,加热 MnO_2,其可分解为 Mn_3O_4 和 O_2:

$$3MnO_2 \longrightarrow Mn_3O_4 + O_2$$

3) Mn(Ⅱ)的化合物

$MnSO_4 \cdot 7H_2O$、$Mn(NO_3)_2 \cdot 6H_2O$、$MnCl_2 \cdot 4H_2O$ 等是 Mn(Ⅱ)的常见化合物,它们可溶于水,溶液呈淡红色,含有 $[Mn(H_2O)_6]^{2+}$ 或 Mn^{2+} 离子。$[Mn(H_2O)_6]^{2+}$ 在水溶液中比较稳定,但会发生很小程度的水解反应:

$$[Mn(H_2O)_6]^{2+} \Longleftrightarrow [Mn(OH)(H_2O)_5]^+ + H^+$$

在酸性溶液中,Mn^{2+} 非常稳定,要把 Mn^{2+} 氧化为高氧化态,只有在高酸度的热溶液中加入铋酸钠 $NaBiO_3$ 等氧化剂才能将其氧化成 MnO_4^-:

$$2Mn^{2+} + 5BiO_3^- + 14H^+ \longrightarrow 2MnO_4^- + 5Bi^{3+} + 7H_2O$$
$$2Mn^{2+} + 5S_2O_8^{2-} + 8H_2O \longrightarrow 2MnO_4^- + 10SO_4^{2-} + 16H^+$$

由于生成了 MnO_4^- 而使溶液呈紫红色,因此这两个反应可以用来鉴定溶液中是否存在 Mn^{2+}。当 Mn^{2+} 过多时,紫红色出现后会立即消失,原因是生成的 MnO_4^- 又被过量的 Mn^{2+} 还原:

$$3Mn^{2+} + 2MnO_4^- + 2H_2O \longrightarrow 5MnO_2 + 4H^+$$

在碱性溶液中,Mn^{2+} 首先形成白色的氢氧化锰 $Mn(OH)_2$ 沉淀:

$$Mn^{2+} + 2OH^- \longrightarrow Mn(OH)_2$$

沉淀在空气中很快被氧化为棕色的 $MnO(OH)_2$:

$$2Mn(OH)_2 + O_2 \longrightarrow 2MnO(OH)_2$$

15.5　铁、钴、镍

铁 Fe、钴 Co、镍 Ni 由于彼此性质相近而被称为铁系元素。三种元素中铁元素分布最广,在地壳中的丰度占第四位。铁的主要矿石有赤铁矿 Fe_2O_3、磁铁矿 Fe_3O_4 和黄铁矿 FeS_2 等。钴和镍的矿物主要是硫化物,如辉钴矿 CoAsS 和镍黄铁矿 $NiS \cdot FeS$。铁是当今最重要的结构材料,钴和镍是重要的合金元素。铁系元素还具有许多重要的生物功能,如铁元素在人体中具有造血功能,缺铁会导致贫血;钴是维生素 B_{12} 的组成成分,也是人体必需的微量元素之一;缺镍会引起生长发育迟缓。

15.5.1　铁、钴、镍的单质

单质铁、钴、镍都是有金属光泽的银白色金属,钴略带灰色。它们都表现出明显的铁磁性,能被磁铁吸引。它们的合金也是很好的磁性材料,某些合金磁化后甚至可成为永久磁体。铁系元素的密度逐渐增大,而熔点随原子序数的增加而降低。

铁、钴、镍属于中等活泼金属,空气和水对钴、镍和纯铁都是稳定的。但是,含有杂质的铁在潮湿的空气中容易生锈,发生如下反应:

$$4Fe + 3O_2 + 2H_2O \longrightarrow 2(Fe_2O_3 \cdot H_2O)$$

因此,钢铁制品需要防锈处理才能长期使用。铁、钴、镍都能溶于稀酸,释放出氢气,而浓酸能使它们的表面钝化。在加热条件下,铁、钴、镍能与氧、硫、卤素等非金属反应。铁能被热的浓碱液腐蚀,而钴和镍在浓碱溶液中比较稳定。另外,铁、钴、镍都能与 CO 形成羰基化合物,如 $[Fe(CO)_5]$、$[Co_2(CO)_8]$、$[Ni(CO)_4]$ 等。

15.5.2 铁、钴、镍的化合物

铁、钴、镍原子的价层电子构型分别为 $3d^64s^2$、$3d^74s^2$ 和 $3d^84s^2$。目前认可它们的最高氧化态分别是 +6、+4 和 +4,而铁的稳定氧化态为 +3 和 +2,钴和镍的稳定氧化态均为 +2。铁、钴、镍的高氧化态化合物均表现出较强的氧化性,Fe^{3+}、Co^{3+}、Ni^{3+} 的氧化性依次增强。在酸性溶液中,Fe^{2+}、Co^{2+}、Ni^{2+} 是最稳定的氧化态离子,而碱性溶液中铁的最稳定氧化态是 +3,而钴和镍仍是 +2。铁、钴、镍与卤素形成的氧化态为 +3 的化合物中,氟化物最为稳定。氧化态 +1 以下的铁、钴、镍的化合物是以羰合物等配合物的形式存在的。

1) 氧化物和氢氧化物

铁系元素都能形成氧化态为 +2 和 +3 的氧化物,如 FeO、Fe_2O_3、CoO、Co_2O_3、NiO、Ni_2O_3 等。这些氧化物都显碱性,与酸发生反应生成各自的盐。如 Fe_2O_3、Co_2O_3 和 Ni_2O_3 与盐酸的反应为

$$Fe_2O_3 + 6HCl \longrightarrow 2FeCl_3 + 3H_2O$$
$$Co_2O_3 + 6HCl \longrightarrow 2CoCl_2 + Cl_2 + 3H_2O$$
$$Ni_2O_3 + 6HCl \longrightarrow 2NiCl_2 + Cl_2 + 3H_2O$$

可以发现,除 Fe_2O_3 外,Co_2O_3 和 Ni_2O_3 反应后均生成氧化态为 +2 的盐,原因是 Co^{3+} 和 Ni^{3+} 氧化性较强,溶解的同时被还原了。从水溶液中析出的氧化态为 +3 和 +2 的铁的含氧酸盐都带有结晶水,受热会分解,如实验室制取 Fe_2O_3 或 FeO 的反应:

$$4Fe(NO_3)_3 \longrightarrow 2Fe_2O_3 + 12NO_2 + 3O_2$$
$$FeC_2O_4 \longrightarrow FeO + CO + CO_2$$

将强碱加入 Fe^{2+}、Co^{2+} 和 Ni^{2+} 的水溶液时,分别生成白色的 $Fe(OH)_2$ 沉淀、粉红色的 $Co(OH)_2$ 沉淀和绿色的 $Ni(OH)_2$ 沉淀:

$$Fe^{2+} + 2OH^- \longrightarrow Fe(OH)_2(s)$$
$$Co^{2+} + 2OH^- \longrightarrow Co(OH)_2(s)$$
$$Ni^{2+} + 2OH^- \longrightarrow Ni(OH)_2(s)$$

$Fe(OH)_2$ 容易被空气中的氧气氧化,溶液中析出的白色 $Fe(OH)_2$ 会迅速变为灰绿色沉淀,随后变为红棕色的 $Fe(OH)_3$:

$$4Fe(OH)_2 + O_2 + 2H_2O \longrightarrow 4Fe(OH)_3(s)$$

而 $Co(OH)_2$ 的氧化很缓慢,生成暗棕色的水合物 $Co_2O_3 \cdot xH_2O$:

$$4Co(OH)_2 + O_2 + 2(x-2)H_2O \longrightarrow 2(Co_2O_3 \cdot xH_2O)$$

要使 $Ni(OH)_2$ 氧化需要强氧化剂,如 $NaClO$,反应生成黑色的 $NiO(OH)$:

$$2Ni(OH)_2 + ClO^- \longrightarrow 2NiO(OH)(s) + Cl^- + H_2O$$

在浓碱溶液中,用 NaClO 可以把 $Fe(OH)_3$ 氧化为紫红色的 FeO_4^{2-}:

$$2Fe(OH)_3 + 3ClO^- + 4OH^- \longrightarrow 2FeO_4^{2-} + 3Cl^- + 5H_2O$$

$Co(OH)_2$ 和 $Ni(OH)_2$ 难溶于强碱溶液中。FeO_4^{2-} 具有很强的氧化性,在酸性溶液中,会迅速将自身键合的 O^{2-} 氧化:

$$4FeO_4^{2-} + 20H^+ \longrightarrow 4Fe^{3+} + 3O_2 + 10H_2O$$

2)有代表性的盐

氧化态为 +2 的铁系元素的强酸盐,如硫酸盐、硝酸盐、高氯酸盐和氯化物都易溶于水,而弱酸盐如碳酸盐、草酸盐、磷酸盐和硫化物则难溶于水。工业上,可通过废铁屑和废硫酸之间的反应来制备硫酸亚铁 $FeSO_4$。$FeSO_4$ 的水合物晶体 $FeSO_4 \cdot 7H_2O$ 俗称绿矾,在空气中放置时会缓慢氧化,晶体表面会出现棕黄色的斑点:

$$4FeSO_4 + O_2 + 2H_2O \longrightarrow 4Fe(OH)SO_4$$

$FeSO_4$ 溶液放置时,Fe^{2+} 被空气中的氧氧化为 Fe^{3+},常有棕黄色的浑浊物出现。硫酸亚铁铵 $(NH_4)_2Fe(SO_4)_2$ 的溶液则比较稳定,其含有结晶水的复盐 $FeSO_4 \cdot (NH_4)_2SO_4 \cdot 6H_2O$ 被称为摩尔盐,也比较稳定,可用于容量分析中标定高锰酸钾和重铬酸钾标准溶液。$FeSO_4$ 应用较广,可做杀虫剂、农药、鞣革剂、防腐剂等,还可用于制造蓝黑墨水。

氯化铁 $FeCl_3$ 是铁的重要卤化物,它是以共价键为主的化合物,其蒸气含有双聚分子 Fe_2Cl_6,结构如图 15-2 所示。

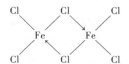

图 15-2　双聚分子 Fe_2Cl_6 的结构

$FeCl_3$ 可由废铁屑氯化法制备。水溶液中可结晶出黄棕色的 $FeCl_3 \cdot 6H_2O$ 晶体,而无水 $FeCl_3$ 为黑棕色薄片状晶体。$FeCl_3$ 能溶于丙酮等有机溶剂中,在长时间光照条件下会逐渐还原为 $FeCl_2$,有机溶剂则被氧化或氯化。例如,$FeCl_3$ 溶在乙醇中,在光照条件下,乙醇被氧化为乙醛。$FeCl_3$ 在工业上可用作净水剂、氧化剂、媒染剂、刻蚀剂,还可用作医学上的止血剂。

钴、镍的主要卤化物是氯化钴 $CoCl_2$ 和氯化镍 $NiCl_2$ 等。$CoCl_2 \cdot 6H_2O$ 在受热脱水过程中,伴随着颜色的变化:

$$CoCl_2 \cdot 6H_2O \rightleftharpoons CoCl_2 \cdot 2H_2O \rightleftharpoons CoCl_2 \cdot H_2O \rightleftharpoons CoCl_2$$
$$\text{粉红} \qquad\qquad \text{紫红} \qquad\qquad \text{蓝紫} \qquad \text{蓝}$$

这一特性被用于制作变色硅胶(吸水变粉红色,烘干变蓝色)和显影墨水(稀溶液涂在纸上不显色,烘干显蓝色)。$CoCl_2$ 也用作电解制备金属钴的原料、油漆催干剂和陶瓷着色剂等。

金属镍与硝酸反应可制备硝酸镍 $Ni(NO_3)_2$,反应为

$$3Ni + 8HNO_3 \longrightarrow 3Ni(NO_3)_2 + 2NO + 4H_2O$$

溶液中结晶出来的 $Ni(NO_3)_2$ 为含有结晶水的 $Ni(NO_3)_2 \cdot 6H_2O$,是一种碧绿色的板状晶

体。$Ni(NO_3)_2$ 是制备含镍催化剂的原料,还可用于镀镍和陶瓷彩釉。

在水溶液中,Fe^{3+} 和 Fe^{2+} 分别以 $[Fe(H_2O)_6]^{3+}$(淡紫色)和 $[Fe(H_2O)_6]^{2+}$(淡绿色)的形式存在,Co^{2+} 和 Ni^{2+} 分别以 $[Co(H_2O)_6]^{2+}$(粉红色)和 $[Ni(H_2O)_6]^{2+}$(绿色)的形式存在,它们均能发生水解反应。Fe^{3+} 由于电荷多、半径小,更容易发生水解反应,水解后的 $[Fe(OH)(H_2O)_5]^{2+}$ 显黄色,因此我们平常看到的 Fe^{3+} 溶液为黄色。

$$[Fe(H_2O)_6]^{3+} \rightleftharpoons [Fe(OH)(H_2O)_5]^{2+} + H^+$$

Fe^{3+} 在强酸性溶液中稳定,稀释溶液或增大溶液的 pH,会有胶状物 $FeO(OH)$[通常也写作 $Fe(OH)_3$]沉淀出来,可与水中悬浮的泥土等杂质一起聚沉下来,使浑浊的水变清,因而可作为净水剂使用。在酸性溶液中,Fe^{3+} 是中强氧化剂,它能把 I^-、H_2S、Fe、Cu 等氧化:

$$2Fe^{3+} + 2I^- \longrightarrow 2Fe^{2+} + I_2$$
$$2Fe^{3+} + H_2S \longrightarrow 2Fe^{2+} + 2H^+ + S$$
$$2Fe^{3+} + Fe \longrightarrow 3Fe^{2+}$$
$$2Fe^{3+} + Cu \longrightarrow 2Fe^{2+} + Cu^{2+}$$

在铜板上制造印刷电路,就是利用了 Fe^{3+} 和铜的反应。

3)配位化合物

在水溶液中,Fe^{3+} 和 Fe^{2+} 都能形成简单配合物,如 $[FeF_6]^{3-}$、$[Fe(CN)_6]^{3-}$、$[Fe(CN)_6]^{4-}$ 和 $[Fe(CN)_5(NO)]^{2-}$ 等。在 Fe^{2+} 的溶液中加入 KCN 溶液,首先生成 $Fe(CN)_2$ 白色沉淀,当 KCN 溶液过量时继续生成 $[Fe(CN)_6]^{4-}$,反应如下:

$$Fe^{2+} + 2CN^- \longrightarrow Fe(CN)_2(s)$$
$$Fe(CN)_2 + 4CN^- \longrightarrow [Fe(CN)_6]^{4-}$$

再用氯气氧化 $[Fe(CN)_6]^{4-}$ 可生成 $[Fe(CN)_6]^{3-}$:

$$2[Fe(CN)_6]^{4-} + Cl_2 \longrightarrow 2[Fe(CN)_6]^{3-} + 2Cl^-$$

这样,可分别得到了黄血盐 $K_4[Fe(CN)_6] \cdot 3H_2O$ 和赤血盐 $K_3[Fe(CN)_6]$,其中铁的氧化态分别是 +2 和 +3。这两种盐分别被用来检验水溶液中 Fe^{3+} 和 Fe^{2+} 的存在:

$$xFe^{3+} + xK^+ + x[Fe(CN)_6]^{4-} \longrightarrow [KFe^{II}(CN)_6Fe^{III}]_x(普鲁士蓝)$$
$$xFe^{2+} + xK^+ + x[Fe(CN)_6]^{3-} \longrightarrow [KFe^{III}(CN)_6Fe^{II}]_x(藤氏蓝)$$

实验已经证明普鲁士蓝和藤氏蓝具有相同的化学组成和结构。普鲁士蓝可能是最早有记载的金属配合物,在古代常被用作颜料,现今被用于涂料和印墨等工业。向 $[Fe(CN)_6]^{4-}$ 的溶液中加入硝酸时,生成红色的 $[Fe(CN)_5(NO)]^{2-}$ 配合物。此配合物继续与 S^{2-} 反应则生成紫红色的 $[Fe(CN)_5NOS]^{4-}$:

$$[Fe(CN)_5(NO)]^{2-} + S^{2-} \longrightarrow [Fe(CN)_5NOS]^{4-}$$

这一反应用来鉴定 S^{2-}。将浓硫酸加入含有 Fe^{2+} 和硝酸盐的混合溶液中时,会生成棕色的配合物 $[Fe(NO)(H_2O)_5]^{2+}$ 离子,这一反应可用来鉴定 NO_3^- 的存在。反应如下:

$$3Fe^{2+} + NO_3^- + 4H^+ \longrightarrow 3Fe^{3+} + NO + 2H_2O$$
$$[Fe(H_2O)_6]^{2+} + NO \longrightarrow [Fe(NO)(H_2O)_5]^{2+}(棕色) + H_2O$$

此外,Fe^{3+} 和 Fe^{2+} 能形成多种稳定的配合物。例如,Fe^{3+} 与配位剂磺基水杨酸

$C_6H_3(OH)(COOH)SO_3H$ 反应生成 $[Fe(C_6H_3(OH)(COO)SO_3)_3]^{3-}$ 紫红色的配合物,它常用于比色法测定 Fe^{3+}。1,10-二氮菲 phen 与 Fe^{3+} 形成蓝色的 $[Fe(phen)_3]^{3+}$ 配合物,而与 Fe^{2+} 形成深红色的 $[Fe(phen)_3]^{2+}$ 配合物,利用两种配合物颜色的变化,phen 在容量分析中常用作测定铁的指示剂。

氧化态为 +3 的钴配合物的配位数都是 6,水溶液中能形成 $[CoF_6]^{3-}$、$[Co(NH_3)_6]^{3+}$、$[Co(CN)_6]^{3-}$、$[Co(NO_2)_6]^{3-}$ 等配离子而使 Co^{3+} 十分稳定。其中,$[CoF_6]^{3-}$ 是高自旋配离子,$[Co(NH_3)_6]^{3+}$、$[Co(CN)_6]^{3-}$、$[Co(NO_2)_6]^{3-}$ 为低自旋配离子。六氨合钴氯化物 $[Co(NH_3)_6]Cl_3$ 在 1798 年被发现,是最早发现的金属配合物。水溶液中析出的 $[Co(NH_3)_6]Cl_3$ 晶体为橙黄色。将 $[Co(NO_2)_6]^{3-}$ 的钠盐 $Na_3[Co(NO_2)_6]$ 溶液加入到含有 K^+ 的溶液中时会析出难溶于水的黄色晶体 $K_2Na[Co(NO_2)_6]$:

$$2K^+ + Na^+ + [Co(NO_2)_6]^{3-} \longrightarrow K_2Na[Co(NO_2)_6](s)$$

这一反应常用来鉴定 K^+ 的存在。

氧化态为 +2 的钴配合物,在水溶液中存在下述平衡:

$$[Co(H_2O)_6]^{2+}(粉红色) + 4Cl^- \rightleftharpoons [CoCl_4]^{2-}(蓝色) + 6H_2O$$

粉红色的 $[Co(H_2O)_6]^{2+}$ 为八面体配合物,而蓝色的 $[CoCl_4]^{2-}$ 为四面体配合物。二价钴的配合物在水溶液中稳定性较差,容易被氧化。可以利用这一性质来鉴定 Co^{2+} 的存在。如向含 Co^{2+} 的溶液中加入 $KSCN(s)$ 及丙酮,生成蓝色的 $[Co(SCN)_4]^{2-}$:

$$Co^{2+} + 4SCN^- \longrightarrow [Co(SCN)_4]^{2-}$$

氧化态为 +2 的镍配合物主要是八面体构型。在弱碱性条件下,Ni^{2+} 与丁二酮肟可形成平面正方形配合物沉淀,此沉淀为鲜红色,可用来鉴定 Ni^{2+} 的存在,故丁二酮肟称为镍试剂。此反应为

15.6　铜、银、金

铜 Cu、银 Ag、金 Au 三种元素通常称为铜族元素,位于元素周期表中 I B 族。铜族元素原子的电子构型为 $(n-1)d^{10}ns^1$。

15.6.1　铜、银、金的单质

自然界中的铜大多以铜矿物的形式存在,主要有辉铜矿 Cu_2S、黄铜矿 $CuFeS_2$ 和孔雀石 $Cu_2(OH)_2CO_3$ 等。银和金则分别以辉银矿 Ag_2S 和碲金矿 $AuTe_2$ 的形式存在。金还可以以

单质形式存在,通常与沙子混在一起,称为金沙(以此获取单质金的行业为淘金业)。铜是人类最早使用的金属,银和金则是理想的饰品材料,古代常用这三种金属做货币、器皿和首饰等。纯铜是紫红色金属,而银和金分别为银白色和黄色金属。它们的熔点和沸点都不太高,但延展性能和导热性能很好。银、铜、金的导电性在所有金属中位于前三,纯度越高,导电性越强,因此在焊接、电子电器工业上得到广泛应用。铜、银、金都可以用作合金材料,如铜和锌形成的合金叫黄铜,铜和锡形成的合金叫青铜,银和铜的合金可用作货币。此外,它们还被用于机械制造、工业催化、航空等领域。

铜、银、金室温下不与氧或水作用,化学活泼性不好。铜属于中等活泼金属,在潮湿空气中,表面会逐渐形成一层碱式碳酸铜 $Cu_2(OH)_2CO_3$,即绿色铜锈,其反应为

$$2Cu + O_2 + H_2O + CO_2 \longrightarrow Cu_2(OH)_2CO_3$$

在加热情况下,铜和氧反应会生成黑色的氧化铜 CuO,但银和金不发生变化。高温下,铜、银、金不与氢、氮或碳作用,但均能与卤素作用。此外,当有配位剂如 NH_3、CN^- 存在时,铜、银、金均能与氧作用生成配合物:

$$4M + O_2 + 2H_2O + 8CN^- \longrightarrow 4\left[M(CN)_2\right]^- + 4OH^-$$

M 代表 Cu、Ag 或 Au。铜、银、金不能从稀酸中置换出氢气,但铜和银能溶于硝酸和热的浓硫酸中。金只能和王水反应:

$$Au + 4HCl + HNO_3 \longrightarrow H\left[AuCl_4\right] + NO + 2H_2O$$

这是由于金离子能与 Cl^- 形成配合物,使单质的还原性增强。银在空气中与硫化氢迅速反应生成黑色的硫化银:

$$4Ag + O_2 + 2H_2S \longrightarrow 2Ag_2S + 2H_2O$$

15.6.2　铜、银、金的化合物

1)铜的化合物

铜原子的价层电子构型为 $3d^{10}4s^1$,常见氧化态为 +1 和 +2,最高氧化态为 +3。氧化态为 +1 的铜的化合物一般为白色或无色,Cu^+ 在溶液中不稳定。而氧化态为 +2 的铜的化合物通常呈现颜色,原因是 Cu^+ 为 d^{10} 构型,不发生 d—d 跃迁,而 Cu^{2+} 为 d^9 构型,易发生 d—d 跃迁。Cu^{2+} 在溶液中较稳定。

铜有两种重要的氧化物,分别是黑色的氧化铜 CuO 和红色的氧化亚铜 Cu_2O。在自然界中这两种氧化物形成的矿物分别叫黑铜矿和红铜矿。Cu_2O 比 CuO 热稳定性好,CuO 在 1 100℃时就分解,而 Cu_2O 到 1 800℃时才分解。加热铜的含氧酸盐可制得 CuO:

$$2Cu(NO_3)_2 \overset{\triangle}{\longrightarrow} 2CuO + 4NO_2 + O_2$$

$$Cu_2(OH)_2CO_3 \overset{\triangle}{\longrightarrow} 2CuO + H_2O + CO_2$$

Cu_2O 与氧气在加热条件下反应可生成 CuO:

$$2Cu_2O + O_2 \overset{\triangle}{\longrightarrow} 4CuO$$

利用 Cu_2O 的这一性质可以除去氮气中微量的氧。用氢气还原 CuO 又可得到暗红色粉末状的 Cu_2O:

$$2CuO + H_2 \longrightarrow Cu_2O + H_2O$$

这一反应可以用于 Cu_2O 的再生。

铜的氯化物有 $CuCl_2$ 和 $CuCl$,$CuCl$ 比 $CuCl_2$ 的热稳定性好。无水 $CuCl_2$ 高温时分解为 $CuCl$。二价铜的化合物易溶于水的较多,但一价铜的化合物几乎都难溶于水,它们的溶解度顺序为

$$CuCl > CuBr > CuI > CuSCN > CuCN > Cu_2S$$

Cu^+ 在水溶液中不稳定,会歧化为 Cu^{2+} 和 Cu:

$$2Cu^+ \longrightarrow Cu^{2+} + Cu$$

但配体在水溶液中能够稳定 Cu^+,如 CN^-、NH_3、卤素离子等能与 Cu^+ 形成配合物:

$$Cu^+ + 2CN^- \rightleftharpoons [Cu(CN)_2]^-$$

通常一价铜离子的配位数是 2,但当配体浓度较大时也可形成配位数为 3 或 4 的配合物,如 $[Cu(CN)_3]^{2-}$ 和 $[Cu(CN)_4]^{3-}$。常利用 $CuCl_2$ 溶液与浓盐酸和铜屑,在加热的条件下制取 $[CuCl_2]^-$ 溶液:

$$Cu^{2+} + 4Cl^- + Cu \longrightarrow 2[CuCl_2]^-$$

将制得的溶液倒入大量水中稀释时,会有白色的氯化亚铜 $CuCl$ 沉淀析出:

$$[CuCl_2]^- \rightleftharpoons CuCl(s) + Cl^-$$

工业上或实验室常用这种方法制取氯化亚铜。Cu^+ 还能与 CO 或烯烃形成配合物。例如

$$[CuCl_2]^- + C_2H_4 \rightleftharpoons [CuCl_2(C_2H_4)]^-$$

五水硫酸铜 $CuSO_4 \cdot 5H_2O$ 是重要的铜盐,俗称胆矾。$CuSO_4 \cdot 5H_2O$ 是蓝色晶体,晶体中 4 个水分子与铜离子配位,另外 1 个水分子以氢键的形式与两个配位水分子和硫酸根离子结合。$CuSO_4 \cdot 5H_2O$ 受热后逐步脱水,最终变为白色粉末状的无水硫酸铜:

$$CuSO_4 \cdot 5H_2O \longrightarrow CuSO_4 \cdot 3H_2O \longrightarrow CuSO_4 \cdot H_2O \longrightarrow CuSO_4$$

无水 $CuSO_4$ 易吸水,吸水后呈蓝色,常被用来鉴定液态有机物中的微量水。硫酸铜是工业中电解铜的重要原料。$CuSO_4$ 加入储水池中可抑制藻类的生长,它与石灰乳的混合溶液"波尔多液"可用于杀灭果树害虫。

在 Cu^{2+} 的溶液中加入适量的碱,析出浅蓝色氢氧化铜沉淀。加热氢氧化铜悬浮液到接近沸腾时,分解出氧化铜:

$$Cu^{2+} + 2OH^- \longrightarrow Cu(OH)_2(s) \overset{\triangle}{\longrightarrow} CuO + H_2O$$

这一反应常用来制取 CuO。在 $CuSO_4$ 和过量 $NaOH$ 的混合溶液中加入葡萄糖并加热至沸腾,有暗红色的 Cu_2O 沉淀析出:

$$2[Cu(OH)_4]^- + C_6H_{12}O_6 \overset{\triangle}{\longrightarrow} Cu_2O(s) + C_6H_{12}O_7(葡萄糖酸) + 2H_2O + 4OH^-$$

这一反应常用来检验某些糖的存在。在中性或弱酸性溶液中,Cu^{2+} 与 $[Fe(CN)_6]^{4-}$ 反应,生成红棕色沉淀 $Cu_2[Fe(CN)_6]$:

$$2Cu^{2+} + [Fe(CN)_6]^{4-} \longrightarrow Cu_2[Fe(CN)_6](s)$$

这一反应常用来鉴定微量 Cu^{2+} 的存在。

2)银、金的化合物

银的常见氧化态为 +1,此氧化态的化合物最稳定。金的氧化态有 +1 和 +3,以 +3 较

为常见。在水溶液中,Au^+ 的化合物不稳定,容易歧化为 Au^{3+} 和 Au。Au^{3+} 的化合物较稳定,但在水溶液中多以配合物的形式存在。一价银的化合物的热稳定性较差,见光或受热易分解,也大都难溶于水。例如,Ag_2O 和 $AgNO_3$ 分别在 $300℃$ 和 $440℃$ 下分解:

$$2Ag_2O \xrightarrow{\triangle} 4Ag + O_2$$

$$2AgNO_3 \xrightarrow{\triangle} 2Ag + 2NO_2 + O_2$$

一价银的化合物大多难溶于水,易溶于水的很少,如硝酸银 $AgNO_3$、氟化银 AgF 和高氯酸银 $AgClO_4$ 等均难溶于水。银的卤化物溶解度顺序为 $AgF > AgCl > AgBr > AgI$。卤化银对光敏感,可按下式分解:

$$2AgX \longrightarrow 2Ag + X_2$$

X 代表 Cl、Br 或 I。卤化银中 $AgBr$ 被用来制造照相底片,AgI 可用于人工降雨。此外,银的许多化合物都有颜色,如 $AgCl$ 呈白色,$AgBr$ 呈淡黄色,AgI 呈黄色,Ag_2O 呈褐色,Ag_2CrO_4 呈砖红色,Ag_2S 呈黑色等。

一般认为水合银离子的化学式为 $[Ag(H_2O)_4]^+$,它在水中几乎不水解。由于 $AgOH$ 极不稳定,Ag^+ 与 NaOH 溶液反应会析出褐色的 Ag_2O 沉淀:

$$2Ag^+ + 2OH^- \longrightarrow Ag_2O(s) + H_2O$$

Ag^+ 与许多配体形成配合物时配位数通常为 2,但也能形成配位数为 3 或 4 的配合物。Ag^+ 的溶液中加入配位剂时,常常生成难溶化合物,但当配位剂过量时,难溶化合物将形成配离子而溶解,如 Ag^+ 和 I^- 反应生成 AgI 沉淀,加入过量的 KI 溶液后,则生成 $[AgI_2]^-$ 使沉淀溶解。有趣的是,当加水稀释 $[AgI_2]^-$ 溶液时,又重新析出 AgI 沉淀。又如在 Ag^+ 的溶液中加入氨水,首先生成 Ag_2O 沉淀:

$$2Ag^+ + 2NH_3 + H_2O \longrightarrow Ag_2O(s) + 2NH_4^+$$

继续加入氨水,Ag_2O 溶解生成银氨配离子 $[Ag(NH_3)_2]^+$:

$$Ag_2O + 4NH_3 + H_2O \longrightarrow 2Ag[(NH_3)_2]^+ + 2OH^-$$

含有 $[Ag(NH_3)_2]^+$ 的溶液能使醛或糖氧化,自身被还原为单质银:

$$[Ag(NH_3)_2]^+ + HCHO + 3OH^- \longrightarrow Ag(s) + HCOO^- + 4NH_3 + 2H_2O$$

工业上就是利用这类反应来制作镜子或在暖水瓶的夹层内镀银。$[Ag(NH_3)_2]^+$ 溶液不能久置,否则会生成具有爆炸性的 AgN_3,非常危险。从上述反应可知,银的难溶化合物可以转化为配离子而溶解,这样可以把 Ag^+ 从混合离子溶液中分离出来。例如,在 Ag^+ 和 Ba^{2+} 的溶液中加入沉淀剂如 K_2CrO_4,产生 Ag_2CrO_4 和 $BaCrO_4$ 沉淀。加入过量的氨水,Ag_2CrO_4 会溶解,$BaCrO_4$ 则不溶解。

$$Ag_2CrO_4 + 4NH_3 \longrightarrow 2[Ag(NH_3)_2]^+ + CrO_4^{2-}$$

这样可以分离溶液中的 Ag^+ 和 Ba^{2+}。Ag^+ 与少量 $Na_2S_2O_3$ 溶液反应生成 $Ag_2S_2O_3$ 白色沉淀,此沉淀放置一段时间后会变为黑色的 Ag_2S,当 $Na_2S_2O_3$ 过量时,$Ag_2S_2O_3$ 溶解,生成配离子 $[Ag(S_2O_3)_2]^{3-}$,相关反应为

$$2Ag^+ + S_2O_3^{2-} \longrightarrow Ag_2S_2O_3(s)$$

$$Ag_2S_2O_3 + H_2O \longrightarrow Ag_2S + H_2SO_4$$

$$Ag_2S_2O_3 + 3S_2O_3^{2-} \longrightarrow 2[Ag(S_2O_3)_2]^{3-}$$

三价金离子易形成配合物,工业上的湿法冶金就是先用氰化物与金的硫化物矿或砂金反应生成$[Au(CN)_2]^-$,然后加入锌粉,把金置换出来,反应方程式为

$$4Au + 8NaCN + O_2 + 2H_2O \longrightarrow 4Na[Au(CN)_2] + 4NaOH$$

$$2Na[Au(CN)_2] + Zn \longrightarrow Na_2[Zn(CN)_4] + 2Au$$

15.7　锌、镉、汞

锌 Zn、镉 Cd、汞 Hg 三种元素是 ⅡB 族元素,通常称为锌族元素。作为 d 区最右部与 p 区交界的一族,元素某些性质更像 p 区元素。锌、镉、汞的汽化焓和熔点比其他各族过渡金属低得多(表 15-1),原因是金属原子之间结合力比较弱。锌的矿物有闪锌矿 ZnS、菱锌矿 $ZnCO_3$、红锌矿 ZnO 等。镉的矿物主要有硫镉矿 CdS,经常与锌矿共生。汞的矿物主要有辰砂(又名朱砂)HgS、辉汞矿 Hg(S,Se)等,我们祖先很早就知道用朱砂 HgS 防腐和杀菌。

15.7.1　锌、镉、汞的单质

锌、镉、汞是银白色金属,其中锌略带蓝色。锌族元素熔点和沸点较低。汞是常温下唯一以液态存在的金属,是人类发现最早的金属之一,也是最早发现的超导体。汞的膨胀系数随温度的升高而均匀地改变,故可用来制造温度计。汞也可以用来制造紫外灯。汞可以溶解其他金属(如锌、镉、铜、银、金、钠、钾等)形成合金,该合金称为汞齐。工业上用“火法炼锌”,通过焙烧锌的精矿得到 ZnO,然后用碳高温还原 ZnO 得到单质锌:

$$2ZnS + 3O_2 \xrightarrow{\text{焙烧}} 2ZnO + 2SO_2$$

$$ZnO + C \xrightarrow{\text{高温}} Zn + CO$$

镉单质是提炼锌的副产品。由于锌的沸点比镉高,含镉的锌加热到镉的沸点以上,镉蒸发出来溶于盐酸,再用锌置换就可得镉单质。

金属汞单质的制备非常简单,很早就被人们发现,就是将辰砂在空气中加热:

$$HgS + O_2 \xrightarrow{\triangle} Hg + SO_2$$

锌族元素的化学活泼性按锌、镉、汞顺序降低,与碱金属刚好相反。常温下锌族元素都很稳定,加热条件下均可与氧气反应,生成白色的 ZnO、褐色的 CdO 和红色的 HgO。潮湿的空气中,锌表面会生成碱式碳酸盐 $ZnCO_3 \cdot 3Zn(OH)_2$。汞在室温下可与硫粉作用,生成 HgS。所以,可以把硫粉撒在有汞的地方防止有毒的汞蒸气进入空气。若空气中有汞蒸气,可把碘升华为蒸气使二者反应生成 HgI_2,以除去空气中的汞蒸气。锌和镉能从盐酸或稀硫酸中置换出氢气,汞则不能。汞与氧化性酸反应生成汞盐:

$$Hg + 2H_2SO_4(浓) \longrightarrow HgSO_4 + SO_2 + 2H_2O$$

$$Hg + 4HNO_3(浓) \longrightarrow Hg(NO_3)_2 + 2NO_2 + 2H_2O$$

锌既能与酸反应,也能与碱反应,是典型的两性元素:

$$Zn + 2OH^- + 2H_2O \longrightarrow [Zn(OH)_4]^{2-} + H_2$$

镉和汞不能与碱反应。

15.7.2　锌、镉、汞的化合物

锌、镉、汞原子的价层电子构型为 $(n-1)d^{10}ns^2$。锌和镉的常见氧化态为 $+2$，而汞除了氧化态 $+2$ 外，还有 $+1$，如形成化合物 Hg_2Cl_2。

1）锌和镉的化合物

锌和镉的性质相似，它们的主要化合物有氧化物、氢氧化物、卤化物等。氧化锌 ZnO 和氧化镉 CdO 分别为白色和褐色粉末状固体，均不溶于水。这两种氧化物可由金属在空气中燃烧制得，也可由硝酸盐和碳酸盐加热分解制备。工业上通过金属锌氧化法，使锌在 $419℃$ 加热熔融后吹入空气来制备 ZnO。ZnO 是两性氧化物，既能与酸反应，也能与碱反应：

$$ZnO + 2HCl \longrightarrow ZnCl_2 + H_2O$$

$$ZnO + 2NaOH \longrightarrow Na_2ZnO_2 + H_2O$$

在 Zn^{2+}、Cd^{2+} 的溶液中加入强碱时，分别生成白色的 $Zn(OH)_2$ 和 $Cd(OH)_2$。$Zn(OH)_2$ 和 $Cd(OH)_2$ 均为难溶于水的白色固体。$Zn(OH)_2$ 也具有两性，可溶于酸和过量碱中。Zn^{2+} 溶液和碱的反应为

$$Zn^{2+} + 2OH^- \longrightarrow Zn(OH)_2(s)$$

$$Zn(OH)_2 + 2OH^- \rightleftharpoons [Zn(OH)_4]^{2-}$$

$Cd(OH)_2$ 呈明显碱性，有微弱酸性，只能溶于浓碱中，生成 $[Cd(OH)_4]^{2-}$。两种氢氧化物均能溶于氨水，形成配合物：

$$Zn(OH)_2 + 4NH_3 \rightleftharpoons [Zn(NH_3)_4]^{2+} + 2OH^-$$

$$Cd(OH)_2 + 4NH_3 \rightleftharpoons [Cd(NH_3)_4]^{2+} + 2OH^-$$

锌和镉的卤化物除氟化物微溶于水外，其余均易溶于水。氯化锌 $ZnCl_2$ 是重要的锌盐，在水中溶解度很大（$10℃$ 时，$100g$ 水中可溶解 $333g\ ZnCl_2$），有很强的吸水性，在有机合成中常用作吸水剂、缩合剂和氧化剂。$ZnCl_2$ 溶于水后溶液呈酸性，在水中以配位酸的形式存在：

$$ZnCl_2 + H_2O \longrightarrow H[ZnCl_2(OH)]$$

配位酸的酸性很强，可以溶解金属氧化物：

$$FeO + 2H[ZnCl_2(OH)] \longrightarrow Fe[ZnCl_2(OH)]_2 + H_2O$$

此性质被用于金属焊接中消除表面氧化物。

锌和镉的硝酸盐、硫酸盐也都易溶于水。$ZnSO_4 \cdot 7H_2O$ 俗称皓矾，大量用于制备锌钡白（立德粉）。在 $ZnSO_4$ 溶液中加入 BaS 时，生成 ZnS 和 $BaSO_4$ 的混合沉淀物：

$$Zn^{2+} + SO_4^{2-} + Ba^{2+} + S^{2-} \longrightarrow ZnS \cdot BaSO_4(s)$$

$ZnS \cdot BaSO_4$ 的遮盖力强，无毒，在空气中比较稳定，是一种优良的白色颜料，被用于涂料和油漆工业中。

在可溶性的锌盐和镉盐溶液中分别通入 H_2S 时，会有不溶性硫化物沉淀析出：

$$Zn^{2+} + H_2S \rightleftharpoons ZnS(白色)(s) + 2H^+$$

$$Cd^{2+} + H_2S \rightleftharpoons CdS(黄色)(s) + 2H^+$$

从溶液中析出的 CdS 呈黄色，常根据这一反应来鉴定溶液中 Cd^{2+} 的存在。ZnS 溶度积较大，

酸性溶液中 H^+ 的浓度超过 $0.3mol \cdot L^{-1}$ 时,ZnS 就能溶解。而 CdS 溶度积比 ZnS 小得多,难溶于稀酸中。ZnS 是荧光粉材料,而 CdS 可用作颜料,称为镉黄。

　　和大多数过渡金属一样,锌和镉可以形成稳定的配合物。Zn^{2+} 和 Cd^{2+} 与 NH_3、CN^- 形成稳定配合物的配位数为 4,空间构型是四面体,如 $[Zn(CN)_4]^{2-}$ 和 $[Cd(CN)_4]^{2-}$。Cd^{2+} 还可形成配位数为 6 的配合物,如 $[Cd(NH_3)_6]^{2+}$。Zn^{2+} 和 Cd^{2+} 都可与螯合剂形成螯合物。例如,二苯硫腙与 Zn^{2+} 反应时,生成粉红色的内配盐沉淀:

$$\frac{1}{2}Zn^{2+} + C{=}S \text{（二苯硫腙）} \longrightarrow C{=}S{\rightarrow}Zn/2(S) + H^+$$

此内配盐能溶于 CCl_4 中,常用其 CCl_4 溶液来比色测定 Zn^{2+} 的含量。

　　2)汞的化合物

　　汞的化合物主要有卤化物、氧化物和硫化物。氯化物主要有氯化汞 $HgCl_2$ 和氯化亚汞 Hg_2Cl_2。Hg_2Cl_2 中汞以 Hg_2^{2+}（—Hg—Hg—）的形式存在。$HgCl_2$ 又叫升汞,有剧毒,因易升华而得名,中药上叫作白降丹,可由 $HgSO_4$ 与 NaCl 固体混合物加热制得:

$$HgSO_4 + 2NaCl \xrightarrow{\triangle} Na_2SO_4 + HgCl_2(g)$$

$HgCl_2$ 是以共价键结合的分子,其空间构型为直线形。$HgCl_2$ 主要用作有机合成的催化剂,也可用于干电池、染料等。$HgCl_2$ 的稀溶液具有杀菌作用,可用作消毒剂。升汞在水溶液中溶解度不大,过量 Cl^- 存在时将形成配合物:

$$HgCl_2 + 2Cl^- \longrightarrow [HgCl_4]^{2-}$$

在 $HgCl_2$ 溶液中加入氨水,生成白色氨基氯化汞 NH_2HgCl 沉淀:

$$HgCl_2 + 2NH_3 \longrightarrow NH_2HgCl(s) + NH_4Cl$$

$SnCl_2$ 在酸性溶液中可将 $HgCl_2$ 还原为 Hg_2Cl_2:

$$2HgCl_2 + SnCl_2 + 2HCl \longrightarrow Hg_2Cl_2(白色)(s) + H_2SnCl_6$$

再加入过量的 $SnCl_2$ 溶液时,Hg_2Cl_2 进一步还原为金属汞,沉淀变为黑色:

$$Hg_2Cl_2 + Sn^{2+} + 4Cl^- \longrightarrow 2Hg(s) + [SnCl_6]^{2-}$$

这两个反应常用来鉴定溶液中 Hg^{2+} 或 Sn^{2+} 的存在。Hg_2Cl_2 又称为甘汞,常用于制造甘汞电极。Hg_2Cl_2 与 NH_3 作用时生成氨基氯化亚汞 NH_2Hg_2Cl:

$$Hg_2Cl_2 + 2NH_3 \longrightarrow NH_2Hg_2Cl + NH_4Cl$$

水溶液中,Hg 能把 Hg^{2+} 还原为 Hg_2^{2+}:

$$Hg^{2+} + Hg \longrightarrow Hg_2^{2+}$$

在 Hg^{2+} 和 Hg_2^{2+} 的溶液中加入强碱时,分别生成的 $Hg(OH)_2$ 和 $Hg_2(OH)_2$,二者都不稳定,立即脱水生成黄色的 HgO 和棕褐色的 Hg_2O 沉淀:

$$Hg^{2+} + 2OH^- \longrightarrow HgO(s) + H_2O$$

$$Hg_2^{2+} + 2OH^- \longrightarrow Hg_2O(s) + H_2O$$

Hg_2O 不稳定,受热可分解为 HgO 和 Hg:

$$Hg_2O \xrightarrow{\triangle} HgO + Hg$$

HgO 和 Hg_2O 都能溶于热的浓硫酸中,不溶于碱溶液中。

在 Hg^{2+} 和 Hg_2^{2+} 的溶液中分别加入适量的 Br^-、SCN^-、I^-、$S_2O_3^{2-}$、CN^- 和 S^{2-} 时,分别生成难溶于水的汞盐和亚汞盐。例如,在 Hg_2^{2+} 溶液中加入 I^- 时,产生绿色的 Hg_2I_2 沉淀:

$$Hg_2^{2+} + 2I^- \longrightarrow Hg_2I_2(s)$$

Hg_2I_2 见光立即歧化为金红色的 HgI_2 和黑色的单质汞:

$$Hg_2I_2 \longrightarrow HgI_2 + Hg$$

HgI_2 可溶于过量的 KI 溶液中,形成 $[HgI_4]^{2-}$:

$$HgI_2 + 2I^- \longrightarrow [HgI_4]^{2-}$$

$[HgI_4]^{2-}$ 与 KOH 溶液常用来配制"奈斯勒"试剂(K_2HgI_4),用于检出微量的 NH_4^+。Hg^{2+} 能形成配位数为 4 配合物。例如,难溶于水的白色 $Hg(SCN)_2$ 能溶于浓的 KSCN 溶液中,生成可溶性的四硫氰合汞(Ⅱ)酸钾 $K_2[Hg(SCN)_4]$:

$$Hg(SCN)_2 + 2SCN^- \longrightarrow [Hg(SCN)_4]^{2-}$$

在 $HgCl_2$ 溶液中通入 H_2S 时,能产生 HgS 沉淀:

$$HgCl_2 + H_2S \longrightarrow HgS(s) + 2H^+ + 2Cl^-$$

HgS 是最难溶的金属硫化物,不溶于水、盐酸和硝酸,在实验室中通常用王水来溶解 HgS:

$$3HgS + 12Cl^- + 8H^+ + 2NO_3^- \longrightarrow 3[HgCl_4]^{2-} + 3S + 2NO + 4H_2O$$

在这一反应中,浓硝酸能把 HgS 中的 S^{2-} 氧化为 S,生成配离子 $[HgCl_4]^{2-}$ 的同时促进了 HgS 的溶解。HgS 呈朱红色,在中药中用作安神镇静药。

【人物传记】

沃克兰

路易·尼克拉·沃克兰(L. N. Vauquelin,1763—1829 年),是 18 世纪和 19 世纪之交的法国知名化学家。他生活在法国社会结构及学术思想都发生剧烈变革的伟大革命时代。沃克兰教授勤奋求实,埋头苦干,在 40 多年的学术生涯中,通过自己的教学科研活动,为近代化学的发展作出了重要贡献。不少有志青年在他的教育和指导下,走向科学攀登之路,成为知名的化学家,其中有奥尔非拉、斯特罗迈耶、格梅林等卓有成就的学者。

沃克兰于 1763 年 5 月 16 日生于法国北部卡尔瓦多斯地区的一个农民家庭;幼年在本乡学校读书,十分勤勉,颇受教师喜爱。十三四岁到鲁昂的一家药店做学徒,1780 年离开鲁昂赴巴黎谋生。1784 年,被一位巴黎的药店主人介绍给皇家植物园化学教授富克劳做实验室工人和助手。1790 年,与富克劳联名发表研究报告,1791 年沃克兰进入巴黎科学院,1793 年 7 月 31 日当选为院士。1794 年任矿业视察员、综合工艺学校教授及矿业学校试金教授。1795 年,沃克兰被选举为重新组建的法国研究院院士。1801 年起任法兰西学院教授,1802 年被任命为国家造币厂试金师,1803 年任新建的药物专科学校校长,1804 年离开法兰西学院任巴黎植物园化学教授。1811 年接替富克劳任医学校化学教授,1822 年解职。1823 年退休回到久别的故乡定居,还从事一些学术活动。1827 年曾被推选为卡尔瓦多斯地区的议会代表,尽心尽力为社会谋利益,受到人们的信任和尊敬,后长期卧病,于 1829 年 11 月 14 日逝世。

　　沃克兰教授是一位技术高超的实验化学家,一生中共发表研究论文 376 篇,研究内容涉及化学的许多领域。最不朽的成就是,他分析红铅矿时发现了过渡金属元素铬,并对其化合物的主要特征做了深入研究(1797 年),再就是分析祖母绿(绿柱石)而发现铍元素(1798 年)。沃克兰教授一生未婚,曾被法国著名作家巴尔扎克写入描述 19 世纪初巴黎市民生活的小说《赛查·皮罗多盛衰记》(1837 年出版)中。巴尔扎克笔下的沃克兰教授是"真正的哲人",对待研究工作勤奋、专注,又平易近人,俭朴随和。沃克兰教授是一位真正的化学家,他把自己生活中的每一天都奉献给了化学。他本人的成就是巨大的,他为后人开拓了前进的道路,促进了近代化学的发展。

【延伸阅读】

"钛"不简单

　　在日常生活中,我们时常听到某些"高精尖"领域使用了钛金属,那么钛金属到底是一种怎样"高大上"的金属呢? 它凭借什么独特之处才备受高科技领域和顶尖产品的宠爱呢? 钛金属究竟"牛"在哪里?

　　钛是一种化学元素,元素符号是 Ti,原子序数为 22,在化学元素周期表中处于第一过渡系。钛是英国化学家格雷戈尔在 1791 年研究钛铁矿和金红石时发现的。1795 年,德国化学家克拉普罗特在分析匈牙利产的红色金红石时也发现了这种元素。他主张采取为铀(1789 年由克拉普罗特发现的)命名的方法,引用希腊神话中泰坦神族 Titanic 的名字给这种新元素起名叫 Titanium。中文按其译音定名为钛。

　　钛是一种金属,外观似钢,具有银灰光泽。格雷戈尔和克拉普罗特当时所发现的钛是粉末状的二氧化钛,而不是金属钛。因为钛的氧化物极其稳定,而且金属钛能与氧、氮、氢、碳等直接激烈地化合,所以单质钛很难制取,直到 1910 年美国化学家亨特才第一次制得纯度达 99.9% 的金属钛。

　　钛金属具有密度低、比强度高、耐蚀性好、热导率低、无毒无磁、可焊接、生物相容性好、表面可装饰性强等特性,是一种轻质、高强度、耐蚀的结构材料,广泛应用于航空航天、医疗器械、体育用品、精工产品等"高精尖"领域。钛是造飞机的理想材料,飞机发动机、防弹部位、强化部位、加固部位、燃烧室、涡轮轴、涡轮盘、喷口等,大多数是用钛合金材料制造的,这主要是因为钛金属具有良好的耐热性。现代飞机的航行最高时速已达到音速的 2.7 倍以上。如此快的超音速飞行,会使飞机与空气摩擦而产生大量的热。当飞行速度达到音速的 2.2 倍时,铝合金就经受不住了,必须采用耐高温的钛合金。当航空发动机的推重比从 4~6 提高到 8~10 时,压气机出口温度相应地从 200~300℃ 提高到 500~600℃,原来用铝制造的低压压气机盘和叶片就必须改用钛合金制造。近年来,科学家们对钛合金性能的研究工作不断取得新的进展。原来由钛、铝、钒组成的钛合金,最高工作温度为 $550 \sim 600℃$,而新研制的钛铝合金 TiAl,最高工作温度已提高到 $1\,040℃$ 。用钛合金代替不锈钢制造高压压气机盘和叶片,可以减轻结构重量。飞机每减重 10% ,可节省燃料 4% 。对火箭来说,每减轻 1kg 的重量,就可增加 15km 的射程。

另外,钛还能经得住零下一百多摄氏度的考验,在这种低温下,钛仍旧有很好的韧性。钛在外科医疗领域上的应用,也非常值得一提。钛具有"亲生物"性。在人体内,能抵抗分泌物的腐蚀且无毒,对任何杀菌方法都适应。因此,钛被广泛用于医疗器械领域,制造人造髋关节、膝关节、肩关节、肋关节、头盖骨、主动心瓣、骨骼固定夹等。随着人们对钛的开发和利用,发现钛不仅是航空器材的理想材料,而且是建造舰船、潜艇的优选材料。因此,钛享有"潜海金属"之美誉。钛合金是"登天的英雄""潜海的好汉"。潜艇在深海中航行时,要承受巨大的压力。下潜得愈深,承受的压力愈大。核潜艇的外壳采用钛合金制造,其下潜深度是一般潜艇的 2 倍以上。

对于我国,2017 年是"钛"不平凡的一年。国产 C919 大飞机试飞成功、国产水路两栖飞机 AG600 试飞、歼 20 开始列装、4\,500m 国产载人潜水器"深海勇士号"通过国家验收、国产 11\,000m 深潜器载人钛合金球舱开始研制、天宫系列空间实验室发射成功、就连民用的钛保温杯也出口日本了,这些"中国制造"的钛产品让国人骄傲! 钛金属和钛合金材料在未来将会有更广阔的应用空间。

习　题　15

15-1　Please describe the physical and chemical properties of transition elements in d region briefly.

15-2　d 区过渡元素的水合物为什么大多呈现颜色? 请举例说明。

15-3　钛有哪些氧化值? 最常见的氧化值是 +4,举例说明 Ti(Ⅳ)离子的性质。

15-4　完成并配平下列反应方程式:

(1)$V_2O_5 + H^+ + Cl^- \longrightarrow$

(2)$V_2O_5 + SO_3^{2-} + H^+ \longrightarrow$

(3)$VO^{2+} + H_2O + MnO_4^- \longrightarrow$

15-5　通过计算说明 Cu 能否从浓盐酸($12mol \cdot L^{-1}$)中置换出氢气。已知,$E^{\ominus}(Cu^+/Cu) = 0.518\,0V$,$K_f^{\ominus}([CuCl_2]^-) = 6.91 \times 10^4$。

15-6　测定 TiO_2 中的 Ti 时,先将 TiO_2 溶于 H_2SO_4 与$(NH_4)_2SO_4$ 混合物中,冷却,稀释,并用金属 Zn 还原,再加入过量的 Fe^{3+} 溶液,最后用标准的 VO_4^{3-} 溶液滴定,便可计算 Ti 的含量。写出有关反应方程式,并说明测定方法的依据。由以上实验对比 TiO_2、VO_2^+、Fe^{3+} 氧化性大小。[已知 $E^{\ominus}(TiO^{2+}/Ti^{3+}) = 0.1V$]

15-7　向含有 Fe^{2+} 的溶液中加入 NaOH 溶液后生成白色沉淀 A,逐渐变棕红色 B;过滤后沉淀用 HCl 溶解,得黄色溶液 C;向黄色溶液 C 中加入几滴 KSCN 溶液,立即变成血红色 D,再通入 SO_2 气体,则红色消失;向红色消失的溶液中滴加 $KMnO_4$ 溶液,其紫色褪去;最后加入黄血盐 $K_4[Fe(CN)_6]$溶液,生成蓝色沉淀 E。用反应式说明上述实验现象,并说明 A、

B、C、D、E 为何物。

15-8   Write down the equations for the reactions:

(1) $Cr^{3+} + S_2O_8^{2-} + H_2O \longrightarrow$

(2) $MoO_4^{2-} + Zn + H^+ \longrightarrow$

(3) $FeWO_4 + Na_2CO_3 + O_2 \longrightarrow$

15-9   A solution contains ions including Ag^+, Cu^{2+}, Al^{3+}, Ba^{2+}, etc.. How to isolate and identify them? Write the corresponding equations.

15-10   预测 $[Cr(H_2O)_6]^{2+}$ 和 $[Cr(CN)_6]^{4-}$ 中的未成对电子数。

15-11   写出下列反应的方程式:

(1) 重铬酸铵加热分解;

(2) 钼酸铵与盐酸反应;

(3) 向钨酸钠的盐酸溶液中通入硫化氢。

15-12   There is a compound A of Mn. It is insoluble in water and very stable as black powder. The substance reacts with concentrated H_2SO_4 with a product of a reddish solution B and releases a colorless gas C. A strong base is added to B and results in a white precipitate D. This precipitate is unstable in alkaline medium but is easily oxidized in air to form brown E. If A is mixed with KOH and $KClO_3$ and heated to a melt, a green substance F can be obtained. When CO_2 is purged to the solution of F dissolved in water, the solution becomes purple G and A is precipitated out. Question: What are A, B, C, D, E, F and G?

15-13   完成并配平下列反应方程式:

(1) $Fe(OH)_3 + ClO^- + OH^- \longrightarrow$

(2) $[Co(NH_3)_6]^{2+} + O_2 + H_2O \longrightarrow$

(3) $Ni(OH)_2 + ClO^- \longrightarrow$

15-14   某黑色过渡金属氧化物 A 溶于浓盐酸后得到绿色溶液 B 和气体 C。C 能使润湿的碘化钾淀粉试纸变蓝。B 与 NaOH 溶液反应生成苹果绿色沉淀 D。D 可溶于氨水得到蓝色溶液 E,再加入丁二肟(dimethylglyoxime,DMG)乙醇溶液则生成鲜红色沉淀。试确定各字母所代表的物质,写出有关的反应方程式。

15-15   如何分离溶液中的 Fe^{3+}、Al^{3+} 和 Cr^{3+} 离子?

15-16   铜族元素和碱金属元素有何相同点和异同点?

15-17   完成并配平下列反应方程式:

(1) $Cu_2(OH)_2CO_3 \longrightarrow$

(2) $AgNO_3 \xrightarrow{\triangle}$

(3) $Au + NaCN + O_2 + H_2O \longrightarrow$

15-18   在 Ag^+ 中加入少量 $Cr_2O_7^{2-}$,再加入适量的 Cl^-,最后加入足量的 $S_2O_3^{2-}$,预测每一步会有什么现象出现,写出有关反应的离子方程式。

15-19   完成并配平下列反应方程式:

(1) $Zn + OH^- + H_2O \longrightarrow$

(2) $Cd^{2+} + H_2S \longrightarrow$

(3) $Hg_2Cl_2(s) + Sn^{2+} + Cl^- \longrightarrow$

15-20 在 Zn^{2+}、Cd^{2+} 和 Cu^{2+} 溶液中分别加入适量 NaOH 溶液,会分别生成什么?加入氨水又分别生成什么?写出有关的离子反应方程式。

(俞鹏飞)

第 16 章 f 区 元 素

周期表中第六周期ⅢB族镧这个位置代表从57号元素镧 La 到71号元素镥 Lu 的15种元素,统称为**镧系元素**(Lanthanides,Ln)。镧系元素及与其化学性质相近的钪 Sc、钇 Y 共17种元素总称为**稀土元素**,以 RE(Rare Earth)表示。第七周期ⅢB族锕这个位置代表从89号元素锕 Ac 到103号元素铹 Lr 的15种元素,统称为**锕系元素**(Actinides,An)。

镧系和锕系都是 f 区元素,各自所含元素的化学性质十分相似,但又不完全相同,价层电子构型为 $(n-2)f^{0\sim14}(n-1)d^{0\sim2}ns^2$,随着核电荷数的增加,电子依次填入外数第三层的 f 轨道上。因此,镧系元素和锕系元素称为 **f 区元素**(参见图16-1),镧系也叫"第一内过渡系",锕系也叫"第二内过渡系"。由于镧系元素及锕系元素的原子结构比较特殊,其性质也比较特殊,在工农业生产、国防、科研中有着十分重要的应用价值。

1 IA	2 ⅡA	3 ⅢB	4 ⅣB	5 ⅤB	6 ⅥB	7 ⅦB	8	9 ⅧB	10	11 ⅠB	12 ⅡB	13 ⅢA	14 ⅣA	15 ⅤA	16 ⅥA	17 ⅦA	18 0
1 H																	2 He
3 Li	4 Be											5 B	6 C	7 N	8 O	9 F	10 Ne
11 Na	12 Mg											13 Al	14 Si	15 P	16 S	17 Cl	18 Ar
19 K	20 Ca	21 Sc	22 Ti	23 V	24 Cr	25 Mn	26 Fe	27 Co	28 Ni	29 Cu	30 Zn	31 Ga	32 Ge	33 As	34 Se	35 Br	36 Kr
37 Rb	38 Sr	39 Y	40 Zr	41 Nb	42 Mo	43 Tc	44 Ru	45 Rh	46 Pd	47 Ag	48 Cd	49 In	50 Sn	51 Sb	52 Te	53 I	54 Xe
55 Cs	56 Ba	57~71 Ln	72 Hf	73 Ta	74 W	75 Re	76 Os	77 Ir	78 Pt	79 Au	80 Hg	81 Tl	82 Pb	83 Bi	84 Po	85 At	86 Rn
87 Fr	88 Ra	89~103 An	104 Rf	105 Db	106 Sg	107 Bh	108 Hs	109 Mt	110 Ds	111 Rg	112 Cn	113 Nh	114 Fl	115 Mc	116 Lv	117 Ts	118 Og

Ln	57 La	58 Ce	59 Pr	60 Nd	61 Pm	62 Sm	63 Eu	64 Gd	65 Tb	66 Dy	67 Ho	68 Er	69 Tm	70 Yb	71 Lu
An	89 Ac	90 Th	91 Pa	92 U	93 Np	94 Pu	95 Am	96 Cm	97 Bk	98 Cf	99 Es	100 Fm	101 Md	102 No	103 Lr

图 16-1　f 区元素(深色部分)在元素周期表中的位置

16.1 镧 系 元 素

16.1.1 镧系元素的通性

1）镧系元素的价层电子构型和氧化态

镧系元素原子的价层电子构型和氧化态如表 16-1 所示，其价层电子构型通式为 $4f^{0\sim14}$ $5d^{0,1}6s^2$，可以认为是在氙原子实 [Xe] 之外的第六能级组 6s4f5d6p 中填充价电子。$4f^05d^16s^2$ 对应于 La 的价层电子构型。Ce 的价层电子构型为 $4f^15d^16s^2$，其余的可大体上认为依次填充 4f 电子。由于 4f 与 5d 轨道的能量很接近，个别元素的 4f 电子有时会填入 5d 轨道，比如 Gd 的价层电子构型为 $4f^75d^16s^2$ 而不是 $4f^86s^2$。

镧系元素原子的价层电子构型和氧化态 表 16-1

原子序数	元 素 名 称	元素符号	价层电子构型	主要氧化态	$\sum I(I_1+I_2+I_3)/$ $(kJ \cdot mol^{-1})$
57	镧（Lanthanum）	La	$4f^05d^16s^2$	+3	3 455
58	铈（Cerium）	Ce	$4f^15d^16s^2$	+3，+4	3 524
59	镨（Praseodymium）	Pr	$4f^36s^2$	+3，+4	3 627
60	钕（Neodymium）	Nd	$4f^46s^2$	+3，+4	3 694
61	钷（Promethium）	Pm	$4f^56s^2$	+3	3 738
62	钐（Samarium）	Sm	$4f^66s^2$	+2，+3	3 871
63	铕（Europium）	Eu	$4f^76s^2$	+2，+3	4 032
64	钆（Gadolinium）	Gd	$4f^75d^16s^2$	+3	3 752
65	铽（Terbium）	Tb	$4f^96s^2$	+3，+4	3 786
66	镝（Dysprosium）	Dy	$4f^{10}6s^2$	+3，+4	3 898
67	钬（Holmium）	Ho	$4f^{11}6s^2$	+3	3 920
68	铒（Erbium）	Er	$4f^{12}6s^2$	+3	3 930
69	铥（Thulium）	Tm	$4f^{13}6s^2$	+2，+3	4 044
70	镱（Ytterbium）	Yb	$4f^{14}6s^2$	+2，+3	4 193
71	镥（Lutetium）	Lu	$4f^{14}5d^16s^2$	+3	3 886

镧系元素在形成化合物时，最外层的 s 电子、次外层的 d 电子均可参与成键。另外，倒数第三层中部分 4f 电子也可参与成键。由表 16-1 中数据可知，镧系元素原子的第一、第二、第三电离能的总和比较低，当它们与其他元素化合时，失去最外层的 2 个 s 电子、次外层的 1 个 d 电子；无 5d 电子时，则失去 1 个 4f 电子，所以镧系元素一般均能形成稳定的

+3 价氧化态,也称为特征氧化态。La $4f^05d^16s^2$、Gd $4f^75d^16s^2$ 和 Lu $4f^{14}5d^16s^2$ 分别为 f^0 (全空)、f^7(半满)和 f^{14}(全满)状态,这三个元素均无变价。除此之外,某些镧系元素还能形成其他氧化态的化合物。例如,铈、镨、钕、铽、镝存在 +4 价氧化态,原因是 4f 层保持或接近全空、半满或全充满的状态,离子能够达到稳定结构。同理,钐、铕、铥、镱还存在 +2 价氧化态。

2)原子、离子半径和镧系收缩

表 16-2 给出了镧系元素的原子、离子半径,其总的趋势是原子、离子半径随着原子序数的增大而缓慢减小,这种现象称为**镧系收缩**(Lanthanides contraction)。这是由于镧系元素原子依次增加的电子填充在外数第三层的 4f 轨道,在充填 4f 电子的同时,原子核的核电荷数逐渐增加,原子核对核外电子的吸引力逐渐增强,结果使整个电子壳层逐渐收缩。但由于 4f 轨道离核较近,屏蔽作用较大,抵消了一部分原子核对外层电子的吸引力,原子核的有效核电荷数虽然增大,但依次增大得不多,所以原子或离子半径虽有收缩,但减小的数值很小,除 4f 轨道半充满和全充满的 Eu 和 Yb,其他原子半径总的趋势都在缩小,而特征的 +3 价离子的半径呈现出极有规律的依次减小。

镧系元素的原子半径和离子半径　　　　　　　　　　表 16-2

原子序数	元素符号	共价半径/pm	金属原子半径/pm	离子半径/pm		
				+2	+3	+4
57	La	169	187.7		106.1	
58	Ce	165	182.4		103.4	92
59	Pr	164	182.8		101.3	90
60	Nd	164	182.1		99.5	
61	Pm	163	181.0		97.9	
62	Sm	162	180.2	111	96.4	
63	Eu	185	204.2	109	95.0	
64	Gd	162	180.2		93.8	
65	Tb	161	178.2		92.3	84
66	Dy	160	177.3		90.8	
67	Ho	158	176.6		89.4	
68	Er	158	175.7		88.1	
69	Tm	158	174.6	94	86.9	
70	Yb	170	194.0	93	85.8	
71	Lu	158	173.4		84.8	

镧系的金属原子半径从 La(187.7pm)到 Lu(173.4pm)共缩小了 14.3pm,15 个元素共有 14 个间隔,14.3/14≈1pm,即平均每个相邻元素之间原子半径大约缩小了 1pm。虽然平均相差只有 1pm,但是 15 个元素的累积效应非常显著。

在镧系收缩中,原子半径的收缩比离子半径的收缩小得多。这是因为离子比原子少1个电子层,镧系金属原子失去最外层6s电子以后,4f轨道处于倒数第二层(倒数第一层为5s、5p轨道),这种状态的4f轨道比原子中的4f轨道(倒数第三层)对核电荷的屏蔽作用小,从而使得离子半径的收缩效果比原子半径明显。

镧系金属的原子半径随原子序数的变化如图16-2所示。从图中可以看出,原子半径不是单调地减小,而是出现两峰一谷的曲线。Eu和Yb位于峰顶,它们的原子半径比相邻元素的原子半径大得多。这是因为在Eu和Yb的价层电子构型中分别有半充满的$4f^7$和全充满的$4f^{14}$电子层。这种结构比起4f电子层未充满的其他状态对原子核有较大的屏蔽作用。因此,Eu和Yb的相对密度、熔点比它们各自左右相邻的两个金属都小;它们的性质同Ca、Sr、Ba相近,都能溶于液氨而形成深蓝色溶液。

镧系金属的离子半径随原子序数的变化如图16-3所示。在Ln^{3+}半径随原子序数减小的曲线中,Gd^{3+}处出现了微小但可以察觉的不连续性。这是因为Gd^{3+}的价层电子构型为$4f^7$,这种半充满的电子结构屏蔽效应略有增加,有效核电荷数略有减小,所以Gd^{3+}的离子半径减小程度较小。这种效应称为**钆断效应**。

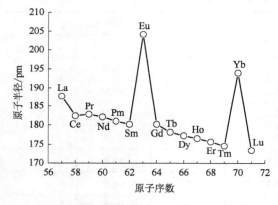

图16-2　镧系金属的原子半径随原子序数的变化

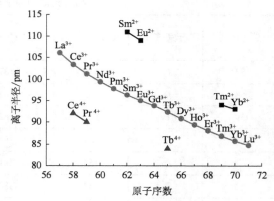

图16-3　镧系金属的离子半径随原子序数的变化

镧系收缩是无机化学中的一个重要现象。由于它的存在,镧系元素之后铪Hf、钽Ta、钨W的原子半径和离子半径分别与同族上一周期的锆Zr、铌Nb、钼Mo几乎相等,造成Zr与Hf、Nb与Ta、Mo与W化学性质非常相似,难以分离。另外,在Ⅷ族9种元素中,铁系元素(Fe、Co、Ni)性质相似,轻铂系元素(Ru、Rh、Pd)和重铂系元素(Os、Ir、Pt)性质相似,而铁系元素与铂系元素性质差别较大,这也是镧系收缩的结果。镧系收缩的另一结果是使钇离子Y^{3+}半径正好处于镧系+3价离子的范围之内,与Er^{3+}的半径(88.1pm)十分接近,因而在自然界中Y常与镧系元素共生,成为稀土元素。

3)镧系元素离子和化合物的颜色

如表16-3所示,许多镧系元素的+3价离子在晶体或水溶液中均有一定的颜色。如果与镧系元素形成化合物的阴离子为无色,那么该化合物的结晶盐和水溶液均显示Ln^{3+}的特征颜色。由表中数据可知,Ln^{3+}颜色表现出周期性的变化规律:以Gd^{3+}为中心,从Gd^{3+}到La^{3+}的颜色变化规律又在从Gd^{3+}到Lu^{3+}的过程中重演。

Ln³⁺ 在晶体或水溶液中的颜色　　　　　　　　　　　　表 16-3

离子	未成对 4f 电子数	主要吸收谱线/nm	颜色	主要吸收谱线/nm	未成对 4f 电子数	离子
La^{3+}	$0(4f^0)$	—	无	—	$0(4f^{14})$	Lu^{3+}
Ce^{3+}	$1(4f^1)$	210，222，238，252	无	975	$1(4f^{13})$	Yb^{3+}
Pr^{3+}	$2(4f^2)$	444，469，482，588	绿	360，683，780	$2(4f^{12})$	Tm^{3+}
Nd^{3+}	$3(4f^3)$	354，522，574，740，742，798，803，868	淡红	364，379，487，523，652	$3(4f^{11})$	Er^{3+}
Pm^{3+}	$4(4f^4)$	548，568，702，736	粉红/淡黄	287，361，416，451，537，641	$4(4f^{10})$	Ho^{3+}
Sm^{3+}	$5(4f^5)$	362，374，402	黄	350，365，910	$5(4f^9)$	Dy^{3+}
Eu^{3+}	$6(4f^6)$	376，394	无/浅粉红	284，350，368，487	$6(4f^8)$	Tb^{3+}
Gd^{3+}	$7(4f^7)$	273，275，276	无	273，275，276	$7(4f^7)$	Gd^{3+}

离子的颜色通常与未成对电子数有关。镧系元素离子具有未充满的 4f 亚层,其颜色主要是由 4f 亚层中的电子跃迁(f—f 跃迁)引起的。除 La^{3+} 和 Lu^{3+} 的 4f 亚层为全空或全满外,其余 +3 价镧系元素离子的 4f 电子可以在 7 个 4f 轨道之间任意排布,从而产生多种多样的电子能级,不但比主族元素的电子能级多,而且比 d 区过渡元素的电子能级多。因此, +3 价镧系元素离子可以吸收从紫外光区、可见光区到红外光区的各种波长的电磁辐射。

从表 16-3 中的数据还可以看出,具有 f^x 和 $f^{14-x}(x=0,1,2,\cdots,7)$ 的离子能够显示出相同或相近的颜色。其中,具有 f^0 和 f^{14} 结构的 La^{3+} 和 Lu^{3+} 中无单电子,在可见光区及紫外光区均无吸收峰,呈现出无色;具有 f^1、f^6、f^7 和 f^8 结构的 Ce^{3+}、Eu^{3+}、Gd^{3+} 和 Tb^{3+} 的吸收峰全部或大部分在紫外光区,呈现出无色或略带淡粉色;而具有 f^{13} 结构的 Yb^{3+} 的吸收峰在红外光区,呈现出无色;剩下的 Ln^{3+} 在可见光区内有明显的吸收峰,因而常呈现特征颜色。然而,f 电子构型相同的 +3 价离子与非 +3 价离子虽为等电子离子,颜色却不相似(Ce^{4+} $4f^0$ 橙红、Sm^{2+} $4f^6$ 浅红、Eu^{2+} $4f^7$ 草黄、Yb^{2+} $4f^{14}$ 绿)。

如果金属处于高氧化态而配体又具有还原性,就能够产生配体到金属的电荷转移跃迁。例如 Ce^{4+} $4f^0$ 的橙红色就是由电荷转移跃迁而不是 f—f 跃迁引起的。

由于 f 电子对光吸收的影响,锕系元素与镧系元素离子颜色的变化规律十分相似。

4)镧系元素离子和化合物的磁性

镧系元素的磁性比较复杂,它与 d 区过渡元素磁性的产生存在根本区别。d 区过渡元素的磁矩主要由未成对电子的自旋运动产生,轨道运动对磁矩的贡献通常被环境中配体的电场作用抑制,几乎完全消失。而镧系元素,内层 4f 电子能被 5s 和 5p 电子很好地屏蔽掉,受外电场的作用较小,轨道运动对磁矩的贡献并未被周围配位原子的电场作用抑制,所以在计算其磁矩时必须同时考虑电子自旋和轨道运动两方面的影响。图 16-4 给出了镧系元素 +3 价离子和化合物的磁矩,图中虚线是只考虑自旋运动的计算值,实线是考虑了自旋运动和轨道运动的计算值。

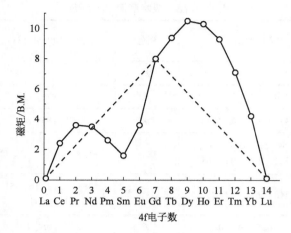

图 16-4　镧系元素 +3 价离子和化合物在 300K 时的顺磁磁矩

由图 16-4 可知,$4f^0$(La^{3+})、$4f^{14}$(Lu^{3+})离子没有未成对电子,都是反磁性的;$4f^{1～13}$ 构型的离子都是顺磁性的。由于镧系元素 +3 价离子电子层中未成对的 4f 电子数从 La^{3+} 到 Gd^{3+} 由 0 个增加到 7 个,处于半满稳定构型,随后又从 Gd^{3+} 到 Lu^{3+} 由 7 个逐渐降到 0 个,处于全空状态,所以由自旋加轨道所贡献的磁矩随原子序数的增加呈现出双峰曲线。

镧系元素及其化合物中未成对电子数较多,加上电子轨道运动对磁矩的贡献,使得它们具有很好的磁性,可作为良好的磁性材料,稀土合金还可用作永磁材料。

16.1.2　镧系金属单质

镧系元素是典型的金属元素,单质都具有银白色的金属光泽,一般较软,随原子序数的增加,硬度有所增大。表 16-4 给出了镧系金属的一些性质。从表中可以看出,随着原子序数的增大,金属的熔点和密度的总趋势是升高的,但 Eu 和 Yb 的密度、熔点比它们各自左右相邻的两种金属都小,这一现象与原子半径一样,原因也是这两种元素的金属键相对较弱。

镧系金属的某些性质　　表 16-4

元素	晶格类型	密度/ ($g \cdot cm^{-3}$)	熔点/K	沸点/K	标准电极电势 $E^{\ominus}$/V		
					Ln^{3+}/Ln	Ln^{3+}/Ln^{2+}	Ln^{4+}/Ln^{3+}
La	六方密堆积 面心立方	6.15	1 193	3 737	−2.522		
Ce	六方密堆积 面心立方	6.77	1 072	3 716	−2.483		1.61
Pr	六方密堆积 面心立方	6.77	1 204	3 793	−2.462		2.28
Nd	六方密堆积	7.01	1 289	3 347	−2.431		

元素	晶格类型	密度/$(g \cdot cm^{-3})$	熔点/K	沸点/K	标准电极电势 $E^{\ominus}$/V		
					Ln^{3+}/Ln	Ln^{3+}/Ln^{2+}	Ln^{4+}/Ln^{3+}
Pm	六方密堆积	7.26	1 315	3 273	−2.423		
Sm	六方密堆积	7.52	1 345	2 067	−2.414	−1.15	
Eu	体心立方	5.24	1 095	1 802	−2.407	−0.429	
Gd	六方密堆积	7.90	1 586	3 546	−2.397		
Tb	六方密堆积	8.23	1 632	3 503	−2.391		
Dy	六方密堆积	8.55	1 685	2 840	−2.353		
Ho	六方密堆积	8.80	1 745	2 973	−2.319		
Er	六方密堆积	9.07	1 802	3 141	−2.296		
Tm	六方密堆积	9.32	1 818	2 223	−2.278		
Yb	面心立方	6.90	1 097	1 469	−2.267	−1.21	
Lu	六方密堆积	9.84	1 939	3 675	−2.255		

从表 16-4 给出的 $E^{\ominus}(Ln^{3+}/Ln)$ 值来看,其变化趋势是从镧到镥逐渐增大,但都低于 −1.98V。在碱性溶液中,镧的 $E^{\ominus}[Ln(OH)_3/Ln]$ 值为 −2.90V,依次增加到镥的 −2.72V,这说明无论是在酸性溶液还是在碱性溶液中,镧系金属都很活泼,且都是较强的还原剂,还原能力仅次于碱金属而与镁接近,远比铝和锌强。在不太高的温度下即可与氧、硫、氯、氮等反应。镧系金属与水作用可放出氢气,与酸反应更为激烈。为了避免与潮湿空气接触时被氧化,镧系金属需要保存在煤油中。此外,金属铈的燃点(438K)很低,燃烧时会放出大量的热。当以铈为主的合金在粗糙表面上摩擦时,其细末就会自燃,因此金属铈或富铈合金常用于制造民用的打火石和军用的引火合金。

由于镧系金属是较活泼的金属,因此在制备高纯度金属时遇到很大困难。制备方法包括以下几种:

(1)金属热还原法。镧系元素中的 Sm、Eu、Yb 等单质可用此法制备。例如,用 Ca 作还原剂:

$$3Ca + 2LnF_3 \xrightarrow{1\,450 \sim 1\,750℃} 3CaF_2 + 2Ln$$

或用 Li 作还原剂与 $LnCl_3$ 反应。用 Li 作还原剂可制得纯度较高的金属,但成本稍高。热还原法所得的金属都不同程度地含有各种杂质,需进一步纯化。

(2)熔盐电解法。采用熔融氧化物或氧化物-氟化物熔盐电解。例如,CeO_2 在熔融的 CeF_3 中电解制备 Ce。这种方法对轻稀土金属更为适用,生产成本低且可持续生产,但产品纯度稍低。

16.1.3 镧系元素的重要化合物

1)三价化合物

(1)氧化物。

镧系元素除 Ce、Pr 和 Tb 以外,其他元素所形成的稳定氧化物均为 Ln_2O_3。其制备方法是加热分解氢氧化物、草酸盐、硝酸盐。Ce、Pr 和 Tb 的稳定氧化物为 CeO_2、Pr_6O_{11} 和 Tb_4O_7，将其用 H_2 还原也可制得 +3 价的氧化物。

Ln_2O_3 熔点高，难溶于水及碱性介质，但易溶于强酸，即使经过灼烧也易溶于强酸。Ln_2O_3 与碱土金属氧化物性质相似，可以从空气中吸收 CO_2 形成碳酸盐，在水中发生水合作用形成水合氧化物。与生成 Al_2O_3 一样，生成 Ln_2O_3 的反应都是强的放热反应。例如，La_2O_3、Sm_2O_3 和 Y_2O_3 的标准摩尔生成焓分别为 $-1\,793kJ \cdot mol^{-1}$、$-1\,810kJ \cdot mol^{-1}$ 和 $-1\,905kJ \cdot mol^{-1}$，均比 Al_2O_3 的标准摩尔生成焓（$-1\,678kJ \cdot mol^{-1}$）要大。因此，镧系元素的这些金属是比铝更好的还原剂。

（2）氢氧化物。

按其碱性的强度来说，镧系元素的氢氧化物与碱土金属的氢氧化物近似，但溶解度却比碱土金属氢氧化物小得多。即使在 NH_4Cl 存在下，加入氨水也能产生 $Ln(OH)_3$ 的沉淀，在相同条件下，却不能形成 $Mg(OH)_2$ 沉淀。

$Ln(OH)_3$ 的碱性随着离子半径的递减表现出有规律的减弱现象，这是因为由 La^{3+} 到 Lu^{3+} 离子半径逐渐减小，中心离子对 OH^- 的吸引力逐渐增强，氢氧化物的电离度逐渐减小。如表 16-5 所示，镧系元素氢氧化物开始沉淀的 pH 随其碱性减弱而减小。通过实验测定 $Ln(OH)_3$ 在不同条件下的溶解度，发现镧系金属离子的浓度与氢氧根离子的浓度之间不是简单的 1:3，这表明 $Ln(OH)_3$ 可能不是以单一的 $Ln(OH)_3$ 形式存在的。因此，其溶度积常数及碱度只有相对的比较意义。

$Ln(OH)_3$ 开始沉淀的 pH 和溶度积 表 16-5

Ln^{3+} 离子	相对碱度	开始沉淀的 pH*	$Ln(OH)_3$ 的 $K_{sp}^{\ominus}$(298K)
La^{3+}		7.82	1.0×10^{-19}
Ce^{3+}		7.60	1.5×10^{-20}
Pr^{3+}		7.35	2.7×10^{-22}
Nd^{3+}		7.31	1.9×10^{-21}
Sm^{3+}		6.92	6.8×10^{-22}
Eu^{3+}		6.91	3.4×10^{-22}
Gd^{3+}	从上到下，相对碱度逐渐减小	6.84	2.1×10^{-22}
Tb^{3+}		—	2.0×10^{-22}
Dy^{3+}		—	1.4×10^{-22}
Ho^{3+}		—	5.0×10^{-23}
Er^{3+}		6.76	1.3×10^{-23}
Tm^{3+}		6.40	3.3×10^{-24}
Yb^{3+}		6.30	2.9×10^{-24}
Lu^{3+}		6.30	2.5×10^{-24}

注：* 表示在 298K 硝酸体系中，用电位滴定法测定，以 $0.1mol \cdot L^{-1}$ NaOH 溶液滴定 40mL $0.1mol \cdot L^{-1}$ Ln^{3+} 溶液。

（3）卤化物。

镧系元素的氟化物 LnF_3 不溶于水，即使在含 $0.1mol \cdot L^{-1}$ HNO_3 的 Ln^{3+} 盐溶液中加入

氢氟酸或 F⁻ 离子,也可得到氟化物的沉淀。这是镧系元素离子的特征检验方法。

氯化物易溶于水,在水溶液中能够结晶出水合物。在水溶液中,La～Nd 常结晶出七水合氯化物,而 Nd～Lu(包括 Y)常结晶出六水合氯化物。无水氯化物不易通过加热水合物得到,因为加热时发生水解反应生成氯氧化物 LnOCl。制备无水氯化物最好是将氧化物在 $COCl_2$ 或 CCl_4 蒸气中加热,也可加热氧化物与 NH_4Cl 而制得:

$$Ln_2O_3 + 3COCl_2 \longrightarrow 2LnCl_3 + 3CO_2$$

$$Ln_2O_3 + 6NH_4Cl \xrightarrow{573℃} 2LnCl_3 + 3H_2O + 6NH_3$$

无水氯化物均为高熔点固体,易潮解,易溶于水,溶于醇,熔融状态的导电率高,说明它们主要为离子型化合物。

La、Ce、Pr、Nd、Sm、Gd 的水合氯化物在加热到 328～363K 时开始脱水:

$$LnCl_3 \cdot nH_2O \xrightarrow{\triangle} LnCl_3 + nH_2O$$

脱水的同时,发生水解反应:

$$LnCl_3 + H_2O \longrightarrow LnOCl + 2HCl$$

当温度达到 603～613K 范围内时脱水完毕。在 718～953K 范围内,除 $CeCl_3$ 外,其他镧系元素的氯化物的完全水解产物均为 LnOCl。$CeCl_3$ 在 823K 时水解的最后产物不是 CeOCl,而是 CeO_2。Ln^{3+} 的碱度越小,越容易发生水解生成 LnOCl。碱度大的水合氯化物脱水后形成几乎是纯的无水盐。当 Ln^{3+} 的碱度降低时,脱水后形成的无水盐 $LnCl_3$ 中所含的 LnOCl 量也在逐渐增加。

溴化物和碘化物的性质与氯化物相似。

(4)硫酸盐。

将镧系元素的氧化物或氢氧化物溶于硫酸中生成硫酸盐。常见的是水合硫酸盐,除硫酸铈为九水合物外,其余的由溶液中结晶出的都是八水合物 $Ln(SO_4)_3 \cdot 8H_2O$。无水硫酸盐可从水合物加热脱水而制得。

水合硫酸盐在 428～533K 之间脱水得到无水硫酸盐:

$$Ln_2(SO_4)_3 \cdot nH_2O \xrightarrow{\triangle} Ln_2(SO_4)_3 + nH_2O$$

无水硫酸盐在 1 128～1 219K 分解为碱式硫酸盐:

$$Ln_2(SO_4)_3 \xrightarrow{\triangle} Ln_2O_2SO_4 + 2SO_2 + O_2$$

碱式硫酸盐在 1 363～1 523K 分解为氧化物:

$$2Ln_2O_2SO_4 \xrightarrow{\triangle} 2Ln_2O_3 + 2SO_2 + O_2$$

碱式盐的稳定性随 Ln^{3+} 离子半径的减小而下降,Yb、Ln 的碱式盐极不稳定。因此可认为 Yb、Ln 的水合硫酸盐加热时的最终产物是氧化物。

镧系元素的无水硫酸盐和水合硫酸盐都溶于水,其溶解度均随温度的升高而减小,且能和碱金属硫酸盐反应生成很多硫酸复盐:

$$xLn_2(SO_4)_3 + yM_2SO_4 + zH_2O \longrightarrow xLn_2(SO_4)_3 \cdot yM_2SO_4 \cdot zH_2O$$

式中,M 为 K^+、Na^+ 或 NH_4^+;x、y、z 的数值随反应条件的不同而不同,通常为 1、1、2 或 1、1、4。

（5）草酸盐。

草酸盐是镧系离子的一种最重要的盐，在水溶液或酸性溶液中具有难溶性，这使得镧系离子能以草酸盐的形式从水溶液或酸性溶液中析出而与其他许多金属离子分离。向镧系元素的可溶盐中加入草酸的饱和溶液或草酸晶体即可生成白色的草酸盐沉淀：

$$2Ln^{3+} + 3H_2C_2O_4 + nH_2O \longrightarrow Ln_2(C_2O_4)_3 \cdot nH_2O(s) + 6H^+$$

对于多数镧系元素而言，$n=10$，此外，还存在 $n=2$、4、5、6、9、11 的情况。草酸盐经灼烧得到的氧化物大多数为 Ln_2O_3，仅有 CeO_2（淡黄）、Pr_6O_{11}（$Pr_2O_3 \cdot 4PrO_2$，黑褐色）和 Tb_4O_7（$Tb_2O_3 \cdot 2TbO_2$，暗棕色）例外。

水合草酸盐受热先逐步脱去结晶水形成无水盐，继续加热，中间经过碳酸盐或碱式碳酸盐，最后得到氧化物：

$$Ln_2(C_2O_4)_3 \cdot nH_2O \xrightarrow{\triangle} Ln_2(C_2O_4)_3 + nH_2O$$

$$Ln_2(C_2O_4)_3 \xrightarrow{\triangle} Ln_2(CO_3)_3 + 3CO$$

$$Ln_2(CO_3)_3 \xrightarrow{\triangle} Ln_2O(CO_3)_2 + CO_2$$

$$Ln_2O(CO_3)_2 \xrightarrow{\triangle} Ln_2O_3 + 2CO_2$$

2）其他氧化态的化合物

铈、镨、钕、铽、镝都可以形成氧化态为 +4 的化合物，但只有 Ce^{4+} 化合物在水溶液和固体中是稳定的。

氧化态为 +4 的铈的化合物有二氧化铈 CeO_2、水合二氧化铈 $CeO_2 \cdot nH_2O$ 和氟化物 CeF_4。二氧化铈为淡黄色固体，是惰性物质，不与强酸或强碱作用，当有还原剂［如 H_2O_2、Sn（Ⅱ）］存在时，可溶于酸并得到铈（Ⅲ）溶液。在铈（Ⅳ）盐溶液中加入氢氧化钠，析出胶状黄色沉淀，称为水合二氧化铈 $CeO_2 \cdot nH_2O$，它可重新溶于酸中。在铈（Ⅳ）盐溶液中加入盐酸生成 $CeCl_3$，并放出氯气。

一般铈（Ⅳ）盐不如铈（Ⅲ）盐稳定，在水溶液中易水解，因此铈（Ⅳ）盐在稀释时往往析出碱式盐。常见的铈（Ⅳ）盐有硫酸铈 $Ce(SO_4)_2 \cdot 2H_2O$ 和硝酸铈 $Ce(NO_3)_4 \cdot 3H_2O$。其中以硫酸铈最稳定，在酸性溶液中是强氧化剂，是定量分析中铈量法的试剂，Ce^{4+}/Ce^{3+} 电对的标准电极电势值较高，而且因介质而异。

$$Ce^{4+} + e^- \Longrightarrow Ce^{3+} \quad E^{\ominus} = +1.70V(1mol \cdot L^{-1} HClO_4)$$

$$E^{\ominus} = +1.61V(1mol \cdot L^{-1} HNO_3)$$

$$E^{\ominus} = +1.44V(1mol \cdot L^{-1} H_2SO_4)$$

Sm、Eu、Yb 可形成二价离子，其中以 Eu^{2+} 较为稳定。由表 16-6 中的标准电极电势可以看出，Yb^{2+} 和 Sm^{2+} 是强还原剂，其水溶液能很快被水氧化，并且其盐的水合物能被本身的结晶水氧化。但 $EuCl_2 \cdot 2H_2O$ 和其他 Eu（Ⅱ）盐对水是稳定的。

Ln^{2+} 离子的性质　　　　　　　　　　　　　　　　表 16-6

离　　子	颜　　色	$E^{\ominus}(Ln^{3+}/Ln^{2+})/V$	离子半径/pm
Sm^{2+}	血红色	-1.55	111
Eu^{2+}	无色	-0.429	109
Yb^{2+}	黄色	-1.21	93

16.1.4　稀土元素

稀土元素是镧系元素、钪和钇的总称。"稀土"一词是 18 世纪初沿用下来的旧称,因为当时用于提取这类元素的矿物比较稀少,而且获得的氧化物难以熔化,难溶于水,也很难分离,其外观酷似"土壤",所以称之为稀土。实际上稀土元素并不稀少。17 种稀土元素占地壳总质量分数的 0.015 3% ,其中丰度最大的是 Ce(占比 0.004 6%),其次是 Y、Nd 和 La 等。Ce 在地壳中的含量比常见金属元素 Sn 高。Y 比 Pb 高,即使是比较少见的 Tm,其总含量也比人们熟悉的 Ag 或 Hg 多。但是由于它们在自然界中的分布比较分散,并且化学性质相似,所以提取和分离比较困难,使得人们对它们的系统研究开始得比较晚。

稀土元素在地壳中主要以矿物形式存在。其存在状态主要有以下三种:

(1)作为矿物的基本组成元素,稀土以离子化合物的形式存在于矿物晶格中,构成矿物必不可少的成分。这类矿物通常称为稀土矿物,如独居石、氟碳铈矿等。

(2)作为矿物的杂质元素,以类质同象(isomorphism)置换的形式分散于造岩矿物和稀有金属矿物中。这类矿物可称为含有稀土元素的矿物,如磷灰石、萤石等。

(3)呈离子状态被吸附于某些矿物的表面或颗粒间。这类矿物主要是各种黏土矿物、云母类矿物。这类状态的稀土元素很容易提取。

我国稀土资源的储量居世界首位,是名副其实的稀土资源大国。稀土资源极为丰富,分布也极其合理,这为我国稀土工业的发展奠定了坚实的基础。目前,稀土元素在农业、冶金工业、石油化工、玻璃工业、陶瓷工业和电光源工业等传统产业领域,以及发光材料、磁性材料、储氢材料、激光材料、精密陶瓷、催化剂和高温超导材料等高新技术产业中的应用十分广泛。稀土元素已经成为不可缺少的原料。

16.2　锕 系 元 素

锕系元素也称5f 过渡系,是周期表中从锕到铹的 15 种元素,都具有放射性,并且大多是人造元素。1789 年德国人克拉普罗特(M. H. Klaproth)从沥青铀矿中发现铀,这是人们认识的第一个锕系元素。其后陆续发现锕、钍、镤等,铀以后的元素,称超铀元素,都是 1940 年以后利用人工核反应合成的。

16.2.1　锕系元素的通性

1)锕系元素的价层电子构型和氧化态

锕系元素和镧系元素一样,是 f 亚层电子逐渐充满的内过渡系元素,其原子实均为 [Rn],目前最公认的基态价层电子构型如表 16-7 所示。同镧系元素的价层电子构型相似,锕系元素的价层电子构型为 $5f^{0\sim14}6d^{0\sim2}7s^2$。不同的是锕系中有更多的电子填充在 6d 轨道,这说明其 5f 与 6d 轨道的能量更接近,而镧系元素中的 4f 与 5d 的能量相差较大。这是由于 5f 轨道的能量和在空间的伸展范围都比 4f 轨道大。因此,锕系元素的 5f 电子比镧系元素的 4f 电子更容易参与形成化学键。

锕系元素原子的价层电子构型及性质　　　　表 16-7

原子序数	元素名称	元素符号	价层电子构型	氧 化 数	原子半径/pm	离子半径(An^{3+})/pm	离子半径(An^{4+})/pm
89	锕(Actinium)	Ac	$6d^17s^2$	$\underline{+3}$	189.8	111	
90	钍(Thorium)	Th	$6d^27s^2$	$(+3)$,$\underline{+4}$	179.8	108	94
91	镤(Protactinium)	Pa	$5f^26d^17s^2$	$+3$,$+4$,$\underline{+5}$	164.2	105	90
92	铀(Uranium)	U	$5f^36d^17s^2$	$+3$,$+4$,$+5$,$\underline{+6}$	154.2	103	89
93	镎(Neptunium)	Np	$5f^46d^17s^2$	$+3$,$+4$,$\underline{+5}$,$+6$,$(+7)$	150.3	101	87
94	钚(Plutonium)	Pu	$5f^67s^2$	$+3$,$\underline{+4}$,$+5$,$+6$,$(+7)$	152.3	100	86
95	镅(Americium)	Am	$5f^77s^2$	$(+2)$,$\underline{+3}$,$+4$,$+5$,$+6$	173.0	99	89
96	锔(Curium)	Cm	$5f^76d^17s^2$	$\underline{+3}$,$+4$	174.3	98.6	85
97	锫(Berkelium)	Bk	$5f^97s^2$	$\underline{+3}$,$+4$	170.4	98.1	87
98	锎(Californium)	Cf	$5f^{10}7s^2$	$+2$,$\underline{+3}$,$+4$	169.4	97.6	82.1
99	锿(Einsteinium)	Es	$5f^{11}7s^2$	$+2$,$\underline{+3}$	169	97	
100	镄(Fermium)	Fm	$5f^{12}7s^2$	$+2$,$\underline{+3}$	194	97	
101	钔(Mendelevium)	Md	$5f^{13}7s^2$	$+2$,$\underline{+3}$	194	96	
102	锘(Nobelium)	No	$5f^{14}7s^2$	$+2$,$\underline{+3}$	194	95	
103	铹(Lawrencium)	Lr	$5f^{14}6d^17s^2$	$\underline{+3}$	171	94	

注:"__"表示最稳定的氧化数,"( )"表示只存在于固体中。

对锕系元素来说，+3 价是特征氧化态,而锕系元素则具有多种氧化态,特别是除 Ac 和 Th 外的锕系前半部分元素在水溶液中具有几种不同的氧化态。这是由锕系元素的价层电子构型决定的,锕系前半部分元素中的 5f 电子与核的作用比镧系元素的 4f 电子弱,使 f 电子发生 5f-6d 跃迁所需的能量比镧系中发生 4f-5d 跃迁所需的能量小,因而不仅可以把 6d 和 7s 轨道上的电子作为价电子给出,而且 5f 轨道上的电子也可作为价电子参与成键,形成高价稳定态。随着原子序数增加,核电荷数增加,5f 电子与核间作用增强,5f 和 6d 能量差变大,5f 能级趋于稳定,电子不易失去,因此从镅 Am 开始,+3 价氧化态成为稳定价态。

Ac、Th、Pa 和 U 最稳定的氧化态分别是 +3、+4、+5 和 +6 价,表现这些氧化态时,所有的价电子都参与成键。后面的 Np 和 Pu 虽然都可以出现最高 +7 价的氧化态,但已是具有很强氧化性的不稳定氧化态了,其最稳定的氧化态为 +5 价和 +4 价。Am 后面的所有元素都以 +3 价氧化态最为稳定。

2）原子半径、离子半径和锕系收缩

5f 电子同 4f 电子一样,对原子核的屏蔽作用比较弱,随着原子序数增加,有效核电荷数增加,锕系元素的原子半径和离子半径也有类似镧系收缩的**锕系收缩现象**（actinides contraction,表 16-7）。

3）锕系元素离子的颜色和放射性

锕系元素不同价态的离子在水溶液中的颜色如表 16-8 所示。除 Ac^{3+}（$5f^0$）、Cm^{3+}（$5f^7$）、Th^{4+}（$5f^0$）、Pa^{4+}（$5f^1$）和 PaO_2^+（$5f^0$）等少数离子无色外,大多数锕系离子都显示出一定的颜色。由于 f 电子对光吸收的影响,镧系和锕系水合离子颜色的变化规律类似,La^{3+}（$4f^0$）和 Ac^{3+}（$5f^0$）、Ce^{3+}（$4f^1$）和 Pa^{4+}（$5f^1$）、Gd^{3+}（$4f^7$）和 Cm^{3+}（$5f^7$）都是无色。Nd^{3+}（$4f^3$）和 U^{3+}（$5f^3$）均显浅红色。

锕系离子在水溶液中的颜色 表 16-8

离　　子	An^{3+}	An^{4+}	AnO_2^+	AnO_2^{2+}
Ac	无色	—	—	—
Th	—	无色	—	—
Pa	—	无色	无色	—
U	浅红	绿	—	黄
Np	紫	黄绿	绿	粉红
Pu	蓝	黄褐	红紫	橙
Am	粉红	粉红	黄	棕
Cm	无色			

镧系元素只有 Pm 是放射性元素,而锕系元素全都是放射性元素。其主要原因是锕系元素的原子核所含质子数很多,斥力很大,使原子核变得不稳定,并且随着原子序数的增大而变得越来越不稳定。因此在开展锕系元素相关实验时应有防护放射性的安全措施。

16.2.2　锕系金属

锕系元素中只有 Th 和 U 在自然界的矿物中存在,在地壳中 Th 的丰度为 0.001 3%,与 B

相当;U 的丰度为 $2.5 \times 10^{-4}\%$。Th 的分布广泛,但蕴藏量非常少,唯一有商业用途的是独居石。自然界中存在最重要的铀矿是沥青铀矿(主要成分是 U_3O_8)。

锕系元素放射性强,半衰期很短,一般不易制得金属单质。目前制得的只有 Ac、Th、Pa、U、Np、Am、Cm、Bk 和 Cf,其余金属均未制得。以独居石为原料制备金属 Th 的步骤如下:

$$独居石 \xrightarrow{\text{浓碱液}} 镧和钍的氢氧化物 \xrightarrow[\text{磷酸二丁酯萃取、分离}]{\text{酸溶}} ThO_2 \xrightarrow[600\,℃]{\text{HF(g)}} ThF_4 \xrightarrow{\text{Ca}} Th$$

也可以利用类似于制 Th 的方法,将沥青铀矿经酸溶或碱溶后,由溶剂萃取或离子交换法得到氧化物,再用 Ca 或 Mg 还原制得 U。锕系金属都可以通过 Li、Mg、Ca 或 Ba 在 1 370 ~ 1 670K 下还原无水氟化物或氧化物制得。例如

$$ThF_4 + 2Ca \longrightarrow Th + 2CaF_2$$
$$UF_4 + 2Ca \longrightarrow U + 2CaF_2$$

锕系金属外观像银,具有银白色光泽,都是具有放射性的金属,在暗处遇到荧光物质能发光。与镧系金属相比,其熔点略高、密度略大、金属结构的变体多。这可能是由于锕系金属导带中的电子数目可以变化。锕系元素也是活泼金属,在空气中迅速变暗,生成一种氧化膜,其中钍的氧化膜有保护性,其他的较差。可与大多数非金属反应,特别是在加热时易发生化学反应。与酸反应,与碱不反应,与沸水或水蒸气反应,在金属表面生成氧化物,放出 H_2。由于锕系金属容易与 H_2 反应生成氢化物,所以金属与水能迅速反应。

16.2.3 锕系元素的化合物

1)钍的化合物

钍的特征氧化态是 +4,在水溶液中,Th(Ⅳ) 溶液为无色,能稳定存在,能形成各种无水盐和水合盐。其中,比较重要的化合物有氧化钍和硝酸钍等。

(1)氧化钍和水合二氧化钍。

使粉末状钍在氧气中燃烧,或将氢氧化钍、硝酸钍、草酸钍灼烧,都能生成二氧化钍 ThO_2。ThO_2 在所有氧化物中熔点最高(3 660K),为白色粉末,和硼砂共熔可得晶状二氧化钍。强灼烧过或晶状二氧化钍几乎不溶于酸,但在 800K 灼热草酸钍得到的 ThO_2 较为疏松,在稀盐酸中形成溶胶。

ThO_2 的应用广泛,在人造石油工业中,可以使用含 8% ThO_2 的氧化钴作催化剂由水煤气合成汽油。此外,ThO_2 还可以作为制造钨丝时的添加剂,添加约 1% 的 ThO_2 就能使钨成为稳定的小晶粒,并提高抗振强度。煤气灯的纱罩,灼烧后含 99% ThO_2,剩余的 1% 为 CeO_2。

在钍盐溶液中加碱或氨,生成二氧化钍水合物(白色凝胶状沉淀)。它在空气中能够强烈吸收 CO_2,易溶于酸,不溶于碱,但能够溶于碱金属的碳酸盐中形成配合物。加热脱水时,温度在 530 ~ 620K 范围内时,有 $Th(OH)_4$ 稳定存在,达到 743K 时转化为 ThO_2。

(2)硝酸钍。

硝酸钍是制备其他钍盐的原料。$Th(NO_3)_4 \cdot 5H_2O$ 是最重要的硝酸盐,易溶于水、醇、酮和酯中。在钍盐溶液中加入不同试剂,可析出不同沉淀,最重要的沉淀有氢氧化物、过氧化物、氟化物、碘酸盐、草酸盐和磷酸盐等。后四种盐即使在 $6\,mol \cdot L^{-1}$ 的强酸性溶液中也不

溶,因此可用于分离钍和其他有相同性质的三、四价阳离子。

Th^{4+} 在 pH 大于 3 时能够强烈水解生成配离子,配离子的组成随着溶液 pH、Th^{4+} 浓度和阴离子的不同而不同。在高氯酸溶液中,主要离子为 [Th(OH)]$^{3+}$、[Th(OH)$_2$]$^{2+}$、[Th$_2$(OH)$_2$]$^{6+}$ 和 [Th$_4$(OH)$_8$]$^{8+}$,最终产物为六聚物 [Th$_6$(OH)$_{15}$]$^{9+}$。

2)铀的化合物

(1)氧化物。

主要氧化物有 UO$_2$(暗棕色)、U$_3$O$_6$(暗绿色)和 UO$_3$(橙黄色)。

$$2UO_2(NO_3)_2 \xrightarrow{600K} 2UO_3 + 4NO_2 + O_2$$

$$6UO_3 \xrightarrow{973K} 2U_3O_8 + O_2$$

$$UO_3 + CO \xrightarrow{623K} UO_2 + CO_2$$

UO$_3$ 易被氢、碳、一氧化碳、碱金属等还原为 UO$_2$。UO$_3$ 可与氟化氢反应,生成 UO$_2$F$_2$;与 F$_2$ 反应,生成 UF$_6$。

$$UO_3 + 2HF \longrightarrow UO_2F_2 + H_2O$$

$$UO_3 + 3F_2 \longrightarrow UF_6 + 3O_3$$

UO$_3$ 具有两性,溶于酸生成铀氧基 UO$_2^{2+}$,溶于碱生成重铀酸根 U$_2$O$_7^{2-}$。

U$_3$O$_8$ 不溶于水,溶于酸生成相应的 UO$_2^{2+}$ 的盐。UO$_2$ 缓慢溶于盐酸和硫酸中,生成铀(Ⅳ)盐,但硝酸容易将其氧化成硝酸铀酰 UO$_2$(NO$_3$)$_2$。

(2)硝酸铀酰。

从溶液中析出的六水合硝酸铀酰晶体 UO$_2$(NO$_3$)$_2$·6H$_2$O 具有黄绿色荧光,在潮湿空气中易变潮,易溶于水、醇和醚。UO$_2^{2+}$ 离子在溶液中水解,其反应较为复杂,可看成 H$_2$O 失去 H$^+$ 之后,发生 OH$^-$ 桥的聚合而得到水解产物 UO$_2$OH$^+$、[(UO$_2^{2+}$)$_2$(OH$^-$)$_2$]$^{2+}$ 和 [(UO$_2^{2+}$)$_3$(OH$^-$)$_5$]$^+$。硝酸铀酰与碱金属硝酸盐生成 MNO$_3$·UO$_2$(NO$_3$)$_2$ 复盐。

在硝酸铀酰溶液中加入 NaOH 能析出黄色的重铀酸钠 Na$_2$U$_2$O$_7$·6H$_2$O,将此盐加热脱水得到的无水盐叫铀黄,可以作为制备玻璃及陶瓷釉的黄色颜料。

(3)六氟化铀。

铀的氟化物很多,包括 UF$_3$、UF$_4$、UF$_5$ 和 UF$_6$,其中 UF$_6$ 最为重要。UF$_6$ 可以从低价氟化物氟化而制得。它是无色晶体,熔点 337K,在干燥空气中稳定,但遇水蒸气即发生水解:

$$UF_6 + 2H_2O \longrightarrow UO_2F_2 + 4HF$$

六氟化铀具有挥发性,利用^{238}UF$_6$ 和 ^{235}UF$_6$ 蒸气扩散速度的差别,使^{238}U 和 ^{235}U 分离,从而得到纯铀235核燃料。

【人物传记】

徐光宪

徐光宪(1920—2015 年),浙江绍兴人,我国著名物理化学家、无机化学家、教育家,中国

科学院院士,北京大学化学与分子工程学院教授。1944 年毕业于交通大学化学系,1951 年获美国哥伦比亚大学物理化学博士学位,学成归国任教于北京大学。1980 年增选为中国科学院化学部院士,1991 年被选为亚洲化学联合会主席,获 2008 年度"国家最高科学技术奖",被誉为"中国稀土之父"。著作有《物质结构》《稀土的溶剂萃取》等。

1972 年,徐光宪所在的北京大学化学系接到了一项军工任务——分离镨钕。镨钕,在希腊语中是双生子的意思,是稀土元素中最难分离的一对。徐光宪带领学生查遍了国内外的相关资料,终于从美国人因失败而放弃的推拉体系中找到了灵感,自主创新出一套串级萃取理论,把镨钕分离后的纯度提高到了创世界纪录的 99.99%。直到今天,串级萃取理论仍然是我国稀土工业的理论基础。这场由徐光宪引起的中国科技工业风暴给我国带来了数以亿计的收益,相关研究相继获得全国科学大会奖、国家自然科学奖、国家科技进步奖等各类奖励。

新的理论和方法广泛用于实际生产,大大提高了中国稀土工业的竞争力,却也带来了新的问题。日本、美国等发达国家,把自己的工厂关了,用很便宜的价格买中国的稀土做储备。中国已成为世界上最大的稀土出口国,但是自己没有定价权。面对宝贵的稀土廉价出口、不可再生的稀土资源大量流失这样的局面,徐光宪每天都如坐针毡。2005 年,徐光宪联合师昌绪等 14 位院士,撰写《关于保护白云鄂博矿钍和稀土资源,避免黄河和包头受放射性污染的紧急呼吁》,两次上书,这份建议书很快得到批复。2009 年,徐光宪又在香山科学会议上提出,要用 10 亿美元外汇储备建立稀土和钍的战略储备,控制生产和冶炼总量,并建议重点支持几家企业主导产业发展,稀土产业走上健康有序发展之路。

徐光宪的科研成果使我国实现了从稀土资源大国到稀土生产大国的飞跃,提高了我国稀土工业的国际竞争力,被国际稀土界称为"中国冲击"。作为教育家,他撰写的教材教育和培养了我国几代化学工作者,为我国稀土产业培养了大批工程技术人员。

"科学家中有两种人,一种是'工匠',还有一种是'大师'。前者的目光局限在具体的研究中,而后者则研究科学的哲学层面。徐光宪就是后者的境界。"徐光宪的学生严纯华院士如此评价。

【延伸阅读】

我国稀土资源的开发与利用

稀土是元素周期表中镧系元素加上钪、钇的 17 种元素的总称,具有十分优异的物理化学性能。我国的稀土资源储量十分丰富,四川的稀土矿、内蒙古包头的混合型稀土矿以及南方的中重离子稀土矿的储量约占全球工业储量的一半。我国的稀土资源还具有矿种及稀土元素齐全、矿点分布合理、稀土品位高的特点。此外,我国在稀土采矿、选矿、冶炼、分离、加工等方面处于世界领先水平,稀土精矿能够满足全球稀土需求量的 90%,为稀土工业的发展打下了坚实的基础。

稀土不仅是一种稀缺的矿产资源,也是一种十分宝贵的战略资源,其真正价值在于开发和利用。实践结果表明,不论是改造传统产业还是发展新产业,我国的稀土投入产出比至少为1:24。虽然我国具有绝对的资源优势,但是由于过去的技术研发相对落后,我国的稀土元素主要应用在石油化工、冶金和轻工业等方面。近几年,国家加大了对研发稀土新材料的投入力度,对当前亟须解决的关键技术进行攻关,先后投入上亿元用于稀土储氢材料、稀土发光材料、稀土催化材料、稀土高性能钕铁硼磁性材料、稀土磁制冷等其他功能材料的科研攻关,并取得了令人瞩目的成就。我国自主研发的钕铁硼快冷厚带、LED(发光二极管)稀土荧光粉、PDP(等离子平板显示)荧光粉的性能已达到国际先进水平。我国稀土钕铁硼永磁材料的产量已赶超日本,成为世界第一大稀土永磁材料生产国。

目前,我国在高端稀土储氢新材料的研发应用方面获得新的突破。包钢稀土研究院利用 Y 元素代替 Mg 元素,获得了高容量的 La—Y—Ni 储氢合金,该合金不含活泼的 Mg 元素,容量与 La—Mg—Ni 储氢合金相当,但循环寿命更长。

稀土新材料研究和开发水平的不断提高为我国由稀土生产大国向稀土材料制备与应用大国的转变奠定了更为坚实的基础。

习　题　16

16-1　什么是"镧系收缩"?讨论出现这种现象的原因和它对第六周期中镧系后面各元素的性质所造成的影响。

16-2　镧系元素 +3 价离子中,为什么 La^{3+}、Gd^{3+} 和 Lu^{3+} 等是无色的,而 Pr^{3+} 和 Sm^{3+} 却有颜色?

16-3　镧系元素的特征氧化态为 +3 价,为什么铈、钕、镨、铽、镝常呈现 +4 价氧化态,钐、铕、铥、镱却能呈现 +2 价氧化态?

16-4　钛、镤、铀为什么会出现多种氧化态?它们的主要氧化态为 +4、+5、+6,为什么不把它们分别归入第四、第五和第六副族中?

16-5　哪些锕系元素是自然界中存在的?哪些是人工合成的?

16-6　为什么镧系元素彼此之间在化学性质上的差别比锕系元素彼此之间要小得多?

16-7　Try to complete the following reaction equations according to the nature of uranium oxides.

(1) $UO_3 \xrightarrow{\triangle}$　　　　　　　　(2) $UO_3 + HF(g) \longrightarrow$

(3) $UO_3 + HNO_3(aq) \longrightarrow$　　　　(4) $UO_3 + NaOH(aq) \longrightarrow$

(5) $UO_2(NO_3)_2 \xrightarrow{600K}$

16-8　A uranium-containing sample weighs 1.600 0g, from which 0.400 0g U_3O_8 could be extracted. What is the mass fraction of uranium in this sample?

(王凤燕)

PART5 | 第五篇

化学与人类

第 17 章　化学与材料

化学是在原子、分子水平上研究物质的组成、结构、性质、反应和应用的学科。化学与人类的衣、食、住、行以及能源、信息、材料、国防、环境保护、医药卫生、资源利用等方面都有密切的联系,同人类社会的发展及人们日常生活息息相关,是一门社会迫切需要的实用科学。化学是材料发展的源泉,而材料又为化学的发展开辟了新的空间。化学与材料保持着相互依存、相互促进的关系。因此,从认识材料的角度去对化学知识进行深入的学习,才能更加深刻地理解材料的组成与性能之间的关系。每个人都应该了解生活中与化学密切相关的材料知识,都应该学会用化学知识指导生活。本章将从什么是材料、材料的化学组成以及材料的分类、材料制备过程中的一些化学反应等方面简要阐述化学与材料的密切联系,并对复合材料和特殊功能材料加以简要介绍。

17.1　材料概述

材料是人类赖以生存和进化的物质基础。纵观人类的历史,从石器时代到青铜器时代,再到铁器时代,人类的进化和社会的发展都离不开新材料的使用。金属材料的运用是铜器时代和铁器时代的显著标志。自从人类文明进入新时代,人类依次历经了四次伟大的技术革命,每一次都离不开材料的支撑。前两次技术革命中,金属材料占有重要地位,机械工业的飞速发展,促使金属材料的品种不断增加。20 世纪中后期,无机非金属材料(尤其是特种陶瓷和硅材料)、高分子材料以及先进复合材料接踵而至,金属材料不再占据主导地位。这些新材料的发展促使航空航天技术快速发展。目前,随着社会的不断进步,信息产业、生物技术、新能源技术、宇航技术以及环境工程都对材料的开发提出了更新、更高的要求,例如信息材料、新能源转换与储能材料、智能材料、纳米材料、功能高分子材料、生物医用材料、生态环境材料及高性能结构材料等。

材料是人类用于制造工具、器皿、构件、装备或其他用品的物质。材料具有一定的组成和配比,组成和配比影响材料的力学性能、热性能、电性能、耐腐蚀性、耐候性等;材料具有成型加工性,制品应具有一定的形状和结构特征,这是通过成型加工获得的;材料具有形状保持性,任何制品都是以一定的形状出现,并在该形状下使用;多数材料还具有回收和再生性,将其回收利用,且尽量在生产和使用过程中不造成环境污染,有利于节约资源、保护环境。

材料种类繁多,没有统一的分类标准,可以按照组成、结构、性质、用途等分类,也可以按照来源、功能等分类。按化学组成和结构特点可以分为金属材料、无机非金属材料、高分子材料和复合材料。

金属材料包括纯金属及其合金、金属间化合物以及金属基复合材料等。工业上把金属及其化合物分为黑色金属和有色金属两大部分。黑色金属包括铁、铬、锰及其合金,主要指铁及铁基合金。有色金属则指黑色金属以外的所有金属及其合金。金属材料还包括具有不同用途的结构和功能金属材料,其中有急冷形成的非晶态、准晶态、微晶态、纳米晶态等金属材料和用于隐身、抗氧化、超导、耐磨、形状记忆、减振记忆等的特殊金属材料。

无机非金属材料是指由某些元素的氧化物、碳化物、氮化物、卤素化合物、硼化物以及硅酸盐、磷酸盐、硼酸盐、铝酸盐等组成的材料。无机非金属材料根据其组成的形态和性质,可分为单晶体(各种宝石、矿物晶体、人工合成晶体等)、多晶体(陶瓷、水泥、烧结矿等)、非晶体(玻璃)三类。实际上,许多材料的组成既有晶体也有非晶体,具有复杂的物质状态。

有机高分子材料又称聚合物材料,是指以高分子聚合物为基础制得的材料。有机高分子材料种类繁多,通常分为塑料、合成纤维和橡胶等几大类。塑料是以合成树脂或改性的天然高分子为主要成分,加入填料、增塑剂等添加剂,在一定温度和压力下加工成型的高分子材料。合成纤维是指由强度很高的单体聚合而成的呈纤维状的高分子材料。合成橡胶是指由弹性优良的单体聚合而成的高分子材料。

复合材料是指由两种或两种以上化学性质不同的材料组合在一起,达到性能优势互补的一类新型材料。复合材料中的一种组分作为基体,另一种组分作为增强体。由不同的基体和不同的增强体可以组成名目繁多的复合材料。

17.2　材料的化学组成

材料的结构决定性能,材料种类繁多,性能各异,均与其元素组成、化学组成及化学结构密不可分,材料的合成制备、腐蚀、老化、降解等也都涉及很多化学反应。

17.2.1　金属材料的化学组成

金属是指具有良好的导电性和导热性,有一定的强度和塑性并具有光泽的物质,如铁、铝、铜等。金属材料是由金属元素或以金属元素为主组成的具有金属特性的工程材料,包括单质金属和金属合金两类。金属材料具有其他材料无法比拟的强度、塑性、韧性、导热性、导电性以及良好的可加工性等特点。为获得所需要的性能,须控制材料的组成与组织结构。

1) 单质金属

金属是指元素周期表中的金属元素,存在于自然界的 116 种元素中,有 94 种是金属元素。工业上习惯将其分为黑色金属和有色金属两大类。铁、铬、锰三种金属属于黑色金属,其中铁是金属中应用最广的元素。除黑色金素以外的所有金属都属于有色金属。有色金属又分为重金属、轻金属、贵金属和稀有金属等四类。金属一般是从含金属元素的大自然矿物中冶炼出来,然后用电冶、电解等方法提纯得到含杂质很少的纯金属。纯金属具有良好的导电性、导热性、塑性等优点,但由于其性能的局限性,不能满足各种不同场合的使用要求。纯金属的力学性能不高,以强度为例,纯金属的强度一般较低,纯铁的抗拉强度约为 200MPa,纯铝的抗拉强度约为 100MPa,显然不适合用作工程结构材料。加之纯金属种类有限,制取困难,价格相对较高,因此纯金属在各行业中应用较少。实际上,工程中使用的金属材料大部分是合金,如碳钢、合金钢、铸铁、铜合金,尤其以铁、碳为主要成分的合金使用广泛。

2)金属合金

合金是指由两种或两种以上的金属元素或金属元素与非金属元素构成的具有金属性质的物质。如非合金钢是由铁和碳组成的合金,青铜是铜和锡的合金,黄铜是铜和锌的合金,硬铝是铝、铜、镁等组成的合金。为了形成合金所加入的元素称为合金元素。由两种元素构成的叫作二元合金,由三种元素构成的叫作三元合金。合金有时可以形成固溶体、共熔体、金属间化合物,以及它们的聚集体。非晶态合金具有许多优异的性能,如强韧性、抗侵蚀、磁导率高、超导性等。利用各种元素的结合以形成各种不同的合金相,再经过合适的处理可满足各种不同的性能要求。钢是应用最广的合金,化学成分可以有很大变化,含碳量为 0.02% ~ 2.11% 的铁碳合金称为碳钢,可分为低碳钢(含碳量为 0.10% ~0.25%)、中碳钢(含碳量为 0.25% ~0.60%)和高碳钢(含碳量为 0.60% ~ 1.70%)。中碳钢热加工及切削性能良好,焊接性能较差,强度、硬度比低碳钢高,而塑性和韧性低于低碳钢。在碳钢基础上加入一种或几种合金元素,使其使用性能和工艺性能得以提高的铁基合金称为合金钢,常用的合金元素有硅、锰、铬、镍、钨、钼、钒、钛、铌、锆、铝、铜、钴、氮、硼、稀土元素等。通过添加不同的元素并采取适当的工艺,可获得高强度、高韧性、耐高温、耐低温、耐磨、耐蚀或无磁等特性。在碳钢中加入易钝化合金元素,如 Cr、Ni、Mo 等,可提高基体金属的耐蚀性;加入能形成各种碳化物或金属间化合物的元素,以使钢基体强化,提高耐热性能;Fe、Co、Ni 和某些稀土元素是金属中组成永磁材料的主要元素;加入具有半导体性质的锗,可制备半导体材料。此外,有色金属铝、铜、钛、锌、锡等也有着广泛应用,其合金因主要元素种类不同、合金元素组成不同、种类、性质及用途各异,在此不作赘述。

17.2.2 无机非金属材料的组成

无机非金属材料包括陶瓷、玻璃、水泥等材料,其中陶瓷是无机非金属材料的主体,广义的陶瓷材料已成为各种无机非金属材料的通称,同金属材料和高分子材料一起成为现代工程材料的三大支柱。

从化学角度来看,无机非金属材料都是由金属元素和非金属元素的化合物配料经一定工艺过程制得的,如金属和非金属元素的氧化物(SiO_2、Al_2O_3、TiO_2、Fe_2O_3、CaO、MgO、K_2O、Na_2O、PbO 等)、碳化物(SiC、B_4C、TiC 等)、氮化物(BN、AlN 等)等。例如,水泥的成分主要是硅酸三钙 $3CaO \cdot SiO_2$、硅酸二钙 $2CaO \cdot SiO_2$、铝酸三钙 $3CaO \cdot Al_2O_3$ 和铁铝酸四钙 $4CaO \cdot Fe_2O \cdot Al_2O_3$,因此,称其为硅酸盐水泥。普通硅酸盐水泥的主要化学式常以氧化物表示,如 CaO 62% 、SiO_2 22% 、Al_2O_3 7.5% 、Fe_2O_3 2.5% 、MgO 2.5% 、其他 3.5% 。再如,玻璃的成分主要为 SiO_2、Al_2O_3、CaO、MgO、BO_3、PbO、Na_2O 和 K_2O 等。根据玻璃的主要成分,通常可分为氧化物玻璃和非氧化物玻璃。非氧化物玻璃品种和数量很少,主要有硫系玻璃和卤化物玻璃。氧化物玻璃又分为硅酸盐玻璃、硼酸盐玻璃、磷酸盐玻璃等。其中硅酸盐玻璃是指基

本成分为 SiO_2 的玻璃,其品种最多,用途也最广。

无机非金属材料化学元素组成几乎涉及元素周期表上的所有元素,随着原料处理和制备工艺的日新月异,新产品层出不穷,应用领域非常广泛。

17.2.3 高分子材料的化学组成

高分子材料是以分子量较高的高分子化合物(亦称聚合物、高聚物)为主要组分的材料。所谓"高分子化合物",主要是指相对分子质量特别大的有机化合物。与小分子化合物相比,高分子化合物最突出的特点是相对分子质量非常大,且分子量分布具有分散性,而小分子化合物的相对分子质量是固定的,一般小于500。高分子化合物的另一个特点是其主链中不含离子键和金属键。

高分子材料根据不同的来源,可分为天然高分子材料(如木材、皮革、油脂、天然橡胶等)与合成高分子材料(如各种塑料、合成橡胶、合成纤维等)。合成高分子化合物是由一种或几种简单的小分子化合物聚合而成,如由氯乙烯聚合得到聚氯乙烯,其化学反应式可写成:

$$nCH_2 \!=\!\!=\!\! CHCl \longrightarrow \text{—}\!\!\left[CH_2\text{—}CHCl \right]\!\!\text{—}_n$$

从中可以看出,聚氯乙烯是由许多氯乙烯小分子打开双键连接而成的由相同结构单元多次重复组成的大分子链。这种可以聚合成高分子化合物的小分子化合物称为单体。组成高分子化合物的相同结构单元称为重复单元,每个重复单元又称为大分子链的一个链节,一个高分子化合物中重复单元的数目 n 叫作链节数,在大多数场合下链节数可称为聚合度,记为 DP。例如,聚氯乙烯的单体是氯乙烯,链节是—CH_2—CHCl—,聚合度为 $300 \sim 2\,500$,相对分子质量为 2 万 ~ 16 万。采用加热、光照等方式给予能量,在引发剂存在的情况下,通过聚合反应,可将低分子量的单体聚合形成高分子化合物。

单体是大分子构成的最基本组成单元。通常是 C 和 H 为主组成的比较简单的小分子化合物,可以通过反应生成高分子化合物,也可与 O、N、S、P、Cl、F、Si 等结合形成。尽管构成有机化合物的成分元素种类不多,但由它们组合起来可以形成组成、结构不同的数量庞大的各种有机化合物,其数量与日俱增。

常见单体有含有碳碳双键 $C\!=\!\!C$ 的烯类单体,包括单烯类、共轭二烯烃、炔烃类,如乙烯、丙烯、氯乙烯、四氟乙烯、乙酸乙烯、丙烯腈、苯乙烯、丁二烯、氯丁二烯等;羰基化合物,如甲醛、乙醛,甚至酮类;杂环化合物,包括碳氧环、碳氮环,如环氧乙烷、环氧丙烷等;多官能团化合物,如多元酸、多元醇、多元胺、酚类、脲、醛类、多异氰酸酯、有机硅氧烷等。

高分子材料的结构主要包括两个微观层次:一是高分子链的结构,二是高分子的聚集态结构。高分子链由大量结构相同的链节重复连接构成,链的长短用聚合度或相对分子质量表示。根据链节中化学组成的不同,可有碳链高分子、杂链高分子和元素有机高分子。碳链高分子的主链是由碳原子联结而成的。杂链高分子的主链除碳原子外,还含有 O、N、S 等其他元素,如聚酯、聚酰胺、纤维素等。元素有机高分子主链不含有碳原子,主要由 Si、B、Al、O、N、P 和 S 等原子构成,但侧基中含有有机基团,如聚硅氧烷等。链节在高分子链中的连接方式和顺序是变化的,一种单体加成时可有头尾连接、头头连接和尾尾连接等不同的顺序;两种或两种以上的单体共聚时,可有无规共聚、交替共聚、嵌段共聚和接枝共聚等不同的方式。根据分子链中侧基所处位置的不同,分子链可有全同立构、间同立构和无规立构等不同的空间构型。高分子链有线型、支化、交联和体型等多种不同的形态。由于单键的内旋转而使高分子的形态瞬息万变,链的构象变化频繁,从而导致了高分子链的柔顺性。影响柔顺性的结构因素主要是主链结构和侧基性质。

高分子材料主要分为热塑性塑料、热固性塑料和橡胶三大类。各自的特性主要取决于其内部结构。热塑性塑料由于具有线型结构,具有较好的弹性和塑性、易于加工成型和可反复使用等特点;热固性塑料由于在成型时线型分子链间产生严重交联而形成三维网状结构,因而具有较高的硬度和弹性模量,但脆性大,材料不能进行塑性加工和反复使用;橡胶由于在线型分子链间形成了少量交联,因而具有高弹性。在三类高分子材料中,只有热塑性塑料能最大限度地改变其结构和性能,主要途径是改变结晶度、侧基的性质和主链的结构,以及共聚等。

高分子材料按照应用功能可分为通用高分子材料(如塑料、合成纤维和合成橡胶)、特殊高分子材料(如耐热、高强度的聚碳酸酯、聚砜等)、功能高分子材料(指具有光、电、磁等物理功能的高分子材料)以及仿生高分子材料(如人造纤维、模拟酶)等。

17.3　化学反应与材料

17.3.1　金属材料

1)铁矿石炼铁

铁矿石是由一种或几种含铁矿物和脉石(主要成分是 SiO_2)组成的,其中还夹带一些杂质。自然界含铁矿物很多,其中最主要的是磁铁矿、赤铁矿、褐铁矿和菱铁矿四种。磁铁矿主要成分为四氧化三铁 Fe_3O_4,赤铁矿指不含结晶水的三氧化二铁 Fe_2O_3,褐铁矿是含结晶水的三氧化二铁 $mFe_2O_3 \cdot nH_2O$,菱铁矿是铁的碳酸盐 $FeCO_3$。

铁矿石冶炼成铁是一个复杂的化学过程,现代炼铁主要在高炉中进行,进入高炉的原料有铁矿石(赤铁矿、磁铁矿等)、焦炭和石灰石,在高温条件下,焦炭生成 CO_2,CO_2 与 C 反应生成 CO,CO 使赤铁矿中的氧化铁还原生成铁。原料中的石灰石在高温条件下分解为 CaO 与 CO_2,CO_2 可与 C 反应生成还原剂 CO。CaO 与铁矿石中脉石(主要成分为 SiO_2)反应生成炉渣(主要成分为硅酸钙),涉及的主要化学反应可表示为

还原剂(CO)生成:　　　$C + O_2 \xrightarrow{\triangle} CO_2 \quad CO_2 + C \xrightarrow{\triangle} 2CO$

氧化铁还原:　　　　　$Fe_2O_3 + 3CO \xrightarrow{\triangle} 2Fe + 3CO_2$

炉渣生成:　　　$CaCO_3 \xrightarrow{\triangle} CaO + CO_2 \quad CaO + SiO_2 \xrightarrow{\triangle} CaSiO_3$

2)氧气顶吹炼钢

在炼钢过程中,各种元素的氧化是有一定顺序的。开始时就已经有大量的 Fe 被氧化成氧化亚铁 FeO,此外,Si、Mn 被氧化,随后是 C 和 P 被氧化。

（1）脱 Si 反应。

$$2Fe + O_2 \xrightarrow{\triangle} 2FeO$$

$$2FeO + Si \xrightarrow{\triangle} 2Fe + SiO_2$$

$$FeO + Mn \xrightarrow{\triangle} Fe + MnO$$

另外，还有一小部分 Si 和 Mn 与吹入的氧进行氧化反应，生成的 SiO_2 和初渣中生成的 FeO 结合生成硅酸铁，硅酸铁又与加入的 CaO 作用生成硅酸钙 $2CaO \cdot SiO_2$，从而将 FeO 置换出来。

（2）脱碳反应。

炼钢炉内的脱碳反应有直接反应和间接反应，直接反应是指 C 被氧化生成 CO_2，间接反应是 FeO 与 C 反应。

$$C + FeO \xrightarrow{\triangle} Fe + CO$$

（3）脱磷反应。

磷是钢中的有毒元素，会提高制品的冷脆性，因此钢中的含磷量越低越好。磷的氧化一般在炉渣和金属的界面进行，是磷与氧气直接氧化。

（4）脱硫反应。

硫也是钢中的有毒元素，会加剧钢的热脆性，要严格限制或排出。

$$FeS + CaO \xrightarrow{\triangle} CaS + FeO$$

3）铝的冶炼

要想得到铝，首先要从铝土矿中获得纯度较高的 Al_2O_3，铝土矿的主要成分除 Al_2O_3 外，还含有 SiO_2、Fe_2O_3 等杂质，从铝土矿中制取 Al_2O_3 的方法很多，目前工业上几乎都采用碱法，用碱溶液和高压水蒸气来处理铝土矿：

$$Al_2O_3 + 2NaOH + 3H_2O \xrightarrow{\triangle} 2Na[Al(OH)_4]$$

澄清除去杂质后，向碱溶液中通入 CO_2，促使铝酸盐水解：

$$2Na[Al(OH)_4] + CO_2 \xrightarrow{\triangle} 2Al(OH)_3(s) + Na_2CO_3 + H_2O$$

将 $Al(OH)_3$ 经过过滤、分离、干燥后，煅烧即可得到 Al_2O_3：

$$2Al(OH)_3 \xrightarrow{\triangle} Al_2O_3 + 3H_2O$$

由于 Al_2O_3 的熔点太高（$2\,015 \pm 15℃$），很难熔融。在 Al_2O_3 中添加冰晶石 $3NaF \cdot AlF_3$ 做助熔剂，从而使 Al_2O_3 的熔融温度降至 $1\,000℃$ 左右，熔融在液态的冰晶石中，成为冰晶石和氧化铝的熔融体，然后在电解槽中用炭块做阴阳两极进行电解。

$$2Al_2O_3 \xrightarrow{电解} 4Al + 3O_2$$

4）金属电化学腐蚀

不纯的金属与电解质溶液接触时，发生原电池反应，比较活泼的金属失去电子被氧化，这种腐蚀称为电化学腐蚀。如工业用的钢铁实际上是合金，即除铁之外，还含有石墨、渗碳体（Fe_3C）以及其他金属和杂质，它们大多没有铁活泼。这样形成的腐蚀电池的阳极为铁，而阴极为石墨等杂质，由于铁与杂质紧密接触，使得腐蚀不断进行。如在潮湿空气中钢铁表面的水膜,与钢铁中的碳和铁形成原电池,其中铁是电子流出的一极,称为负极,碳是电子流入的一极,称为正极。若水膜的酸性较强,则在电化学腐蚀过程中,正极会析出氢气。若水膜呈中性或弱酸性,水膜中溶解有氧气,则在电化学腐蚀过程中吸收氧气。

(1)析氢腐蚀。

负极(Fe):$Fe - 2e^- \Longrightarrow Fe^{2+}$　　$Fe^{2+} + 2H_2O \Longrightarrow Fe(OH)_2 + 2H^+$

正极:$2H^+ + 2e^- \Longrightarrow H_2$

电池反应:$Fe + 2H_2O \Longrightarrow Fe(OH)_2 + H_2$

(2)吸氧腐蚀。

负极(Fe):$2Fe - 4e^- \Longrightarrow 2Fe^{2+}$

正极:$O_2 + 2H_2O + 4e^- \Longrightarrow 4OH^-$

总反应:$2Fe + O_2 + 2H_2O \Longrightarrow 2Fe(OH)_2$

因此,金属材料的防腐可采取化学镀(根据氧化还原反应)、涂层防护、电镀、钝化及牺牲阳极等保护法。如,在铁片上镀锌时,以氯化锌作电镀液,锌作阳极,电镀过程在直流电的作用下,阳极发生氧化反应,金属失去电子成为阳离子进入溶液;阴极发生还原反应,金属离子在阴极上获得电子,沉积在镀件表面形成一层均匀、光滑而致密的镀层。铁片上镀锌的电极反应如下:

阴极:$Zn^{2+} + 2e^- \Longrightarrow Zn$(还原反应)

阳极:$Zn - 2e^- \Longrightarrow Zn^{2+}$(氧化反应)

此外,稀土元素用作催化剂消除汽车尾气,相关反应为

$$2NO + 2CO \xrightarrow{\text{稀土催化剂}} 2CO_2 + N_2$$

17.3.2　无机非金属材料

1)硅酸盐水泥熟料形成的主要化学反应

按照配方设计混合研磨好的生料,必须经过高温煅烧才能变成水泥熟料,在煅烧过程中,水泥熟料发生一系列物理变化和化学变化。现简单介绍其中的主要化学反应。

(1)黏土矿脱水。

加热时生料中含有的游离态水首先被蒸发,当温度升高到450℃时,黏土中的主要成分高岭土 $Al_2O_3 \cdot 2SiO_2 \cdot 2H_2O$ 发生脱水反应,脱去其中的化合态水,其化学反应为

$$Al_2O_3 \cdot 2SiO_2 \cdot 2H_2O \xrightarrow{\triangle} Al_2O_3 + 2SiO_2 + 2H_2O$$

高岭土在失去化合态水的同时,分子结构也发生变化,变成游离的无定形 Al_2O_3 和 SiO_2。

(2)碳酸盐分解。

温度继续升至600℃以上时,生料石灰石中的碳酸盐开始分解,石灰石中夹杂的 $MgCO_3$ 也开始分解,其化学反应式为

$$MgCO_3 \xrightarrow{600℃} MgO + CO_2$$

$$CaCO_3 \xrightarrow{900℃} CaO + CO_2$$

$CaCO_3$ 在水泥生料中所占比率约为80%,分解过程需要吸收大量的热,是熟料煅烧过程

中消耗热量最多的一个过程,也是这一过程中的重要环节。

(3)固相反应。

由于黏土脱水、碳酸盐分解等反应,生料中出现了单独存在且性质活泼的 CaO、SiO_2、Al_2O_3、Fe_2O_3 等氧化物,它们之间在高温下发生化合反应。

800~900℃时的主要化学反应:

$$CaO + Al_2O_3 \longrightarrow CaO \cdot Al_2O_3$$
$$CaO + Fe_2O_3 \longrightarrow CaO \cdot Fe_2O_3$$

900~1 000℃时的主要化学反应:

$$2CaO + SiO_2 \longrightarrow 2CaO \cdot SiO_2$$
$$3(CaO \cdot Al_2O_3) + 2CaO \longrightarrow 5CaO \cdot 3Al_2O_3$$
$$CaO \cdot Fe_2O_3 + CaO \longrightarrow 2CaO \cdot Fe_2O_3$$

1 000~1 200℃时的主要化学反应:

$$5CaO \cdot 3Al_2O_3 + 4CaO \longrightarrow 3(3CaO \cdot Al_2O_3)$$
$$3(2CaO \cdot Fe_2O_3) + CaO + 5CaO \cdot 3Al_2O_3 \longrightarrow 3(4CaO \cdot Al_2O_3 \cdot Fe_2O_3)$$

(4)熟料的烧成。

当温度升至1 300℃左右时,物料中出现液相。CaO、$2CaO \cdot SiO_2$ 溶于液相中,进一步化合生成 $3CaO \cdot SiO_2$。

$$2CaO \cdot SiO_2 + CaO \longrightarrow 3CaO \cdot SiO_2$$

为了使这一反应进行得快而且尽可能完全,在实际生产中物料的温度控制要高于1 300℃,一般在1 300~1 450℃的温度范围内,这一温度范围就是所谓的"烧成温度"。烧成的熟料还需冷却,熟料冷却的快慢对于熟料的质量也有很大影响。

2)玻璃的烧制

最早制造玻璃的主要原料除纯碱 Na_2CO_3、石英砂 SiO_2 和石灰石 $CaCO_3$ 外,还有长石 $K_2O(Na_2O) \cdot Al_2O \cdot 6SiO_2$ 等。把这些原料按一定比例混合、粉碎,加热使之熔融。所发生的反应可用下式表示:

$$Na_2CO_3 + CaCO_3 + 6SiO_2 \longrightarrow Na_2CaSi_6O_4 + 2CO_2$$

玻璃并不是一种组成固定的化合物,而是不同硅酸盐(Na_2SiO_3、$CaSiO_3$、K_2SiO_3 等)的混合物。因此,玻璃的主要成分可表示为 $Na_2O \cdot CaO \cdot 6SiO_2$。这种含 Na_2O 成分的玻璃通常称为钠玻璃。

制造钾玻璃时,为使成分中含 K_2O,必须加入钾长石,制造光学玻璃时需要加入 PbO,制造硼玻璃可以加入硼酸 H_3BO_3、硼砂 $NaO \cdot 2B_2O_3 \cdot 10H_2O$ 或含硼矿物(如硼镁石、硅钙硼石等)。制造玻璃一般包括配料、混合、粉碎、加热熔融、冷却成型几道工序。

3)变色玻璃变色的基本原理

制作变色眼镜的玻璃称为光致变色玻璃,是在适当波长光的辐照下改变其颜色,当移去光源时恢复其原来颜色的玻璃,因此也称光色玻璃。导致变色的原因是玻璃中含有溴化银(或氯化银)和微量氧化亚铜。当受到太阳光或紫外线的照射时,其中的溴化银发生分解,产生银原子,银原子能吸收可见光,当银原子聚集到一定数量时,射在玻璃上的光大部分被吸收,原来无色透明的玻璃就会变成灰黑色。当把变色后的玻璃放到暗处时,在氧化亚铜的催

化作用下,银原子和溴原子又会结合成溴化银,因为银离子不吸收可见光,于是玻璃又变成无色透明。相应的化学反应方程式如下:

$$2AgBr \xrightarrow{h\nu} 2Ag + Br_2$$

阴暗时,在镜片中加入的氧化亚铜 Cu_2O 的催化作用下发生下列反应:

$$2Ag + Br_2 \xrightarrow{Cu_2O} 2AgBr$$

这种玻璃的变暗和褪色是完全可逆的,即使反复几十万次也不会疲劳。

4)陶瓷烧制时的主要化学反应

制作瓷器一般先用黏土等调和成的陶泥制成毛坯,待干燥后再上釉,然后放入窑内在 1 200 ~ 1 400℃ 的高温下煅烧。在煅烧过程中发生的一系列脱水和烧结变化,可以用化学反应式表示如下:

$$Al_2O_3 \cdot 2SiO_2 \cdot 2H_2O \longrightarrow Al_2O_3 \cdot 2SiO_2 + 2H_2O(脱水反应)$$
$$3Al_2O_3 + 6SiO_2 \longrightarrow 3Al_2O_3 \cdot 2SiO_2 + 4SiO_2(烧结反应)$$

17.3.3　高分子材料

高分子材料的主要组分是有机高分子化合物。高分子化合物是由一种或多种单体通过聚合反应形成的相对分子质量很大的化合物。由于高分子化合物的相对分子质量存在多分散性,故通常用以数量或质量为基础的平均相对分子质量来表示。由小的单体分子合成高分子化合物的主要聚合反应有两种:加聚反应和缩聚反应。

单体加成而聚合起来的反应称为加聚反应,反应产物称为加聚物。加聚反应往往是烯类单体双键加成的聚合反应,无官能团结构特征,多是碳链聚合物。加聚物的元素组成与其单体相同,仅电子结构有所改变,加聚物分子量是单体分子量的整数倍。

缩聚反应是缩合反应多次重复形成聚合物的过程,兼有缩合出低分子和聚合成高分子的双重含义,反应产物称为缩聚物。缩聚反应通常是官能团间的聚合反应;反应中有低分子副产物产生,如水、醇、胺等;缩聚物中往往留有官能团的结构特征,如—OCO—、—NHCO—,故大部分缩聚物都是杂链聚合物;缩聚物的结构单元比其单体少若干原子,故分子量不是单体分子量的整数倍。

加聚反应包括链引发、链生长和链终止三个阶段,反应端基和引发剂的自由基结合,而在另一端的单体分子以链节的形式一个个地加合而形成长链,这是一种连锁反应,反应时不形成副产物。缩聚反应不需引发剂,链的两端都具有活性,先形成许多小的链段,然后由小链段组合形成长链,是一种多级聚合反应,反应时有副产物生成。

17.4　复 合 材 料

复合材料一般由基体组分和增强体组分或功能组分组成,复合材料的结构通常是一个连续相(称为基体),而另一个相是以独立的形态分布在整个连续相中的分散相(称为增强体或增强相)。

复合材料的分类有多种。按基体材料的类型分,可分为树脂基、金属基、陶瓷基复合材料等。树脂基复合材料是复合材料中最主要的一类,通常称为增强塑料,树脂基体可分为热固性树脂基体、热塑性树脂基体以及共混树脂基体三大类。金属基复合材料主要有三类:颗粒增强、短纤维或晶须增强、连线纤维或薄片增强。多种金属和合金可用作基体材料,如铝合金、钛合金、镁合金、铜、镍铝合金等。陶瓷基复合材料可以增加韧性,主要有氧化物陶瓷基体(氧化铝陶瓷基体、氧化锆陶瓷基体等)、非氧化物陶瓷基体(氮化硅陶瓷基体、氮化铝陶瓷基体、碳化硅陶瓷基体及石英玻璃)。

按照增强体的类型,复合材料可分为颗粒增强、纤维增强、叠层式复合材料等,增强体在复合材料中起着提高基体强度、韧性、模量、耐热、耐磨等性能的作用。纤维增强体主要有玻璃纤维、石棉纤维、矿物纤维、棉纤维、亚麻纤维、合成纤维等,其中玻璃纤维是应用最为广泛的增强体,其主要成分为 SiO_2、Al_2O_3、CaO、B_2O_3、MgO、Na_2O 等。除此之外,还有金属纤维(如钢纤维)、晶须、碳纤维和石墨纤维、硼纤维、碳化硅纤维、芳纶纤维、剑麻、石棉纤维等。

按其用途分,复合材料可分为结构复合材料和功能复合材料。结构复合材料是以承重为主要目的的复合材料,需特别注意其力学性能。功能复合材料则是具有光、电、磁、声、热、化学、生物等不同特性的材料。

按其结构分,复合材料主要有单向纤维增强复合材料、含夹杂复合材料、层状复合材料、蜂窝夹心复合材料、编织复合材料、功能梯度复合材料等。

与普通材料相比,复合材料具有许多特性:可改善或克服单一材料的弱点,充分发挥其优点,并赋予材料新的性能;可按照构件的结构和受力要求,给出预定的、分布合理的配套性能,进行材料的最佳设计,如比强度高和比模量高、耐疲劳性好、抗断裂能力强、减振性能好、高温性能好、抗蠕变能力强、耐腐蚀性好的复合材料。

常用的复合材料主要有玻璃钢、金属基复合材料和碳纤维增强复合材料。

玻璃钢即玻璃纤维增强塑料,它是以玻璃纤维及其制品(玻璃布、带、毡、纱等)作为增强组分,以合成树脂作为基体组分的一种复合材料。这就组成了玻璃纤维增强的塑料基复合材料。由于其强度相当于钢材,又含有玻璃组分,也具有玻璃那样的色泽、形体、耐腐蚀、电绝缘、隔热等性能,历史上形成了这个通俗易懂的名称"玻璃钢"。玻璃钢具有轻质高强、耐腐蚀性能好、电性能好、热性能良好、可设计性好、工艺性优良等优点,但也具有弹性模量低、长期耐温性差、老化、层间剪切强度低的缺点。玻璃钢材料因其独特的性能优势,已在航空航天、铁路交通、装饰建筑、家居家具等领域获得广泛的应用。

金属基复合材料通过优化组分,既有金属特性,又具有高比强度、高比模量,良好的导热性、导电性、耐磨性、高温性能,较低的热膨胀系数以及高的尺寸稳定性等优点。例如,硼纤维的强度和弹性都比玻璃纤维高,用硼纤维强化铝、钛、镍等金属耐热温度可达到1 200℃,被用作飞机上涡轮机和推进器零件,还可用作飞机和航天器蒙皮的大型壁板。碳纤维是金属基复合材料中应用最广泛的增强材料,碳纤维增强铝具有耐高温、耐热疲劳、耐紫外线和耐潮湿等性能,适合在航空航天领域中用作飞机的结构材料。例如,飞机的前缘,超音速飞机的制动装置,人造卫星和火箭的机架、壳体,以及导弹的鼻锥等。碳化硅纤维增强铝比铝轻10% ,强度高10% ,刚性高1 倍,具有更好的化学稳定性、耐热性和高温抗氧化性,主要用于汽车工业和飞机制造业。用碳化硅纤维增强钛做成的板材和管材已用来制造飞机垂尾、导弹壳体和空间部件等。

综上所述,碳纤维作为新一代复合材料的补强纤维,其以高比强度、高比模量、密度小、低 X 射线吸收率、耐腐蚀、耐烧蚀、耐疲劳、耐热冲击、导电导热性能好、膨胀系数小和自润滑等优异性能在航天、航空、航海、建筑、轻工等领域中获得了广泛的应用。碳纤维增强复合材料主要有碳纤维增强热塑性树脂基复合材料、碳纤维增强橡胶基复合材料、碳纤维增强水泥基复合材料、碳纤维增强陶瓷基与金属基复合材料等。

碳纤维增强塑料是第二代复合材料中应用最广泛的。碳纤维增强热固性塑料是以热固性塑料为基体组分,以碳纤维及其织物为分散组分的纤维增强塑料。碳纤维及其织物与环氧、酚醛等树脂制成的复合材料具有比强度高、比模量高、密度小、减摩耐磨、自润滑、耐腐蚀、耐疲劳、抗蠕变、热膨胀系数小、热导率大、耐水性好等特点。碳纤维增强热塑性塑料是以碳纤维为分散质,热塑性塑料为基体的纤维增强塑料。碳纤维增强热塑性塑料近年来发展较快,其特点是强度与刚度高、抗蠕变、热稳定性高、线性膨胀系数小、减摩耐磨、不损伤磨件、阻尼特性优良等。

用碳纤维增强橡胶后,碳纤维在碳纤维增强橡胶基复合材料中形成传热网络,摩擦热可散逸,从而改善了热学性能,特别是热疲劳性能。将碳纤维加入水泥基体中即制成碳纤维增强水泥基复合材料,也称纤维增强混凝土。在水泥基体中掺入高强度碳纤维是提高水泥复合材料抗裂强度、抗渗强度、抗剪强度和弹性模量的重要措施,能够控制裂纹发展,提高耐强碱性,增强变形能力。

17.5　功能材料

功能材料是指具有优良的物理、化学和生物或其相互转化的功能,用于非承载目的的材料。功能材料是能源、计算机、通信、电子、激光等现代科学的基础,在未来的社会发展中具有重要的战略意义。

17.5.1　金属功能材料

金属功能材料中为大家所熟知的部分可以叫作传统功能材料,如磁性、电性、弹性等功能材料;另一部分属于较新发展起来的材料,如形状记忆合金、储氢合金、非晶合金、超塑性合金等。

从磁性能的特点来看,金属磁性材料可分为软磁合金、硬磁合金、矩磁合金和亚磁合金(也叫作磁致伸缩合金)等四种。矩磁合金和亚磁合金都具有较低的矫顽力,与通常所说的软磁合金特点相近,因此,也可将金属磁性材料分为软磁合金和硬磁合金两种。通常把矫顽力小于 $0.8kA \cdot m^{-1}$ 的材料称为软磁合金,把矫顽力大于 $0.8kA \cdot m^{-1}$ 的材料称为硬磁合金。

电性合金是具有特殊电学性能的合金,按使用性能可将其分为电阻合金(包括精密电阻合金、应变电阻合金、热敏电阻合金等)、电热合金、热电偶合金和电触头材料等。

电阻合金是利用物质的固有电阻特性来制作电子仪器、测量仪表等装置中不同功能的电阻元件的材料,它可按功能特性、成分体系、材料的电阻值或用途来分类。电热合金是指利用金属的电阻特性制作发热体的电阻合金,广泛用于制作各种电炉和家用电器的电加热元件。热电偶合金是利用材料的热电动势随温度差而变化的特性来测温的一种材料。电触头材料是建立和消除电接触的导体材料,也称为接点材料,广泛用于制作电力电子、通信设备及仪器仪表中的开关、继电器、连接器、换向器、电位器、电刷等的接点元件。

形状记忆合金是指具有一定的初始形状,经形变并固定成另一种形状后,通过热、光、电等物理刺激或者化学刺激处理又可以恢复其初始形状的一种新型金属功能材料。由于它具有独特的形状记忆效应(SME)和超弹性效应,可以制作小巧玲珑、高自动化、性能可靠的元器件,目前已被广泛应用于电子仪器、汽车工业、医疗器械、空间技术、能源开发等领域。具有形状记忆效应的合金大多数发生热弹性马氏体相变。马氏体相变是无扩散的共格切变型相变,在由母相(P)转变成马氏体(M)的过程中,没有原子的扩散,因而无成分的改变,仅仅是晶体结构发生了改变。

氢的储存主要有两种方式,一种为物理方式,如采用压缩、冷冻、吸附等方式,将压缩氢气储存于钢瓶中,这种方式有一定危险,而且储氢量小,使用也不方便;另一种为化学方式,如将其转变为金属氢化物,这些氢化物除了具有优异的吸放氢性能外,还兼顾了很多其他功能,因而受到极大重视,发展迅速。这种材料称为储氢合金材料。

在一定温度以下,某些导电材料的电阻消失,这种零电阻现象称为超导现象或超导电性。具有超导电性的材料称为超导材料或超导体。超导材料的用途非常广泛,可大致分为三类:大电流应用(强电应用)、电子学应用(弱电应用)、抗磁性应用。

弹性合金是具有特殊弹性性能的材料,广泛用于制作机械、仪器仪表和通信技术领域中的各种弹性、频率和敏感元件。减振合金则要求对机械振动有相当强的衰减作用,能吸收振动能,从而起到减振降噪的作用。

17.5.2 功能高分子材料

功能高分子材料,简称功能高分子,是指那些可用于工业和技术中的具有特殊物理和化学功能(如光、电、磁、声、热等特性)的高分子材料,是信息和能源等高技术领域的物质基础。功能高分子材料包括导电高分子材料、有机高分子磁体、光学功能高分子材料(聚甲基丙烯酸甲酯、聚碳酸酯、聚苯乙烯等)、医用高分子、液晶聚合物、高分子催化剂等。

导电高分子材料可以分为两类:结构型和填充型。结构型导电高分子材料包括共轭高分子(聚乙炔、聚噻吩、聚氮化硫、聚苯胺等)、电荷转移高分子、有机金属高分子和高分子电解质。结构型导电高分子可以分为电子导电型和离子导电型高分子材料。大多数结构型导电高分子属于电子导电的高分子。高分子电解质属于离子导电的高分子,按离子类型高分子电解质可分为阳离子型(聚甲基丙烯酸酯季铵盐、聚丙烯酰胺季铵盐、聚硫盐、聚磷盐等)、阴离子型(聚丙烯酸盐、聚苯乙烯磺酸盐、聚磷酸盐等)和两亲型(内盐聚合物)三类。填充型导电高分子材料是在高分子材料中添加导电性的物质(如金属、石墨)后具有导电性。导电高分子材料在电池、传感器、吸波材料、电致变色材料、电磁屏蔽材料、抗静电材料和超导体等许多领域有广泛应用。

有机高分子磁体可分为两类:纯有机高分子磁体(不含金属的有机磁体)和金属络合型有机高分子磁体。由于组成高分子的碳、氢、氮、氧等原子和共价键为满层结构,电子成对出现且自旋反平行排列,因此没有净自旋,表现为抗磁性。

液晶聚合物的结构都含有液晶基元和柔性间隔基,液晶基元具有刚性和有利于取向的外形,如长棒状和盘碟状。常见的液晶基元的核心成分是 1,4 - 亚苯基。以 1,4 - 亚苯基为基础的二联苯、三联苯、苯甲酰氧基苯、苯甲酰氨基苯、二苯乙烯、二苯乙炔、二苯并噻唑等构成了液晶基元的骨架。根据液晶基元在高分子链结构中的位置不同,可将液晶聚合物分为主链型、侧链型、复合型和树枝型(即在主链和侧链都存在液晶基元)。主链型的液晶高分子材料显示了高强度、高模量的特点,既可作为结构材料(如纤维增强体和自增强塑料)应用,也可作为功能材料应用。侧链型液晶高分子材料显示了特殊的光、电、磁性能,可作为信息显示、信息存储、非线性光学等功能材料应用。

化学功能高分子材料包括具有化学反应、催化、分离、吸附功能的高分子材料,在基础工业领域广泛应用。例如,高分子试剂和高分子催化剂、高分子分离膜和膜反应器、离子交换树脂、高(超)吸水性和高吸油性高分子材料等。

生物功能高分子材料就是医用高分子材料,是组织工程的重要组分。例如,抗凝血高分子材料、生物可降解的医用高分子材料、组织器官代替的高分子材料、可释放控制的高分子药物等。

功能转换型高分子材料是具有光电转换、电磁转换、热电转换等功能和多功能的高分子材料。如智能高分子材料、光致发光和电致发光高分子材料、环境中可降解高分子材料、CO 和 CO_2 树脂等。

生态环境(绿色材料)、智能和具有特殊结构及分子识别功能的高分子材料,如树枝聚合物、超分子聚合物、拓扑聚合物、手性聚合物等是近年来发展起来的新型功能高分子材料。

功能高分子材料的多样化结构和新颖性功能不仅丰富了高分子材料研究的内容,而且扩大了高分子材料的应用领域。

17.5.3　功能复合材料

功能复合材料是指除机械性能以外还具有其他物理性能的复合材料,如导电、超导、半导、磁性、压电、阻尼、吸声、摩擦、吸波、屏蔽、阻燃、防热、隔热等功能复合材料。功能复合材料主要由功能体(活性组元)和基体组成,或由两种(或两种以上)功能体组成。由于复合效应,功能复合材料可能具有比原有材料性能更好或原材料不具有的性质。压电性功能复合材料,以锆钛酸铅(PZT)为例,如果将锆钛酸铅粉与高分子树脂复合,能制成柔性易加工成型的压电材料;隐身复合材料(涂料型和结构型),如采用金属、铁氧体等超微粉与聚合物形成的 0 - 3 型复合材料和采用多层结构的 2 - 2 型复合材料,能吸收、衰减电磁波和声波以及减少反射和散射,从而达到电磁隐身和声隐身的功能,已经进入实际应用阶段;磁电效应功能复合材料,如把钴铁氧体的微粉和钛酸钡铁电微粉复合,利用钴铁氧体在磁场中的磁致伸缩产生应力,传送到钛酸钡微粉上,通过钛酸钡的压电效应把应力转变为电势,从而完成磁和电之间的变换,这种复合材料的磁电效应是目前最好的单晶材料的 100 倍。

功能材料还有许多,比较重要的有导电功能复合材料,预计它可代替铜作为馈电线。导磁材料与聚合物复合压成薄片作为变压器等的铁芯材料、微型电机磁圈、复印机磁辊等有着广阔的市场前景。在高分子阻尼材料中加入片状和纤维填料可以明显加宽、加高动态内耗温度谱中的内耗峰,从而改善原材料的阻尼功能。

【人物传记】

徐僖

徐僖(1921—2013 年），江苏南京人，高分子材料学家，中国科学院院士，"中国塑料之父"，高分子材料学科的开拓者和奠基人之一。徐僖于 1944 年毕业于浙江大学化工系获学士学位，1948 年获美国里海大学科学硕士学位，1991 年当选为中国科学院院士。徐僖长期从事高分子力化学、高分子材料成型基础理论、油田化学以及辐射化学等领域的研究；撰写了中国第一本高分子专业教科书《高分子化学原理》；采用超声技术合成了一系列具有应用前景的嵌段和接枝共聚物，此项技术可用以制备高效高分子表面活性剂；研究了高分子氢氧键复合物和高分子共混材料的形态性能关系，提出通过氢键复合可以有效降低导电材料的结晶度、提高材料导电率，对推动快离子导体研究有很大意义；在用离聚物增韧聚烯烃的研究方面也有较多成果。

【延伸阅读】

有记忆的金属

20 世纪 60 年代初的一天，美国海军军械实验室的研究人员领来了一批镍钛合金丝，也许是制造过程中处理不当，合金丝被弄弯了，他们只能一根一根地将合金丝校直。有人顺手将校直的合金丝堆放在炉子旁边。这时，意外的事情发生了，一些校直的合金丝在炉温的烘烤下，慢慢恢复到原来弯曲的形状，于是人们不得不重新校直合金丝。起初，工作人员并没有在意，还是把校直的合金丝堆放在炉子旁边，结果合金丝又弯曲了。这种现象重复了多次，直到人们把校直的合金丝换了一个地方堆放，不再受到炉温烘烤的合金丝才继续保持校直后的形状。军械实验室的研究人员紧紧抓住了上述的意外"事故"，开展了反复的实验研究，终于发现含 50% 镍和 50% 钛的合金在温度升高到 40℃ 以上时，能"记住"自己之前的形状。

科学家把这种现象称为形状记忆效应，具有记忆功能的合金称为形状记忆合金。

利用这一特点，可以用这种"记忆金属"造出汽车，万一被撞瘪，只要浇上一桶热水即可恢复到原来的形状。"记忆金属"食道架能在喉部膨胀成新的食道，必要时可向食道里加上冰块，"食道"会遇冷收缩，从而可轻易取出，可提高失去进食功能的食道癌患者的生活质量。飞利浦公司研制了一种由"记忆金属"制成的钉子，把它安装在汽车外胎上，当气温降低、公路结冰时，钉子会"自动"从外胎里伸出，防止车轮打滑。法国巴黎用"记忆金属"制造的城市照明灯花，有两瓣随着灯的亮灭而逐渐张开或合上的金属叶片。白天，路灯熄灭，叶片合上；傍晚，路灯亮起，灯泡发热，叶片受热而逐渐张开，使灯泡显露出来。

宇宙飞船登月的月面天线，无疑是利用形状记忆效应的非常成功的例子。宇宙飞船登月之后,为了将月球上收集到的各种信息发回地球,必须在月球上架设直径为数米的半月面天线。要把这个庞然大物直接放入宇宙飞船的船舱中几乎不可能。科研人员先用"记忆金属"在 40℃ 以上制成半球面的月面天线,再让天线冷却到 28℃ 以下。这时合金内部的结晶构造转变,合金变得非常柔软,天线很容易被折叠成小球似的一团,以便放进宇宙飞船的船舱里。到达月球之后,宇航员把变软的天线放在月面上,借助太阳光照射或其他热源,使环境温度超过 40℃,这时天线像一把折叠的伞自动张开,迅速投入正常的工作中。

（高莉宁）

第18章　化学与环境

　　化学是美好的,化学科学的研究成果和化学知识的应用为推动人类社会的进步作出了巨大贡献。化学已经渗透到人类生活、生产和国民经济的各个领域,给人类生活带来了极大的便利。事实一次次证实了恩格斯的光辉预言:"在这个新的历史时期中,人们自身以及他们活动的一切方面,包括自然科学在内,都将突飞猛进,使以往的一切都大大地相形见绌。"(《自然辩证法》)但是,人类在利用化学改造自然、创造物质财富的同时,也给本来绿色、和谐的生态环境带来了严重的污染,如黑色的污水、黄色的烟尘、五颜六色的废渣和看不见的无色毒物等。特别是 20 世纪以来,随着有机化学工业的发展,石油、天然气生产的急剧增长,化工污染越来越突出,环境问题日趋严重。

18.1　化学与环境概述

　　环境污染,通常是指有害物质(主要是工业的"三废")对大气、水质、土壤和动植物的污染,并达到了致害的程度,生物界的生态系统遭到不适当的扰乱与破坏,一些无法再生或取代的资源被滥采滥用,以及由于固体废物、噪声、振动、恶臭、地面沉降、放射线和废热等造成对环境的损害等。环境污染给人类赖以生存的自然环境的可持续发展带来了巨大威胁,甚至直接危及人类健康。人和一切生物都在一定的自然环境中生活,相互间存在着既对立又依存的关系,形成一定的生态平衡。然而,这种平衡是相对的。人类从诞生之日起,就在积极地改造自然,改造环境,总是在打破旧的平衡、建立新的平衡中循环,并得以发展。现代工业从第一座烟囱冒烟的时候起,就比以往更激烈地破坏着旧的生态平衡。这在大力推动人类社会发展的同时,也给我们赖以生存的环境带来了一定程度的污染,也意味着打破了旧的生态平衡。但事物总是一分为二的,这同时给新的生态平衡的建立提供了前提条件。人类有能力释放出这些污染物,迟早也会有能力回收和改造这些物质。如今,全球经济高速发展,如何保护我们赖以生存的自然环境,已成为全球共同关注和思考的问题。20 世纪 80 年代,世界各国全面开展了对各主要元素,尤其是生命必需元素的生物地球化学循环和各主要元素之间的相互作用、人类活动对这些循环产生的干扰和影响,以及对这些循环有重大影响的种种因素的研究;涉及臭氧层破坏、温室效应等全球性环境问题逐渐开始成为全球关注热点;开始重视化学品安全性评价,同时扩大了污染控制化学的研究范围。

随着国家对环境污染问题的重视和公众环境保护意识的提高,跨世纪的化学与环境和谐发展之路任重道远。无论是在控制、防治环境污染和生态恶化方面,还是在改善环境质量、保护人类健康、促进国民经济的持续发展等各个方面,化学都可以发挥重要作用。在环境监测,大气复合污染的化学机制、污染评价与防治对策,水体中复合污染及土壤多介质污染机制研究,有毒化学品生态效应及危险性评价,内分泌干扰物质的筛选,污染控制原理,环境修复技术等诸多领域,化学与环境科学相关领域都面临着巨大的挑战和良好的发展机遇。

18.2　水污染及其防治

18.2.1　水污染的概念和分类

水污染又称水体污染,是指由于人类的生活或生产活动排放的污染物进入河流、湖泊、海洋或地下水等水体,使水体中的物理、化学性质或生物群落组成发生变化,从而降低了水体使用价值或危害人类健康。

水污染源分类方法较多。根据造成水体污染的原因可分为天然污染源和人为污染源;按受污染的水体可分为地面水污染源、地下水污染源和海洋污染源;按污染源释放的有害物质种类可分为物理性(如热和放射性物质)污染源、化学性(如无机物和有机物)污染源和生物性(如细菌和霉类)污染源;按污染源分布和排放特征分为点污染源(如城市污水、工矿企业和排放的船舶等)、面污染源(如雨水地面径流、水土流失及农田大面积排水等)和扩散污染源(随大气扩散有毒、有害污染物,通过重力沉降或降水过程等途径进入水体,如酸雨、黑雪等);按污染物的性质及其所产生污染效应可分为耗氧有机物、难降解有机物、植物性营养物、重金属、无机悬浮物、放射性污染物、石油类、酸碱类、热污染、病原体等。其中以耗氧有机物、难降解有机物和重金属污染的影响最严重,是水污染治理的重点。

18.2.2　我国水污染的现状

我国每年排放的废水总量约为 365 亿立方米,其中约有 70% 为工业废水。目前工业废水的处理率虽接近 70% ,但其中只有 30% 左右处理设施的出水能达到排放标准,大量的乡镇企业排放的废水还没有包括在统计数字之内。我国城市废水的处理率仅有 15% 左右。如此大量的废水夹带着有机污染物、氮磷等营养性污染物、重金属、有毒物、难降解有机物以及其他病毒性污染物,流入江、湖、河、海,造成严重的水环境污染。在 1990 年评价全国 94 条河流的城市河段中,有 65 条受到不同程度的污染,占比高达 69.1% 。在非汛期,一些河道实际上已成废水沟,丧失了河道的水体功能与作用。除部分内陆河流和大型水库外,我国水域普遍受到不同程度的污染,且污染越来越严重。据不完全统计,全国珠江、长江、淮河、黄河、海河、辽河以及松花江等七大水系(流域)中已有近一半河段受污染严重,主要是有机物污染,表现为水中溶解氧含量减少,水生生物衰亡,水体发黑、变臭。在全国七大水系和内陆河流例行监测的 110 个国控重点河段中,水质低于《地面水环境质量标准》(GB 3838—2002)Ⅲ类水体的河段已占 39% ,城市附近水体污染尤为严重。七大水系中,以淮河、海河、辽河和松花江水系污染最为严重,1994年淮河流域发生三起特大污染事故,辽河也已处于危机状态,长江、黄河、珠江流经城市的河段受污染程度也日益加重。淡水湖富营养污染严重,巢湖、滇池、太湖和一些城市湖泊呈富营养化状态,如著名的高原湖泊滇池已进入衰老期,湖中藻类疯长,水体变绿、发臭。

我国地下水受污染的城市逐年增多,全国有30多个城市缺水,100多个城市供水矛盾突出,有76座城市地下水的污染已十分严重,有的地下水质已不符合饮用水的水质要求,且污染分布主要集中在大、中城市。

近海海域水质恶化日趋严重,重点河口、海湾、港口,大中城市毗连水域的污染比较严重。沿岸海域无机氮和无机磷普遍超标,南部海域油类污染较重,近海富营养现象明显,赤潮频发。重要水域渔业资源遭到破坏,生物种类明显减少。据统计,我国每年因水污染造成的经济损失达40亿元,水污染对人民健康已产生明显不良影响,并已成为国家经济发展的重要制约因素。

18.2.3 水污染的防治

目前,国内外的水体污染净化技术按照原理分类,主要分为物理净化法、化学净化法、生物净化法及自然净化法四大类。

1)物理净化法

物理净化法一般是应用物理或机械方法人工净化受损水体,现在通常使用的方法为引水稀释、底泥疏浚等。这类方法技术设备便捷,容易掌控,处理效果极其显著,但往往治标不治本。

2)化学净化法

化学净化法有好几种,通常有用氧化钙来解决湖泊酸化、用杀藻剂来断绝藻类的生育、用铁盐来化解含磷物质等。由于化学净化法都是利用化学药剂,所需费用较高,并且容易产生循环污染,因此,一般不单独使用,而是跟其他方法结合使用。经调查,化学净化法在治理湖泊酸化中应用稍多,基本不用于河流的净化。

3)生物净化法

在天然河湖里面,游弋着许多微生物,它们可以将有机物分解转化为无机物。所以,可以人为制造更有利于微生物成长与繁殖的环境,以便于培养更多的强净化能力微生物,这种方法具有处理效果明显、投入资金少、零耗能或低耗能等特点,关键是此方法可以使污染水体的自净能力自我恢复。当前国内外常用的生物净化技术包括投菌技术、生物膜技术与曝气技术。

4)自然净化法

自然净化法是通过恢复水体的自净功能由水体自身去降解污染物质的方法。该类方法目前在国外已有许多工程应用,主要包括植物修复技术、人工湿地净化技术、多水塘技术、土地处理技术与人工浮岛技术等。

水体污染人工强化净化技术的研究尽管取得了较大的成功,可是仍存在弊端。

物理净化法技术简单,可是治标不治本。物理净化法尽管在处理效果上较显著,技术较简洁,可是此方法工程量庞大,并且假如后续的保持措施没有做好,净化以后的水体容易变回原来的污染状态,并且极有可能会转嫁污染。所以,物理净化法只可以作为一种应急措施来处理突发的水体污染。

化学净化法耗资巨大,容易形成二次污染。通过使用干化学药剂絮凝、杀藻以及除臭净化受污的水质,投入资金极大,而且针对大水域或是水体流动性大的水域的应用存在局限性。同时容易形成二次污染,例如通过铁盐将水体中的磷沉淀,当磷落到底泥中后在某种条件下依然可能溶出,渗入水体。所以此技术也存在很大弊端。

生物净化的应用范围只要控制在一定的范围内,就不会对自然环境造成不良影响。采用生物净化技术是当今国内外研究的热点。因其具有见效快、投资少、使水体自然恢复的优点而广受欢迎。但此项技术的缺点是只能用于小河流中,广阔水域的应用效果不明显。因此此项技术还需进一步改进。

自然净化法的净化效果不明显,且治理周期较长。自然净化法因为可以强化水域自恢复能力以及自净能力,所以是目前最具开发潜力的发展对象。国内外关于此技术的应用案例不少,可是应用此技术是建立在水体污染较轻,可以适于水生生物成长的条件下。生物净化技术比起自然净化法的净化效果要明显得多。所以,一般将自然净化法当作水质改良后的保护方式。另外,因为河流自身条件多样化,不确定性因素较多,且研究都局限在实验室内或沟渠中,与实际情况有很大差距,从而导致技术应用时出现净化效果不尽如人意的现象。因此,针对受污染河湖的实际状况,对河流微污染水体的强化净化技术深入探究是极其必要的,以使污染水体的强化净化技术进一步完善并得到广泛应用。

18.3 土壤污染及其防治

18.3.1 土壤污染的概念和特点

近 20 年来,我国土壤污染总体呈加剧趋势,其造成的环境问题也呈现"压缩型"和"爆发性"的态势。一般认为,土壤污染是人类活动产生的污染物进入土壤并积累到一定程度,超过了土壤自身的净化能力,使土壤内部机理发生质变,造成土壤环境质量恶化,影响土壤的利用功能的现象。因此,土壤污染往往被称为"化学定时炸弹",其后果是对农作物的产量或品质造成影响,通过食物链、饮水、呼吸或直接接触等多种途径,危害人类和动物的健康。土壤一旦遭到污染,便极难恢复,即使有机污染物在土壤中有可能被降解,也需要比较长的时间才能在土壤中完全消失,而土壤的重金属污染则完全是不可逆的。所以说,土壤安全值得特别关注。

土壤污染与其他环境污染相比具有自身的特点:第一,土壤污染的来源复杂、多样,涉及大气、废水、污水、化工用品、重金属、固体废弃物、农药、化肥等多方面。第二,土壤污染不容易被察觉,而且形成污染的周期长,滞后性比较突出。第三,土壤污染是污染物在土壤中发生量变的过程,一般污染物进入土壤之后,流动性大大减小,因而不断沉积,从量变引起质变。第四,土壤污染治理难度大,治理周期较长,成本高。

18.3.2 土壤污染的危害

第一,土壤污染通过大气循环、食物链的富集、水环境污染等渠道,经过各种方式进入人类和动植物体内,严重影响了人类和动植物的健康。

沈阳市卫生防疫站的调查结果表明,张士污灌区人尿中镉含量增高,癌症平均死亡率增加,风湿性关节炎、肾炎、溃疡病平均患病率均高于对照组[林玉锁.土壤环境安全及其污染防治对策.环境保护,2007(1a):35-38]。目前土壤中有机污染物的影响并没有引起足够的关注。土壤一旦受到痕量有毒有机污染物污染,会在植/作物体内积累,并通过食物链富集到人体和动物体中,危害人畜健康,引发癌症和其他疾病。20世纪后期,人类及野生动物的内分泌系统、免疫系统、神经系统出现了各种各样的异常现象,研究发现是由环境污染造成的,特别是环境中存在的痕量有毒物对人类生殖系统的影响引起了极大的震动。自此,"内分泌扰乱性化学物质(EDC)"引起了人们的普遍关注。

随着稀土元素在农业(稀土微肥、饲料添加剂等)、工业(各种稀土工业材料、稀土添加剂等)及现代生物医学上的广泛应用,其不可避免地通过各种途径进入土壤环境,尤其中国从20世纪70年代开始进行稀土元素的农业利用,并自20世纪80年代以来稀土农用面积迅速扩大,由此引发了新的土壤环境污染问题。稀土元素在土壤中的迁移率低,不具有降解性,可累积富集于土壤表层,极易进入食物链。稀土元素的环境毒理学问题受到了广泛关注。国内已有研究报道,稀土元素易在动物体内脏器和组织中蓄积,在骨骼、眼、大脑、心脏、脂肪和睾丸中残留量较高,对人体生长和智力发育,尤其对儿童影响较大。所以土壤中稀土元素污染的潜在影响必须引起足够重视。

第二,土壤污染制约了我国农业生产的发展,造成农作物减产,农产品质量下降,被间接污染的农产品又直接影响人类的食品安全。

20世纪50年代初,我国为解决农业水肥问题,在许多地区开始引用工业和城市污水进行灌溉。污水灌溉虽然缓解了农业灌溉水资源短缺的问题,但是绝大部分污水中污染物浓度较高,特别是工业废水中的有毒有害物质,未经处理直接用于农田灌溉,对灌区土壤、农作物造成污染,危害人体健康,而且还会通过地表径流、渗漏及扬尘等对地表水、地下水和大气造成二次污染,长期污灌已造成严重的土壤污染和农产品污染。

据报道,茂名市茂南区33.33km² 耕地因污灌而全部被污染,其中91%属重度污染,镉、铅污染问题突出。1982年至1997年15年间灌区土壤中重金属镉和铅累积分别增加324%和140.7%,灌区糙米中镉和铅超出粮食卫生标准比例高达91%,每年有近4万吨稻谷不能食用。沈阳市西南部的张士灌区为水稻种植区,从20世纪50年代至80年代中期一直采用工业污水灌溉农田,是全国六大污灌区污灌时间最长、污染最为严重的地区之一,镉金属污染问题尤其突出。灌区核心区平均土壤含镉量达到$7mg \cdot kg^{-1}$,糙米含镉量最高为$2.2mg \cdot kg^{-1}$,据《土壤环境质量 农用地土壤污染风险管控标准(试行)》(GB 15618—2018)可知,农用地土壤污染风险筛选值中,镉的风险筛选值为$0.3mg \cdot kg^{-1}$,可见其含镉量远超国家标准。截至2017年,该灌区虽然已经停止使用污水灌溉30多年,但土壤重金属含量未发现明显下降,并在空间上呈现扩散的趋势。2017年调查数据显示:样区土壤含镉量为$0.47 \sim 2.49mg \cdot kg^{-1}$,仍超过国家土壤环境质量二级标准(付玉豪,李凤梅,郭书海,等.沈阳张士灌区彰驿站镇土壤与水稻植株镉污染分析,生态学杂志,2017,36(7):1965—1972)。

第三,土壤污染影响人类生存空间的环境质量,工业污染场地引发城市土壤环境安全危机。

随着我国城市的发展,城市建设用地规模越来越大。由于城市用地的复杂性,许多建设用地原来都是城市工业用地、仓储用地和城郊的农业用地、生活垃圾用地或其他特殊用地(如危险品生产、储运、处理处置等)。这些用地的土壤或多或少受到各种各样的污染,有些甚至含有对人体特别有害的危险物质,有的污染场地的土壤实际上就是一颗"化学定时炸弹"。我国工业污染场地环境问题十分严重。据林玉锁的研究(林玉锁.土壤环境安全及其污染防治对策,环境保护,2007(1a):35-38),南京某合金厂土壤中铬金属污染严重,厂区土壤中铬含量远远高于其背景值,最高值为背景值的 167 倍;绍兴蓄电池厂周围污染区土壤中铅含量最高达到 2 980mg·kg^{-1};福建某蓄电池厂周围污染区土壤中铅含量高达 2 482mg·kg^{-1};某体温计厂周围土壤中汞含量最高值达 11mg·kg^{-1}。有色金属开采和冶炼区土壤中重金属污染严重。据报道,垃圾场周围土壤中重金属污染现象也十分严重。城市公园土壤中也存在重金属污染现象,如北京故宫博物院土壤中铅含量高达 207.5mg·kg^{-1},北海公园土壤中铅含量高达 156.6mg·kg^{-1},日坛公园土壤中铅含量高达 136.6mg·kg^{-1}。有机物污染物中,挥发性和半挥发性有机污染物为石油化工企业主要污染物。有人报道了对某石油化工厂区有机污染物的研究,结果发现,厂区主要污染区受到污染的土壤厚度达 2m,在检出的有机污染物中,柴油范围的有机物(DRO)及润滑油范围的有机物(ORO)的含量超过 10 000mg·kg^{-1},挥发性有机污染物和半挥发性有机污染物大量检出,主要有苯系物、多环芳烃、苯酚类等。

18.3.3　土壤污染的治理

土壤污染威胁人类的生态环境安全和社会经济的可持续发展,山水林田湖是一个"命运共同体",没有土壤环境的安全就不可能实现生态环境的安全,因此土壤污染的防治工作刻不容缓。对于土壤污染治理,传统的化学以及物理修复技术的最大弊端是污染物去除不够彻底,从而导致二次污染的发生。而生物修复技术与传统方法相比,具有费用低、效率高、安全性能好、易于管理与操作、不会产生二次污染等优点,在修复污染土壤中起到越来越重要的作用。

1)农药土壤污染的生物修复

通过土壤动物、微生物修复,土壤中的那些低等动物(如蚯蚓等)可吸收土壤中的重金属。蚯蚓对砷、锌等金属的富集系数很大,因此在砷污染的土壤上放养蚯蚓,待其富集金属离子后,采用电击、灌水的方法驱除蚯蚓,集中处理,修复被金属污染的土壤。微生物可通过带电荷的细胞表面吸附重金属离子,或者通过摄取其必要的营养元素主动吸收重金属离子,将金属离子富集在细胞表面或内部,达到修复污染土壤的目的。

2)植物降解和富集的修复技术

植物降解和富集技术用来修复重金属引起的污染,植物萃取是使用超剂量植物去除土壤中金属或将土壤中的有机污染物富集到可获取的植物地上部分。例如,对砷污染的土壤植物修复研究表明,非污染区植物的砷含量一般在 3.6mg·kg^{-1}左右,而在污染土壤(砷含量为 18.8 ~ 1 630mg·kg^{-1})中生长的蜈蚣草,其体内砷含量为 1 442 ~ 7 526mg·kg^{-1}。因此,对砷污染的土壤可以采用大面积种植蜈蚣草的方法修复。

3)菌根修复技术

菌根是植物根系和真菌形成的一种共生体,在这个共生体中,真菌从植物中获得光合作用产物,植物通过根外菌吸收土壤中的矿质养分。菌根是一个复杂的群体,包括放线菌、固氮菌、真菌等,这些菌群能够加速有机污染物的转化与降解,对植物生长和有机污染土壤修复等方面具有积极的作用。事实证明,有大量菌根生长的植物对农药有很强的耐受性。例如,菌根真菌容易侵染豆科植物,大豆根系有丛枝菌根真菌生长之后,对矿质营养元素和水分的吸收能力、生物固氮能力以及抗逆能力等都大大提升。

4)合理施用化肥,增施有机肥

增施有机肥,提高土壤有机质含量,可提高土壤胶体对重金属和农药的吸附能力。例如,褐腐酸能吸收和溶解三氯杂苯除草剂及某些农药,腐殖质能促进镉的沉淀等。

5)施用化学改良剂,采取生物改良措施

在受重金属轻度污染的土壤中施用抑制剂,可将重金属转化为难溶的化合物,减少农作物的吸收。常用的抑制剂有石灰、碱性磷酸盐、碳酸盐和硫化物等。例如,在受镉污染的酸性、微酸性土壤中施用石灰或碱性炉灰等,可以使活性镉转化为碳酸盐或氢氧化物等难溶物,改良效果显著。

6)健全农田土壤污染防治的法律体系

借鉴国外先进立法经验,首先,要明确立法的目的,构建体系。其次,明确治理机构权限范围和职责。在立法中应对土壤污染防治的行政管理机构的职能及管理体系作出明确规定,建立起土壤污染的调查、监测、评估制度,制定有关土壤污染整治与整治计划的制度,确立农田土壤污染的科学评估标准。再次,运用刑事处罚手段保护土壤具有重要意义,对土壤污染刑事法律责任进行规定也势在必行。

18.4　大气污染及其防治

18.4.1　大气污染的概念和成因

大气污染这个概念,近几年才被人们熟知。在人们的生活和生产活动中,会产生一些废气,这些有害的气体没有经过处理就排放到大气当中。这些有害物质累积过多,超出了大气的净化能力范围,则对大气的环境产生严重的影响,最终影响人们的身体健康和生活质量。更为严重的是,大气污染对生态环境带来很大的影响,造成生态环境失衡,严重破坏环境。

通常情况下,形成大气污染的原因有二:一是大自然本身带来的污染,二是人类活动造成的污染。自然环境的污染主要是火山爆发、森林大火、泥石流或地震等自然灾害。这些自然灾害会向大气排放有害气体,是自然污染源。人类的活动是大气污染的主要原因。根据污染的空间分布情况,可分为点污染源、面污染源和区域性污染源。按照人类活动性质的不同,可以分为工业污染源、生活污染源和交通污染源。按照污染源的形态不同,可以分为固定污染源和移动污染源。大气污染也可以分成一次污染和二次污染。一次污染就是直接排放到大气的污染,二次污染是一次污染和大气中固定成分发生了化学反应,变成新的污染。我们熟悉的二氧化硫和二氧化氮就是二次污染。

18.4.2　大气污染的危害

臭氧层能够吸收太阳光中的紫外线,保护生物免受紫外线的伤害。众所周知,臭氧层与地面的距离是 20~30km,位于平流层,作用非常大,是地球的天然保护层。但是,现在有很多的制冷剂、清洗剂的排放,释放出了氯氟烃气体,这种气体能够破坏臭氧层,降低臭氧层遮挡紫外线的能力。因此,很多短波长的紫外线能够透过大气层直接照射到地球上,给生物的生存带来威胁。

大气污染是全球气候变暖的主要诱因。我们知道,二氧化碳是一种温室气体,量少的时候不会对气候产生影响。但是如果二氧化碳超过了一定量,就能够使地面温度升高,也就是我们说的温室效应。二氧化碳的量持续增加,地球上产生的热量无法散发出去,导致全球气候温度升高,现在出现的很多极端灾害天气和温室效应有直接的关系。此外,温室气体的含量增加,也让大气变得浑浊了。

大气污染还会形成酸雨。酸雨主要是由二氧化硫或者氮氧化物引起的。如果空气里面的二氧化硫非常多,或者是汽车排放了大量氮氧化物,汽车尾气在上升过程中和空气中的水蒸气结合,就生成了酸性的物质,引起了酸雨。严重时候酸雨的 pH 甚至小于 3。酸雨对植物的破坏性非常大,能够使树叶变黄、枯萎,不能有效进行光合作用了。另外,酸雨也会让建筑物受到腐蚀。酸雨流入江河湖海里面,会让水质的酸性增强,让水生生物中毒。酸雨落入地面,破坏土壤的成分,使土壤丧失营养,不利于农作物的生长。酸雨进入地下水里面,则直接威胁人类的生命健康。

18.4.3　大气污染的防治

面对大气污染造成的令人触目惊心的危害,如何防治大气污染已成为摆在每个公民面前需要解决的刻不容缓的问题。防治大气污染应该从大气环境管理和大气污染控制治理两方面入手,才能达到理想的效果。

1)大气环境管理

(1)严格执行并不断完善有关的法律、法规,充分利用经济、法律、行政的手段保护环境。改革开放以来,我国把环境保护确定为一项基本国策,颁布了 4 部环保法律,发布了 20 多项环保法规和 310 多项国家环境标准。

(2)全面规划,合理布局,协同促进经济发展和保护大气环境。

(3)增加环保投入,发展环保产业。

(4)大力开展环境保护的宣传教育,提高全民环境意识。

2)大气污染控制

(1)改善能源结构,积极推行清洁生产。

我们应该尽可能利用无污染或低污染的能源来减少大气环境污染物的产生,如开发利用水能、风能、太阳能、地下热能等清洁能源。清洁生产是指在现有的生产工艺的过程中,对每个工艺过程进行技术改造,采用清洁的生产技术,最大限度地降低资源、能源的浪费,提高其利用效率,从整体上降低生产成本和能耗、物耗,减轻污染。清洁生产技术已在我国一些行业进行示范,效果良好,可进一步推广使用。

(2)更换用能和供能方式,改进燃烧技术。

集中供热和城市燃气化是城市节能和有效改善大气环境质量、减少室内空气污染的有效措施。通过改进燃烧设备和燃烧条件,采用新的燃烧技术可以减少污染物的排放,从而改善大气环境质量。

(3)改进生产工艺,合理排放污染物。

污染是由资源的不合理利用引起的。改进生产工艺以减少污染,不但能获得环境效益,也可以获得间接或直接的经济效益,还可以充分利用大气环境的容量和大气的自净能力,有节制地向大气中排放污染物。只要排污不超过环境标准就不至于积累,这也是防治大气污染有效而且经济的措施。

加强对汽车尾气排放的控制,对各种车辆加强监控,并强制安装效果良好的尾气净化装置和节能装置。

(4)妥善处理污染物。

对于排放出的废气应及时治理,化害为利。对于烟尘,可以利用离心除尘器、静电除尘器等多种除尘器达到净化的目的;对于硫氧化物,目前世界上比较先进的脱硫方法有湿式石灰/石灰石石膏法、电子束照射法以及脉冲电晕放电等离子体法等,其中电子束照射法和脉冲电晕放电等离子体法对脱硝也非常有效。

大气污染是全球必须面对的严重问题,它需要全世界的人民联合起来,共同努力来对抗这一大敌,在保证经济发展的同时,让人们有一个洁净、舒适的生活环境。

18.5　绿　色　化　学

目前人类正面临严重的环境危机。由于人口急剧增加,资源消耗日益扩大,人均耕地、淡水和矿产等资源占有量逐渐减少,人口与资源的矛盾越来越尖锐。此外,人类的物质生活随着工业化而不断改善的同时,大量排放的生活污染物和工农业污染物使人类的生存环境迅速恶化。

当代全球十大环境问题:大气污染、臭氧层破坏、全球变暖、海洋污染、淡水资源紧张和污染、土地退化和沙漠化、森林锐减、生物多样性减少、环境公害、有毒化学品和危险废物。它们都直接或间接地与化学物质污染有关。因此,从根本上治理环境污染的必由之路是大力发展绿色化学(green chemistry)。

18.5.1　绿色化学的概念

化学可以粗略地看作研究一种物质向另一种物质转化的科学,传统的化学虽然可以得到人类需要的新物质,但是在许多场合中却未能有效地利用资源,又产生了大量排放物,造成严重的环境污染。绿色化学是指人们可利用化学原理从源头上提高化学反应效率,实现化学反应的环保绿色,减少和消除对环境的污染。因此,绿色化学是更高层次的化学,传统化学向绿色化学的转变可以看作化学从"粗放型"向"集约型"的转变。由于绿色化学寻求变废为宝,可使经济效益大幅度提高。

绿色化学是环境友好技术(environmental friendly technology)或清洁技术(clean technology)的基础,但它更注重化学的基础研究。绿色化学与环境化学既相关,又有区别,环境化学研究影响环境的化学问题,而绿色化学研究与环境友好的化学反应。传统化学也有许多环境友好的反应,绿色化学将继承它们;对于传统化学中那些破坏环境的反应,绿色化学将寻找新的环境友好的反应来代替它们。

18.5.2　绿色化学的发展方向

目前绿色化学及其带来的产业革命刚刚在全世界兴起,它对我国这样新兴的发展中国家是一个难得的机遇。目前绿色化学主要研究的问题有 12 项(又称"12 项原则"):

(1)从源头制止污染,而不是在末端治理污染;

(2)合成方法应具"原子经济性",即尽量使参加反应过程的原子都进入最终产物;

(3)在合成方法中尽量不使用和不产生对人类健康和环境有毒、有害的物质;

(4)设计具有高使用效益、低环境毒性的化学产品;

(5)尽量不用溶剂等辅助物质,不得已使用时必须是无害的;

(6)生产过程应该在温和的温度和压力下进行,能耗尽量控制到最低;

(7)尽量采用可再生的原料,特别是用生物质代替石油和煤等矿物原料;

(8)尽量减少副产品;

(9)使用高选择性的催化剂;

(10)化学产品在使用完后应能降解成无害的物质并且能进入自然生态循环;

(11)发展适时分析技术以便监控有害物质的形成;

(12)选择参加化学过程的物质,尽量降低发生意外事故的风险。

18.5.3　绿色化学实例

1)化学合成的原子经济性

为了节约资源和减少污染,化学合成效率成了绿色化学研究的焦点。合成效率包括两个方面:一是选择性(化学、区域、非对映体和对映体选择性);二是原子经济性,即原料分子中究竟有百分之几的原子转化成产物。一个有效的合成反应不但要有高度的选择性,而且必须具备较好的原子经济性,尽可能充分地利用原料分子中的原子。如果参加反应的分子中的原子 100% 都转化成产物,实现零排放,则既充分利用资源,又不产生污染,这是理想的绿色化学反应。在许多场合,要用单一反应来实现原子经济性十分困难,甚至不可能。我们可以充分利用相关化学反应的集成,即把一个反应排出的废物作为另一个反应的原料,从而通过封闭循环实现零排放。

2)环境友好的化学反应

在传统化学反应中常常使用一些有害、有毒的原料,如氰化氢、丙烯腈、甲醛、环氧乙烷和光气等。它们严重污染环境,危害人类的健康和安全。绿色化学的任务之一是用无毒、无害的原料代替有毒、无害的原料来生产各种化工产品。在这方面,人们已经做了不少工作。

此外,科学家们也在研究如何以酶为催化剂,以生物质为原料生产有机化合物。酶反应大都条件温和,设备简单,选择性好,副反应少,产品性质优良,又不形成新的污染。因此用酶催化是绿色化学目前研究的一个重点。

3)采用超临界流体作溶剂

在油漆、涂料的喷雾剂和泡沫塑料的发泡剂中使用的挥发性有机化合物(VOCs)的排放是环境的严重污染源。目前绿色化学研究的一个重点就是用无毒、无害的液体代替挥发性有机化合物作溶剂,例如超临界 CO_2 流体,当温度和压力均在其临界点(31.1℃和72.9atm)以上时,其密度接近液体,黏度接近气体,扩散系数为液体的100倍,具有极强的溶解能力,具有很大的可压缩性。这些特点加上其密度、溶剂强度和黏度等性能均可由压力和温度的变化来调节,使超临界二氧化碳成为一种优良的溶剂。它无毒,不可燃,价格低廉。目前已发现许多能在超临界二氧化碳中进行的反应。研究超临界二氧化碳溶剂,不仅有可能代替挥发性有机化合物从而消除它们对环境的污染,而且可能开辟出一个化学和物理学、流体力学的交叉学科领域。

4)研制对环境无害的新材料

工业化的发展为人类提供了许多新材料,在改善人类物质生活的同时,产生的废弃物不能与生态环境兼容,使人类的生存环境迅速恶化。为了既不降低人类的物质生活水平,又不破坏环境,必须研制对环境无害的新材料和新燃料,如高效低毒农药、生态协调废料、可自然降解塑料等。

5)计算机辅助的绿色化学设计

在设计新的绿色化学反应时,既要保证产品性能好,又要价格经济,还要产生最少的废物和副产品,而且要求对环境无害,其难度之大可想而知。因此化学家们在设计绿色化学反应时,要打开思路。20多年前,化学家们就开始探索用计算机来辅助设计有机合成,现在这个领域已经越来越成熟。其做法如下:建立一个已知的尽可能全的有机合成反应资料库,在确定目标产物后,第一步找出一切可产生目标产物的反应;第二步把这些反应的原料作为中间目标产物找出一切可产生它们的反应,以此类推下去,直到得出一些反应路线使它们正好使用我们预定的原料。在搜索过程中,计算机按制定的评估方法自动地比较所有可能的反应途径,随时排除不适合的,以便最终找出价廉、物美、不浪费资源、不污染环境的最佳途径。

目前绿色化学在以上几方面的研究已取得很大进展,但是这些研究只能减轻环境压力,难以完全达到可持续发展的要求。事实上,人类社会的可持续发展需要人类的物质活动与自然生态循环协调一致,它要求从根本上改变人类的物质生活方式,重新回到生态系统的框架之内。通过改造,建立新的生态循环链,其中可以包含人类社会需要的新物质,在一些关键环节上的转化和能量释放也可以大大加快。人类进入成熟期后,科学技术正朝着这种既满足人们的需求,又维持生态平衡的方向发展。

【人物传记】

莫利纳

马里奥·莫利纳(M. J. Molina,1943—2020年),1995年诺贝尔化学奖得主。1943年3

月 19 日生于墨西哥城。莫利纳从小就对自然科学着迷,这源于家族中唯一的科学家、化学家——莫利纳的姑姑埃斯特·莫利纳(E. Molina)。很小的时候,莫利纳就买了一套化学仪器,在家里一间废弃的浴室里建立了自己的化学实验室。

1960 年,莫利纳进入墨西哥国立大学(UNAM)学习化学工程。1968 年进入美国加利福尼亚大学伯克利分校学习物理化学,师从乔治·皮门特尔(G. Pimentel)教授。在皮门特尔的指导下,莫利纳利用化学激光器进行了重要的研究。莫利纳是首批把激光行为中常被当作噪声而忽略的不规则性确定为"弛豫振荡"的人之一。1972 年,莫利纳获美国加利福尼亚大学伯克利分校物理化学博士学位,之后,莫利纳加入由舍伍德·罗兰(S. Rowland)教授领导的研究小组,并选择研究氯氟烃问题。氯氟烃是一种对人类无害的工业化学物质,但会在大气中积累。莫利纳了解到这些化合物会完好无损地上升到平流层,当时人们认为太阳辐射会摧毁它们。然而,莫利纳发现暴露在平流层太阳辐射下的氟利昂会分解,产生高浓度的氯原子,而氯会破坏臭氧层。平流层中的臭氧层[在地球上方 9~31 英里(1 英里 =1.609 3km)之间]是保护生物免受太阳紫外线照射的物质。如果足够的氟氯化碳释放到大气中,臭氧层将耗尽,到达地球表面的紫外线会导致人类患皮肤癌、白内障和免疫疾病的概率显著升高,同时会对海洋中浮游植物以及地面上的农作物造成重要损害,影响世界海洋的生态平衡。一个纯粹的研究问题引发出了一个严重的社会问题。莫利纳与罗兰教授以及其他化学家和大气科学家分享了他的发现。1974 年莫利纳与罗兰教授合作发表论文《由于含氯氟甲烷引起同温层下沉,氯原子催化分解臭氧》[stratospheric sink for chlorofluoromethanes:chlorine atom-catalysed destruction of ozone, Nature, 1974, 249(5460):810-812],首次提出氟利昂气体对臭氧层的破坏作用。事实证实了他们最坏的猜测:释放到大气中的氟利昂制冷剂的量确实大到足以破坏臭氧层。1987 年,莫利纳与其他科学家共同促成关于禁止使用氟利昂的《蒙特利尔协议》。1995 年,莫利纳和罗兰因上述成就获诺贝尔化学奖。1989 年起,莫利纳就职于麻省理工学院(MIT)从事大气化学研究。莫利纳是美国国家科学院院士、美国国家医学研究院院士和墨西哥科学院院士,以及多个环境组织的委员会成员。

莫利纳于 2020 年 10 月 7 日去世,享年 77 岁。

【延伸阅读】

令人又爱又恨的二氧化碳

二氧化碳(carbon dioxide),是常见的碳氧化合物,一个二氧化碳分子由 2 个氧原子与 1 个碳原子通过共价键构成,化学式为 CO_2,常温下是一种无色无味气体,密度比空气大,能溶于水,与水反应生成碳酸,不支持燃烧。一说起二氧化碳,有些人会想到二氧化碳是植物光合作用的原料,植物在有阳光的情况下吸取二氧化碳,在其叶绿体内进行光合作用,产生碳水化合物和氧气,氧气可供其他生物进行呼吸作用,而碳水化合物则是一切生命有机体的能量来源,生命体在呼吸过程中同时排放二氧化碳,从而完成整个碳循环(carbon cycle)。或许有些人还会想到碳酸饮料,当里面的二氧化碳从人体内呼出时会带走大量的热量,在炎炎的夏日给人带来丝丝凉爽。甚至还会想到在舞台上制造美丽仙境的"神器"——干冰(固态二氧化碳)。由于干冰沸点极低,在空气中升华而使得周围水汽呈现出如仙境一般"白茫茫"的景象。而在提倡践行低碳生活的今天,说起二氧化碳,更多人首先会想到是"温室气体"。由于二氧化碳能吸收地面反射的太阳辐射,并重新发射辐射,使地球不再是一颗冰冷的星球,而是一颗暖暖的,甚至有点热的星球。

随着全球气候变暖,人们认为二氧化碳是导致全球气候变化的主要"元凶"。而实际上,关于气候变暖问题,特别是人类活动产生的二氧化碳是否是导致气候变暖的主要原因,在国内外一直都存在不同的声音。

日本东京工业大学丸山茂德教授否定了"二氧化碳是气候变暖的罪魁祸首"的说法,他提出:二氧化碳问题和气候变暖两者并不相关。近100年来,地球升温仅有0.5℃,这对于宇宙星系来说并没有什么特别之处。同时,在人类化石燃料使用最多的时期,即1940年至1980年间,全球气温不升反降,所以"二氧化碳是气候变暖的罪魁祸首"的观点毫无逻辑。俄罗斯科学院普尔科沃中心天文台宇宙研究部主任哈比布拉·阿卜杜萨马托夫认为:全球变暖是事实,但这是因为在20世纪,太阳辐射强度急剧上升,强烈的太阳辐射使得海洋表面温度增加,并产生大量二氧化碳等温室气体,太阳活动才是导致地球气候变化的最主要原因。相比之下,人类活动产生的温室气体对气候变化的影响微乎其微。中国科学院原副院长丁仲礼院士在浙江大学发表了题为"气候变化及其背后的利益博弈"的重要讲演,他认为:二氧化碳是温室气体,所以人类活动所排放出的二氧化碳确实会与全球气温的上升有关联,但温度上升对二氧化碳的敏感性目前还无定论,即大气气温与二氧化碳之间并无线性相关关系,联合国政府间气候变化专门委员会(IPCC)给出的理论计算模拟结论并不靠谱。更重要的是,气候问题已经不单单是科学问题,比如:媒体报道温度升高会导致大量物种灭绝,而化石证据表明,温度升高,物种的多样性反而会增多。再比如,常说的温度升高,海平面升高,地质学研究表明,从温度升高到海平面上升之间相差大约1 000多年的时间。因此,目前关于全球气候问题,经济、政治甚至宗教因素已远远大于科学因素。

中国环境科学研究院气候变化影响研究中心杨新兴研究员发表文章(杨新兴. 二氧化碳不是气候变化的罪魁祸首, 前沿科学, 2016, 1(10):29-39),以翔实的数据得出"二氧化碳不是气候变化的罪魁祸首",尤其否定了人类活动产生的二氧化碳对全球气候的负面影响。文中指出,二氧化碳是重要的温室气体,但并不是最重要的,对温室效应贡献最大的气体是大气中的水汽。一方面,因为水汽对光辐射的吸收范围主要在$0.5 \sim 5\mu m$,存在8个吸收峰;而二氧化碳对光辐射的吸收范围主要集中在$2 \sim 25\mu m$,仅有3个吸收峰,显然水汽对光辐射的吸收能力比二氧化碳大得多。同时,大气中的水汽平均含量约为10 000ppm,而二氧化碳浓度约为385ppm,水汽平均含量是二氧化碳的25.97倍,由此计算,水汽对温室效应的贡献率达96.29%,而二氧化碳的贡献率仅为3.71%。以上数据可以看出,水汽对温室效应的贡献远远大于二氧化碳。另一方面,大气中二氧化碳约占0.033 2%(体积比),主要来源有自然界排放和人为排放。自然界排放包括海水释放、生物体呼吸、有机物细菌分解、火山爆发、森林火灾等。人为排放包括化石燃料燃烧,工业生产活动以及人类的呼吸过程等。根据美国能源部提供的数据,自然界和人为排放的二氧化碳总量约为7 931亿吨/年,其中人为排放的二氧化碳数量约为231亿吨/年。通过计算可知,人为排放的二氧化碳占排放总量的比例仅为2.91%。由此可见,人类活动排放的二氧化碳数量是十分有限的,对气候变化的影响微小。

《京都议定书》和《巴黎协定》的签订足以看出全球政府对气候问题的重视,然而,二氧化碳——这个令人又爱又恨的"小东西",对全球气候的影响目前其实并无定论,尤其是在自然科学领域,确切的结论将有待于人类更持久、更长远的关注和研究。

(吴　蕾)

第 19 章　化学与生命

生命的进化过程伴随着化学的诞生与发展。人类社会发展至今，无论是生命还是生命所依赖的环境，都经历了极其复杂的化学变化。众所周知，生命是由化学物质构成的，也是由元素组成的。生命体内每时每刻都在进行着极其复杂的化学变化，为生命体提供营养、供给能量并传递信息。生命活动离不开化学变化。在化学物质构成的世界里，我们享受化学带来的种种便利的同时，也承受着化学带给生活的一些污染与危害。因此，了解化学与生命之间的密切联系，在维护生命健康、提高生命质量和延长生命时间等方面，有着至关重要的作用。本章着重讲述化学与生命、健康、生活、工作之间的密切关系，并以化学与生命的密切联系为核心，概述生命的化学组成、生命的营养和生命的保健等化学基础知识，介绍一些重要饮品对生命的影响，以及环境中可能存在的对生命产生污染的化学物质。

19.1　化学与生命的密切联系

19.1.1　生命是由化学物质构成的

人类生存在物质世界之中，无论地球还是整个宇宙都是由物质构成的。百余种化学元素（重复）组成千变万化的化学物质，成千上万的化学物质进而构成绚丽多彩、千变万化的物质世界。

构成生命的主要化学物质是蛋白质和核酸。蛋白质是一种相对分子质量很大的有机高分子化合物。组成蛋白质的主要元素是碳、氢、氧、氮四种，有些蛋白质还含有硫、磷、铁等元素。构成蛋白质的基本单位是氨基酸，生命体内的蛋白质通常由 20 种氨基酸组成，氨基酸分子之间按照一定顺序连接成一条或几条长链形成蛋白质。虽然组成生命体蛋白质的氨基酸只有 20 种，但是，由于所含氨基酸的种类、数量和排列顺序等的不同，蛋白质的数量非常庞大，结构多样。蛋白质分子结构的多样性，决定了它具有多种重要的生理功能。蛋白质是一切生命活动的体现者，是生命活动的物质基础。

核酸是生命细胞中的另一类重要的高分子化合物，由碳、氢、氧、氮、磷等元素组成。其相对分子质量也很大，约几十万至几百万。构成核酸的基本单位是核苷酸，因此核酸也称为多聚核苷酸。一个核苷酸由一分子含氮的碱基、一分子五碳糖和一分子磷酸组成。根据五碳糖分子的不同,核酸可以分为两类:一类是含有脱氧核糖的,称作脱氧核糖核酸,简称 DNA;另一类是含有核糖的,称作核糖核酸,简称 RNA。所以核酸是 DNA 和 RNA 的总称。

原生质是细胞内生命物质的总称,它的成分非常复杂,除了蛋白质和核酸以外,还有糖类、脂类、大量的水和少量的无机盐等。原生质的成分和结构的复杂性决定了生命运动的特殊性。

从元素层面看,和宇宙一样,生命也是由 100 多种(人体中约有 81 种)元素组成的。但是每种元素在生命体内的质量差别巨大,碳、氢、氧、氮等元素,占生命体质量的 98%,是组成生命的主要元素;而硫、磷、氯、钙、钠、钾、镁、铁等元素,在生命体中的质量总和还不到 2%;生命体内还有许多质量含量微乎其微的元素,包括铜、锌、钴、锰、钼、碘、氟等,这些元素统称为微量元素。在生命体内,这些元素大多数以形形色色的化合物形式出现,功能各异。有小小的无机分子、离子,如水、矿物质等;有稍大些的有机物分子,如乙酸甘油等;也有天然高分子,如核酸、蛋白质、糖类等。生命便是这些化学物质按照自然规律演化进化而来的,生命体中这些纷繁复杂的物质以及它们之间神秘莫测却又有章可循的变化与协同,造就出一个个鲜活的生命。

19.1.2　生命是化学反应的产物

上文已经阐明,生命离不开化学物质,化学物质是生命的物质基础。一切生命的活动,如生命的生长发育、繁殖、遗传和变异等,都是化学物质在生命体内化学变化的结果和体现,这些化学变化在不断地进行着,且错综复杂。没有化学物质及其变化就不可能有形形色色的大千世界,更不可能有多姿多彩的万千生命。

1)生命的化学进化学说

千百年来,有关生命起源的学说有很多,但得到现代科学实验强有力支持的只有化学进化学说。生命体主要由有机物组成,所以化学进化学说认为,生命是化学反应的产物。也就是说,简单的无机物发生化学反应生成了简单的有机物,简单的有机物进一步发生化学反应生成了高分子化合物,高分子化合物进一步发生化学反应生成了简单的生命体,这些简单的生命体就是最初的生命,它具备了最简单的代谢和繁殖功能,这些功能就是生命属性的基本特征。虽然这种最低级的原始生命比今天最简单的微生物还要简单得多,但它们都是靠自然选择进化,通过极其复杂的化学变化,最终成为各种各样生命的。

为了证明化学进化学说,科学家做了卓有成效的工作,取得了令人信服的成就。组成天然蛋白质的 20 种氨基酸全部被人工合成出来,我国科学家用没有生命的、简单的有机物合成了具有生理活性的牛胰岛素等,这些实验结果均有力地支持了生命起源的化学进化学说。今天,大家普遍接受的观点是,在地球形成后约 10 亿至 20 亿年间,地球上发生了一系列化学反应,而生命就是这些化学反应的产物。

2)控制生命遗传的化学物质

现代生物技术的发展揭开了生命遗传和变异的奥秘,证实了遗传物质是核酸,其中主要的遗传物质是脱氧核糖核酸 DNA。它指挥着单个细胞完成分裂、分化,最终长成完整生命的复杂过程。这种物质不仅决定了我们的长相,甚至对我们的健康和寿命具有重要作用。现已证实,无论是动物、植物还是微生物,它们的遗传特性和性状表现都是由化学物质核酸决定的。

3)人的记忆和思维离不开化学物质

现代科学已经证明,人的记忆和思维活动也是化学反应的产物。当外界信息通过感觉器官向大脑传输的时候,大脑细胞中的突触所产生的信息脉冲会沿着一定的神经通道传导。大脑中的化学物质,如蛋白质、核酸以及神经递质等物质结构中的 C—H、C—N 和 C—C 能够伸缩和旋转,因此在信息脉冲的作用下,这些化合物的原子位置和结构就会发生变化,这种变化便会在神经通道上作为一种"化学印记"记录下来。如果一次刺激太弱或者反复刺激太少,这种"化学印记"就达不到一定强度,不久便会消失,瞬间记忆就不能转化为长久记忆。相反,如果一次刺激强度很大或者反复刺激,就能形成很强的"化学印记"记忆。于是,当同样的信息脉冲再次通过这个通道时,便可将这种化学印记所"记述"的情景重现,这就是记忆的化学原理。

4)控制进餐的化学机制

大脑是如何控制人进餐的?科学家发现人体有很多感受器,如分布在体表的冷暖感受器,分布在鼻腔的气味感受器等。在大脑、消化系统和心血管系统也有许多感受器,例如胰岛素感受器、pH 感受器、脑啡肽感受器、脂肪酸感受器等。其中胰岛素感受器是大脑控制人进餐的感受器。

胰岛素是由人的胰腺分泌的化学物质。胰腺位于胃的后下方,被十二指肠环抱,由外分泌和内分泌两个区域组成,外分泌区域主要分泌胰液,通过胰管流入十二指肠,参与食物消化。内分泌区域是分散在胰腺表面的一个个细胞团,就像是分布在湖面上的一座座小岛,所以形象地称它们为"胰岛"。胰岛素就是由胰岛分泌出来的一种蛋白质激素,它可以调节人体的糖代谢。

人脑中胰岛素的含量是相当稳定的。大脑中的胰岛素感受器就像是一架高精度的天平,天平的一端是脑内主管食量的神经中枢,另一端则是主管进餐的神经中枢。当人饥饿时,胰岛素水平下降,于是胰岛素感受器就发出进餐的"指令";当进餐到一定程度时,胰岛素水平上升到一定程度,胰岛素感受器就会发出已经吃饱的"指令"。由此可见,胰岛素和胰岛素感受器控制着一个人的饮食量。毋庸置疑,无论是胰岛素,还是胰岛素感受器,它们都是化学物质,它们在控制人的饮食过程中必然发生极其复杂的化学变化。

5)视觉的化学原理

科学家已经揭开了视觉的化学原理,视觉的起始过程发生在光感受器中。光感受器在视网膜上,按其形态分为两类:视杆细胞和视锥细胞。这两种细胞构造相似,但分工不同。视杆细胞主管暗视觉(如夜视),而视锥细胞则分管明视觉。两种细胞内都排列着一种对光特别敏感的色素,称为视色素。视色素受光照射后,便发生一系列的化学变化,这便是整个视觉过程的起始点。

视色素是一种蛋白质,它由两部分组成,一部分是视蛋白,另一部分是载色基团——视黄醛。视黄醛是一种很奇妙的物质,在暗环境中它和视蛋白镶嵌在一起;光照后,视黄醛分子便发生异构化,即由顺式变为反式,并逐渐与视蛋白分离。在这个过程中,光感受器受激兴奋,产生电信号,按上行机制往上传送给大脑。光感受器(视色素)所感知的信号,经视网膜神经网络传向大脑主管视觉的视皮层,视皮层对视觉信号进行综合处理,从而使眼睛看到东西。

诚然,尽管科学已经有力地支持了生命起源的化学进化学说,也就是说生命是化学反应的产物,构成生命体的一切物质都来自大自然,但时至今日,人类还未揭开无生命的有机物到底是怎样相互结合而演化成千姿百态生命的。要彻底揭开生命起源这个千古之谜,还需要进行极其艰苦的探索和实践。

19.1.3　生活离不开化学

化学是研究物质的组成、性质、结构、变化及其应用的科学。化学与我们的生活息息相关,在我们的日常生活中,化学无处不在。

我们的衣、食、住、行无不用到化学制品。倘若没有合成纤维的化学技术,世界上大多数人可能还在寒冬中瑟瑟发抖,因为有限的天然纤维根本满足不了日益增长的需要。即便是纯棉、纯毛等天然纤维也是普通棉花、羊毛等经过化学处理制成的。合成橡胶早已成为制鞋业的主要原料,没有合成橡胶,70 多亿人口中可能会有几亿,甚至几十亿人要穿草鞋度日了。合成染料为我们的世界带来了一道道靓丽的风景,绚丽多彩的服饰为我们的生活增添了无限风光。

“民以食为天”,我们吃的粮食离不开化肥、农药等化学制品。据世界粮农组织估测,合成氨技术的发明使世界粮食增产 50% 左右;各类农药的使用,也可挽回约 15% 的粮食收成损失。这就意味着,假使没有制造化肥和农药的化学技术,世界上就有约 65% 的人吃不饱。

当你走进超市,会看到琳琅满目的食品。加工制造这些色、香、味俱佳的食品离不开各种食品添加剂,如甜味剂、防腐剂、味精和色素等,其中绝大多数的食品添加剂都是用化学方法合成或经过化学分离方法分离而制成的。

高耸林立的建筑物都是由石灰、水泥、钢筋、铝合金、玻璃和塑料等材料组成的,而这些都是化学制品。琳琅满目的日用品,如牙刷、牙膏、香皂、化妆品等,无一不是化学制品。

踏出家门,我们走在水泥、沥青铺成的街道上,满眼是钢筋水泥铸成的高楼大厦,用以代步的是各种合金、橡胶、玻璃以及塑料制成的交通工具。这些交通工具不仅要靠燃烧汽油或柴油来获得动力,而且还要使用各种汽油添加剂,如防冻剂和各种润滑油等。如此种种,都是化学制品。

此外,人的健康、寿命也与化学息息相关。维护人体健康离不开各种药品,正是有了合成各种抗生素和药品的化学技术,人类才能预防、治疗和治愈目前面临的绝大多数疾病。如果没有这些化学药品,多数人可能会被病魔过早地夺去生命。有专家估测,化学制药技术使人类的平均寿命大约延长了 25 年。

总之,现代生活与化学紧密相连,密不可分。不管是生命本身的化学变化过程,还是生命得以维持所必须依赖的外在物质条件,都离不开化学。没有生命,还有化学物质和化学变化;而没有了化学物质和化学变化,就不会有多姿多彩的生命!

19.2　人体中的化学

19.2.1　人体的分子组成

人体的组成非常复杂。从生物学角度而言,构成人体的基本单位是细胞,细胞是由化学物质构成的,因此人体也是由化学物质构成的。从宏观层面上看,人体由化学元素组成。从分子层面分析,人体主要是由水、蛋白质、脂类、糖类、核酸和无机盐等构成。这些物质在人体中的相对含量可能会因人、因时、因地略有不同,但这些物质在每个人体中的功能是相同的。一般情况下,水占人体质量的 55% ~80% ,蛋白质占 15% ~18% ,脂类占 10% ~20% ,糖类占 1% ~2% ,无机盐占 3% ~4% 。当然这些物质在新陈代谢中还能合成许多重要物质,其成分相当复杂。

1)水

水约占成年人体重的 70% ,是人体内含量最多的一种化学物质,是人体的重要组成成分。人体内的水可以调节体温,可作为化学反应的介质、物质运输的载体、润滑剂等。自觉、规律地饮水有益于人体健康。

2)无机盐

人体中除少数主要元素(如碳、氧、氢等)以有机物形式存在外,其他元素大多以无机物的形式存在,称为无机盐。无机盐一般都以离子形态存在,如 Na^+、K^+、Mg^{2+}、Ca^{2+}、Cl^- 等。无机盐是机体的重要组成成分,能够维持细胞的渗透压与机体的酸碱平衡,保持神经肌肉的兴奋性。某些矿物质是构成机体某些功能物质的重要成分,例如血红蛋白和细胞色素中的 Fe、血液中的 Ca、甲状腺中的 I,而血液的凝固必须有 Ca 的存在,甲状腺素几乎参与人体全部的新陈代谢过程。无机盐不能在体内自行合成,只能从体外摄入,摄入不足或者过量都会有损健康甚至危害生命。比如常见的缺铁性贫血、甲状腺疾病、骨质疏松、儿童厌食症以及重金属中毒等。

3)糖类

糖类也是组成人体的重要成分之一,在人的生命活动中起着十分重要的作用。糖类是构成神经组织的重要物质,能够维持神经系统的功能。脑缺少葡萄糖会引起不良反应,进而损害神经系统。体内脂肪代谢需要糖类提供能量,糖类充足时,可使蛋白质免于消耗,用于最需要的地方。血液中的葡萄糖含量不稳定会导致相关疾病,如高血糖和低血糖。此外,糖原有解毒的作用,可以保护肝脏。

4)脂类

脂类是一类混合有机化合物,以各种形式存在于人体各种组织中,主要包括脂肪、磷脂、类固醇等,其功能各异,对人的生命活动有着重要作用。人体内脂类化合物以脂肪最为重要,它是人体能量储存和运输的一种形式,被称为人体的燃料或人体燃料库。血浆中所含脂类统称血脂,血脂水平高于正常范围即高血脂,反之为低血脂。长期高血脂容易导致血管硬化并产生功能障碍,对健康不利。低血脂则是由于营养不良引起的。

5) 蛋白质

蛋白质是生命的基础,各种蛋白质的分子结构千差万别,决定了蛋白质功能的多样性。人体中的酶、凝血因子、抗体、蛋白质类激素、转运蛋白、肌肉收缩蛋白和基因调控蛋白等,都是分子结构不同的蛋白质,他们承担着不同的生理功能,缺一不可。生命的诞生、存在和消亡都与蛋白质有关。蛋白质作为构成人体的主要成分,具有更新细胞、修补组织、促进生长发育、参与完成做功、物质运输和新陈代谢、维持体内渗透压和酸碱平衡并保护人体不受细菌病毒侵害等诸多作用。没有蛋白质就没有生命。

6) 核酸与酶

人体中的核酸分为 DNA 和 RNA 两种,其中 DNA 是遗传信息的携带者,RNA 在细胞核中产生,然后进入细胞质,在蛋白质合成中起重要作用。

人体中含有 700 多种酶,遍布在人的口腔、胃肠道、胰腺、肌肉和皮肤里。经过酶的催化作用,各种食物最后被分解为单糖、氨基酸和甘油等。这些分解产物随血液运送到有关器官组织中,根据身体需要,它们被进一步分解释放出能量,产生水和废物。能量及水用来满足人体生长发育和维持生命过程的需要,废物则由呼吸道、消化道、泌尿生殖道、皮肤等排出体外。这一过程也必须有各种酶的参与才能完成。因此,酶的缺乏或功能减弱会引发多种疾病。

19.2.2　人体的元素组成

人体质量大约 70% 是水贡献的。人体中氢元素的质量约占 10%,氧元素的质量约占 67%,但人体中最多的原子还是氢原子。表 19-1 列出了组成人体的 35 种元素及其质量分数。

人体的化学元素近似组成　　　　　　　　　　　　　　　表 19 - 1

元素	质量分数/%	元素	质量分数/%	元素	质量分数/%
氧	65	铁	0.006	硒	0.000 03
碳	18	氟	0.003 7	锡	0.000 02
氢	10	锌	0.003 3	碘	0.000 02
氮	3.0	铷	0.000 46	锰	0.000 02
钙	2.0	锶	0.000 46	镍	0.000 01
磷	1.0	溴	0.000 29	金	0.000 01
硫	0.35	铅	0.000 17	钼	0.000 01
钾	0.25	铜	0.000 10	铬	0.000 009
钠	0.15	铝	0.000 09	铯	0.000 002
氯	0.15	镉	0.000 07	钴	0.000 002
镁	0.05	硼	0.000 07	钒	0.000 001
硅	0.026	钡	0.000 03		

其中,O、C、H、N、Ca 和 P 六种元素的质量几乎占整个人体质量的 99%,S、K、Na、Cl、Mg 五种元素仅占人体质量的约 0.95%,这些元素都是人体所必需的,在维持生命方面起积极作用。依据化学元素在人体中的重要性和作用,可将元素分为三类,即必需元素、非必需元素

和毒性元素。

目前,通常认为人体有 25 种必需元素。人体中大分子化合物如脂肪、糖、蛋白质、酶、核酸等都含有碳、氢、氧、氮、硫、磷等元素。人体中有纷繁复杂的化学变化,许多化学变化都需要酶来催化,金属酶是非常重要的人体催化剂。因此,多种微量金属元素是人体必需的。人体体液需要有电解质,氯化钠、氯化钾是人体内最重要的电解质,体液中不可或缺的离子有钠离子、钾离子和氯离子。随着科技的进步,人们研究发现铜、锌、钴、锰、钼、钒、铬、镍、氟、硅等也是人体必需的生命元素,随着化学分析技术的发展,今后可能还会发现更多人体必需的化学元素。

除了必需元素,人体内还含有生理功能尚未确定或在人体内可有可无的化学元素,即非必需元素,包括铷、砷、硼、钛、铝、钡、铌、锆 8 种。虽然有些非必需元素在体内尚未发现其生理功能,但可用于医疗。比如铝元素常用于医药中,氢氧化铝可以中和胃酸来治疗胃溃疡。治疗胃溃疡的含铝药物是利用铝化合物与胃、肠黏膜里的蛋白质结合而附着在患处,或直接与胃蛋白酶结合而抑制溃疡。

毒性元素是指对人体有毒性而无生理功能的元素。在自然界,这些元素多数形成硫化物、氰化物,如镉、锗、锑、碲、溴。此外,还包括具有潜在毒性和放射性的元素,如铍、钍、铀。在这些有毒元素中,比较常见的且公认的有毒元素是铋、锑、铍、镉、汞、铅 6 种。

人体中化学元素按照质量分数的高低,通常分成常量元素和微量元素两类。质量分数高于 0.01% 的元素称为常量元素,有碳、氢、氧、氮、磷、硫、钙、钠、钾、镁、氯,共 11 种;含量低于 0.01% 的元素称为微量元素,有锰、铁、钴、铜、锌、硒、碘、铬、钒、硅、氟、钼、锡、镍 14 种。

人体内每种常量元素都有自己特定的作用,但不是单一作用的,它们彼此之间通过协同与拮抗作用相辅相成,共同维系人体生命活力。比如钙和磷元素都是构成骨骼和牙齿的主要成分,钙参与人体内多种代谢过程,磷维持人体酸碱平衡,磷元素能够调节钙的吸收。钠能够调节人体内的水平衡,而钾与钠有拮抗作用,适当浓度的钾有助于排钠。

人体中的微量元素虽然数量少,但作用也不可忽视。如果一些激素和维生素没有相应的微量元素参与,也就失去了作用,甚至不能合成;如若没有碘,甲状腺素就无法合成;铬可激活胰岛素;Fe^{2+} 是血红素的中心离子,构成血红蛋白,在体内负责把氧气带到每一个细胞中去;微量元素在体液内与钾、钠、钙、镁等离子协同,调节渗透压、离子平衡和体液酸碱平衡,以保持人体正常的生理功能。

微量元素与遗传也有密切关系,特别是铬、锌、铜、锰等,存在于携带遗传信息的核酸中,它们在维护核酸立体结构、维持核酸代谢等方面起着重要作用。微量元素和某些疾病的发生有密切关系,如一些地方的食物中缺碘而引发缺碘性疾病,碘摄入过量也会引发高碘性疾病;氟高、氟低都会发生疾病,常见的是氟摄入过多而导致的地方性氟病;微量元素与生长发育有着密切关系。最近研究证明,铜元素对骨骼发育、生长有重要作用,所以铜元素对人的身高有着重要影响。因此,微量元素缺乏和过量都是有害的,适量是最好的。比如铝离子易与血液中的血红蛋白结合,使血红蛋白失去与铁结合的机会,如果人体内铝元素含量过多,就会阻止铁的吸收及运输,造成人体铁的代谢困难,甚至紊乱。铝停留在人体的骨骼和肌肉中,可导致骨骼脆化、肌肉萎缩。铝在人的大脑中沉积,可使脑细胞萎缩,引发记忆力下降,反应迟缓,甚至引发阿尔茨海默病。

19.2.3　人体中的重要化学现象

1）人体中的重要化学现象

（1）基因表达过程

基因是具有遗传功能的单元，一个基因是 DNA 片段中核苷酸碱基的特定序列，此序列载有某特定蛋白质的遗传信息。蛋白质是基因作用的直接产物，并含有遗传信息。蛋白质是组成人体的重要成分，人的性状主要通过蛋白质来体现，体内大部分化学反应离不开蛋白质类酶的催化作用。基因对蛋白质性状的决定性作用是通过 DNA 控制蛋白质的合成来实现的，这个过程称为基因表达。可简单表示为 DNA →RNA →蛋白质。

（2）细胞膜物质交换过程。

细胞膜以及各种细胞器的外膜统称为生物膜。在地球上出现有生命物质和它由简单到复杂的长期演化过程中，生物膜的出现是一次飞跃，它使细胞能够独立于环境而存在，靠通过生物膜与周围环境进行有选择的物质交换而维持生命活动。对生物膜的化学分析表明，人体生物膜所具有的各种功能在很大程度上取决于膜内的蛋白质。一个进行着新陈代谢的活细胞，不断有各种各样的物质进出细胞，这些物质包括各种供能物质、合成新物质的原料、中间代谢产物、代谢终产物、维生素、氧和 CO_2 等。

生物膜是当前分子生物学、细胞生物学中十分活跃的研究领域。关于生物膜的结构，生物膜与能量转换、物质运送、信息传递，生物膜与疾病等方面的研究，以及用化学合成的方法制备简单模拟膜和聚合生物膜等方面不断取得新进展。

（3）氧气对生命的作用。

自然界中绝大多数生命离不开氧气。氧气对生命的作用具有两面性，一方面，氧气是需氧生物所必需的，没有氧气，需氧生物就不能生存；另一方面，氧气对需氧生物也有不利的一面，氧气氧化会产生氧自由基，超量的氧自由基对生命产生负面影响。

在生命体内，电子转移是一个基本的化学变化。氧分子可以通过接受单电子的反应，依次转变为 $O_2^-\cdot$、$HO_2\cdot$、$\cdot OH$ 等中间产物。由于这些中间产物都是直接或间接地由氧分子转化而来，而且具有比氧分子更活泼的化学性质，因此统称为氧自由基。

正常人体具有维持氧自由基生理浓度平衡的能力，只有当氧自由基的浓度失去控制时，才会对人体造成严重伤害。例如，体内过多的 $O_2^-\cdot$ 可以依靠 SOD（超氧化物歧化酶，是一种具有特定生物催化功能的蛋白质，它由蛋白质和金属离子组成，广泛存在于自然界的动、植物和一些微生物体内）进行清除。SOD 能催化 $O_2^-\cdot$ 发生歧化反应：

$$2O_2^-\cdot + 2H^+ \xrightarrow{\text{SOD}} O_2 + H_2O_2$$

活性 H_2O_2 对人体亦有害，但体内的过氧化氢酶能催化 H_2O_2 与某些还原性物质反应，从而清除 H_2O_2。可见，在生物体内，自有一套清除过量氧自由基的系统，对机体起着保护作用。

2）人体中的重要化学反应

人体的能量来源主要是糖、脂肪和蛋白质。一个健康的人通过一日三餐进食的米饭、肉、蛋、鱼、蔬菜、水果等，都转化为糖类、蛋白质或脂肪等有机化合物，这些有机化合物在人体内通过氧化分解，最后生成二氧化碳和水，同时释放出能量，满足人体活动需要，这种作用称为生物氧化。生物氧化过程涉及许许多多的化学反应。

人体中的化学反应类型多种多样,主要有生物氧化反应、酶促化学反应、配位反应、表面化学反应、电化学反应、氧化还原反应和水解反应等。在此不做赘述,仅简单介绍人体化学反应的显著特点。人体内存在多种微量金属元素,它们大都是过渡金属,这些金属元素能与蛋白质结合形成金属酶,酶是一类生物催化剂,能加速体内化学反应的进行。

人体中化学反应具有如下显著特点:

(1)人体中的化学反应都是在常压、接近中性条件下进行的,反应温度在体温上下,但反应速率特别快。

(2)人体有完善的调控机制,人体内生物氧化反应与磷酸化反应是偶联进行的,生物氧化反应放出的能量,可以通过 ADP 分子的磷酸化把能量吸收,并储存在 ATP 分子内。当人体需要能量时,能量分子 ATP 通过水解变为 ADP 分子,同时放出能量,以满足人体生理需要。

(3)人体具有一套完整而精确的散热机制。当体温升高时,可以通过皮肤热交换、出汗、呼吸及排泄等过程散热;当体温低于环境温度时,既可通过热交换过程从环境吸热,也可以通过增加衣物来减少人体散热,从而维持正常体温。

(4)人体中的反应介质主要是水,但一般不是纯水,而是一种既亲水又亲油的以水为主的体系。体系内有表面活性剂,在体系内有序排列而又分隔成内、外环境,形成胶束。胶束的形成,有助于难溶于水的物质(如脂肪、磷脂、胆固醇及类胡萝卜素等)的乳化溶解,因而可以加快这类物质的反应速率。同时,人体内不同的器官或组织内,反应介质的组成有所不同,成分各异,这些均为体内个性化反应、特异反应创造了条件,也为不同酶系发挥不同催化作用留有空间。

3)人体中的化学平衡

人体是个平衡体系,人体的结构和功能符合对立统一规律。例如,肺的呼气与吸气、心脏的收缩与舒张、营养的吸收与废物的排出、体液的酸性与碱性等,都是在神经、内分泌激素的调节下,相互协调、对立统一、“平衡”共处的。

人体的血压、脉搏、呼吸、体温、体重等都有正常范围,这些正常范围就是人体诸器官处于动态平衡的标志。只有在这种情况下,人体才能健康,生命才能延续。

要维持人体健康,提升生命质量,人体必须处于酸碱平衡、浓度平衡、沉淀溶解平衡、水平衡和电解质平衡等化学平衡体系中。比如,许多元素在适当浓度对人体是有益的,但当越过某一临界浓度就有害,因此平衡膳食至关重要。

19.3 生命健康与化学

19.3.1 人体营养化学

营养是指人体摄取、消化、吸收和利用食物中的营养物质,以满足人体生理需要的过程。完善而良好的营养可以保证人体正常的生理功能,促进人体健康和生长发育,提高人体免疫力,有利于预防疾病和增强体质。营养失调包括营养不足和营养过剩。营养不足会引起疾病,同样,营养过剩也会引起疾病。目前严重危害人类健康的慢性疾病大多数与营养失调有关。

人们为了维持生命与健康,保证身体的正常生长发育和从事各项劳动,每天必须从食物中摄取一定量的营养物质,这些能被人体消化吸收和利用的营养成分被称为营养素。人体需要蛋白质、脂肪、糖类、无机盐、维生素和水六大营养素,又称六大生命要素。其中蛋白质、脂肪、糖类为人体生命和活动提供热能,又称热能营养素。纤维素既不能被人体消化吸收,又不能供给能量,但是其对人体健康的作用是上述六大营养素所不可替代的,通常称之为第七类营养素。

人们从一日三餐中获得这些必需的营养素,能够提供人体从事劳动和生长所需的能量,提供细胞组织生长发育与修补的材料,维持正常的生理功能。缺乏任何一种营养素或发生代谢失常引起某种营养素供应不足,都会造成人体组织结构的变化或功能的异常,而表现为疾病。目前,还没有一种食品能按照人体所需的数量和所希望的适宜配比提供所有营养素。因此,为了满足营养的需要,必须摄入多种多样的食品。本小节就有关七大营养素的来源、营养价值等加以简单介绍。

1) 食用蛋白质

蛋白质在生命活动中起着重要作用,评价它的营养价值既要考虑蛋白质含量的高低,还要考虑蛋白质的消化率及其生物学价值。一般有以下三个指标:

(1) 食物蛋白质含量。

由于氮元素在蛋白质中的含量比较稳定,因此通过测定蛋白质中氮元素的含量就可以计算食物中蛋白质的大致含量,即食用蛋白质含量。

(2) 蛋白质消化率。

蛋白质消化率是指十五种蛋白质被消化分解的程度。蛋白质消化率越高,被人体消化利用的可能性越大,营养价值越高。

(3) 蛋白质生物学价值。

蛋白质生物学价值是指蛋白质经消化吸收后,进入人体可以储存和利用的程度。蛋白质的生物学价值高低主要取决于蛋白质中必需氨基酸的含量和比例。在营养学上,根据蛋白质所含氨基酸种类是否齐全,比例是否合适,将食用蛋白质分为三大类:完全蛋白质、半完全蛋白质和不完全蛋白质。

氨基酸在重新合成人体所需要的蛋白质时,大部分能"各得其所",获得充分利用,这样的蛋白质一般称为完全蛋白质。其来源主要有鸡蛋、鱼、畜禽肉、奶类、大豆等。半完全蛋白质所含各种必需氨基酸种类基本齐全,但相互比例不合适,氨基酸组成不平衡,以它作为蛋白质来源,虽可维持生命,但其促进生长发育的功能很差。这类蛋白质多存在于小麦、大麦之中。不完全蛋白质中所含的必需氨基酸种类不全,质量也差。如果作为食用蛋白质来源,不能很好地促进人体生长发育,维持生命的作用也很弱。这类蛋白质存在于各种动物的结缔组织(如软骨、韧带、肌腱等)和肉皮之中。

蛋白质与人的生命息息相关,蛋白质营养失调主要有两种:一是蛋白质缺乏,二是蛋白质过剩。蛋白质缺乏会导致生长发育迟缓、体重减轻、易疲劳、抵抗能力下降,严重者会出现营养性水肿,甚至死亡。蛋白质过剩会导致肝脏超负荷,损害健康。因此,不暴饮暴食、不节食减肥,科学合理摄取蛋白质才能保证身体健康。

2)食用糖类

食用糖是人体糖类的主要来源,糖类是人体的快速能源,在生命活动中起着重要的作用。通常将食用糖分为单糖、二糖和多糖三类。葡萄糖、果糖、半乳糖以及核糖是单糖,蔗糖、麦芽糖、乳糖是二糖,多糖则包括淀粉、糖原和膳食纤维。

糖类的主要来源除了纯糖以外,还有植物食品。食物中与人类关系最密切的糖类是淀粉,富含于各种植物中,谷类、豆类、红薯类、根茎类是淀粉的主要来源,动物性食品中,乳类是乳糖的主要来源,蔬菜、水果、粗粮则是膳食纤维的主要来源。

食用糖能够提供能量,糖类的储备与及时补充对运动十分重要。但凡事过犹不及,适量食用有益健康,过量食用则对结核、肾炎、皮肤病等疾病有一定影响。

3)食用脂类

食用脂类具有重要的营养价值,为人体提供热量和必需的脂肪酸。脂类分为脂肪和类脂两类。食用脂肪营养价值的高低,主要取决于脂肪的消化吸收率、必需脂肪酸含量及脂溶性维生素的含量等。储存时间、加工方式等均会影响脂肪的营养价值。

脂肪一般不溶于水,经胆汁乳化后,才能被消化、吸收和利用。脂肪的消化率是指食用脂肪被人体消化的程度。消化率愈高的脂肪,其营养价值愈高。脂肪的消化率与其熔点有密切关系,熔点较低的脂肪容易消化,熔点接近体温或低于体温的脂肪,其消化率会更高。一般情况下,脂肪中的不饱和脂肪酸含量越多,脂肪的熔点越低,其吸收率越高。植物油的不饱和脂肪酸含量较多,熔点较低,其消化率较高。而牛、羊脂肪的不饱和脂肪酸含量较少,熔点较高,消化率较低。黄油和奶油虽然不饱和脂肪酸含量不多,但其是脂溶性脂肪,消化率也较高。

脂肪里的人体必需脂肪酸含量越高,脂肪的营养价值越高。含人体必需脂肪酸较多的食用油:向日葵油52% ~64%,大豆油56% ~63%,棉籽油35% ~96%,花生油13% ~27%。一般来说动物脂肪含人体必需脂肪酸较少,其营养价值不如植物油。

动物的储备脂肪几乎不含维生素,动物肝中的脂肪含有丰富的维生素 A、D,奶和蛋黄中的脂肪也含丰富的维生素 A、D,植物油中缺乏维生素 A、D,但含丰富的维生素 E。

由于人体对脂肪的实际需要量不高,因此在脂肪营养失衡中的主要问题是脂肪摄入过量。脂肪摄入过量最易引发脂肪肝,导致肝硬化。此外,还可能导致能量过剩,进而导致肥胖,易诱发心血管疾病。

类脂包括磷脂、固醇、糖脂和脂蛋白等,在营养上特别重要的是磷脂和固醇两类化合物。磷脂是细胞结构中不可缺少的组成成分,主要存在于动物的脑、肾、肝、心,以及大豆、花生和蘑菇等植物中。

固醇一般分为类固醇和胆固醇。类固醇一般存在于大豆等谷物之中。胆固醇主要存在于脑、神经组织、肝、肾和蛋黄中。胆固醇是人体合成维生素 D、肾上腺素皮质激素、性激素和胆汁酸的原料,此外,胆固醇还是其他营养素新陈代谢不可缺少的。但是,胆固醇在血液中含量过高,就会在动脉壁上沉积,形成动脉硬化,引起心脏病和高血压;病理解剖发现,胆结石症的胆结石几乎全是胆固醇的结晶。因此适量食用富含胆固醇的食品对生命健康十分重要。

对正常人而言,经常食用高胆固醇食物一般不会导致人体血液中胆固醇水平上升,因为人体对胆固醇具有调节能力。健康人只要维持正常体重,对食物中胆固醇含量的高低不必过于担忧。但是冠心病、高血压、动脉硬化患者要经常检查血胆固醇的变化。患有这类疾病的人及代谢胆固醇能力偏弱的人,应当适当限制食用富含胆固醇的食物。我国营养学会推荐,健康成年人胆固醇的摄入量是每天低于 300mg。对于高血脂患者或者脂代谢功能较差的人,胆固醇的摄入量应严格控制在 200mg 以下。

4）维生素

维生素是一类有机化合物,种类较多、化学性质各异、生理机能不同,虽然不参与构成人体组织,也不供给能量,而且人体需要量较少,但是维生素却对体内生物氧化等代谢有重要作用。

迄今为止,在日常食物中已经发现了 20 多种维生素,通常按溶解性将其分为脂溶性维生素和水溶性维生素两大类。脂溶性维生素主要包括维生素 A、D、E、K 等。因为它们都易溶解于脂肪、乙醇等油脂类溶剂中,因此称作脂溶性维生素。

水溶性维生素主要是 B 族维生素和维生素 C,其中维生素 C 是水溶性维生素中唯一一种不属于 B 族的维生素。由于 B 族维生素的成员多,因此统称为维生素 B 复合物或 B 族维生素,主要包括维生素 B_1、B_2、B_3、B_5、B_6、B_7、B_9 和 B_{12}。

脂溶性维生素和水溶性维生素主要有以下差别:脂溶性维生素只含有碳、氢、氧三种元素,水溶性维生素还含有氮元素;脂溶性维生素以维生素原的形式存在于植物组织中,但任何一种水溶性维生素都没有维生素原;脂溶性维生素大量储存于体内,水溶性维生素不能大量储存于体内;脂溶性维生素通过胆汁从粪便中排出,而水溶性维生素虽然在粪便中也有少量排出,但主要还是随尿排出。

维生素的来源主要有两个:一是食物,二是药物。比如植物油中富含维生素 E,鱼肝油中富含维生素 D,动物性食物如肝、蛋黄中富含维生素 A,豆类、花生、蔬菜、水果及奶制品中富含维生素 B 等。一般情况下,只要饮食平衡,不会严重缺乏维生素。但维生素缺乏或过量均会对人体造成不可估量的伤害。如钙的代谢需要维生素 D,缺乏后会引起骨骼变形。过量摄入脂溶性维生素会引发严重的中毒症状,而由于体内缺乏储存水溶性维生素的能力,多余的水溶性维生素即随尿排出体外,因而其毒性相对较小。

5）食用无机盐

无机盐又称矿物质,不仅是人体的组成部分,而且是人体维持正常生理不可缺少的一类物质。人体对无机盐的需要量很小,它们在体内仅占体重的 3% ~4%,无机盐既不能在人体内合成,也不能在体内代谢过程中消失,但在人体排泄废物和排汗时无机盐会有一定量损失。因此,人体必须从食物中获得足量的各种无机盐,才能弥补损失,维持健康。人体补充的无机盐即食用无机盐主要来自食物和饮用水。食物中的无机盐主要来自土壤,植物从土壤中获得无机盐并储存于植物体内,人和其他动物通过进食植物而获得无机盐。在食物中,蔬菜和水果是人类获得无机盐营养素的重要途径。为了保证各种无机盐均衡、充足的摄入,满足人体的需要,在注意食物多样性的同时,尤其要注意蔬菜和水果的多样性。除了食物,人体还可以从饮水中补充一部分无机盐。此外,食盐和食品添加剂也是人体无机盐的重要来源。

6）饮用水

水是人类生命活动的重要物质基础，水是人类最基础的营养素，人对水的依赖仅次于氧气。一个人短期内不进食，体内储备的糖类、脂肪耗尽，蛋白质也失去一半，如能喝到水，即使体重减轻 40% 也不会死亡。但如果不喝水，人体很快就会失水。当人体失水量达到体重 2% 时，就会出现轻度脱水，出现尿少的症状；当人体失水量达到体重的 6% 时，就会出现重度脱水，出现无尿症状。而当人体失水量达到体重的 20% 以上时，就会出现狂躁、虚脱、昏迷，进而导致死亡。

水是生命的源泉。体内水分的来源大致可分为饮料水、食物水和代谢水。人体的需水量因年龄、体重、气候及劳动强度等不同而不同。婴儿及青少年的需水量相对较大，到成年后需水量则相对稳定下来，并且随着年龄增长，单位体重的需水量逐渐减少。通常情况下，成人每千克体重每天需水 40mL，婴儿的需水量是成人的 3~4 倍，老年人的需水量低于成年人。水平衡也是人体内重要的平衡之一。因此，科学饮水对维护身体健康、提升生命质量具有重要意义。

7）膳食纤维

膳食纤维被定义为人类的第七类营养素，是一类多糖化合物，是葡萄糖的多聚体，不溶于水也不溶于脂类等有机溶剂中。膳食纤维包括粗纤维、半粗纤维和木质素，在人体内不能被消化吸收，不能给人体提供营养，但具有保护肠道正常菌群、帮助合成人体所需的重要物质、预防肥胖和糖尿病等重要功能。人体膳食纤维的来源主要有豆类及其制品、粗粮、蔬菜和水果。尽管膳食纤维具有诸多生理功能且不能被替代，但是膳食纤维毕竟是第七类营养素，它不能替代另外主要六类营养素，适量摄入才能充分发挥其作用。

19.3.2 饮品化学与生命

饮品是指能够满足人体需要，可以直接饮用或以溶解、稀释的方式饮用的食品。由于不同种类的饮品中含有含量不一的蛋白质、脂肪、糖类以及氨基酸、维生素、无机盐等营养成分，因此饮品有一定的营养价值，饮用后可以维护健康、滋养生命。

随着化学、生物学和食品科学的发展，饮品的种类在不断增加，饮品在日常生活、工作中的作用越来越大。本小节重点介绍茶叶、酒和一些常见饮料与生命、健康的关系。

1）茶叶

茶叶分为基本茶和再加工茶两大类。根据加工方法的不同，基本茶一般分为绿茶、红茶、乌龙茶、黄茶、白茶和黑茶六类。而在基本茶的基础上经过再加工而制成的花茶、紧压茶、萃取茶、果味茶、保健茶和含茶饮料统称为再加工茶。到目前为止，科学家们共从茶叶中检测到了蛋白质、脂类、糖类、生物碱、茶多酚、维生素、氨基酸等 500 多种有机化学成分，还有钠、钾、铁、铜、氟、磷等 28 种无机元素。这些化学成分对茶叶的颜色、香气、滋味以及保健、营养起着关键作用，其中生物碱、茶多酚、茶多糖、氟化物为茶叶中的保健成分，大量的蛋白质、氨基酸、糖类、脂肪、维生素、矿物元素为营养成分，可以发挥协同作用，使茶叶具有多种保健功能。

近代研究证明，茶叶有一定的降血脂、降血压、强心、抗癌及抗衰老等功效。

绿茶制作过程中，茶叶酶的活性被抑制，从而抑制了多酚氧化等各种酶促反应，蒸发了水分并保留了茶叶中的叶绿素。茶叶中茶多酚、氨基酸、生物碱、维生素 C 等成分含量较高,具有降血糖、降血压、降血脂、抗氧化、抗菌、抗病毒、抗辐射、抗癌及除臭等多种保健作用。

红茶制作过程中,茶叶中的叶绿素被破坏殆尽,果糖、葡萄糖、麦芽糖以及游离氨基酸仍较多,红茶中的儿茶素在发酵过程中大多变成茶黄素、茶红素等氧化聚合物,这些氧化聚合物也有较强的抗氧化性,这就使得红茶有抗癌、抗心血管病等作用。红茶也具有暖胃、助消化功效,陈年红茶还可用于治疗和缓解哮喘病等。由于在发酵过程中,茶多酚和维生素 C 等营养素几乎全部被破坏,所以红茶的营养素含量较绿茶低。

乌龙茶兼有绿茶和红茶的优点,既有红茶的甜醇,又有绿茶的清香。现代研究证明,乌龙茶有减肥、降血脂、抗过敏、抗炎症、防龋齿、防癌及延缓衰老等作用。

白茶的制作中既不破坏酶的活性,又不促进氧化作用,任其自然变化,具有防暑、解毒、治牙痛等作用,尤其是陈年白毫银针可用作患麻疹幼儿的退烧药,其退烧效果比抗生素还好。

实践证明,黑茶普洱具有降血脂、降胆固醇、抑制动脉硬化及减肥等功效。

此外,再加工茶中的药茶,如人参茶、中药茶、桑菊等不仅饮用方便,也对人体健康有着极大帮助。

尽管茶的保健功效已为世人所公认,但不科学饮茶也可能造成不良后果,比如空腹喝茶,不仅会影响人体对蛋白质的吸收,还可能引起眼花、心悸。

2)酒

酒的品种繁多,主要有白酒、啤酒、葡萄酒、香槟酒、黄酒等。酒中的化学成分决定了酒的主要作用。比如白酒的主要成分是乙醇和水,二者约占白酒总质量的 98% 以上,故而白酒主要有加速血液循环、减轻疼痛、消毒杀菌的作用。而啤酒中乙醇含量低,含有多种蛋白质、丰富的肽、17 种人体所需的氨基酸、12 种维生素以及少量糖类,含有钾、钠、钙、镁、硒和铬等元素,能够补充人体所需的多种营养素,能解暑、增进食欲、助消化和消除疲劳。啤酒中的甘油、乳酸和大量二氧化碳有一定的解毒作用,可促进血液循环,现已发现,饮用少量啤酒可松弛和扩张血管,对心脏病和高血压等疾病均有不同程度的缓释效果。

酒与其他饮品一样具有两面性,适量饮用有益,过量饮用则有害。长期过量饮酒能引起慢性乙醇中毒,导致营养素缺乏,损害肝脏和消化系统,导致高血脂、冠状动脉硬化、高血压、贫血和肥胖,降低免疫力,增加患癌风险,诱发胎儿先天畸形等。因此,珍爱生命,科学饮酒。

3)饮料

饮料是指以水为基本原料,由不同的配方和制造工艺生产出来,供人们直接饮用的液体食品。目前,市场上销售的饮料数量庞大、种类繁多、口味多样。

饮料一般分为含酒精饮料和无酒精饮料两大类,其中无酒精饮料又称软饮料。酒精饮料是指供人们饮用且乙醇质量分数为 0.5% ~65% 的饮料,包括各种发酵酒、蒸馏酒及配制酒等。无酒精饮料是指乙醇质量分数小于 0.5% ,以补充人体水分为主要目的流质食品。依据国家标准,一般将无酒精饮料分为碳酸饮料类(汽水)、果蔬汁饮料类、蛋白质饮料类、包装饮用水类、茶饮料类、咖啡饮料类、固体饮料类、特殊用途饮料类、植物饮料类、风味饮料类和其他饮料类共 11 类。饮料中含有多种化学成分,因而对生命健康有一定的作用。

蛋白质饮料(乳及乳制品、豆浆和椰子汁、杏仁露、核桃乳等)富含蛋白质,对人体有益。

乳制品中的乳糖进入人体后在小肠中水解成半乳糖及葡萄糖,生成的葡萄糖吸收快而半乳糖吸收慢,因而半乳糖成为小肠细菌的生长剂,进而有利于肠内合成维生素。此外,乳糖使钙易于被人体吸收,并在转化为乳酸后有杀菌作用。

鲜豆浆被我国营养学家推荐为防治高血脂、高血压、动脉硬化等疾病的理想食品。每200mL豆浆原汁中含6g蛋白质,相当于儿童每天需要量的一半,特别适合对牛奶蛋白质过敏或不能利用乳糖的婴儿。豆浆中的大豆异黄酮、卵磷脂和寡糖等具有抗癌性,对乳腺癌、直肠癌和结肠癌等有预防作用。豆浆中含有钾、钙、镁和铁等矿物质,能补充人体所需的矿物质元素。豆浆适用于各年龄层次人群,特别是女性、老人和婴儿。青年女性常喝豆浆,能减少面部青春痘、暗疮。中老年女性饮用豆浆,能调节内分泌,减轻并改善更年期症状,促进体态健美和防止衰老。中老年人无论是男性还是女性,常喝豆浆可预防缺铁性贫血和阿尔茨海默病。

其他蛋白质饮料还有很多,比如酸奶有助于消化,核桃汁饮料因含有磷脂而具有健脑作用,杏仁饮料具有润肺作用,而采用椰子为原料的椰汁含有蛋白质、果糖、葡萄糖、蔗糖、脂肪、维生素 B、维生素 E、维生素 C、钾、钙和镁等营养成分,适宜于男女老少。

咖啡因是咖啡中的主要化学成分,有特别强烈的苦味,对中枢神经系统、消化系统有强烈刺激作用,能加快血液循环,因此喝适量咖啡可提神醒脑,促进消化,消除疲劳。咖啡因有较强的利尿作用,能帮助人体将多余的钠离子排出体外。不过,咖啡因属于生物碱,有成瘾性和一定的毒副作用,摄取过多会导致咖啡因成瘾,甚至中毒。咖啡中含有较多脂肪,其中最主要的是酸性脂肪和挥发性脂肪。酸性脂肪即脂肪中含有酸,其多少会因咖啡种类的不同而不同;咖啡中约有 40 种挥发性脂肪,它们是咖啡香气的主要来源。

研究表明,咖啡是造成消化道溃疡病的因素之一,过量饮用会造成消化道溃疡。此外,咖啡会加剧维生素 B 流失,加重患有高血压、冠心病、动脉硬化等疾病患者的病情,加剧老年女性钙流失,使骨质疏松更为严重。

碳酸饮料是将二氧化碳气体和水、糖浆、香料、色素等混合在一起而形成的气泡式饮料,如可乐、汽水等。碳酸饮料的主要成分是水、碳酸、柠檬酸、白糖和香料等,有的还含有咖啡因、人工色素。除糖类能给人体补充能量外,碳酸饮料中几乎不含其他营养素。适量饮用碳酸饮料不会对身体造成损害,但过量或者长期饮用,其危害是不容忽视的。碳酸饮料一般含有约 10% 的糖分,经常喝碳酸饮料容易使人发胖。碳酸饮料中的酸性物质和糖类都能软化牙釉质,损坏牙齿。碳酸饮料,尤其是可乐含有较多磷酸,磷酸会影响人体吸收钙元素,造成钙磷比例失衡从而逐渐损害骨骼。有资料显示,经常大量喝碳酸饮料的青少年发生骨折的概率是其他青少年的 3 倍。大量二氧化碳对人体内的有益菌会产生抑制作用,长期喝碳酸饮料使消化系统受到损害,影响食欲,甚至造成胃肠功能紊乱,诱发胃肠疾病,易患肾结石。在饮用了含过多咖啡因的碳酸饮料后,尿液中的钙含量便大幅度增加,两者更容易结合成沉淀而形成结石。

果蔬汁保有原果蔬的果肉、淀粉、糖分等,营养成分高。特殊用途饮料是指通过调整饮料中营养素的成分和含量,或加入具有特定功能成分以适应某些特殊人群的需要,包括运动饮料、营养素饮料和其他特殊用途饮料。比如添加了维生素、矿物质或氨基酸的饮料即为营养素饮料。与其他饮料产品相比,特殊用途饮料技术含量较高。

19.3.3　生命中的可能污染物

生命中可能的污染物主要有无机污染物、有机污染物、农药和生物污染物。不同种类污染物的污染源不同,但都对生命健康和环境有着极大的危害。

1）无机污染物

生命中常见的无机污染物主要有含金属元素的无机污染物和含碳、硅、氮、砷、氧、硫、氟等非金属元素的无机污染物。

其中,含金属元素(铅、铝、镉、汞、铍等)的无机污染物的污染源主要是工业污染和交通污染。工业污染包括含铅矿山的开采、冶炼,橡胶、染料、印刷品、陶瓷、铅玻璃、焊锡、电缆及铅管等的生产废水和废弃物。交通污染主要来自汽车尾气。

这些污染物对生命造成不同程度的损害,如汽车尾气中的四乙基铅是剧毒物质,颜料、油漆和染料中也常含有含铅的化合物,可经触摸等方式经皮肤渗透而进入人体。存在于环境中的铅及其化合物可经呼吸由肺、经溶解由皮肤、经口由消化道进入人体,还可由母体胎盘进入胎儿体内。机体中过量的铅可与酶结构中的—SH 基团和—SCH$_3$ 基团作用,并与硫紧密结合。Pb(Ⅱ)可以抑制乙酰胆碱酯酶、碱性磷酸酶、三磷酸腺苷酶和细胞色素氧化酶的活性,扰乱机体正常发育中所必需的生化反应和生理活动。

矿物中有些铝盐溶于水,随水迁移而到处分散。研究认为,微量的铝对人体没有毒性,当人体内蓄积的铝含量超过正常值 5 倍以上时,即可破坏某些酶的活性,降低胃酸酸度,引起消化功能紊乱。此外,过量的铝会过度抑制消化道对磷的吸收,干扰磷的代谢,破坏正常钙磷比,影响骨骼和牙齿的发育,并使骨骼脱钙、软化,进而导致骨质疏松。

镉不是人体必需的元素。镉进入人体后,与蛋白质分子中的巯基结合而产生毒性。镉是亲磷元素,进入人体的镉置换出骨质磷酸钙中的钙,从而引起骨质疏松及软化、发生变形和骨折。此外,镉取代锌后,干扰某些含锌酶的功能,使多种酶的功能受到抑制,破坏正常生化反应,干扰人体正常代谢。还有,进入人体中的镉可与金属硫蛋白结合,再经血液输送到肾,当它在肾中积累时,会损坏肾小管,使肾功能出现障碍,从而影响维生素 D 的活性,导致骨骼生长代谢受阻,骨骼出现软化和畸形等,引发骨骼的各种病变,严重时引起"痛痛病"(背下部和腿部剧烈疼痛)。

汞及其化合物对人体都有害,尤其汞蒸气有毒。存在于环境中的汞及其化合物可经呼吸由肺、经溶解由皮肤、经口进入消化道进入人体,还可由胎盘进入胎儿体内、由乳汁进入婴儿体内。被污染水体中的汞可通过水生食物链进入人体。吸入的气态汞或摄入的汞盐先进入血液,与血红蛋白结合,随血液循环进入细胞,汞离子与细胞膜中含巯基的蛋白质有特殊的亲和力,能直接损害这类蛋白质和酶。汞离子与某些蛋白质结合后,蓄积于人体内,特别是肾和肝中,因此汞中毒的典型症状是出现肾功能障碍。

铍是一种强烈的致癌元素,主要从呼吸道侵入人体,进入体内的铍大部分与蛋白质结合,并储存于肝和骨骼中。铍离子有拮抗镁离子的作用,Be^{2+} 可以置换一些酶中的 Mg^{2+},从而影响这些酶的功能。铍进入细胞核后,会阻止胸腺嘧啶脱氧核苷进入 DNA,干扰 DNA 合成,这也许是铍致癌的原因之一。

含碳、硅的无机污染物有一氧化碳、硅尘和石棉等。生活中一氧化碳的来源主要有工业污染源、交通污染源和生活污染源三大类。工业上,冶金工业的炼焦、炼铁、锻冶和铸造等,化学工业中的氨、丙酮、甲醇等的生产,矿业的爆破、煤矿瓦斯释放等均能产生一氧化碳。此外,工业生产中使用的含一氧化碳的可燃气体也是一氧化碳工业污染源的重要组成部分,如水煤气含一氧化碳达 40%,高炉气与炉煤气中含一氧化碳 30%,煤气含一氧化碳 5% ~ 15%。汽车尾气中的一氧化碳对我们的危害可能远大于工业生产,据统计,我国大中城市中一氧化碳 50% 以上来自汽车尾气。一氧化碳经肺部吸收进入血液后,立即与血红蛋白结合成碳氧血红蛋白,降低了血红蛋白的携氧能力,导致低氧血症和组织缺氧。一氧化碳中毒在临床上以急性脑缺氧引起的症状为主要特征,有头痛、头昏、心悸、胸闷和恶心等症状,皮肤的典型特征是呈樱桃红色。因此,牢记易产生一氧化碳的环境,如工业区、厨房等,保持警惕心,预防一氧化碳中毒,对生命安全至关重要。

采矿、材料制造业、交通运输和城市建设是城市空气里硅尘的重要来源,吸入人体后,硅尘可能引起呼吸系统的疾病,导致咳嗽、咽炎、肺炎,甚至引起呼吸系统肿瘤。接触硅尘是否发病与很多因素有关,如机体的防御机能、游离二氧化硅含量、粉尘颗粒大小、粉尘浓度和接触时间等。一般说来,含游离二氧化硅 80% 以上的粉尘,往往在肺部引起以结节为主的弥漫性胶原纤维改变,这种病称为硅肺病或尘肺病。该病的病情往往发展较快,易发生并发症。尘肺病是危害我国从业者健康的最主要的一种职业病。轻则出现气短、胸闷和咳嗽等,重则出现呼吸功能减退,丧失劳动能力,寿命大大缩短。

石棉是 6 种天然硅酸盐矿物纤维的总称,是截至目前人类发现的唯一天然矿物纤维。石棉由纤维束组成,而纤维束又由很细的能分离的元纤维组成。通常所使用的石棉约 95% 为温石棉,其纤维可分成极细的元纤维。1g 石棉约含 100 万根元纤维。石棉的元纤维在大气和水中能悬浮数日、数月之久,造成持续污染。长期吸入一定量的石棉纤维或其元纤维,能引起石棉肺、肺癌胸膜间皮瘤、腹膜间皮瘤和胃肠癌等。

氰化物主要有氢氰酸、氰化钠和氰化钾。在电镀、生产聚丙烯腈纤维、染料、制药和塑料等过程中产生含氰化物的废水,因此环境中的氰化物主要是人类自己制造的。氰化物有令人生畏的毒性,尤其氰化钾、氰化钠和氢氰酸都是剧毒物质。这些简单氰化物可以通过饮食、呼吸道或者皮肤进入人体。氰化物进入人体后析出氰酸根离子,并与三价铁结合,阻断体内氧化酶中三价铁的还原反应,使三价铁离子失去传递电子的能力,造成呼吸链中断,细胞窒息死亡,导致组织缺氧,使机体陷入内窒息状态。

微量的砷是人体必需的,它能促进新陈代谢,能使皮肤光滑、白嫩。人体对砷的需要量极低,在一般条件下均能得到满足。砷的毒性是抑制了人体内某些酶的活性。三价砷能够和机体内酶蛋白的巯基反应,形成稳定的化合物,使酶失去活性,因此三价砷的毒性非常强,如砒霜、亚砷酸等都是剧毒物质。当五价砷离子进入人体后,只有还原为三价砷离子时,才能产生很强的毒性。

虽然臭氧可消毒灭菌,但因其具有极强的氧化性,可强烈刺激人的呼吸道,造成咽喉肿痛、胸闷咳嗽,引发支气管炎和肺气肿。短时间的臭氧超标就可能造成人的神经中毒、头晕头痛、视力下降和记忆力衰退等。臭氧对人体皮肤中的维生素 E 有破坏作用,致使人的皮肤起皱纹、出现黑斑。臭氧还会破坏人体的免疫功能,诱发淋巴细胞染色体病变,加速衰老。

二氧化硫是具有刺激性气味的无色气体,是一种严重的大气污染物,主要来自煤和石油的燃烧,含硫矿石的冶炼和硫酸、磷肥的生产等。二氧化硫有毒,具有强烈刺激性,易被湿润的黏膜表面吸收生成亚硫酸、硫酸。对眼及呼吸道黏膜有强烈的刺激作用。大量吸入可引起咽喉水肿、肺水肿,导致呼吸道痉挛而窒息,极易致人死亡。

氟是人体必需的微量元素之一。氟元素与人体生命活动及牙齿骨骼组织代谢密切相关。氟可以有效预防龋齿,且是唯一能预防龋齿的元素,已得到世界公认。人体缺乏氟元素时,在牙釉质中不能形成氟磷灰石,而羟基磷灰石的结构又不致密,受口腔微生物和酸性物质的破坏而发生龋齿,这在儿童中尤其多见。在饮水、食盐或者牛奶中加入微量氟化物是世界防止龋齿的普遍做法。目前,我国主要是在牙膏中加入微量氟化钠预防龋齿。氟是一种累积性毒物,进入体内很快被吸收,但是代谢缓慢,沉积在牙齿和骨骼中,积累越来越多,造成氟中毒。过量的氟被吸收,将导致牙齿畸形、软化、牙釉质失去光泽,并带黄色斑点,重者牙齿发育不全,失去正常形态出现氟斑牙;氟中毒也影响骨骼,使骨骼变形、变软,骨质疏松,易发生骨折,出现氟骨症。

2)有机污染物

生活中常见的有机污染物包括有机汞、四乙基铅等金属有机污染物,甲烷、苯系物、多环芳烃等烃污染物,含氮、磷、氧、硫等(如亚硝胺、甲醛、乙醇、甲醇、双酚 A 等)有机污染物。

金属原子直接和碳连接而成的金属有机化合物大多数有毒,其中甲基汞、四乙基铅和羰基镍等都是毒性较大或致癌的金属有机化合物。

工业废物、农药和生活垃圾中的无机汞,在水中微生物的作用下变成甲基汞等有机汞。甲基汞为剧毒物质,极难分解,通过食物链,经过生物放大作用后,容易被人体吸收和积累,在体内的吸收率高达 80% 。吸收后均匀分布于全身各器官中,其中肝、肾和头发里含量较高。甲基汞极易穿过血脑屏障,在脑内蓄积并沉积于脑组织中,致使脑蛋白质合成能力降低,从而导致神经系统中毒,因此甲基汞对人的中枢神经系统伤害最大。

人工合成的四乙基铅是一种最好的抗爆剂,广泛添加于汽油中,随着汽油燃烧,这些铅排放到大气中,造成空气铅污染。四乙基铅为剧烈的神经毒物,可以吸入、食入或经皮肤吸收进入人体,引起头痛、失眠、精神亢奋,严重时出现幻觉和痉挛等神经症状。慢性四乙基铅中毒表现为神经衰弱综合征和自主神经功能紊乱,出现低血压、低体温和低脉率("三低症")等症状,严重者出现精神异常、抽搐等,高浓度下可立即致人死亡。推广和使用无铅汽油是解决四乙基铅污染的唯一途径。

能源化工原料中的甲烷,生活用品、建筑装修材料中的苯系物,燃煤、石油产生的多环芳烃等均能造成环境污染并对人体有害。

苯及苯系物为无色或浅黄色的透明油状液体,具有强烈芳香气味,易挥发,易燃,有毒。日常生活中最常见的是苯、甲苯和二甲苯。苯及苯系物业已成为家庭装修中的重要污染物。苯及苯系物已被世界卫生组织确定为强烈致癌物。主要原因是其在人体肝和骨髓中进行代谢,而骨髓是红细胞、白细胞和血小板的形成部位,故它们进入体内可在造血组织内部形成具有血液毒性的代谢产物。长期接触苯及苯系物可造成骨髓损害,血象检查可发现白细胞、血小板减少,引发再生障碍性贫血,严重时引起白血病。

分子中有两个或两个以上苯环的多环芳烃尤其稠环芳烃是强烈致癌物。其中,最明确的是苯并芘,被世界卫生组织确定为三大一级致癌物之一,可致胃癌、皮肤癌和肺癌等。

亚硝胺是一类含有亚硝基的有机化合物,其应用不多。亚硝胺毒性很强,急性中毒主要引起肝小叶出血性坏死,还可引起肺出血及胸腔和腹腔血渗出。

亚硝胺有 100 多种,其中的 75% 是致癌物,主要诱发消化系统癌症,是世界卫生组织确定的三大一级致癌物之一。在城市大气、水体、土壤、鱼、肉、蔬菜、谷类及烟草中均发现亚硝胺。然而,对人类健康危害更大的是亚硝胺可在人体内形成。进入体内的亚硝酸盐与胺类或酰胺类物质反应,非常容易转化成亚硝胺。

甲醛是一种无色气体,有强烈的刺激性气味,易溶于水。甲醛是一种重要的有机化工原料,主要用于塑料工业(如酚醛树脂、脲醛塑料)、皮革工业、合成纤维(如维尼纶、聚乙烯醇缩甲醛)、医药制造和染料合成等生产过程中,甲醛具有强烈的刺激性和毒性。吸入高浓度甲醛后,会出现呼吸道的严重刺激,不仅导致呼吸道水肿,而且会引起支气管哮喘等呼吸道疾病。皮肤接触甲醛会出现皮炎、色斑,甚至导致皮肤坏死。经常吸入少量甲醛,会导致黏膜充血、过敏性皮炎等。甲醛来源于各种人造板材,如刨花板、纤维板和胶合板等由于使用了黏合剂,因而含有甲醛。

芥子气,即二氯硫醚,化学式为 $Cl—C_2H_4—S—C_2H_4—Cl$,俗称"军用瓦斯"。芥子气为糜烂性毒剂,对眼、皮肤和呼吸道都有强烈刺激作用。能引起眼睛失明,皮肤红肿、起泡以至溃烂,吸入其蒸气或雾会损伤上呼吸道,高浓度可致肺损伤。重度损伤表现为咽喉、气管、支气管黏膜出现坏死性炎症,严重中毒可引起死亡。国际癌症研究中心已确认芥子气为致癌物。

氟利昂无毒,但与臭氧发生化学反应而消耗臭氧,成为破坏臭氧层的元凶。由于臭氧层是人类和地球生命赖以生存的不可或缺的气体保护层,为了保护臭氧层,我们除了应该选购无氟冰箱、冰柜和无氟空调外,还应该选用无氟发胶、无氟洗涤剂等无氟日用品,为保护臭氧层作出应有的贡献。

二噁英是一类含有氯苯氧基的化合物的统称,无色无味,具有脂溶性,热稳定性非常好,耐酸碱、抗氧化,在环境中可长期存在。二噁英是一类剧毒物质,被国际癌症研究中心列为一级致癌物,其致癌性和致畸性强,具有内分泌毒性和免疫抑制作用,引起肝损伤。二噁英最主要的来源是塑料、石油和煤等的燃烧,尤其是塑料的燃烧,如电线电缆外皮、塑料大棚残膜、各种塑料制品和包装材料的焚烧等。其危害具有潜伏性,污染可能有隔代效应。毒性可通过母亲在怀孕和哺乳的过程传递,超微量即可对婴儿产生毁灭性和无法挽回的危害。

3)农药

农药包括杀虫剂、杀菌剂、除草剂和植物生长调节剂等,是人类农业生产不可或缺的重要物质。目前,全世界作为商品生产的农药约有 1 200 种,药剂类型约 6 000 种,包括 100 种杀虫剂,50 种杀线虫剂。美国是世界上使用农药最多的国家,我国居第二位。

农药可分为有机氮农药、有机氯农药和有机磷农药,有机氮农药对人的急性毒性都不大,不易发生药害。但其慢性毒性正在引起人们的重视,部分产品被限制使用。有机磷杀虫药经皮肤、黏膜、消化道或呼吸道吸收后,很快分布于全身各脏器,以肝中浓度最高,肌肉和脑中最少。它主要抑制乙酰胆碱酯酶的活性,使乙酰胆碱不能水解,从而引起相应的中毒症状。有机氯农药挥发性小,使用后消失缓慢。氯苯结构稳定,不易被体内酶降解,在生命体内消失缓慢。土壤微生物作用的产物,也像亲体一样存在着残留毒性,对人的急性毒性主要是刺激神经中枢。有的有机氧农药对实验动物有致癌性。由于有机氯农药毒性大、污染持久,因此有机氯农药目前处于逐渐被淘汰的状态。随着人们生活水平的逐步提高,人们越来越关注健康问题,蔬菜、水果中的农药残留问题越来越受关注。因此食用蔬菜瓜果前应正确洗涤,才能避免对人体健康造成危害。

4)生物污染物

主要的生物污染物可以分为三类,即霉菌毒素、植物毒素和动物毒素。

霉菌毒素是一大类毒性大、致癌力强、最危险的生物性食物污染物质,已经发现的霉菌毒素多达 100 多种,在人类食物和动物饲料中存在 95 种,其中最常见、危害最大的是黄曲霉素。

黄曲霉素为分子真菌毒素,以寄生或者腐生方式存在于感染黄曲霉的粮食、油及其制品,或者霉变的坚果类食品中,其毒性为氰化钾的 10 倍,砒霜的 68 倍。黄曲霉素是目前发现的致癌物中致癌性最强的,主要侵犯人的肝,诱发肝炎和肝癌,也引发胃癌、肾癌和肠癌以及乳腺、卵巢、小肠等部位的肿瘤。黄曲霉素可经受 280℃ 的高温,很难用煮、炒和炸的办法将其破坏。因此日常生活中,应避免食用霉变食品、有哈喇味的动植物油。

常见的植物毒素包括豆类毒素、蓖麻毒素、苷类毒素、龙葵素、棉酚、毒蕈(毒菇)等。其中豆类毒素指的是黄豆、菜豆、豌豆等豆类中一种有毒的蛋白质,食用后,出现胰肥大等中毒症状。原因是该蛋白质与体内胰蛋白酶结合,从而抑制胰蛋白酶的功能。潮湿情况下受热,该蛋白质就会被破坏而脱毒。因此在食用豆类包括各种豆角在内的食物时,一定要煮熟后再食用,以防止该蛋白质中毒。

蓖麻毒素是蓖麻子中一种具有非常强的凝血作用和毒性的蛋白质。蓖麻子中毒可损伤肝、肾,引起中毒性肝、肾疾病,导致出血性肠炎、血栓等,麻痹呼吸和运动中枢神经。蓖麻毒素的致死量约为 30mg,4~7 岁幼儿误食 4~5 粒蓖麻子,可导致急性肾衰竭而死亡;成人食用 20 粒可致死。非洲产蓖麻子的毒性更大,2 粒可使成人致死,小儿仅需 1 粒即可致死。虽然潮湿环境下加热可使蓖麻子脱毒,但是往往脱毒不彻底,依然会引起中毒,因此不食用蓖麻子是最好的防毒方法。

常见的苷类毒素有苦杏仁苷、高粱苷、皂苷和葡萄糖苷等。其中苦杏仁苷最为常见、毒性最大。苦杏仁苷在苦杏仁中的含量最高,它是苯甲醛和氢氰酸加成物的 β-糖苷,在体内代谢时经氰苷水解酶水解生成氢氰酸而有剧毒。氰苷中毒开始时口中苦湿、流涎、头晕、头痛、恶心、心悸及四肢无力,严重时呼吸困难、意识不清,甚至昏迷,最后呼吸麻痹,心跳停止而死亡。

常见的动物毒素主要有河豚毒素、鱼类组胺毒素、海生生物毒素和微生物毒素。其中河豚毒素是一种强烈的神经毒素,毒性是氰化钾毒素的 1 250 倍,1g 可导致 500 人死亡,无特效解毒药。河豚毒素是一种化学结构独特、毒性强烈,并有广泛药理作用的一种天然毒素,性质稳定,任何烹饪方法都不能将其破坏,只有将毒素含量高的器官和部位彻底清除,才能消除河豚的毒性。河豚毒素作用于人的神经,进食带毒河豚几分钟后,出现嘴唇和舌头麻木、恶心、呕吐、腹泻,严重时肌肉瘫痪、四肢麻木、语言不清、体温和血压下降,最终因神经中枢和血管运动中枢麻痹而死亡。河豚毒素非常容易经胃肠吸收,因而中毒迅速,中毒严重者在 30min 内即可死亡。

鱼类组胺毒素主要存在于不新鲜的鱼中,尤其鲐鱼鱼类组胺毒素食用后可引起中毒。据统计,大约有 500 种鱼贝含有毒素。这些鱼贝有毒的原因主要是吞噬了海洋中有毒的藻类。海洋环境的污染往往引起有毒藻类的大量生长,海洋鱼贝吞噬有毒藻类的概率也随之增加。

此外,常见的微生物毒素还有沙门氏菌属、变形杆菌、副溶血性弧菌、致病性大肠杆菌和葡萄糖球菌等,大量繁殖后其产生的肉毒毒素可损害人的神经系统和呼吸系统,毒性极大。

19.3.4 烟草、毒品化学与生命

1) 烟草戕害生命

烟草给人类健康带来严重威胁,是残害生命的重大因素之一。

据统计,烟草燃烧的烟雾中含有 3 800 多种化学物质,其中包括一氧化碳、尼古丁、氢氰酸、胺类、醇类、酚类烷烃、醛类、氮氧化物、多环芳烃、杂环化合物、羟基化合物、重金属元素和有机农药等。其中,绝大部分对人体有害,它们在体内产生多种毒理作用,对人体造成各种危害。比如烟草烟雾中含有多种刺激性化合物,其中有丙烯醛、氰化氢、甲醛等,它们破坏支气管黏膜,减弱肺泡巨管细胞的功能,易使肺和支气管发生感染。烟草中有害金属镉可蓄积在体内,引起哮喘、肺气肿等。微量的镉可杀灭输精管内的精子,影响生育。大量镉进入人体骨骼组织,引起骨骼脱钙变形、变脆,极易发生骨折。

截至目前,烟草烟雾中已确知的致癌物有 60 多种,其中苯并芘就是世界卫生组织认定的一类一级致癌物,是吸烟者和被动吸烟者患肺癌的罪魁祸首。

烟草戕害生命,吸烟对生命有百害而无一益。吸烟不仅损害呼吸系统和消化系统,而且损害大脑、心脏、生育能力,造成早衰,并致癌(肺癌、胃癌、食管癌和胰腺癌),大大缩短生命历程。因此,只有及早戒烟和彻底戒烟,才能拥有健康的生命。

2) 毒品毁灭生命

毒品是指鸦片、海洛因、吗啡、大麻、可卡因、冰毒以及国家法律规定的其他能够使人成瘾的麻醉药品和精神毒品。据世界卫生组织统计,全世界每年约 10 万人死于吸毒和用毒,约有 100 万人因吸毒和用毒而丧失劳动能力。世界上毒品的交易额每年达 5 000 亿美元,仅次于军火的交易额。联合国反毒署的专项报告指出,自 20 世纪 90 年代以来,毒品的滥用发展迅速,且已呈蔓延之势。

毒品具有极大的危害性,不仅严重危害使用者的健康和生命,也给其他人的健康和生命带来威胁,危害社会的和谐和安定。

毒品具有依赖性、非法性和危害性等显著特点。

毒品的非法性是毒品的法律特征。毒品的非法性表现在它是受国家法律管制的、禁止滥用(滥用是指非医疗目的超出医疗常规的使用)的特殊药品。它们的种植、生产、运输、销售和使用等各个环节都受到国家相关法律、法规的管制。

当前世界各国都将非法种植毒品原植物,生产、运输和使用鸦片、海洛因、大麻和可卡因等麻醉药品、精神药品的行为规定为违法或犯罪行为。国家有关法律法规是判断这些药品是否是毒品的依据,我国适用的法律法规有两类,一类是国内现行的法律法规,如《中华人民

共和国刑法》中关于毒品犯罪的有关规定、《麻醉药品和精神药物管理条例》《全国人民代表大会常务委员会关于禁毒的决定》等；另一类是我国加入的有关国际公约，如联合国 1971 年修正的《1961 年麻醉品单一公约》和《1971 年精神药物公约》。

毒品的非法性意味着毒品的私自种植、生产、运输、销售和使用等，都是违反国家相关法律的，都要受到严厉打击和惩治。

毒品会使人产生严重的生理依赖和精神依赖。从化学原理看，毒品之所以会令使用者产生强烈的生理依赖，可能是毒品进入人体后，强烈刺激人体分泌多种激素，如肾上腺素和去甲肾上腺素等，这些物质会令使用毒品者的呼吸加快、血压上升、心脏输出的血量增加，从而令使用者身体产生一些适应性的改变，形成了药物作用下一种新的生理平衡状态。毒品之所以会令使用者产生强烈的精神依赖，可能是毒品进入人体后会强烈刺激使用者的大脑分泌大量的多巴胺、苯乙胺和脑啡肽等神经递质，这些神经递质可以迅速改变人体的精神状态，令人出现轻松、愉快和兴奋等的初级体验。当毒品量稍大时，使用者会出现幻觉，会精神恍惚、昏厥、癫狂和难以自控，严重时会猝死。因此使用毒品者必然对毒品的需要量越来越大，直至中毒死亡。毒品的危害性显而易见，它对个人、家庭、社会乃至民族都有十分严重的危害。因此，珍爱生命，远离毒品。

【人物传记】

屠呦呦

屠呦呦，女，汉族，药学家。1930 年 12 月 30 日生于浙江宁波，1951 年考入北京大学，在医学院药学系生药专业学习。1955 年，毕业于北京医学院（今北京大学医学部）。毕业后曾接受中医培训两年半，并一直在中国中医研究院（2005 年更名为中国中医科学院）工作，其间先后晋升为硕士生导师、博士生导师，现为中国中医科学院的首席科学家，中国中医科学院终身研究员兼首席研究员，青蒿素研究开发中心主任，2015 年诺贝尔生理学或医学奖获得者。

屠呦呦多年从事中药和中西药结合研究，突出贡献是创制新型抗疟药青蒿素和双氢青蒿素。1972 年成功提取到了一种分子式为 $C_{15}H_{22}O_5$ 的无色结晶体，命名为青蒿素。2011 年 9 月，因为发现青蒿素——一种用于治疗疟疾的药物，挽救了全球特别是发展中国家数百万人的生命而获得拉斯克奖和葛兰素史克中国研发中心"生命科学杰出成就奖"。2015 年 10 月，屠呦呦因发现了青蒿素，这种药品可以有效降低疟疾患者的死亡率，而获得诺贝尔生理学或医学奖。屠呦呦是第一位获得诺贝尔科学奖项的中国本土科学家、第一位获得诺贝尔生理学或医学奖的华人科学家；这一奖项是中国医学界迄今为止获得的最高奖项，也是中医药成果获得的最高奖项。2017 年 1 月 9 日，屠呦呦获得 2016 年度国家最高科学技术奖。2018 年 12 月 18 日，党中央、国务院授予屠呦呦同志改革先锋称号，颁授改革先锋奖章。2019 年 5 月，入选福布斯中国科技 50 女性榜单。

【延伸阅读】

生命起源的热泉生态系统

20世纪70年代,有些学者提出生命的起源可能与热泉生态系统有关。20世纪70年代末,科学家在东太平洋的加拉帕戈斯群岛附近发现几处深海热泉,在这些热泉里生活着众多生物,包括管栖蠕虫、蛤类和细菌等生物群落。这些自养型细菌生物群落生活在高温(热泉喷口附近的温度达到300℃以上)、高压、缺氧、偏酸和无光的环境中,利用热泉喷出的硫化物(如 H_2S)所得到的能量还原 CO_2 而制造有机物,其他动物以这些有机物为食物存活。截至目前,科学家已发现数十个这样的深海热泉生态系统,它们一般位于两个板块结合处所形成的水下洋嵴附近。

与地球形成时的早期环境类似的是,热泉喷口附近不仅温度非常高,而且有大量的硫化物、CH_4、H_2 和 CO_2 等。现今所发现的古细菌大多生活在高温、缺氧、含硫和偏酸的环境中,这种极度相似的环境正是热泉生态系统之所以与生命的起源相联系的主要原因。

因此,部分学者认为,热泉喷口附近的环境不但可以为生命的出现和后来的生命延续提供所需的能量和物质,而且能避免地外物体撞击地球时所造成的有害影响,是孕育生命的理想场所。然而,另一些学者认为,生命有可能先从地球表面产生,随后才蔓延到深海热泉喷口周围。后来的撞击毁灭了地球表面所有的生命,只有隐藏在深海喷口附近的生物得以保存下来,并且繁衍了后代。他们认为,虽然这些喷口附近的生物不是地球上最早出现的,但却是现存所有生物的共同祖先。

——引自网络资源(http://lishi.zhuixue.net/2017/1011/60443.html)

(高莉宁)

附　录

附录 A 一些物质的热力学性质

（常见的无机物质和 C_1、C_2 有机物）

说明：

cr 代表结晶固体；l 代表液体；g 代表气体；am 代表非晶态固体；aq 代表水溶液，未指明组成

ao 代表水溶液，非电离物质，标准状态，$b = 1 \text{mol} \cdot \text{kg}^{-1}$

ai 代表水溶液，电离物质，标准状态，$b = 1 \text{mol} \cdot \text{kg}^{-1}$

一些物质的热力学性质　　　　　　　　　　　　　　附表 A-1

物质 B 化学式和说明	状态	298.15K, 100kPa		
		$\Delta_f H_m^\ominus / (\text{kJ} \cdot \text{mol}^{-1})$	$\Delta_f G_m^\ominus / (\text{kJ} \cdot \text{mol}^{-1})$	$S_m^\ominus / (\text{J} \cdot \text{mol}^{-1} \cdot \text{K}^{-1})$
Ag	cr	0	0	42.55
Ag_2O	cr	-31.05	-11.20	121.3
AgF	cr	-204.6	—	—
AgCl	cr	-127.068	-109.789	96.2
AgBr	cr	-100.37	-96.9	107.1
AgI	cr	-61.84	-66.19	115.5
Ag_2S α 斜方晶	cr	-32.59	-40.67	144.01
Ag_2S β	cr	-29.41	-39.46	150.6
$AgNO_3$	cr	-124.39	-33.41	140.92
$[Ag(NH_3)_2]^+$	ao	-111.29	-17.12	245.2
Ag_2CO_3	cr	-505.8	-436.8	167.4
Al	cr	0	0	28.83
Al_2O_3 α 刚玉（金刚砂）	cr	$-1\,675.7$	$-1\,582.3$	50.92
Al_2O_3	am	$-1\,632.0$	—	—
$Al_2O_3 \cdot 3H_2O$（三水铝矿）拜耳石	cr	$-2\,586.67$	$-2\,310.21$	136.90
$Al(OH)_3$	am	$-1\,276.0$	—	—
AlF_3	cr	$-1\,504.1$	$-1\,425.0$	66.44
$AlCl_3$	cr	-704.2	-628.8	110.67
$AlCl_3 \cdot 6H_2O$	cr	$-2\,691.6$	$-2\,261.1$	318.0
Al_2Cl_6	g	$-1\,290.8$	$-1\,220.4$	490.0
$Al_2(SO_4)_3$	cr	$-3\,440.84$	$-3\,099.94$	239.3
$Al_2(SO_4)_3 \cdot 18H_2O$	cr	$-8\,878.9$	—	—
AlN	cr	-318.0	-287.0	20.17
Ar	g	0	0	154.843
As(α)	cr	0	0	35.1

物质 B 化学式和说明	状态	298.15K,100kPa		
		$\Delta_f H_m^{\ominus}/(kJ \cdot mol^{-1})$	$\Delta_f G_m^{\ominus}/(kJ \cdot mol^{-1})$	$S_m^{\ominus}/(J \cdot mol^{-1} \cdot K^{-1})$
As_2O_5	cr	-924.87	-782.3	105.4
AsH_3	g	66.44	68.93	222.78
H_3AsO_3	ao	-742.2	-639.80	195.0
H_3AsO_4	ao	-902.5	-766.0	184.0
$AsCl_3$	l	-305.0	-259.4	216.3
As_2S_3	cr	-169.0	-168.6	163.6
Au	cr	0	0	47.40
AuCl	cr	-34.7	—	—
$AuCl_3$	cr	-117.6	—	—
B	g	562.7	518.8	153.45
B	cr	0	0	5.86
B_2O_3	cr	-1 272.77	-1 193.65	53.97
B_2O_3	am	-1 254.53	-1 182.3	77.8
B_2H_6	g	35.6	86.7	232.11
H_3BO_3	cr	-1 094.33	-968.92	88.83
H_3BO_3	ao	-1 072.32	-968.75	162.3
BF_3	g	-1 137.00	-1 120.33	254.12
BCl_3	l	-427.2	-387.4	206.3
BCl_3	g	-403.76	-388.72	290.10
BBr_3	l	-239.7	-238.5	229.7
BBr_3	g	-205.64	-232.50	324.24
BI_3	g	71.13	-20.72	349.18
BN	cr	-254.4	-228.4	14.81
BN	g	647.47	614.49	212.28
Ba	cr	0	0	62.8
Ba	g	180.0	146.0	170.234
Ba^{2+}	g	1 660.38	—	—
Ba^{2+}	ao	-537.64	-560.77	9.6
BaO	cr	-553.5	-525.1	70.42
BaO_2	cr	-634.3	—	—
BaH_2	cr	-178.7	—	—
$Ba(OH)_2$	cr	-944.7	—	—
$BaCl_2$	cr	-858.6	-810.4	123.68
$BaSO_4$	cr	-1 473.2	-1 362.2	132.2
$BaSO_4$ 沉淀	cr_2	-1 466.5	—	—

物质 B 化学式和说明	状态	298.15K,100kPa		
		$\Delta_f H_m^{\ominus}/(\text{kJ} \cdot \text{mol}^{-1})$	$\Delta_f G_m^{\ominus}/(\text{kJ} \cdot \text{mol}^{-1})$	$S_m^{\ominus}/(\text{J} \cdot \text{mol}^{-1} \cdot \text{K}^{-1})$
$Ba(NO_3)_2$	cr	−992.07	−796.59	213.8
$BaCO_3$	cr	−1 216.3	−1 137.6	112.1
$BaCrO_4$	cr	−1 446.0	−1 345.22	158.6
Be	cr	0	0	9.50
Be	g	324.3	286.6	136.269
Be^{2+}	g	2 993.23	—	—
Be^{2+}	ao	−382.8	−379.73	−129.7
BeO	cr	−609.6	−580.3	14.14
$Be(OH)_2$,新鲜沉淀	am	−897.9	—	—
$BeCO_3$	cr	−1 025.0	—	—
Bi	cr	0	0	56.74
Bi_2O_3	cr	−573.88	−493.7	151.5
$Bi(OH)_3$	cr	−711.3	—	—
$BiCl_3$	cr	−379.1	−315.0	177.0
BiOCl	cr	−366.9	−322.1	120.5
$BiONO_3$	cr	—	−280.2	
Br	g	111.884	82.396	175.022
Br^-	ao	−121.55	−103.96	82.4
Br_2	l	0	0	152.231
Br_2	g	30.907	3.110	245.463
HBr	g	−36.40	−53.45	198.695
HBrO	ao	−113.0	−82.4	142.0
C(石墨)	cr	0	0	5.740
C(金刚石)	cr	1.895	2.900	2.377
CO	g	−110.525	−137.168	197.674
CO_2	g	−393.509	−394.359	213.74
CO_2	ao	−413.80	−385.98	117.6
CH_4	g	−74.81	−50.72	186.264
HCO_2H(甲酸)	ao	−425.43	−372.3	163
CH_3OH(甲醇)	l	−238.66	−166.27	126.8
CH_3OH(甲醇)	g	−200.66	−161.96	239.81
C_2H_2	g	226.73	209.20	200.94
C_2H_4	g	52.26	68.15	219.56
C_2H_6	g	−84.68	−32.82	229.60

物质 B 化学式和说明	状态	298.15K,100kPa		
		$\Delta_f H_m^{\ominus}/(kJ \cdot mol^{-1})$	$\Delta_f G_m^{\ominus}/(kJ \cdot mol^{-1})$	$S_m^{\ominus}/(J \cdot mol^{-1} \cdot K^{-1})$
CH_3CHO(乙醛)	g	-166.19	-128.86	250.3
CH_3COOH	ao	-485.76	-396.46	178.7
C_2H_5OH	g	-235.10	-168.49	282.70
C_2H_5OH	ao	-288.3	-181.64	148.5
$(CH_3)_2O$(二甲醚)	g	-184.05	-112.59	266.38
Ca α	cr	0	0	41.42
Ca	g	178.2	144.3	154.884
Ca^{2+}	g	1 925.90	—	—
Ca^{2+}	ao	-542.83	-553.58	-53.1
CaO	cr	-635.09	-604.03	39.75
CaH_2	cr	-186.2	-147.2	42.0
$Ca(OH)_2$	cr	-986.09	-898.49	83.39
CaF_2	cr	$-1 219.6$	$-1 167.3$	68.87
$CaCl_2$	cr	-795.8	-748.1	104.6
$CaCl_2 \cdot 6H_2O$	cr	$-2 607.9$	—	—
$CaSO_4 \cdot 0.5H_2O$,粗晶,α	cr	$-1 576.74$	$-1 436.74$	130.5
$CaSO_4 \cdot 0.5H_2O$,粗晶,β	cr_2	$-1 574.65$	$-1 435.78$	134.3
$CaSO_4 \cdot 2H_2O$(透石膏)	cr	$-2 022.63$	$-1 797.28$	194.1
Ca_3N_2	cr	-431.0	—	—
$Ca_3(PO_4)_2 \beta$,低温型	cr	$-4 120.8$	$-3 884.7$	236.0
$Ca_3(PO_4)_2 \alpha$,高温型	cr_2	$-4 109.9$	$-3 875.5$	240.91
$CaHPO_4$	cr	$-1 814.39$	$-1 681.18$	111.38
$CaHPO_4 \cdot 2H_2O$	cr	$-2 403.58$	$-2 154.58$	189.45
$Ca(H_2PO_4)_2$	cr	3 104.70	—	—
$Ca(H_2PO_4)_2 \cdot H_2O$	cr	$-3 409.67$	$-3 058.18$	259.8
$Ca_{10}(PO_4)_6(OH)_2$(羟基磷灰石)	cr	$-13 477.0$	$-12 677.0$	780.7
$Ca_{10}(PO_4)_6F_2$(氟磷灰石)	cr	$-13 744.0$	$-12 983.0$	775.7
CaC_2	cr	-59.8	-64.9	69.96
$CaCO_3$(方解石)	cr	$-1 206.92$	$-1 128.79$	92.9
CaC_2O_4(草酸钙)	cr	$-1 360.6$	—	—
$CaC_2O_4 \cdot H_2O$	cr	$-1 674.86$	$-1 513.87$	156.5
Cd γ	cr	0	0	51.76
CdO	cr	-258.2	-228.4	54.8
$Cd(OH)_2$ 沉淀	cr	-560.7	-473.6	96.0

物质 B 化学式和说明	状态	298.15K,100kPa		
		$\Delta_f H_m^{\ominus}/(kJ \cdot mol^{-1})$	$\Delta_f G_m^{\ominus}/(kJ \cdot mol^{-1})$	$S_m^{\ominus}/(J \cdot mol^{-1} \cdot K^{-1})$
CdS	cr	− 161.9	− 156.5	64.9
CdCO$_3$	cr	− 750.6	− 669.4	92.5
Ce	cr	0	0	72.0
Cl$^-$	ao	− 167.159	− 131.228	56.5
Cl$_2$	g	0	0	223.066
Cl	g	121.679	105.680	165.198
Cl$^-$	g	− 233.13	—	—
HCl	g	− 92.307	− 95.299	186.908
HClO	ao	− 120.9	− 79.9	142.0
HClO$_2$	ao	− 51.9	5.9	188.3
Co α,六方晶	cr	0	0	30.04
Co(OH)$_2$,蓝色沉淀	cr	—	− 450.1	—
Co(OH)$_2$,桃红色沉淀	cr$_2$	− 539.7	− 454.3	79.0
Co(OH)$_2$,桃红色沉淀,陈化	cr$_3$	—	− 458.1	—
Co(OH)$_3$	cr	− 716.7	—	—
CoCl$_2$	cr	− 312.5	− 269.8	109.16
CoCl$_2 \cdot$ 6H$_2$O	cr	− 2 115.4	− 1 725.2	343.0
Cr	cr	0	0	23.77
CrO$_3$	cr	− 589.5	—	—
Cr$_2$O$_3$	cr	− 1 139.7	− 1 058.1	81.2
(NH$_4$)$_2$Cr$_2$O$_7$	cr	− 1 806.7	—	—
Ag$_2$CrO$_4$	cr	− 731.74	− 641.76	217.6
Cs	cr	0	0	85.23
Cs	g	76.065	49.121	175.595
Cs$^+$	g	457.964	—	—
Cs$^+$	ao	− 258.28	− 292.02	133.05
CsH	cr	− 54.18	—	—
CsCl	cr	− 443.04	− 414.53	101.17
Cu	cr	0	0	33.150
CuO	cr	− 157.3	− 129.7	42.63
Cu$_2$O	cr	− 168.6	− 146.0	93.14
Cu(OH)$_2$	cr	− 449.8	—	—
CuCl	cr	− 137.2	− 119.86	86.2
CuCl$_2$	cr	− 220.1	− 175.7	108.07

物质 B 化学式和说明	状态	298.15K,100kPa		
		$\Delta_f H_m^{\ominus}/(kJ \cdot mol^{-1})$	$\Delta_f G_m^{\ominus}/(kJ \cdot mol^{-1})$	$S_m^{\ominus}/(J \cdot mol^{-1} \cdot K^{-1})$
CuBr	cr	-104.6	-100.8	96.11
CuI	cr	-67.8	-69.5	96.7
CuS	cr	-53.1	-53.6	66.5
Cu$_2$S α	cr	-79.5	-86.2	120.9
CuSO$_4$	cr	-771.36	-661.8	109.0
CuSO$_4 \cdot 5H_2O$	cr	-2 279.65	-1 879.745	300.4
Cu$_2$P$_2$O$_7$	cr	—	-1 874.3	—
CuCO$_3 \cdot$ Cu(OH)$_2$(孔雀石)	cr	-1 051.4	-893.6	186.2
CuCO$_3 \cdot$ Cu(OH)$_2$(蓝铜矿)	cr	-1 632.2	-1 315.5	0
F	g	78.99	61.91	158.754
F$^-$	g	-255.39	—	—
F$^-$	ao	-332.63	-278.79	-13.8
F$_2$	g	0	0	202.78
HF	g	-271.1	-273.1	173.779
HF	ao	-320.08	-296.82	88.7
Fe	cr	0	0	27.28
Fe$_2$O$_3$(赤铁矿)	cr	-824.2	-742.2	87.40
Fe$_3$O$_4$(磁铁矿)	cr	-1 118.4	-1 015.4	146.4
Fe(OH)$_2$ 沉淀	cr	-569.0	-486.5	88.0
Fe(OH)$_3$ 沉淀	cr	-823.0	-696.5	106.7
FeCl$_3$	cr	-399.49	-334.00	142.3
FeS$_2$(黄铁矿)	cr	-178.2	-166.9	52.93
FeSO$_4 \cdot 7H_2O$	cr	-3 014.57	-2 509.87	409.2
FeCO$_3$(菱铁矿)	cr	-740.57	-666.67	92.9
Fe(CO)$_5$	l	-774.0	-705.3	338.1
H	g	217.965	203.247	114.713
H$^+$	g	1 536.202	—	—
H$^-$	g	138.99	—	—
H$^+$	ao	0	0	0
H$_2$	g	0	0	130.684
OH$^-$	ao	-229.994	-157.244	-10.75
H$_2$O	l	-285.830	-237.129	69.91
H$_2$O	g	-241.818	-228.572	188.825
H$_2$O$_2$	l	-187.78	-120.35	109.6

物质 B 化学式和说明	状态	298.15K，100kPa		
		$\Delta_f H_m^\ominus/(kJ \cdot mol^{-1})$	$\Delta_f G_m^\ominus/(kJ \cdot mol^{-1})$	$S_m^\ominus/(J \cdot mol^{-1} \cdot K^{-1})$
H_2O_2	ao	-191.17	-134.03	143.9
He	g	0	0	126.150
Hg	l	0	0	76.02
Hg	g	61.317	31.820	174.96
HgO，红色，斜方晶	cr	-90.83	-58.539	70.29
HgO，黄色	cr_2	-90.46	-58.409	71.1
$HgCl_2$	cr	-224.3	-178.6	146.0
$HgCl_2$	ao	-216.3	-173.2	155.0
Hg_2Cl_2	cr	-265.22	-210.745	192.5
HgI_2，红色	cr	-105.4	-101.7	180.0
Hg_2I_2	cr	-121.34	-111.0	233.5
HgS，红色	cr	-58.2	-50.6	82.4
HgS，黑色	cr	-53.6	-47.7	88.3
I	g	106.838	73.250	180.791
I^-	ao	-55.19	-51.57	111.3
I_2	cr	0	0	116.135
I_2	g	62.438	19.327	260.69
I_2	ao	22.6	16.40	137.2
HI	g	26.48	1.70	206.594
HIO	ao	-138.1	-99.1	95.4
HIO_3	ao	-211.3	-132.6	166.9
H_5IO_6	ao	-759.4	—	—
K	cr	0	0	64.18
K	g	89.24	60.59	160.336
K^+	g	514.26	—	—
K^+	ao	-252.38	-283.27	102.5
KO_2	cr	-284.93	-239.4	116.7
K_2O	cr	-361.5	—	—
K_2O_2	cr	-494.1	-425.1	102.1
KH	cr	-57.74	—	—
KOH	cr	-424.764	-379.08	78.9
KF	cr	-567.27	-537.75	66.57
KCl	cr	-436.747	-409.14	82.59
$KClO_3$	cr	-397.73	-296.25	143.1

物质 B 化学式和说明	状态	298.15K,100kPa		
		$\Delta_f H_m^{\ominus}/(kJ \cdot mol^{-1})$	$\Delta_f G_m^{\ominus}/(kJ \cdot mol^{-1})$	$S_m^{\ominus}/(J \cdot mol^{-1} \cdot K^{-1})$
$KClO_4$	cr	-432.75	-303.09	151.0
KBr	cr	-393.798	-380.66	95.90
KI	cr	-327.900	-324.892	106.32
K_2SO_4	cr	-1437.79	-1321.37	175.56
$K_2S_2O_8$	cr	-1916.1	-1697.3	278.7
KNO_2,正交晶	cr	-369.82	-306.55	152.09
KNO_3	cr	-494.63	-394.86	133.05
K_2CO_3	cr	-1151.02	-1063.5	155.52
$KHCO_3$	cr	-963.2	-863.5	115.5
KCN	cr	-113.0	-101.86	128.49
$KAl(SO_4)_2 \cdot 12H_2O$	cr	-6061.8	-5141.0	687.4
$KMnO_4$	cr	-837.2	-737.6	171.71
K_2CrO_4	cr	-1403.7	-1295.7	200.12
$K_2Cr_2O_7$	cr	-2061.5	-1881.8	291.2
Kr	g	0	0	164.082
Li	cr	0	0	29.12
Li	g	159.37	126.66	138.77
Li^+	g	685.783	—	—
Li^+	ao	-278.49	-293.31	13.4
Li_2O	cr	-597.94	-561.18	37.57
LiH	cr	-90.54	-68.35	20.008
$LiOH$	cr	-484.93	-438.95	42.80
LiF	cr	-615.97	-587.71	35.65
$LiCl$	cr	-408.61	-384.37	59.33
Li_2CO_3	cr	-1215.9	-1132.06	90.37
Mg	cr	0	0	32.68
Mg	g	147.70	113.10	148.65
Mg^+	g	891.635	—	—
Mg^{2+}	g	2348.504	—	—
Mg^{2+}	ao	-466.85	-454.8	-138.1
MgO,粗晶(方镁石)	cr	-601.70	-569.43	26.94
MgO,细晶	cr_2	-597.98	-565.95	27.91
MgH_2	cr	-75.3	-35.09	31.09
$Mg(OH)_2$	cr	-924.54	-833.51	63.18

物质 B 化学式和说明	状态	298.15K,100kPa		
		$\Delta_f H_m^{\ominus}/(kJ \cdot mol^{-1})$	$\Delta_f G_m^{\ominus}/(kJ \cdot mol^{-1})$	$S_m^{\ominus}/(J \cdot mol^{-1} \cdot K^{-1})$
$Mg(OH)_2$ 沉淀	am	-920.5	—	—
MgF_2	cr	-1 123.4	-1 070.2	57.24
$MgCl_2$	cr	-641.32	-591.79	89.62
$MgSO_4 \cdot 7H_2O$	cr	-3 388.71	-2 871.5	372.0
$MgCO_3$（菱镁矿）	cr	-1 095.8	-1 012.1	65.7
$Mn(\alpha)$	cr	0	0	32.01
Mn^{2+}	ao	-220.75	-228.1	-73.6
MnO_2	cr	-520.03	-465.14	53.05
MnO_2 沉淀	am	-502.5	—	—
$Mn(OH)_2$ 沉淀	am	-695.4	-615.0	99.2
$MnCl_2$	cr	-481.29	-440.50	118.24
$MnCl_2 \cdot 4H_2O$	cr	-1 687.4	-1 423.6	303.3
MnS 沉淀,桃红色	am	-213.8	—	—
$MnSO_4$	cr	-1 065.25	-957.36	112.1
$MnSO_4 \cdot 7H_2O$	cr	-3 139.3	—	—
Mo	cr	0	0	28.66
MoO_3	cr	-745.09	-667.97	77.74
N	g	472.704	455.563	153.298
N_2	g	0	0	191.61
NO	g	90.25	86.55	210.761
NO_2	g	33.18	51.31	240.06
N_2O	g	82.05	104.20	219.85
N_2O_3	g	83.72	139.46	312.28
N_2O_4	l	-19.50	97.54	209.2
N_2O_4	g	9.16	97.89	304.29
N_2O_5	g	11.3	115.1	355.7
NH_3	g	-46.11	-16.45	192.45
NH_3	ao	-80.29	-26.50	111.3
N_2H_4	l	50.63	149.34	121.21
N_2H_4	ao	34.31	128.1	138.0
HN_3	ao	260.08	321.8	146.0
HNO_2	ao	-119.2	-50.6	135.6
NH_4NO_2	cr	-256.5	—	—
NH_4NO_3	cr	-365.56	-183.87	151.08

物质 B 化学式和说明	状态	298.15K,100kPa		
		$\Delta_f H_m^\ominus/(kJ \cdot mol^{-1})$	$\Delta_f G_m^\ominus/(kJ \cdot mol^{-1})$	$S_m^\ominus/(J \cdot mol^{-1} \cdot K^{-1})$
NH_4F	cr	−463.96	−348.68	71.96
NH_4Cl	cr	−314.43	−202.87	94.6
NH_4ClO_4	cr	−295.31	−88.75	186.2
$(NH_4)_2SO_4$	cr	−1 180.85	−901.67	220.1
$(NH_4)_2S_2O_8$	cr	−1 648.1	—	—
Na	cr	0	0	51.21
Na	g	107.32	76.761	135.712
Na^+	g	609.358	—	—
Na^+	ao	−240.12	−261.905	59.0
NaO_2	cr	−260.2	−218.4	115.9
Na_2O	cr	−414.22	−375.46	75.06
Na_2O_2	cr	−510.87	−447.7	95.0
NaH	cr	−56.275	−33.46	40.016
$NaOH$	cr	−425.609	−379.494	64.455
$NaOH$	ai	−470.114	−419.150	48.1
NaF	cr	−573.647	−543.494	51.46
$NaCl$	cr	−411.153	−384.138	72.13
$NaBr$	cr	−361.062	−348.983	86.82
NaI	cr	−287.78	−286.06	98.53
$Na_2SO_4 \cdot 10H_2O$	cr	−4 327.26	−3 646.85	592.0
$Na_2S_2O_3 \cdot 5H_2O$	cr	−2 607.93	−2 229.8	372.0
$NaHSO_4 \cdot H_2O$	cr	−1 421.7	−1 231.6	155.0
$NaNO_2$	cr	−358.65	−284.55	103.8
$NaNO_3$	cr	−467.85	−367.00	116.52
Na_3PO_4	cr	−1 917.40	−1 788.80	173.80
$Na_4P_2O_7$	cr	−3 188.0	−2 969.3	270.29
$Na_5P_3O_{10} \cdot 6H_2O$	cr	−6 194.8	−5 540.8	611.3
$NaH_2PO_4 \cdot 2H_2O$	cr	−2 128.4	—	—
Na_2HPO_4	cr	−1 748.1	−1 608.2	150.50
Na_2CO_3	cr	−1 130.68	−1 044.44	134.98
$Na_2CO_3 \cdot 10H_2O$	cr	−4 081.32	−3 427.66	562.7
$NaHCO_3$	cr	−950.81	−851.0	101.7
$Na_2B_4O_7 \cdot 10H_2O$(硼砂)	cr	−6 288.6	−5 516.0	586.0
Ne	g	0	0	146.328

物质 B 化学式和说明	状态	298.15K,100kPa		
		$\Delta_f H_m^\ominus/(\text{kJ} \cdot \text{mol}^{-1})$	$\Delta_f G_m^\ominus/(\text{kJ} \cdot \text{mol}^{-1})$	$S_m^\ominus/(\text{J} \cdot \text{mol}^{-1} \cdot \text{K}^{-1})$
Ni	cr	0	0	29.87
$Ni(OH)_2$	cr	−529.7	−447.2	88.0
$Ni(OH)_3$ 沉淀	cr	−669.0	—	—
$NiCl_2 \cdot 6H_2O$	cr	−2 103.17	−1 713.19	344.3
NiS	cr	−82.0	−79.5	52.97
NiS 沉淀	cr_2	−74.4	—	—
$NiSO_4 \cdot 7H_2O$	cr	−2 976.33	−2 461.83	378.94
$NiCO_3$	cr	—	−612.5	—
$Ni(CO)_4$	l	−633.0	−588.2	313.4
$Ni(CO)_4$	g	−602.91	−587.23	410.6
O	g	249.170	231.731	161.055
O_2	g	0	0	205.138
O_3	g	142.7	163.2	238.93
P,白色	cr	0	0	41.09
P,红色,三斜晶	cr_2	−17.6	−12.1	22.80
P,黑色	cr_3	−39.3	—	—
P,红色	am	−7.5	—	—
P_4O_6	cr	−1 640.1	—	—
P_4O_{10},六方晶	cr	−2 984.0	−2 697.7	228.86
PH_3	g	5.4	13.4	210.23
H_3PO_4	cr	−1 279.0	−1 119.1	110.50
H_3PO_4	ao	−1 288.34	−1 142.54	158.2
$H_4P_2O_7$	ao	−2 268.6	−2 032.0	268.0
PF_3	g	−918.8	−897.5	273.24
PF_5	g	−1 595.8	—	—
PCl_3	l	−319.7	−272.3	217.1
PCl_3	g	−287.0	−267.8	311.78
PCl_5	cr	−443.5	—	—
PCl_5	g	−374.9	−305.0	364.58
Pb	cr	0	0	64.81
PbO,黄色	cr	−217.32	−187.89	68.70
PbO,红色	cr_2	−218.9	−188.93	66.5
PbO_2	cr	−277.4	−217.33	68.6
Pb_3O_4	cr	−718.4	−601.2	211.3

物质B 化学式和说明	状态	298.15K,100kPa		
		$\Delta_f H_m^{\ominus}/(kJ \cdot mol^{-1})$	$\Delta_f G_m^{\ominus}/(kJ \cdot mol^{-1})$	$S_m^{\ominus}/(J \cdot mol^{-1} \cdot K^{-1})$
Pb(OH)$_2$ 沉淀	cr	−515.9	—	—
PbCl$_2$	cr	−359.41	−314.10	136.0
PbCl$_2$	ao	—	−297.16	
PbBr$_2$	cr	−278.7	−261.92	161.5
PbBr$_2$	ao		−240.6	
PbI$_2$	cr	−175.48	−173.64	174.85
PbI$_2$	ao	—	143.5	—
PbS	cr	−100.4	−98.7	91.2
PbSO$_4$	cr	−919.94	−813.14	148.57
PbCO$_3$	cr	−699.1	−625.5	131.0
Rb	cr	0	0	76.78
Rb	g	80.85	53.06	170.089
Rb$^+$	g	490.101	—	
Rb$^+$	ao	−251.17	−283.98	121.50
RbO$_2$	cr	−278.7	—	—
Rb$_2$O	cr	−339.0	—	—
Rb$_2$O$_2$	cr	−472.0		
RbCl	cr	−435.35	−407.80	95.90
S,正交晶	cr	0	0	31.80
S,单斜晶	cr$_2$	0.33	—	—
S	g	278.805	238.250	167.821
S$_8$	g	102.3	49.63	430.98
SO$_2$	g	−296.830	−300.194	248.22
SO$_2$	ao	−322.980	−300.676	161.9
SO$_3$	g	−395.72	−371.06	256.76
SO$_4^{2-}$ (H$_2$SO$_4$,ai)	ao	−909.27	−744.53	20.1
H$_2$S	g	−20.63	−33.56	205.79
H$_2$S	ao	−39.7	−27.83	121.0
SF$_4$	g	−774.9	−731.3	292.03
SF$_6$	g	−1 209	−1 105.3	291.82
Sb(OH)$_3$	cr	—	685.2	—
SbCl$_3$	cr	−382.17	−323.67	184.1
SbOCl	cr	−374.0	—	—
Sb$_2$S$_3$,橙色	am	−147.3	—	—

物质 B 化学式和说明	状态	298.15K,100kPa		
		$\Delta_f H_m^{\ominus}/(kJ \cdot mol^{-1})$	$\Delta_f G_m^{\ominus}/(kJ \cdot mol^{-1})$	$S_m^{\ominus}/(J \cdot mol^{-1} \cdot K^{-1})$
Se,六方晶,黑色	cr	0	0	42.442
Se,单斜晶,红色	cr₂	6.7	—	—
H₂Se	ao	19.2	22.2	163.6
Si	cr	0	0	18.83
SiO₂ α(石英)	cr	−910.94	−856.64	41.84
SiO₂	am	−903.94	−850.70	46.9
SiH₄	g	34.3	56.9	204.62
H₂SiO₃	ao	−1 182.8	−1 079.4	109.0
H₄SiO₄	cr	−1 481.1	−1 332.9	192.0
SiF₄	g	−1 614.94	−1 572.65	282.49
SiCl₄	l	−687.0	−619.84	239.7
SiCl₄	g	−657.01	−616.98	330.73
SiBr₄	l	−457.3	−443.9	277.8
SiI₄	cr	−189.5	—	—
SiC β,立方晶	cr	−65.3	−62.8	16.61
SiC α,六方晶	cr₂	−62.8	−60.2	16.48
Sn Ⅰ白色	cr	0	0	51.55
Sn Ⅱ灰色	cr₂	−2.09	0.13	41.14
SnO	cr	−285.8	−256.9	56.5
SnO₂	cr	−580.7	−519.6	52.3
Sn(OH)₂ 沉淀	cr	−561.1	−491.6	155.0
Sn(OH)₄ 沉淀	cr	−1 110.0	—	—
SnCl₄	l	−511.3	−440.1	258.6
SnBr₄	cr	−377.4	−350.2	264.4
SnS	cr	−100.0	−98.3	77.0
Sr α	cr	0	0	52.3
Sr	g	164.4	130.9	164.62
Sr²⁺	g	1 790.54	—	—
Sr²⁺	ao	−545.80	−559.84	−32.6
SrO	cr	−592.0	−561.9	54.4
Sr(OH)₂	cr	−959.0	—	—
SrCl₂ α	cr	−828.9	−781.1	114.85
SrSO₄ 沉淀	cr₂	−1 449.8	—	—
SrCO₃(菱锶矿)	cr	−1 220.1	−1 140.1	97.1

物质 B 化学式和说明	状态	298.15K,100kPa		
		$\Delta_f H_m^{\ominus}/(kJ \cdot mol^{-1})$	$\Delta_f G_m^{\ominus}/(kJ \cdot mol^{-1})$	$S_m^{\ominus}/(J \cdot mol^{-1} \cdot K^{-1})$
Ti	cr	0	0	30.63
TiO_2(锐钛矿)	cr	−939.7	−884.5	49.92
TiO_2(金红石)	cr_3	−944.7	−889.5	50.33
$TiCl_3$	cr	−720.9	−653.5	139.7
$TiCl_4$	l	−804.2	−737.2	252.34
$TiCl_4$	g	−763.2	−726.7	354.9
TlCl	cr	−204.14	−184.92	111.25
$TlCl_3$	ao	−315.1	−274.4	134.0
V	cr	0	0	28.91
VO	cr	−431.8	−404.2	38.9
V_2O_5	cr	−1 550.6	−1 419.5	131.0
W	cr	0	0	32.64
WO_3	cr	−842.87	−764.03	75.90
Xe	g	0	0	169.683
XeF_2	cr	(−164.0)	—	—
XeF_4	cr	(−261.5)	(−123.0)	—
XeF_6	cr	(−360.0)	—	—
XeO_3	cr	(402.0)	—	—
$XeOF_4$	l	(146.0)	—	—
Zn	cr	0	0	41.63
Zn^{2+}	ao	−153.89	−147.06	−112.1
ZnO	cr	−348.28	−318.30	43.64
$ZnCl_2$	cr	−415.05	−369.398	111.46
ZnS(纤锌矿)	cr	−192.63	—	—
ZnS(闪锌矿)	cr_2	−205.98	−201.29	57.7
$ZnSO_4 \cdot 7H_2O$	cr	−3 077.75	−2 562.67	388.7
$ZnCO_3$	cr	−812.78	−731.52	82.4

注:本表数据取自 Donald D. Wagman,William H. Evans,Vivian B. Parker 等制定的《NBS 化学热力学性质表:SI 的单位表示的无机物质和 C1 与 C2 有机物质选择值》(刘天和、赵梦月译,中国标准出版社,1998)。括号中的数据取自于 *Lange's Handbook of Chemistry*. (J. A. Dean,15th ed.,1999)。

附录 B   酸、碱的解离常数

常见弱酸的解离常数(298.15K)   附表 B-1

弱酸	解离常数 $K_a^\ominus$
H_3AsO_4	$K_{a_1}^\ominus = 5.7 \times 10^{-3}$; $K_{a_2}^\ominus = 1.7 \times 10^{-7}$; $K_{a_3}^\ominus = 2.5 \times 10^{-12}$
H_3AsO_3	$K_{a_1}^\ominus = 5.9 \times 10^{-10}$
H_3BO_3	5.8×10^{-10}
HOBr	2.6×10^{-9}
H_2CO_3	$K_{a_1}^\ominus = 4.2 \times 10^{-7}$; $K_{a_2}^\ominus = 4.7 \times 10^{-11}$
HCN	5.8×10^{-10}
H_2CrO_4	$(K_{a_1}^\ominus = 9.55$; $K_{a_2}^\ominus = 3.2 \times 10^{-7})$
HOCl	2.8×10^{-8}
$HClO_2$	1.0×10^{-2}
HF	6.9×10^{-4}
HOI	2.4×10^{-11}
HIO_3	0.16
H_5IO_6	$K_{a_1}^\ominus = 4.4 \times 10^{-4}$; $K_{a_2}^\ominus = 2 \times 10^{-7}$; $K_{a_3}^\ominus = 6.3 \times 10^{-13}$ [①]
HNO_2	6.0×10^{-4}
HN_3	2.4×10^{-5}
H_2O_2	$K_{a_1}^\ominus = 2.0 \times 10^{-12}$
H_3PO_4	$K_{a_1}^\ominus = 6.7 \times 10^{-3}$; $K_{a_2}^\ominus = 6.2 \times 10^{-8}$; $K_{a_3}^\ominus = 4.5 \times 10^{-13}$
$H_4P_2O_7$	$K_{a_1}^\ominus = 2.9 \times 10^{-2}$; $K_{a_2}^\ominus = 5.3 \times 10^{-3}$; $K_{a_3}^\ominus = 2.2 \times 10^{-7}$; $K_{a_4}^\ominus = 4.8 \times 10^{-10}$
H_2SO_4	$K_{a_1}^\ominus = 1.0 \times 10^{-2}$
H_2SO_3	$K_{a_1}^\ominus = 1.7 \times 10^{-2}$; $K_{a_2}^\ominus = 6.0 \times 10^{-8}$
H_2S	$K_{a_1}^\ominus = 8.9 \times 10^{-8}$; $K_{a_2}^\ominus = 7.1 \times 10^{-19}$ [②]
HSCN	0.14
$H_2C_2O_4$(草酸)	$K_{a_1}^\ominus = 5.4 \times 10^{-2}$; $K_{a_2}^\ominus = 5.4 \times 10^{-5}$
HCOOH(甲酸)	1.8×10^{-4}
HAc(乙酸)	1.8×10^{-5}
$ClCH_2COOH$(氯乙酸)	1.4×10^{-3}
EDTA	$K_{a_1}^\ominus = 1.0 \times 10^{-2}$; $K_{a_2}^\ominus = 2.1 \times 10^{-3}$; $K_{a_3}^\ominus = 6.9 \times 10^{-7}$; $K_{a_4}^\ominus = 5.9 \times 10^{-11}$

注:①此数据取自于张青莲主编《无机化学丛书》第六卷(科学出版社,1995)。

②取自 *CRC Handbook of Chemistry and Physics*. 。

常见弱碱的解离常数（298.15K） 表 B-2

弱　碱	解离常数 $K_b^{\ominus}$	弱　碱	解离常数 $K_b^{\ominus}$
$NH_3 \cdot H_2O$	1.8×10^{-5}	CH_3NH_2（甲胺）	4.2×10^{-4}
N_2H_4（联氨）	9.8×10^{-7}	$C_6H_5NH_2$（苯胺）	(4×10^{-10})
NH_2OH（羟氨）	9.1×10^{-9}		

注：附录 B ~ E 中的数据是根据 Donald D. Wagman，William H. Evans，Vivian B. Parker 等制定的《NBS 化学热力学性质表：SI 的单位表示的无机物质和 C1 与 C2 有机物质选择值》（刘天和、赵梦月译，中国标准出版社，1998）中的数据计算得来的。括号中的数据取自于 *Lange's Handbook of Chemistry*.（J. A. Dean，15th ed.，1999）。

附录 C 常见难溶强电解质的溶度积常数

化 学 式	$K_{sp}^{\ominus}$	化 学 式	$K_{sp}^{\ominus}$
AgAc	1.9×10^{-3}	CuCN	3.5×10^{-20}
AgI	8.3×10^{-17}	CuI	1.2×10^{-12}
AgBr	5.3×10^{-13}	CuSCN	1.8×10^{-13}
AgCl	1.8×10^{-10}	$CuCO_3$	(1.4×10^{-10})
Ag_2CO_3	8.3×10^{-12}	$Cu(OH)_2$	(2.2×10^{-20})
Ag_2CrO_4	1.1×10^{-12}	$Cu_2P_2O_7$	7.6×10^{-16}
AgCN	5.9×10^{-17}	$FeCO_3$	3.1×10^{-11}
$Ag_2Cr_2O_4$	(2.0×10^{-7})	$Fe(OH)_2$	4.86×10^{-17}
$AgIO_3$	3.1×10^{-8}	$Fe(OH)_3$	2.8×10^{-39}
$AgNO_2$	3.0×10^{-5}	HgI_2	2.8×10^{-29}
Ag_3PO_4	8.7×10^{-17}	$HgBr_2$	6.3×10^{-20}
Ag_2SO_4	1.2×10^{-5}	Hg_2Cl_2	1.4×10^{-18}
Ag_2SO_3	1.5×10^{-14}	Hg_2I_2	5.3×10^{-29}
AgSCN	1.0×10^{-12}	Hg_2SO_4	7.9×10^{-7}
$Al(OH)_3$(无定形)	(1.3×10^{-33})	Li_2CO_3	8.1×10^{-4}
AuCl	(2.0×10^{-13})	LiF	1.8×10^{-3}
$AuCl_3$	(3.2×10^{-25})	Li_3PO_4	(3.2×10^{-9})
$BaCO_3$	2.6×10^{-9}	$MgCO_3$	6.8×10^{-6}
$BaCrO_4$	1.2×10^{-10}	MgF_2	7.4×10^{-11}
$BaSO_4$	1.1×10^{-10}	$Mg(OH)_2$	5.1×10^{-12}
$\alpha\text{-}Be(OH)_2$	6.7×10^{-22}	$Mn(OH)_2$(am)	2.1×10^{-13}
$Bi(OH)_3$	(4×10^{-31})	$Ni(OH)_2$(新)	5.0×10^{-16}
BiOCl	1.6×10^{-8}	$Pb(OH)_2$	1.43×10^{-20}
$BiONO_3$	4.1×10^{-5}	$PbCO_3$	1.5×10^{-13}
$CaCO_3$	4.9×10^{-9}	$PbBr_2$	6.6×10^{-6}
$CaC_2O_4 \cdot H_2O$	2.3×10^{-9}	$PbCl_2$	1.7×10^{-5}
CaF_2	1.5×10^{-10}	$PbCrO_4$	(2.8×10^{-13})
$Ca(OH)_2$	4.6×10^{-6}	PbI_2	8.4×10^{-9}

化 学 式	$K_{sp}^{\ominus}$	化学式	$K_{sp}^{\ominus}$
$CaHPO_4$	1.8×10^{-7}	$PbSO_4$	1.8×10^{-8}
$Ca_3(PO_4)_2$(低温)	2.1×10^{-33}	$Sn(OH)_2$	5.0×10^{-27}
$CaSO_4$	7.1×10^{-5}	$Sn(OH)_4$	(1×10^{-56})
$Cd(OH)_2$(沉淀)	5.3×10^{-15}	$SrCO_3$	5.6×10^{-10}
$Co(OH)_2$(陈)	2.3×10^{-16}	$SrCrO_4$	(2.2×10^{-5})
$Co(OH)_3$	(1.6×10^{-44})	$SrSO_4$	3.4×10^{-7}
$Cr(OH)_3$	(6.3×10^{-31})	$ZnCO_3$	1.2×10^{-10}
$CuBr$	6.9×10^{-9}	$Zn(OH)_2$	6.8×10^{-17}
$CuCl$	1.7×10^{-7}		

附录 D 标准电极电势(298.15K)

电极反应(氧化型 + ze^- ⇌ 还原型)	$E^{\ominus}/V$
$Li^+(aq) + e^- \rightleftharpoons Li(s)$	-3.040
$Cs^+(aq) + e^- \rightleftharpoons Cs(s)$	-3.027
$Rb^+(aq) + e^- \rightleftharpoons Rb(s)$	-2.943
$K^+(aq) + e^- \rightleftharpoons K(s)$	-2.936
$Ba^{2+}(aq) + 2e^- \rightleftharpoons Ba(s)$	-2.906
$Sr^{2+}(aq) + 2e^- \rightleftharpoons Sr(s)$	-2.899
$Ca^{2+}(aq) + 2e^- \rightleftharpoons Ca(s)$	-2.869
$Na^+(aq) + e^- \rightleftharpoons Na(s)$	-2.714
$Mg^{2+}(aq) + 2e^- \rightleftharpoons Mg(s)$	-2.357
$Be^{2+}(aq) + 2e^- \rightleftharpoons Be(s)$	-1.968
$Al^{3+}(aq) + 3e^- \rightleftharpoons Al(s)$	-1.68
$Mn^{2+}(aq) + 2e^- \rightleftharpoons Mn(s)$	-1.182
$SiO_2(am) + 4H^+(aq) + 4e^- \rightleftharpoons Si(s) + 2H_2O$	-0.9754
*$SO_4^{2-}(aq) + H_2O(l) + 2e^- \rightleftharpoons SO_3^{2-}(aq) + 2OH^-(aq)$	-0.9362
*$Fe(OH)_2(s) + 2e^- \rightleftharpoons Fe(s) + 2OH^-(aq)$	-0.8914
$H_3BO_3(s) + 3H^+(aq) + 3e^- \rightleftharpoons B(s) + 3H_2O(l)$	-0.8894
$Zn^{2+}(aq) + 2e^- \rightleftharpoons Zn(s)$	-0.7621
$Cr^{3+}(aq) + 3e^- \rightleftharpoons Cr(s)$	(-0.74)
*$FeCO_3(s) + 2e^- \rightleftharpoons Fe(s) + CO_3^{2-}(aq)$	-0.7196
$2CO_2(g) + 2H^+(aq) + 2e^- \rightleftharpoons H_2C_2O_4(aq)$	-0.5950
*$2SO_3^{2-}(aq) + 3H_2O(l) + 4e^- \rightleftharpoons S_2O_3^{2-}(aq) + 6OH^-(aq)$	-0.5659
$Ga^{3+}(aq) + 3e^- \rightleftharpoons Ga(s)$	-0.5493
*$Fe(OH)_3(s) + e^- \rightleftharpoons Fe(OH)_2(s) + OH^-(aq)$	-0.5468
$Sb(s) + 3H^+(aq) + 3e^- \rightleftharpoons SbH_3(g)$	-0.5104
$In^{3+}(aq) + 2e^- \rightleftharpoons In^+(aq)$	-0.445
*$S(s) + 2e^- \rightleftharpoons S^{2-}(aq)$	-0.445
$Cr^{3+}(aq) + e^- \rightleftharpoons Cr^{2+}(aq)$	(-0.41)
$Fe^{2+}(aq) + 2e^- \rightleftharpoons Fe(s)$	-0.4089
*$Ag(CN)_2^-(aq) + e^- \rightleftharpoons Ag(s) + 2CN^-(aq)$	-0.4073
$Cd^{2+}(aq) + 2e^- \rightleftharpoons Cd(s)$	-0.4022
$PbI_2(s) + 2e^- \rightleftharpoons Pb(s) + 2I^-(aq)$	-0.3653
*$Cu_2O(s) + H_2O(l) + 2e^- \rightleftharpoons 2Cu(s) + 2OH^-(aq)$	-0.3557

电极反应(氧化型 $+ ze^- \rightleftharpoons$ 还原型)	$E^{\ominus}/V$
$PbSO_4(s) + 2e^- \rightleftharpoons Pb(s) + SO_4^{2-}(aq)$	-0.3555
$In^{3+}(aq) + 3e^- \rightleftharpoons In(s)$	-0.338
$Tl^+(aq) + e^- \rightleftharpoons Tl(s)$	-0.3358
$Co^{2+}(aq) + 2e^- \rightleftharpoons Co(s)$	-0.282
$PbBr_2(s) + 2e^- \rightleftharpoons Pb(s) + 2Br^-(aq)$	-0.2798
$PbCl_2(s) + 2e^- \rightleftharpoons Pb(s) + 2Cl^-(aq)$	-0.2676
$As(s) + 3H^+(aq) + 3e^- \rightleftharpoons AsH_3(g)$	-0.2381
$Ni^{2+}(aq) + 2e^- \rightleftharpoons Ni(s)$	-0.2363
$VO_2^+(aq) + 4H^+(aq) + 5e^- \rightleftharpoons V(s) + 2H_2O(l)$	-0.2337
$CuI(s) + e^- \rightleftharpoons Cu(s) + I^-(aq)$	-0.1858
$AgCN(s) + e^- \rightleftharpoons Ag(s) + CN^-(aq)$	-0.1606
$AgI(s) + e^- \rightleftharpoons Ag(s) + I^-(aq)$	-0.1515
$Sn^{2+}(aq) + 2e^- \rightleftharpoons Sn(s)$	-0.1410
$Pb^{2+}(aq) + 2e^- \rightleftharpoons Pb(s)$	-0.1266
$In^+(aq) + e^- \rightleftharpoons In(s)$	-0.125
$^*CrO_4^{2-}(aq) + 2H_2O(l) + 3e^- \rightleftharpoons CrO_2^-(s) + 4OH^-(aq)$	(-0.12)
$Se(s) + 2H^+(aq) + 2e^- \rightleftharpoons H_2Se(aq)$	-0.1150
$^*2Cu(OH)_2(s) + 2e^- \rightleftharpoons Cu_2O(s) + 2OH^-(aq) + H_2O(l)$	(-0.08)
$MnO_2(s) + 2H_2O(l) + 2e^- \rightleftharpoons Mn(OH)_2(am) + 2OH^-(aq)$	-0.0514
$[HgI_4]^{2-}(aq) + 2e^- \rightleftharpoons Hg(l) + 4I^-(aq)$	-0.02809
$2H^+(aq) + 2e^- \rightleftharpoons H_2(g)$	0
$^*NO_3^-(aq) + H_2O(l) + e^- \rightleftharpoons NO_2^-(aq) + 2OH^-(aq)$	0.00849
$S_4O_6^{2-}(aq) + 2e^- \rightleftharpoons 2S_2O_3^{2-}(aq)$	0.02384
$AgBr(s) + e^- \rightleftharpoons Ag(s) + Br^-(aq)$	0.07317
$S(s) + 2H^+(aq) + 2e^- \rightleftharpoons H_2S(aq)$	0.1442
$Sn^{4+}(aq) + 2e^- \rightleftharpoons Sn^{2+}(s)$	0.1539
$SO_4^{2-}(aq) + 4H^+(aq) + 2e^- \rightleftharpoons H_2SO_3(s) + H_2O(l)$	0.1576
$Cu^{2+}(aq) + e^- \rightleftharpoons Cu^+(aq)$	0.1607
$AgCl(am) + e^- \rightleftharpoons Ag(s) + Cl^-(aq)$	0.2222
$[HgBr_4]^{2-}(aq) + 2e^- \rightleftharpoons Hg(l) + 4Br^-(aq)$	0.2318
$HAsO_2(aq) + 3H^+(aq) + 3e^- \rightleftharpoons As(s) + 2H_2O(l)$	0.2473
$PbO_2(s) + H_2O(l) + 2e^- \rightleftharpoons PbO(s,黄色) + 2OH^-(aq)$	0.2483
$Hg_2Cl_2(s) + 2e^- \rightleftharpoons 2Hg(l) + 2Cl^-(aq)$	0.2680
$BiO^+(aq) + 2H^+(aq) + 3e^- \rightleftharpoons Bi(s) + H_2O(l)$	0.3134
$Cu^{2+}(aq) + 2e^- \rightleftharpoons Cu(s)$	0.3394

续上表

电极反应(氧化型 + ze^- ⇌ 还原型)	$E^\ominus$/V
* $Ag_2O(s) + H_2O(l) + 2e^- \rightleftharpoons 2Ag(s) + 2OH^-(aq)$	0.342 8
$[Fe(CN)_6]^{3-}(aq) + e^- \rightleftharpoons [Fe(CN)_6]^{4-}(aq)$	0.355 7
$[Ag(NH_3)_2]^+(aq) + e^- \rightleftharpoons Ag(s) + 2NH_3(aq)$	0.371 9
* $ClO_4^-(aq) + H_2O(l) + 2e^- \rightleftharpoons ClO_3^-(aq) + 2OH^-(aq)$	0.397 9
$O_2(g) + 2H_2O(l) + 4e^- \rightleftharpoons 4OH^-(aq)$	0.400 9
$2H_2SO_3(aq) + 2H^+(aq) + 4e^- \rightleftharpoons S_2O_3^{2-}(aq) + 3H_2O(l)$	0.410 1
$Ag_2CrO_4(s) + 2e^- \rightleftharpoons 2Ag(s) + CrO_4^{2-}(aq)$	0.445 6
$2BrO^-(aq) + 2H_2O(l) + 2e^- \rightleftharpoons Br_2(l) + 4OH^-(aq)$	0.455 6
$H_2SO_3(aq) + 4H^+(aq) + 4e^- \rightleftharpoons S(s) + 3H_2O(l)$	0.449 7
$Cu^+(aq) + e^- \rightleftharpoons Cu(s)$	0.518 0
$I_2(s) + 2e^- \rightleftharpoons 2I^-(aq)$	0.534 5
$MnO_4^-(aq) + e^- \rightleftharpoons MnO_4^{2-}(aq)$	0.554 5
$H_3AsO_4(aq) + 2H^+(aq) + 2e^- \rightleftharpoons H_3AsO_3(aq) + H_2O(l)$	0.574 8
* $MnO_4^-(aq) + 2H_2O(l) + 3e^- \rightleftharpoons MnO_2(s) + 4OH^-(aq)$	0.596 5
* $BrO_3^-(aq) + 3H_2O(l) + 6e^- \rightleftharpoons Br^-(l) + 6OH^-(aq)$	0.612 6
* $MnO_4^{2-}(aq) + 2H_2O(l) + 2e^- \rightleftharpoons MnO_2(s) + 4OH^-(aq)$	0.617 5
$2HgCl_2(aq) + 2e^- \rightleftharpoons Hg_2Cl_2(s) + 2Cl^-(aq)$	0.657 1
* $ClO_2^-(aq) + H_2O(l) + 2e^- \rightleftharpoons ClO^-(aq) + 2OH^-(aq)$	0.680 7
$O_2(g) + 2H^+(aq) + 2e^- \rightleftharpoons H_2O_2(aq)$	0.694 5
$Fe^{3+}(aq) + e^- \rightleftharpoons Fe^{2+}(aq)$	0.769
$Hg_2^{2+}(aq) + 2e^- \rightleftharpoons 2Hg(l)$	0.795 6
$NO_3^-(aq) + 2H^+(aq) + e^- \rightleftharpoons NO_2(g) + H_2O(l)$	0.798 9
$Ag^+(aq) + e^- \rightleftharpoons Ag(s)$	0.799 1
$Hg^{2+}(aq) + 2e^- \rightleftharpoons Hg(l)$	0.851 9
* $HO_2^-(aq) + H_2O(l) + 2e^- \rightleftharpoons 3OH^-(aq)$	0.867 0
* $ClO^-(aq) + H_2O(l) + 2e^- \rightleftharpoons Cl^-(aq) + 2OH^-$	0.890 2
$2Hg^{2+}(aq) + 2e^- \rightleftharpoons Hg_2^{2+}(aq)$	0.908 3
$NO_3^-(aq) + 3H^+(aq) + 2e^- \rightleftharpoons HNO_2(aq) + H_2O(l)$	0.927 5
$NO_3^-(aq) + 4H^+(aq) + 3e^- \rightleftharpoons NO(g) + 2H_2O(l)$	0.963 7
$HNO_2(aq) + H^+(aq) + e^- \rightleftharpoons NO(g) + H_2O(l)$	1.04
$NO_2(aq) + H^+(aq) + e^- \rightleftharpoons HNO_2(aq)$	1.056
* $ClO_2(aq) + e^- \rightleftharpoons ClO_2^-(aq)$	1.066
$Br_2(l) + 2e^- \rightleftharpoons 2Br^-(aq)$	1.077 4
$ClO_3^-(aq) + 3H^+(aq) + 2e^- \rightleftharpoons HClO_2(aq) + H_2O(l)$	1.157
$ClO_2(aq) + H^+(aq) + e^- \rightleftharpoons HClO_2(aq)$	1.184

电极反应(氧化型 $+ze^-\rightleftharpoons$ 还原型)	$E^{\ominus}/V$
$2IO_3^-(aq)+12H^+(aq)+10e^-\rightleftharpoons I_2(s)+6H_2O(l)$	1.209
$ClO_4^-(aq)+2H^+(aq)+2e^-\rightleftharpoons ClO_3^-(aq)+H_2O(l)$	1.226
$O_2(g)+4H^+(aq)+4e^-\rightleftharpoons 2H_2O(l)$	1.229
$MnO_2(s)+4H^+(aq)+2e^-\rightleftharpoons Mn^{2+}(aq)+2H_2O(l)$	1.229 3
$^*O_3(g)+H_2O(l)+2e^-\rightleftharpoons O_2(g)+2OH^-(aq)$	1.247
$Tl^{3+}(aq)+2e^-\rightleftharpoons Tl^+(aq)$	1.280
$2HNO_2(aq)+4H^+(aq)+4e^-\rightleftharpoons N_2O(g)+3H_2O(l)$	1.311
$Cr_2O_7^{2-}(aq)+14H^+(aq)+6e^-\rightleftharpoons 2Cr^{3+}(aq)+7H_2O(l)$	(1.33)
$Cl_2(g)+2e^-\rightleftharpoons 2Cl^-(aq)$	1.360
$2HIO(aq)+2H^+(aq)+2e^-\rightleftharpoons I_2(s)+2H_2O(l)$	1.431
$PbO_2(s)+4H^+(aq)+2e^-\rightleftharpoons Pb^{2+}(aq)+2H_2O(l)$	1.458
$Au^{3+}(aq)+3e^-\rightleftharpoons Au(s)$	(1.50)
$Mn^{3+}(aq)+e^-\rightleftharpoons Mn^{2+}(aq)$	(1.51)
$MnO_4^-(aq)+8H^+(aq)+5e^-\rightleftharpoons Mn^{2+}(aq)+4H_2O(l)$	1.512
$2BrO_3^-(aq)+12H^+(aq)+10e^-\rightleftharpoons Br_2(l)+6H_2O(l)$	1.513
$Cu^{2+}(aq)+2CN^-(aq)+e^-\rightleftharpoons Cu(CN)_2^-(aq)$	1.580
$H_5IO_6(aq)+H^+(aq)+2e^-\rightleftharpoons IO_3^-(aq)+3H_2O(l)$	(1.60)
$2HBrO(aq)+2H^+(aq)+2e^-\rightleftharpoons Br_2(l)+2H_2O(l)$	1.604
$2HClO(aq)+2H^+(aq)+2e^-\rightleftharpoons Cl_2(g)+2H_2O(l)$	1.630
$HClO_2(aq)+2H^+(aq)+2e^-\rightleftharpoons HClO(aq)+H_2O(l)$	1.673
$Au^+(aq)+e^-\rightleftharpoons Au(s)$	(1.68)
$MnO_4^-(aq)+4H^+(aq)+3e^-\rightleftharpoons MnO_2(s)+2H_2O(l)$	1.700
$H_2O_2(aq)+2H^+(aq)+2e^-\rightleftharpoons 2H_2O(l)$	1.763
$S_2O_8^{2-}(aq)+2e^-\rightleftharpoons 2SO_4^{2-}(aq)$	1.939
$Co^{3+}(aq)+e^-\rightleftharpoons Co^{2+}(aq)$	1.95
$O_3(g)+2H^+(aq)+2e^-\rightleftharpoons O_2(g)+H_2O(l)$	2.075
$F_2(g)+2e^-\rightleftharpoons 2F^-(aq)$	2.889
$F_2(g)+2H^+(aq)+2e^-\rightleftharpoons 2HF(aq)$	3.076

注:"*"标注的是碱介质中的反应。

附录 E 某些配离子的标准稳定常数(298.15K)

配离子	$K_f^\ominus$	配离子	$K_f^\ominus$
$[AgCl_2]^-$	1.84×10^5	$[FeF_6]^{3-}$	2.04×10^{14}
$[AgBr_2]^-$	1.93×10^7	$[Fe(CN)_6]^{3-}$	4.1×10^{52}
$[AgI_2]^-$	4.80×10^{10}	$[Fe(CN)_6]^{4-}$	4.2×10^{45}
$[Ag(NH_3)]^+$	2.07×10^3	$[Fe(NCS)]^{2+}$	9.1×10^2
$[Ag(NH_3)_2]^+$	1.67×10^7	$[Fe(SCN)_6]^{3-}$	1.3×10^6
$[Ag(CN)_2]^-$	2.48×10^{20}	$[Fe(C_2O_4)_3]^{3-}$	(1.6×10^{20})
$[Ag(SCN)_2]^-$	2.04×10^8	$[Fe(C_2O_4)_3]^{4-}$	1.7×10^5
$[Ag(S_2O_3)_2]^{3-}$	(2.9×10^{13})	$[Fe(EDTA)]^{2-}$	(2.1×10^{14})
$[Ag(EDTA)]^{3-}$	(2.1×10^7)	$[Fe(EDTA)]^-$	(1.7×10^{24})
$[Al(OH)_4]^-$	3.31×10^{33}	$[HgCl]^+$	5.73×10^6
$[AlF_6]^{3-}$	(6.9×10^{19})	$[HgCl_2]$	1.46×10^{13}
$[Al(EDTA)]^-$	(1.3×10^{16})	$[HgCl_3]^-$	9.6×10^{13}
$[BiCl_4]^-$	7.96×10^6	$[HgCl_4]^{2-}$	1.31×10^{15}
$[Ca(EDTA)]^{2-}$	(1×10^{11})	$[HgBr_4]^{2-}$	9.22×10^{20}
$[Cd(NH_3)_4]^{2+}$	2.78×10^7	$[HgI_4]^{2-}$	5.66×10^{29}
$[Cd(CN)_4]^{2-}$	1.95×10^{18}	$[HgS_2]^{2-}$	3.36×10^{51}
$[Cd(OH)_4]^{2-}$	1.20×10^9	$[Hg(NH_3)_4]^{2+}$	1.95×10^{19}
$[CdBr_4]^{2-}$	(5.0×10^3)	$[Hg(CN)_4]^{2-}$	1.82×10^{41}
$[CdCl_4]^{2-}$	(6.3×10^2)	$[Hg(SCN)_4]^{2-}$	4.98×10^{21}
$[CdI_4]^{2-}$	4.05×10^5	$[Hg(EDTA)]^{2-}$	(6.3×10^{21})
$[Cd(EDTA)]^{2-}$	(2.5×10^{16})	$[Ni(NH_3)_6]^{2+}$	8.97×10^8
$[Co(NH_3)_4]^{2+}$	1.16×10^5	$[Ni(CN)_4]^{2-}$	1.31×10^{30}
$[Co(NH_3)_6]^{2+}$	1.3×10^5	$[Ni(en)_3]^{2+}$	2.1×10^{18}
$[Co(NH_3)_6]^{3+}$	(1.6×10^{35})	$[Ni(EDTA)]^{2-}$	(3.6×10^{18})
$[Co(NCS)_4]^{2-}$	(1.0×10^3)	$[Pb(OH)_3]^-$	8.27×10^{13}
$[Co(EDTA)]^{2-}$	(2.0×10^{16})	$[PbCl_3]^-$	27.2
$[Co(EDTA)]^-$	(1×10^{36})	$[PbBr_3]^-$	15.5
$[Cr(OH)_4]^-$	(7.8×10^{29})	$[PbI_3]^-$	2.67×10^3
$[Cr(EDTA)]^-$	(1.0×10^{23})	$[PbI_4]^{2-}$	1.66×10^4
$[CuCl_2]^-$	6.91×10^4	$[Pb(CH_3CO_2)]^+$	152.4
$[CuCl_3]^{2-}$	4.55×10^5	$[Pb(CH_3CO_2)_2]$	826.3
$[CuI_2]^-$	(7.1×10^8)	$[Pb(EDTA)]^{2-}$	(2×10^{18})

配离子	$K_f^{\ominus}$	配离子	$K_f^{\ominus}$
$[Cu(NH_3)_4]^{2+}$	2.30×10^{12}	$[PdCl_3]^-$	2.10×10^{10}
$[Cu(P_2O_7)_2]^{6-}$	8.24×10^8	$[PdBr_4]^{2-}$	6.05×10^{13}
$[Cu(C_2O_4)_2]^{2-}$	2.35×10^9	$[PdI_4]^{2-}$	4.36×10^{22}
$[Cu(CN)_2]^-$	9.98×10^{23}	$[Pd(NH_3)_4]^{2+}$	3.10×10^{25}
$[Cu(CN)_3]^{2-}$	4.21×10^{28}	$[PtCl_4]^{2-}$	9.86×10^{15}
$[Cu(CN)_4]^{3-}$	2.03×10^{30}	$[Sc(EDTA)]^-$	1.3×10^{23}
$[Cu(SCN)_4]^{3-}$	8.66×10^9	$[Zn(OH)_4]^{2-}$	2.83×10^{14}
$[Cu(EDTA)]^{2-}$	(5.0×10^{18})	$[Zn(NH_3)_4]^{2+}$	3.60×10^8
$[FeF]^{2+}$	7.1×10^6	$[Zn(CN)_4]^{2-}$	5.71×10^{16}
$[FeF_2]^+$	3.8×10^{11}	$[Zn(EDTA)]^{2-}$	(2.5×10^{16})

附录 F 一些物质的摩尔质量

化 学 式	$M_B/(\text{g} \cdot \text{mol}^{-1})$	化 学 式	$M_B/(\text{g} \cdot \text{mol}^{-1})$
Ag	107.87	$Ba(OH)_2 \cdot 8H_2O$	315.46
AgBr	187.77	$BaSO_4$	233.39
$AgBrO_3$	235.77	$Ba_3(AsO_4)_2$	689.82
AgCN	133.89	Be	9.012
AgCl	143.32	BeO	25.01
AgI	234.77	Bi	208.98
$AgNO_3$	169.87	$BiCl_3$	315.34
AgSCN	165.95	$Bi(NO_3)_3 \cdot 5H_2O$	485.07
Ag_2CrO_4	331.73	BiOCl	260.43
Ag_2SO_4	311.80	$BiOHCO_3$	286.00
Ag_3AsO_4	462.52	$BiONO_3$	286.98
Ag_3PO_4	418.58	Bi_2O_3	465.96
Al	26.98	Bi_2S_3	514.16
$AlBr_3$	266.69	Br	79.90
$AlCl_3$	133.34	BrO_3^-	127.90
$AlCl_3 \cdot 6H_2O$	241.43	Br_2	159.81
$Al(NO_3)_3$	213.00	C	12.01
$Al(NO_3)_3 \cdot 9H_2O$	375.13	CH_3COOH(醋酸)	60.05
Al_2O_3	101.96	$(CH_3CO)_2O$(醋酐)	102.09
$Al(OH)_3$	78.00	CN^-	26.01
$Al_2(SO_4)_3$	342.15	CO	28.01
$Al_2(SO_4)_3 \cdot 18H_2O$	666.43	$CO(NH_2)_2$(尿素)	60.05
As	74.92	CO_2	44.01
AsO_4^{3-}	138.92	CO_3^{2-}	60.01
As_2O_3	197.84	$CS(NH_2)_2$(硫脲)	76.12
As_2O_5	229.84	$C_2O_4^{2-}$	88.02
As_2S_3	246.04	Ca	40.08
B	10.81	$CaCl_2$	110.98
B_2O_3	69.62	$CaCl_2 \cdot 2H_2O$	147.01
Ba	137.33	$CaCl_2 \cdot 6H_2O$	219.08
$BaBr_2$	297.14	$CaCO_3$	100.09
$BaCO_3$	197.34	CaC_2O_4	128.10

化 学 式	$M_B/(g \cdot mol^{-1})$	化 学 式	$M_B/(g \cdot mol^{-1})$
$BaCl_2$	208.23	CaO	56.08
$BaCl_2 \cdot 2H_2O$	244.26	$Ca(OH)_2$	74.09
$BaCrO_4$	253.32	$CaSO_4$	136.14
BaO	153.33	$Ca_3(PO_4)_2$	310.18
$Ba(OH)_2$	171.34	Cd	112.41
$CdCl_2$	183.32	$Cu(OH)_2CO_3$	221.12
$CdCO_3$	172.42	Cu_2S	159.16
CdS	144.48	F	19.00
Ce	140.12	F_2	38.00
CeO_2	172.11	Fe	55.85
$Ce(SO_4)_2$	332.24	$FeCO_3$	115.86
$Ce(SO_4)_2 \cdot 4H_2O$	404.30	$FeCl_2$	126.75
$Ce(SO_4)_2 \cdot 2(NH_4)_2SO_4 \cdot 2H_2O$	632.55	$FeCl_2 \cdot 4H_2O$	198.81
Cl	35.45	$FeCl_3$	162.21
Cl_2	70.91	$FeCl_3 \cdot 6H_2O$	270.30
Co	58.93	$FeNH_4(SO_4)_2 \cdot 12H_2O$	482.20
$CoCl_2$	129.84	$Fe(NO_3)_3$	241.86
$CoCl_2 \cdot 6H_2O$	237.93	$Fe(NO_3)_3 \cdot 9H_2O$	404.00
$Co(NO_3)_2$	182.94	FeO	71.85
$Co(NO_3)_2 \cdot 6H_2O$	291.03	$Fe(OH)_3$	106.87
CoS	91.00	FeS	87.91
$CoSO_4$	155.00	FeS_2	119.98
$CoSO_4 \cdot 7H_2O$	281.10	$FeSO_4$	151.91
Co_2O_3	165.86	$FeSO_4 \cdot 7H_2O$	278.02
Co_3O_4	240.80	$FeSO_4 \cdot (NH_4)_2SO_4 \cdot 6H_2O$	392.14
Cr	52.00	Fe_2O_3	159.69
$CrCl_3$	158.35	$Fe_2(SO_4)_3$	399.88
$CrCl_3 \cdot 6H_2O$	266.44	$Fe_2(SO_4)_3 \cdot 9H_2O$	562.02
CrO_4^{2-}	115.99	Fe_3O_4	231.54
Cr_2O_3	151.99	H	1.008
$Cr_2(SO_4)_3$	392.18	HBr	80.91
Cu	63.55	HCN	27.02
$CuCl$	99.00	$HCOOH(甲酸)$	46.02
$CuCl_2$	134.45	$HC_7H_5O_2(苯甲酸)$	122.12
$CuCl_2 \cdot 2H_2O$	170.48	HCl	36.46

化 学 式	$M_B/(g \cdot mol^{-1})$	化 学 式	$M_B/(g \cdot mol^{-1})$
CuI	190.45	$HClO_4$	100.46
$Cu(NO_3)_2$	187.55	HF	20.01
$Cu(NO_3)_2 \cdot 3H_2O$	241.60	HI	127.91
CuO	79.55	HIO_3	175.91
CuS	95.61	HNO_2	47.01
CuSCN	121.63	HNO_3	63.01
$CuSO_4$	159.61	H_2	2.016
$CuSO_4 \cdot 5H_2O$	249.69	H_2CO_3	62.02
Cu_2O	143.09	$H_2C_2O_4$	90.04
$H_2C_2O_4 \cdot 2H_2O$	126.07	$KHC_4H_4O_6$(酒石酸氢钾)	188.18
H_2O	18.01	$KHC_8H_4O_4$(邻苯二甲酸氢钾)	204.22
H_2O_2	34.01	$KHSO_4$	136.17
H_2S	34.08	KI	166.00
H_2SO_3	82.08	KIO_3	214.00
$H_2SO_3 \cdot NH_2$(氨基磺酸)	98.10	$KIO_3 \cdot HIO_3$	389.91
H_2SO_4	98.08	$KMnO_4$	158.03
H_3AsO_3	125.94	KNO_2	85.10
H_3AsO_4	141.94	KNO_3	101.10
H_3BO_3	61.83	$KNaC_4H_4O_6 \cdot 4H_2O$(酒石酸钠钾)	282.22
H_3PO_3	82.00	KOH	56.10
H_3PO_4	98.00	K_2CO_3	138.21
Hg	200.59	K_2CrO_4	194.19
$Hg(CN)_2$	252.63	$K_2Cr_2O_7$	294.18
$HgCl_2$	271.50	K_2O	94.20
HgI_2	454.40	K_2PtCl_6	485.99
$Hg(NO_3)_2$	324.60	K_2SO_4	174.26
HgO	216.59	$K_2SO_4 \cdot Al_2(SO_4)_3 \cdot 24H_2O$	948.78
HgS	232.66	$K_2S_2O_7$	254.32
$HgSO_4$	296.65	K_3AsO_4	256.22
Hg_2Br_2	560.99	$K_3Fe(CN)_6$	329.25
Hg_2Cl_2	472.09	K_3PO_4	212.27
Hg_2I_2	654.99	$K_4Fe(CN)_6$	368.35
$Hg_2(NO_3)_2$	525.19	Li	6.941
$Hg_2(NO_2)_3 \cdot 2H_2O$	561.22	LiCl	42.39
Hg_2SO_4	497.24	LiOH	23.95

化　学　式	$M_B/(g \cdot mol^{-1})$	化　学　式	$M_B/(g \cdot mol^{-1})$
I	126.90	Li_2CO_3	73.89
I_2	253.81	Li_2O	29.88
K	39.10	Mg	24.30
$KAl(SO_4)_2 \cdot 12H_2O$	474.38	$MgCO_3$	84.31
KBr	119.00	MgC_2O_4	112.32
$KBrO_3$	167.00	$MgCl_2$	95.21
KCN	65.12	$MgCl_2 \cdot 6H_2O$	203.30
KCl	74.55	$MgNH_4AsO_4$	181.26
$KClO_3$	122.55	$MgNH_4PO_4$	137.31
$KClO_4$	138.55	$Mg(NO_3)_2 \cdot 6H_2O$	256.41
$KFe(SO_4)_2 \cdot 12H_2O$	503.25	MgO	40.30
$KHC_2O_4 \cdot H_2O$	146.14	$Mg(OH)_2$	58.32
$KHC_2O_4 \cdot H_2C_2O_4 \cdot 2H_2O$	254.19	$MgSO_4$	120.37
$MgSO_4 \cdot 7H_2O$	246.48	NaCN	49.01
$Mg_2P_2O_7$	222.55	$NaC_2H_3O_2$(醋酸钠)	82.03
Mn	54.94	$NC_2H_3O_2 \cdot 3H_2O$	136.08
$MnCO_3$	114.95	NaCl	58.44
$MnCl_2 \cdot 4H_2O$	197.90	NaClO	74.44
$Mn(NO_3)_2 \cdot 6H_2O$	287.04	$NaHCO_3$	84.01
MnO	70.94	NaH_2PO_4	119.98
MnO_2	86.94	$NaH_2PO_4 \cdot H_2O$	137.99
MnS	87.00	NaI	149.89
$MnSO_4$	151.00	$NaNO_2$	69.00
$MnSO_4 \cdot 4H_2O$	223.06	$NaNO_3$	84.99
Mn_2O_3	157.87	NaOH	40.00
$Mn_2P_2O_7$	283.82	$Na_2B_4O_7$	201.22
Mn_3O_4	228.81	$Na_2B_4O_7 \cdot 10H_2O$	381.37
N	14.01	Na_2CO_3	105.99
N_2	28.01	$Na_2CO_3 \cdot 10H_2O$	286.14
NH_3	17.03	$Na_2C_2O_4$	134.00
NH_4^+	18.04	Na_2HAsO_3	169.91
$NH_4C_2H_3O_2$(醋酸铵)	77.08	Na_2HPO_4	141.96
NH_4Cl	53.49	$Na_2HPO_4 \cdot 12H_2O$	358.14
NH_4HCO_3	79.06	Na_2H_2Y(EDTA 钠)	336.21
$NH_4H_2PO_4$	115.03	$Na_2H_2Y \cdot 2H_2O$	372.24

化 学 式	$M_B/(\text{g} \cdot \text{mol}^{-1})$	化 学 式	$M_B/(\text{g} \cdot \text{mol}^{-1})$
NH_4NO_3	80.04	Na_2O	61.98
NH_4VO_3	116.98	Na_2O_2	77.98
$(NH_4)_2CO_3$	96.09	Na_2S	78.05
$(NH_4)_2C_2O_4$	124.10	$Na_2S \cdot 9H_2O$	240.18
$(NH_4)_2C_2O_4 \cdot H_2O$	142.11	Na_2SO_3	126.04
$(NH_4)_2HPO_4$	132.06	Na_2SO_4	142.04
$(NH_4)_2MoO_4$	196.01	$Na_2S_2O_3$	158.11
$(NH_4)_2PtCl_6$	443.87	$Na_2S_2O_3 \cdot 5H_2O$	248.19
$(NH_4)_2S$	68.14	Na_3AsO_3	191.89
$(NH_4)_2SO_4$	132.14	Na_3AsO_4	207.89
$(NH_4)_3PO_4 \cdot 12MoO_3$	1 876.32	Na_3PO_4	163.94
NO_3^-	62.00	$Na_3PO_4 \cdot 12H_2O$	380.12
Na	22.99	Ni	58.34
$NaBiO_3$	279.97	$NiC_8H_{14}O_4N_4$（丁二酮肟镍）	288.56
$NaBr$	102.89	$NiCl_2 \cdot 6H_2O$	237.34
$NaBrO_3$	150.89	$Ni(NO_3)_2 \cdot 6H_2O$	290.44
$NaCHO_2$（甲酸钠）	68.01	NiO	74.34
NiS	90.41	$SnCl_2$	189.62
$NiSO_4 \cdot 7H_2O$	280.51	$SnCl_2 \cdot 2H_2O$	225.65
O	16.00	SnO_2	150.71
OH^-	17.01	SnS	150.78
O_2	32.00	SnS_2	182.84
P	30.97	Sr	87.62
PO_4^{3-}	94.97	$SrCO_3$	147.63
P_2O_5	141.94	SrC_2O_4	175.64
Pb	207.20	$SrCl_2 \cdot 6H_2O$	266.62
$PbCO_3$	267.21	$Sr(NO_3)_2$	211.63
PbC_2O_4	295.22	$Sr(NO_3)_2 \cdot 4H_2O$	283.69
$Pb(C_2H_3O_2)_2$	325.29	SrO	103.62
$Pb(C_2H_3O_2)_2 \cdot 3H_2O$	379.34	$SrSO_4$	183.68
$PbCl_2$	278.11	$Sr_3(PO_4)_2$	452.80
$PbCrO_4$	323.19	Th	232.04
PbI_2	461.01	$Th(C_2O_4)_2 \cdot 6H_2O$	516.17
$Pb(IO_3)_2$	557.00	$ThCl_4$	373.85
$Pb(NO_3)_2$	331.21	$Th(NO_3)_4$	480.06

化 学 式	$M_B/(g \cdot mol^{-1})$	化 学 式	$M_B/(g \cdot mol^{-1})$
PbO	223.20	$Th(NO_3)_4 \cdot 4H_2O$	552.11
PbO_2	239.20	$Th(SO_4)_2$	424.16
PbS	239.27	$Th(SO_4)_2 \cdot 9H_2O$	586.30
$PbSO_4$	303.26	Ti	47.88
Pb_2O_3	462.40	$TiCl_3$	154.24
Pb_3O_4	685.60	$TiCl_4$	189.69
$Pb_3(PO_4)_2$	811.54	TiO_2	79.88
S	32.07	$TiOSO_4$	159.94
SO_2	64.06	U	238.03
SO_3	80.06	UCl_4	379.84
SO_4^{2-}	96.06	UF_4	314.02
Sb	121.78	$UO_2(C_2H_3O_2)_2$	388.12
$SbCl_3$	228.12	$UO_2(C_2H_3O_2)_2 \cdot 2H_2O$	424.15
$SbCl_5$	299.02	UO_3	286.03
Sb_2O_3	291.52	U_3O_8	842.08
Sb_2O_5	323.52	V	50.94
Si	28.09	VO_2	82.94
$SiCl_4$	169.90	V_2O_5	181.88
SiF_4	104.08	W	183.84
SiO_2	60.08	WO_3	231.85
Sn	118.71	Zn	65.39
$ZnCO_3$	125.40	$ZnSO_4$	161.45
ZnC_2O_4	153.41	$ZnSO_4 \cdot 7H_2O$	287.56
$Zn(C_2H_3O_2)_2$	183.48	$Zn_2P_2O_7$	304.72
$Zn(C_2H_3O_2)_2 \cdot 2H_2O$	219.51	Zr	91.22
$ZnCl_2$	136.30	$Zr(NO_3)_4$	339.24
$Zn(NO_3)_2$	189.40	$Zr(NO_3)_4 \cdot 5H_2O$	429.32
$Zn(NO_3)_2 \cdot 6H_2O$	297.49	$ZrOCl_2 \cdot 8H_2O$	322.25
ZnO	81.39	ZrO_2	123.22
ZnS	97.46	$Zr(SO_4)_2$	283.35

注:本表数据引自傅献彩主编《大学化学》(高等教育出版社,2001)。

主 要 参 考 资 料

[1] 牟文生,于永鲜,周硼. 无机化学基础教程[M]. 大连:大连理工大学出版社,2007.
[2] 大连理工大学无机化学教研室. 无机化学[M]. 4 版. 北京:高等教育出版社,2001.
[3] 史启祯. 无机化学与化学分析[M]. 3 版. 北京:高等教育出版社,2011.
[4] 沈文霞. 物理化学核心教程[M]. 2 版. 北京:科学出版社,2009.
[5] 天津大学无机化学教研室. 无机化学[M]. 4 版. 北京:高等教育出版社,2010.
[6] 武汉大学,吉林大学,等. 无机化学[M]. 3 版. 北京:高等教育出版社,1994.
[7] 张祖德. 无机化学[M]. 2 版. 北京:中国科学技术大学出版社,2014.
[8] 北京师范大学无机化学教研室,华中师范大学无机化学教研室,南京师范大学无机化学教研室. 无机化学[M]. 4 版. 北京:高等教育出版社,2002.
[9] 呼世斌,翟彤宇. 无机及分析化学[M]. 3 版. 北京:高等教育出版社,2010.
[10] 钟国清,朱云云. 无机及分析化学[M]. 北京:科学出版社,2006.
[11] 武汉大学《无机及分析化学》编写组. 无机及分析化学[M]. 3 版. 武汉:武汉大学出版社,2008.
[12] 冯传启,杨水金,刘浩文,等. 无机化学[M]. 北京:科学出版社,2010.
[13] 刘又年. 无机化学[M]. 2 版. 北京:科学出版社,2013.
[14] 陈虹锦. 无机与分析化学[M]. 2 版. 北京:科学出版社,2008.
[15] 潘鸿章. 化学与材料[M]. 北京:北京师范大学出版集团,2012.
[16] 石德珂. 材料科学基础[M]. 北京:机械工业出版社,2003.
[17] 郑昌琼,冉均国. 新型无机材料[M]. 北京:科学出版社,2003.
[18] 张以河. 复合材料学[M]. 北京:化学工业出版社,2011.
[19] 周达飞. 材料概论[M]. 2 版. 北京:化学工业出版社,2009.
[20] 黄丽. 高分子材料[M]. 2 版. 北京:化学工业出版社,2010.
[21] 文九巴. 金属材料学[M]. 北京:机械工业出版社,2011.
[22] 北巍. 环境化学与环境保护[M]. 长沙:湖南人民出版社,1976.
[23] 于文广,李海荣. 化学与生命[M]. 北京:高等教育出版社,2013.
[24] Gibbs J W. A method of geometrical representation of the thermodynamic properties of substances by means of surfaces [M]. Connecticut Academy of Arts and Sciences,1873.
[25] Gibbs J W. Graphical methods in the thermodynamics of fluids [M]. Connecticut Academy of Arts and Sciences,1873.
[26] 徐光宪. 21 世纪的化学是研究泛分子的科学[J]. 中国科学基金,2002(2):70-76.
[27] Öström H,Öberg H,Xin H,et al. Probing the transition state region in catalytic CO oxidation on Ru[J]. Science,2015,347(6225):978-982.
[28] 胡小成. 关于过渡状态理论一些提法的讨论[J]. 西南民族大学学报:自然科学版),1997,23(2):231-232.
[29] 陆云清. 飞秒化学研究进展[J]. 激光与光电子学进展,2008,45(9):38-46.

[30] Gibbs J W. On the equilibrium of heterogeneous substances[J]. American Journal of Science,1878,(96): 441-458.

[31] Lewis G N. The law of physico-chemical change[C]. Proceedings of the American Academy of Arts and Sciences. American Academy of Arts and Sciences,1901: 49-69.

[32] Lewis G N. Outlines of a new system of thermodynamic chemistry[C]. Proceedings of the American Academy of Arts and Sciences. American Academy of Arts and Sciences,1907: 259-293.

[33] 王绍文,张清友. 水污染及其防治[J]. 金属世界,1997,4: 18-19.

[34] 黄凌涛. 水污染治理方法探讨[J]. 黑龙江科技信息,2013(24): 272.

[35] 中华人民共和国环境保护部,中华人民共和国国土资源部. 全国土壤污染状况调查公报[J]. 中国环保产业,2014,(5): 10-11.

[36] 陈微,魏君. 土壤环境污染现状分析与对策研究[J]. 黑龙江科学,2014,5(7): 112.

[37] 林玉锁. 土壤环境安全及其污染防治对策[J]. 环境保护,2007,(1a): 35-38.

[38] 李智. 浅析土壤污染的防范与治理[J]. 环境保护与循环经济,2013,33(6): 56-59.

[39] 张皓宇,范杰. 大气的污染及其防治(续)[J]. 化学世界,1996(7): 389-390.

[40] 张大伟. 刍议大气污染及其防治措施[J]. 环境与发展,2017,29(7):80-81.

[41] 朱清时. 绿色化学[J]. 化学进展,2000,12(4): 410-414.